U0150145

集成电路系列丛书·集成电路封装测试

集成电路封装可靠性技术

周　斌　恩云飞　陈　思　编著

電子工業出版社
Publishing House of Electronics Industry
北京•BEIJING

内 容 简 介

集成电路被称为电子产品的“心脏”，是所有信息技术产业的核心；集成电路封装技术是将集成电路“打包”的技术，已成为“后摩尔时代”的重要技术手段；集成电路封装可靠性技术是集成电路乃至电子整机可靠性的基础和核心。集成电路失效，约一半是由封装失效引起的，封装可靠性已成为人们普遍关注的焦点。本书在介绍集成电路封装技术分类和封装可靠性表征技术的基础上，分别从塑料封装、气密封装的产品维度和热学、力学的应力维度，描述了集成电路封装的典型失效模式、失效机理和物理特性；结合先进封装结构特点，介绍了与封装相关的失效分析技术和质量可靠性评价方法；从材料、结构和应力三个方面，描述了集成电路的板级组装可靠性。本书旨在为希望了解封装可靠性技术的人们打开一扇交流的窗口，在集成电路可靠性与电子产品可靠性之间搭建一座沟通的桥梁。

本书主要供从事电子元器件、电子封装，以及与电子整机产品研究、设计、生产、测试、试验相关的工程技术人员及管理人员阅读，也可作为各类高等院校相关专业的教学参考书。

图书在版编目（CIP）数据

集成电路封装可靠性技术 / 周斌，恩云飞，陈思编著．—北京：电子工业出版社，2023.11

（集成电路系列丛书．集成电路封装测试）

ISBN 978-7-121-46151-4

Ⅰ．①集… Ⅱ．①周… ②恩… ③陈… Ⅲ．①集成电路－封装工艺 Ⅳ．①TN405

中国国家版本馆 CIP 数据核字（2023）第 152050 号

责任编辑：牛平月
印　　刷：北京捷迅佳彩印刷有限公司
装　　订：北京捷迅佳彩印刷有限公司
出版发行：电子工业出版社
　　　　　北京市海淀区万寿路 173 信箱　　邮编：100036
开　　本：720×1000　1/16　印张：28　字数：565 千字
版　　次：2023 年 11 月第 1 版
印　　次：2025 年 1 月第 2 次印刷
定　　价：198.00 元

凡所购买电子工业出版社图书有缺损问题，请向购买书店调换。若书店售缺，请与本社发行部联系，联系及邮购电话：（010）88254888，88258888。

质量投诉请发邮件至 zlts@phei.com.cn，盗版侵权举报请发邮件至 dbqq@phei.com.cn。

本书咨询联系方式：niupy@phei.com.cn。

“集成电路系列丛书”编委会

编委会秘书处

出版委员会

“集成电路系列丛书·集成电路封装测试”
编委会

编委会秘书处

“集成电路系列丛书”主编序言

培根之土 润苗之泉 启智之钥 强国之基

王国维在其《蝶恋花》一词中写道：“最是人间留不住，朱颜辞镜花辞树”，这似乎是自然界无法改变的客观规律。然而，人们还是通过各种手段，借助于各种媒介，留住了人们对时光的记忆，表达了人们对未来的希冀。

图书，尤其是纸版图书，是数量最多、使用最悠久的记录思想和知识的载体。品《诗经》，我们体验了青春萌动；阅《史记》，我们听到了战马嘶鸣；读《论语》，我们学习了哲理思辨；赏《唐诗》，我们领悟了人文风情。

尽管人们现在可以把律动的声像寄驻在胶片、磁带和芯片之中，为人们的感官带来海量信息，但是图书中的文字和图像依然以它特有的魅力，擘画着发展的总纲，记录着胜负的苍黄，展现着感性的豪放，挥洒着理性的张扬，凝聚着色彩的神韵，回荡着音符的铿锵，驰骋着心灵的激越，闪烁着智慧的光芒。

《辞海》中把书籍、期刊、画册、图片等出版物的总称定义为“图书”。通过林林总总的“图书”，我们知晓了电子管、晶体管、集成电路的发明，了解了集成电路科学技术、市场、应用的成长历程和发展规律。以这些知识为基础，自20世纪50年代起，我国集成电路技术和产业的开拓者踏上了筚路蓝缕的征途。进入21世纪以来，我国的集成电路产业进入了快速发展的轨道，在基础研究、设计、制造、封装、设备、材料等各个领域均有所建树，部分成果也在世界舞台上拥有一席之地。

为总结昨日经验，描绘今日景象，展望明日梦想，编撰“集成电路系列丛书”（以下简称“丛书”）的构想成为我国广大集成电路科学技术和产业工作者共同的夙愿。

2016年，“丛书”编委会成立，开始组织全国近500名作者为“丛书”的第一部著作《集成电路产业全书》（以下简称《全书》）撰稿。2018年9月12日，《全书》首发式在北京人民大会堂举行，《全书》正式进入读者的视野，受到教育界、科研界和产业界的热烈欢迎和一致好评。其后，《全书》英文版 *Handbook of Integrated Circuit Industry* 的编译工作启动，并决定由电子工业出版社和全球最大的科技图书出版机构之一——施普林格（Springer）合作出版发行。

受体量所限，《全书》对于集成电路的产品、生产、经济、市场等，采用了千余字“词条”描述方式，其优点是简洁易懂，便于查询和参考；其不足是因篇幅紧凑，不能对一个专业领域进行全方位和详尽的阐述。而“丛书”中的每一部专著则因不受体量影响，可针对某个专业领域进行深度与广度兼容的、图文并茂的论述。“丛书”与《全书》在满足不同读者需求方面，互补互通，相得益彰。

为更好地组织“丛书”的编撰工作，“丛书”编委会下设了12个分卷编委会，分别负责以下分卷：

☆ 集成电路系列丛书・集成电路发展史话

☆ 集成电路系列丛书・集成电路产业经济学

☆ 集成电路系列丛书・集成电路产业管理

☆ 集成电路系列丛书・集成电路产业、教育和人才

☆ 集成电路系列丛书・集成电路发展前沿与基础研究

☆ 集成电路系列丛书・集成电路产品与市场

☆ 集成电路系列丛书・集成电路设计

☆ 集成电路系列丛书・集成电路制造

☆ 集成电路系列丛书·集成电路封装测试

☆ 集成电路系列丛书·集成电路产业专用装备

☆ 集成电路系列丛书·集成电路产业专用材料

☆ 集成电路系列丛书·化合物半导体的研究与应用

☆ 集成电路系列丛书·集成微纳系统

☆ 集成电路系列丛书·电子设计自动化

2021 年，在业界同仁的共同努力下，约有 10 部“丛书”专著陆续出版发行，献给中国共产党百年华诞。以此为开端，2021 年以后，每年都会有纳入“丛书”的专著面世，不断为建设我国集成电路产业的大厦添砖加瓦。到 2035 年，我们的愿景是，这些新版或再版的专著数量能够达到近百部，成为百花齐放、姹紫嫣红的“丛书”。

在集成电路正在改变人类生产方式和生活方式的今天，集成电路已成为世界大国竞争的重要筹码，在中华民族实现复兴伟业的征途上，集成电路正在肩负着新的、艰巨的历史使命。我们相信，无论是作为“集成电路科学与工程”一级学科的教材，还是作为科研和产业一线工作者的参考书，“丛书”都将成为满足培养人才急需和加速产业建设的“及时雨”和“雪中炭”。

科学技术与产业的发展永无止境。当 2049 年中国实现第二个百年奋斗目标时，后来人可能在 21 世纪 20 年代书写的“丛书”中发现这样或那样的不足，但是，仍会在“丛书”著作的严谨字句中，看到一群为中华民族自立自强做出奉献的前辈们的清晰足迹，感触到他们在质朴立言里涌动的满腔热血，聆听到他们的圆梦之心始终跳动不息的声音。

书籍是学习知识的良师，是传播思想的工具，是积淀文化的载体，是人类进步和文明的重要标志。愿“丛书”永远成为培育我国集成电路科学技术生根的沃土，成为润泽我国集成电路产业发展的甘泉，成为启迪我国集成电路人才智慧的金钥，成为实现我国集成电路产业强国之梦的基因。

编撰“丛书”是浩繁卷帙的工程，观古书中成为典籍者，成书时间跨度逾十年者有之，涉猎门类逾百种者亦不乏其例：

《史记》，西汉司马迁著，130卷，526500余字，历经14年告成；

《资治通鉴》，北宋司马光著，294卷，历时19年竣稿；

《四库全书》，36300册，约8亿字，清360位学者共同编纂，3826人抄写，耗时13年编就；

《梦溪笔谈》，北宋沈括著，30卷，17目，凡609条，涉及天文、数学、物理、化学、生物等各个门类学科，被评价为“中国科学史上的里程碑”；

《天工开物》，明宋应星著，世界上第一部关于农业和手工业生产的综合性著作，3卷18篇，123幅插图，被誉为“中国17世纪的工艺百科全书”。

这些典籍中无不蕴含着“学贵心悟”的学术精神和“人贵执着”的治学态度。这正是我们这一代人在编撰“丛书”过程中应当永续继承和发扬光大的优秀传统。希望“丛书”全体编委以前人著书之风范为准绳，持之以恒地把“丛书”的编撰工作做到尽善尽美，为丰富我国集成电路的知识宝库不断奉献自己的力量；让学习、求真、探索、创新的“丛书”之风一代一代地传承下去。

王阳元

2021年7月1日于北京燕园

前　言

可靠性是评价产品质量的重要指标之一，是一门涉及材料学、电子学、热学、力学的综合性学科。可靠性工作的关键是确保产品的功能性能在实际使用中得到充分发挥。伴随着质量强国战略的实施，可靠性工作在我国得到空前重视，以可靠性提升为重点的质量工作已成为行业发展的主题，也是我国制造业实现高质量发展的必由之路。

随着半导体工艺技术的快速发展，半导体先进制程已进入 7nm、5nm 时代，并正朝着 3nm 和 2nm 时代迈进，工艺节点不断逼近原子尺寸，继续缩小特征尺寸将面临物理尺寸的极限；未来要保持电子产品向更高性能、更小体积和更低功耗方面持续发展，产业界和学术界对此给出了“延续摩尔”（More Moore）和“超越摩尔”（More than Moore）并行的解决方案，而先进封装是其中的关键技术。近年来，基板上晶圆级芯片封装（CoWoS）、扇出型封装（InFO）、芯粒（Chiplet）架构等 2.5D 封装和基于硅通孔（TSV）的 3D 封装及微系统集成封装等先进封装技术日新月异，为智能手机、无人驾驶飞机等电子产品的性能带来了许多颠覆性的进步。随着先进封装技术的不断发展，集成电路芯片与集成电路封装之间的界限日渐模糊，形成了融合发展的新态势。

集成电路封装可靠性是一个系统工程，涉及材料、工艺、结构、使用环境等方方面面，伴随新材料、新技术和新工艺在集成电路封装中的大量应用，部分先进封装面临失效机理尚不明晰、缺陷定位难度加大、可靠性评价缺少针对性等行业共性问题。探索微凸点、硅通孔、重布线层等先进封装结构在热、电、力综合作用下的失效模式和失效机理，研究基板上晶圆级芯片封装、3D 晶圆级封装等复杂封装结构的新的缺陷定位和失效分析技术，发展有针对性的、基于失效物理的微系统集成封装可靠性评价方法，对于推动新一代电子产品的功能性能和可靠性双提升，助力我国电子信息产业发展，具有重要意义。

把握“后摩尔时代”战略机遇，发挥我国基础工业门类齐全、封装测试技术快速崛起、可靠性意识显著增强的综合优势，在“集成电路系列丛书·集成电路封装测试”编委会的组织安排下，由工业和信息化部电子第五研究所负责编写《集成电路封装可靠性技术》一书，既是编委会对我们的肯定，又是时代赋予我们的使命，更是历史的责任。

工业和信息化部电子第五研究所是国内最早从事电子产品质量与可靠性研究的权威机构，在我国质量可靠性领域开创了多个“唯一”和“第一”。自“集成电路系列丛书·集成电路封装测试”编委会正式启动编写工作开始，我们立即成立了编写组，确立编写目标，明确工作任务，并在编写过程中进行了多次讨论、调整和修改。本书共 10 章，首先，在介绍集成电路封装技术分类和封装可靠性表征技术的基础上，分别从塑料封装、气密封装的产品维度和热学、力学的应力维度，描述了集成电路封装的典型失效模式、失效机理和物理特性；然后，结合先进封装结构特点，介绍了与封装相关的失效分析技术和质量可靠性评价方法；最后，从材料、结构和应力三个方面，描述了集成电路的板级组装可靠性。本书主要作者为国家级重点实验室先进封装与微系统可靠性技术团队的核心成员，多年从事封装可靠性研究和集成电路失效分析工作。在编写过程中，我们参考了可靠性相关领域的大量文献、资料及编写组此前的部分研究成果。主要作者及其分工如下：第 1 章由恩云飞、何小琦、周斌执笔，第 2 章由何小琦、恩云飞、杨少华执笔，第 3 章由杨少华、恩云飞、杨晓锋执笔，第 4 章由陈思、周斌、陈媛执笔，第 5 章由杨晓锋、施宜军、付兴执笔，第 6 章由周斌、付志伟、付兴执笔，第 7 章由苏伟、陈思、付兴执笔，第 8 章由陈媛、杨少华、付兴执笔，第 9 章由王宏跃、恩云飞、武慧薇执笔，第 10 章由付志伟、周斌、尧彬执笔。恩云飞、周斌负责全书的组织、策划、汇总和校审工作，其他执笔人分别负责相关章节的自校和互校工作。

本书在完成内部校对和评审后，提交给“集成电路系列丛书·集成电路封装测试”编委会，由编委会组织北京工业大学秦飞教授、厦门大学于大全教授、中国电子科技集团公司第五十八研究所明雪飞副所长审阅；在审稿完成后，我们依据审稿意见完成了修改工作。

感谢中国半导体行业协会封装分会荣誉理事长毕克允先生、新潮集团董事长王新潮先生等给予的大力支持。感谢“集成电路系列丛书·集成电路封装测试”编委会沈阳先生、周健先生在本书编写过程中给予的热忱帮助。同时，感谢工业和信息化部电子第五研究所张战刚、王磊、牛皓、柳月波等同事提供的技术资料，感谢工业和信息化部电子第五研究所朱建垣、洪丹妮等，华南理工大学研究生梁振堂等，西安电子科技大学研究生张伊铭等，厦门理工学院研究生周向胜等，在文献调研、编辑、排版等方面付出的辛勤劳动。本书在编写过程中，还参阅了部分行业专家同仁，以及工业和信息化部电子第五研究所可靠性研究分析中心、重点实验室和元器件检测中心同事的文献、资料，在此一并表示衷心感谢。

由于先进封装可靠性涉及面广，技术发展迅速，需要不断深入研究和探索，加之编写人员的理解水平和知识面有限，书中难免仍存在错误和疏漏之处，恳请广大读者朋友提出宝贵意见，以便我们在修订时改正。

谨以本书向为中国电子产品可靠性提升和集成电路封装产业发展而努力奋斗的从业者致敬！

编著者

☆☆☆ 作者简介 ☆☆☆

周斌，博士，正高级工程师，工业和信息化部电子第五研究所国家级重点实验室副总工程师、学术带头人，省部级优秀中青年，中国电子学会优秀科技工作者，广东省广州市人大代表、广州市人大预算委员会委员、广州市增城区国内高端人才，科技部、工业和信息化部入库专家，军用电子元器件标准化技术委员会微系统专项组委员，中国仿真学会集成微系统建模与仿真专业委员会委员，中国材料与试验团体标准委员会委员，西安电子科技大学广州研究院学位评定分委会委员。主持包括国家级、省部级科研项目近 30 项；获省部级科技进步一等奖 1 项，二等奖 4 项；国防科技创新团队奖和中国电子信息科技创新团队奖各 1 项。发表 SCI/EI 论文 51 篇，授权发明专利 22 项，出版专著 3 本，编制标准 5 项，获软件著作权 3 项。

目　录

第1章 集成电路封装技术及可靠性概述

集成电路（Integrated Circuit，IC）由具有特定功能的内部芯片和支撑保护芯片的外部封装组成。美国佐治亚理工学院的 Rao R.Tummala[1]给出了集成电路封装的定义：将一定功能的集成电路芯片，通过各种方式，安装在与芯片对应的外壳中，为芯片提供一个稳定可靠的工作环境，同时有效地将内部芯片产生的热量向外导出，保证集成电路正常的功能。封装作为集成电路的重要组成部分，是内部芯片与外部电连接的桥梁，能够固定、密封和保护芯片，并确保芯片热性能、电性能、机械性能和可靠性。

随着社会的进步和微电子器件技术的不断发展，需要更小的尺寸、更多数量的引脚，以满足集成电路集成度不断提高的要求，同时，封装可靠性面对更大的散热能力、更强的机械性能和更强的防护能力的需求。本章介绍集成电路封装类型及其技术发展概况，以及封装技术与可靠性的关系和封装可靠性技术发展现状。

1.1 封装技术发展概况

1.1.1 集成电路封装功能

由于集成电路芯片半导体材料的脆性和金属布线的易腐蚀性，必须通过封装保护，防止有害气体和外部杂质等对芯片的内部电路造成腐蚀破坏，使芯片在规定的寿命期内稳定发挥作用。集成电路封装就是要在保护芯片的同时，使内部芯片输入/输出（I/O）引脚与外部电路实现电连接。针对不同的应用需求，集成电路封装的结构、封装材料和 I/O 引脚数量可以有很大的差异，但封装的功能基本相同，主要包括电源分配、信号分配、散热、机械支撑和环境保护等 5 个方面[2]。

（1）电源分配方面，封装要保证内部芯片与外部电路有效通信，并且满足封装内部不同部位的电源分配要求。

（2）信号分配方面，封装互连要尽可能减少信号损耗、信号延迟，避免外部信号干扰和内部信号串扰。随着封装集成度的提高，集成电路的电磁兼容性越来越受到重视，它经常成为电子系统辐射的根源，通过封装结构的设计，可有效屏蔽电磁干扰。

（3）散热方面，封装能为芯片建立低热阻的散热通路，及时有效地将芯片产生的热量导出。芯片在工作时，因功耗而发热，引起芯片温升，特别是功率较大的芯片温升明显，为避免芯片温度过高导致电性能参数漂移超差，需要通过封装将芯片有源区产生的热量尽快散出，保证集成电路稳定的功能性能和长期可靠性。

（4）机械支撑方面，外部封装结构能对内部芯片提供机械支撑。集成电路芯片的半导体材料非常薄和脆，如硅（Si）、砷化镓（GaAs）等材料，需要机械强度更好的基片支撑和包封材料保护，才能满足装配工艺的要求和长期使用需求。

（5）环境保护方面，封装对芯片起着阻挡外部水汽或其他有害气体侵入的作用，从而避免外部环境对内部芯片的性能造成影响。例如，芯片表面没有钝化层保护的铝金属化布线键合窗口，易被沾污腐蚀，导致芯片键合点开路，因此，需要有合适的封装结构和材料阻挡水汽侵入。

此外，封装需要满足 PCB（Printed-Circuit Board，印制电路板）贴装工艺要求，应设计相应的封装 I/O 引脚。集成电路芯片需要根据应用需求，设计不同引脚节距和不同引脚结构的封装形式，满足 PCB 电路设计和 PCB 电装工艺的要求。

据统计，对于包括集成电路在内的电子元器件制造[3]，元器件体积的70%~90%由封装决定，超过 50%的信号延迟、超过 55%的电阻增加、超过 60%的热性能异常及超过 50%的元器件失效等，均与封装有关，元器件封装成本占整体成本的 30%~80%。因此，没有封装的集成电路芯片只能“有芯无力”，无法正常工作，但没有可靠封装的集成电路必然“力不从芯”，过早失效。随着集成电路应用领域的拓展，集成电路封装技术和可靠性技术不断发展，不仅要求多引脚、高密度，还要求高可靠性、耐恶劣环境和长寿命。

1.1.2 集成电路常见封装类型

按封装壳材料，集成电路封装可分为塑料封装、陶瓷封装、金属封装和玻璃封装等 4 类[2]。塑料封装是当前应用最广泛的一种封装形式，其优点是成本低、质量小，在各类日常消费电子、汽车电子、医疗电子，甚至航空、装备等电子产品中均大量应用；陶瓷封装的优点是气密性、绝缘性、稳定性好，结构强度高，部分陶瓷导热性能优异，常用于航空航天等高可靠性领域；金属封装具有优良的导热性和机械力学性能，也多用于高可靠性领域；玻璃封装在耐高温、耐酸碱、电绝缘和气密性等方面均具有优异表现，较多应用于 MEMS 传感器、太阳电池、LED 等产品封装中。

按封装气密性，集成电路封装可分为气密封装和非气密封装两类。塑料封装是常见的非气密封装，陶瓷封装、金属封装和玻璃封装通常属于气密封装。按封装形式，集成电路封装主要可分为传统封装和先进封装两类。以下将按照传统封装和先进封装两类，对封装类型进行简单介绍。

1. 传统封装

传统封装主要有单列直插式封装、双列直插式封装、晶体管外形封装（包括小外形封装和 J 形引脚小外形封装）、方形扁平式封装、方形扁平式无引脚封装、球栅阵列封装、陶瓷针栅阵列封装和陶瓷柱栅阵列封装等[2]。

1）单列直插式封装

单列直插式封装（Single In-line Package，SIP）的引脚从封装体一侧直接引出，排列成一行，是插装式封装的一种简单形式，如图 1-1 所示，封装材料通常为塑料，主要用于定制产品。典型尺寸和引脚数：引脚中心距为 2.54mm，引脚数为 2~23 个。

2）双列直插式封装

双列直插式封装（Dual In-line Package，DIP）也是一种插装式封装，如图 1-2 所示，通常引脚从封装体两侧引出后垂直向下弯折，是最常见的一种插装式封装。中小规模集成电路通常采用双列直插式封装，封装材料有塑料和陶瓷两种。典型尺寸和引脚数：引脚数为 6~64 个，引脚中心距多为 2.54mm，封装体宽度通常约为 15mm。

图 1-1 单列直插式封装（SIP）

图 1-2 双列直插式封装（DIP）

3）小外形封装

小外形封装（Small Out-line Package，SOP）属于表贴式封装的一种，又称 SOIC 小型封装，如图 1-3 所示。引脚从封装体两侧引出后弯曲成海鸥翼状（L 形），封

图 1-3　小外形封装（SOP）

装材料通常有塑料和陶瓷两种。典型尺寸和引脚数：引脚数为 8~44 个，引脚中心距约为 1.27mm。封装高度小于 1.27mm 的薄体 SOP 称为 TSOP（Thin Small Out-line Package，薄体小外形封装），引脚中心距小于 1.27mm 的高密引脚 SOP 称为 SSOP（Shrink Small Out-line Package，缩小型小外形封装），同时具有薄体和高密引脚特征的 SOP 称为 TSSOP（Thin Shrink Small Out-line Package，薄体缩小型小外形封装）。

4）J 形引脚小外形封装

J 形引脚小外形（Small Out-line J-leaded，SOJ）封装是表贴式封装的一种，如图 1-4 所示。引脚从封装体两侧引出后垂直弯折，并形成 J 形，封装材料通常为塑料。典型尺寸和引脚数：引脚中心距为 1.27mm，引脚数为 20~40 个。

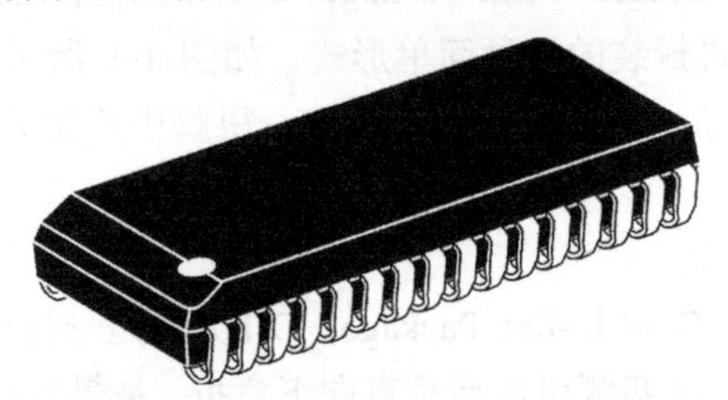

图 1-4　J 形引脚小外形（SOJ）封装

5）方形扁平式封装

方形扁平式封装（Quad Flat Package，QFP）是表贴式封装的一种常见形式，如图 1-5 所示。引脚从封装体的四周引出后垂直弯折形成海鸥翼状（L 形），封装材料通常有塑料和陶瓷两种，其中塑料封装应用得更多。QFP 属于早期的高密度封装，引脚数通常大于 100 个，引脚中心距为 0.3~1.0mm。

图 1-5　方形扁平式封装（QFP）

6）方形扁平式无引脚封装

方形扁平式无引脚（Quad Flat No-lead，QFN）封装是表贴式封装应用较多的一种。引脚从封装体的四周引出，形成集成电路输出端电极接触区。为提供器件组装密度，这种封装无引脚，又称无引脚芯片载体（Leadless Chip Carrier，LCC），封装材料有塑料、陶瓷两种。图 1-6 所示为方形扁平式无引脚封装。典型尺寸和引脚数：引脚中心距为 1.27mm、0.65mm、0.5mm，引脚数为 14~100 个。

图 1-6　方形扁平式无引脚（QFN）封装

有引脚陶瓷封装芯片载体（Ceramic Leaded Chip Carrier，CLCC）如图 1-7 所示。引脚从封装体的四周引出后，向下向内弯折成 J 形，封装材料通常为陶瓷。典型尺寸和引脚数：引脚中心距为 1.27mm，引脚数为 18~84 个。

图 1-7　有引脚陶瓷封装芯片载体（CLCC）

7）球栅阵列封装

球栅阵列（Ball Grid Array，BGA）封装是表贴器件新发展起来的一种封装结构。基板一般是 2~4 层有机材料多层板，芯片输出端与基板电路之间的互连主要有引线键合和芯片倒装两种形式，封装壳材料包括塑料、陶瓷和金属。图 1-8 所示为塑料 BGA 封装。

8）陶瓷针栅阵列封装

陶瓷针栅阵列（Ceramic Pin Grid Array，CPGA）封装是用于专门 CPGA 插装的一种封装形式，方便安装和拆卸，如图 1-9 所示。CPGA 封装采用圆形或方形插针，按照等间隔的方阵形布局在芯片四周，可围成两圈或更多圈，插装时可插入插座直接使用，接触良好，封装材料可以为塑料，但以陶瓷为主。针栅阵列数通常大于 100 个，集中为 250~528 个，引脚中心距主要有 2.54mm 和 1.27mm 两种规格。

图 1-8　塑料 BGA 封装

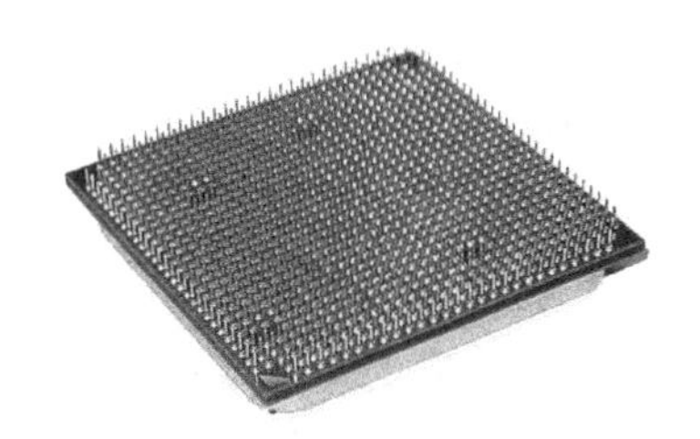

图 1-9　CPGA 封装

9）陶瓷柱栅阵列封装

陶瓷柱栅阵列（Ceramic Column Grid Array，CCGA）封装是柱栅阵列（Column Grid Array，CGA）器件的一种封装形式。CGA 器件封装结构由三部分组成：上部的集成电路芯片封装、中部的陶瓷基板封装、底部的高铅焊柱阵列封装。CCGA 封装典型图如图 1-10 所示。

（a）CCGA 封装正面典型图

（b）CCGA 封装背面典型图

图 1-10　CCGA 封装典型图

在 CCGA 封装形式中，焊柱与基板之间的间距增大，可以更有效地散发热量，并缓冲焊柱与陶瓷基体之间，以及与陶瓷基板之间的热应力，从而延长热疲劳寿命。通常，CGA 封装焊柱的抗热失配能力和热疲劳寿命要高于 BGA 封装的焊球，而抗机械冲击能力要低于 BGA 封装的焊球。

在封装形式的选择上，封装技术是否适用主要根据封装效率的控制要求来判定，即封装面积与芯片面积之比，兼顾封装引脚对传输信号延迟的影响，以及封装材料对散热的影响，基本要求可以归纳如下。

（1）提高封装效率，封装面积与芯片面积之比尽可能接近 1:1。

（2）减少引脚对传输信号延迟的影响，避免相互干扰；引脚尽量短，引脚间距尽量大。

（3）保证散热性能良好，在满足要求的前提下，尽量选择热导率高的封装材料，封装越薄越好。

2．先进封装

随着摩尔定律不断逼近物理极限，通过进一步缩小晶体管尺寸来提升集成电路功能单元密度的模式越发困难，而先进封装技术被普遍认为是推动集成电路芯片性能持续提升的最重要途径之一。为此，国内外各半导体厂商都不断地加大在先进封装技术研发和生产上的投入。晶圆级封装、2.5D 封装、3D 封装和系统级封装等新的封装形式通常被归为先进封装范畴[2]。

1）晶圆级封装

前面介绍的几种封装都是针对独立芯片实施的封装，而晶圆级封装（Wafer Level Package，WLP）是针对晶圆上所有芯片实施的一次性封装，后续老化和测试同时进行，最后切割成单个器件，用于基板或 PCB 的贴装。WLP 的优势在于封装效率高、尺寸小、成本低，可以对芯片设计和 WLP 设计一并考虑，从而提高产品设计效率、压缩开发周期。WLP 的应用范围集中于 Analog IC、PA/RF 与 CMOS 图像传感器等集成电路。

WLP 技术包括扇入型 WLP（Fan-In WLP）和扇出型 WLP（Fan-Out WLP）。扇入型 WLP 在晶圆未切片之前，对芯片进行封装后分割成器件，典型扇入型 WLP 结构示意图如图 1-11 所示，分割后的器件封装大小与封装内部芯片的尺寸基本相同，即封装面积和芯片面积之比基本为 1:1。扇出型 WLP 是近年开发的新型封装技术，解决芯片尺寸持续减小带来的焊接困难问题。扇出型 WLP 采用晶圆重构技术，将多个所用的 KGD 芯片粘接在一块晶圆载板上，芯片之间的距离决定了扇出封装的面积，封装时先用模塑材料对 KGD 芯片及这些芯片之间的空隙进行填充，分离晶圆载板后，再进行重布线层（Re-Distribution Layer，RDL）和引出端 BGA 焊球工艺，最后分割成为扇出型 WLP 器件[4]。典型扇出型 WLP 结构示意图如图 1-12 所示。

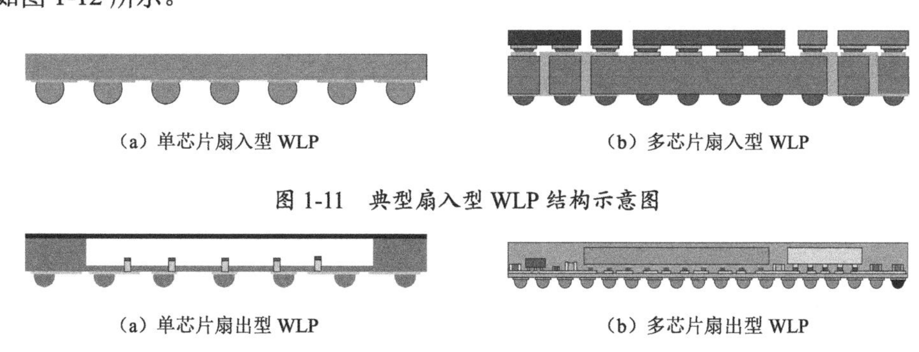

（a）单芯片扇入型 WLP　　（b）多芯片扇入型 WLP

图 1-11　典型扇入型 WLP 结构示意图

（a）单芯片扇出型 WLP　　（b）多芯片扇出型 WLP

图 1-12　典型扇出型 WLP 结构示意图

2）2.5D 封装

2.5D 封装在 2D 封装的基础上，在芯片和封装载体之间加入（硅）中介层（Interposer），中介层上下层金属化布线通常采用硅通孔（Through Silicon Via，TSV）进行连接，从而进一步提高平面 2D 封装的密度和性能。图 1-13 所示为典型的 2.5D 封装结构示意图。

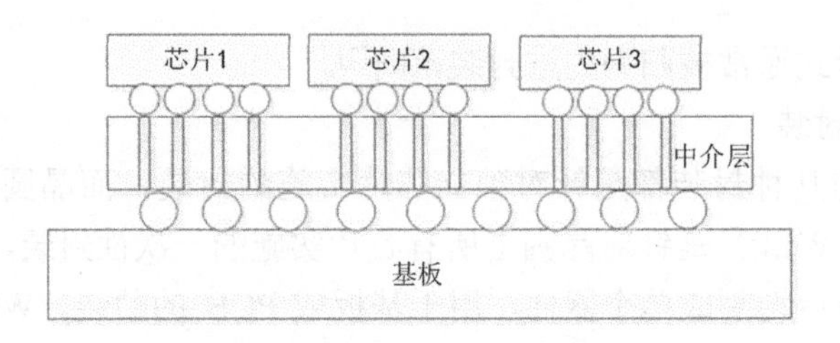

图 1-13　典型的 2.5D 封装结构示意图

世界上最大的集成器件制造商英特尔（Intel）和最大的晶圆代工厂台积电（TSMC）在近几年推出新一代工艺节点的同时，着重研发先进封装技术，其中主要包括英特尔的嵌入式多芯片互连桥接（Embedded Multi-die Interconnect Bridge，EMIB）技术、台积电的基板上晶圆级芯片封装（Chip on Wafer on Substrate，CoWoS）技术和芯粒（Chiplet）技术。这些先进封装技术的共同特征是跳出了传统的只在封装基板表面的 2D 平面上进行集成的限制，开始在垂直方向上进行芯片的封装与集成。其中，CoWoS 和 Chiplet 封装结构是目前晶圆级系统封装的解决方案。CoWoS 技术可以将不同类型、不同制程的小芯片以 2.5D 的形式进行组合，形成一个类似 SoC（系统级芯片）的结构。

CoWoS 是一种将芯片、基板都封装在一起的技术，先将半导体芯片通过 Chip on Wafer（CoW）封装至晶圆，再把 CoW 的芯片与基板连接集成[5]。CoWoS 技术属于一种 2.5D 封装技术，图 1-14 所示为典型的 CoWoS 封装结构。

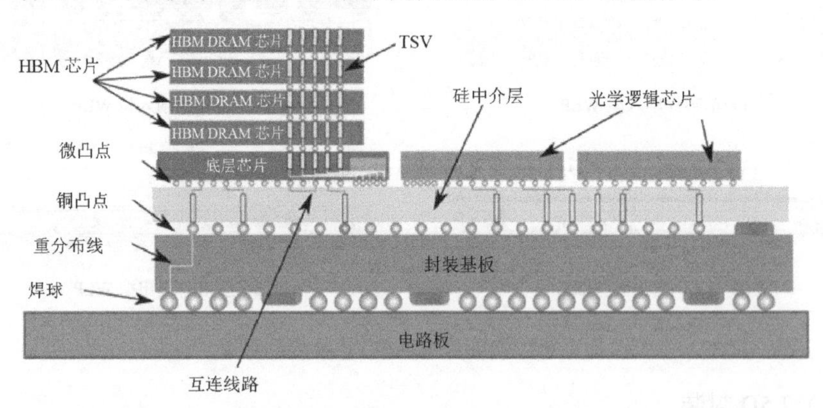

图 1-14　典型的 CoWoS 封装结构

Chiplet 是一种以搭积木方式集成芯片的封装模式，通过内部电互连将多个芯片与底层基础芯片封装在一起，可以构成多功能的异构系统级封装（System in Package，SiP）模块。迄今为止，已经有很多半导体公司创建了自己的 Chiplet 生态系统，如 Marvell 的 MoChi 技术、英特尔的 EMIB 技术等。图 1-15 所示为典型的 Chiplet 封装结构。当前，2.5D 封装是 Chiplet 架构的主要封装方式，未来 3D 封装技术也将用于 Chiplet，实现芯片间的叠层和高密度互连。

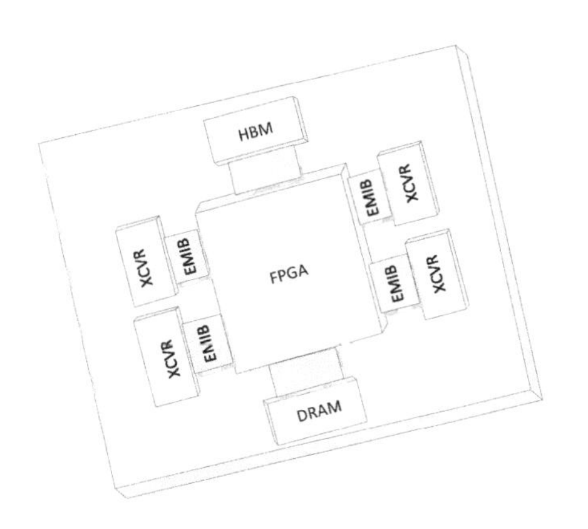

图 1-15 典型的 Chiplet 封装结构

3）3D 封装

3D 封装通过引线键合、倒装或 TSV 技术等将芯片在垂直方向上进行叠层互连，从而进一步缩小产品尺寸，缩短互连距离，减小信号延迟，提高性能或容量。引线键合叠层的3D封装主要有金字塔式、悬臂梁式、垂直式、并排式等结构。倒装叠层首先在芯片焊盘上直接制作微凸点，然后将芯片背面朝上、微凸点朝下与下层基板或芯片实现垂直叠层。TSV 叠层首先直接在硅芯片上制作垂直通孔，然后通过通孔间互连来实现上下层芯片之间的电连接，是当前互连密度最高的一种 3D 封装方式，但成本高、散热差和填充层缺陷是影响其进一步发展和应用的主要因素。三星、海力士和美光三大内存厂商都开始量产基于 TSV 互连多层芯片叠层的 3D 动态随机存储器芯片（DRAM）。图 1-16 所示分别为基于引线键合、倒装和 TSV 叠层的 3D 封装结构示意图。第 5 章将对 3D 封装及其可靠性进行详细介绍。

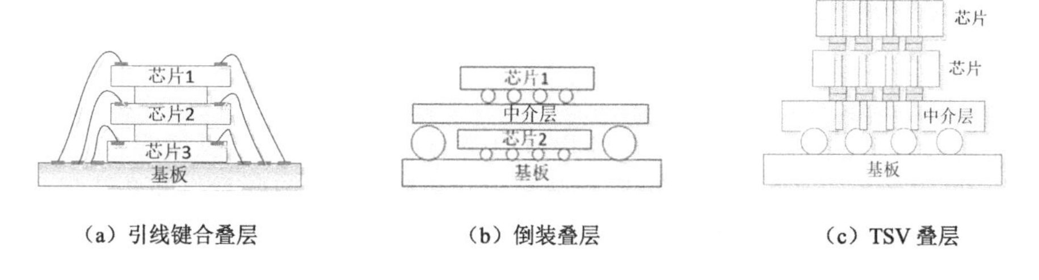

（a）引线键合叠层　（b）倒装叠层　（c）TSV 叠层

图 1-16 3D 封装结构示意图

4）系统级封装

系统级封装（System in Package，SiP）是把微电子、光电子、传感器等器件集成到一个独立封装体内的封装形式，采用了 WLP、CSP、3D 叠层、无源器件集成等高密度集成封装技术。SiP 主要有 4 类：芯片水平并列式 SiP、芯片纵向叠层式 SiP、封装体叠层式 SiP 和芯片埋置式 SiP[6]。芯片水平并列式、芯片纵向叠层式的 SiP 封装结构如图 1-17 所示[7]，封装体叠层式、芯片埋置式的 SiP 封装结构如图 1-18 所示。

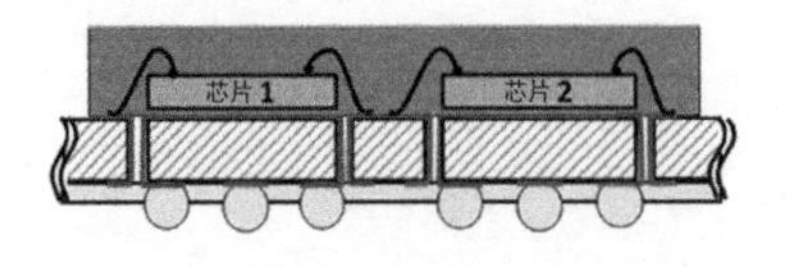

（a）芯片水平并列式 SiP

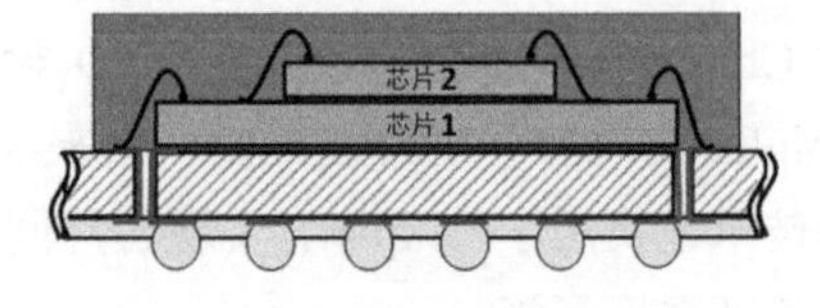

（b）芯片纵向叠层式 SiP

图 1-17 芯片水平并列式、芯片纵向叠层式的 SiP 封装结构

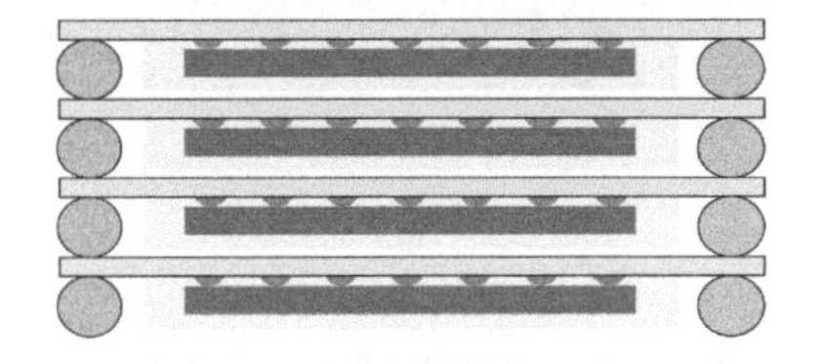
（a）封装体叠层式 SiP

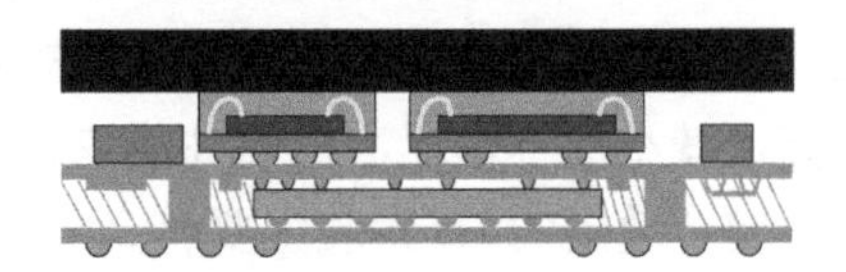
（b）芯片埋置式 SiP

图 1-18 封装体叠层式、芯片埋置式的 SiP 封装结构

1.1.3 集成电路封装技术发展趋势

封装引脚结构、封装材料和芯片封装方式是封装的核心。集成电路封装最初是为了给芯片提供物理支撑、保护及互连，但随着芯片制造技术的发展，集成电路封装技术也不断得到发展，以满足芯片高性能、多功能及小型化发展的要求。从集成电路封装引脚结构的变化、封装材料的变化和芯片封装方式的变化，可以看出集成电路封装技术正不断向高密度、多引脚，以及低延迟、小尺寸和低成本等方向发展，以不断适应集成电路芯片多功能、高集成度的特点。

自 1947 年，美国贝尔实验室发明世界上第一个锗晶体管，1958 年，美国德州仪器公司发明世界上第一个半导体集成电路，打开半导体技术发展的大门以来，历经近 80 年发展，半导体集成电路封装技术在引脚结构、封装材料和芯片封装方式三个方面经历了多次重大变革。

1. 集成电路芯片封装方式的变化

集成电路芯片封装方式从正装芯片封装到载带芯片封装，再到倒装芯片键合封装，直到叠层芯片封装，芯片封装变化的驱动力来自减小芯片至外部引脚的传输距离，提高电路的集成度。

正装芯片封装主要有引线键合（Wire Bonding，WB）封装，这是最传统的集成电路封装形式，采用引线键合工艺，实现芯片引出端电极与外部引脚之间的电互连。引线键合封装的结构特点：芯片背面粘接在外壳基座或基片上，同时提供散热通道，内引线两端与芯片和引线框架键合，在一般情况下，芯片的引线键合引线数量等于外部引脚数量。导电胶、焊料是芯片封装采用的主要材料，其中，导电胶用于小功率集成电路，焊料用于功率较大的集成电路。引线键合的芯片面积要比倒装的芯片面积大 1/3[8]，原因是很难直接在芯片有源区形成引线键合，而需要通过金属化布线从有源区引到芯片的周边形成电极。

载带芯片封装是一种带有载带键合（Tape Automated Bonding，TAB）的芯片封装形式，它是在引线键合封装技术基础上发展起来的载带自动焊芯片封装技术，在芯片与引线框架之间形成互连。载带材料通常采用铜箔，铜箔具有导电导热性能好、强度高、延展性好的特点，同时能与不同基带粘接牢固，易于电镀；基带材料一般采用聚酰亚胺（PI），PI 与铜箔粘接性能和热匹配性能好，收缩率小且稳定，抗腐蚀能力强；凸点材料有金、铜-金、金-锡、铅-锡；载带类型有单层、双层或三层。TAB 封装与引线键合封装相比，优势在于 TAB 封装结构轻、薄、短、小，电极尺寸及电极与焊区节距可以减小，同时引线电阻、电容和电感小，TAB 键合强度高，易于自动化生产；不足之处为 TAB 金属材料和芯片凸点材料的热匹配性、尺寸稳定性、抗腐蚀性、机械强度等较差。

倒装芯片键合（Flip-Chip Bonding，FCB）封装是一种集成电路封装技术，将芯片有源区面带凸点电极倒装向下，与基片布线层键合互连。其特点为凸点间距为 4~14mil，球径为 2.5~8mil，芯片倒装在基片上后，需要对芯片与基片之间进行填充，以保护芯片和减少热失配对凸点的损伤。FCB 封装的优势为与引线键合封装芯片相比，倒装芯片的互连尺寸更小、性能更高，芯片单位面积引脚数量增加，散热能力提升，同时芯片背面可以用散热片等进行有效冷却。FCB 封装面临的挑战为倒装芯片因凸点间距、球径小，对植球工艺、基板技术、材料的兼容性、制造工艺，以及缺陷检测技术提出了更高的挑战。

叠层芯片（Stacked Die，SD）封装是为进一步提高集成度而开发的 3D 封装技术，既可提高封装效率，又可提高电路运行速度，主要用于可编程逻辑电路、处理器、存储芯片、数模转换器的芯片封装。其特点为在单个封装中叠层多个芯片，构成一个立体的封装形式，具有尺寸小、芯片互连线短、封装效率高的优点。

2. 集成电路封装引脚结构的变化

集成电路封装引脚的结构，从长引脚直插式到短引脚或无引脚表贴式，再到 BGA 表贴式，三次重大技术变革，目的是不断缩小封装体积，适应整机小型化。

20 世纪 60 年代，第一次封装技术变革，开发了长引脚直插式封装。其特点是封装长引脚直接插装到 PCB 上，引脚数为 6~64 个。主要封装形式有单列直插式封装（SIP）、双列直插式封装（DIP）。这类长引脚封装的优势在于开启了传统的电路通孔（PTH）插装技术；不足之处在于封装尺寸大，在 PCB 上占据了较大面积，PCB 组装密度和工作频率的进一步提高比较困难，同时自动化生产效率很难再提升。

20 世纪 80 年代，第二次封装技术变革，封装引脚从插装式转变为表贴式。其特点是封装短引脚或无引脚表贴在 PCB 上，引脚数为 14~100 个。主要封装形式有小外形表贴封装（SOP、SOJ）、方形扁平封装（QFP、QFN）、J 形引脚封装芯片载体（PLCC、CLCC）。这类短引脚或无引脚封装的优势在于引脚是在 PCB 表面贴装的，引脚间距小、封装密度高，易于自动化生产；不足之处在于 I/O 引脚数及频率方面难以满足 ASIC、微处理器的快速发展需求。

20 世纪 90 年代中期，第三次封装技术变革，封装引脚从四周引出式转变为背面阵列引出式[9-11]。其特点是封装引脚间距更小、封装密度更高，引脚数为几十到几百个。主要封装形式有针栅阵列（PGA）封装、球栅阵列（BGA）封装。这类阵列式引脚封装的优势明显，能满足 ASIC、微处理器的高密度封装要求；不足之处在于 BGA 表贴焊接后检查和维修困难。

20 世纪 90 年代后期，CSP（芯片尺寸封装）技术快速发展，极大提高了集成电路的封装效率和集成电路在 PCB 上的集成度。CSP 减小了集成电路的体积和质量，产品散热性能良好，提高了产品性能，降低了便携式通信产品的寄生效应，低阻抗，满足 RF（射频）性能要求。CSP 是指首先将晶圆分割成单个 IC 芯片，然后进行后道封装；新型的晶圆级芯片尺寸封装（WLCSP）是指先在已完成前工序的晶圆上一体化完成封装，再将封装后的晶圆切割成分离的独立器件，WLCSP 局部结构示意如图 1-19 所示。

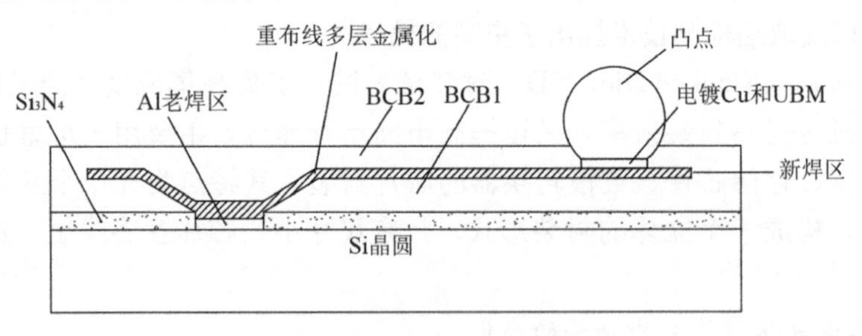

图 1-19 WLCSP 局部结构示意

相比 CSP，WLCSP 减少了传统封装中的多次测试，集成电路封装公司均投入 WLCSP 研发，WLCSP 成为微米和纳微米系统封装的主流技术[12]。CSP 和 WLCSP 应用的不足之处为制造难度大、成本高，因封装尺寸小而对封装材料性能要求较高，用于 CSP 和 WLCSP 的 PCB 线条窄、平整度要求高。

3. 集成电路封装材料的变化

集成电路封装从金属封装到陶瓷封装，再到塑料封装，目的是在不断降低封装成本、减小封装尺寸、减小封装质量的同时，提高电路性能。

金属封装是集成电路最早的封装形式，早期是三个引脚的金属玻璃外壳封装形式，封装材料包括可伐金属材料、碳钢、铜等，但随着陶瓷封装、塑料封装技术的发展，目前金属封装主要用于混合集成电路和模块电路。金属封装最大的优势在于热导率高、封装强度高，并能实现气密封装；不足之处主要有成本高、体积大、密度高、热膨胀系数过大导致热失配[13]。随着集成电路技术的不断发展，传统金属封装材料已不能满足要求,具有合适的热膨胀系数、轻质高强、高导热性能的新型金属封装材料正在被不断探索和应用，包括铜/碳纤维、铝/碳化硅合金，以及负热膨胀材料等[14-16]。

随着技术的发展，陶瓷封装技术逐渐大量用于集成电路封装。陶瓷封装在热、电、机械和尺寸方面均展现出优良的综合特性，陶瓷封装材料主要有 Al_2O_3、AlN、BiO。陶瓷封装的典型参数[8]包括介电常数范围、热导率和热膨胀系数。陶瓷封装是目前具有较高可靠性的封装形式，但因成本高，目前主要应用于航空航天等高端产品领域。陶瓷封装的最大优势在于气密性和封装材料的稳定性。但陶瓷封装也有不足之处，主要包括封装工艺成本高、陶瓷材料具有脆性、封装瓷体抗机械冲击能力弱。

随着封装技术的进一步发展，由于塑料封装兼具极低的材料成本和工艺成本，塑料封装（环氧树脂）开始不断替代陶瓷封装。塑料封装极大降低了集成电路的封装成本，虽然不及金属封装和陶瓷封装的可靠性高，但仍大量用于民品电器，目前市场上塑料封装集成电路约占 97%。塑料封装的最大优势在于价格低廉、质量小、封装尺寸小，塑料封装器件的质量大约是陶瓷封装器件的一半，由于封装尺寸小而大大减小了信号的延迟；但塑料封装的不足之处在于热失配导致内应力产生、高温易变形、热导率低（只有陶瓷封装的 1/50）、防潮性能弱。

未来 10 年内，封装产业发展势头将更加迅猛，封装材料将沿着高性能、低成本的方向持续发展。在民用领域，更多满足新型封装形式要求的新型环氧封装材料、复合封装材料、环境友好型封装材料等将被开发出来；在高可靠性领域，面向高密度、高散热领域的新型氮化铝、碳化硅-铝合金、硅铝合金及面向高功率领域的纳米银、纳米铜等新型复合封装材料，将得到更快发展。

4. 集成电路封装技术发展趋势

塑料封装技术在未来相当长时间的封装技术发展进程中，仍将是集成电路封装的主流方向[17]。未来的金属封装将面向高性能、低成本、高可靠性的方向发展。质量小、高导热及热匹配的硅铝合金、碳化硅-铝合金等将在未来具有广阔的前景。未来的陶瓷封装技术仍将是航空航天和高端民用电子器件等领域应用的主流，陶瓷气密封装将向更高端的陶瓷封装一体化发展，低温共烧陶瓷具有广阔的前景。

集成电路先进封装技术及发展趋势：从20世纪70年代的直插式封装，发展到如今的晶圆级封装和芯片叠层封装，封装密度大大提高。从封装互连线宽能力上看，过去50多年半导体集成电路行业一直按照摩尔定律的速度发展，晶体管的体积越来越小，封装线宽从1000μm减小到1μm，甚至亚微米，封装能力提高了1000倍。先进封装技术发展趋势如图1-20所示[18]。半导体芯片摩尔定律即将终结，系统级封装技术的发展将延续新的摩尔定律，推动集成电路封装向更高集成度、更细线宽方向发展。

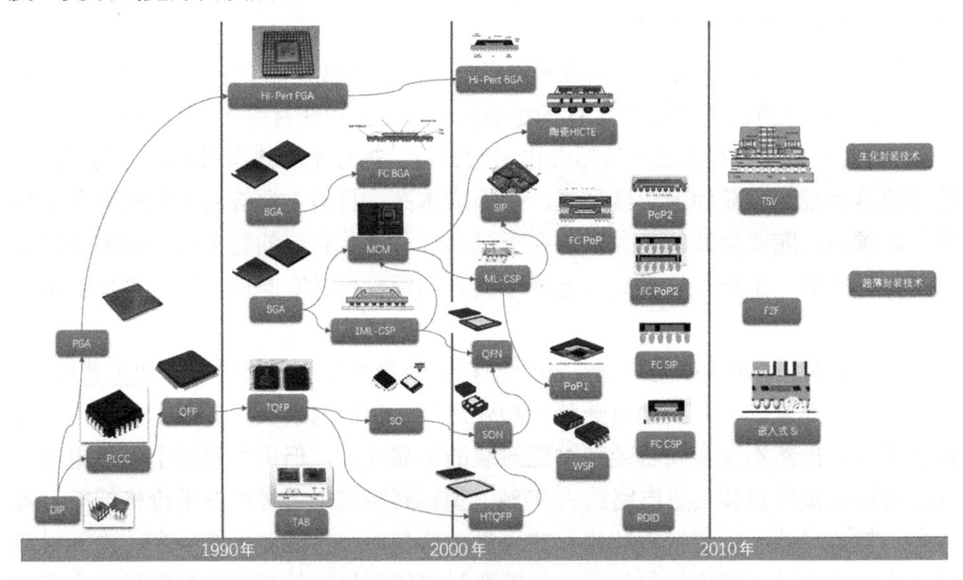

图1-20 先进封装技术发展趋势

根据摩尔定律，当价格一定时，集成电路的集成度每隔18个月增加一倍，性能也将提升一倍。集成电路产业经历了仅仅几十年的发展，已经从10μm的节点[15]减小到了14nm、7nm、5nm，甚至3nm的节点[12,14]。尽管2D集成已经取得了长足的发展，随着集成度和性能的提升，技术进步所带来集成电路性价比的提升却越来越小。导致这一趋势的主要原因包括以下方面[12,17]。

（1）受材料性能、工艺水平和物理规律的限制，晶体管的特征尺寸逐渐接近原子尺寸和工艺极限，随之而来的量子效应和短沟道效应越来越严重。

（2）在可靠性方面，功率密度增加导致器件散热困难，半导体制程中退火和热循环等不同工艺步骤带来的热应力、应变使器件面临越来越多的可靠性问题。

（3）从180nm工艺节点开始，芯片性能更多由芯片上互连线的长度决定，器件缩小带来的性能提升不及互连线长度增加带来的延迟[19]。

当前，人们提出了采用插入中继器[20,21]、使用超 Low-k 介质材料[22]等多种方法来改善互连线延迟，但效果远远不能满足需求。互连线延迟问题已成为集成电路发展的瓶颈之一，摩尔定律面临严峻挑战。

2009 年，国际半导体产业协会在国际半导体技术发展路线图（见图 1-21）中提出了“后摩尔定律”[23]。“后摩尔定律”将发展方向转向以先进封装技术为牵引的综合集成创新，通过垂直延伸来实现 3D 集成。

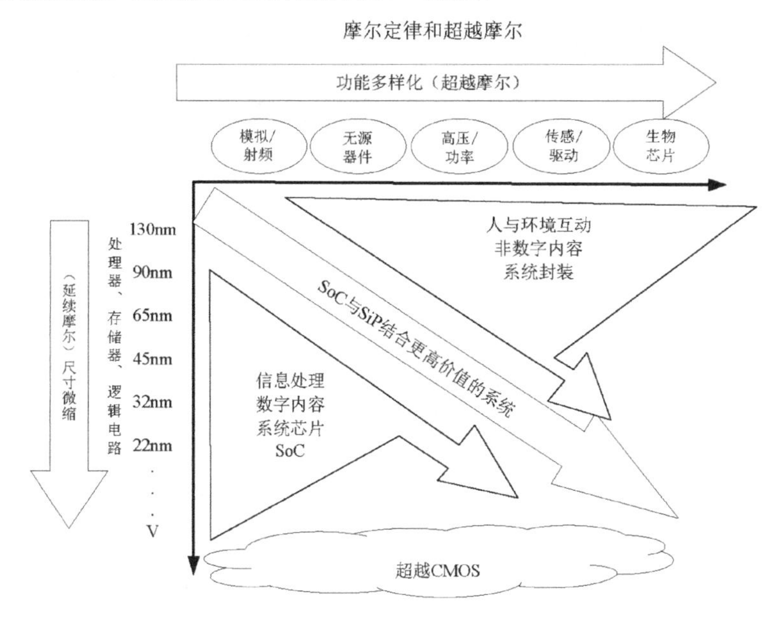

图 1-21　国际半导体技术发展路线图

3D 集成的概念早在 20 世纪 60 年代即被提出[24]，但由于散热问题的制约，并未进入实际推广应用阶段。直到最近几年，超低功耗技术的开发、热管理技术的进步，以及 2D 集成遭遇技术瓶颈，3D 集成迎来了快速发展的机遇期[25]。采用 3D 集成的优势为：一方面，与 2D 集成相比，由于全局互连线长度大大缩减，而互连线长度的缩减将直接降低互连线的寄生电容，从而 3D 集成在延迟和功耗方面提升了性能；另一方面，3D 集成可以用不同的衬底材料（如 GaAs、玻璃等）和技术模块（如数字电路、存储器、传感器等）来实现异质集成，将工艺完全不兼容的组件结合在一起。

目前，3D 集成主要有两种形式：芯片叠层与封装叠层，相应有几种不同的 3D 封装技术[26]，如图 1-22 所示，分别是引线键合封装、TSV 封装和叠层封装。其中，TSV 封装为 3D 集成提供最短互连，目前备受研究者的青睐[27]。

（a）引线键合封装

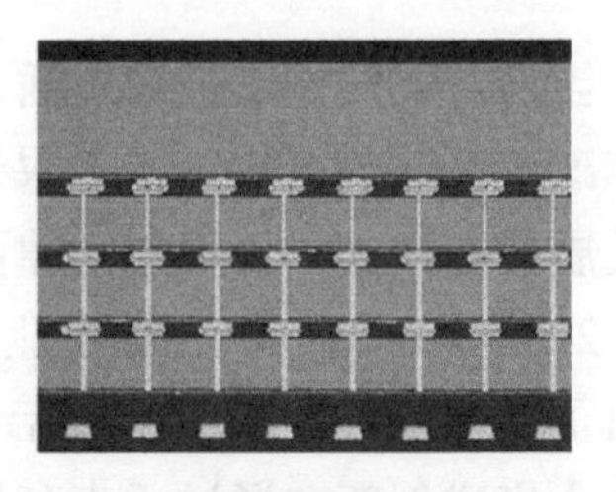

（b）TSV 封装

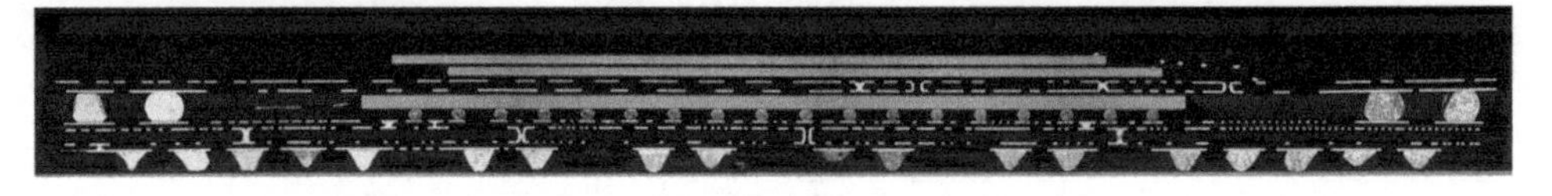

（c）叠层封装

图 1-22 3D 封装技术

TSV 主要将竖直叠层起来的芯片互连起来，起到信号导通、传热和机械支撑的作用[28]。基于 TSV 技术的 3D IC 叠层集成示意如图 1-23 所示。TSV 的应用使得每个芯片或中介层的正反两面都可以制作电路，提供了芯片到芯片的最短互连、最小焊盘尺寸与节距。目前，TSV 的应用主要分为两种[14,29]：一种是利用 TSV 和倒装微凸点技术将芯片叠层起来，即 3D IC 集成；另一种是只利用 TSV 将晶圆/芯片进行叠层，即无凸点工艺的 3D Si 集成。通过 TSV 将晶圆/芯片集成到 3D 器件中，可以使产品具备更加出色的电学性能、更小的外观尺寸、更小的质量，同时意味着更低的生产成本。

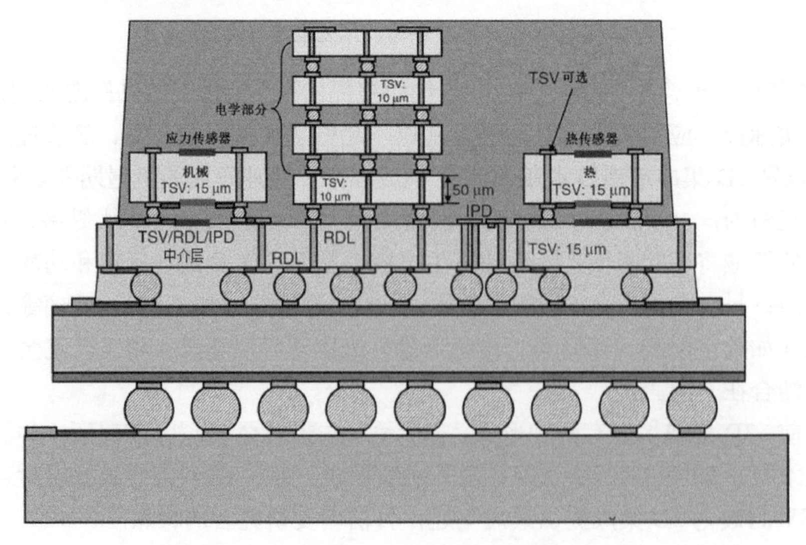

图 1-23 基于 TSV 技术的 3D IC 叠层集成示意

当前，已知的 TSV 应用主要包括：①芯片的 3D 封装；②异种器件的 3D 封装，如将集成电路与 MEMS、RF 模块及光电子器件封装在一起；③晶圆级 3D 封装；④硅中介层封装。市场上已出现了大量采用 TSV 技术的高密度封装器件产品，如叠层存储器、逻辑 3D 系统级封装产品、高亮度 LED 模块、MEMS、FPGA、图像及光学传感器等。

图 1-24 给出了市场上基于 TSV 技术的 3D IC 产品。2006 年，三星基于晶圆级叠层封装技术开发的 16GB NAND 闪存芯片是市场上最早应用 TSV 的产品[30]，其将 8 个 NAND 闪存芯片叠层起来，总高度为 0.56mm，比采用引线键合技术的单个芯片厚度减小了 0.16mm。2011 年，IBM 与美光科技基于 TSV 工艺实现了混合存储立体（Hybrid Memory Cube，HMC）DRAM 芯片制造[31]，HMC 数据带宽比现有内存芯片高 14 倍，同时，芯片的封装尺寸减小了 90%。至今，海力士发布的世界首款 128GB Double Data Rate 4（DDR4）RDIMM 已经投入量产，其中采用了 TSV 封装技术。

（a）单个晶圆的厚度

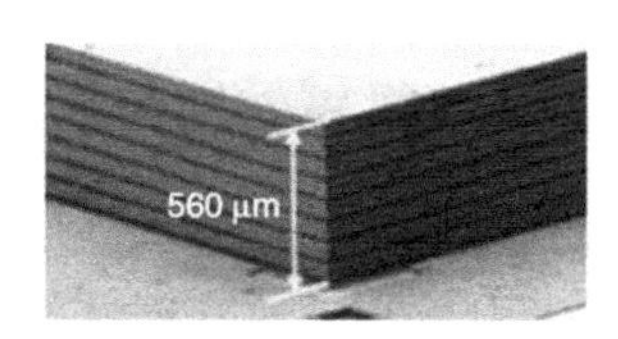

（b）三星的 8 层芯片叠层封装产品

图 1-24　市场上基于 TSV 技术的 3D IC 产品

1.2　封装技术与可靠性的关系

集成电路封装技术与集成电路可靠性密切相关，根本原因在于封装结构、封装材料、引出端形式和内部芯片封装方式，这些都会直接影响集成电路的热性能、机械性能、防潮性能、抗辐射性能和抗电磁干扰性能等。集成电路的封装基本失效率和固有寿命取决于集成电路的热性能，环境适应性则取决于其机械性能、防潮性能、抗辐射性能和抗电磁干扰性能。

1.2.1　封装热性能与可靠性

经过长期的研究，人们早已认识到，半导体器件每升高 10℃，器件寿命会减半。因此，温度是影响半导体器件可靠性的主要因素，而封装结构、封装材料、引出端形式和内部芯片封装方式均对集成电路的散热性能带来很大影响，是决定半导体芯片工作温度的重要因素。

封装 I/O 端结构对集成电路芯片的工作温度有较大影响，它是集成电路芯片散热的重要热传导路径。I/O 端散热效率对比：阵列 I/O 端散热效率＞四周 I/O 端散热效率＞双列 I/O 端散热效率。

在一般情况下，各种封装材料的热导率对比：金属热导率＞陶瓷热导率＞塑料热导率。

各种内部芯片封装方式的散热效率对比：芯片倒装焊散热效率＞芯片引线键合散热效率＞叠层芯片散热效率。

人们从实践中总结的半导体器件随温度退化的 10℃法则，表明半导体器件工作温度每升高 10℃，器件寿命将减半。MIL 标准给出了半导体集成电路工作失效率模型，其中封装热性能对集成电路失效率的影响明显；JEDEC 标准给出了半导体器件四种典型失效机理退化的寿命模型，这些均反映了器件芯片温度对集成电路寿命的影响，而器件芯片的结温均与封装热阻有关。

1.2.2　封装机械性能与机械环境适应性

集成电路封装的机械性能直接反映了集成电路的机械环境适应性，它与集成电路的封装结构、封装材料和引出端形式有关。

集成电路在工作或运输环境中，难免遇到振动、冲击、惯性载荷作用等问题，这可能造成集成电路引脚断裂、封装体裂缝等损伤。特别是在 PCB 电装自动生产线中，需要通过机械臂抓取集成电路，在 PCB 上安装集成电路，集成电路还必须承受一定的机械抓取力；同时，PCB 功能单元在整机系统安装时，表贴在 PCB 上的集成电路，可能要承受 PCB 弯曲、振动带来的机械力作用，这些都直接考验集成电路封装的机械环境适应性。

集成电路封装的机械环境适应性可以通过封装 I/O 端、内引线键合强度、芯片粘接剪切强度、封盖密封强度来表征，并按照相关标准进行试验考核，如 GJB 548 等标准。

1.2.3　封装气密性与潮湿环境适应性

集成电路封装的气密性反映了集成电路在大气环境中或潮湿环境下工作的适应性，它与集成电路的封装结构、封装材料有关。例如，金属或陶瓷气密封装集成电路的气密性、可靠性远优于塑料封装集成电路。

对塑料封装而言，这种非气密封装的形式，与气密封装的金属封装和陶瓷封装相比，主要缺点就是抗潮湿性能低，当塑料封装集成电路在潮湿环境下工作时，水汽的渗入会导致集成电路芯片腐蚀、可靠性降低、电性能参数变差。水汽进入塑料封装集成电路的路径主要是塑料封装材料与引线框架之间的缝隙，水汽会沿着这些缝隙进入内部芯片，腐蚀芯片表面的金属化层，由于水分子很小（直径约为 2.5×10^{-8}cm），具有很强的渗透和扩散能力，因此水汽还可以透过塑料封装材料的毛细孔和分子间隙渗入封装体内部。例如，在 PCB 回流焊工艺过程中，塑料封装集成电路出现的“爆米花”开裂失效，即塑料封装体吸潮过多造成的工艺失效。

集成电路的潮湿环境适应性考核：可以通过对气密封装器件内部进行水汽含量检测、气密性检测，考核气密封装器件的气密性；通过潮湿敏感度试验，考核塑料封装器件的回流焊工艺适应性；通过高温高湿试验，考核密封器件、塑料封装器件的耐湿热能力。

1.2.4　封装材料与电磁干扰

集成电路封装结构对集成电路性能的电磁干扰主要表现在两个方面：一是多芯片组装结构带来的相互电磁干扰；二是封装内部涂覆材料对电磁屏蔽效能的影响。

多芯片组装结构带来的相互电磁干扰的根源在于集成电路芯片晶体管开关噪声。集成电路的电磁效应是其本质特点，集成电路中这些开关噪声可以概括为 dI/dt 和 dV/dt，即瞬态电流及瞬态电压的影响。随着集成电路规模的增大，内部晶体管数量已经达到十亿量级，因此，开关噪声是不能忽略的；与此同时，为了加快运算速度（与时钟频率相关），决定 dI/dt 和 dV/dt 大小的上升沿和下降沿在变陡，其产生的影响对集成电路来说也是十分根本的。随着摩尔定律的推动，集成电路的集成度不断提高，dI/dt 和 dV/dt 带来的问题凸显，并且不可回避。对于 SoC、SiP 设计的应用，芯片中包含了数字电路、模拟电路、射频电路等，电路中各类芯片的抗电磁干扰能力不同，尤其是模拟与射频电路更容易受电磁信号的影响，封装结构设计不当可能导致芯片无法正常工作。因此，电路的集成度越高，模块内部芯片之间的相互干扰越严重，内部芯片组装结构设计是解决电磁干扰的手段之一。

封装内部涂覆材料的屏蔽效能决定了模块电路的抗电磁干扰能力。各种新型电磁屏蔽材料，包括金属材料、无机非金属材料、高分子材料及复合材料，这些材料在封装结构中的形式有涂层、薄膜、板材和粉体等。对射频模块而言，电磁屏蔽材料属于近场电磁屏蔽材料，可以通过在电磁辐射源与金属封装体之间粘贴一层软磁屏蔽材料，防止电磁辐射对金属封装壳产生影响。电场屏蔽是指针对大电压、小电流的近场应用环境，通过电场屏蔽材料来抑制电场辐射干扰；磁场屏蔽是指针对小电压、大电流的近场应用环境，通过磁场屏蔽材料来抑制磁场辐射干扰；电磁场屏蔽是指针对复杂电磁场的近场应用环境，通过电磁场屏蔽材料来抑制电磁场辐射干扰。因此，面向近场应用环境的电磁屏蔽材料有三种类型：电场屏蔽材料、磁场屏蔽材料和电磁场屏蔽材料。

1.2.5 封装材料与抗辐射性能

半导体器件的各种封装材料中存在铀（U）、钍（Th）等杂质，这些杂质具有天然放射性，其内部释放的α粒子电离能力较强，在穿过电子器件时可产生大量的电子-空穴对，这些电子-空穴对将被器件收集而引起器件软错误[32]。软错误虽然可以通过各种手段加以纠正，但如果正好发生在关键位置（如中央处理器的指令缓存），则可能导致严重的灾难性后果。α粒子衰变示意图如图1-25所示。

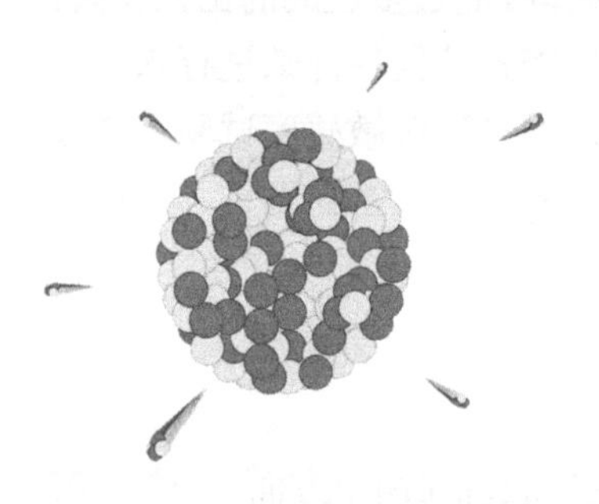

图1-25 α粒子衰变示意图

随着集成电路工艺的持续发展，受集成度增加、供电电压降低、节点电容减小等因素的影响，这些电离粒子在先进工艺中引起的软错误逐渐成为对集成电路高可靠性应用的重大威胁[32,33]。在大气环境中，α粒子、高能中子和热中子是引起软错误的主要来源[34]。α粒子引起的软错误率占比与封装材料等级芯片工艺及使用环境等各种因素密切相关[30]，是总体软错误率的重要组成部分。

目前，半导体器件中的α粒子主要来源于模塑料、焊球、底部填充料等，如图1-26所示，其辐射率分为三个等级：普通阿尔法、低阿尔法（Low Alpha，LA）和超低阿尔法（Ultra-Low Alpha，ULA）。在现行封装技术下，采用LA或ULA材料是降低封装材料辐射影响的有效措施。通过特殊纯化技术，可使封装材料的表面α粒子的辐射率降低数个数量级，最低可小于0.001cph/cm^2。通过材料表面的α粒子辐射率测试和器件级辐射试验，可获得封装材料α粒子辐射引起的软错误率。

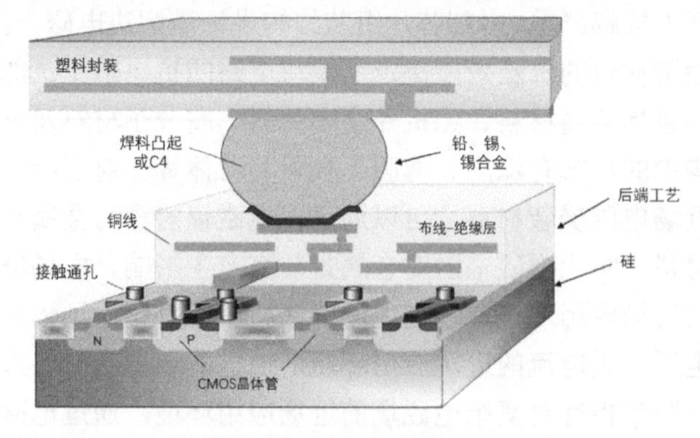

图1-26 半导体器件中的α粒子来源（图片来源：IBM）

1.3　封装可靠性技术及其发展

1.3.1　集成电路封装可靠性

集成电路封装的基本功能在于为集成电路芯片提供物理支撑、保护及互连，但这些保护和互连在集成电路热耗散应力和环境应力作用下会存在退化或失效的问题。因此，需要针对封装在各种环境应力下可能出现的失效问题，实施可靠性设计，使之成为能承受更强应力的封装结构和材料，让潜在失效在预期的工作寿命内得到有效控制。

集成电路可靠性取决于半导体芯片可靠性和封装可靠性两个部分，覆盖失效率、使用寿命和环境适应性内容。其中，半导体芯片可靠性属于微电子范畴，在此不进行讨论；封装可靠性涉及的对象包括芯片粘接层、键合引线、基板及互连、包封料或外壳，它们对集成电路的失效率、使用寿命和环境适应性具有贡献。集成电路失效率浴盆曲线示意图如图 1-27 所示。

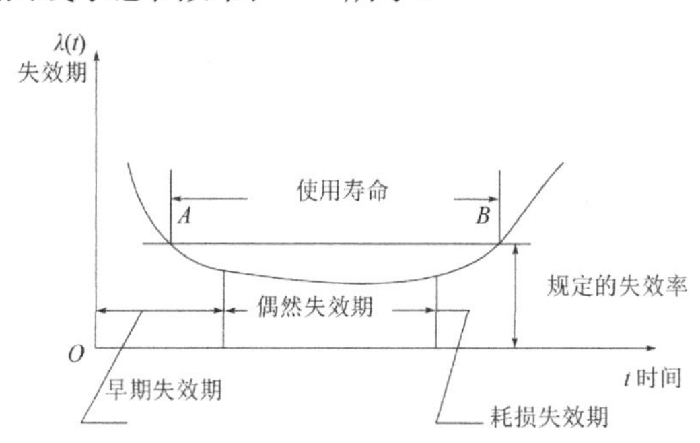

图 1-27　集成电路失效率浴盆曲线示意图

为了便于集成电路封装可靠性改进提升，集成电路失效率评估分为两个部分：一是芯片失效率，二是封装失效率。例如，GJB 299 标准给出的半导体集成电路工作失效率预计模型[21]，单独考虑了封装复杂度失效率 C_3；混合集成电路基本失效率预计模型，单独考虑了工艺和封装失效率 λ_{SF}；FIDES 标准给出的集成电路失效率模型[35]，单独考虑了封装壳在温度循环应力下的基本失效率 $\lambda_{0TCyCase}$。

集成电路封装的使用寿命取决于封装材料和封装结构的短板，如 Au-Al 键合退化寿命、封装焊点疲劳寿命等。

集成电路封装的环境适应性包括耐湿、盐雾、振动等环境适应性，可以按 GJB 597B 等标准要求[20,22]，进行各类环境适应性试验考核，如耐湿试验、盐雾试验、振动试验等。

1.3.2 集成电路封装失效机理研究

从产品的角度来说，集成电路失效机理主要包含两个层面：集成电路半导体芯片失效机理和集成电路封装失效机理。一般而言，与电应力相关的失效机理主要集中在集成电路半导体芯片上，与环境应力相关的失效机理主要集中在集成电路封装上，但不论是哪个层面的失效机理，最终集成电路的失效模式都是电性能超差或功能丧失。

1. 与封装结构相关的失效

与集成电路封装结构相关的失效主要表现为对集成电路物理特性的影响，物理特性的变化导致集成电路失效。

对集成电路热性能而言，不论设计哪种封装结构，都需要考虑散热问题，基本原则是保证内部集成电路芯片的结温或沟道温度不超过额定温度。一旦集成电路芯片结温或沟道温度超过额定温度，即集成电路不可靠或失效。

对集成电路机械性能而言，集成电路的封装结构设计直接决定了集成电路的产品刚性，进而决定了集成电路的机械强度和抗振能力，同时集成电路自身封装体的质量影响集成电路机械强度和抗振能力。基本原则是，集成电路机械性能必须满足标准规定的抗冲击和抗振考核要求。如果集成电路机械性能不达标，那么集成电路的失效可能表现为芯片破裂、封装体开裂。

对集成电路防潮性能而言，金属或陶瓷气密封装结构是最佳选择，内部水汽含量通常小于 5000ppm，一旦内部水汽含量超出该限制，即判定为失效。塑料封装结构是非气密封装结构，也能对集成电路芯片进行保护，但外部环境水汽可以通过塑料封装材料与引线框架之间的缝隙，渗透至芯片表面，长时间累积后会导致集成电路芯片腐蚀失效。

2. 与封装材料相关的失效

与集成电路封装材料相关的失效主要表现为对集成电路的防潮性能、温变适应性、抗辐射的影响，这些可导致集成电路失效。

金属封装、陶瓷封装材料防潮性能良好，无须考虑水汽的渗入。但塑料封装材料作为有机高分子材料，自身材料特性决定了具有一定吸潮性，因此带来两个问题：塑料封装器件潮湿敏感度控制不当在回流焊工艺中爆开（俗称“爆米花”）；在塑料封装器件长期贮存过程中，水汽渗入导致芯片腐蚀（包括塑料封装与金属框架界面的渗入）。

对于集成电路温变适应性，需要考虑金属封装材料和塑料封装材料。金属封装材料的影响：对于大功率电路芯片，若直接粘接在金属外壳底座上，则硅片和金属封装材料热膨胀系数的严重失配将导致器件在开关过程中芯片破裂。塑料封装材料的影响：由于塑料封装材料与金属键合引线的热膨胀系数失配，长期工作后塑料封装器件键合引线可能拉脱开路。

对于集成电路抗辐射，空间辐射环境的带电粒子和宇宙射线会改变半导体材料的电学特性，使集成电路丧失预定功能或形成辐射损伤[25]。尽管封装材料的抗辐射保护作用有限，但人们仍不断尝试新材料的研究，研究表明[26]，采用特种复合屏蔽式材料可对空间电离辐射起到吸收作用，采用封焊工艺加固存储器，可使存储器抗电子源辐射能力提高 1~2 个数量级。集成电路塑料封装材料纯度不够，有可能含有放射性元素[28]，如低熔玻璃中的锆英石填充材料，其 α 粒子辐射率可达 150~200cph/cm^2，倒装芯片的底部填充料（Underfill）也可能带有 α 粒子辐射，而这些来自封装材料的 α 粒子辐射，将作用于半导体芯片中的 B10 元素，从而诱发集成电路的软错误问题。

3. 与引出端形式相关的失效

与引出端形式相关的失效主要表现为引出端散热效率对集成电路热性能的影响，以及引出端自身的机械强度方面。例如，机械冲击或振动可能导致引出端断裂或脱离。

电装 PCB 后，在机械冲击或振动作用下，集成电路引出端将承受额外作用力，耐受冲击的强度和抗振能力是考核其环境适应性的一项重要指标。

4. 与芯片安装方式相关的失效

与芯片安装方式相关的失效主要表现为封装热失配导致芯片破裂、倒装焊点开裂、键合引线开路、TSV 失效等。

封装热失配导致芯片破裂主要是指针对大功率芯片背面焊接的安装方式，由于芯片硅与封装底座金属热失配严重，因此可能出现开关过程中芯片破裂的情况。

倒装焊点开裂是指倒装芯片长期工作后，由于金属离子迁移和温度循环力作用，在倒装芯片凸点界面处萌生裂纹开裂，最终导致互连断路。

键合引线开路最典型的是 Au-Al 铝键合结构，长期工作后，键合引线的 Au-Al 界面退化，从而脱离开路。

TSV 失效包括 TSV 在工艺应力下的胀出，长期高温、温度循环或机械应力作用下的开裂及电应力作用下的时间相关电介质击穿效应（Time Dependent Dielectric Break-down，TDDB）等。

1.3.3 集成电路封装可靠性技术发展

集成电路封装技术的发展体现在封装的结构设计和封装材料的选用上，目标是不断提升封装密度和改善封装性能；集成电路封装可靠性技术的发展体现在封装可靠性和封装环境适应性的提升，以及先进封装可靠性的提升上。

1. 封装可靠性技术的发展

随着封装结构的不断发展，引线节距和封装厚度出现了很多的变化。引线节距（集成电路封装相邻两引线的中心距离）按照国际标准和规定，其尺寸是标称值。典型双列封装都为2.54mm、扁平封装都为1.27mm，并且符合国际通用标准。随着封装技术的发展及集成电路对封装密度要求的提高，需要增加引线数量，从而使引线节距越来越小，传统的引线节距2.54mm和1.27mm，将逐渐被引线节距1.27mm、1.00mm、0.80mm及0.65mm取代，并且正向0.30mm，甚至0.25mm以下的引线节距发展。为能在一个封装基体上安排大量引线，通常采取三种方法：第一是增大封装基体面积，但这不符合小型化要求，同时会使引线电感和引线电阻增加，电性能下降；第二是优化封装结构，充分利用封装基体的四边或底面，如将引线两边引出改为四边或底面引出；第三是缩小引线节距，但引线节距太小，会使引线的机械强度降低，线间耦合增加，技术难度增大。

过去几十年来，集成电路特征尺寸从0.25μm到0.13μm，再到65nm、28nm、14nm、7nm等，集成电路微电子技术前进的步伐始终保持摩尔定律的发展速度，然而相比之下，集成电路封装技术的发展速度远低于集成电路微电子技术，在很多应用场合中，集成电路封装的密度已成为制约集成电路性能提升的瓶颈，3D封装可靠性和晶圆级封装可靠性是其中的关键问题。如何保证集成电路封装可靠性，让设计出来的集成电路功能充分发挥，已是整个集成电路产业链中举足轻重的工作。

在集成电路封装可靠性技术发展中，集成电路封装的失效机理研究始终是该技术领域中的研究热点，同时是支撑封装可靠性提升的核心基础。

在散热性能方面，集成电路封装技术更关注在提高封装密度的同时，如何有效散去集成电路的热量，即热管理技术，以及解决热载荷造成材料热膨胀，不同封装材料之间的热失配可能引起局部过应力而失效的问题。

在机械特性方面，集成电路封装技术更关注大尺寸封装，如塑料封装、陶瓷封装集成电路，在机械冲击、机械振动环境下的弹性变形、塑性变形可能带来的损伤，更关注3D叠层封装芯片的抗冲击能力。

在电学方面，集成电路封装技术更关注高密度封装的绝缘性，包括引出端之间、塑料封装材料、基本材料的绝缘性，以及在微波应用领域关注引线间电容及载荷电容、引线电感等参数。

在化学方面，集成电路封装技术持续关注潮湿环境造成的锈蚀、氧化、离子表面枝晶生长等失效问题，其中水汽渗入塑料封装是主要问题，水汽会将材料中的催化剂等其他添加料中的离子萃取出来，生成副产品，进入芯片表面、内部，导致集成电路参数漂移或失效。

在抗辐射方面，集成电路封装技术越来越关注塑料封装或填充等材料中微量的放射性元素，如铀、钍等放射性元素引起的 α 粒子辐射，它们尤其是对存储器有影响，会导致翻转效应等软错误。利用 PI 的 α 粒子辐射屏蔽作用[30]，在芯片表面覆盖 PI 涂层或人工合成的填充料是一种解决方案。

2. 封装可靠性试验评价技术的发展

为保证封装性能的长期稳定，可靠性试验已成为其可靠性保证的重要手段。随着集成电路技术的发展，集成电路封装寿命和恶劣环境适应性是集成电路研制关注的重点，因此，加速寿命试验、高加速应力试验（High Accelerated Stress Test，HAST）是考核集成电路封装可靠性的关键。

加速寿命试验是针对半导体器件在应力条件下的失效机理，施加更高应力加速退化的一种寿命评价试验技术，如温度加速寿命试验、湿度加速寿命试验等。试验评价技术的关键在于温度应力的选择和敏感参数的监测。虽然试验评价的对象是集成电路产品，但其封装对失效的影响亦在其中，如温度加速寿命试验以集成电路结温为基准，而试验环境温度的控制必然由集成电路的结壳热阻计算而来，因此，无论是哪种封装形式的集成电路加速寿命试验，其试验加速系数的取值都与集成电路封装热性能参数密切相关；而敏感参数的监测，需要结合集成电路产品技术参数确定。

高加速应力试验是评价集成电路封装环境适应性的一种手段，能够快速暴露封装缺陷，及时发现问题。为了模拟真实的使用环境而提出的器件级综合环境试验，如三综合环境试验：振动、温度循环、湿度，这些试验能够更加严格考核集成电路封装的环境适应性，满足恶劣环境下整机使用要求。特别是集成电路电载下的综合环境试验，是集成电路关注的重点和试验技术发展方向。

3. 封装可靠性仿真评价技术的发展

随着技术的快速发展，集成电路自身的可靠性评估、寿命预计及可靠性提升问题越来越受到关注。传统的可靠性试验方法往往难以满足可靠性要求高、更新换代速度快、研制周期短等新一代电子产品的研制需求，而在产品研制阶段通过可靠性仿真方法可以快速获得产品的薄弱环节和可靠性水平。可靠性仿真方法可以搭建起产品数字设计和性能试验的纽带，构建数字样机和测试环境，通过高性能计算机、有限元分析技术、失效机理分析技术、可靠性建模技术在虚拟化环境中对指定产品的可靠性进行检测与评估，从而使设计人员快速掌握产品的各项性能和可靠性指标，由此可指导产品的设计改进，提高产品的固有可靠性。可靠性仿真的全流程分析一般分为数字样机建模、基于有限元的应力分析、基于失效物理的器件级可靠性分析、板/微系统/单机级可靠性综合评估。

国外，美国马里兰大学 CALCE 研究中心开发了 CalcePWA，美国 DfR Solutions 公司推出了商业化可靠性仿真软件 Sherlock。国内，可靠性专业研究机构工业和信息化部电子第五研究所开发了基于失效物理的可靠性仿真软件 RSE-PoF，如图 1-28 所示。RSE-PoF 是一款基于多机理竞争及融合的失效物理可靠性仿真评价软件，通过热、力、电等多种物理场分布的有限元模拟，实现器件、封装、板、微系统、单机级薄弱环节定位，以及潜在失效原因分析、工作寿命预测等。

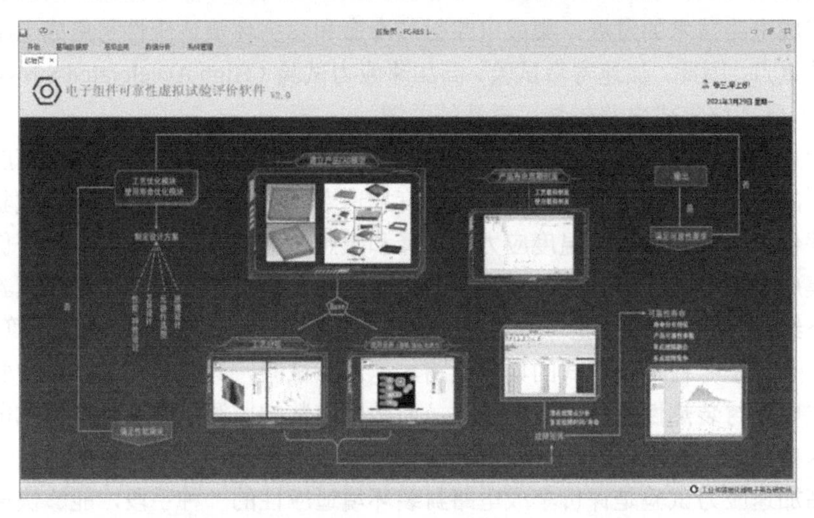

图 1-28 基于失效物理的可靠性仿真软件 RSE-PoF

RSE-PoF 软件依托工业和信息化部电子第五研究所多年来在失效物理领域积累的技术成果和丰富的具有自主知识产权的失效物理模型库，可以实现考虑工艺-使用全寿命周期应力及精细互连结构的损伤模型仿真，具备综合的可靠性预测功能。在板/微系统级可靠性建模方面，该软件以基础可靠性理论为基础，结合数值代数中非线性隐性复杂函数的数值求解技术、概率分布联合求解技术、基于人工智能的理论分析技术，建立了器件、封装、板、微系统、单机级可靠性算法库，涵盖解析算法、迭代算法、数据驱动算法、量值传递算法等。该软件还提供用于可靠性设计的工艺优化模型，可支撑电子装备的优化设计和工艺改进。

参考文献

[1] TUMMALA R R. Fundamentals of microsystems packaging[M]. McGraw-Hill Education, 2001.

[2] 王阳元. 集成电路产业全书（中册）[M]. 北京：电子工业出版社，2018.

[3] LIU J.Manufacturing and Packaging Trend for Swedish Microelectronics Industry[C]. J High and Component Failure Analysis, 2000: 15.

[4] LIU C C, CHEN S M, KUO F W, et al. High-performance integrated fan-out wafer level packaging (InFO-WLP): Technology and system integration[C]. 2012 International Electron Devices Meeting. IEEE, 2012: 14.1. 1-14.1. 4.

[5] HOU S Y, CHEN W C, HU C, et al. Wafer-level integration of an advanced logic-memory system through the second-generation CoWoS technology[J]. IEEE Transactions on Electron Devices, 2017, 64(10): 4071-4077.

[6] ITRS. International technology roadmap for semiconductors 2.0: Executive report[C]. International Technology Roadmap for Semiconductors, 2015: 79.

[7] Committee AECCT. Failure Mechanism Based Stress Test Qualification for Multichip Modules(MCM) in Automotive Applications: AEC-Q104-Rev-September 14, 2017[S]. USA. The Automotive Electronics Council, 2017.

[8] TUMMALA R, RYMASZWSKI E, KLOPFENSTEIN A. 微电子封装手册[M]. 北京：电子工业出版社，2001.

[9] 朱颂春. 新型微电子封装技术—BGA[J]. 电子工艺技术，1998，19 (2): 5.

[10] MEARIG J, GOERS B. An overview of manufacturing BGA technology[C]. Seventeenth IEEE/CPMT International Electronics Manufacturing Technology Symposium.'Manufacturing Technologies-Present and Future'. IEEE, 1995: 434-437.

[11] MARRS R C, FREMAN B, MARTIN J. High Density BGA Technology[C]. Proceedings of the second International Conference and Exhibition on Multichip Modules, 2013: 326-329.

[12] JACOBSON D M, SANGHA S.Future trends in materials for lightweight microwave packaging[J]. Microelectronics International. 1998, 15 (3): 17-21.

[13] PECHT M G, AGARWAL R, McCLUSKEV P, et al. Electronic packaging: materials and their properties[M]. Boca Raton, RC Press, 2017.

[14] PAN M Y, GUPTA M, Tay A, et al. Development of bulk nanostructured copper with superior hardness for use as an interconnect material in electronic packaging[J]. Microelectronics Reliability, 2006, 46 (5/6): 763-767.

[15] CHIEN C, LEE S, LIN J, et al. Effects of Sip size and volume fraction on properties of Al/Sip composites[J]. Materials letters, 2002, 52 (4-5): 334-341.

[16] GAO S, NAN Z, LI Y, et al. Copper matrix thermal conductive composites with low thermal expansion for electronic packaging[J]. Ceramics International, 2020, 46(11): 18019-18025.

[17] 汤涛，张旭，许仲梓. 电子封装材料的研究现状及趋势[J]. 南京工业大学学报：自然科学版，2010, 32 (4): 6.

[18] LYER M. 先进封装技术发展趋势[J]. 集成电路应用，2009 (9): 34-37.
[19] 中国电子技术标准化研究院. 电子设备可靠性预计手册: GJB/Z 299C-2006[S]. 2006.
[20] 中国航空学会. 装备环境工程通用要求[C]. 2001 年中国航空学会环境工程学术年会，2001.
[21] JEDEC. Failure Mechanisms and Models for Semiconductor Devices: JEDEC JEP122G-2011[S]. 国外-国外学协会-(美国)固态技术协会，EIA US-JEDEC，2011.
[22] 合格制造厂认证用半导体集成电路通用规范: GJB7400-2011[S]. 2011.
[23] De SIO C, AZIMI S, STERPONE L. On the Evaluation of the PIPB Effect within SRAM-based FPGAs[C]. 2019 IEEE European Test Symposium (ETS). IEEE, 2019: 1-2.
[24] KARIM N, MAO J, FAN J. Improving electromagnetic compatibility performance of packages and SiP modules using a conformal shielding solution[C]. 2010 Asia-Pacific International Symposium on Electromagnetic Compatibility. IEEE, 2010: 56-59.
[25] 中国电子技术标准化研究院. 微电子器件试验方法和程序: GJB548B-2005[S]. 2005.
[26] 国家市场监督管理总局. 半导体集成电路外形尺寸: GB/T 7092-1993[S]. 国内-国家标准-国家市场监督管理总局 CN-GB，1993.
[27] 电子封装技术丛书编委会. 集成电路封装试验手册[M]. 北京：电子工业出版社, 1998.
[28] 国家标准化管理委员会. 半导体集成电路外壳总规范：GJB1420A-1999 [S]. 1999.
[29] 刘金刚，何民辉，范琳，等. 先进电子封装中的聚酰亚胺树脂[J]. 半导体技术，2003, 28 (010): 37-41.
[30] 国家市场监督管理总局. 膜集成电路和混合集成电路外形尺寸: GB/T 15138-1994[S]. 国内-国家标准-国家市场监督管理总局 CN-GB，1994.
[31] ALLAN A. International Technology Roadmap for Semiconductors (ITRS)[J]. Journal of Applied Physics, 2015, 86 (17): 045406.
[32] A. SAITO, H. NISHIKAWA. Tin Whisker Growth Mechanism on Tin Plating of MLCCs Mounted with Sn-3.5Ag-8In-0.5Bi Solder in 30°C/60%RH[C].2019 22nd European Microelectronics and Packaging Conference & Exhibition (EMPC), 2019:1-4.
[33] 王勋，张凤祁，陈伟，等. 中国散裂中子源在大气中子单粒子效应研究中的应用评估[J]. 物理学报, 2019 (5): 10.
[34] JEDEC. Measurement and reporting of alpha particles and terrestrial cosmic ray-induced soft errors in semiconductor devices: JESD89[S]. 国外-国外学协会-(美国)固态技术协会，EIA US-JEDEC, 2001.
[35] Airbus France. Reliability methodology for electronic systems[Z]. FIDES Group, 2010.

第 2 章 集成电路封装物理特性及可靠性表征

集成电路封装为内部芯片提供保护，同时起到对芯片进行机械支撑、电连接和热耗散的作用。对于集成电路封装材料及结构物理特性和可靠性的表征，主要涉及封装的电学性能、热学性能、力学性能、吸潮性或气密性和环境适应性等方面。

本章首先描述了集成电路封装结构和材料的 8 个典型物理特性，包括常规的电学特性、热学特性、力学特性、吸潮特性、密封特性，特殊的辐射特性、电磁屏蔽特性及无铅镀层引脚元器件的锡须生长特性，给出了物理特性的表征参数、测试方法和相关标准要求等信息；然后从失效率和寿命两个方面，描述了集成电路封装可靠性的表征参数，失效率描述了集成电路有效工作寿命期的封装偶然失效，寿命参数描述了集成电路耗损阶段的封装高温退化、热疲劳和振动疲劳等；最后从盐雾、温度冲击、高低温、高温高湿、机械等环境应力的角度，描述了集成电路封装的环境适应性。

2.1 物理特性表征及标准要求

2.1.1 常规物理特性

1. 电学特性

1）封装材料电导率和绝缘性

（1）有机粘接材料。

典型的有机粘接材料有导电胶和非导电胶。导电胶既能导电又能粘接，还有导热功效。封装用导电胶的电导率一般为 10^6 西门子/米（S/m）以上，部分性能好的能达到 10^7 S/m。非导电胶的粘接材料为绝缘体，主要起粘接作用。

（2）基板材料。

基板材料主要包括有机环氧材料、陶瓷、硅等。环氧基板的材质多数为玻璃纤维（FR4）、酚醛树脂（FR3）等绝缘体。玻璃纤维使用的环氧树脂击穿电压为30kV/mm左右，部分基板的树脂中有无机填充料和玻璃布，其击穿电压可达40kV/mm。

氮化铝、氧化铝和碳化硅是常用的典型陶瓷基板材料。氧化铝陶瓷具有良好的绝缘性，但其导热性较差。氮化铝陶瓷具有优良的电绝缘性能和散热性能，适用于高功率、多引线和大尺寸封装。但是氮化铝陶瓷存在烧结温度高、制备工艺复杂、成本高等缺点，这限制了其大规模生产和使用。碳化硅陶瓷的热导率很高，热膨胀系数较低，电绝缘性能良好，强度高。但是碳化硅陶瓷的介电常数较高（10倍真空介电常数ε_0），这限制了其高频应用，仅适用于低频封装。

对于半导体硅材料，室温下硅的电导率约为10 S/m，增加硅的掺杂浓度会提高硅的电导率。

（3）金属外壳材料。

传统金属外壳材料包括Al、Cu、Mo、W、合金，以及Cu-W和Cu-Mo等，均属于导体，其电导率在10^7S/m以上。在金属封装中，金属基板可作为大面积地线，起到减小信号线之间电容和电感的作用，降低串扰和电噪声。金属外壳材料的优点包括：优异的导热性能，提高热耗散能力；非常好的导电性能，减小传输延迟；良好的电磁干扰（Electro Magnetic Interference，EMI）/射频干扰（Radio Frequency Interference，RFI）屏蔽能力。

（4）塑封、灌封材料。

目前国内外塑封材料主要有硅酮、环氧两类。从应用面和数量来看，以环氧类为主，环氧塑封材料的击穿电压一般约为20kV/mm。灌封材料主要包括有机硅灌封胶，不同种类的有机硅灌封胶物理特性相差较大，特别是在绝缘性能、防水性能、耐温性能、光学性能、粘接附着性能及软硬度等方面因种类不同而有很大差异。随着材料技术的发展，通过在灌封胶中加入功能性填充料，还可以使其获得导热、导电和导磁性能。

2）互连结构对导电特性的影响

封装互连结构主要有金丝、铝丝、铜丝键合及凸点、硅通孔（Through Silicon Via，TSV）结构[1]、重布线层（Re-Distribution Layer，RDL）[2]等。金丝键合作为应用最广泛的键合互连结构，在高温下易生成有害的金属间化合物，这些金属间化合物的晶格常数不同，热学、力学物理特性也不同，并且会在温度应力下因原子迁移而在界面处产生柯肯德尔（Kirkendall）孔洞，导致互连电阻增加，破坏集成电路的欧姆连接。

铝丝键合作为一种低成本的键合技术，受到了广泛重视，但普通铝丝在楔形焊时加热易氧化，生成一层硬的氧化膜，此膜不仅会导致器件的导电性能下降，还会导致键合强度下降。

铜丝键合在芯片引线键合方面具有良好的机械性能和导电、导热性能，用铜丝替代价格昂贵的金丝和机械性能较差的铝丝可缩小焊盘间距。但铜丝易氧化的特性可能会降低铜丝的可键合性和导电性。

倒装焊互连凸点是高密度集成电路封装的常用结构，但存在凸点开裂、Cu_3Sn微凸点中的柯肯德尔孔洞和多孔孔洞、晶界脆化和晶间断裂、Ni/Sn/Ni 微焊点孔洞等问题，这使得倒装焊互连凸点的导电性变差[3]。

在 TSV 互连工艺中，存在 TSV 开路故障、TSV 轴向孔洞、载流子迁移率降低、分层等引起互连电路导电性变差的问题[4,5]。

3）封装电学性能标准要求

集成电路封装电学性能包括封装的引线间绝缘电阻、引线互连电阻、引线间电容及引线载荷电容、引线电感等，相关标准及要求见表 2-1。

表 2-1　集成电路封装电学性能相关标准及要求

序号	标准名称	主要电学性能要求
1	GJB 1420B—2011《半导体集成电路外壳通用规范》	引线间、引线底座间绝缘电阻测试 外引线键合点间的引线电阻测试 引线间电容测试
2	GB/T 16526—1996《封装引线间电容和引线载荷电容测试方法》(等效标准：SEMI G24-89:1984)	半导体集成电路陶瓷、金属、塑料封装引线间电容和引线载荷电容测量 引线间电容，1MHz 引线载荷电容，1MHz
3	SEMI G23-0996:1980 *Test Method for Inductance of Internal Traces of Semiconductor Packages* （半导体封装内部引线电感测量方法）	PGA 等封装内部引线电感测量方法 测量封装电感大于 0.5nH BGA 封装电感=测量电感-残余电感
4	SEMI G24-89:1984 *Test Method for Measuring the Lead-to-Lead and Loading Capacirrance of Package Leads* （封装引线间电容和引线载荷电容测试方法）	用于半导体封装的引线间电容和引线载荷电容测试 适用于 1~100pF 范围
5	EIA/JEP 123:1995 *Guideline for Measurement of Electronic Package Inductance and Capacitance Model Parameters* （电子封装电感和电容模型参数测量指南）	用于半导体器件封装外引脚间的电感和电容测试

续表

序号	标准名称	主要电学性能要求
6	SJ/T 11703—2018《数字微电子器件封装的串扰特性测试方法》	规定了数字微电子器件封装引出端之间测试宽带数字信号和噪声交叉耦合水平的方法 当驱动和载荷阻抗已知时，用于多种逻辑系列产品

2. 热学特性

1）封装材料热导率

（1）有机粘接材料。

芯片封装中有机粘接材料通常会使用两种或两种以上的高聚物作为基体，进而获取更好的粘接、导电、抗振及传热等性能。非导电的粘接剂一般使用二氧化硅、聚四氟乙烯等作为填充料，而导电的粘接剂通常使用环氧树脂、不饱和聚酯及硅橡胶等作为基体，使用碳类（石墨、碳纤维）、金属类（Au、Cu 及 Ag 粉末）和金属氧化物（Al_2O_3）等作为填充料，在实现导电性能的同时，能提升粘接材料的导热性能。但通过掺杂高导热填充料来提升粘接材料的热导率，可能会降低材料的机械性能。目前市场上有机硅粘接剂产品的热导率一般为 0.4~0.8 W/(m·K)，难以满足现在高功率密度封装的需求，高热导率粘接材料制备一直是行业的关注热点。

（2）基板材料。

基板材料（如 PCB、陶瓷及 Si 等材料）的热导率将会直接影响封装的热阻，进而影响器件内部的温度。例如，陶瓷的热导率要高于一般有机材料，因而陶瓷封装比同类的塑封器件散热性能更佳。PCB 材料可通过提高内部金属的质量占比，提升 PCB 热导率。陶瓷基板是在高温下将铜箔直接键合到陶瓷基片表面而形成的。陶瓷基板的主要制作工艺有高温共烧陶瓷（High Temperature Co-fired Ceramic，HTCC）、低温共烧陶瓷（Low Temperature Co-fired Ceramic，LTCC）、直接键合铜基板（Direct Bonded Copper，DBC）和直接镀铜基板（Direct Plate Copper，DPC）。和 LTCC 基板相比，HTCC 基板具有布线密度高、机械强度高、热导率更高和化学性能更稳定等优点[6]。

（3）金属外壳材料。

金属外壳材料主要应用于气密封装器件，气密封装设计对于金属外壳的机械尺寸、热学性能、电学性能、环境适应性和可靠性等都提出了相关的设计准则。金属外壳的材料及结构设计应满足器件的热耗散需求，表 2-2 所示为常用金属外壳材料性能参考值。国家国防科技工业局发布的行业标准《金属外壳设计指南》建议，必要时应对器件的结壳热阻进行仿真或测试，确定金属外壳的设计符合要求。

表 2-2　常用金属外壳材料性能参考值[7]

基体材料	典型牌号	密度 （g/cm³）	热膨胀系数 （10⁻⁶/℃）	热导率 [W/(m·K)]
铁镍钴合金	4J29	8.2	5.3	17
铁镍合金	4J42	8.12	4.8	13
无氧铜	TU1	8.9	17.6	390
钨铜	WCu85/15	16.4	7.2	180
钼铜	MoCu70/30	9.7	8.3	190
钼	Mol	10.2	5.2	140
不锈钢	OCr18Ni9	7.93	17.2	16
铝碳化硅	SiCp/Al-DZ7	<3.1	6.0~8.0	≥160
镍	N6	8.89	13.3	82.9

（4）塑封、灌封材料。

电子封装中常用于塑封、灌封及底部填充的材料主要有环氧树脂、硅树脂和聚氨酯树脂等。该类材料一方面防止周围环境对芯片的侵蚀，另一方面起到机械支撑、应力缓冲等作用。塑封材料的热导率较低，一般热导率处于 0.1~2W/(m·K)之间。塑封材料的导热性能受到填充料的影响，如将二氧化硅包覆的氮化铝填充料加入塑封材料中，可以提高其热导率。此外，塑封材料的玻璃化转变温度（Glass-transition Temperature，T_g）一般低于 200℃，当器件工作温度超过塑封材料的玻璃化转变温度时，塑封材料的导热性能会随之变化。

2）热阻

（1）结壳热阻。

一般器件结区的热量主要沿着向下的路径通过基板散出，结壳热阻等效模型如图 2-1 所示。

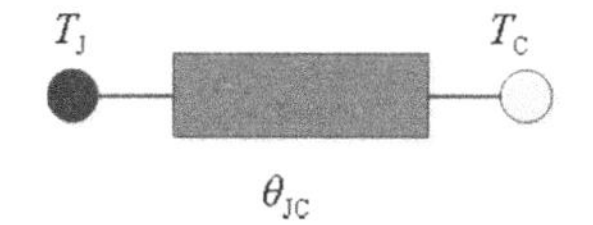

图 2-1　结壳热阻等效模型

其中，T_J 为结温，T_C 为器件封装外壳底部的温度，θ_{JC} 为器件的结壳热阻，可以用式（2-1）进行计算，P_D 为器件的热功耗。结壳热阻包含芯片和封装结构的热阻，可以采用结构函数方法进一步分离获得封装热阻，详见第 6 章的介绍。

$$\theta_{JC} = \frac{T_J - T_C}{P_D} \tag{2-1}$$

（2）双热阻模型。

对于部分金属、陶瓷气密封装，如果芯片通过导热胶垫与外壳顶部接触，且向上传播的热量不可忽略，那么热量耗散同时通过外壳顶部和底部向外传递，则可采用双热阻模型表示，双热阻模型如图 2-2 所示。

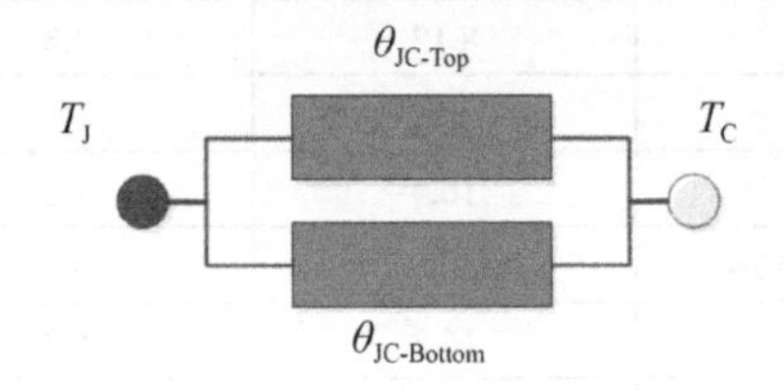

图 2-2　双热阻模型

其中，$T_{C\text{-}Top}$ 和 $T_{C\text{-}Bottom}$ 分别为器件封装外壳顶部和底部的温度，$\theta_{JC\text{-}Top}$ 和 $\theta_{JC\text{-}Bottom}$ 分别为器件结区至外壳顶部和底部的热阻，可以用式（2-2）进行计算。

$$\frac{T_J - T_{C\text{-}Top}}{\theta_{JC\text{-}Top}} + \frac{T_J - T_{C\text{-}Bottom}}{\theta_{JC\text{-}Bottom}} = P_D \tag{2-2}$$

（3）多热源封装热阻模型。

针对多热源封装，且内部热量主要沿着向下的路径通过基板散出的情况，需要考虑热源之间的耦合作用，图 2-3 所示为 4 个热源并列式分布的多热源封装热阻模型。其中，T_C 为封装外壳底部温度，T_A 为环境温度，T_S 为封装内部基板温度，θ_{SC} 为基板与外壳底部之间的传导热阻[8]。

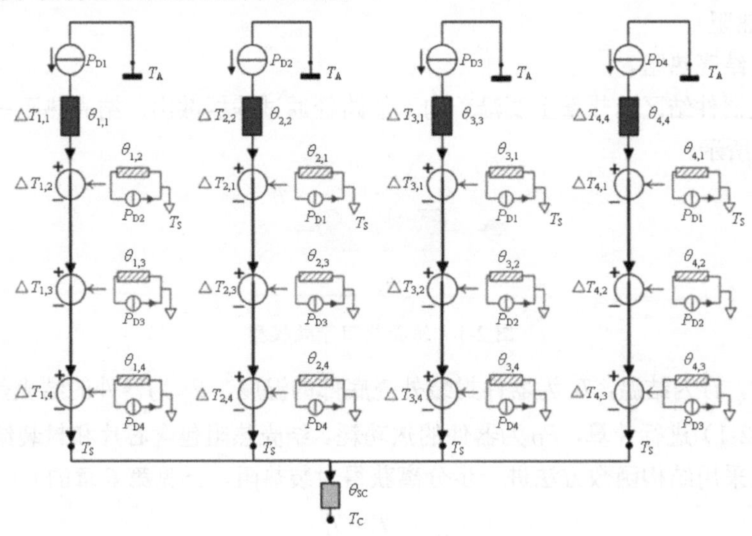

图 2-3　4 个热源并列式分布的多热源封装热阻模型

其中，$\triangle T_{1,1}$~$\triangle T_{4,4}$分别为热源1~热源4的自热温升，$\triangle T_{i,j}$为j号热源对i号热源造成的热耦合温升，$\theta_{1,1}$~$\theta_{4,4}$分别为热源1~热源4的结壳热阻，$\theta_{i,j}$分别为j号热源对i号热源造成的耦合热阻，⊖为热源功耗P_D形成的恒流源（热流），⏀为热源对某个热耦合对象形成的恒压源（温升），通过耦合热阻在热耦合对象处产生热耦合温升（$\theta_{1,2}\neq\theta_{2,1}$），其计算公式如式（2-3）所示。

$$[T_J]_4=\begin{bmatrix}T_{J1}\\T_{J2}\\T_{J3}\\T_{J4}\end{bmatrix}=\begin{bmatrix}\theta_{1,1}&\theta_{1,2}&\theta_{1,3}&\theta_{1,4}\\\theta_{2,1}&\theta_{2,2}&\theta_{2,3}&\theta_{2,4}\\\theta_{3,1}&\theta_{3,2}&\theta_{3,3}&\theta_{3,4}\\\theta_{4,1}&\theta_{4,2}&\theta_{4,3}&\theta_{4,4}\end{bmatrix}\cdot\begin{bmatrix}P_{D1}\\P_{D2}\\P_{D3}\\P_{D4}\end{bmatrix}+T_c \tag{2-3}$$

3）封装材料热膨胀及界面热失配

（1）典型材料的热膨胀。

热膨胀是指材料在单位温度变化时自身的体积或长度发生变化。在材料达到玻璃化转变温度之前，其热膨胀系数通常随温度变化缓慢线性增长，超过玻璃化转变温度后，材料的热膨胀系数随温度变化的速率可提高3~5倍。表2-3所示为典型封装材料的热膨胀系数。

表2-3　典型封装材料的热膨胀系数[7]

典型封装材料	热膨胀系数（10^{-6}/℃）	
	*X*轴方向和*Y*轴方向	*Z*轴方向
SAC305	21	21
Sn63Pb37	18~25	18~25
BT基板	12.4	57.0
FR4基板（$T<T_g$）	15.8	80~90
FR4基板（$T>T_g$）	20	400
PCB	14.5	67.2
SiO_2	0.51~0.59	0.51~0.59
Si	3.2	3.2
Cu_6Sn_5 IMC	16.3	16.3
Cu_3Sn IMC	19.0	19.0

（2）封装界面热失配。

封装界面的热失配主要是相同温度下不同材料之间的热膨胀系数差异造成的。在紧密结合的界面处，相邻材料间的热膨胀系数差别较大，容易形成热应力集中，进而造成材料结合界面的分层或开裂失效。随着封装的功率密度不断增加，封装的结构越来越复杂，封装内部容易引入非常多的热失配界面。常见的热失配界面有填充料和硅片、基板间、凸点与焊盘的界面、芯片间的粘接界面等。封装界面的热失配引发了分层或开裂失效，破坏了其原本界面的粘接和散热作用。

4）封装热学性能标准要求

集成电路封装热学性能采用封装热阻和热特性参数来表征，包括结壳稳态热阻和瞬态热阻、结环稳态热阻和瞬态热阻、结顶热特性参数、结板热特性参数，相关标准及要求见表 2-4。

表 2-4 集成电路封装热学性能相关标准及要求

序号	标准名称	主要热学性能要求
1	GB/T 14862—1993《半导体集成电路封装结到外壳热阻测试方法》	规定了集成电路封装结到外壳热阻的测试方法 采用热测试芯片，测量半导体集成电路陶瓷、金属、塑料封装热阻 结壳热阻（$R_{\theta jC}$）、结-封装表面热阻（$R_{\theta jM}$）、结-参考点热阻（$R_{\theta jR}$） 陶瓷、金属封装可在散热器和液体槽下测试，塑料封装只能在液体槽中测试
2	GJB 548B—2005《微电子器件试验方法和程序》	测定微电子器件的热性能 器件结温、热阻、壳温、表面温度和热响应时间
3	JESD15: 2008 *Thermal Modeling Overview* （热模型综述）	电子器件封装热模型建模方法论 包括详细模型、紧凑模型及模型验证方法
4	JESD15-1 *Compact Thermal Model Overview* （紧凑热模型综述）	紧凑热模型（CTM）是采用电阻网络形式表征电子封装热行为的模型 两种紧凑热模型：双热阻紧凑热模型和 DELPHI 紧凑热模型，均可用于建立器件封装热模型，并计算芯片结温
5	JESD15-3: 2008 *Two-Resistor Compact Thermal Model Guideline* （双热阻紧凑热模型指南）	结壳热阻模型、结板热阻模型，表征单芯片器件封装热阻模型的建立，可采用测试或经验证的仿真模型提取
6	JESD15-4: 2006 *DELPHI Compact Thermal Model Guideline* （DELPHI 紧凑热模型指南）	DELPHI（集成设计环境物理模型开发库）紧凑热模型 用于单芯片、多芯片封装热模型，限于稳态紧凑模型，不覆盖动态紧凑模型 一种边界条件具有独立性（BCI）的紧凑模型建模方法，BCI 作为紧凑热模型的一个特性，可以精确计算在各种环境温度下的芯片温度

续表

序号	标准名称	主要热学性能要求
7	JESD51-1: 1995 *Integrated Circuits Thermal Measurement Method-Electrical Test Method (Single Semiconductor Device)* 集成电路热测试方法——电学测试方法（单一半导体器件）	规定了一种单结半导体器件的热特性参数电学测试方法
8	JESD51-2A: 2008 *Integrated Circuits Thermal Test Method Environmental Conditions-Natural Convection (Still Air)* （集成电路热测试方法环境条件——空气自然对流）	用于空气自然对流条件下集成电路的标准结环热阻测量
9	JESD51-3: 1996 *Low Effective Thermal Conductivity Test Board for Leaded Surface Mount Packages* （有引脚表面贴装用低效导热测试板）	用于测试低热导率 PCB 条件下的器件的结环热阻特性
10	JESD51-4A: 2019 *Thermal Test Chip Guideline (Wire Bond and Flip Chip)* （热测试芯片导则——引线键合和倒装芯片）	稳态热阻和瞬态热阻的测试 比较封装的热学性能，验证封装的热模拟 用于复杂封装结构功率拓扑映射、瞬态响应研究
11	JESD51-5:1999 *Extension of Thermal Test Board Standards for Packages with Direct Thermal Attachment Mechanisms* （具有直接热连接封装的热测试板标准扩展）	规定了对直接粘接到 PCB 上的封装类型芯片的测试要求
12	JESD51-6: 1999 *Integrated Circuit Thermal Test Method Environmental Conditions-Forced Convection (Moving Air)* （集成电路热测试方法环境条件——空气强制对流）	测试在强制对流环境下集成电路的热学性能
13	JESD51-7: 1999 *High Effective Thermal Conductivity Test Board for Leaded Surface Mount Packages* （有引脚表面贴装用高效导热测试板）	用于测试高热导率 PCB 条件下的器件结环热阻特性
14	JESD51-8: 1999 *Integrated Circuits Thermal Test Method Environmental Conditions-Junction-to-Board* （集成电路热测试方法环境条件——结板）	集成电路结板热阻（$R_{\theta JB}$）和热特性参数（ψ_{JB}）测量

续表

序号	标准名称	主要热学性能要求
15	JESD51-9: 2000 *Test Boards for Area Array Surface Mount Package Thermal Measurements* （用于面阵列表面贴装器件热测试的测试板）	规定了BGA、LGA两种芯片封装器件热测试PCB的要求
16	JESD51-10: 2000 *Test Boards for Through-Hole Perimeter Leaded Package Thermal Measurements* （用于周边有引脚通孔直插封装热测试的测试板）	规定了通孔插装的DIP和SIP封装器件热测试PCB的要求
17	JESD51-11: 2001 *Test Boards for Through-Hole Area Array Leaded Package Thermal Measurements* （用于面阵列通孔有引脚热测试的测试板）	规定了PGA芯片封装器件热测试PCB的要求
18	JESD51-12: 2005 *Guidelines for Reporting and Using Electronic Package Thermal Information* （电子封装热学性能信息的报告和应用指南）	供应商提供封装热学性能信息的要求 用户采用封装热学性能数据的方法
19	JESD51-13: 2009 *Glossary of Thermal Measurement Terms and Definitions* （热测试常用术语和定义）	提供了半导体热测试领域常用术语和定义的统一集合
20	JESD51-14: 2010 *Transient Dual Interface Test Method for the Measurement of the Thermal Resistance Junction to Case of Semiconductor Devices with Heat Flow Trough a Single Pat* （一维导热路径条件下的半导体器件结壳热阻测试方法：瞬态双界面法）	详细说明了从半导体的热耗散结到封装外壳表面的一维传热路径条件下，半导体器件结壳热阻的瞬态双界面法
21	JESD51-31: 2008 *Thermal Test Environment Modifications for Multi-Chip Packages* （MCM封装的热测试环境修正）	适用于MCM封装热测试 规范了多个可独立控制功率的热测试芯片方法
22	JESD51-51: 2012 *Implementation of the Electrical Test Method for the Measurement of Real Thermal Resistance and Impedance of Light-emitting Diodes with Exposed Cooling* （通过电学法测试LED的热阻和热阻抗）	描述了通过电学法测试LED热阻和热阻抗的方法

续表

序号	标准名称	主要热学性能要求
23	JEP149: 2004 *Application Thermal Derating Methodologies*（热降额方法应用）	用于集成电路及封装的热降额设计 极限热学性能要求 针对可靠性要求的热降额要求

3. 力学特性

集成电路封装结构在生产、运输和使用过程中面临各种类型的力学问题，涉及材料力学、塑性力学、断裂力学等多个力学领域，随着超大规模集成电路和电子封装密度的不断提高，力学问题引发的集成电路封装失效愈发严重。

1）集成电路封装中的关键力学特性

（1）模态特性分析。

集成电路封装的模态特性分析以振动理论为基础，通过锤击激励法、激振器激励法等试验方法或仿真分析方法，来获取封装结构不同阶数的固有频率、阻尼比和模态振型。例如，可通过激光测振仪测试封装盖板、键合引线等的固有频率和模态阵型，掌握封装结构的敏感共振频率范围，以及振动变形形态，从而在产品设计中避免封装器件共振频率。激光测振仪能测试最小 8μm 尺寸的封装结构，对于键合引线这类无法贴放应变片的微小封装结构具有重要工程价值。

（2）振动冲击响应特性分析。

集成电路封装的振动冲击响应特性分析以机械动力学理论为基础，通过力学在线监测试验方法或仿真分析方法，来获取在不同加速度和不同频率下，封装结构的应力、应变、变形响应范围。在宏观尺度方面，通常采用宏观结构力学试验方法，包括应变片、传感器等测试手段，对于微米量级的封装结构响应特性分析，如键合引线，通常采用微观结构力学试验方法，包括激光测振、微区残余应力测试、非接触全场应变测试。振动试验三要素包括频率、振动幅值或谱形、持续时间，从三要素考虑，封装结构抗振设计可分为避免共振、降低响应、疲劳寿命设计三个方面。

（3）界面力学特性分析。

电子封装结构中存在较多的结合界面。在宏观范围内，各类结构及材料的结合界面，如焊接界面、TSV/阻挡层/介电层界面、薄膜材料的涂层界面、金属陶瓷结合界面、复合材料层合板的层间界面等，对封装结构整体的力学特性和封装器件的性能均有着十分重要的影响。在微观范围内，界面的晶粒尺寸、晶粒取向等，对封装结构整体的力学特性和结构寿命具有重要影响。

2）封装力学试验技术

传统的封装力学试验方法主要围绕弯曲、拉伸、冲击、振动疲劳 4 个方面进行。

弯曲试验一般采用三点弯曲试验方法，即在两个支撑点的中点上方向样品施加向下的载荷，当样品弯曲位移量足够大而断裂时，即完成一次测试过程，测得的位移量、压入力值、裂纹扩展位置，将作为计算样品关键部位断裂强度的依据。

拉伸试验一般采用单轴拉伸试验方法，即拉伸夹头以恒定速度进行轴向拉伸，当样品变形量达到一定值将发生断裂时，即完成一次测试过程，测得的位移量、应力-应变曲线、断裂位置、端口形貌，将作为计算样品关键部位断裂力学本构方程、断裂强度、断裂形式的判定依据。

冲击试验一般采用跌落方式进行，主要有三种类型，包括封装产品自由跌落、板级自由跌落、JEDEC 板级自由跌落。

振动疲劳试验一般采用循环力学加载（如正弦振动）的方式进行，主要针对封装互连焊点进行。在循环的拉-压、剪切力学加载过程中，焊点将随之产生往复变形，接着萌生裂纹，裂纹扩展形成断裂面，导致焊点电阻阻值升高，直至信号无法导通，封装破坏。

微观结构力学试验方法主要包括激光测振、微区残余应力测试、非接触全场应变测试，将在第 7 章中进行介绍。

3）封装力学性能标准要求

集成电路封装力学性能采用结构强度和牢固性来表征，包括封装盖板剪切强度、芯片剪切强度/粘接强度、内引线键合强度、外引线牢固性等，相关标准及要求见表 2-5。

表 2-5　集成电路封装力学性能相关标准及要求

序号	标准名称	主要力学性能要求
1	GJB 1420A—1999《半导体集成电路外壳总规范》	引脚强度，拉力试验、弯曲试验 键合强度，压焊丝、镀层检查
2	GJB 1420B—2011《半导体集成电路外壳通用规范》	引线牢固性，拉力试验、引线疲劳试验 芯片剪切拉力 键合强度
3	GJB 597B—2012《半导体集成电路通用规范》	键合强度、芯片剪切强度 引线牢固性、封装盖板扭矩等
4	GB/T 16525—2015《半导体集成电路塑料有引线片式载体封装引线框架规范》	PLCC 封装引线框架的尺寸、镀层厚度 耐热性、引脚强度等

续表

序号	标准名称	主要力学性能要求
5	GB/T 8750—2014《半导体封装用键合金丝》	直径、力学性能 表面质量等
6	GJB 548B—2005《微电子器件试验方法和程序》[9] 方法 2004.2-引线牢固性、方法 2011.1-键合强度、方法 2019.2-芯片剪切强度、方法 2024-玻璃熔封盖板的扭矩试验、方法 2027.1-芯片粘接强度、方法 2028-针栅阵列式封装破坏性引线拉力试验、方法 2029-陶瓷片式载体焊接强度等	材料强度：引脚、焊球 界面强度：内引线键合、芯片粘接、熔封盖板、焊接界面
7	GJB 7677—2012《球栅阵列试验方法》	焊球共面性 焊球拉脱强度 焊球剪切强度 可焊性
8	JEDEC JESD22-B112B: 2018 *Package Warpage Measurement of Surface-Mount Integrated Circuits at Elevated Temperature* （高温下表贴集成电路的封装翘曲测量）	经历回流焊工艺时的封装翘曲测量 BGA 封装更易受翘曲损伤，固有翘曲是因为封装材料热膨胀系数不匹配，或者受到湿气影响
9	JESD22-B108B: 2010 *Coplanarity Test for Surface-MountSemiconductor Devices* （表贴半导体器件的共面性测试）	测量表贴器件所有引出端室温下共面性偏差
10	JESD22-B110B.01: 2019 *Mechanical Shock-Device and Subassembly* （器件和组件的机械冲击试验）	评估在自由状态和在板状态的抗机械冲击能力
11	JESD22-B115A.01: 2016 *Solder Ball Pull* （焊球拉脱）	器件焊球在制造/运输或最终使用过程中的拉伸力 评估焊球承受拉伸力的能力
12	JESD22-B117B: 2014 *Solder Ball Shear* （焊球剪切）	采用剪切力检测方法，评估焊球的完整性 评估焊球在器件制造、测试、运输和最终使用期间承受机械剪切力的能力
13	JESD22-B116B: 2017 *Wire Bond Shear Test Method* （引线键合剪切试验方法）	测量 15~76μm 引线焊球剪切强度 焊球高度至少为 4μm
14	JESD22-B119 *Mechanical Compressive Static Stress Test Method* （静态机械压力试验方法）	评价高功耗大尺寸器件的压力耐受能力 模拟散热器机械压力带来的损伤
15	JESD22-B105E: 2018 *Lead Integrity* （引脚完整性）	评价封装引脚的张力、弯曲应力 焊点疲劳、引线扭曲、螺栓扭矩等能力

续表

序号	标准名称	主要力学性能要求
16	JEP 167A: 2020 *Characterization of Interfacial Adhesion in Semiconductor Packages* （半导体封装界面黏附性表征）	用于芯片引线键合封装、芯片倒装封装 芯片剪切、封盖剪切、引线框架拉伸、螺柱拉伸 倒装芯片拉拔 剥离、楔形、悬臂梁、三点弯曲
17	JESD217.01: 2016 *Test Methods to Characterize Voiding in Pre-SMT Ball Grid Array Packages* （SMT 前 BGA 封装焊球空隙检测方法）	用于 FCBGA、PBGA、CBGA 和 CCGA，球距不小于 0.5mm 检测焊球中 6 种空隙：微空隙（界面处）、平面微空隙、收缩空隙、微通孔空隙、IMC 微空隙、针孔空隙 方法：2D X 射线检测（操作简单）、3D X 射线检测（立体图像）、5D X 射线检测（消除 PCB 翘曲影响）

4. 吸潮特性

（1）封装材料吸潮特性。

吸潮特性是塑料封装集成电路的一个重要物理特性指标。由于塑封电路为高分子聚合物封装，封装材料间间隙较大，湿气易渗透到芯片表面和塑封材料之间的微裂纹（分层或裂缝），从而引起漏电流增大、电荷不稳定或铝金属化层腐蚀等失效现象，进而导致芯片表面漏电，严重时导致芯片功能失效。此外，塑封材料体内的湿气吸收会使封装结构产生膨胀，导致在芯片上产生附加机械应力和精密线性电路的参数漂移。封装吸潮是塑封集成电路主要的可靠性问题之一。

如果塑封电路长期处于潮湿、高温这种恶劣条件下，那么芯片表面在受到长达数千小时的湿气侵入后，会形成很高的饱和湿气浓度及液态的水膜，在通电的情况下会加速电化学腐蚀效应。

随着塑封材料、工艺的不断进步，器件的耐潮湿能力越来越强，常规稳态湿热的可靠性评价难以暴露其失效机理，高加速应力试验（HAST）是一种公认的有效湿热加速试验手段，是加速评估塑封电路、模块的不可替代的方法。HAST 主要分无偏压（无电压偏置）HAST 和偏压 HAST 两种类型，塑封集成电路环境适应性相关标准见表 2-6。

表 2-6　塑封集成电路环境适应性相关标准

序号	标准名称	吸潮性适用范围
1	JESD22-A101D: 2015 *Steady-State Temperature-Humidity Bias Life Test* （稳态温度湿度偏压寿命试验）	用于评价非气密封装在潮湿环境下的可靠性，温度、湿度、偏压可加速湿气从外部包封材料渗透至芯片表面

续表

序号	标准名称	吸潮性适用范围
2	JESD22-A110E: 2015 *Highly Accelerated Temperature and Humidity Stress Test*（高加速温度湿度应力试验）	用于评价非气密封装在潮湿环境下的可靠性，施加了严酷的温度、湿度、偏压以加速湿气从外部包封材料渗透至芯片表面，其失效机理与 85℃/85%RH 稳态湿热试验一致
3	JESD22-A102E: 2015 *Accelerated Moisture Resistance-Unbiased Autoclave*（无偏压高加速耐湿试验）	使用蒸汽凝露或饱和蒸汽环境来评价非气密封装的耐潮湿完整性
4	JESD22-A118B: 2015 *Accelerated Moisture Resistance-Unbiased HAST*（加速耐湿试验——无偏压 HAST）	评估非气密封装电路在湿气环境下的可靠性，不进行偏压是为了确保不会产生因偏压而加速的失效机理，如电化学腐蚀

（2）塑封器件潮湿敏感度等级要求。

塑封芯片由于天然的吸潮特性，即使在存储状态下，湿气也会渗入封装内部。随着细间距元件、球栅阵列封装、3D 叠层等塑封器件的广泛使用，吸潮引起的失效机制备受关注。若塑料封装处于回流焊的高温环境下，则其内部吸收的湿气会在短时间内汽化，产生足够的蒸汽压力而导致封装破坏。常见的失效模式包括塑封材料与引线框架分层、塑封材料与芯片界面分层、芯片损伤、内部裂纹等。在极端情况下，会产生“爆米花”效应，造成芯片鼓胀或爆裂。

塑封集成电路的吸潮特性可以表征塑封界面和塑封材料的湿气渗透性，这种渗透性采用潮湿敏感度等级来表征，根据 JEDEC J-STD-020E 标准[10]，潮湿敏感度可分为 1 级、2 级、2a 级、3 级、4 级、5 级、5a 级、6 级共 8 个等级。潮湿敏感度等级的评价通常包括样品准备、初始电测试、初始光学显微镜检查、烘烤、浸湿处理、回流焊、最终光学显微镜检查、最终电测试及最终超声波扫描显微镜检查几个阶段。烘烤时间与封装的厚度有关，推荐的典型条件为 125℃/24 小时。不同等级的潮湿敏感度对应不同的吸潮预处理试验条件和试验时间，JEDEC J-STD-020E 标准规定了不同等级塑封集成电路在模拟回流焊工艺前可暴露于规定条件下大气环境的时间长短。预处理可以采用加速等效的方法进行。在预处理完成后的 15 分钟到 4 小时内，首先将样品进行 3 次模拟回流焊，然后进行最终测试，根据分层等失效情况评判其潮湿敏感度等级。

根据 JEDEC J-STD-020E 标准，对于 1 级产品，在小于或等于 30℃/85%RH 环境条件下，使用时间不限；对于 2 级、2a 级、3 级、4 级、5 级、5a 级产品，规定在小于或等于 30℃/60%RH 环境条件下，使用时间分别限制为 1 年、4 周、168 小时、72 小时、48 小时和 24 小时；对于 6 级产品，在小于或等于 30℃/60%RH

环境条件下，使用时间限制根据产品的编带标识确定。相应潮湿敏感度等级的产品，在规定存储环境和使用期限内，可直接进行板级回流焊而无须进行烘烤预处理，如 2 级产品，在小于或等于 30℃/60%RH 存储环境条件下，1 年之内进行回流焊组装，无须进行烘烤预处理。塑封集成电路潮湿敏感度等级标准见表 2-7。

表 2-7　塑封集成电路潮湿敏感度等级标准

序号	标准名称	潮湿敏感度等级
1	IPC/JEDEC J-STD-020E *Moisture/Reflow Sensitivity Classification for Nonhermetic Surface Mount Devices* （非气密表贴器件的潮湿/回流焊敏感度分级）	识别非气密封装 SMD（阻焊膜定义结构）潮湿敏感度等级，以便其能选择合适的包装、存储和处理方法，避免在回流焊和维修中被损伤 给出合格的 SMD 使用哪种潮湿敏感度等级/预处理水平
2	IPC/JEDEC J-STD-033D: 2018 *Handling, Packing, Shipping and Use of Moisture, Reflow, and Process Sensitive Devices* （潮湿、回流焊和工艺敏感器件的操作、包装、运输及使用）	为潮湿敏感 SMD 的操作、包装、运输、使用提供标准方法，可以避免 SMD 受潮和回流焊后可靠性下降 热烘后使 SMD 得到长达 1 年的包装存储寿命 塑封 SMD 器件封装材料包括环氧树脂、硅树脂
3	JESD22-A120B: 2014 *Test Method for the Measurement of Moisture Diffusivity and Water Solubility in Organic Materials Used in Electronic Devices* （电子器件封装用有机材料的湿气扩散和水溶解度检查试验方法）	一种确定电子器件封装用有机材料的湿气吸附性能的定量方法 测定有机材料的湿气扩散率和水溶性，评价表贴塑封器件在湿气环境下和经受高温回流焊后的可靠性
4	IPC/JEDEC J-STD-035 *Acoustic Microscopy for Nonhermetic Encapsulated Electronic Components* （非气密封装元件的声学显微镜检查方法）	确定板级组装电路中非气密封装元件的界面分层的声学显微镜检查方法

5. 密封特性

1）气密封装的性能检测

气密封装主要有陶瓷封装、金属封装、玻璃封装 3 种类型。其中，在常用的气密封装材料中，金属具有很好的导电性和导热性，适合在常温环境下应用的气密封装结构中使用。陶瓷（碳化硅和氮化硅等）封装由于耐高温、耐高压、抗腐蚀，可以在较恶劣的环境中应用。玻璃封装兼具透光性和气密性，通常用于气密封装光学器件，但由于氢、氦和氖分子能够透过玻璃，因此玻璃封装不太适合高真空的应用。

（1）气密性检测。

气密性是具有内空腔的气密封装器件的关键特性指标之一。高可靠性电子产品对气密封装器件内部的水汽、氢气等进行了精确限量的技术要求，气密性不合格的器件，对产品可靠性危害极大，如密封不合格容易导致水汽渗透而引起内部电路锈蚀、漏电或参数漂移。因此，需要分别通过粗检漏和细检漏方式对密封器件进行气密性测试。GJB 548B—2005[9]方法 1014.2 对气密性试验方法、程序及失效判据均进行了规定，具体见第 4 章描述。

（2）键合性能检测。

在金属或陶瓷气密封装的引线键合中，引线两端分别键合在封装外壳的键合焊盘和芯片键合区，气密封装的引线键合结构通常处于悬空状态，不同于塑料封装（键合引线有塑封材料包裹），因而实际使用中存在因振动冲击应力而搭丝、碰丝引发短路失效的风险。因此，对于气密封装引线键合性能的检测，除进行键合强度测试外，还建议增加对键合引线振动模态的测试，分析评估键合引线发生搭丝、碰丝而短路失效的风险。GJB 548B—2005 方法 2011.1 和方法 2023.2 分别规定了破坏性键合拉力试验方法和非破坏性键合拉力试验方法。

（3）多余物检测。

气密封装内部的多余物（粒子）是气密封装失效的主要诱因，多余物在振动、冲击等载荷下容易因自由运动而损坏内部腔体芯片或封装互连结构。采用粒子碰撞噪声检测（Particle Impact Noise Detection，PIND）可以检测出气密封装腔体内存在的自由粒子，它根据待测器件腔体尺寸，通过振动器对样品施加规定条件的振动频率和幅值，有效激发内部自由粒子的运动，进而根据自由粒子与器件封装外壳碰撞时激励换能器而识别检测出自由粒子，这是一种非破坏性试验，简单、快捷而有效。GJB 548B—2005 方法 2020.1 对粒子碰撞噪声检测试验方法进行了详细规定。

2）应力和可靠性

保证气密封装器件长期可靠工作的必要条件包括：封装内部水汽含量符合产品规范或标准要求；器件封装后气密性指标符合要求；在经过温度循环、温度冲击、机械振动等环境应力的作用后，器件的气密性仍能符合要求。这其中，特别是在器件工作期间，由于环境变化，封装将经历各种温变载荷，出现不同封装材料之间的热失配，并可能导致器件失效。同时，腐蚀、蠕变、断裂、疲劳裂纹的产生和扩展及薄膜的分层都可能导致封装失效。

（1）疲劳损伤及退化。

在热-机械载荷下，气密封装薄弱位置将发生疲劳损伤，引发微裂纹的产生和扩展。这是一种与时间相关的现象，可导致器件参数漂移，并最终断裂而导致器件完全失效。疲劳通常始于材料中应力集中的位置，如气密盖板的焊接界面处、键合引线的颈部或根部。疲劳损伤不同于静力破坏，它是一种损伤累积的过程，疲劳损伤界面通常能在扫描电子显微镜下观察到接近平行、等间距的疲劳纹。

（2）材料释气。

对于气密封装腔体内部，在工艺过程中会引入部分起固定作用的粘接材料，粘接材料通常由环氧树脂和其他一些添加剂组合而成，具有工艺性能好、粘接强度高、耐介质性能优良等特点。但是，部分粘接材料在高温和时效作用下，会发生氧化分解，产生少量挥发性物质，进而改变气密封装腔体内部的气氛含量。结合大量试验结果及数据分析发现，气密封装腔体内部的有害气氛主要有三个来源：密封工艺时意外封入的周围气氛；封装内材料及芯片表面、粘接剂、涂覆料等所吸附水汽和材料分解或释气；密封漏气，密封后环境中气体通过漏孔掺入。其中水汽和氢气的释放对于气密封装腔体内部可靠性影响最为显著。

（3）高频振动载荷下的脆性断裂及退化。

在气密封装中，气密盖板可以隔绝外部环境气氛对芯片的干扰，但气密盖板的焊接界面是可靠性薄弱环节。盖板在受到外界应力（如振动载荷、恒定加速度载荷、冲击载荷、碰撞载荷等）时，会发生变形。这时，盖板焊接处脆性较大的焊料容易因此而脱落，这些脱落的材料成为自由粒子，造成密封腔内污染，严重时会导致连接强度下降或漏气失效，这种情况在冲击载荷条件下更加严重。

3）封装气密性标准要求

金属封装和陶瓷封装集成电路的气密性通常采用封装漏率和封装内部水汽含量来表征，包括标准漏率、测量漏率和等效漏率，以及水汽含量百分比。集成电路气密性相关标准及要求见表 2-8。

表 2-8　集成电路气密性相关标准及要求

序号	标准名称	气密性、内部水汽含量要求
1	GJB 1420B—2011《半导体集成电路外壳通用规范》	气密性测试 漏率，GJB 548B—2005 方法 1014.2 密封，粗检漏、细检漏
2	GJB 597B—2012《半导体集成电路通用规范》	适用于半导体集成电路，包括多片集成电路 检验内部水汽含量、气密性
3	JEP144A: 2020 *Guideline for Internal Gas Analysis for Microelectronic Packages* （微电子封装内部气体分析指南）	适用于气密封装微电子器件，包括分立器件、单片和混合微电路封装的内部气体分析 可以测量封装体积为 0.0002~200cc 的内部气氛 需要测量封装内部水汽，以及其他气氛：氢气、氧气、氦气、氩气 解释了封装常见的 10 类与水汽相关的失效机理
4	JESD22-A109B: 2011 *Hermeticity* （气密性）	适用于金属封装、陶瓷封装（气密陶封）的漏率检测
5	GJB 548B—2005《微电子器件试验方法和程序》	方法 1018.1 允许最大水汽含量为 5000ppm

2.1.2　特殊物理特性

1. 辐射特性

（1）封装材料辐射源。

地球上天然存在大量的235U（0.72%）、238U（99.2%）和232Th（100%）元素，这些元素极易出现在半导体器件的各种材料中，如模塑料、焊球、填充料等。同时，半导体器件的焊点中总是存在着极微量的 210Po。这些重放射性同位素通常发生 α 衰变，持续不断地释放出能量大约为 4 MeV~9 MeV 的 α 粒子。带有能量的 α 粒子入射至半导体器件有源区，沿其径迹产生高密度的电子-空穴对，电子-空穴对在器件电场的作用下发生分离后被节点收集，在电路中产生一个干扰电流信号，进而引起半导体器件数据丢失、功能中断等。α 粒子对电路系统的影响可能是致命的，如 α 粒子在 CPU 的指令缓存中引起软错误，将导致 CPU 不能执行预期的功能[11]。

在一个封装好的芯片中，α 粒子辐射源可能来自封装材料、芯片材料、引线材料及半导体器件制造工艺中使用的材料。其中离芯片越近的材料，其放射的 α 粒子的影响越大。对于一个在严格控制的制造环境下生产的器件，α 粒子辐射源主要来自封装材料，而不是半导体器件制造工艺中使用的材料。放射性杂质衰变释放出 α 粒子如图 2-4 所示。

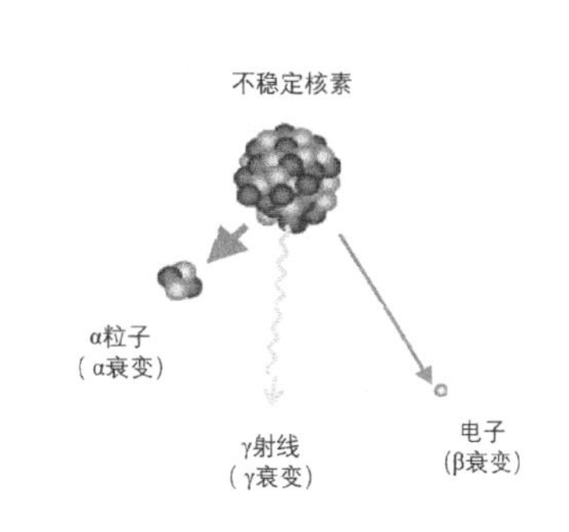

图 2-4　放射性杂质衰变释放出 α 粒子

（2）α 粒子辐射的危害。

α 粒子辐射存在于所有的半导体器件中，大量案例表明其产生的软错误会导致电子设备发生数据丢失、功能异常等危害。即使花费巨大代价对所用材料进行放射性杂质提纯，目前国际上也仅能做到超低辐射率等级（0.001cph/cm^2），仍然无法避免 α 粒子引起的软错误。此外，随着半导体器件工艺的发展，其特征尺寸越来越小，集成度越来越高，这导致其抗 α 粒子辐射能力迅速下降，原因是工作电压下降导致的临界电荷减小。

（3）标准要求。

封装材料的 α 粒子辐射特性表征包括材料级的 α 粒子表面辐射率测量和器件级的加速辐射测试。材料级的 α 粒子表面辐射率测量通常依据 JESD221 标准进行，目的在于获得封装材料的 α 粒子表面辐射率、能谱等数据。器件级的加速辐射测试通常依据 JESD89-2A 或 IEC60749-38 标准进行，目的在于快速获得器件对 α 粒子辐射的响应特性，得到 α 粒子引起的软错误截面。封装材料 α 粒子辐射特性表征标准要求见表 2-9。

表 2-9 封装材料 α 粒子辐射特性表征标准要求

序号	标准名称	评估要求
1	JESD221: 2011 *Alpha Radiation Measurement in Electronic Materials*（电子材料 α 粒子辐射测量方法）	材料级的 α 粒子表面辐射率测量 适用于气体正比计数器（辐射率低于 0.01cph/cm^2） 测量过程包括防沾污制样、衬底噪声诊断与调试、测试参数设置、测试过程、数据分析和报告
2	JESD89-2A: 2007 *Test Method for Alpha Source Accelerated Soft Error Rate*（基于 α 粒子源的软错误率加速测试方法）	器件级的加速辐射测试 测试过程包括样品准备、源选取、试验布局、数据处理、试验报告等 通常选用 α 粒子人工放射源，对源的参数（类型、尺寸、放射性等）、源-器件试验布局等进行了详细规定 α 粒子源的厚度应不小于 0.04 mm 使用单粒子效应测试系统监测辐射过程中器件发生的软错误信息，包括数量、地址、错误数据等。在试验过程中，需要注意放射源辐射防护安全
3	IEC60749-38: 2008 *Semiconductor Devices-Mechanical and Climatic Test Methods-Part 38: Soft error Test Method for Semiconductor Devices with Memory*（带存储器的半导体器件的软错误测试方法）	

2. 电磁屏蔽特性

（1）电磁屏蔽封装材料。

电磁屏蔽材料是一种可以阻止电磁波的传播与扩散，将电磁辐射能量限定在安全范围内从而减小其危害的防护材料，是实现电磁辐射防护的重要手段。随着电子设备向小型化、轻量化和高速度方向发展，近年来电磁干扰受到越来越多的重视和关注。为有效隔离射频辐射器件，以限制其干扰向相邻组件传播，通常在封装器件表面利用电离镀、化学镀、真空沉积等方法制备一层导电薄膜以达到电磁屏蔽效果，由于导电薄膜厚度小于 $\lambda/4$（λ 为干扰电磁波的波长），吸收损耗可以忽略，因此其屏蔽效能主要取决于反射损失。电磁屏蔽的原理就是利用屏蔽材料对电磁波进行反射、衰减等，阻止其进入特定区域[12]。

德国汉高公司（Henkel）、美国高分子化学公司（Polymer Science）及我国飞荣达公司（FRD）等相继开发了多款导电涂覆薄膜封装屏蔽材料，这种材料可以被用来均匀地涂覆在封装器件的顶部和侧壁，具有优异的屏蔽效能（屏蔽效能是指在某一点上实施屏蔽前后的电场强度之比），以及对塑封材料有着优异的附着力。但总体而言，目前面向封装应用的电磁屏蔽薄膜材料尚处于研究的初级阶段，还未开展大规模应用[13]。

（2）封装材料电磁屏蔽要求。

对于封装涂覆材料电磁屏蔽特性的要求，主要从外观、涂覆层厚度、耐温度特性、剥离强度和屏蔽效能等方面进行规定。例如，要求涂覆后的材料外观表面平整，颜色分布均匀，无气泡、裂纹、孔眼、变形、锈蚀、明显杂质、加工损伤等影响使用的缺陷；厚度需要远小于（<1/100）试样的导电波长；屏蔽效能≥20dB 等。

有机薄膜涂覆材料的电磁屏蔽特性要求应符合表 2-10 中相关标准的规定。

表 2-10 有机薄膜涂覆材料屏蔽特性表征相关标准及要求

序号	标准名称	屏蔽特性表征要求
1	GB/T 34938—2017《平面型电磁屏蔽材料通用技术要求》	10 MHz~1 GHz，屏蔽效能≥20dB 热收缩率≤2% 透光率≥60% 剥离强度≥280 N/m
2	GB/T 35575—2017《电磁屏蔽薄膜通用技术要求》	10 MHz~3 GHz，等级 SE-1：>50 dB；等级 SE-2：45~50 dB；等级 SE-3：40~45 dB；等级 SE-4：<40 dB 压合接触电阻≤1.0Ω 剥离强度≤500 N/m 热收缩率≤2%

2.1.3 锡须生长特性

1. 锡须生长机理

目前，除部分豁免产品外，电子行业的无铅化已全面施行，随之而来的无铅元器件锡须生长问题成为突出的可靠性问题之一。锡须通常是指在元器件引脚锡镀层上自发长出的金属晶须，其元素成分主要为锡，会给高密度集成元器件造成引脚间短路失效风险。

虽然人们对于锡须生长的研究已经具有 70 多年的历史，但是尚未形成一个关于锡须生长机理的完整理论。目前的统一观点趋向认为，内部压缩应力是锡须生长的主要动力之一。压缩应力主要来自引脚基体中铜原子向表面锡镀层的扩散及时效（特别是温度时效）作用过程中金属间化合物 Cu_6Sn_5 的生长，与普通锡镀层晶粒取向不同的锡晶粒表面的氧化膜容易沿着晶界剪切破裂，从而使得受挤压的锡晶粒在表面破裂处长出。此后，锡须不断生长直到应力完全释放，这一现象说明，锡须生长将存在一个生长饱和值。图 2-5 所示为锡须生长的主要机理。Lee[14,15] 等人用 X 射线衍射给出了锡镀层表层薄膜的择优取向指数，发现锡须晶粒与普通锡晶粒的晶面取向不同。

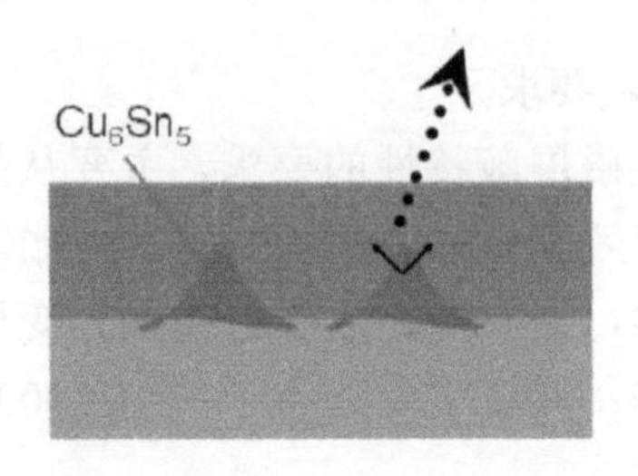

图 2-5　锡须生长的主要机理[16]

2. 锡须生长的影响因素

锡须生长不受气压、电场、磁场等环境因素的制约，属于自发过程，与时间相关，一旦其长度足够长，就会造成元器件相邻引脚或导体之间的短路。同时，锡须在高压条件下可能发生电弧放电，或者在气流作用下发生弯曲变形、脱落等，从而引起元器件失效，甚至产品故障或事故。

锡须与枝晶有着本质区别，锡须是在纯锡表面因压缩应力作用而自发生长的单晶组织。影响锡须生长的可能因素包括工艺应力、外部应力、温度、湿度、晶粒尺寸、晶粒大小、晶粒方向等[17]。

3. 锡须表征及失效判据

根据 JESD22-A121A: 2019 标准和行业内通行做法，对于锡须的表征测量，通常从锡须形状、锡须长度和锡须面密度三个方面进行，一般推荐采用能放大 50~300 倍的光学显微镜或最少能放大 250 倍的扫描电子显微镜进行测量。当锡须长度超过 50μm，或者锡须长度大于或等于待测元器件引脚间距的一半时，即判定失效。对于直线型锡须，直接测量镀层表面生长点至锡须顶端的实际距离；对于中间有弯折的锡须，分别测量每一段的直线距离后进行求和，得出总长度作为锡须长度。锡须长度测量如图 2-6 所示。

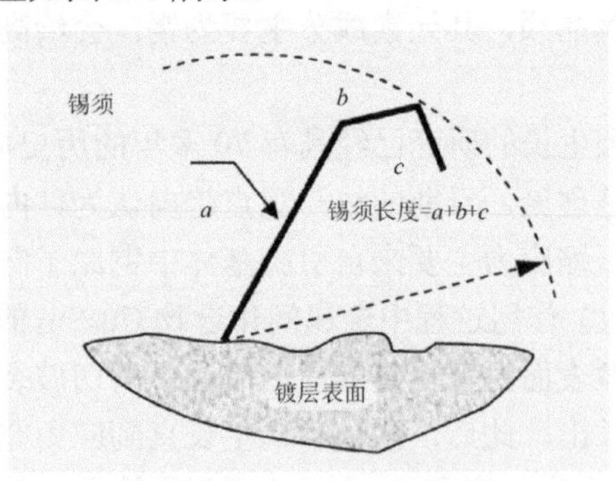

图 2-6　锡须长度测量

由于锡须引起的失效可能取决于锡须面密度，因此对锡须面密度的测量可作为集成电路是否失效的参考。表 2-11 所示为 JESD22-A121A: 2019 给出的锡须面密度的低、中、高三个范围的判断标准[18]。

表 2-11　锡须面密度判断标准

序号	锡须面密度	锡须总数（根）	引线、端子或试样的检查区域
1	低	＜10	$1mm^2$
2	中	10~45	$1mm^2$
3	高	＞45	$1mm^2$

4. 封装表面[19]锡须生长控制标准要求

集成电路封装无铅焊料表面的锡须生长，采用在规定时间下温度循环和温湿度环境下无铅焊料表面的锡须面密度、锡须长度来表征，相关标准及要求见表 2-12。

表 2-12　集成电路封装无铅焊料表面的锡须生长相关标准及要求

序号	标准名称	锡须生长评估要求
1	JESD22-A121A: 2019 *Test Method for Measuring Whisker Growth on Tin and Tin Alloy Surface Finishes* （锡和锡合金表面锡须生长评估方法，需要与 JEDS201A: 2020 配合使用）	锡须的判据： 在温度循环、温湿度环境下，测量比较不同镀层或工艺的锡须生长倾向 测量锡须长度（10μm 判据）、表面密度（20%）
2	JESD201A: 2020 *Environmental Acceptance Requirements for Tin Whisker Susceptibility of Tin and Tin Alloy Surface Finishes*[20] （锡和锡合金表面镀层的锡须敏感性的环境验收要求）	验收采用高温高湿等试验激发锡须生长，进行锡须敏感性测试评价 测试等级： 3 类：航天——不接受纯锡、高锡合金 2 类：电信/服务器/汽车——产品寿命长，如磁盘驱动器，锡须脱落是个问题 1 类：工艺/消费品——产品寿命中等，不必担心锡须 1A 类：消费品——产品寿命短，锡须关注度小 给出最小允许的锡须长度
3	JP002: 2006 *Current Tin Whisker Theory and Mitigation Practices Guideline*[19] （当前锡须理论和解决实践指南）	锡须形成理论，导致锡须形成的压缩应力来自铜镀锡 Cu_6Sn_5 不规则生长、界面双金属热失配、镀液杂质、潮湿腐蚀氧化等 抑制锡须方法：非锡镀、Sn/Pb 镀、Sn/Bi 镀、Sn/Ag 镀等镀层；Sn-Ni-Cu 的 Ni、Sn-Ag-Cu 的 Ag 等阻挡层；熔镀锡、退火雾锡等热处理；热浸锡、厚锡、涂料等表面处理

2.2 可靠性表征及标准要求

目前，尚无专门针对集成电路封装可靠性评估的相关标准，但可参考元器件及产品可靠性评估标准中的指标，采用失效率和寿命进行封装可靠性表征。集成电路封装失效率主要描述产品在有效工作期内的随机失效概率，寿命主要描述集成电路封装的耗损寿命。过应力造成的封装失效也被称为随机失效，对应浴盆曲线的偶然失效期，此阶段的封装失效是随机发生的，可以简化采用恒定的失效率表征其可靠性水平。长时间应力造成的封装失效也被称为耗损失效，对应浴盆曲线的耗损失效期，此阶段的封装失效主要是材料老化、疲劳和磨损等造成的，失效率会随时间的增加而明显上升，因此一般采用耗损寿命作为表征其可靠性水平的指标。

2.2.1 封装失效率

失效率是表征封装可靠性的一个重要参数。时刻 t 的失效率被定义为，已工作到 t 时刻的产品，在时刻 t 后单位时间内发生失效的概率。图 2-7 所示为失效率曲线的典型情况，也称为浴盆曲线。

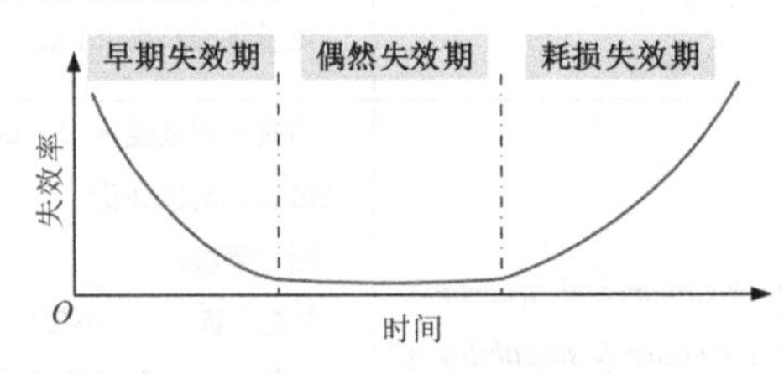

图 2-7 浴盆曲线

浴盆曲线的失效率随时间变化可分为三个阶段：第一阶段是早期失效期（Infant Mortality），此阶段失效大多是设计、原材料和制造过程中的缺陷造成的；第二阶段是偶然失效期，也称为随机失效期（Random Failures），此阶段失效的主要原因是质量缺陷、材料弱点、环境和使用不当等因素，其失效率较低且较稳定，往往可近似看作常数；第三阶段是耗损失效期（Wear-out），此阶段失效的主要原因是磨损、疲劳、老化等，表现为失效率随时间的延长而增加。

国内外可靠性预计手册和标准通常重点关注浴盆曲线第二阶段的可靠性，采用失效率指标表征相关封装结构的可靠性。例如，我国军标 GJB/Z-299C—2006《电子设备可靠性预计手册》考虑焊点热循环疲劳失效，采用表面贴装失效预计模型评估电路板表贴元器件与电路板之间的连接可靠性。式（2-4）和式（2-5）给出了考虑温度应力及元器件表贴焊接形式的失效率。

$$\lambda_{\mathrm{SMT}} = A \cdot \lambda_{\mathrm{b}} \tag{2-4}$$

式中，A 为失效调整系数；λ_{b} 为基本失效率，可以进一步表示为

$$\lambda_{\mathrm{b}} = \frac{\left[\dfrac{d}{0.65h} \times \left|\alpha_{\mathrm{s}}\Delta T - \alpha_{\mathrm{CC}}\left(\Delta T + T_{\mathrm{RISE}}\right)\right| \times 10^{-6}\right]^{2.26}}{3.5} \cdot C_{\mathrm{R}} \cdot \pi_{\mathrm{C}} \tag{2-5}$$

式中，d 和 h 为焊点相关尺寸；α_{s} 和 α_{CC} 为电路板和封装材料的热膨胀系数；ΔT 为环境温度极值之差；T_{RISE} 为功耗引起的温升；C_{R} 为每小时功率循环次数；π_{C} 为器件引线结构系数。

集成电路的封装形式、封装复杂度是决定其封装失效率的重要条件。GJB/Z-299C—2006 标准中考虑封装复杂度的集成电路封装失效率数据见表 2-13。

表 2-13　GJB/Z-299C—2006 标准中考虑封装复杂度的集成电路封装失效率数据（部分）[21]

引脚数（个）	密封（10^{-6}/小时）			非密封（10^{-6}/小时）		
	双列直插式封装（DIP）	扁平式封装插接阵列（FP）	插接阵列（含 PGA、BGA）	双列直插式封装（DIP）	扁平式封装插接阵列（FP）	插接阵列（含 PGA、BGA）
8	0.0259	0.0224	0.0400	0.0337	0.0336	0.0527
24	0.1167	0.1670	0.1495	0.1517	0.1971	0.4146
64	0.4473	1.0040	0.4852	0.5814	0.6396	1.3454
120	—	3.1693	1.0316	—	1.3599	2.8605
280	—	14.9226	2.8517	—	3.7591	7.9070

2010 年，法国国防协会颁布的 FIDES 可靠性预计标准更全面地考虑了温度、湿度和振动应力对集成电路封装失效率的影响，FIDES 标准中的封装失效率[22]表示为

$$\lambda_{\text{封装}} = \sum_{i} \lambda_{0\text{-应力}i} \times \Pi_{\text{应力}i} \tag{2-6}$$

式中，$\lambda_{0\text{-应力}i}$ 为第 i 种应力的基本失效率；$\Pi_{\text{应力}i}$ 为第 i 种应力系数。不同应力种类的基本失效率可以进一步由封装类型的相关参数表示为

$$\lambda_{0\text{-应力}} = \mathrm{e}^{-a} \times \left(N_{\mathrm{p}}\right)^{b} \tag{2-7}$$

式中，a 和 b 为封装外壳类型和引脚数的常数；N_{p} 为封装外壳引脚数。FIDES 标准中集成电路典型封装失效率模型参数如表 2-14 所示。

表 2-14 FIDES 标准中集成电路典型封装失效率模型参数

封装形式	描述	N_p	$\lambda_{0\text{-温度}}$		$\lambda_{\text{温度循环\_封装壳}}$		$\lambda_{0\,\text{温度循环\_焊点}}$		$\lambda_{0\text{-机械}}$	
			a	*b*	*a*	*b*	*a*	*b*	*a*	*b*
PDIP	塑封双列直插式封装	8~68	5.88	0.94	9.85	1.35	8.24	1.35	12.85	1.35
PQFP	塑料方形扁平式封装	44~240	11.16	1.76	12.41	1.46	10.80	1.46	14.71	1.46
		240~304					10.11	1.46	14.02	1.46
PBGA	塑料球栅阵列（封装）（焊球间距为 1.27mm）	119~352	6.87	0.90	10.36	0.93	7.36	0.93	11.05	0.93
		352~432					7.14	0.93	10.83	0.93
		432~729					6.67	0.93	10.36	0.93

2.2.2 封装耗损寿命

美国电子电路互连和封装协会标准 IPC 9701A:2006 认为，浴盆曲线的偶然失效期内的封装和组装焊接失效率非常低，并且很难通过试验手段测试得到。在实际工作过程中，集成电路器件封装失效主要发生在第三阶段，即耗损失效期。此阶段的失效率随时间的增加而不断增大，无法采用恒定的失效率模型表征其可靠性。因此，一般采用加速试验方法评估封装的耗损失效期寿命，根据加速试验应力种类和封装失效机理的不同，用于表征封装可靠性的代表性寿命指标如下。

1. 高温稳态寿命

高温应力是导致集成电路封装退化失效的主要原因之一。高温会使集成电路封装结构中的缺陷快速暴露，造成内部机械应力增加、键合松脱、填充料熔融、塑封开裂、焊点界面退化等封装结构失效。目前，随着高密度封装技术的发展，以微凸点为载体的高密度 3D 封装结构应运而生。微小的间距和高度使得焊点对热应力更加敏感，高温会加剧界面扩散速率的不均匀性，进而产生柯肯德尔孔洞，微小尺寸焊点的应力拘束效应会诱导热应力下焊料界面裂纹的萌生。高温稳态寿命通常可以采用阿伦尼乌斯（Arrhenius）方程描述。

2. 低周热疲劳寿命

温变应力是导致集成电路封装失效的一个主要原因。温度循环试验施加一定次数的周期性温度变化应力，主要表征热疲劳导致的封装结构失效。在集成电路封装结构中，芯片与焊接层、芯片与键合引线等封装材料的热膨胀系数不可避免地存在不匹配现象。在温度交替变化的过程中，不同热膨胀系数的材料会产生交变应力，这使材料弯曲变形并发生蠕变疲劳，在热膨胀系数差异较大的两种材料交界处产生裂纹，并逐渐扩散最终造成焊接分层、键合引线脱落等封装失效。低周热疲劳寿命通常可以采用 Coffin-Manson 方程描述。

3. 高周振动疲劳寿命

振动应力是导致集成电路封装失效的重要原因，振动失效模式占集成电路器件总失效模式的 20%。高周振动疲劳寿命采用振动应力下发生疲劳失效时所经历的时间或循环次数表征。在振动应力的作用下，集成电路封装结构会产生不可逆的损伤，随着损伤的累积，最终出现键合引线脱落、焊点开裂、气密盖板开裂、玻璃绝缘子开裂等封装结构失效。对于大多数集成电路器件而言，其在实际工作中更多承受的是随机振动载荷。因此，一般通过一定振动频率带宽和加速度的随机振动试验来评估集成电路封装的高周振动疲劳寿命。高周振动疲劳寿命可采用 Basquin 方程来描述，随机振动下的疲劳寿命通常基于 Miner 准则的疲劳累积损伤来表征。

4. 电迁移寿命

本书的电迁移（Electromigration，EM）是指针对封装结构的微凸点、重布线层等金属导体在承受高电流密度情况下，金属原子在电子风的作用下发生宏观移动扩散的现象。在集成电路封装互连结构中，长时间的电迁移会降低互连结构的力学性能，并导致阳极物质堆积而形成凸起，阴极物质削减而出现孔洞，最终诱发封装结构的失效。通常，将电流或电流密度作为电迁移寿命试验条件，通过导通电压或接触电阻来表征封装结构的微观变化。2003 年，国际半导体技术发展路线图将电迁移列为限制高密度集成电路封装技术发展的关键因素和核心挑战之一。电迁移寿命通常采用 Black 方程描述。

5. 封装存储寿命

集成电路封装可以保护芯片免受水汽、盐雾等外界环境气体的腐蚀。对于气密封装来说，若封装漏气导致环境气体进入集成电路器件内部，则会造成键合腐蚀、离子沾污进而导致器件失效。陶瓷、玻璃、金属等气密封装多用于航空航天等对器件气密性要求较高的领域，其封装内部腔体充有高纯氮气或其他惰性气体，主要失效模式为盖板密封口在温度和湿度作用下形成漏孔，外界环境气体进入腔体。塑封工艺是非气密封装的代表，其内部不存在空腔，芯片被聚合材料包裹。大分子聚合材料本身的吸湿特性和塑封体与引线框架的界面浸入是塑封器件失效的两种主要方式。对于在寿命周期内多数时间处于非工作存储状态的封装器件，通常通过温度和湿度的加速试验方法评估集成电路封装的存储寿命，湿度加速寿命通常用 Lawson 模型或 Peck 模型来描述。

2.2.3　失效率和寿命标准要求

集成电路封装可靠性可以采用相应的失效率和寿命参数表征，包括封装失效率、封装耗损寿命等，相关标准及要求见表 2-15。

表 2-15　集成电路封装可靠性相关标准及要求

序号	标准名称	失效率、寿命要求
1	GJB 7400—2011《合格制造厂认证用半导体集成电路通用规范》	适用于半导体集成电路，包括多片集成电路稳态寿命、温度循环寿命
2	GJB/Z-299C—2006《电子设备可靠性预计手册》	给出了不同集成电路封装结构的失效率数据
3	FIDES Guide: 2009 *Reliability Methodology for Electronic Systems* （电子系统可靠性方法论）	给出了不同集成电路封装结构的失效率模型及参数
4	JESD22-A104E: 2014 *Temperature Cycling* （温度循环）	适用于器件和焊点互连热疲劳寿命检测
5	JEP158: 2009 *3D Chip Stack with Through-Silicon Vias(TSVS): Identifying, Evaluating and Understanding Reliability Interactions* （3D 叠层 TSV：识别、评估和可靠性作用理解）	介绍了带 TSV 的芯片叠层的主要失效模式、失效机理 失效模式：薄硅片翘曲导致 TSV 金属互连开路、短路 失效驱动力：焊接温度、潮湿、热循环、热膨胀系数失配等 带 TSV 测试结构的 3D 芯片叠层测试评价方法
6	JEP156A: 2018 *Chip-Package Interaction Understanding, Identification, and Evaluation* （芯片级封装相互作用的理解、鉴定和评价）	给出芯片封装相互作用对产品可靠性影响的识别和评估方法 仅涉及半导体封装应力与半导体芯片之间的相互作用（L1 级封装，不包括 L2 级封装）
7	JESD22B113A: 2012 *Board Level Cyclic Bend Test Method for Interconnect Reliability Characterization of SMT ICs for Handheld Electronic Products* （手持电子产品 SMT IC 互连可靠性板级循环完全试验方法）	PCBA 组件在组装和使用过程中经历各种机械载荷条件，PCB 反复弯曲，PCB 布线裂缝、焊点开裂、SMT IC 破裂而失效 采用板级测试方法来加速评估 SMT IC 的弯曲损伤特性（表贴器件最大尺寸限制为 15mm×15mm）
8	IPC-SM-785 *Guidelines for Accelerated Reliability Testing of Surface Mount Attachments* （表面贴装焊接连接的加速可靠性测试指南）	介绍了表面贴装焊接连接疲劳模式及可靠性预测、焊接连接可靠性设计、制造/工艺及加速可靠性测试等内容
9	IPC-9701A *Performance Test Methods and Qualification Requirements for Surface Mount Solder Attachments* （表面贴装焊锡件性能测试方法和鉴定要求）	介绍了包括表面贴装焊点在内的电子组件性能和可靠性加速试验及评估方法，划分了可靠性的等级及其要求

2.3 环境适应性表征及标准要求

2.3.1 高温环境适应性

高温环境是导致集成电路封装失效的主要因素之一。对于塑封集成电路产品，高温环境会加速塑封材料的湿气侵入；对于气密封装，高温环境会导致焊料层退化、有机材料老化，产生孔洞、裂纹，降低焊接强度及封装的气密性，以及加剧内部材料的分解或释气，影响气密封装可靠性。同时，对于封装内部芯片间的布线互连，高温环境会加速互连线的电迁移和应力迁移现象，降低集成电路产品的可靠性。

对于集成电路封装的高温环境适应性，通常采用高温试验来衡量时间和温度对封装热失效的影响。例如，焊料凸点在高温应力下，金属间化合物生长，这导致互连的电阻退化和凸点的脆性增加，影响焊接可靠性。芯片粘接层在高温应力下微观组织形貌发生变化，剪切力下降，从而降低产品可靠性。

2.3.2 温变环境适应性

温变环境适应性常见的表征方法包括温度循环试验、温度冲击试验和功率循环试验。温度循环试验主要考核封装结构承受高温和低温交替变化的能力，其温变速率较低。温度冲击试验主要考核封装结构在遭受温度剧烈变化时的抵抗能力，温变速率较高，通常在 10s 时间内实现温度从极端低温到极端高温。功率循环试验测定集成电路封装结构承受高低功率循环的能力，在功率循环过程中，芯片产生的热量对芯片及封装可靠性造成严重影响，通常用来模拟典型应用中遇到的最坏情况。通常，功率循环分为短循环和长循环，短循环对键合界面退化影响显著，长循环对焊料界面退化影响较大。

封装材料的热膨胀系数不同，在温变环境下，不同封装材料之间产生应力，应力累积到一定程度会引起不同种类的应变，应力和应变的大小决定了封装结构的温变环境适应性。温度变化会导致封装引线疲劳、断裂，以及芯片粘接层的分层等可靠性问题。封装结构的温变环境适应性与封装材料的物理特性（如热膨胀系数、杨氏模量、泊松比等）有关。

2.3.3 机械环境适应性

集成电路产品在生产、运输、组装及使用环境中，会经历不同种类的机械应力，主要包括冲击、碰撞、振动、跌落、摇摆等。集成电路封装的机械环境适应性通过测试封装结构在这些机械应力下的可靠性来表征。常见的机械环境适应性试验包括机械冲击、随机振动、扫频振动和恒定加速度试验。

典型的机械应力参数包括振动频率、加速度及机械应力施加方向。选取的振动频率与实际应用环境有关，如汽车运输的振动频率以低频为主，而火箭发射经历的振动频率范围较宽，典型的振动频率在20~2000Hz之间。加速度大小可以用来测定封装、内部金属化和键合引线、芯片或基板的焊接，以及微电子器件其他部件的机械强度极限值。机械应力施加方向通常为X轴、Y轴、Z轴三个方向，根据测定的需求选取合适的方向。通过机械环境适应性试验，可以检测出封装的结构和机械类型缺陷，并开展封装结构加固设计和隔振缓冲系统设计。

2.3.4 环境适应性标准要求

集成电路封装环境适应性采用各类环境试验结果来表征，包括温度冲击、高低温、高温高湿、盐雾、机械冲击等环境试验，相关试验标准见表2-16。

表2-16 集成电路封装环境适应性相关试验标准

序号	标准名称	环境适应性要求
1	GJB 1420B—2011《半导体集成电路外壳通用规范》	热冲击、温度循环 耐湿、盐雾 可焊性 恒定加速度
2	GJB 597B—2012《半导体集成电路通用规范》	检验温度循环 机械冲击、振动、恒定加速度
3	JESD22-A101D: 2015 *Steady-State Temperature-Humidity Bias Life Test* （稳态温度湿度偏压寿命试验）	评价非气密封装集成电路在潮湿环境下的可靠性 施加温度、湿度、偏压条件，加速湿气穿透封装材料或沿封装界面渗入
4	JESD22-A100E: 2020 *Cycled Temperature-Humidity-Bias with Surface Condensation Life Test* （带有表面冷凝的循环温度-湿度-偏压寿命试验）	用于气密腔体封装器件，作为JESD22-A101或JESD22-A110的替代试验 该寿命试验可以评价非气密或气密腔体器件在潮湿环境下表面冷凝后的可靠性，有效确定器件表面耐腐蚀和耐枝晶生长能力
5	JESD22-A110E: 2015 *Highly Accelerated Temperature and Humidity Stress Test* （高加速温度湿度应力试验）	评估非气密封装器件在潮湿环境中的可靠性 与“双85”稳态湿度寿命试验具有相同的失效机理，但具有更严苛的温度、湿度和偏压应力，加速湿气穿透封装材料或沿封装界面渗入

续表

序号	标准名称	环境适应性要求
6	JESD22-A118B: 2015 *Accelerated Moisture Resistance-Unbiased Unbiased HAST* （加速耐湿试验——无偏压 HAST）	评估潮湿环境中非气密封装器件的可靠性 在非冷凝条件下施加温度和湿度应力，加速湿气通过封装材料或沿着材料与金属界面渗透 无偏压试验可以识别被偏压试验掩盖的失效机理（电偶腐蚀） 试验目的仅是识别封装内部的失效机理（*T*：110~130℃，RH：85%，VP：122kPa~230kPa），不凝露
7	JESD22-A102E: 2015 *Accelerated Moisture Resistance -Unbiased Autoclave* （无偏压高加速耐湿试验）	评估非气密封装固态器件在潮湿环境下的可靠性 在高压容器中完成湿气冷凝或湿度饱和蒸汽试验，不适用于叠层或载带封装，如 FR4 材料、聚酰亚胺载带（*T*：121℃，RH：100%，VP：205kPa）
8	JESD22-A104E: 2014 *Temperature Cycling* （温度循环）	检测元器件和互连焊点承受等温极高温到等温极低温交替变化引起热机械力的能力 $\Delta T \leqslant 15$℃/min（10~14℃/min），注意：这是等温温度循环试验，即在温度循环的某一时刻，样品的温度是均匀的
9	JESD22-A107C: 2013 *Salt Atmosphere* （盐雾，等同于 MIL750、MIL883）	盐雾耐蚀性 参照 MIL750、MIL883
10	GJB 2440A—2006《混合集成电路外壳通用规范》	用于混合集成电路、固态继电器及带光纤器件的金属外壳和陶瓷外壳 规定了外壳在生产和交付时的质量、可靠性保证要求 鉴定检验环境试验：温度循环、热冲击、高温烘烤、耐湿、盐雾、机械冲击、恒定加速度 质量一致性检验环境试验：温度循环或热冲击、机械冲击或恒定加速度
11	JESD22-A122A: 2016 *Power Cycling* （功率循环）	固态器件功率循环时封装结构和焊点在非等温高温到非等温低温过程耐受热机械应力的能力，这是非等温的温度循环试验，即在功率循环的某一时刻，样品的温度是非均匀的
12	JESD22-A105D: 2011 *Power and Temperature Cycling* （功率和温度循环）	固态器件在功率循环、温度循环应力同时作用下的试验考核 重点关注芯片倒装、球栅阵列、芯片叠层焊点互连的耐受能力
13	JESD22-A106B.01: 2016 *Thermal Shock* （热冲击）	固态器件封装在急速温变下的耐受能力 失效判据：封装开裂、破损

续表

序号	标准名称	环境适应性要求
14	JESD22-B110B.01: 2019 *Mechanical Shock-Device and Subassembly* （器件和组件的机械冲击试验）	适用于非气密封装器件，在 *X* 轴、*Y* 轴、*Z* 轴三个方向试验 失效判据：器件封装开裂，组件 PCB 焊点互连或底部填充料脱开
15	JESD89-2A: 2007 *Test Method for Alpha Source Accelerated Soft Error Rate* （基于 α 粒子源的软错误率加速测试方法）	确定固态易失性存储器阵列、双稳态逻辑元件的 α 粒子软错误率
16	JESD221: 2011 *Alpha Radiation Measurement in Electronic Materials* （电子材料 α 粒子辐射测量方法）	适用于半导体制造采用的材料 测量小于 0.01cph/cm^2 的辐射率

参考文献

[1] MURUGESAN M, MORI K, NAKAMURA A, et al. High Aspect Ratio TSV Formation by Using Low-Cost, Electroless-Ni as Barrier and Seed Layers for 3D-LSI Integration and Packaging Applications[C].Solid State Devices and Materials (SSDM), 2020.

[2] NIMBALKAR P, LIU F, WATANABE A, et al. Fabrication and reliability demonstration of 5μm redistribution layer using low-stress dielectric dry film[C].2020 IEEE 70th Electronic Components and Technology Conference (ECTC), 2020: 62-67.

[3] FU Z, ZHOU B, YAO R, et al. Research on thermal-electric coupling effect of the copper pillar bump in the flip chip packaging[C].2016 17th International Conference on Electronic Packaging Technology (ICEPT), 2016: 1377-1380.

[4] MARIAPPAN M, KOYANAGI M, FUKUSHIMA T. Impact of Electroless-Ni Seed Layer on Cu-Bottom-up Electroplating in High Aspect Ratio (>10) TSVs for 3D-IC Packaging Applications[C].2020 IEEE 70th Electronic Components and Technology Conference (ECTC), 2020: 1736-1741.

[5] HWANG G, KALAISELVAN R. Development of TSV electroplating process for via-last technology [C].2017 IEEE 67th Electronic Components and Technology Conference (ECTC), 2017: 67-72.

[6] LIY, WANGH, LIY, et al. Simulation and Thermal Fatigue Analysis for Board Level BGA Connection of HTCC Packaging[C].2020 21st International Conference on Electronic Packaging Technology (ICEPT), 2020:1-5.

[7] 电子封装技术丛书编委会汇编，王先春，贾松良执笔．集成电路封装试验手册[M]．北京：电子工业出版社，1998.

[8] 翁建城，何小琦，周斌，等．一种计算对流空气条件下 MCM 器件结温的方法[J]．广东工业大学学报，2014，31 (4): 6.
[9] 中国电子技术标准化研究院．微电子器件试验方法和程序：GJB548B-2005[S]. 2005.
[10] JEDEC　Moisture/Reflow Sensitivity Classification for Nonhermetic Surface Mount Devices: JEDEC J-STD-020E-2014[S]. JEDEC Solid State Technology Association, 2014.
[11] EBARA M, YAMADA K, KOJIMA K, et al. Threshold Dependence of Soft-Errors induced by α particles and Heavy Ions on Flip Flops in a 65 nm Thin BOX FDSOI[C].2018 IEEE SOI-3D-Subthreshold Microelectronics Technology Unified Conference (S3S), 2018:1-3.
[12] SAITO A, NISHIKAWA H, Tin Whisker Growth Mechanism on Tin Plating of MLCCs Mounted with Sn-3.5Ag-8In-0.5Bi Solder in 30℃/60%RH[C].2019 22nd European Microelectronics and Packaging Conference & Exhibition (EMPC), 2019:1-4.
[13] ZHOU B, ZHANG Z, LI Y, et al.Flexible, robust, and multifunctional electromagnetic interference shielding film with alternating cellulose nanofiber and MXene layers[J]. ACS applied materials interfaces,2020, 12 (4): 4895-4905.
[14] SAITO A, NISHIKAWA H. Tin Whisker Growth Mechanism on Tin Plating of MLCCs Mounted with Sn-3.5Ag-8In-0.5Bi Solder in 30℃/60%RH[C].2019 22nd European Microelectronics and Packaging Conference & Exhibition (EMPC), 2019:1-4.
[15] LEE B Z, LEE D N.Spontaneous growth mechanism of tin whiskers[J]. Acta Metallurgica,1998, 46 (10): 3701-3714.
[16] 何小琦，恩云飞，宋芳芳．电子微组装可靠性设计（基础篇）[M]．北京：电子工业出版社，2020.
[17] 恩云飞，谢少锋，何小琦．可靠性物理[M]．北京：电子工业出版社，2015.
[18] JEDEC. Test Method for Measuring Whisker Growth on Tin and Tin Alloy Surface Finishes: JEDEC JESD22-A121A-2008[S]. JEDEC Soild State Technology Association, 2008.
[19] JEDEC. Current Tin Whisker Theory and Mitigation Practices Guideline: JP002[S]. JEDEC Solid State Technology Association, 2006.
[20] JEDEC. Environmental Acceptance Requirements for Tin Whisker Susceptibility of Tin and Tin Alloy Surface Finishes: JESD201A[S]. JEDEC Solid State Technology Association, 2020.
[21] 中国电子技术标准化研究院．电子设备可靠性预计手册: GJB/Z 299C-2006[S]. 2006.
[22] Airbus France. Reliability methodology for electronic systems[Z]. FIDES Group, 2010.

第3章

塑料封装的失效模式、失效机理及可靠性

塑料封装的优点包括成本较低、尺寸较小、质量较小，且可以进行大批量工业化生产，所以现阶段，塑料封装技术已经广泛地用于消费类和工业类电路系统。目前，用于芯片钝化方向的塑封料（塑封材料）和生产工艺已经相当成熟了。但是，由于塑料封装的树脂材料和结构的因素，塑料封装在高可靠性应用方面仍需关注一些使用风险，如腐蚀、电化学迁移、“爆米花”效应、界面分层、系统级和晶圆级封装的通孔、微凸点等可靠性问题。本章将对塑料封装产品的特征、失效模式、失效机理、应力和可靠性等方面进行详细的阐述。

3.1 塑料封装的可靠性概述

鉴于塑料封装所具有的各项优点，如尺寸较小、性能较好，且产品种类繁多和易于获取等，如果将它用于军用和航空航天等高可靠性应用领域，则可以有效地推动设备的小型化、轻量化，且能够缩短设备的研制周期。但是，在产品质量和可靠性方面，塑料封装与军品级气密封装有着明显的差距。塑料封装技术原本用于工作在非极端环境下的易维护和可替换设备，并未考虑应用于军用、航空航天等高可靠性领域。基于塑封料的固有特性，相比于气密封装电路，塑料封装电路因塑封料的固有特性而在如下三个方面表现出弱点[1]。

（1）设计温度范围窄。塑料封装电路的标称温度范围（商用级为0~70℃，工业级为-40~85℃）不符合军用级温度范围（-55~125℃）的要求，且未经老化筛选。

（2）耐潮湿性差。由高分子聚合物灌封形成的塑料封装容易被湿气侵蚀，可能会导致参数退化、塑封料膨胀、电化学腐蚀、“爆米花”效应等失效现象。

（3）易界面分层。在环境温度发生变化时、开关机过程中、回流焊过程中，塑料封装会受到热机械应力的影响，可能引发裂纹现象、分层现象、孔洞现象等。

结合塑料封装的特点，它在高可靠性领域应用时不能不受限制地使用，否则可能会导致一些与气密封装器件无关的技术风险。例如，塑料封装对湿气侵入和吸收敏感，如果湿气没有得到严格的控制，则可能在存储和组装过程中导致腐蚀、参数漂移，也可能会在焊接组装过程中出现“爆米花”效应[2]。

3.2　塑料封装的失效模式和失效机理

3.2.1　塑封料相关的失效模式和失效机理

塑封电路失效的第一原因就是湿气侵入，许多其他可靠性问题也都是湿气侵入带来的。由于塑料封装为高分子聚合物封装，塑封料间间隙较大，湿气易渗透到芯片表面和塑封料之间的微裂纹（分层或裂缝）中，从而表现出漏电流增大、电荷不稳定，或者铝金属化腐蚀等失效。一般而言，封装暴露在潮湿环境下有三种失效模式：“爆米花”效应，湿气侵入引发的腐蚀，偏置电压和湿气共同作用产生的电化学迁移。

产生“爆米花”效应的原因是塑封料很容易被湿气侵入，如果一直放置于湿润的环境中，塑封料和芯片粘接材料之间的粘接强度将出现下降。在焊接器件前，需要烘烤预处理塑封料。因为在回流焊过程中，器件的温度会快速提高到 240℃附近，侵入封装壳塑封体内微孔洞中的水分可以很快汽化，导致塑封料内的气压迅速增大，并导致热应力。在上述过程中产生的热应力、湿应力、蒸汽压力、粘接强度变弱等综合作用下，塑封料会出现分层、裂开等现象，这种现象常被称为“爆米花”效应，在对器件进行高温加热和迅速冷却时都会出现。塑料封装“爆米花”效应的典型失效形式如图 3-1 所示。“爆米花”效应会使得封装表面和内部出现裂层，导致水和其他杂质离子的加速侵蚀。侵蚀到封装壳内部的 Cl^-、K^+、Na^+ 等杂质会腐蚀芯片的金属化层、内部键合的金属化层等，使电路出现故障。塑料封装的芯片铝金属化腐蚀如图 3-2 所示。

吸湿膨胀产生裂纹导致失效的过程如下。封装中的聚合物材料吸收湿气将产生膨胀，从而产生材料尺寸的改变。吸湿膨胀与因热膨胀系数（Coefficient of Thermal Expansion，CTE）不同而产生热应力相似，会引入湿应力。长期暴露在湿气环境中，湿气将极大地影响界面粘接和老化效果。相应地，分层将发生在较弱的界面并造成封装的失效。通过优化钝化层的工艺和结构，提高芯片封装的工艺质量，并改善塑封料的透水、吸湿特性，可以减小湿气对塑封电路的影响。

（a）“爆米花”效应的 C-SAM 图像

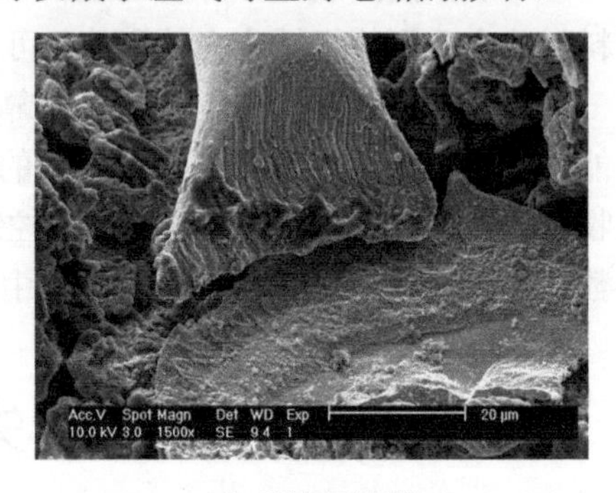

（b）外键合点拉脱

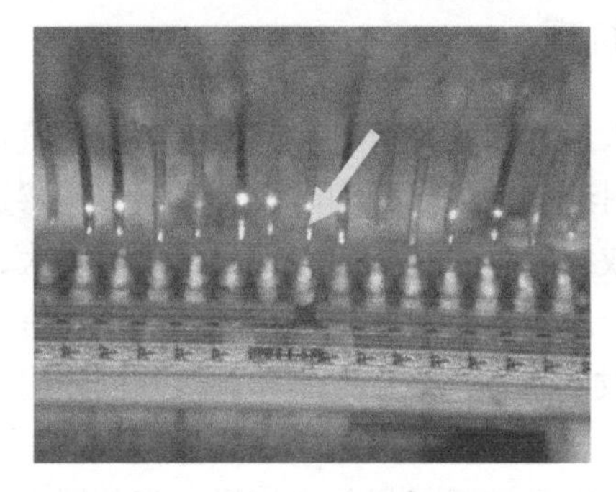

（c）内键合点拉脱

（d）芯片和塑封料分层

图 3-1　塑料封装“爆米花”效应的典型失效形式

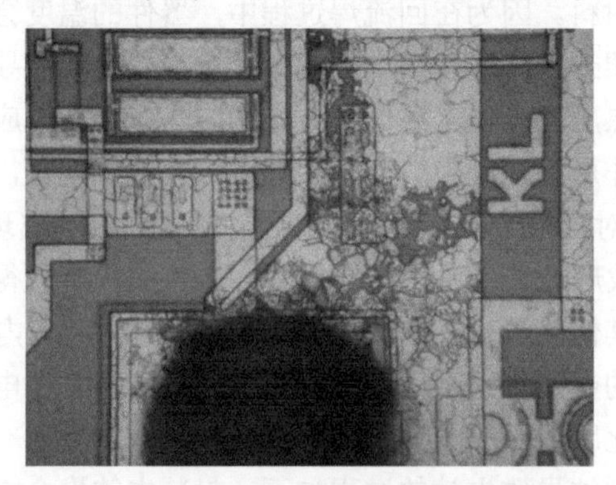

图 3-2　塑料封装的芯片铝金属化腐蚀

偏置电压和湿气共同作用导致的电化学迁移（腐蚀）是一种重要的失效模式，其产生的原因如下。如果塑料封装长期处于潮湿、高温这种恶劣条件下，那么芯片表面被湿气侵入后，会在芯片表面形成饱和水汽浓度及液态的水膜，易形成原电池效应而导致腐蚀，在通电的情况下会加速电化学腐蚀效应。

对于封装体而言，存在两种腐蚀：一种腐蚀是在基板表面的阴极面上生长金属须（如铜须），在阳极铜的电解质溶液中产生金属离子。当湿气有了传输途径（如通过阻燃剂吸收湿气）后，金属离子迁移到阴极面，可能导致金属须生长。金属离子溶解度不断减小导致金属须结晶和生长，最终使得阳极-阴极短路失效。另一种腐蚀针对的是球栅阵列（BGA）封装，发生在基板中玻璃纤维/环氧树脂连接界面及其表面，即导电阳极丝（Conductive Anodic Filament，CAF）生长。当存在湿气时，CAF 从阳极到阴极沿着玻璃纤维/环氧树脂界面分层生长。

3.2.2　封装界面相关的失效模式和失效机理

与封装用的玻璃、陶瓷和金属等材料不一样，塑料是非气密材料，其玻璃化转变温度为 130~160℃。在民用领域，塑封电路需要承受的三个温度范围分别是 0~70℃（商业温度）、-40~85℃（工业温度）和-40~125℃（汽车温度）。对于塑料封装，因为环氧塑封料与相接触材料的热膨胀系数（CTE）存在差异，所以当温度改变的时候，在界面间就会产生压缩应力或拉伸应力，即热应力的主要来源。

塑料封装体内含有硅片、引线框架、键合引线、模塑料等各种热膨胀系数不同的材料，在初始灌封工艺过程、回流焊组装过程或应用环境温度变化很大的恶劣环境中，很容易出现界面分层，如模塑料/芯片界面、引线框架/模塑料、基板/模塑料等界面。界面分层会带来安全隐患。首先，界面分层会导致封装体内形成裂纹，湿气容易通过这些细微通道渗透至芯片表面，导致芯片表面漏电、焊盘和金属化腐蚀等隐患。其次，界面分层会产生机械可靠性问题，分层易在温度变化、机械振动等环境条件下扩大裂纹，导致键合疲劳、间歇性接触不良，甚至拉脱开路等。

对于功率器件而言，界面分层导致的危害更大，芯片粘接的孔洞或分层，会导致热阻增大，当功率器件工作时热量无法有效耗散，最终结温过高导致芯片烧毁。处于工作状态下的功率器件会产生热量，在功率器件的使用过程中，冷-热循环会导致不同材料界面因热膨胀系数不同而产生周期性剪切力。周期性剪切力作为一种应力会引起界面外材料的“疲劳”，并使得界面接合处出现损伤，使得器件性能变差，最终导致器件失效，即热疲劳失效。键合引线可因热疲劳而开路，引线在脉冲工作状态下会产生交替变形，这种变形反复进行会使引线因“疲劳”而产生裂纹。

塑料封装的一个重要的可靠性问题是低温分层和裂纹，由于模塑料和引线框架热膨胀系数的不匹配，在温度循环时从室温降到低温可能发生分层和裂纹，塑料封装的热应力导致的芯片裂纹如图 3-3 所示。由于存储/工作温度和封装温度存在较大的差别，因此这些应力在低温时作用比较明显。此外，潜在的裂纹会导致抗断裂强度的减小。

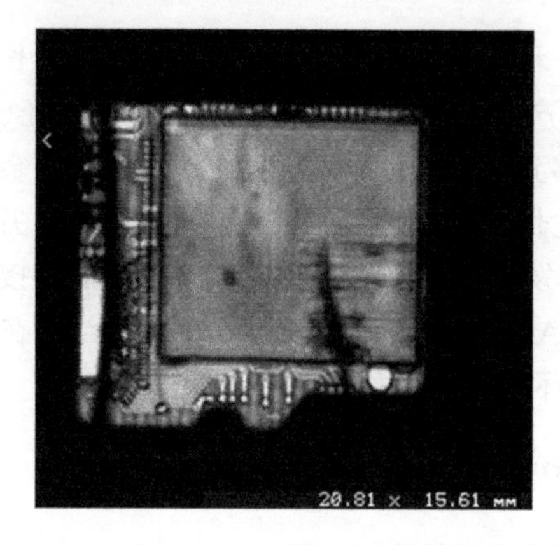

图 3-3　塑料封装的热应力导致的芯片裂纹

由上述分析可知，因为塑料封装的封装材料和结构特点，它存在易界面分层的固有薄弱环节。因此，塑料封装在高可靠性应用领域具有一定的潜在风险，有如下特点。

（1）整机故障现象不收敛：分层部位不同，开路部位所连接的电路内部功能不同，开路发生的部位的功能决定整机故障的现象；这些分层位置常常是随机的，所以整机故障现象常常是不收敛的。

（2）不稳定失效：失效会随电压、温度而变化，失效状态不稳定。由于分层可以扩展，如果器件、电路存在初始分层，或者在焊接时引入分层，但分层的程度还不严重，暂时不表现为失效，但器件、电路工作时内部温度比较高，则整机在加电时芯片高温，停电时芯片回到室温，这个温度变化中可能引起分层的扩展而发生失效。

（3）塑料封装的界面分层可通过超声波扫描显微镜（SAM）来有效甄别所在部位的分层情况，并给出合适的标准和判据，适合工程应用。

塑料封装界面分层要素包括面积大小、分层部位、分层距离。芯片表面和键合点界面的分层具有很高的潮湿敏感度。潮湿敏感度越高的塑料封装，分层越明显。因为分层在电路的使用过程中还会扩展，而且潮湿敏感度等级越高，使用中分层的扩展越明显。塑料封装界面分层的关键部位有芯片/塑封料粘接界面、引线框架/塑封料界面、基板/芯片粘接界面。对于单片集成电路，芯片/塑封料、引线框架/塑封料的分层易引起参数漂移和键合拉脱等失效；但对于功率器件而言，基板/芯片粘接界面的质量是非常关键的。

上述关键部位的分层检测主要采用 SAM 来分析。SAM 通过发射超声波进行无损检测，其能够穿透大部分固体材料来对内部结构进行显微成像，能够发现裂缝、分层和孔洞等缺陷。

3.2.3　倒装封装相关的失效模式和失效机理

倒装（Flip-chip）封装利用焊球凸点实现芯片与基板的相连，是一种适用于密度要求高、功能多、性能要求高的封装形式。由于需要封装的芯片与基板材料的热膨胀系数相差较大，因此封装内部的焊球凸点区域较易产生热应力，并且随着器件的使用而不断累积由热应力导致的疲劳损伤[3]。随着疲劳损伤的累积，最终封装结构中产生裂纹并逐渐扩张，导致封装芯片的热失效[4]。倒装封装相关的失效模式和失效机理可分为下列几种。

（1）回流焊时焊球之间的通道短路导致的器件失效。

（2）潮湿、高温条件下焊球断裂开路导致的器件失效，主要原因是芯片和基板之间的填充材料，如环氧树脂，较易吸收附近空间中的水分，在回流焊过程中，水分汽化膨胀，在封装材料内部产生较大应力导致凸点和基板分离、焊球断裂，最终使得器件失效。

（3）凸点附近产生孔洞导致的器件失效，主要原因是含有有机物的助焊剂在高温下会产生气体，这些气体无法及时排出，并被包裹在焊接材料中，最终形成孔洞导致器件失效。

3.2.4　键合退化相关的失效模式和失效机理

引线键合是封装的内部芯片和外部引脚，以及芯片之间的连接桥梁，整个后道封装过程中的关键是确保芯片和外界之间的输入、输出信号畅通。凭借容易实现的工艺、低廉的成本、可用于各类封装形式等优点，引线键合工艺得到了广泛运用。

引线键合按外形可分为楔形键合与球形键合，球形键合的效率远高于楔形键合，已经成为塑料封装中主流的引线键合形式。球形键合通常使用 Au 线、Ag 线或 Cu 线进行键合，而楔形键合通常使用 Al 线和 Au 线进行键合。在大功率器件中，如汽车电子领域，芯片互连也有采用 Cu 线进行楔形键合的。

下面介绍不同键合的失效模式与失效机理。

1. Au-Al 键合的失效模式和失效机理

（1）Au-Al 金属间化合物的形成。

Au-Al 键合失效的机理包括 Au-Al 金属间化合物（Intermetallic Compound，IMC）相的形成，它们随时间转变成化合物（Au_4Al 或 Al_5Au_2），在 Au-Al 金属间化合物或键合界面处形成孔洞，这种孔洞是由于 Au 原子和 Al 原子扩散速率不同而产生的。由于金属间化合物的存在，键合强度变得更高了，但由于 Au-Al 金属间化合物的体积改变，Au-Al 引线键合变得更易碎和更易产生机械应力。

模塑料的热分解产物会对 Au-Al 金属间化合物进行化学腐蚀，影响最大的热分解产物是环氧树脂或阻燃剂释放出的溴或含溴分子。溴分子（如 HBr、CH_3Br）与金属间化合物的腐蚀反应会减弱键合的机械强度、增加界面电阻。另外，湿气和氧气的存在会加速键合退化的速度。例如，氧气的存在导致热氧化分解和明显加速引线的退化和失效。相比于在空气中，键合引线在真空中的退化速度明显降低。塑料树脂在湿气环境中吸收湿气，导致模塑料膨胀和玻璃化转变温度的降低，这方便了腐蚀性分子传递到键合区域，并增大了塑料封装的失效速率。长时间暴露在高温下，会导致孔洞不断增加，键合变得脆弱、电阻增加，造成电路的失效。

Au-Al 合金的相图如图 3-4 所示。可知，Au 与 Al 共可形成 5 种化合物[2]，分别是 Au_5Al_2（也称为 Au_8Al_3）、Au_4Al、Au_2Al、$AuAl_2$ 和 AuAl。但是，由于这些物相通常与键合界面混合在一起，所以观察到的颜色通常是灰色、棕色和黑色。在持续加热时，Au、Al 两种元素都会参与反应，直至一种成分占主导。

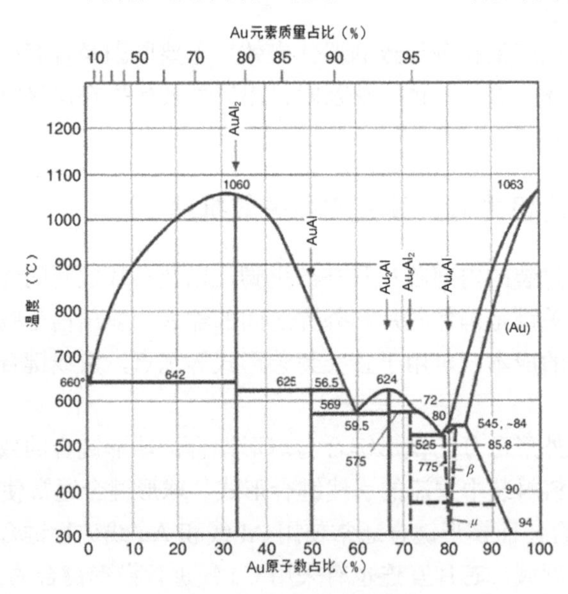

图 3-4　Au-Al 合金的相图

金属间化合物的演变由扩散效应决定。一种金属扩散到另一种金属的速率由晶格中的缺陷数量决定，这些缺陷包括空位、位错、晶界。Al 等其他金属可以通过 Au 层晶界快速扩散到 Au 中。图 3-5 所示为 Au-Al 薄膜系统化合物形成和演变过程。分别观察在富 Au、富 Al 和 Au、Al 含量相当时化合物的生产及演变[5]。最终化合物的成分由老化的温度和初始元素含量确定。若提高温度和延长时间，中间化合物的成分及比例会发生变化。而不同化合物的热膨胀系数不同，当化合物转变时，会产生应力导致裂纹的产生，最终导致键合失效。

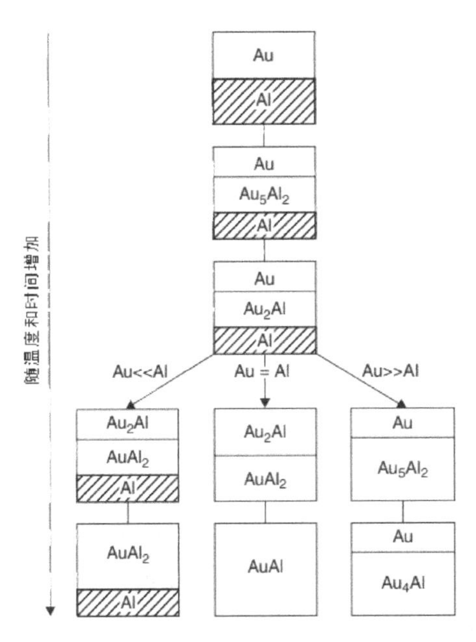

图 3-5　Au-Al 薄膜系统化合物形成和演变过程

（2）Au-Al 金属间化合物的典型失效。

柯肯德尔（Kirkendall）孔洞是 Au 或 Al 在一个区域的向外扩散与向内扩散的速率不一致导致的。扩散速率的差异会导致空位的产生，空位在某区域不断累积，就会导致孔洞的产生，而这些孔洞经常出现在富 Au 相区，存在于 Au_5Al_2 与 Au 的界面。扩散速率随着温度相及相邻相的不同而不同。典型的柯肯德尔孔洞需要将温度加热到超过 300℃，持续 1 小时以上，在富 Au 区域形成，当温度超过 400℃时会在富 Al 区域形成；或者延长加热时间，在低温情况下也会形成[6,7]。图 3-6 所示为 Au-Al 键合在 175℃下存储 2000 小时后出现的柯肯德尔孔洞。此外，在长时间高温应力下（>125℃），由于镀 Au 层的杂质、虚焊、氢原子或其他缺陷，也可以形成柯肯德尔孔洞。

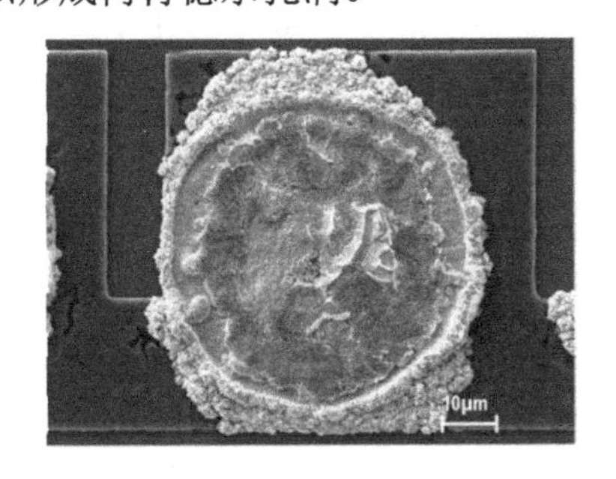

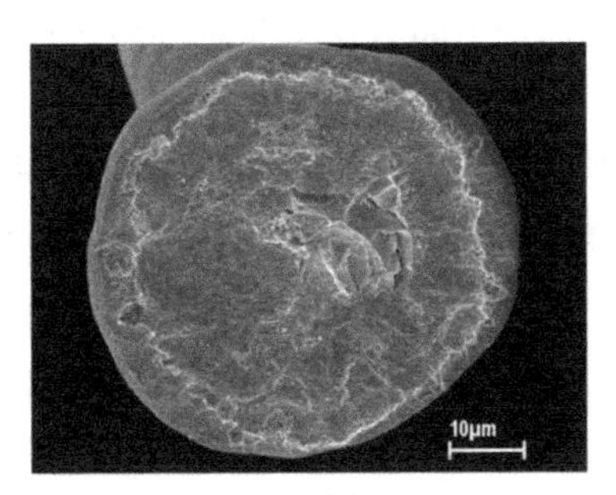

图 3-6　Au-Al 键合在 175℃下存储 2000 小时后出现的柯肯德尔孔洞

2. Cu-Al 键合的失效模式和失效机理

（1）Cu-Al 金属间化合物的生成。

Cu-Al 金属间化合物比 Au-Al 金属间化合物要薄很多，Cu-Al 金属间化合物厚度约为 30nm[8]，而 Au-Al 金属间化合物厚度约为 150~300nm[9]，同时在 150~300℃下进行高温试验，Cu-Al 金属间化合物的形成速率仅约为 Au-Al 金属间化合物的 1/10。Cu、Al 可形成 $CuAl_2$、CuAl、Cu_4Al_3、Cu_3Al_2、Cu_9Al_4 等多种化合物。

Cu-Al 引线键合形成的金属间化合物厚度很薄，在普通电子显微镜下很难观察到，可通过聚焦离子束（FIB）技术和高分辨率透射电子显微镜（TEM）来研究 Cu-Al 界面反应特征。引线键合后形成的 Cu-Al 界面包括两个特征区域：一个均匀致密的氧化铝区域和一个包含 Cu-Al 金属间化合物的区域[10]。氧化铝层作为阻挡层，阻止 Cu 和 Al 之间的互扩散，所以金属间化合物无法在均匀的氧化铝区域形成。但是金属间化合物可以在氧化铝薄膜碎裂的区域形成。这些不连续的金属间化合物厚度约为 30nm，经电子束散射分析确认为 $CuAl_2$。在氧化铝薄膜存在的区域，不定形态的氧化铝会与晶状氧化铜相连。

（2）Cu-Al 金属间化合物的演变。

Cu-Al 金属间化合物的演变有与 Au-Al 键合系统同样的扩散机制。在 175~250℃不同时间下，Cu-Al 金属间化合物的演变过程如图 3-7 所示。在老化过程中，Cu_9Al_4 是在 $CuAl_2$ 生成后第二个出现的化合物，它在铜球与金属间化合物之间生成。Cu_9Al_4 和 $CuAl_2$ 同时生长，而在铝盘被消耗完前，前者都是主要生长相。之后由于 Cu 扩散相是主要扩散相，$CuAl_2$ 转变成 Cu_9Al_4，$CuAl_2$ 被不断消耗，因此 Cu_9Al_4 是最终的化合物产物。一些学者研究 Cu-Al 化合物的动力学，发现 Cu_9Al_4 和 $CuAl_2$ 的活化能分别是 0.79eV 和 0.63eV[11]。

（3）键合工艺/封装工艺对 Cu-Al 金属间化合物的影响。

Cu-Al 界面的冶金特征受超声波能量、键合力、键合时间和基材温度等工艺参数影响[12-14]。键合强度与金属间化合物的覆盖面积相关，而金属间化合物的生成与铝盘上的氧化铝薄膜碎裂程度相关，氧化铝薄膜的碎裂程度又取决于键合过程中的超声波功率。超声波的振动会使 Cu 和 Al 表面的氧化膜碎裂，在 Cu 与 Al 接触的区域生成 $CuAl_2$。Xu 等人[15]研究发现，超声波振动会带来局部温度升高，温度可高达 465℃，如此的高温会加速化合物的形成。

键合时间会影响氧化膜的碎裂情况，长时间的键合能完全将氧化膜完全打碎，进而可以形成连续层状的金属间化合物。除此之外，升高基材温度也有助于氧化膜的碎裂，同时能促进金属间化合物的生成。Xu 等人[16,17]检验了预加超声波能量在界面生成金属间化合物的效果，如果施加预加超声波能量，则金属间化合物可以在键合点四周和中心生成；而如果不施加预加超声波能量，金属间化合物只能在键合点四周生成。

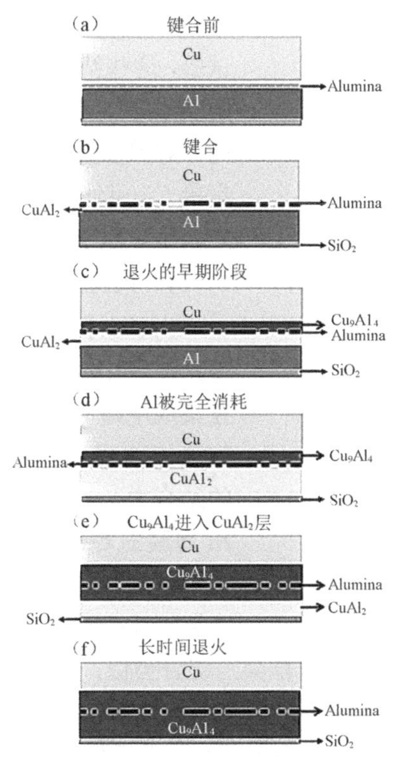

(a) 未键合前初始氧化铝（Alumina）薄膜；(b) $CuAl_2$ 在键合过程中生成；(c) Cu_9Al_4 出现；(d) Cu_9Al_4 和 $CuAl_2$ 同时生长；(e) Cu_9Al_4 通过消耗 $CuAl_2$ 继续生长；(f) Cu_9Al_4 成为最终的化合物产物

图 3-7　Cu-Al 金属间化合物的演变过程

3. Au-Cu 键合的失效模式和失效机理

Au-Cu 界面可形成三种韧性金属间化合物 Cu_3Au、AuCu 和 Au_3Cu，所需的活化能为 0.8~1eV。一些研究发现，Au-Cu 化合物中有类似柯肯德尔孔洞的孔洞[18]。一些研究在空气和真空条件下使用热压键合方式制备 Au-Cu 键合焊点，发现随着时间和温度的增加，界面处出现的孔洞会使得焊点结合强度明显下降。不同温度下焊点键合强度下降到 40%的时间如图 3-8 所示。图 3-8 以键合强度下降到 40%为失效依据，预测一个器件在 100℃环境下工作的寿命约为 5 年。由此可以看出，对于大多数电子产品，Au-Cu 键合能够满足寿命要求[19]。其他研究发现，当 Au 在厚 Cu 焊盘上进行热压键合时，在 150℃存储 3000 小时后，键合强度几乎不变。

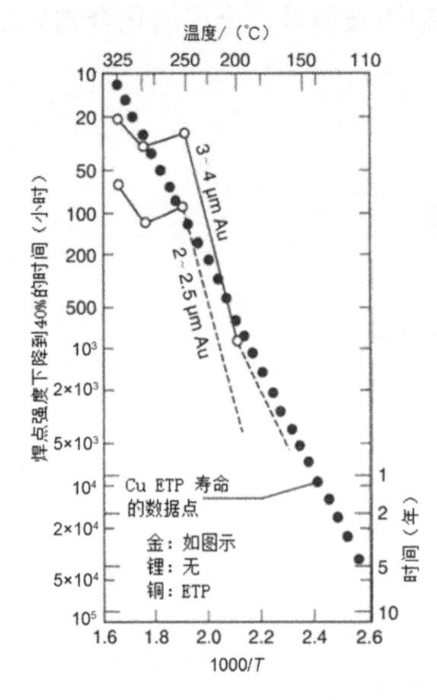

图 3-8　不同温度下焊点键合强度下降到 40%的时间（点线为拟合线）

对于完全键合的 Au-Cu 界面，它能够通过 1000 小时的高温高湿试验，8000 周的温度循环试验和 150℃、1000 小时的高温存储试验，这些结果足够符合当代电子器件产品的要求[20]。Au-Cu 键合强度明显受微观结构、焊接质量和 Cu 焊盘上异物的影响。在焊接 Cu 引线框架时，关键就是在键合前一定要去除引线框架上的油脂和氧化物。

4. PdAu-Al 键合界面的失效机理

为了取代镀 Ag 引线框架，同时增强与塑封体中化合物的粘接力，镀 Pd 引线框架在集成电路领域中得到应用。镀 Pd 引线框架能够增强与表面贴装封装中使用的钎料的结合力。Pd 是镀在一个有 1.5μm 厚度的 Ni 薄膜的 Cu 引线框架上的。Pd 很薄，因此在熔解到钎料中时不会形成大量脆性 Pd-Sn 金属间化合物。使用热超声技术在镀 Pd 引线框架上键合，与在镀 Ag 引线框架上键合类似，但需要对一些工艺参数进行优化，如功率、压力、时间等。由于 Pd-Ni 界面的硬度比镀 Ag 的高，因此劈刀的寿命会缩短。这种键合系统的可靠性能符合商业应用需求。Pd 和 Au 能完全互熔，不形成金属间化合物。Au 和 Pd 都具有较高的电化学势能，因此键合界面不易被腐蚀。当温度为 400℃时，Pd 会缓慢产生一种绿色氧化物。因此，当温度低于 300℃时，使用 Pd 作为焊盘是安全的。Pd 会在一定程度上受卤素和硫元素腐蚀，所以引线框架应该避免与它们接触。

5. Ag-Al 键合界面的失效机理

Ag 被用作引线框架的焊盘镀层金属，也会与 Pd 或 Pt 合金化后作为金属化层在商业领域中应用。在 Ag-Al 金属间化合物中，最初被确认的相是 Ag_2Al 和 Ag_3Al。Ag_2Al 具有密排六方结构，热力学性能稳定，可以形成具有较高结合强度和剪切强度的焊点[21-24]。金属间化合物的厚度由 Al 在 Ag_2Al 中的扩散速率决定。Ag_3Al 是亚稳相，相关研究表明，Pd、Au、Zn 能够抑制 Al 向 Ag 中扩散，防止金属间化合物过厚[25]。Liao 等人研究发现，当 Pd 的含量低于 3.5%时，能够抑制金属间化合物的生长；当 Pd 的含量超过 3.5%时，能够促进金属间化合物的生长[26]。

对于 Ag-Al 金属间化合物在高加速应力试验（HAST）中的演变，通过 TEM

观察并分析化合物的形貌及结构。Ag-Al 金属间化合物的演变过程如图 3-9 所示，初始形成的相是 Ag_2Al，Al（镀）层中氧化铝被包裹在 Ag_2Al 层中。随着时间的延长，Ag 不断向 Al 层扩散，Ag_2Al 厚度增加，同时 Ag_3Al 形成，Ag_2Al 和 Ag_3Al 的厚度不断增加直至将 Al 层耗尽。

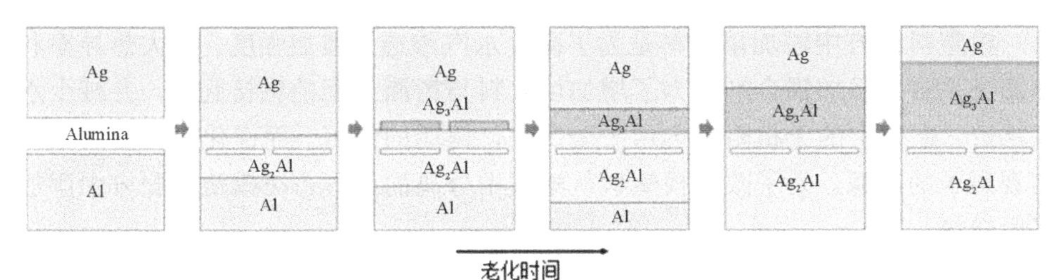

图 3-9　Ag-Al 金属间化合物的演变过程

3.3　塑料封装的检测分析

3.3.1　模塑料的检测分析

表 3-1 汇总了塑料封装集成电路中模塑料（Molding Compounds，MC）的材料成分。从表 3-1 中可见，在模塑料中有 9 种或更多的化学物质，且其成分因制造商不同而不同。塑料封装中最常见的环氧树脂固化系统为甲酚、苯酚、酚醛环氧树脂配方。环氧树脂通过添加固化剂相互连接起来。超过 100 多种化学物质可用于环氧树脂的固化，模塑料固化的化学性质与所用环氧树脂的类型有密切关系。尽管环氧树脂与固化剂的反应会产生热固化聚合物，但必须在配方中添加其他物质到环氧树脂固化系统中，以获得在特殊应用情况下想得到的特定性能。添加加速剂是为了获得制造过程中理想的固化率，卤素环氧树脂可以用作阻燃剂。

表 3-1　模塑料的材料成分

成　　分	含量（质量百分比，%）	材　　料
环氧树脂	10~20	OCN、联苯
固化剂（硬化剂）	5~15	胺、苯酚、酐
加速剂（催化剂）	<1.0	胺、咪唑、尿素
填充料	60~80	SiO_2、SiN_x、AlN
阻燃剂	1~5	溴化树脂、氧化锑
耦合剂	<1.0	硅烷、钛酸盐（酯）
应力释放剂	0~2	硅胶、丁基丙烯酸盐

续表

成　分	含量（质量百分比，%）	材　料
着色剂	<1.0	炭黑
脱模剂	<1.0	棕榈蜡、硅胶

模塑料配方中添加填充料是为了减少水汽渗透，增加强度，增大热导率和热膨胀系数。添加耦合剂是为了增加填充料与树脂之间的粘接强度，并减少水汽渗透。配方中的无机阻燃剂用于降低卤化树脂的浓度，而卤化树脂是腐蚀性卤素离子的来源。为了改善模塑料从塑模中分离的过程，在模塑料配方中添加了脱模剂。

随着封装的小型化和高密度化，要求模塑料具有更低的水汽渗透性、更小的应力和更强的抗“爆米花”效应的能力[27]。为响应这些要求，模塑料制造商已开发特殊封装类型的模塑料配方。例如，为了减少表面贴装封装的水汽吸收，树脂材料已改良为联苯环氧树脂和甲酚环氧树脂的混合物；为减小在大尺寸封装中的应力，可将环氧硅树脂和聚丁二烯添加到模塑料配方中，尽管这可能会增加水汽吸收；人造橡胶可作为一种单相物质加到模塑料配方中，以增加裂纹的韧度和减少封装的“爆米花”裂纹；包覆了硅树脂的氮化硅填充料可添加到模塑料配方中，以增加热导率。

（1）模塑料的材料特性参数。

模塑料制造商通常为每一批模塑料提供分析证明。典型的模塑料采购规范见表 3-2。基于采购规范，可通过化学和物理特性分析来选择模塑料，而它们可影响器件性能和可靠性。这种分析包括玻璃化转变温度（T_g）、热膨胀系数（CTE）、填充料、水汽吸收和离子浓度。

表 3-2　典型的模塑料采购规范

特　性		规 范 限 度
螺旋流		60~90cm
凝结时间		15~25s
热硬度		≥70 邵氏硬度
凝胶成分		≤10mg/100g
热膨胀系数	CTE1（α_1）	≤25ppm/℃
	CTE2（α_2）	≤75ppm/℃
玻璃化转变温度（T_g）		≥150℃
灰烬含量		70%~80%质量百分比
水萃取液的电导率		≤150μΩ/cm
可萃取卤素		≤20ppm

续表

特　　性	规 范 限 度
可萃取钠离子	≤20ppm
可燃性	UL94-V0

（2）热膨胀系数。

材料的热膨胀系数（CTE）反映了材料体积变化与温度的关系。模塑料热膨胀系数最主要的影响因素是填充料。材料的 T_g 会随固化剖面的变化而变化，测量表明，材料的热膨胀系数在 T_g 之上和之下都有相对稳定的特性。

热膨胀系数在 T_g 之下的温度范围内定义为 CTE1（α_1），在 T_g 之上的温度范围内定义为 CTE2（α_2）。α_2 的值通常是 α_1 的 2~3 倍。为最小化机械应力，模塑料的热膨胀系数应与封装的其他材料相匹配。塑料封装结构中常见材料的热膨胀系数见表 3-3。

表 3-3　塑料封装结构中常见材料的热膨胀系数

材　　料	热膨胀系数（ppm/℃）	条件（℃）
硅	2.5~3.2	25~180
铜	17~18	25~180
铝	23~24	25~180
42 合金	4~6	25~180
金	14	25~180
二氧化硅（熔融态）	0.5	25~180
氮化硅	1~2	25~180
芯片粘接树脂	40~60	25~180
模塑料	10~20，30~60	25~120，120~180

集成电路中的封装应力可用应力指数来估算，应力指数是热膨胀系数和模塑料弯曲模量的乘积：应力指数=CTE（α_1）×弯曲模量。若模塑料的应力指数小于 35，则将其视为低应力模塑料。低应力模塑料配方通常包含应力缓解材料（如硅树脂油或丁二烯橡胶），它们降低了模塑料的弯曲模量，因此具有更低的应力指数。

模塑料可调配出特定的 T_g 和热膨胀系数，它们与模塑料的固化剖面有关，并可在通过铸模固化循环后进行适当修改。模塑料的热膨胀系数和 T_g 是影响塑料封装中应力的首要因素。监测模塑料的 T_g 和热膨胀系数对于塑料封装（塑封）微电路可靠性的构建非常重要。

（3）填充料。

填充料可加固模塑料，提供强度和硬度，降低成本和改进热导率。塑封微电路中最常用的填充料是熔融后的石英砂。填充料帮助减小模塑料的热膨胀系数，但往往会增大模塑料的弯曲模量，潜在地引入更大应力。填充料的数量、分布、粒子尺寸和形状最终将决定塑封微电路的应力和工作寿命。

（4）水汽吸收。

模塑料中的水汽吸收范围可达 0.1%~0.5%质量百分比，它与温度、湿度及模塑料配方有关。模塑料的水汽吸收应尽可能地少，以控制塑封表面贴装器件回流焊的“爆米花”效应。最小化水汽吸收可减少水汽中离子的扩散，以及芯片焊盘和金属化的腐蚀。增加填充料和模塑料后固化可减少水汽吸收。联苯类模塑料在部分高填充水平时吸收水汽较少（0.1%~0.2%质量百分比），是大面积表面贴装器件的首选。

（5）离子浓度。

杂质离子浓度的减小对塑封电路的可靠性提高起到了重要作用。随着树脂提纯、填充料及其他组分的技术进步，碱性和卤素离子的水平降低了（它们产生化学腐蚀和原电池腐蚀）。

模塑料并不能很好地阻挡水汽，随着时间增加，它会逐步吸收水汽和离子。如果由于裂纹或分层而存在通路，则水汽可沿器件引脚扩散到模塑料内、芯片表面和焊盘上。阴离子（如 Cl^-、Br^-）、阳离子（如 Na^+、K^+和 Sb^+）是模塑料中的杂质离子，这些杂质离子可随着水汽在模塑料内渗透，扩散和溶解到芯片表面或与合金接触。含有杂质离子的水汽会加速芯片表面金属或互连结构的化学腐蚀。

3.3.2 封装界面分层的检测方法

塑封电路的界面分层是其主要失效模式，为了保证塑封电路应用的可靠性，开展塑封电路界面的 C-SAM 分层检测是非常必要的。在相关标准中，常用的 C-SAM 分层检测方法有如下 7 种。

（1）IPC/JEDEC J-STD-035《非气密封装电子元器件超声波扫描显微镜观察》（IPC/JEDEC J-STD-035 Acoustic Microscopy for Nonhermetic Encapsulated Electronic Components）。

（2）GJB 4027A—2006《军用电子元器件破坏性物理分析方法》工作项目 1103 塑封半导体集成电路 2.4 超声波扫描显微镜观察。

（3）MIL-STD-1580B《电子、电磁、电机元件破坏性物理分析》要求 16.5.1.3 超声波扫描显微镜观察（MIL-STD-1580B Destructive Physical Analysis for Electronic, Electromagnetic, and Electromechanically Parts, Requirement 16.5.1.3 Acoustic Microscopy）。

（4）GJB 548B—2005《微电子器件试验方法和程序》方法 2030 芯片粘接的超声波检测。

（5）MIL-STD-883G《微电路试验方法标准》方法 2030 芯片粘接的超声波检测（MIL-STD-883G Test Method Standard for Microcircuits, Method 2030, Ultrasonic Inspection of Die Attach）。

（6）PEM-INST-001《塑封微电路选择、筛选和鉴定指南》方法 5.3.3 超声扫描显微镜观察[PEM-INST-001: Instructions for Plastic Encapsulated Microcircuit（PEM）Selection, Screening, and Qualification, 5.3.3 Acoustic Microscopy（C-SAM）]。

（7）IPC/JEDEC J-STD-020D.1《非气密固态表面贴装器件的潮湿/回流焊敏感度分类》（IPC/JEDEC J-STD-020D.1 Moisture/Reflow Sensitivity Classification for Nonhermetic Solid State Surface Mount Devices）。

在上述标准中，IPC/JEDEC J-STD-035 是用于塑封电子元器件超声波扫描显微镜观察的一般性规定，该标准中无明确的缺陷判据，根据此标准检测时应该同时引用其他相关标准中的缺陷判据。GJB 4027A—2006 中的工作项目 1103 塑封半导体集成电路 2.4 超声波扫描显微镜观察与 MIL-STD-1580B 中的要求 16.5.1.3 超声波扫描显微镜观察对应，在这两个标准中，C-SAM 检测是塑封电路破坏性物理分析中的一项重要内容。GJB 548B—2005 中的方法 2030 芯片粘接的超声波检测与 MIL-STD-883G 中的方法 2030 芯片粘接的超声波检测对应，这两个标准是对芯片粘接界面的超声波检测方法的具体规定。PEM-INST-001 是美国国家航空航天局（NASA）提出的关于塑封微电路的选择、筛选和鉴定的规定，其中方法 5.3.3 超声波扫描显微镜观察规定了使用 C-SAM 对塑封微电路进行检查或筛选的方法。

C-SAM 技术主要关注同一材料的不均匀性（孔洞、裂纹、夹杂等），以及不同材料间的界面情况。具体到电子元器件封装可靠性检测领域，C-SAM 技术用于检测两类缺陷：一类是模塑料内裂纹和孔洞；另一类是各界面的分层。在各相关检测标准中，除 GJB 548B—2005 和 MIL-STD-883G 外，均涉及模塑料中裂纹和孔洞的检测，其标准判据见表 3-4。

表 3-4　模塑料中裂纹和孔洞的标准判据

<table>
<tr><th>标准名称</th><th>失效判据</th></tr>
<tr><td>GJB 4027A—2006
MIL-STD-1580B</td><td rowspan="2">1．塑封键合引线上的裂纹
2．从引脚延伸至任一其他内部部件（引脚、芯片、芯片粘接基板）的内部裂纹，其长度超过相应间距的 1/2
3．导致表面破裂的包封上的任何裂纹
4．跨越键合引线的模塑化合物的任何孔洞</td></tr>
<tr><td>PEM-INST-001</td></tr>
</table>

续表

标准名称	失效判据
IPC/JEDEC J-STD-020D.1	1．40 倍光学显微镜下可见的外部裂纹 2．与键合引线、球形键合或楔形键合交叉的内部裂纹 3．从引线框架延伸至任一其他内部部件（引线框架、芯片、芯片粘接基板）的内部裂纹 4．从任何内部部件延伸向封装外部的内部裂纹，其长度超过相应间距的 2/3

C-SAM 技术主要用于检测表 3-5 中的 7 类分层缺陷。其中，芯片粘接界面的“分层”一般描述为粘接孔洞，而使用的检测手段与其他界面相同，故在此统一归纳。

表 3-5　C-SAM 主要检测界面及分层描述

	电路面（芯片有源面向上）扫描	非电路面（芯片有源面向下）扫描
I 型分层： 模塑料/芯片表面	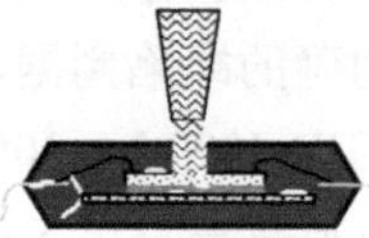	—
II 型分层： 芯片粘接区域	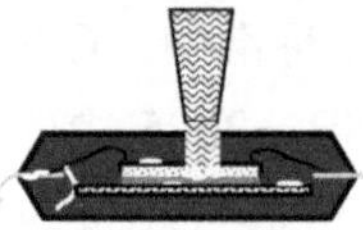	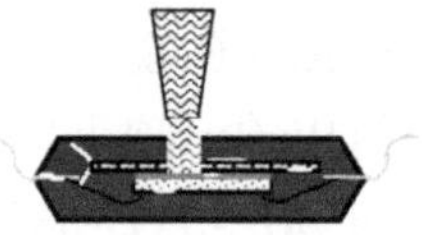
III 型分层： 模塑料/基板边缘 （有源面）	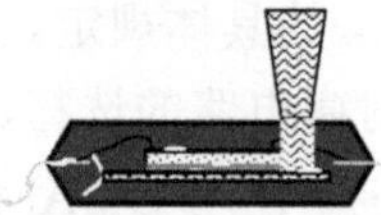	—
IV 型分层： 模塑料/基板 （无源面）	—	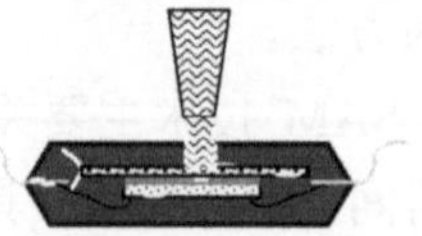
V 型分层： 模塑料/引线框架	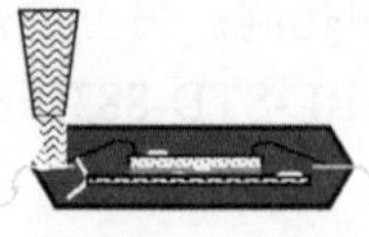	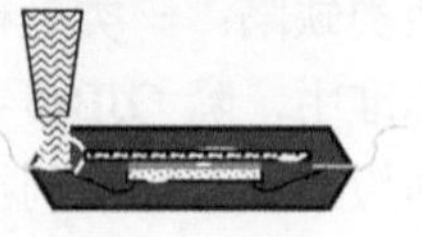
VI 型分层： 多层 PCB 内部 （仅对基板为 PCB 的样品）	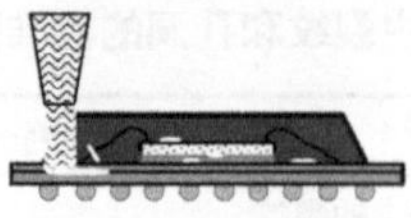	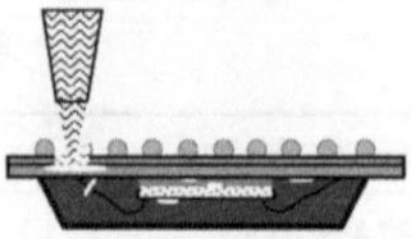
VII 型分层： 热沉/基板	—	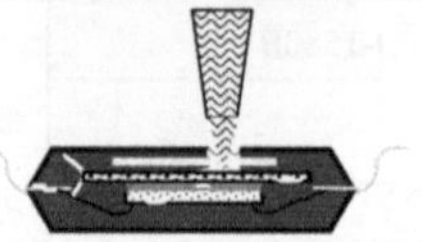

各标准中界面分层判据见表 3-6，由于 IPC/JEDEC J-STD-020D.1 中的标准判据体例与其他标准不同，故并没有按照界面归纳，而是单独列出的（见表 3-7）。

表 3-6　各标准中界面分层判据

<table>
<tr><th>界　面</th><th>GJB 4027A—2006/MIL-STD-1580B</th><th>PEM-INST-001</th></tr>
<tr><td>模塑料/芯片表面</td><td>塑料封装与芯片之间任何可测量的分层</td><td>模塑料与芯片表面之间任何可测量的分层（拒收缺陷）</td></tr>
<tr><td>模塑料/基板边缘（有源面）</td><td>—</td><td rowspan="2">1. 基板与模塑料界面上，分层面积超过其后侧或上侧边缘区域面积的 1/2（可靠性相关缺陷）
2. 模塑料与引线键合（引线框架或基板上）界面上任何可测量的分层（拒收缺陷）</td></tr>
<tr><td>模塑料/基板（无源面）</td><td>引线引出端焊板与塑料封装界面上，分层面积超过其后侧区域面积的 1/2</td></tr>
<tr><td>模塑料/引线框架（有源面）</td><td>1. 包括键合引线区域的引脚分层
2. 引脚从塑料封装完全剥离（上侧或后侧）</td><td>模塑料与引线键合（引线框架或基板上）界面上任何可测量的分层　（拒收缺陷）</td></tr>
<tr><td>模塑料/引线框架（无源面）</td><td>引脚从塑料封装上完全剥离（上侧或后侧）</td><td>—</td></tr>
<tr><th>界面</th><th colspan="2">GJB 548B—2005/MIL-STD-883G</th></tr>
<tr><td>芯片粘接区域</td><td colspan="2">1. 接触区多个孔洞面积总和超过应该具有的总接触区面积的 50%
2. 面积超过预计接触区 15%的单个孔洞或超过总预计接触区 10%的单个拐角孔洞
3. 当用平分两对边方法把图像分成 4 个面积相等的象限时，任一象限中的孔洞面积超过了该象限预计接触区面积的 70%</td></tr>
</table>

表 3-7　IPC/JEDEC J-STD-020D.1 中界面分层判据

金属引线框架封装形式	多层板衬底封装形式（BGA、LGA 等封装形式）
1. 芯片有源面无分层 2. 引线键合（引线框架或芯片上）表面无分层 3. 任何桥连应绝缘的金属部件的聚合物膜层的分层面积的变化不大于 10%（采用 TEM 方式验证） 4. 对于热增强型封装或芯片背面需要电连接的器件，芯片粘接界面的分层/裂纹不大于 50% 5. 表面裂纹不能跨越整个长度。表面裂纹部件包括引线框架、连筋、热沉等	1. 芯片有源面无分层 2. 多层板引线键合表面无分层 3. 对于灌封封装，灌封料/多层板界面的分层变化不大于 10% 4. 阻焊膜/多层板树脂界面分层变化不大于 10% 5. 多层板内部分层的变化不大于 10% 6. 芯片粘接区域的分层/裂纹变化不大于 10% 7. 填充料树脂/芯片界面，填充料树脂/衬底或阻焊膜界面无分层/裂纹 8. 表面裂纹的分层不能跨越整个长度。表面裂纹部件包括引线框架、多层板、多层板金属化层、通孔、热沉等

参照上述表3-6~表3-7的封装界面分层的C-SAM检测方法和合格判据，表3-8给出了界面分层的典型缺陷和图例。

表3-8 界面分层的典型缺陷和图例

缺 陷	图 例	缺 陷	图 例
塑料封装和芯片界面分层（顶视图）	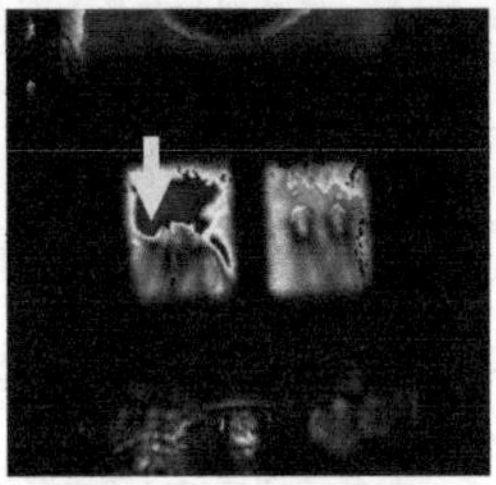	芯片粘接界面存在孔洞，单个孔洞面积超过预计接触区面积的15%（后视图）	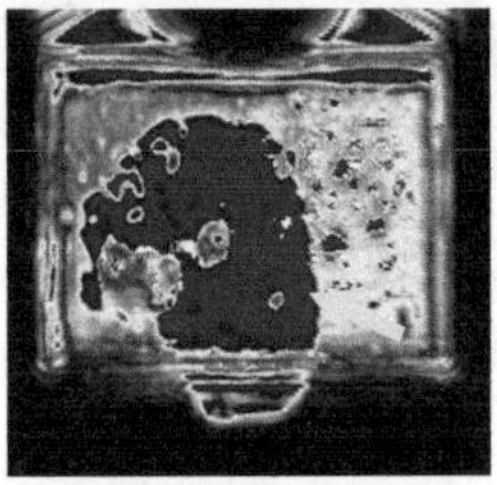
塑料封装和基板边缘分层（顶视图）		塑料封装和基板界面分层，分层面积超过基板面积的50%（后视图）	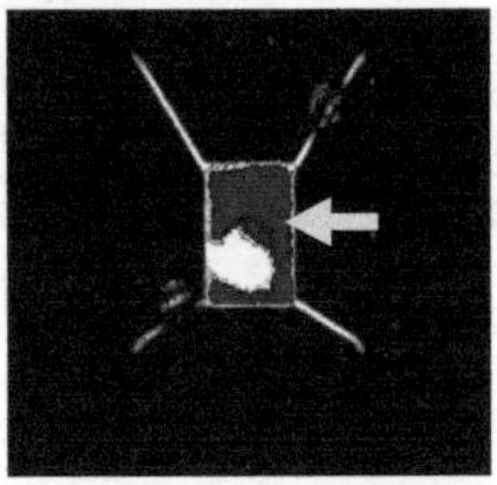
塑料封装和引线框架界面存在包括键合引线区域的分层（顶视图）	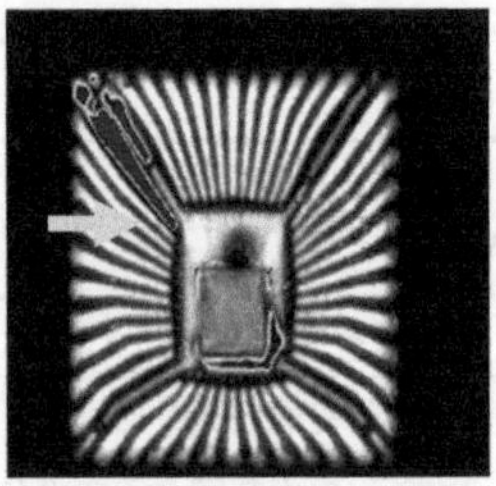	塑料封装和引线框架界面存在未包括键合引线区域的分层，其长度超过引线框架的1/2（顶视图）	
塑料封装和引线框架界面分层，引线框架从塑料封装上完全剥离（后视图）		塑料封装和引线框架界面分层，其长度小于引线框架的1/2（后视图）	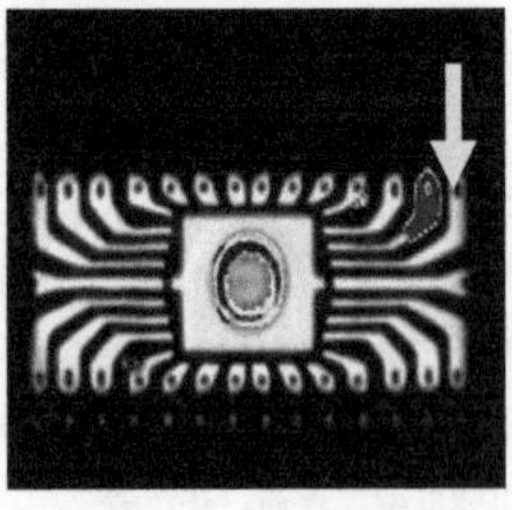

续表

缺　陷	图　例	缺　陷	图　例
塑料封装和PCB界面分层，其面积约占该界面的50%（BGA封装，顶视图）		模塑料中存在由基板延伸到引线框架的裂纹（B模式扫描）	
基板和热沉界面存在粘接孔洞，面积总和小于预计接触区面积的10%		模塑料中存在孔洞	

塑封电路的界面分层预防控制方法主要有两方面：一是加强组装前的 C-SAM 筛选，防止有界面分层缺陷产品的使用；二是在组装前按相关标准进行烘烤预处理，防止回流焊过程中的“爆米花”效应和键合微开路。主要的措施如下。

（1）塑封电路装机前应经过破坏性物理分析（DPA）批检验，并开展 100%的 C-SAM 检验筛选。

（2）塑封电路装机前应开展烘烤预处理，驱除芯片内湿气。对于潮湿敏感度等级小于 2 级（按 IPC/JEDEC J-STD-003）的塑封电路应采取保守的方法，当作 2a~5a 级器件处理（典型要求：对厚度小于或等于 2.5mm 的器件，进行 125℃/24 小时的烘烤；对厚度为 2.5~4.5mm 的器件，进行 125℃/48 小时的烘烤）。

3.3.3　封装界面热阻及芯片红外热成像检测方法

塑料功率器件的封装界面热阻及芯片温度分布特性很关键，本节简要介绍封装界面的电学法热阻测试方法，以及芯片表面热分布的红外热成像显微分析技术，详细的测试原理及方法见第 6 章。

电学法是唯一能够采用无损测试方法对封装器件进行直接测量的方法，但这种方法不能得到器件峰值温度和温度分布图，只能得到芯片结区的平均温度。采用非破坏性的实时静态电学法，可以测量几乎所有的半导体器件的热学性能。

（1）各类半导体分立器件。

（2）各类复杂集成电路、多芯片模块（MCM）、系统级封装（SiP）及系统级芯片（SoC）等新型结构。

（3）各类复杂散热模组（如热管、风扇等）的热特性测试。

红外热成像仪可用于电路中芯片热点探测、热分布或热设计验证、热耗损、可靠性研究和热失效定位，瞬态温度测试器能进行红外热成像快速测试，当被测试器件在脉冲信号或瞬态信号作用下时，能够测得对应某一点温度与时间变化的分布图形。

3.3.4 封装微变形检测技术

对于封装微变形的检测，主要参照国际标准，如JEDEC（JESD22-B112A）、JEITA（ED-7306）。在检测方法方面，JEDEC（JESD22-B112A）提到了影子云纹法、3D DIC法、激光反射法及反射云纹法等4种方法，JEITA（ED-7306）则提到了影子云纹法及激光反射法两种方法。一般认为，影子云纹法检测封装微变形是业界最认可和常用的方法。

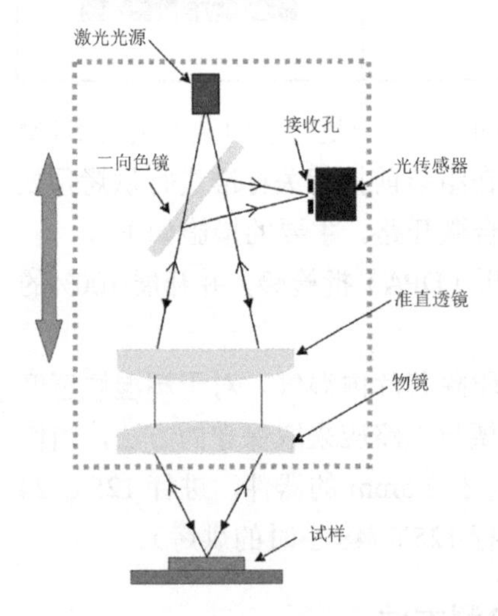

图3-10 激光反射法微变形检测原理

1. 激光反射法

激光反射法属于非接触式测量方法，测量精度很高，原理如下。测量激光束照射试样表面每一点，根据反射光和参考点的夹角还原试样的表面形貌，其缺点是通过大面积的逐点扫描才可以获得试样的表面全貌，难以进行实时测量。激光反射法微变形检测原理如图3-10所示。

2. 影子云纹法

影子云纹法（Shadow Moire Method）凭借明暗相间的光栅相互重叠干涉来产生摩尔条纹，第一组光栅是试样光栅（影子光栅），可以用印刷、粘贴或蚀刻的手段附着于试样表面；第二组光栅是参考光栅，位于光源与试样中间。当试样发生变形时，参考光栅也会发生变形，试样与参考光栅之间产生相互重叠干涉，生成摩尔条纹。条纹的影像可通过计算机实时分析，极大地消除了人为操作误差的可能性，同时能更方便地处理数据，结果更准确。

（1）影子云纹法检测原理。

入射光（白光）通过特定的入射角打到试样上，那么参考光栅的阴影区会映射到下部试样表面，由参考光栅和影子光栅的干涉作用产生摩尔条纹。影子云纹法检测原理如图 3-11 所示，参考光栅和影子光栅投影结果如图 3-12 所示。

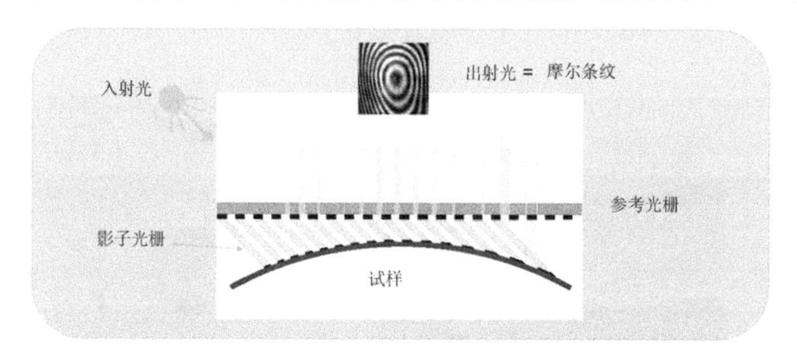

图 3-11　影子云纹法检测原理

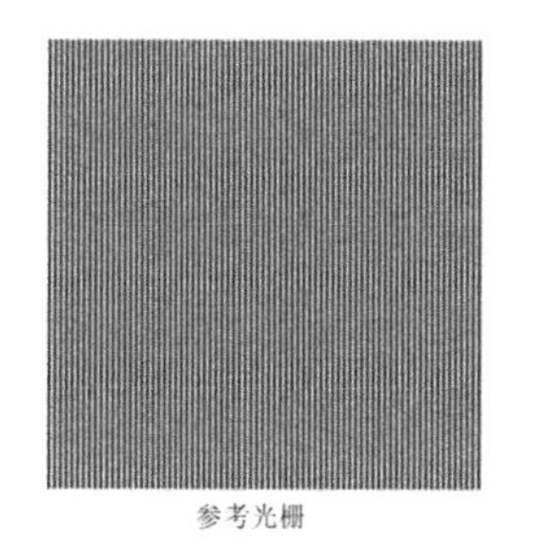

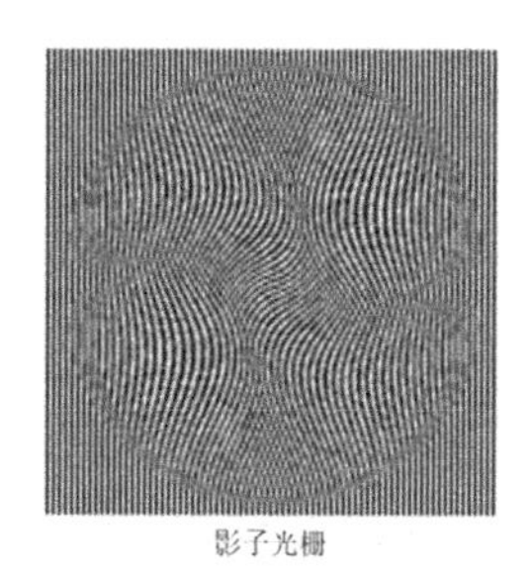

图 3-12　参考光栅和影子光栅投影结果

摩尔条纹的每个条纹包含了不同高度的信息，因此完整的摩尔条纹包含了整个试样表面的高度信息，与等高图含义类似，如图 3-13 所示。

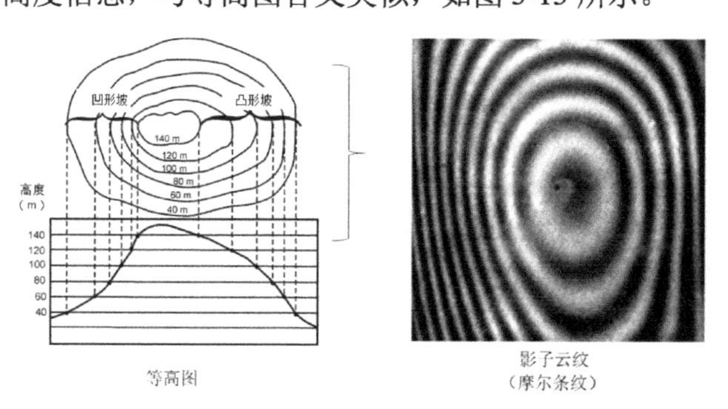

图 3-13　摩尔条纹含义

把全场影子云纹干涉图样变换为 3D 封装体表面形貌图应凭借精准标定的条纹常数。条纹常数由离面变形决定，条纹常数校准公式如下。

$$W = \frac{Np}{\tan\alpha + \tan\beta} \tag{3-1}$$

式中，N 表示条纹级数；p 表示光栅节距；α 表示照射角；β 表示观测角；W 表示变形或翘曲量。利用相移技术将全场干涉条纹转化成 3D 封装体表面形貌，如图 3-14 所示。

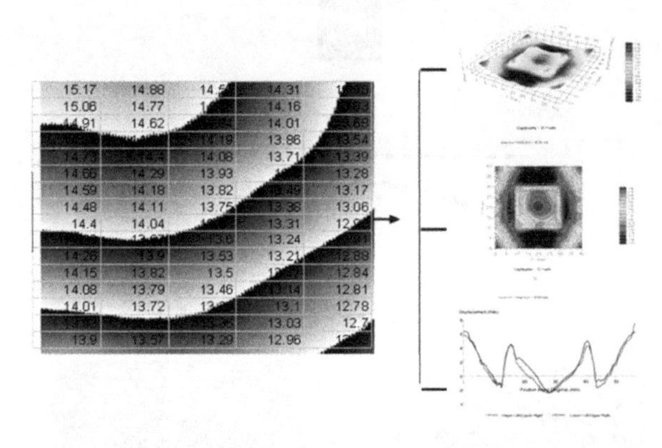

图 3-14　相移技术重构 3D 封装体表面形貌

在实际测量中，由计算机精准调控步进电机以调节载物台和光栅之间的间距，即可得到一系列离散的相移干涉条纹。一般需要 4 组干涉条纹才能重现试样的 3D 表面形貌，相移干涉条纹及重构而成的 3D 表面形貌如图 3-15 所示。

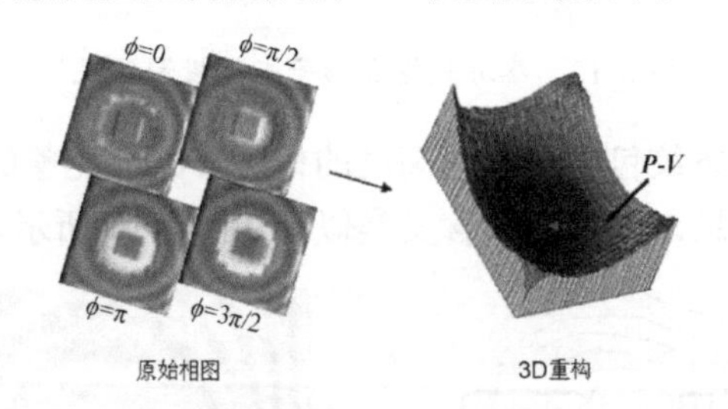

图 3-15　相移干涉条纹及重构而成的 3D 表面形貌

在测试过程中，通过调节光栅和试样间的距离即可得到干涉条纹。从式（3-1）可以看出：通过细节距光栅可获得更高的测量精度，但光栅和试样间的物理间距也应该相应减小。值得注意的一点是，需要防止测试过程中试样表面接触到参考光栅。

（2）影子云纹法检测设备组成。

影子云纹法测试将 Ronchi 光栅和试样同时放入热绝缘加热箱内，采用在试样底部设置热源的方式模拟回流焊。影子云纹法微变形检测设备如图 3-16 所示，主要由以下部分组成（有的未在图 3-16 中画出）。

a．用于捕捉影子摩尔条纹的摄像头。

b．用低热膨胀系数玻璃制成的 Ronchi 光栅。

c．投射白光的光源。

d. Z 向步进试样台。

e. 计算机控制的图像系统。

f. 试样夹，用于抓取和对齐试样。

g. 使用步进高度变化的 NIST 可追踪标定块。

h. 标准弯曲玻璃。

i. 加热单元。

j. 热电偶。

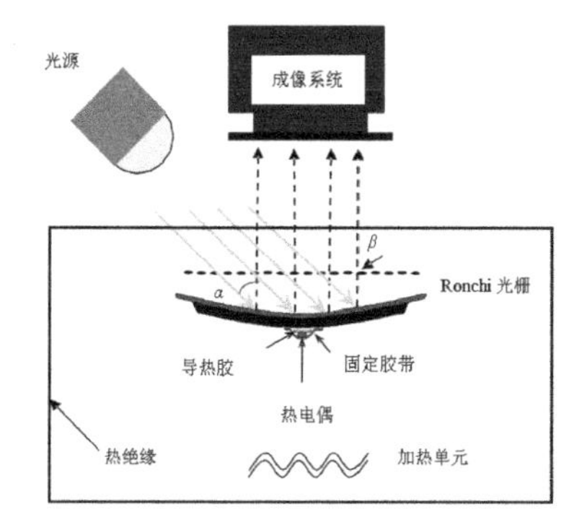

图 3-16　影子云纹法微变形检测设备

（3）影子云纹法检测流程。

影子云纹法 BGA 封装微变形检测流程如图 3-17 所示，可简单总结如下。

a. 预处理：主要包括 BGA 基板面焊球去除、喷漆处理和样品烘烤（去除湿气）。

b. 加热：按照典型表面贴装工艺设定模拟回流温度曲线，并利用影子云纹法检测设备对完整的基板面微变形数据进行测量。

c. 数据处理：通过软件对 BGA 微变形测量数据进行处理，包括定义参考平面、对信号进行去噪降噪，并获得 BGA 基板面 3D 重构形貌等检测结果。

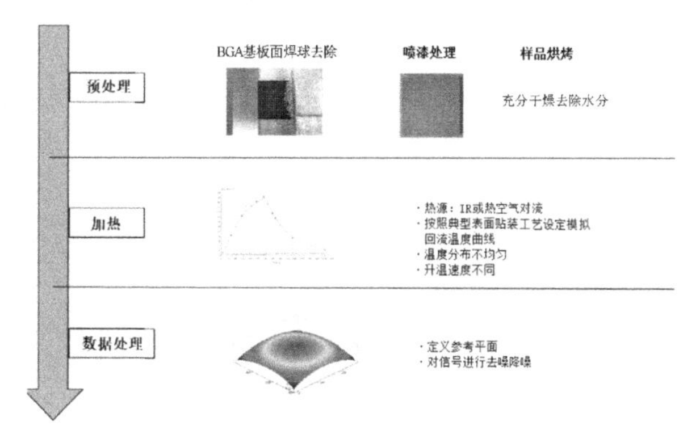

图 3-17　影子云纹法 BGA 封装微变形检测流程

（4）影子云纹法检测结果。

影子云纹法检测结果应该具有下列参数。

a．指定不同温度下的封装体翘曲量，翘曲量可用以下两种方式表示：3D 表面形貌图和对角线扫描图。某温度下封装体翘曲量如图 3-18 所示。

b．升降温过程中翘曲量随温度变化的关系，其中纵坐标翘曲量的单位是 mil（1mil=25.4μm），横坐标温度则包括了整个升降温的过程，如图 3-19 所示。

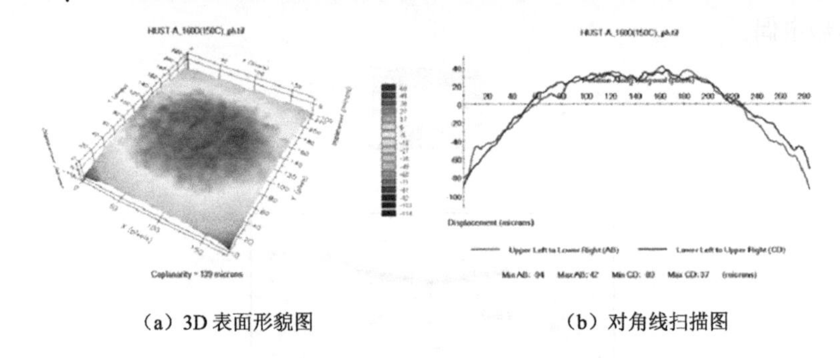

（a）3D 表面形貌图　　（b）对角线扫描图

图 3-18　某温度下封装体翘曲量

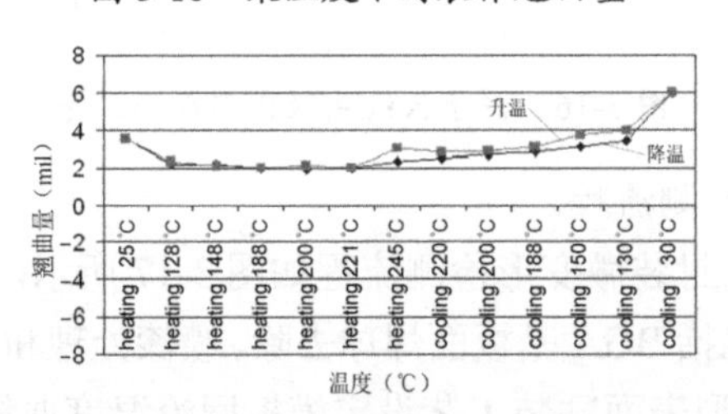

图 3-19　升降温过程中翘曲量随温度变化的关系

3.4 应力和可靠性

塑封电路在组装和应用过程中，会面临高温、温度变化、电迁移等应力影响，本节分析这些应力对塑封电路可靠性的影响，重点论述高温、湿-热-机械应力、温度循环应力对高密度塑封器件的可靠性影响。

3.4.1 塑料封装的湿-热-机械可靠性

1. 湿-热-机械可靠性集成应力分析

（1）湿扩散模型。

塑料封装可靠性的研究路线如下。从仅研究热对封装的作用，到仅研究湿对封装的作用，再到研究湿气变化为蒸汽压对封装的作用，最后到研究湿热的综合作用和研究湿、热及蒸汽压对封装的综合作用[27-29]。

对于塑料封装湿-热-机械可靠性应力分析，可以采用一种集成湿热及蒸汽压的有限元分析方法[30]，应变方程为

$$\varepsilon_{\text{tot}} = \varepsilon_{\text{sw}} + \varepsilon_{\text{th}} + \varepsilon_{\text{v}} = \beta \times \Delta C + \alpha \times \Delta\theta + P_{\text{v}}(\theta) \times (1 - 2v) / E(\theta) \qquad (3\text{-}2)$$

式中，ε_{tot}、ε_{sw}、ε_{th} 和 ε_v 分别为总应变、湿应变、热应变和蒸汽压应变；β 为湿膨胀系数；C 为湿度；α 为热膨胀系数；θ 为温度；P_v 为蒸汽压；E 为材料弹性模量；v 为材料泊松比。

首先假设某多微孔性材料吸潮后内部蒸汽压总是当前温度 θ 的最大饱和蒸汽压 $P_{vg}(\theta)$（纯饱和蒸汽压），通过它与湿度 $C(t)$的关系，根据式（3-3）就能获得相应蒸汽压。

$$P_{\text{v}}(\theta) = \omega(t) \times P_{\text{vg}}(\theta) \qquad (3\text{-}3)$$

式中，$\omega(t)=C(t)/C_{sat}$，为相对饱和湿度；t 为时间。确定热和湿的分布后，凭借用户子程序提取出湿模型中的湿度 C 和热模型中的温度 θ，通过式（3-2）和式（3-3）实现应力的集成分析。

考虑耦合线性湿热应力模型[31]，认为温度和湿气在封装中是均匀的，此时，湿应力能够处理成热应力的一个附加应力。因此等效热膨胀系数 α*可以定义成

$$\alpha^* = \alpha + \beta C / \Delta T \qquad (3\text{-}4)$$

当考虑填充料由于黏弹性行为的热老化影响时，湿应力和热应力的简单叠加就不再适用。

在塑料封装的回流焊过程中，集成应力模型有 5 种：湿扩散模型、热扩散模型、湿-机械模型、热-机械模型和蒸汽压模型。对于所有的模型，使用相同的有限元几何模型，但是有不同的边界条件、初始条件、加载条件和求解方法。

瞬态湿扩散方程与瞬态热扩散方程相似，能用菲克定律表示成

$$\frac{\partial C}{\partial t} = D\left(\frac{\partial^2 C}{\partial x^2} + \frac{\partial^2 C}{\partial y^2} + \frac{\partial^2 C}{\partial z^2}\right) \qquad (3\text{-}5)$$

然而，不同于温度，湿气浓度在两种材料的界面不连续。因此用 w 作为场变量湿度，定义为

$$w = \frac{C}{C_{\text{sat}}}, \qquad 0 \leqslant w \leqslant 1 \qquad (3\text{-}6)$$

所以式（3-5）可以改写成

$$\frac{\partial w}{\partial t}=D\left(\frac{\partial^2 w}{\partial x^2}+\frac{\partial^2 w}{\partial y^2}+\frac{\partial^2 w}{\partial z^2}\right) \tag{3-7}$$

对于湿扩散模型，初始条件为$w=0$，边界条件为$w=1$。

（2）热扩散模型。

与湿气分布相似，可通过求解下面的方程来得到在回流焊过程中封装内的温度分布：

$$\frac{\partial T}{\partial t}=\alpha_T\left(\frac{\partial^2 T}{\partial x^2}+\frac{\partial^2 T}{\partial y^2}+\frac{\partial^2 T}{\partial z^2}\right) \tag{3-8}$$

式中，T为温度；α_T为热扩散系数。

（3）湿-机械模型。

由于不同材料湿膨胀系数（CME）的不匹配，将引入湿-机械或湿膨胀应力。这与模拟由热膨胀系数（CTE）不匹配而引入热-机械应力相似。湿-机械问题可以用类似的热-机械问题求解方法来求解。

（4）热-机械模型。

使用线性弹性热-机械模型，加载温度从模塑料固化温度175℃到回流焊温度260℃。

（5）蒸汽压模型。

用代表性体积单元（RVE）来估算封装内部产生的蒸汽压，在吸湿材料局部选取一个体积单元，同时，在微观尺度上，一个体积单元的尺寸足以用来表征此处材料的统计特性，因此一个场变量空隙体积分数f定义成

$$f=\frac{\mathrm{d}V_f}{\mathrm{d}V},\quad 0\leqslant f\leqslant 1 \tag{3-9}$$

当f=1时，说明在此位置发生了分层。空隙体积分数是一个场变量，在不同的位置有不同的变化速度，如果界面连接较弱，则在界面处要比材料内部变化得快。初始空隙是随机而均匀分布的，因此初始空隙体积分数f_0是材料的特性。

孔内湿气密度可以定义成

$$\rho_{\mathrm{m}}=\frac{\mathrm{d}W_{\mathrm{m}}}{\mathrm{d}V_f}=\frac{\mathrm{d}W_{\mathrm{m}}/\mathrm{d}W}{\mathrm{d}V_f/\mathrm{d}V}=\frac{C}{f_0} \tag{3-10}$$

式中，dW为体积单元内的湿气质量；dV为体积单元；C为局部湿气浓度。另外，转变温度T_1定义为空隙内湿气全部转变成蒸汽的温度：

$$\rho_{\mathrm{m}}(x_i,T_0)=p_{\mathrm{g}}(T_1) \tag{3-11}$$

式中，$p_{\mathrm{g}}(T_1)$为在温度T_1时的饱和蒸汽压；T_0为湿气吸收的预处理温度。

在计算蒸汽压时，有三个不同的情形。对于情形 1 和情形 2，假设湿气服从理想气体定理。

情形 1，空隙内湿气浓度较小，在预处理温度 T_0 时，湿气全部变为蒸汽。

$$p=\frac{Cp_g(T_0)T}{fp_g(T_0)T_0} \qquad T_0 \geqslant T_1 \tag{3-12}$$

式中，p 是蒸汽压；p_g 是饱和蒸汽压。

情形 2，在预处理温度 T_0 时处于气/液混合状态，而在回流焊峰值温度 T 时，湿气全部变为蒸汽。

$$p=\frac{p_g(T_1)T}{T_1} \qquad T_0 \leqslant T_1 \leqslant T \tag{3-13}$$

情形 3，尽管在回流焊峰值温度 T 时，湿气也没有完全变为蒸汽。

$$p=p_g(T) \qquad T \leqslant T_1 \tag{3-14}$$

在计算蒸汽压的过程中，需要知道初始空隙体积分数。根据式（3-10），饱和时，局部湿气浓度 $C=C_{sat}$。因此，初始空隙体积分数可表示成

$$f_0=\frac{C_{sat}}{\rho_m} \tag{3-15}$$

线性蒸汽压引入应力可估计成

$$\varepsilon_p=\frac{1-2v}{E}p \tag{3-16}$$

式中，v 为泊松比；E 为弹性模量；p 为平均蒸汽压。弹性模量 E 在回流焊温度时下降几个数量级，因此蒸汽压应力可能变得与热或湿应力同等重要。必须指出的是，这样的膨胀与蒸汽压分布（而不是湿气分布）直接相关。

（6）集成应力模型。

图 3-20 所示为回流焊过程中的封装应力模型。湿扩散模型的湿气分布结果作为蒸汽压模型和湿-机械模型的输入。热扩散模型的温度分布应用到蒸汽压模型和热-机械模型中。由蒸汽压模型、热-机械模型、湿-机械模型引入的应力和应变，合并成一个集成应力模型来计算在回流焊过程中的封装应力和应变。湿应力和蒸汽压引入的应力转换成等效的热应力。

2. QFN 封装的湿-热-机械的应力仿真分析

（1）QFN 封装吸湿特性和解吸附特性的仿真模拟。

QFN（Quad Flat No-lead，方形扁平式无引脚）封装是典型的芯片级封装，其

结构如图 3-21 所示。与其他引线框架封装相比，QFN 封装具有很多优势，如成本低、尺寸小、较高的热性能和电性能、高成品率。这种封装能提供优秀的热性能是因为其底部的芯片框架和芯片基板是暴露在外面的，具有良好的散热特性，因此它被广泛应用到移动通信/消费产品当中。然而，尽管 QFN 封装有众多优势，但在测试和鉴定过程中仍发现一些湿-热-机械可靠性问题。

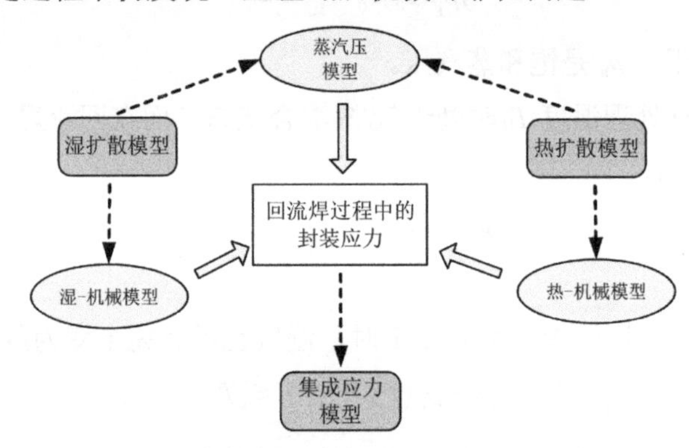

图 3-20　回流焊过程中的封装应力模型

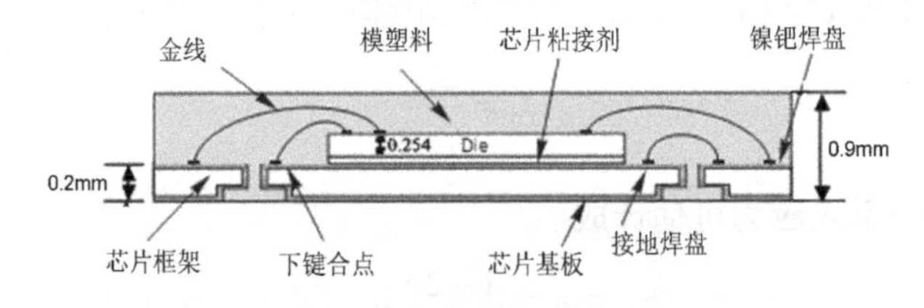

图 3-21　QFN 封装结构

根据塑料封装的湿-热-机械应力分析方法，对某 QFN 封装有限元模型进行了网格划分，并模拟了该封装在潮湿敏感度等级 1（MSL-1，85℃/85%RH/168 小时）条件下的湿扩散，QFN 封装的湿度瞬态分布如图 3-22 所示。从 QFN 封装中的湿扩散过程可知：在初始阶段，芯片粘接层处的相对湿度一直处于较低状态，这是因为芯片和铜板均不吸湿，可有效阻止湿气进入的通道；在进行 168 小时湿气吸附后，封装外部的模塑料湿度基本达到饱和状态，但粘接层湿度仍处于未饱和状态。从图 3-22 可以看出，在封装界面处，一直存在湿度梯度，直至湿度达到饱和。不均匀的湿度梯度是我们所不希望的，因为湿度梯度在引入湿应力的同时，可能会造成应力集中；当应力达到一定值时，可能造成分层或芯片开裂。另外，在界面处的非均匀湿度梯度可能会造成界面强度的退化，这些退化甚至在湿度达到饱和时还会出现。界面强度的退化和应力作用的综合结果，增加了分层产生的可能性。分层产生又为湿气的侵入提供了通道。当湿气侵入到引脚处和芯片表面时，可能会造成引脚的腐蚀和芯片钝化层的破坏。这些轻则导致器件的参数漂移，重则导致整个器件的失效[32]。

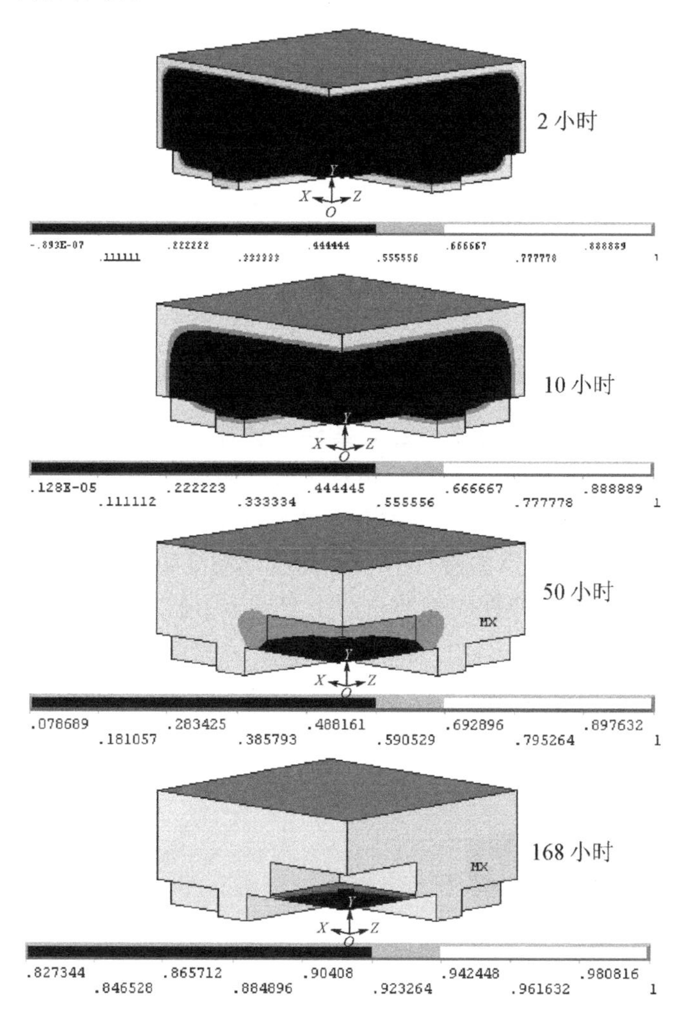

图 3-22　QFN 封装的湿度瞬态分布

为了分析封装不同部分的湿扩散情况。对不同位置的节点的湿度瞬态分布进行了绘图。模型节点选取情况如图 3-23（a）所示，各节点的湿度瞬态分布如图 3-23（b）所示。从图 3-23（b）中可以发现，湿度达到饱和的时间与封装的位置有很大的关系。可以看出，在初始阶段，粘接层的节点 A 的相对湿度基本上为 0，到了 50 小时以后开始缓慢地吸收湿气。而节点 F 在吸湿 50 小时以后，其相对湿度基本上已经达到饱和状态。

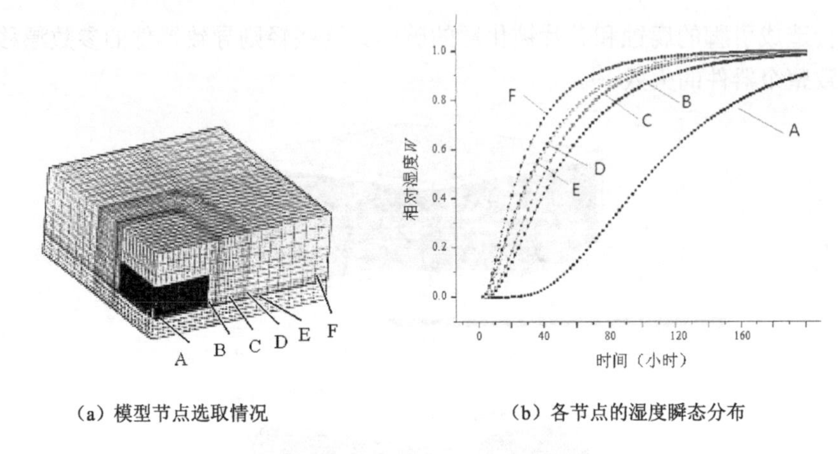

（a）模型节点选取情况　　（b）各节点的湿度瞬态分布

图 3-23　模型不同节点及其湿度瞬态分布

同样地，对该 QFN 封装在 125℃条件下进行了湿气解吸附分析，结果如图 3-24（a）所示。从中可以看出，相对于湿气吸收过程，湿气解吸附过程要快得多。这是因为在 125℃下，湿扩散系数要比 85℃下的湿扩散系数大得多。图 3-23（a）模型中各节点的湿气解吸附过程如图 3-24（b）所示。可以看出，不同节点的湿气解吸附特性的差异相对于湿（气）扩散要小一些。

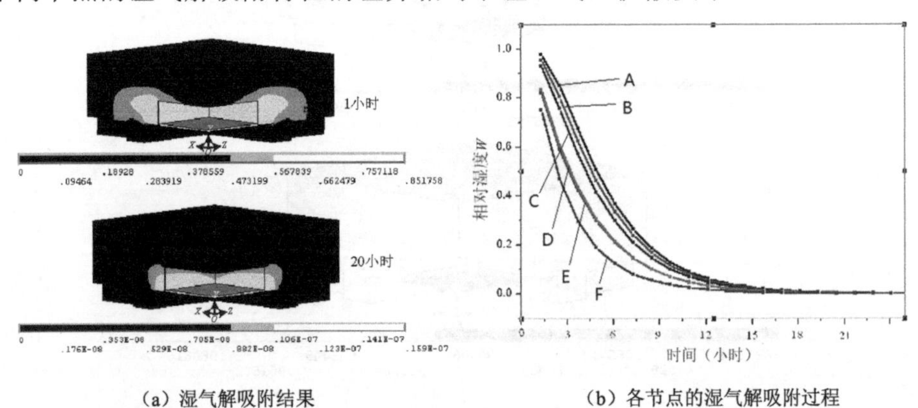

（a）湿气解吸附结果　　（b）各节点的湿气解吸附过程

图 3-24　QFN 封装湿气解吸附分析

（2）QFN 封装的湿-热-机械应力分析。

通过有限元软件进行分析，在 QFN 封装经过 85℃/85%RH 湿气预处理后，研究了回流焊时引入的湿-热-机械应力分布。该 QFN 封装的湿-机械应力分布、热-机械应力分布和湿-热-机械耦合应力分布如图 3-25~图 3-27 所示（单位均为 Pa），其中回流焊峰值温度为 260℃。从图 3-25 中可以发现，最大等效应力在芯片/粘接材料/模塑料的界面处。从图 3-26 中可以得到，在回流焊过程中，最大热-机械应力为 311MPa。吸湿膨胀引入的应力在 QFN 封装的机械可靠性方面有着不可忽略的作用。如果在回流焊过程中，忽略湿-热-机械应力，那么将低估回流焊应力的影响。从图 3-27 中可知，QFN 封装的可靠性薄弱环节在芯片/粘接材料/模塑料的界面处。如果应力达到一定值，超过材料界面粘接强度，那么将会在此界面上产生裂纹。

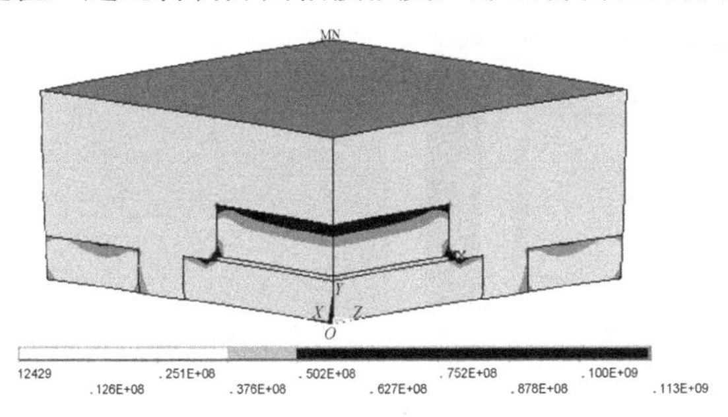

图 3-25 QFN 封装的湿-机械应力分布

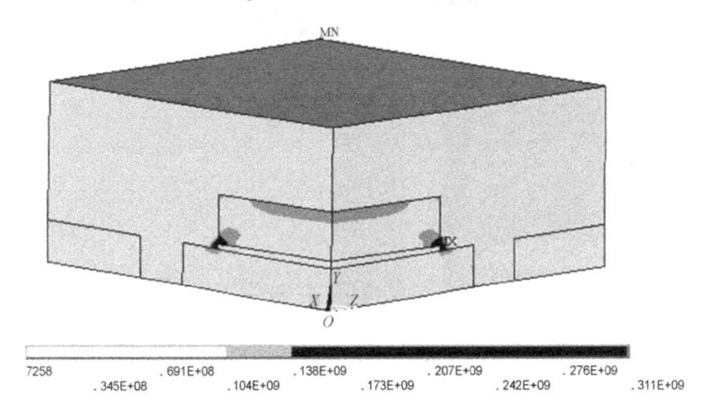

图 3-26 QFN 封装的热-机械应力分布（峰值温度为 260℃）

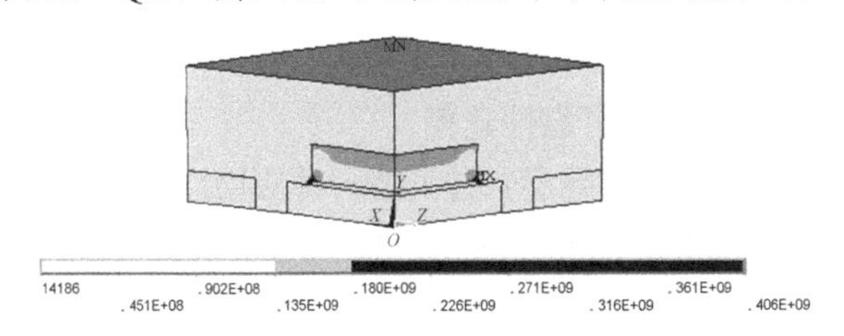

图 3-27 QFN 封装的湿-热-机械耦合应力分布

（3）QFN 封装湿-热-机械应力分析结果的试验验证。

利用某 QFN 封装进行湿-热-机械应力试验验证，对其进行 85℃/85%RH/168 小时湿气预处理后，经过 C-SAM 检查并剖面制样，确保没有产生界面分层，初始界面形貌如图 3-28（a）所示。QFN 封装吸湿后经过 3 次回流焊，所有器件均出现不同程度的分层，C-SAM 结果如图 3-28（b）所示。可知，芯片/粘接材料、模塑料/铜基板界面处都出现了分层，裂纹及分层主要出现在靠近粘接材料的芯片附近，粘接材料与铜基板界面也出现分层。这说明在粘接材料芯片附近与粘接材料处受到较大的应力。从裂纹的破坏程度和扩展趋势来看，最大应力在芯片、粘接材料和 EMC 材料的交界点处。可知，粘接材料是整个封装的薄弱环节，这与前面的仿真结果一致。

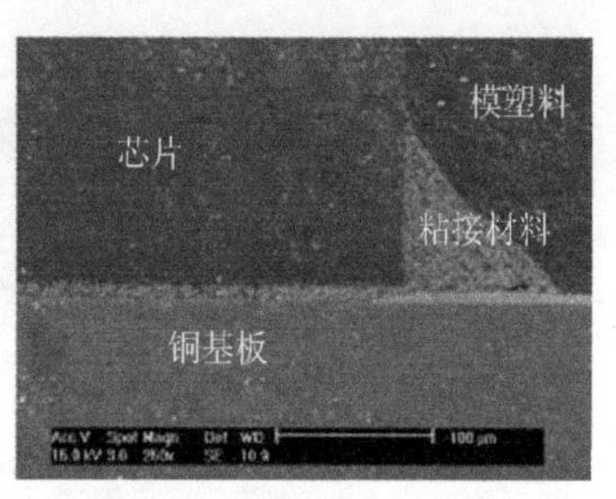

（a）QFN（8mm×8mm）试验前的初始界面形貌

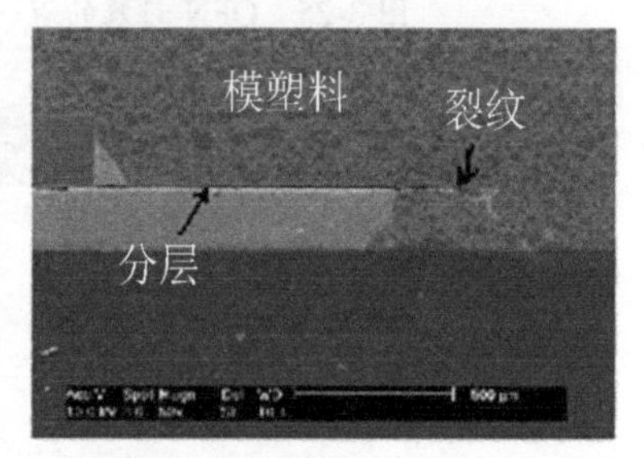

（b）QFN（8mm×8mm）试验后的 C-SAM 结果

图 3-28　QFN 封装吸潮回流焊 3 次后分层分布

3. PoP 封装的湿-热-机械应力的仿真分析

（1）PoP 封装湿-热-机械可靠性建模。

PoP（Package on Package，叠层封装）是一种应用广泛的高密度封装，本节以 PoP 封装为例，仿真分析其结构的湿-热-机械应力。PoP 封装结构如图 3-29 所示，将两个已充分测试的封装块堆叠在一起，产品可以提供更多的灵活性。

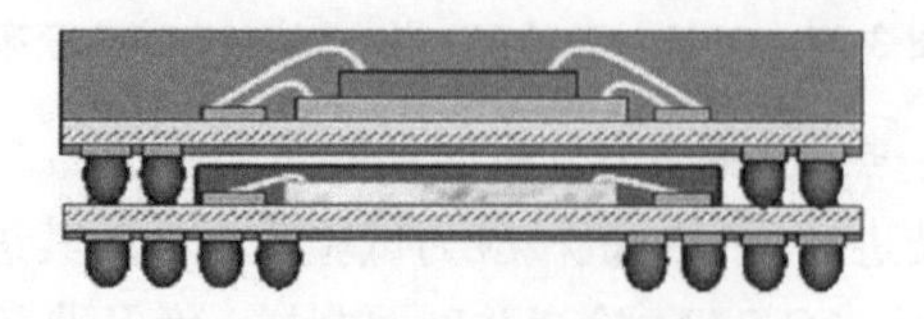

图 3-29　PoP 封装结构

非吸湿性材料不参与求解湿气吸附与解吸附分析。在 85℃/85%RH 条件下，模塑料（MC）、粘接剂（Bonding Agent，BA）和基板材料（BT）的吸湿特征参数见表 3-9，其中 D 为湿扩散系数，C_{sat} 为饱和湿度，β 为湿膨胀系数。

表 3-9　聚合物材料吸湿特征参数

材　料	D（mm²/s）	C_{sat}（mg/mm³）	β（mm³/mg）
MC	7.55×10^{-7}	2.07×10^{-3}	0.45
BT	1.51×10^{-7}	6.54×10^{-3}	0.69
BA	9.02×10^{-7}	2.32×10^{-3}	0.50

湿扩散系数 D 确定了电子封装的烘烤条件。湿扩散系数与温度的关系可通过 Arrhenius 方程描述：

$$D = D_0 \exp(-\frac{E_d}{kT}) \tag{3-17}$$

式中，D_0 是初始值；E_d 为活化能；k 为玻尔兹曼常数；T 为绝对温度。在湿气解吸附模型中，初始条件为 $w=1$，边界条件为 $w=0$。聚合物材料湿气解吸附特征参数见表 3-10[31, 33]。

表 3-10　聚合物材料湿气解吸附特征参数

材　料	E_d（eV）	D_0（mm²/s）
MC	0.31	0.20
BT	0.45	6.0
BA	0.28	1.63

封装中因不同种类的材料的湿膨胀系数不同，从而出现了湿应变。对于不吸湿的部分，如芯片和焊球，其湿膨胀系数是零。湿应变与湿膨胀系数的关系如下。

$$\varepsilon_{湿} = \beta C \tag{3-18}$$

式中，β 为湿膨胀系数；C 为湿度。式（3-18）可写成

$$\varepsilon_{湿} = \beta C_{sat} \times w \tag{3-19}$$

模拟该封装在无铅回流焊中湿-热-机械应力分布。当温度为 T 时，其热应变 ε_t 可表示成

$$\varepsilon_t = \alpha(T - T_{cure}) \tag{3-20}$$

式中，ε_t 为热应变；α 为热膨胀系数；T 为加热温度；T_{cure} 为固化温度。

（2）湿-热-机械可靠性模拟仿真。

基于 JEDEC/JSTD-020D 的潮湿敏感度等级（MSL）分类，模拟 PoP 封装在 MSL-1 条件下吸湿 168 小时，PoP 封装吸湿瞬态湿度分布如图 3-30 所示。

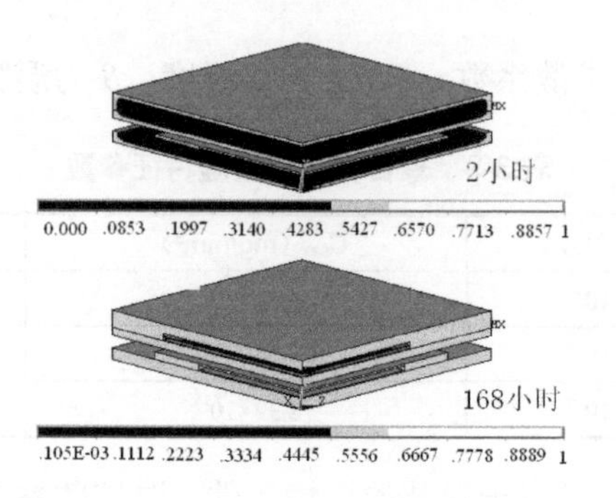

图 3-30　PoP 封装吸湿瞬态湿度分布

从图 3-30 中可以看出，168 小时吸湿后，除顶层封装两芯片之间的粘接层外，封装湿度已基本达到饱和。因为芯片不吸湿，所以湿气进入顶层封装两芯片间的粘接层速度较慢，粘接层位置的湿度梯度较大。湿度梯度能引发湿应变，这被模拟结果证明了。结果同时说明当 PoP 封装进行 MSL-1 条件吸湿时，其 168 小时的吸附时间基本上是足够的[32]。

模拟在 125℃进行湿气解吸附，在不同时间下该封装湿气解吸附情况如图 3-31（a）所示。从图 3-31（a）中可见，在解吸附 20 小时后，封装中的湿气几乎被清除，最大值仅为饱和值的 0.37%，对封装的影响可以忽略。封装湿气解吸附的质量变化如图 3-31（b）所示。因此，20 小时的解吸附时间是能够满足需求的。当对表面贴装元器件进行回流焊预处理时，烘烤条件通常为 125℃/24 小时，可是该条件并不是所有情况下的最佳条件。

（3）湿应力分析。

PoP 封装与焊球的等效湿应力分布分别如图 3-32（a）和图 3-32（b）所示。模拟结果表明湿应力分布于顶层封装芯片和焊球处，因为芯片和焊球不吸湿。但它们与相邻的聚合物材料的湿膨胀系数不同，会导致界面或接触点处在湿气预处理过程中出现较强湿应力。

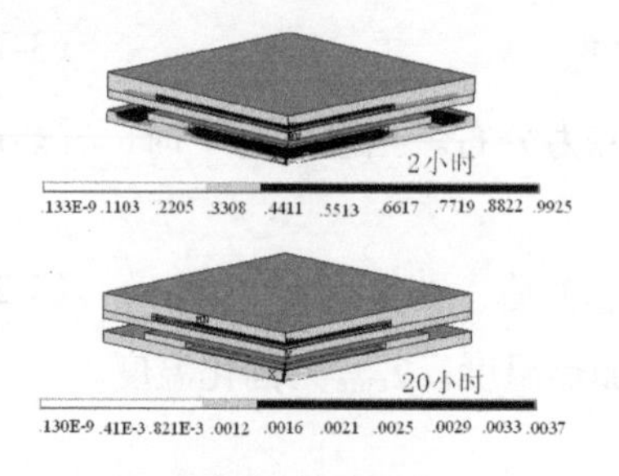

（a）封装湿气解吸附情况

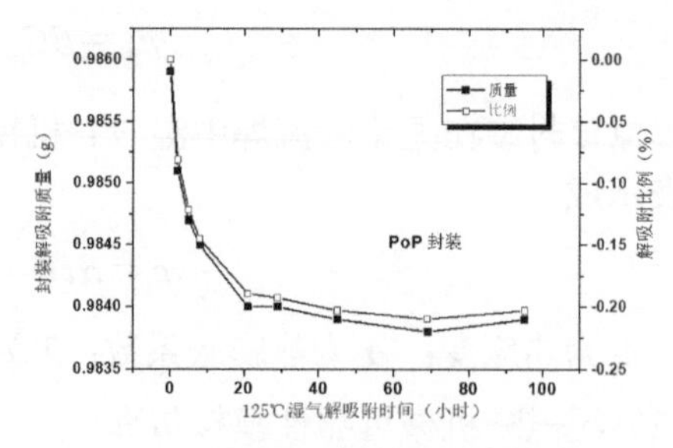

（b）封装湿气解吸附的质量变化

图 3-31　PoP 封装湿气解吸附瞬态湿度分布及湿气含量变化

芯片和焊球会影响聚合物材料的湿气分布，阻碍湿气的侵入，使其周围产生较大的湿度梯度。顶层封装芯片的湿应力要比底层封装芯片的湿应力大，这一现象表明湿度梯度是引入湿应力的一个重要因素。

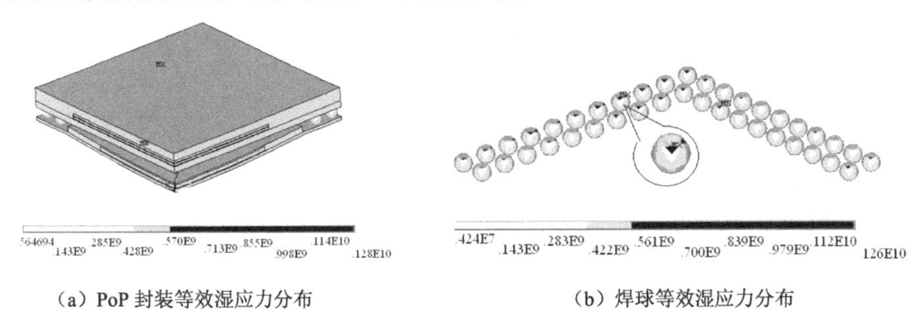

（a）PoP 封装等效湿应力分布　　（b）焊球等效湿应力分布

图 3-32　PoP 封装等效湿应力及焊球等效湿应力分布

从图 3-32 中可见[32]：湿气会直接影响芯片和焊球的可靠性。需要特别注意的是，在回流焊时，封装材料空隙内部的蒸汽压可能导致芯片和焊球裂开，甚至出现“爆米花”效应，从而使整个器件失效。

（4）回流焊应力分析。

在回流焊过程中，当回流焊的温度最高（峰值温度）时，会出现最大应力。峰值回流焊温度下 PoP 封装热应力及焊球热应力分布如图 3-33 所示。与湿应力分布位置不同的是，回流焊热应力的峰值位于顶层封装芯片、粘接层和模塑料连接处，且在底层封装处出现了较大的热应力。粘接层及模塑料的热膨胀系数较高，而芯片具有较低的热膨胀系数，所以出现较大的热应力。可能发生封装分层的起始位置包括顶层封装芯片、粘接层和模塑料连接处。与湿应力分布情况类似的是，焊球热应力的峰值位于焊球的边角处。热应力的分布表明了 PoP 封装可靠性的关键部位是焊球边角。PoP 封装机械应力的比较如图 3-34 所示。正常应力是垂直方向的应力，而剪切应力常会引发封装分层。PoP 封装的湿等效应力约是回流焊等效应力的 4 倍，因此其湿应力对封装可靠性的影响不可忽略[32]。

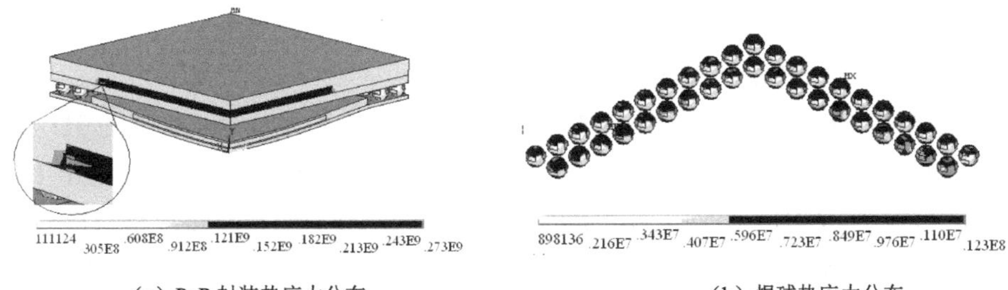

（a）PoP 封装热应力分布　　（b）焊球热应力分布

图 3-33　峰值回流焊温度下 PoP 封装热应力及焊球热应力分布

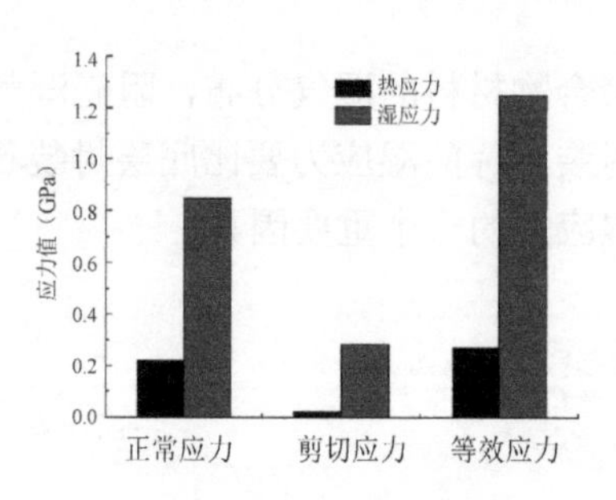

图 3-34　PoP 封装机械应力的比较

PoP 封装在无铅回流焊工艺条件下的热应力分布表明：

①顶层封装是 PoP 封装可靠性的薄弱环节，对机械可靠性的要求较高。

②外层焊球湿应力和热应力都比内层焊球的大，焊球的湿应力和热应力主要分布于边角处。

③湿应力比回流焊峰值温度时的热应力还要大，不可忽略湿气对封装可靠性的影响。

3.4.2　SiP 封装的应力和可靠性

1. SiP 封装的技术发展及优点

SiP（System in Package，系统级封装）是指将多个不同功能的有源、无源元件和组件，以及 MEMS、光学器件等其他器件，组装成可提供多种功能的单个标准封装体，形成一个独立的系统或子系统，具有一系列的性能特点。

（1）SiP 可以汇集基板上原本各自独立分开的集成电路和电子组件，显著减小封装体积和质量，减少使用材料，减少 I/O 引脚数，增大封装面积比。

（2）和采用电路板的方式相比，SiP 封装中所采用的 SiP 技术可以使金属间的距离缩短，进而减小寄生阻抗（电阻、电容、电感），从而改善芯片性能。

（3）SiP 可以集成模拟、数字和射频等不同工艺类型的功能芯片。

（4）SiP 简化了产品封装层次和工序，连接更少，提高了产品的可靠性，降低了制造成本。

（5）产品研制开发的周期比较短。

可靠性是 SiP 技术发展面临的首要挑战。对于 SiP 技术而言，复杂的 3D 互连方式与封装技术和生产应用环境对 SiP 系统的可靠性构成巨大的威胁。SiP 结构在制作和使用过程中面临的主要可靠性问题有热应力、振动和跌落冲击及湿应力，且振动和跌落冲击都属于外界施加的应力破坏。在 SiP 结构的使用过程中，会遭受频繁的温度载荷冲击，这往往会导致微凸点产生裂纹，从而导致 SiP 结构的失效。从生产加工到实际使用过程，温度的变化对 SiP 结构的影响一直存在，因此，研究 SiP 关键结构热应力的失效模式和失效机理对于提高 SiP 结构的可靠性十分重要。

2. SiP 封装的应力和可靠性问题

在 3D 封装结构中，常见的失效原因是焊点失效。引发垂直互连焊点失效的原因如下。

（1）机械载荷，具体包括机械冲击、振动、惯性载荷等。

（2）热载荷，具体包括封装过程中的预热、固化、波峰焊、回流焊，以及器件自身产热、电阻热，或者器件在可靠性试验或使用过程中承受的热冲击、热循环载荷等。

（3）化学腐蚀，包括封装吸湿导致湿气对焊点的腐蚀或氧化等，严重影响焊点的可靠性。

所以，3D 封装中亟须解决的重要问题就是垂直互连焊点的可靠性。

3.4.3　WLCSP 封装的应力和可靠性

1. WLCSP 封装的技术发展及优点

CSP（Chip Scale Package，芯片尺寸封装）是继 SiP 之后的新一代封装技术。根据电子电路互连和封装协会（Association of Connecting Electronics Industries，IPC）给出的定义，CSP 的封装面积小于芯片面积的 2 倍，极大地提高了封装集成度。通常可以把 CSP 分为 4 种：刚性基板类、柔性基材类、引线框架类和晶圆级组装类。WLCSP（Wafer Level Chip Scale Package，晶圆级芯片尺寸封装）属于 CSP 的一种，其基本工艺思路是首先在晶圆上完成工艺加工，然后直接在晶圆上加工出互连接口，采用倒装互连技术进行连接后，对其进行测试和老化，最后裂片得到成品。封装后的体积与裸芯片基本相同。与传统封装不同的地方是，CSP 整合了芯片的前端工艺和后端工艺，优化了整个工艺流程。

WLCSP 引入了重布线和凸点制作技术，采用标准的贴片工艺，可以实现晶圆级互连，提高互连密度，所以该封装技术属于高密度、高性能叠层封装技术。这种技术自从发明出来后，已经被广泛地应用于手机、闪存、高速电路、驱动器、射频器件、逻辑器件和模拟器件等领域。

图 3-35 展示了 WLCSP 的工艺流程，主要包括两个关键工艺：①重布线工艺，用于将沿芯片周边分布的焊接区转换为在芯片表面上按照平面阵列式分布的凸点区。②凸点制作工艺，用于在焊区制作凸点，形成微球阵列，可采用蒸发法、化学镀法、电镀法、焊膏印刷法等。目前应用最广泛的是电镀法，其次是焊膏印刷法。

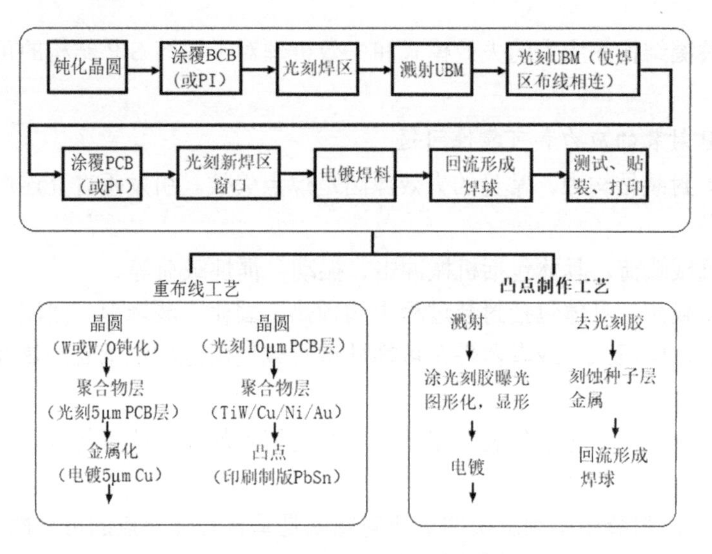

图 3-35　WLCSP 的工艺流程

在重布线工艺中，通过在晶圆上淀积薄膜介质层来钝化硅片，采用苯并环丁烯（Benzo-Cyclo-Butene，BCB）或聚酰亚胺（Polyimide，PI）作为重布线的介质层材料，连线金属为 Cu。溅射和淀积凸点下金属化层（Under-Bump Metallization，UBM），UBM 是芯片上金属焊盘与凸点之间的关键界面层，提供高可靠性的电连接和机械连接，并可以作为凸点沉积的种子层。UBM 中的溅射 Ti 层可以作为金属焊盘和凸点之间有效的扩散阻挡层。UBM 材料为 Al/Ni/Cu、Ti/Cu/Ni 或 Ti/W/Au。

WLCSP 的整套工艺与芯片制造的技术兼容，只增加了重布线工艺和凸点制作工艺，在成本和质量控制方面优于其他 CSP 制作工艺。

2. WLCSP 封装的应力和可靠性问题

在 WLCSP 封装内，因为不同材料的热膨胀系数不同，所以会在接触界面和接触点处产生很大的热应力，导致应变能累积，甚至导致封装失效。WLCSP 的可靠性研究重点是焊球的热机械可靠性。

Tae-Kyu Lee 等人研究了 WLCSP 锡-银-铜（Sn-Ag-Cu）微焊点的长期可靠性及微结构的演化[34]，他们研究了 3 种不同焊料（SAC105、SAC305、SAC396）的 3 种不同尺寸 WLCSP 在温度循环下的长期可靠性及焊接组织微结构的演变过程。在该研究中，不同焊料、不同尺寸的 WLCSP 封装如图 3-36 所示，其焊球初始金相组织结构如图 3-37 所示，它们在 0~100℃温度循环应力下的寿命分布和特征寿命分别如图 3-38 和图 3-39 所示。

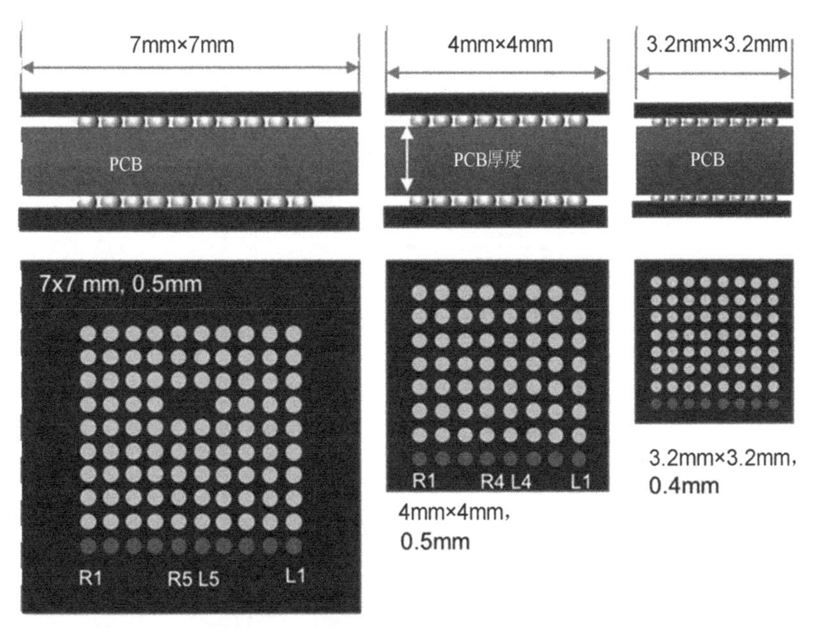

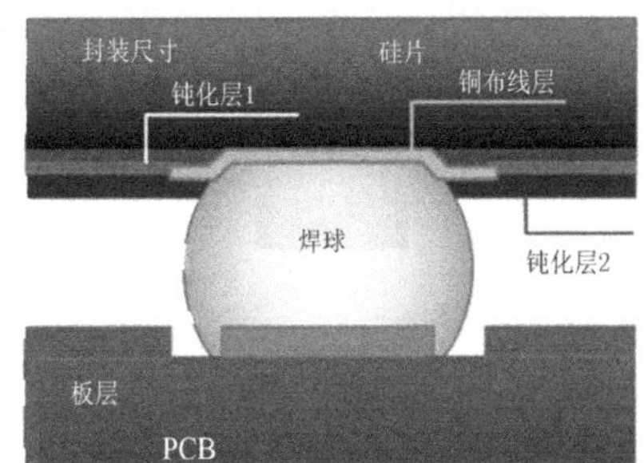

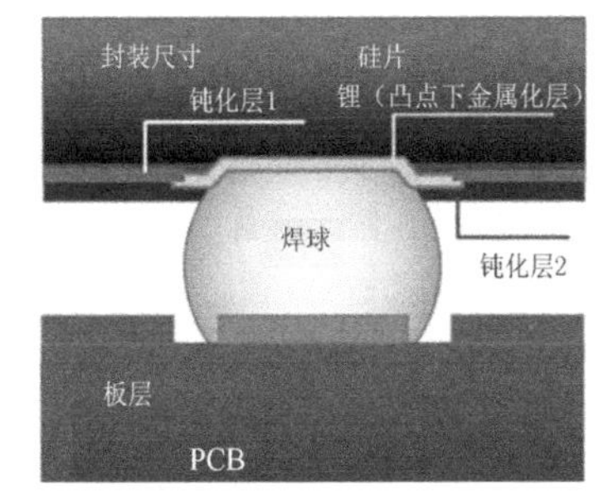

图 3-36 不同焊料、不同尺寸的 WLCSP 封装

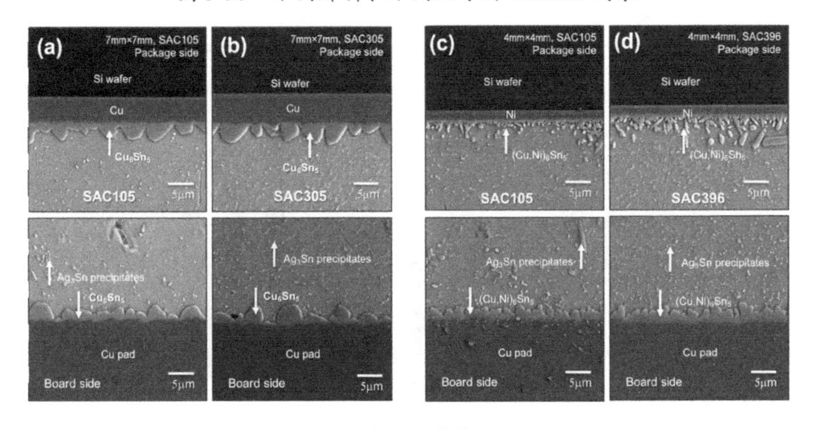

图 3-37 焊球初始金相组织结构

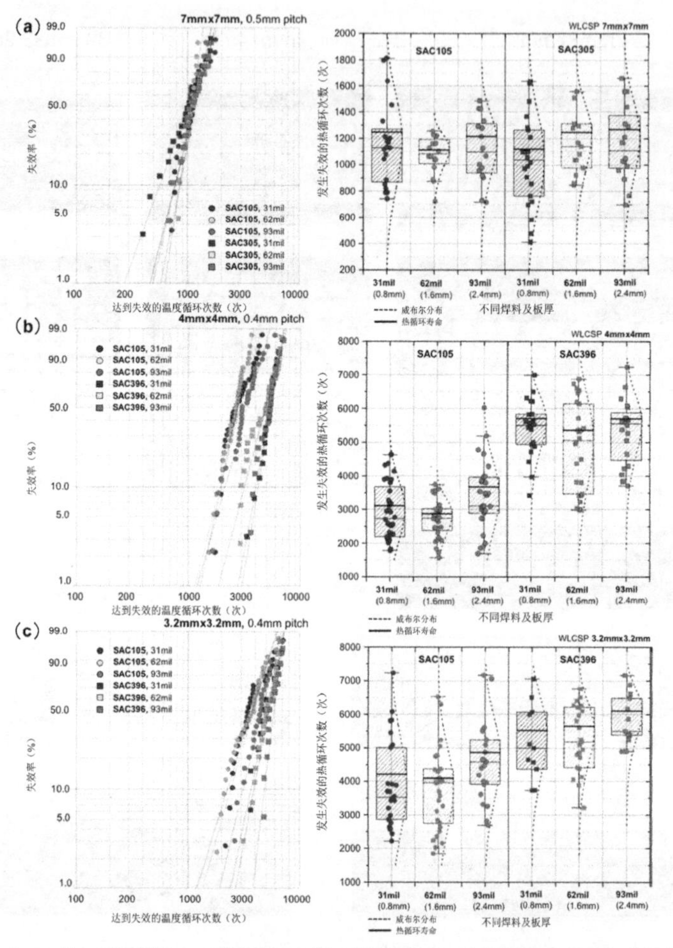

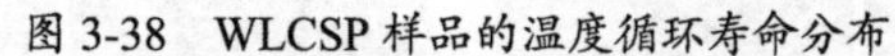

（a）7mm×7mm WLCSP （b）4mm×4mm WLCSP （c）3.2mm×3.2mm WLCSP

图 3-38 WLCSP 样品的温度循环寿命分布

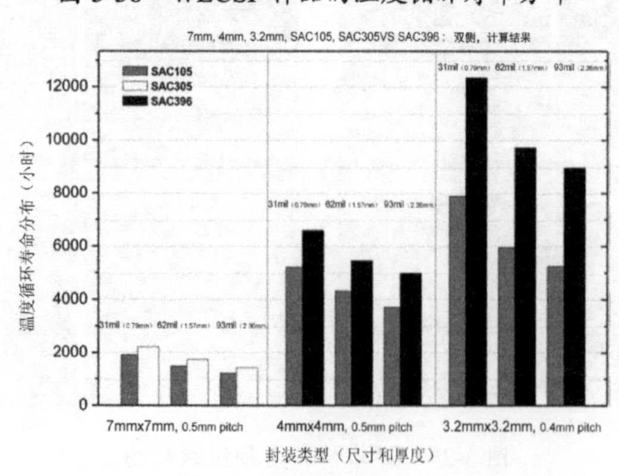

图 3-39 WLCSP 样品的温度循环特征寿命

对其焊球进行有限元仿真分析，发现应力集中在焊球与芯片的界面处，WLCSP 样品的累积裂纹损伤如图 3-40 所示。对其失效样品进行剖面分析，其失效部位与仿真结果一致，温度循环失效样品焊球的剖面 SEM 照片如图 3-41 所示。不同尺寸 WLCSP 封装的焊球边角的裂纹演化情况如图 3-42 所示。

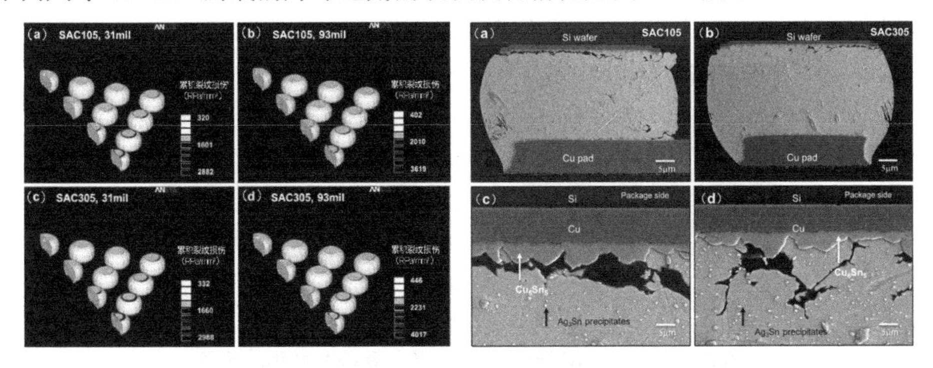

图 3-40　WLCSP 样品的累积裂纹损伤　　图 3-41　温度循环失效样品焊球的剖面 SEM 照片

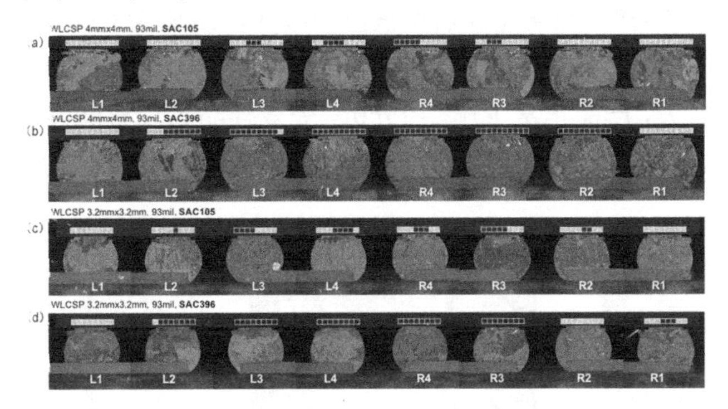

（a）4mm×4mm SAC105　（b）4mm×4mm SAC396　（c）3.2mm×3.2mm SAC105　（d）3.2mm×3.2mm SAC396

图 3-42　不同尺寸 WLCSP 封装的焊球边角的裂纹演化情况

3.5　塑料封装典型失效案例

塑封电路产品在使用过程中会受到高温、回流焊、温度循环、湿气、振动等应力及综合应力的影响，产生界面分层、键合退化、芯片腐蚀、参数漂移等失效情况。下面介绍若干塑封电路的典型失效案例。

3.5.1　湿气侵入导致的腐蚀

某功率 MOSFET 在使用过程中发现其反向漏电流超标，经分析发现样品的引线框架、基板等内部结构与模塑料分层。经扫描电子显微镜（Scanning Electron Microscopy，SEM）和电子能谱（Energy Dispersive Spectroscopy，EDS）分析，发现芯片表面有明显的银晶枝状金属迁移。功率 MOSFET 界面分层导致芯片电化学迁移如图 3-43 所示。该芯片的腐蚀应为封装界面分层引起的，水汽和外部沾污离子沿封装裂纹侵入芯片表面，在芯片表面发生了电化学迁移。

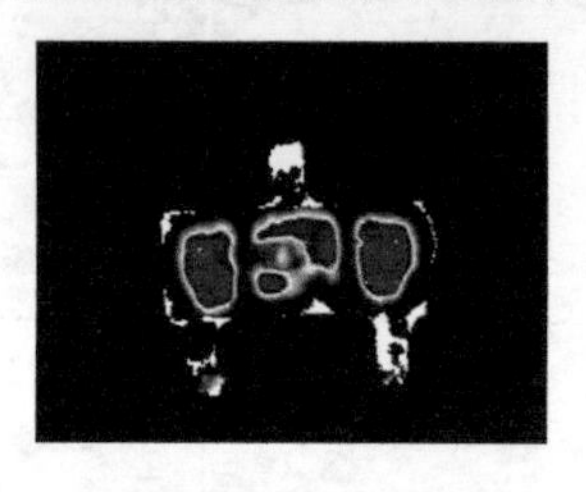

（a）芯片界面分层的 SEM 照片

（b）芯片表面金属迁移呈枝状

图 3-43　功率 MOSFET 界面分层导致芯片电化学迁移

某 SRAM 电路样品组装完成后调试出现故障，现象为 CPU 出现复位故障，经排查为 SRAM 故障引起，对 SRAM 植球并重新焊接后故障依旧，更换新的 SRAM 后故障消失，产品正常工作。经分析，失效样品芯片与框架、模塑料与 PCB 界面明显分层；开封后发现芯片键合被拉脱，系“爆米花”效应所致，失效形貌如图 3-44 所示。

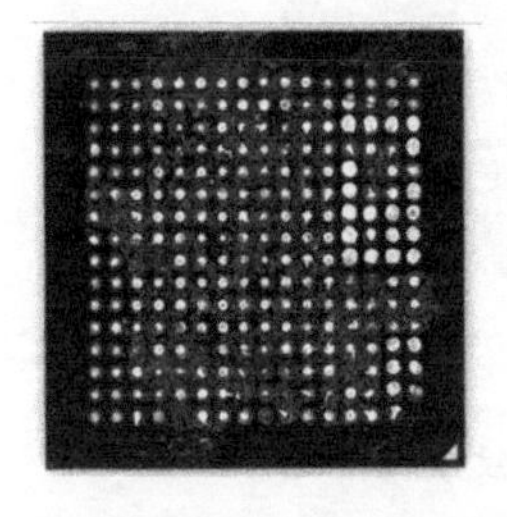

（a）SRAM 芯片外观

（b）芯片与框架、模塑料与 PCB 界面分层

（c）键合被拉脱

图 3-44　某 SRAM 失效形貌

3.5.2　高温导致的孔洞及键合退化

某塑封 RS-485 芯片经组装通电后发现其使能端的电平异常，为偶发故障，高温 80℃试验可使偶发故障时间延长，恢复常温后会持续一段时间故障，但之后可恢复，处于不稳定故障状态。经开封分析，见芯片内多个内键合金球与焊盘分离，形成了一种黄褐色物质，键合金球一侧出现凹陷，经过 SEM 和 EDS 分析，发现黄褐色物质主要成分为 Au-Al 化合物，Au 的含量较高。SEM 和 EDS 分析结果如

图 3-45 所示。

该失效分析表明：芯片内键合点结合面处的 Au、Al 元素发生扩散，形成了 Au-Al 化合物。对键合金球与 Au-Al 化合物分离，发现焊盘上 Au 含量较高，表明 Au 已经大量扩散至焊盘，因阻焊剂内含有的有机物在高温作用下产生气泡，故形成了柯肯德尔孔洞[35]，最终引起了键合虚焊，产生间歇性失效。

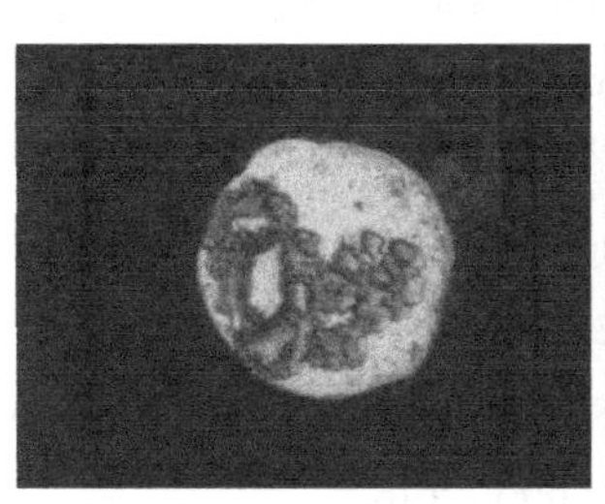

（a）键合孔洞金相照片

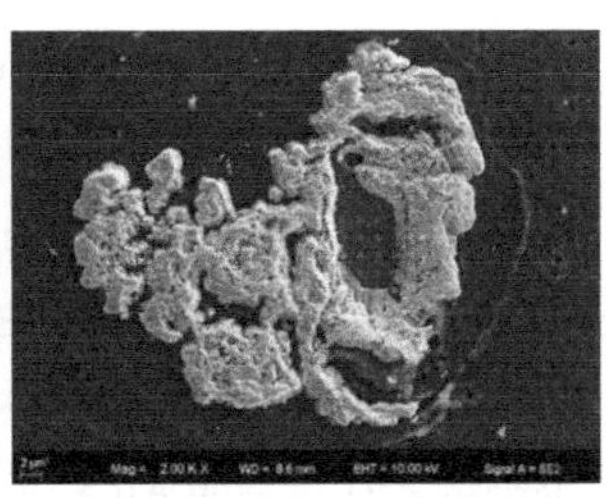

（b）键合孔洞 SEM 照片

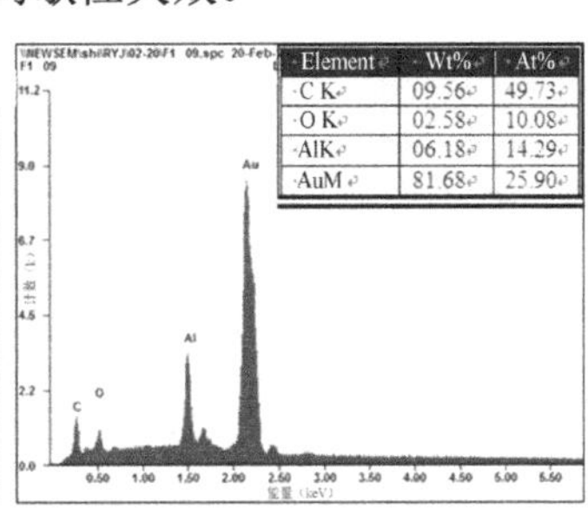

（c）Au-Al 化合物能谱图

图 3-45　SEM 和 EDS 分析结果

参考文献

[1] 来萍，恩云飞，牛付林. 塑封微电路应用于高可靠领域的风险及对策[J]. 电子产品可靠性与环境试验，2006(04): 53-58.

[2] HARMAN G. Wire bonding in microelectronics[M]. McGraw-Hill Education, Wagon Lane, Bingley, 2010.

[3] 林晓玲，孔学东，恩云飞，等. FCBGA 封装器件的失效分析与对策[J]. 失效分析与预防，2007，2(4): 4.

[4] 李晓延，严永长. 电子封装焊点可靠性及寿命预测方法[J]. 机械强度，2005，27(4): 10.

[5] MAJNI G, OTTAVIANI G, GALLI E. AuAl compound formation by thin film interactions[J]. Journal of Crystal Growth, 1979, 47(4): 583-588.

[6] LIAO J, ZHANG X, SURESHKUMAR V, et al. Effect of free-air-ball palladium distribution on palladium-coated copper wire corrosion resistance[C]. 2016 IEEE 18th Electronics Packaging Technology Conference (EPTC). IEEE, 2016: 152-156.

[7] TSAI J, LAN A , JIANG D S , et al. Ag alloy wire characteristic and benefits[C]. 2014 IEEE 64th Electronic Components and Technology Conference (ECTC). IEEE, 2014: 1533-1538.

[8] KIM S H, PARK J W, HONG S J, et al. The interface behavior of the Cu-Al bond system in high humidity conditions[C]. 2010 12th Electronics Packaging Technology Conference. IEEE, 2010:

545-549.

[9] XU H, LIU C, SILBERSCHMIDT V V, et al. A re-examination of the mechanism of thermosonic copper ball bonding on aluminium metallization pads[J]. Scripta Materialia, 2009, 61(2): 165-168.

[10] XU H, LIU C, SILBERSCHMIDT V V, et al. A micromechanism study of thermosonic gold wire bonding on aluminum pad[J]. Journal of Applied Physics, 2010, 108(11): 19.

[11] KIM H J, LEE J Y, PAIK K W, et al. Effects of Cu/Al intermetallic compound (IMC) on copper wire and aluminum pad bondability[J]. IEEE Transactions on Components and Packaging Technologies, 2003, 26(2): 367-374.

[12] LU C.Review on silver wire bonding[C].2014 8th International Microsystems, Packaging, Assembly and Circuits Technology Conference (IMPACT).IEEE, 2014.

[13] REN Z.Silver bonding wire for BSOB(Bond-Stitch-on-Ball)/BBOS(Bonding-Ball-on-Stitch)[C].2016 China Semiconductor Technology International Conference (CSTIC).IEEE, 2016.

[14] XU H, LIU C, SILBERSCHMIDT V V, et al. Effect of bonding duration and substrate temperature in copper ball bonding on aluminium pads: A TEM study of interfacial evolution[J]. Microelectronics Reliability, 2011, 51(1): 113-118.

[15] XU H, LIU C, SILBERSCHMIDT V V, et al. Effect of ultrasonic energy on nanoscale interfacial structure in copper wire bonding on aluminium pads[J]. Journal of Physics D-applied Physics, 2011, 44.

[16] XU H, ACUFF V L, LIU C, et al. Facilitating intermetallic formation in wire bonding by applying a pre-ultrasonic energy[J]. Microelectronic Engineering, 2011, 88: 3155-3157.

[17] XU H, LIU C, SILBERSCHMIDT V V, et al. Effect of bonding duration and substrate temperature in copper ball bonding on aluminium pads: a TEM study of interfacial evolution[J]. Microelectronics Reliability, 2011, 51: 113-118.

[18] HAI L, QI C, ZHAO Z, et al. Reliability of Au-Ag Alloy Wire Bonding[C]. Electronic Components & Technology Conference. IEEE, 2010: 234-239.

[19] YOO K A, UHM C, KWON T J, et al. Reliability Study of Low Cost Alternative Ag Bonding Wire with Various Bond Pad Materials[C]. 2009 11th Electronics Packaging Technology Conference. IEEE, 2009: 851-857

[20] XI J, MENDOZA N, CHEN K , et al. Evaluation of Ag wire reliability on fine pitch wire bonding[C]. IEEE Electronic Components & Technology Conference. IEEE, 2015:1392-1395.

[21] TAN B W, NIU Y H, WU K S. Silver alloy wire for IC packaging solution[C].2014 IEEE 36th International Electronics Manufacturing Technology Conference (IEMT). IEEE, 2014: 1-4.

[22] YOU C J, PARK S Y, KIM H D , et al. Study of intermetallic compound growth and failure mechanisms in long term reliability of silver bonding wire[C]. 2014 IEEE 16th Electronics

Packaging Technology Conference (EPTC). IEEE, 2014:704-708.
[23] CAO J, FAN J L, LIU Z Q, et al. Effect of silver alloy bonding wire properties on bond strengths and reliability[C]. International Conference on Electronics Packaging and iMAPS All Asia Conference. IEEE, 2015: 93-97.
[24] MAYER M, XU D E, RATCLIFFE K . The Electrical Reliability of Silver Wire Bonds under High Temperature Storage[C]. Electronic Components and Technology Conference. IEEE, 2016: 654-659.
[25] TANNA S, PISIGAN J L, SONG W H, et al. Low cost Pd coated Ag bonding wire for high quality FAB in air[C]. 62nd Electronic Components and Technology Conference. IEEE, 2012: 1103-1109.
[26] LIAO J K. LIANG Y H, LI W W, et al. Silver alloy wire bonding[C]. San Diego, CA, USA, Electronic Components and Technology Conference . IEEE, 2012: 1163-1168.
[27] MA X S, JANSEN K, ERNST L J, et al. A new method to measure the moisture expansion in plastic packaging materials[C]. Electronic Components & Technology Conference. IEEE, 2009: 1271-1276.
[28] JIANG Z, LAW J S. Effect of non-uniform moisture distribution on the hygroscopic swelling coefficient[J]. IEEE Transactions on Components and Packaging Technologies, 2008, 31(2): 269-276.
[29] THEINT E P P, STEPHAN D, GOH H M, et al. High temperature storage (HTS) performance of copper ball bonding wires[C]. 2005 7th Electronic Packaging Technology Conference. IEEE, 2005, 2: 6 .
[30] 蔡苗，杨道国，钟礼君. 集成湿热及蒸汽压力对塑封器件可靠性的影响[J]. 电子元件与材料，2009，28(1):4.
[31] FAN X, JIANG Z, CHANDRA A . Package structural integrity analysis considering moisture[J]. IEEE, 2008: 1054-1066.
[32] 刘海龙，杨少华，李国元. 湿热对 PoP 封装可靠性影响的研究[J]. 半导体技术，2010，35(11): 6.
[33] LEE T K, XIE W, TSAI M, et al. Impact of Microstructure Evolution on the Long-Term Reliability of Wafer-Level Chip-Scale Package Sn–Ag–Cu Solder Interconnects[J]. IEEE Transactions on Components, Packaging, and Manufacturing Technology, 2020, (99): 1594-1603 .
[34] LEE T K, XIE W, TSAI M, et al. Impact of Microstructure Evolution on the Long-Term Reliability of Wafer-Level Chip-Scale Package Sn - Ag - Cu Solder Interconnects[J]. IEEE Transactions on Components, Packaging, and Manufacturing Technology, 2020, PP(99): 1.
[35] 孙立强. QFN 芯片导热焊点孔洞分析[J]. 电子技术与软件工程，2014(11): 1.

第4章

气密封装的失效模式、失效机理及可靠性

气密封装为芯片提供难以渗透水汽等污染物的封装，通常用在恶劣环境下或可靠性要求较高的领域，如航空、航天等军用电子产品。对于气密性不好的器件，水汽将在几小时到几天时间内渗透到封装体内，对器件的性能造成影响，甚至导致失效。尤其对于特殊工作环境下的器件，器件腔体与外界形成压差，更容易导致器件内保护气体的泄漏，外界水汽、有害气体、有害离子、粒子进入器件腔体内导致漏电、参数漂移，影响芯片性能，最终导致器件失效问题频发。

理想的气密封装能够永久地防止污染物（气体、液体及固体）侵入，但这种理想气密封装现实中并不会存在。气密封装定义为：当封装中压入氦气后，氦气的漏率低于某一规定速率。

本章简述了气密封装的结构特点，梳理了气密封装失效模式和失效机理，简述了气密封装性能检测方法，总结了气密封装的应力和可靠性问题，列举了气密封装可靠性的典型案例。

4.1 气密封装的结构特点

从气密封装结构和材料角度讲，金属、陶瓷和玻璃对水汽的渗透率很低，比塑料低2~3个数量级。气密封装结构分类见表4-1。

从表4-1中不难看出，在常用的气密封装材料中，金属具有很好的导电和传热性能，适合在常温环境应用的电子器件密封中使用；陶瓷（碳化硅和氮化硅等）制成衬底可以在恶劣的环境中使用，其高温和高压环境下变形量影响极小，因此，陶瓷封装具有更小的热应力，出现裂纹的可能性更低；玻璃可以直接对器件

进行光学传导[1,2]，因此，玻璃可用于光学器件的气密封装，但氢、氦和氖分子能够透过玻璃，这使它不太适合高真空环境的应用。目前业界常用金属和陶瓷气密封装。

表 4-1　气密封装结构分类

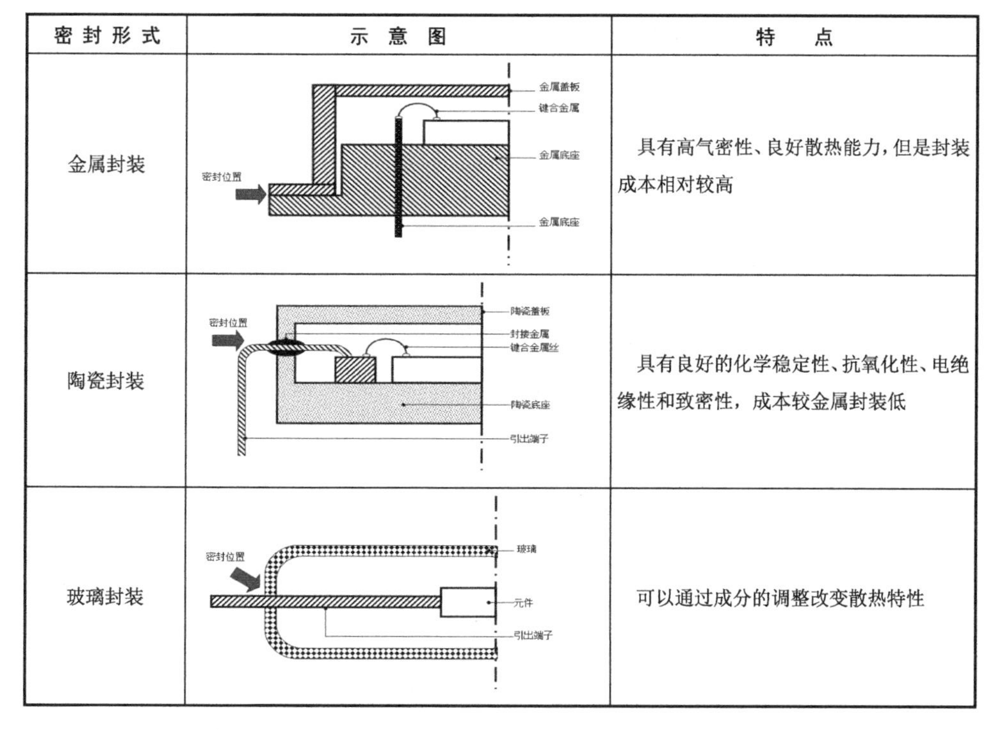

密 封 形 式	示 意 图	特　　点
金属封装	密封位置；金属盖板；键合金属；金属底座；金属底座	具有高气密性、良好散热能力，但是封装成本相对较高
陶瓷封装	密封位置；陶瓷盖板；封接金属；键合金属丝；陶瓷底座；引出端子	具有良好的化学稳定性、抗氧化性、电绝缘性和致密性，成本较金属封装低
玻璃封装	密封位置；玻璃；元件；引出端子	可以通过成分的调整改变散热特性

在金属封装中，使用三种类型的盖板：凸起的盖帽、平板盖和台阶式盖板。凸起的盖帽用于平板式封装并可以进行熔焊或焊料钎焊[3-8]。平板盖用于腔体式封装，采用焊料钎焊的方式将盖板焊到封装体上。台阶式盖板通过在 ASTM F-15 合金片上刻蚀出台阶，使得边缘厚度大约为 0.1mm。

在陶瓷封装中，运用了与金属封装大致相同的盖板结构进行密封，但有一点不同，即混合集成电路（Hybrid Integrated Circuit，HIC）的陶瓷封装通常由 3 层氧化铝组成，上层氧化铝环需要金属化以便盖板的钎焊密封。陶瓷封装通常采用钎焊密封。在封装制造过程中，把一种难熔金属或几种金属的氧化物，如 W 或一种 Mo 与 Mn 的合金，涂覆在密封区四周的陶瓷表面上进行烧结。烧结后，这些金属化表面先后镀镍、镀金，用 ASTM F-15 合金制成的盖板以相同的方式电镀，在氮气保护下用 Au80/Sn20 合金钎焊到封装壳上。

4.2　气密封装的失效模式和失效机理

气密封装中的失效模式与原因如图 4-1 所示，失效模式可以归结为以下六类：芯片贴装、有源器件、线焊、外壳密封、基片、沾污。原来的美国罗姆航空发展中心（现美国空军研究实验室）搜集数据表明，存在缺陷的有源器件、互连性能、封装壳气密性和多层基片质量是气密封装失效的四大主要因素。

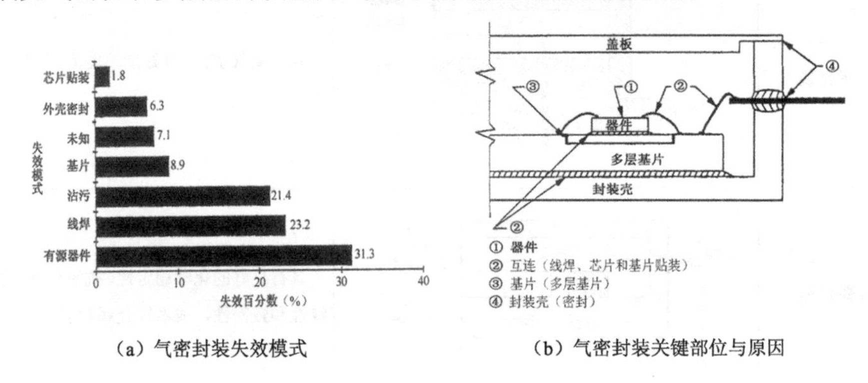

（a）气密封装失效模式　　（b）气密封装关键部位与原因

图 4-1　气密封装中的失效模式与原因

对于封装材料及封装和组装工艺对实际气密封装性能、可靠性的影响，根据不同故障模式的根源进行分类，参考图 4-2，这些故障根源导致了气密性损失的三种失效机制：毛细管泄漏（Capillary Leak）、渗透泄漏（Permeation Leak）和释气（Outgassing）。毛细管泄漏是指通过在封装腔中形成一个或一系列微流体通道而形成的泄漏，这些通道充当导管。渗透泄漏是由于气体或液体分子扩散到封装或气密盖板（或盖帽）的材料内，随后解吸附到空腔中而产生的。释气与前两者失效模式都不同，当存在于材料表面或内部的气体或液体由于温度升高等外部刺激而释放到空腔中时，则会产生释气。三种失效机制对应的失效根源有粒子污染、热-机械应力和水汽/气体吸收。

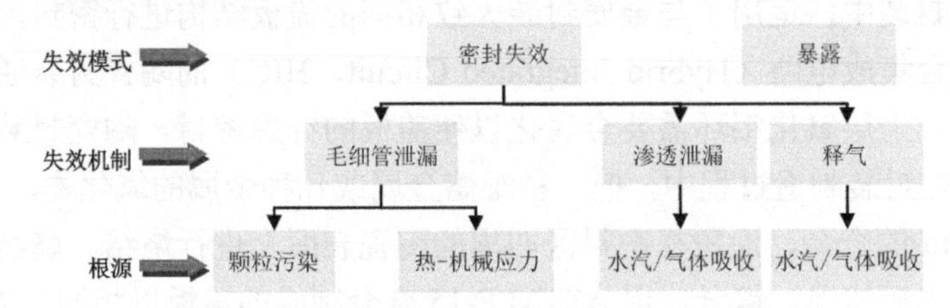

图 4-2　与气密封装失效相关的失效机制分类

接下来，围绕三种关键的失效根源，对气密封装的失效机理进行一一介绍。

4.2.1　粒子污染

粒子污染的失效机理主要源于腔体内部部件与细小粒子之间摩擦、磨损造成的失效。这些失效在器件组装和封装以及使用过程中都会发生。器件在组装和封装过程中，对于微电子元件来说，关键结构（焊点、引线、芯片）间的间隙通常为微米级甚至更小[9-13]，因此在封装过程中产生的非常小的粒子就会造成器件的损坏。这些粒子的主要来源如下。

□ 芯片边缘切割和磨削过程中产生的粒子。

□ 组装或夹持过程中可能存在有机粒子、金属粒子。

□ 组装和封装设备中引入的粒子。

□ 封装材料间的相互作用或封装过程中的多余物料。

尤其在芯片切割划片过程中，需要在通过强冷却剂流的同时用金刚石刀片切割晶片。这一过程会产生大量的切割碎片与残留物，芯片表面的污染物或残留物将会增加表面附着力，从而妨碍功能组件的运行。

组装及封装过程中产生的粒子将会导致如下的故障。

□ 移动结构受到阻塞无法运行。

□ 结构的机械桥接。

□ 高电阻短路、放电和静电放电、导电粒子故障。

□ 超薄结构共振特性的变化。

□ 光路受阻，微镜、透镜和光学窗口质量下降。

□ 阻碍微流体装置中的流体流动。

□ 表面摩擦力、表面附着力受到影响。

在使用过程中，若存在自由粒子（可动多余物）在气密封装的集成电路、混合电路等的腔体内，则当器件处于高速变向运动、剧烈振动状态时，这些自由粒子会发生碰撞，导致故障。故障的产生机理与粒子导电与否有关。

①当粒子为金属类导电物质时，会干扰和影响电路的正常工作，使电路时好时坏，严重时会使电路短路，甚至不能正常工作。

②当粒子为有机物类非导电物质时，粒子过大可能会使电路的内部键合引线发生变形，甚至影响信号传导。

4.2.2　热-机械应力

在组装、封装和使用过程中，热-机械应力是导致器件功能和可靠性问题的重要原因，应力主要来源是封装材料间的热-机械失配。

在密封工艺中，如果封装漏率足够低，那么芯片就可以在真空中键合，并能够保证每个器件芯片永久处在真空中。受到密封键合方法影响，键合温度从 200℃到 1000℃不等。当然，每种键合方法都有各自的优缺点，这些键合方法均会在封装内部引入相当大的残余应力，这将导致信号输出的长期漂移。另外，粘接工艺参数（如温度、接触压力、施加的电压与时间）的不当控制也会导致密封焊接界面处的显著缺陷、空隙的形成、密封泄漏和脱层失效。

在使用过程中，腔体内部部件材料本身或不同材料之间的热-机械失配与界面结合强度不够所引起的热-机械失效，会导致电信号不佳[14,15]。

与热-机械载荷相关的失效机理可以解释如下。

（1）塑性材料断裂。

对于金属一类的塑性材料而言，极容易受到蠕变的影响。金属器件在高温环境下受长期应力加载将产生连续应变，引起蠕变，保载一段时间后，蠕变极易造成器件的断裂失效。温度高低将影响蠕变速率，当应力水平较低而温度又低于材料熔点的 1/3 时，材料不发生明显蠕变现象；当温度在材料熔点的 1/3~1/2 之间时，材料蠕变将加速，在这种情况下，即使应力低于屈服极限，材料依然极易因蠕变而发生断裂。

（2）脆性材料断裂。

对于硅一类的脆性材料而言，在湿润环境中，加上较大的热-机械循环应力作用，常常产生脆性断裂，或者称之为应力腐蚀断裂。例如，单晶硅和多晶硅常作为结构部件选材。硅本身不会因为水汽环境而产生应力腐蚀，但在空气环境中硅表面易被氧化而形成 SiO_2 薄膜，SiO_2 薄膜极易吸收空气中的水分子，尤其在处于高电场环境时，SiO_2 薄膜会与水分子膜发生水解作用。若此时 SiO_2 薄膜内出现微裂纹，则微裂纹会在水解和较高拉伸力的共同作用下扩展。微裂纹扩展则会加快硅氧化，促使上述过程快速进展，最终导致硅的断裂失效。尤其对于硅薄膜，其微裂纹的萌生、扩展和最终断裂失效均发生在氧化层中。

（3）多层材料界面分层。

多层材料中不同材料的物理属性失配及工艺差异等原因，使其中有较高的残余应力。涉及的工艺过程主要包括固化、塑封、盖板密封；涉及的服役条件主要包括长期存储、高温存储、温度循环、温度冲击等。环境温度变化将引起热-机械应力变化，材料热膨胀系数失配会导致材料层间界面产生拉、压应力。高-低温应力循环作用使得界面因“棘轮效应”形成的疲劳而萌生裂纹并不断地扩展，最终引发分层失效，气密封装失效。

另外，除温度应力外，若界面处在高湿度环境内，湿气更将加剧热-机械应力引发的分层。同时，由于湿气环境下化学物质可以依靠毛细作用不断地向裂纹深处渗透，因此将加剧化学腐蚀，造成界面之间的裂纹迅速扩展并分层。分层主要发生在管芯、管芯附着和封装衬底之间，或者晶片到晶片键合中的键合薄膜之间，这为湿气进入提供了更简单的途径。

4.2.3　水汽/气体吸收

对于气密封装，内部水汽或气体超标的原因一般分 4 种情况：封装环境中水汽或气体超标；封装壳、芯片粘接等的材料吸附水汽或气体，电路封帽加热等程序后，吸附的水汽或气体逐渐溢出到腔体内；电路在气密测试前已经发生漏气；在使用过程中，气密盖板、盖帽在温度循环、随机振动及冲击过程中由于蠕变、脆断等引起密封接口处产生裂纹，导致封装气密性不佳。依据 GJB 548B—2005[16] 或 GJB 128A—1997，国产军用气密封装器件要求在 100℃烘烤至少 24 小时后，其内部水汽含量不超过 5000ppm[17-19]。而在实际生产、使用中，器件内部水汽含量需要控制在 1000ppm 以内，以保证器件可靠运行。

和封装内部水汽相关的失效模式如下。

①腐蚀失效：键合点的腐蚀物将导致键合截面接触电阻激增，降低键合强度，使键合点脱键，造成键合开路，引起器件功能失效。

②电迁移、金属迁移：电迁移会导致枝晶、金属化合物生成和离子沾污等现象，从而引发电路短路或烧毁。

③机械损伤：微裂纹内部充水后表面张力将引起裂纹快速扩展，使得陶瓷封装壳及钝化层内部裂纹快速萌生，造成氧化层分层和开裂，引发器件失效。

④界面分层：玻璃胶分层、有机芯片分层、热沉开裂等将导致电路失效，影响器件功能。

⑤漏电：封装内部水汽含量越高，水汽就越容易吸附在芯片表面，形成漏电通道，导致器件漏电流增加，甚至引起器件内污染物的电化学反应，引发器件参数漂移及劣化。

水汽和气体的吸收会导致材料扩散或放气效应。一方面，由于阻挡涂层和密封材料的性能因素，气体会扩散穿过材料，或者发生湿气沿着裂缝和空隙传播的现象；另一方面，腔内使用的阻挡涂层、粘接和蚀刻材料会在高温循环或整个器件寿命期间产生释气现象。具体的失效机理可以解释如下。

（1）水汽。

材料界面上存在的空隙是发生水汽凝露的关键位置。气密封装中任何微小泄漏都会迅速改变水汽含量，即使对于漏率刚好低于可检测极限的封装，水汽渗透也只需几周时间就将超标。在封装的制备、组装和封装过程中，材料吸收水汽后，会发生水汽解吸附、吸水膨胀和分层等失效。在液体或高湿度的应用环境中，水汽渗透是封装最常见的失效模式，水汽可能会沿着电互连结构迁移到封装中。水汽加快了芯片的老化过程。另外，水汽会显著影响芯片互连结构的机械性能，并对可靠性产生不利影响。这是因为水汽会通过在结构表面形成反应氧化层和应力腐蚀裂纹来加速疲劳机制。

气密封装内水汽超标的主要危害为影响器件寿命和可靠性。器件在水汽加速寿命试验的中位寿命如下。

$$\tau_{50}(T,\%\mathrm{RH}) = C_1 \exp\left(\frac{N}{\%\mathrm{RH}} + \frac{E_a}{kT}\right) \tag{4-1}$$

$$\tau_{50}(T,\%\mathrm{RH}) = \frac{C_2}{(\%\mathrm{RH})^n} \exp\left(\frac{E_a}{kT}\right) \tag{4-2}$$

式中，C_1、C_2为常数；E_a为活化能；N、n为常数（$n>1$）；k为玻尔兹曼常数；%RH为相对湿度；T为器件所处绝对温度。器件寿命值随水汽含量的增加而下降。

（2）释气。

在低压或真空环境下，器件需要气密封装，这不仅是为了实现低损耗，也是为了通过保护组件免受湿气侵入和污染来维持适宜的内部环境。大多数微谐振器、光学系统和微机电系统均使用高真空气密封装。在这些应用中，控制和调节封装气氛对于器件的性能和可靠性至关重要。

在各种制造步骤中，芯片表面会残留液体、气体和物料。另外，键合界面或内表面也会残留多余气体。密封键合完成的器件内不同的封装材料（芯片互连、密封盖、粘接剂）会吸收气体，这些气体随后会释放出来，污染器件腔体。这些被滞留的气体将在器件的工作寿命期间放气，当器件承受高温载荷时将更加严重。例如，当使用环氧树脂或氰酸酯时，管芯附着化合物在固化时会放出气体，产生湿气和有机气体；在气密盖板密封过程中也可能产生碳氢化合物或其他活性物质；在真空封装技术中，玻璃的典型除气机制是吸附在玻璃表面的湿气或气体的解吸附，以及驻留在玻璃中的气体的向外扩散。这些污染物会对器件内部构件本身造成损害，或者破坏器件所需的工作环境，导致器件功能发生变化。

4.3 气密封装的性能检测

4.3.1 气密性的检测

参考 GJB 548B—2005《微电子器件试验方法和程序》示踪气体氦细检漏失效判据（见表 4-2）[16]和 MIL-STD-883《微电路试验方法和程序》示踪气体氦细检

漏失效判据（见表 4-3）[20]，可进行系统的密封试验。

表 4-2　GJB 548B—2005 示踪气体氦细检漏失效判据

封装空腔体积 V	等效标准漏率（L）拒收规范值（空气）
$V \leqslant 0.01\text{cm}^3$	$5\times10^{-3}\ \text{Pa}\cdot\text{cm}^3\cdot\text{s}^{-1}$
$0.01\text{cm}^3 < V \leqslant 0.4\text{cm}^3$	$1\times10^{-2}\ \text{Pa}\cdot\text{cm}^3\cdot\text{s}^{-1}$
$V > 0.4\text{cm}^3$	$1\times10^{-1}\ \text{Pa}\cdot\text{cm}^3\cdot\text{s}^{-1}$

表 4-3　MIL-STD-883 示踪气体氦细检漏失效判据

封装空腔体积 V	等效标准漏率（L）拒收规范值（空气）
$V \leqslant 0.01\text{cm}^3$	$5\times10^{-8}\ \text{atm}\cdot\text{cm}^3\cdot\text{s}^{-1}$
$0.01\text{cm}^3 < V \leqslant 0.4\text{cm}^3$	$1\times10^{-7}\ \text{atm}\cdot\text{cm}^3\cdot\text{s}^{-1}$
$V > 0.4\text{cm}^3$	$1\times10^{-6}\ \text{atm}\cdot\text{cm}^3\cdot\text{s}^{-1}$

检漏试验一般分为粗检漏和细检漏。先进行细检漏，再进行粗检漏。微电子封装器件气密性的检漏方法主要有 5 种：示踪气体氦细检漏、放射性同位素细检漏、碳氟化合物粗检漏、染料浸透粗检漏和增重法粗检漏。

（1）示踪气体氦细检漏。

在欧美国家中，常用的测试标准是军用标准，如 MIL-STD-883 TM1014 和 MIL-STD-750 TM1071。常用的测试方法是氦泄漏测试和总气泡测试方法，常常两种方法并用来评估所有可能的漏率。一般由于总气泡测试属于破坏性试验，因此总气泡测试之前先进行氦泄漏测试。氦泄漏测试使用氦质谱仪来测量。使用式（4-3）计算氦气的漏率，该漏率可应用于其他气体。

$$L_1 = L_2\sqrt{\frac{M_2}{M_1}} \tag{4-3}$$

式中，L_1 和 L_2 分别是气体 1 和气体 2 的漏率；M_1 和 M_2 分别是气体 1 和气体 2 的分子量。

由氦质谱仪测试的封装必须首先在氦气中加压充气[21]。大多数微型器件都是真空包装的，因此需要在示踪气体中充气。根据空腔的体积，样品应在 45psi 至 75psi（1psi=6.895kPa）的压力下保持 2~10 小时，然后在 1 小时内将样品转移到氦质谱仪中进行测试。如果这些测试条件无法达到，那么还有一个灵活的测试条件，可以修改所有变量以适应应用，即用 Howl-Mann 方程，也就是式（4-4）进行计算，唯一必要的条件是爆炸压力至少为 29.4psi。

$$R_1 = \frac{LP_E}{P_O}\left(\frac{M_A}{M}\right)^{1/2}\left\{1-e^{-\left[(L_{t1}/VP_O)(M_A/M)\right]^{1/2}}\right\}\times e^{-\left[(L_{t2}/VP_O)(M_A/M)\right]^{1/2}} \tag{4-4}$$

式中，R_1是在 $atm \cdot cm^3 \cdot s^{-1}$ 单位下测得的示踪气体的漏率；L 是在 $atm \cdot cm^3 \cdot s^{-1}$ 单位下的等效标准漏率；P_E 是样品施压；P_O 为环境大气压；M_A 是空气的分子量，单位为 g；M 是示踪气体的分子量，单位为 g；t_1 是暴露于 P_E 的时间，单位为 s；t_2 是停留时间，单位为 s；V 是样品腔的内部容积，单位为 cm^3。

军用标准根据封装的体积给出了更加灵活的失效判据。MIL-STD-883 TM1014 中的最小空腔体积为 $0.01cm^3$，空气中泄漏量的失效阈值为 5×10^{-8} $atm \cdot cm^3 \cdot s^{-1}$。在 MIL-STD-750 TM1071 中，对于相同的最小空腔体积，空气中漏率的失效阈值为 1×10^{-9} $atm \cdot cm^3 \cdot s^{-1}$。氦质谱仪能够测量 10^{-9}~10^{-12} $atm \cdot cm^3 \cdot s^{-1}$ 之间的漏率。

在被转移到氦质谱仪中之前，氦气若通过一个大的泄漏通道从试样中泄漏出来，则封装会通过细检漏。为了规避这种误判，还需对样品补充总气泡测试。在检测液（如 FC-84）覆盖样品之前，首先将封装结构置于压力为 5T 或更低的腔室中至少 30min；然后用惰性气体将样品加压至 30psi 以上，持续数小时；释放压力，样品在空气中干燥，最后将该装置浸入指示液（如 FC-40）中，温度升至 125℃。由于指示流体的沸点高于 125℃，而检测器流体的沸点低于 125℃，因此若存在严重泄漏，将会观察到气泡。

已知漏率，可计算气密电子封装寿命。考虑到 $0.1mm^3$ 的典型气密电子封装微腔内体积，并假设腔内压力的最大允许值为 1mbar（1bar=100kPa），所需的器件寿命为 5 年，按照式（4-5），封装的漏率必须小于 6.34×10^{-16} $mbar \cdot s^{-1}$。该估算未考虑与不同气体相关的不同漏率，并假设封装结构处于标准大气压下的空气中。

$$L \approx \frac{\Delta P \cdot V}{t} \tag{4-5}$$

式中，L 是以 mbar 为单位的漏率；ΔP 是腔内压力的变化，单位为 mbar；V 是腔的体积，单位为 L；t 是器件寿命，单位为 s。

（2）放射性同位素细检漏。

MIL-STD-883 标准中描述了使用 Kr-85 放射性示踪气体进行细检漏。根据该标准，样品在 Kr-85/空气混合物中加压。空气吹洗去除表面气体后，将气密封装放入闪烁计数器中。伴随着 Kr-85 β 衰变的 γ 射线穿透封装，闪烁计数器可以测得泄漏到封装中的 Kr-85 的量。

（3）碳氟化合物粗检漏。

碳氟化合物粗检漏适合于封装器件的检漏，需要将封装器件首先浸入低沸点的碳氟化合物液体（如 FC-84）内，并对器件加压，然后浸入 125℃的高沸点碳氟化合物液体内。由于渗入器件内部的低沸点碳氟化合物汽化、膨胀，气体会从器件内部逸出到碳氟化合物液体中，因此在器件的漏气处便会观察到成串逸出的气泡。

（4）染料浸透粗检漏。

染料浸透粗检漏为破坏性检漏试验，首先将封装器件埋入染料溶液中，加压一定时间，然后使用一定频率的紫外线照射，采用放大镜检查即可判定器件是否漏气。

（5）增重法粗检漏。

增重法粗检漏即首先将封装器件浸入特定液体中，加压一定时间，然后通过测量器件初始状态和最后状态之间的质量变化，从而判定器件是否漏气。

4.3.2　键合性能的检测

芯片与衬底互连的主要方式包括引线键合（WB）、载带键合（TAB）、倒装芯片（FC）、重布线层（RDL）及硅通孔（TSV）转接板，其中引线键合成本低廉，灵活性高，被广泛使用。当然，民用领域中高频率下键合引线的电感和串扰问题严重，因此新型 FC、RDL 和 TSV 转接板得到了广泛关注与快速发展[22,23,26]。但对于高可靠性要求的航空、航电军用气密封装来说，引线键合仍然是芯片与衬底互连的主流技术[22,23]。

气密封装中的引线键合两端分别键合在芯片压焊点和外壳焊盘上，引线呈现悬空的结构，不与封装体内其他结构接触。引线抵抗变形的能力越强，其可靠性越好。因此，加速度、振动、冲击和温度循环试验下引线键合强度测试具有重要意义。现有的键合强度考核主要依据 GJB 128A—1997《半导体分立器件试验方法》中的方法 2037、GJB 548B-2005《微电子器件试验方法和程序》中的方法 2011。在 GJB 128A—1997 方法 2037 中，给出了试验条件 A（引线拉力）、试验条件 B（引线拉力）和试验条件 C（内引线焊片拉力）三种试验方法；在 GJB 548B—2005 方法 2011 中，给出了试验条件 A（键合拉脱）、试验条件 C（引线拉力）、试验条件 D（引线拉力）等六种试验方法。下面介绍平直型引线键合强度和非平直型引线键合强度的测试方法。

（1）平直型引线键合强度的测试方法。

平直型引线键合的键合强度测试示意图如图 4-3 所示。

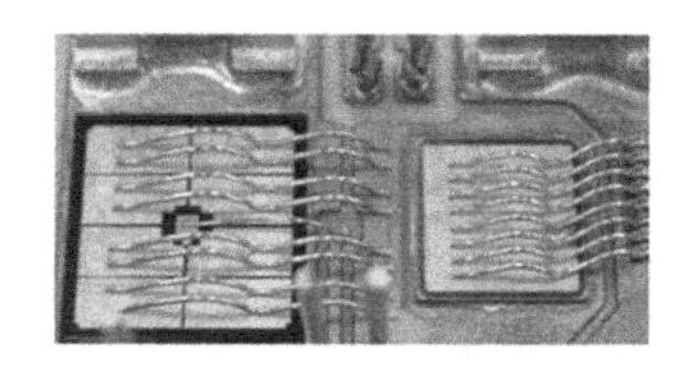

（a）平直型键合引线实物

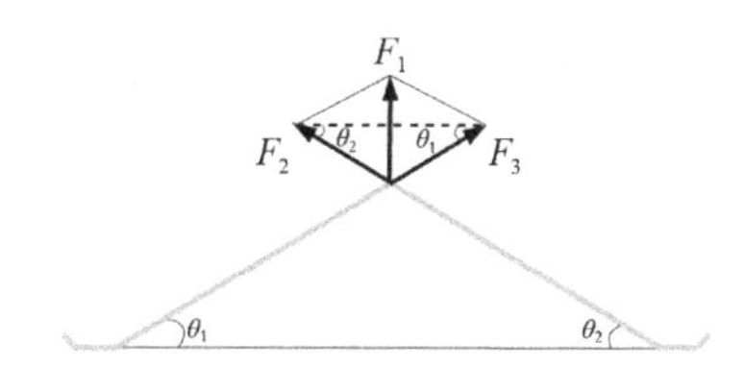

（b）引线拉力测试示意图

图 4-3　平直型引线键合的键合强度测试示意图

在图 4-3（b）中，F_1 为键合引线上的拉力载荷，F_2 和 F_3 是键合引线两侧承受的相应拉力，三者关系如下。

$$F_1=F_2\times\sin\theta_2+F_3\times\sin\theta_1 \tag{4-6}$$

当键合引线两侧的键合点处于同一平面时，$\theta_1=\theta_2$，$F_2=F_3$，则

$$F_1=2\times F_2\times\sin\theta_1 \tag{4-7}$$

键合引线共在两个方向受力：其一是水平方向承受拉力 F_{12}，$F_{12}=F_2\times\cos\theta_1$；其二是垂直方向承受拉力 F_{11}，$F_{11}=2\times F_2\times\sin\theta_1$。当键合引线发生断裂失效时，测试仪器上即显示垂直键合引线的力，即 $F_1=F_{11}=2\times F_2\times\sin\theta_1$。不难推断，若造成键合引线失效的是以垂直力为主导的，则 $2\times F_2\times\sin\theta_1\geqslant F_2\times\cos\theta_1$，即 $2\sin\theta_1\geqslant\cos\theta_1$；若造成键合引线失效的是以水平力为主导的，则 $2\sin\theta_1<\cos\theta_1$。

（2）非平直型引线键合强度的测试方法。

非平直型引线键合的键合强度测试示意图如图 4-4 所示。

（a）非平直型键合引线实物

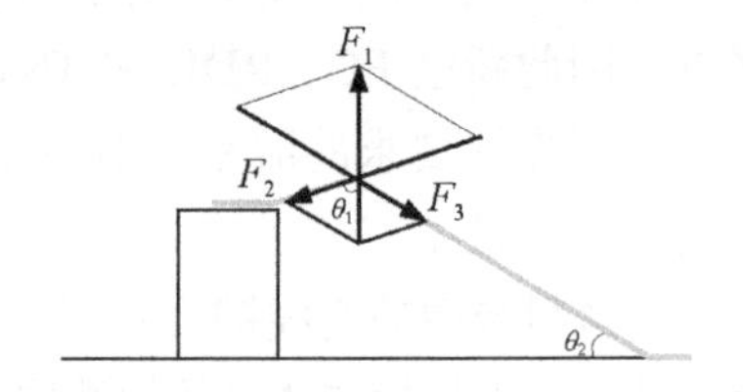

（b）引线拉力测试示意图

图 4-4　非平直型引线键合的键合强度测试示意图

试验仪器施加到键合引线上的力为 F_1，键合引线两侧实际承受的拉力为 F_2 和 F_3，其关系为

$$F_2\times\cos\theta_1=F_3\times\cos\theta_2 \tag{4-8}$$

当 θ_1 远小于 θ_2 时，$F_2\times\sin\theta_1$ 远小于 $F_3\times\sin\theta_2$，可忽略不计，则 $F_1\approx F_3\times\sin\theta_2$，在最小键合强度为 V 的情况下，得到

$$F_1/\sin\theta_2\geqslant V \tag{4-9}$$

即当 $F_1\geqslant V\sin\theta_2$ 时，产品判定为合格。因此，非平直型引线键合强度判据值可考虑修正为

$$V_{\text{new}}=V\times\sin\theta_2 \tag{4-10}$$

对于非平直型引线键合，拉力钩加载位置将对测试结果有显著影响。非平直型引线键合的键合点键合拉力示意图如图 4-5 所示。参照图 4-5，键合引线两端键合点高度差异会导致键合引线最高点与中点位置不重合，如果按标准 GJB 128A—

1997《半导体分立器件试验方法》中的方法 2037、GJB 548B—2005《微电子器件试验方法和程序》中的方法 2011 中原有试验方法在键合引线中部加载，则键合引线会发生变形，试验测试过程中实际加载力的方向并不垂直于水平面，同时会引起水平方向产生分力，导致测量结果的偏差。因此，对非平直型引线键合的键合拉力测试，施力点需要位于引线弯曲最高点和引线中点之间。

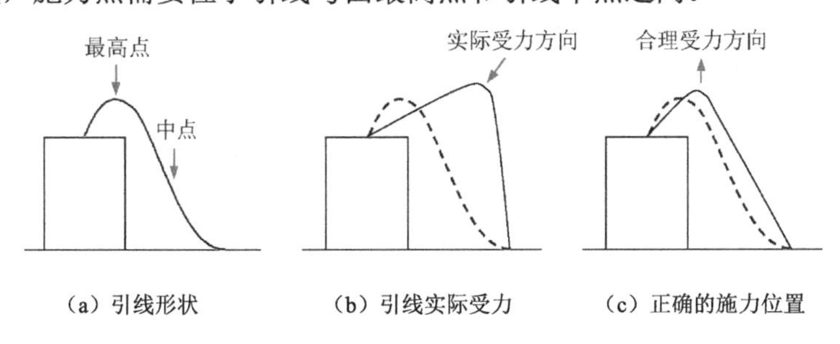

图 4-5　非平直型引线键合的键合点键合拉力示意图

4.3.3　多余物的检测

气密封装内部的粒子是其失效的主要诱因之一，采用粒子碰撞噪声检测（Particle Impact Noise Detection，PIND）试验可以有效确定封装中的粒子成分与含量。PIND 本质上是先利用机械冲击及振动，使被约束或黏连在气密封装中的多余粒子松动，再采用某一固定频率振动加载，使已经松动的粒子发生移动。一旦粒子在气密封装内发生移动，那么粒子将相对于封装内部的器件发生随机性的滑动和碰撞，在这期间，会随之产生声波与弹性波。两种波在封装壳中传播，产生混响信号，混响信号可通过转化确定粒子的位移信号。基于声学传感技术可以拾取位移信号，经过一系列的前置放大、采集、处理等操作，最终得以显示。

PIND 检测结果的随机性较大，常常出现复检无法复现失效的情况。因此，在 PIND 试验中，出现一次失效，即判定为失效。

造成 PIND 试验失效的粒子主要涉及以下几种：芯片边缘的硅渣（屑）、陶瓷封装壳内部的陶瓷粒子、芯片表面的粘接材料、键合引线碎片、封帽多余的合金焊料等。

4.3.4　其他性能检测

（1）光学检漏测试方法。

光学检漏是一种新型气密性检测技术，其原理可参考图 4-6。在光学检漏试验中，首先将封装器件放置在测试室，室内通入氦气，形成一定压力，受到测试室内氦气压力作用，封装表面发生凹变形。若没有漏气，则封装表面变形始终保持恒定状态；若发生漏气，则氦气迅速进入封装内部，封装内外的压差减小，封装表面变形随之恢复。这时，封装漏气速度与变形恢复速度成正比。在测试过程中，若气密封装发生漏气，光学测漏仪内置的数字 CCD 视频摄像机将记录不同时间封装表面入射激光束与反射激光束的干涉条纹，基于干涉条纹变化进行计算，得到封装表面变形恢复速度，基于封装材料、厚度、面积及气密空腔体积等，推算出气密封装在氦气中的漏率。光学检漏技术可以在一次测试中覆盖粗检漏和细检漏，测试范围从“开盖状态”到 5×10^{-9}atm·cm³·s⁻¹ 整个过程。

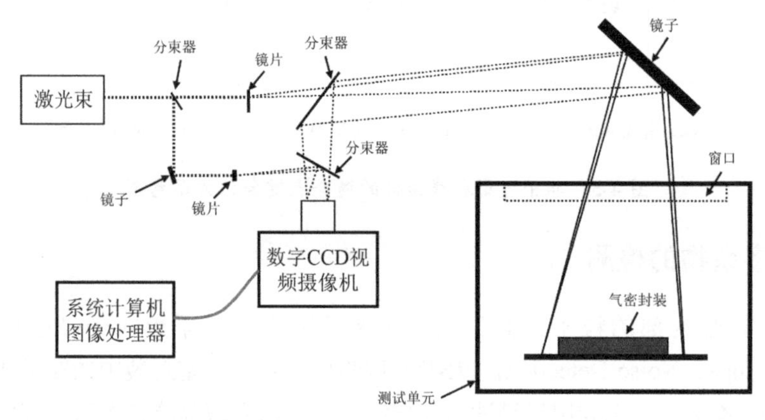

图 4-6　光学检漏原理

光学检漏具有以下主要优点：①可以在一次测试中覆盖粗检漏和细检漏，测试范围从“开盖状态”到 5×10^{-9}atm·cm³·s⁻¹ 整个过程；②光学检漏属于无损检测；③光学检漏适合批量的在线检测，利于在工艺线上及时发现质量问题。

在光学检漏测试过程中，需先获取封装壳硬度系数 L_0（单位为 in/psi，1in=2.54cm）：

$$L_0=\alpha\times(b/ET^3) \tag{4-11}$$

式中，α 为封装表面的几何比例系数；b 为封装的宽度（单位为 in）；E 为封装材料的弹性模量（单位为 Pa）；T 为封装壳厚度（单位为 in）。

封装器件漏率 L（单位为 atm·cm³·s⁻¹）计算公式如下。

$$L=(-V_0/k_2t)\times\ln(1-d_{yt}/P_0L_0) \tag{4-12}$$

式中，V_0 为封装空腔的体积（单位为 in³）；k_2 为检漏气体常数（空气为 1，氦气为 2.67）；t 为测试时间（单位为 s）；d_{yt} 为测量得到的封装壳变形量（单位为 in）；P_0 为测试环境的压力（单位为 psi）；L_0 为封装壳的硬度系数（单位为 in/psi）。

（2）X 射线检测方法。

X 射线检测作为一种非破坏性的无损检测方法被广泛应用于焊接相关领域。

X 射线检测的主要原理是当 X 射线穿透不同被测物时，密度、厚度差异使得 X 射线衰减程度不同。在一般情况下，密度高、厚度大的材料区域对 X 射线的吸收大，密度低、厚度小的材料区域对 X 射线的吸收小。由此探测器收集到的衰减后的 X 射线呈现出不同的可见光强度，形成的照片显示出不同密度的图像。

4.4　应力和可靠性

气密封装要长期可靠工作，需要满足以下几个方面的要求：气密封装使用环境的水汽含量符合要求；气密封装后漏气检测达到气密性指标要求；经历机械振动、温度循环、温度冲击、高温、HAST 等环境应力载荷后，封装气密性符合考核指标。特别是在器件工作期间，由于环境变化，封装将经历各种温度载荷，导致包装材料膨胀与热失配，引入很大的应力，并可能导致器件失效。除热失配外，腐蚀、蠕变、断裂、疲劳裂纹的产生和扩展及薄膜的分层都是可能导致封装器件失效的机理。例如，如果在两个结合界面之间的密封过程中产生任何泄漏路径，那么水分可能进入密封的微腔并随着时间的推移导致器件失效。表 4-4 列出了气密封装失效相关的主要影响因子及对应的根源，其中，“电”是指电压、电流或电场；“机械”是指机械冲击、振动、加速和倾斜，都在三个轴上；“热”是指热冲击、热循环、变温或低温存储，以及高温和低温操作。有些故障需要多个加速因子，有些加速因子会加速多个故障模式。

表 4-4　气密封装失效相关的主要影响因子及对应的根源

影响因子	根源
冲击；振动；温度	粒子污染
湿度；热；压力	表面退化或改性
最大施加应力；湿度；高温循环；循环次数	疲劳
高温；最大应变水平；最大应力水平；电激励应力	蠕变
机械；电；热；湿度	微裂纹或裂纹扩展
机械冲击；加速；振动	开裂
湿度；温度	电介质充电
湿度；温度	介质击穿
热冲击和循环；机械冲击；振动；加速；湿度	分层
温度；湿度	释气
湿度；电压和极性；温度	阳极腐蚀
温度；电；机械；压力	弹性或塑性变形

续表

影响因子	根 源
温度；湿度；环境成分	氧化
高温存储；热循环；水分；压力	气密性劣化
电；温度；湿度；机械	电短路/开路

4.4.1 气密封装可靠性评价方法

气密封装的可靠性评价需要充分考虑在长期使用或存储过程中，吸湿、释气、渗漏等带来的可靠性问题，针对以上问题，提出的针对气密封装的可靠性评价流程如下。

（1）考虑温度循环、温度冲击、高温存储、随机振动、正弦振动等实际载荷情况，基于 GJB 548B—2005 提炼载荷条件，利用有限元法初步模拟不同载荷条件对气密封装应力分配的影响，分析组装方式、PCB 结构参数、约束条件对气密封接界面的应力值影响，提取影响气密封装封接界面应力变化的敏感参数。

（2）通过可靠性试验，研究环境湿度、温度、机械载荷对气密封装漏率（封接界面间歇渗漏退化）的影响。

（3）结合氦质谱仪和内部气氛分析仪，对比分析试样在湿度、温度、机械载荷测试平台不同时间后的漏率和内部水汽含量。试验前先采用氦质谱仪对初始样品进行粗检漏，随后每隔一定周次循环进行样品的粗检漏；最后对内部气氛分析仪试样开展水汽含量检测。

（4）基于测试的漏率变化、水汽含量数据评估气密封装的环境适应性，结合仿真中的应力分布结果，分析影响气密封装封接界面间歇渗漏退化的敏感参数，明确影响机理。

（5）基于裂纹宽度、长度和气体动力学的基本理论，研究封接界面的间歇渗漏退化机制。基于分子流模型定量分析漏率与裂纹宽度及长度的关系。依据分子流模型，漏率与温度、压强等参数的关系如下。

$$R = F\sqrt{\frac{T}{M}}\left(P_1 - P_2\right) \tag{4-13}$$

式中，R 为漏率；F 为漏道的流导；T 为热力学温度；M 为渗透气体的摩尔质量；P_1 为漏道的高压端压强；P_2 为漏道的低压端压强。

对于气密封装无规则漏道的情况，可近似为多个细漏孔的叠加，由于测试过程中压力差、温度、分子质量基本不变，因此漏率主要随着漏孔长度及漏孔直径的变化而变化。基于疲劳理论，当封接界面最大热应力大于材料最大抗张强度时，漏孔直径将随着试验的进行而不断扩大，漏孔长度逐渐减小，从而导致漏率随着试验时间延长而增大。

（6）结合 GJB 548B—2005 方法 1014.2 密封检测方法和方法 1018.1 内部水汽含量检测方法，建立气密封装间歇渗漏的退化寿命评价方法。

事实上，三个水的单分子层厚度（1.2×10^{-7}cm）就足够促进封装体发生腐蚀反应，假设气密封装空腔表面积为 S，单位为 cm^2；体积为 V，单位为 cm^3。

那么，液态水的体积 $V_{H_2O}=S\times1.2\times10^{-7}cm^3$，$1cm^3$ 水的质量为 1g，液态水的质量为 $S\times1.2\times10^{-7}$g。1mol 的水汽质量为 18g，气态体积为 22.4L，这三个单分子层水所占的体积为 $\frac{S\times1.2\times10^{-7}\times22.4}{18}\mathrm{L}=S\times1.49\times10^{-4}\mathrm{cm}^3$。将其除以封装的容积，可以得到封装内的水汽含量。

$$\text{水汽含量}=\frac{\text{水的体积}\times10^6}{\text{封装容积}}=\frac{S}{V}\times1.49\times10^2\,\mathrm{ppm} \tag{4-14}$$

对于分子流，$R=F_{\mathrm{m}}\sqrt{\frac{T}{M}}\left(P_1-P_2\right)$。从密封时刻（$t_0$）开始到之后的某个时刻（$t$），漏入封装的气体总量即漏率在某段时间内的积分。漏入封装的气体数量 Q_{in} 可表达如下。

$$Q_{\mathrm{in}}=\Delta P_{\mathrm{i}}\sqrt{\frac{T}{M}}\left(1-\mathrm{e}^{-\frac{Rt}{V\Delta P}}\right) \tag{4-15}$$

式中，ΔP_{i} 为初始时刻压力之差，单位为 atm；t 为封装内漏入气体所用时间，单位为 s；V 为封装的体积，单位为 cm^3。

把式（4-14）的 R 代入式（4-15），得

$$Q_{\mathrm{in}}=\left(P_1-P_2\right)\sqrt{\frac{T}{M}}\left(1-\mathrm{e}^{-\frac{3.81D^3Tt}{VM(l_0-l_{\mathrm{c}})}}\right) \tag{4-16}$$

结合式（4-14），可求得空腔体积为 V 的气密封装的退化时间为 $\frac{S}{V}\times1.49\times10^2=\left(P_1-P_2\right)\sqrt{\frac{T}{M}}\left(1-\mathrm{e}^{-\frac{3.81D^3Tt}{VM(l_0-l_{\mathrm{c}})}}\right)$，求解时间 t，可得

$$t=-\frac{VM\left(l_0-l_{\mathrm{c}}\right)}{3.81D^3T}\ln\left(1-\mathrm{e}^{-\frac{149S}{V(P_1-P_2)}\sqrt{\frac{M}{T}}}\right) \tag{4-17}$$

式(4-17)即在漏率一定情况下的气密封装间歇渗漏退化寿命。其中的$(l_0 - l_c)$为与封装结构相关的分子流漏孔。

4.4.2　潮湿与温度综合载荷下的气密性退化特征

在单纯的热-机械载荷下，气密封装薄弱位置极易发生疲劳损伤，引发微裂纹的萌生和扩展。这是一种与时间相关的现象，可导致器件参数漂移，并最终断裂而导致器件完全失效。疲劳通常始于材料中局部应力集中的位置，如气密盖板的焊接界面处。气密封装焊接界面处的疲劳损伤本质是材料的损伤累积过程，主要表现为以下特点：①在循环应力远小于焊接材料强度极限情况下，依然会因与时间相关的损伤累积而产生开裂；②在发生开裂前，塑性材料并未引发显著的残余变形。事实上，这种损伤在高湿度，甚至是饱和湿度条件下愈加显著，为此需要考察气密封装在饱和湿度下的封接界面质量温变适应性。图 4-7 所示为推荐的针对气密封装约束应力条件的恒湿变温测试平台示意图。通过监测腔体内部水汽含量的变化评估气密封装的间歇渗漏退化。

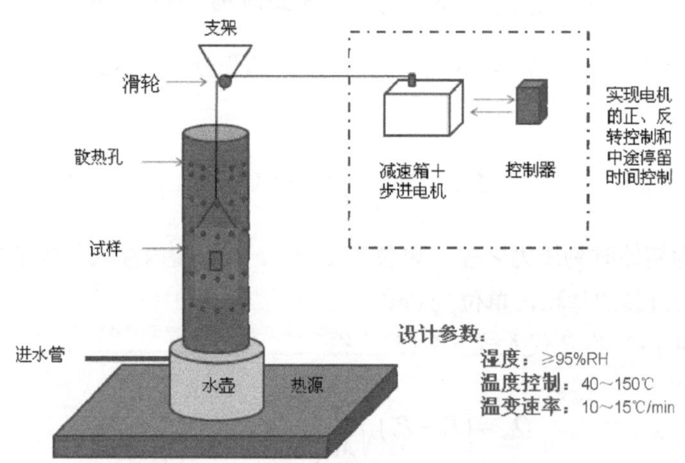

图 4-7　恒湿变温测试平台示意图

为了更加准确地对比湿度环境对某气密封装性能的影响，试验将密封器件放置于两种环境中，一种是自制的水汽试验环境（恒湿变温测试平台），另一种是温度循环箱环境（温度变化范围为-55~125℃）。对于第一种试验环境，每循环 100 小时就进行粗检漏及细检漏；而对于第二种环境，每循环 200 小时才进行粗检漏及细检漏。漏率随温度循环周次的变化趋势如图 4-8 所示。在 100%RH 的潮湿环境下，器件密封腔中的水汽剧增，可见环境湿度会影响气密封装间歇渗漏退化。对这款气密封装所使用的引出端-玻璃绝缘子界面进行显微分析发现，部分引出端与玻璃绝缘子的界面或玻璃绝缘子与外壳界面存在裂纹现象，如图 4-9 及图 4-10 所示。显然，在高湿度、长时间的温度循环条件下，气密封装会产生严重渗漏现象[24]。

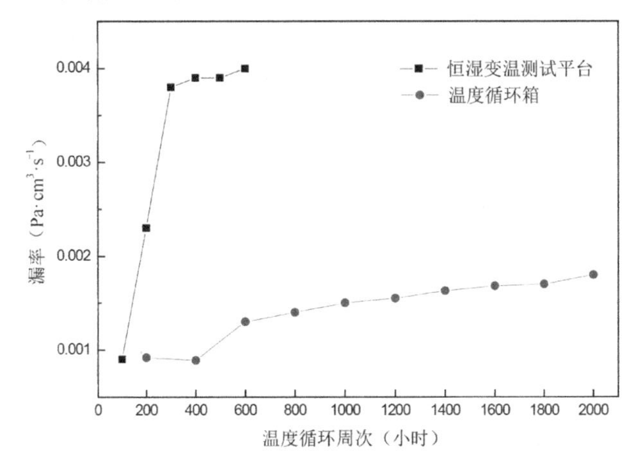

图 4-8　漏率随温度循环周次的变化趋势

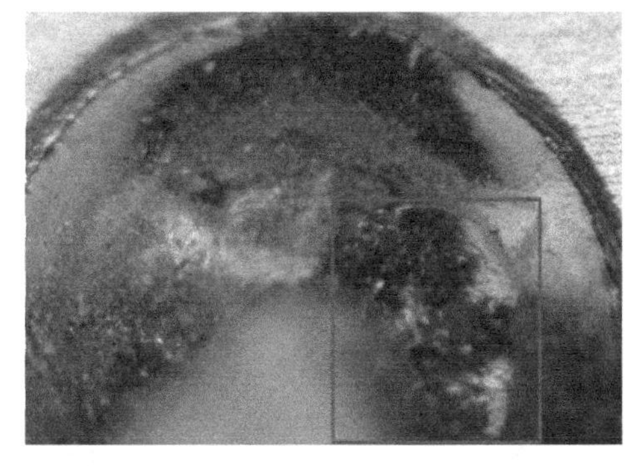

图 4-9　引出端－玻璃绝缘子界面裂纹

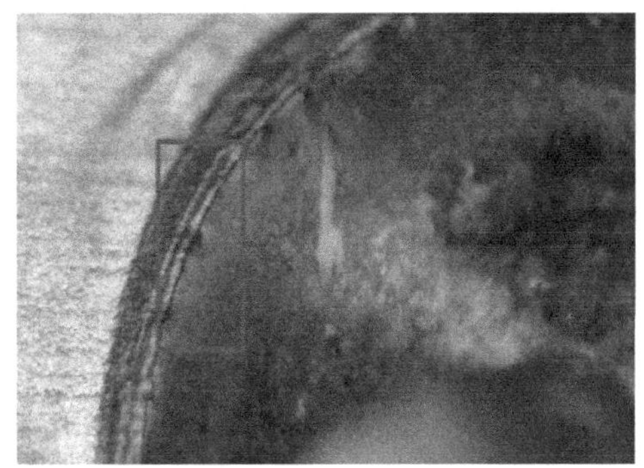

图 4-10　玻璃绝缘子–外壳界面裂纹

4.4.3　高温载荷下粘接剂释气规律

在气密封装中，粘接材料有时由环氧树脂混合添加剂制备而成，这种粘接材料组成不稳定，尤其在高温载荷下会引起有机物氧化分解，释放挥发性物质，从而使气密封装内部气氛含量发生改变。结合大量试验结果及数据分析发现，气密封装内放气主要有三个来源：封盖时流入封装腔体内的周围气体；封装内各种材料（如盖板、封装壳内壁、芯片、粘接剂、键合引线等）表面吸附或溶解的气体或水汽，在高温密封工艺过程中析出；气密封装漏气，环境中气体漏入。其中，水汽引发的腐蚀和氢气引发的氢中毒对气密封装内部器件的可靠性影响最为严重。

水汽对器件的影响可以概括为以下两方面。一方面，水汽增加将引起芯片金属化腐蚀，芯片表面的水分子在电场环境内电解，腐蚀芯片表面，影响器件可靠性；另一方面，水汽增加会影响芯片的电性能，这是因为芯片表面残余的水膜内带有正、负离子从而使其表现出导电性，电压载荷下离子导电会引起漏电流显著增加，从而引起器件电参数漂移，电性能退化。水汽对于不同类型的器件影响不同，对双极型器件来说，水汽会引起 PN 结反向漏电流急剧升高，反向击穿电压下降，电流的放大系数衰减；对 MOSFET 器件来说，正、负离子的迁移将在芯片表面感应出相反极性电荷并累积，促使芯片表面耗尽层形成反型导电沟道，造成跨导退化及阈值电压漂移。

氢气对器件的影响主要是氢中毒现象，这种现象在微波器件中较为显著。微波器件在铁基或镍基的合金及电镀层制造工艺过程中会使用氢气，同时含铁金属及镍镀层会将氢气吸附在表面。若器件置于气密封装中，氢气在高温释放后含量可达到几个百分比的分压。研究表明，即使低至几百毫帕的氢气分压也会引起 GaAs 器件的退化，氢气含量随时间和温度变化的拟合曲线如图 4-11 所示，该曲线反映了高温存储氢气释放对 GaAs 样品的影响规律。从图 4-11 中可以得出，当存储温度为 125℃和 150℃时，氢气含量的变化都有随着存储时间的延长而增加的趋势；随着温度升高为 175℃，氢气含量呈现先增加后减小，再缓慢增加的趋势，在存储 1008 小时后，氢气含量急剧下降，推测可能是在 175℃下存储 1008 小时后，器件的气密性下降，氢气从器件内部排出，因此含量急剧下降。氢气主要对 GaAs 器件的寿命有较大的影响，根据式（4-18）可以很好地预测出大部分 GaAs 器件的失效过程。

$$t = AP^n \exp(\frac{E_a}{K_B T}) \tag{4-18}$$

式中，t 为源漏极饱和电流（I_{DSS}）降低 10%时的平均寿命（单位为小时）；A 为常数（5.46×10^{-6}）；P 为氢气分压；n=−0.7935；E_a 为活化能（氢气导致退化的值为 0.73eV）；K_B 为玻尔兹曼常数（8.615×10^{-5}）；T 为环境热力学温度（单位为 K）。

若满足 GaAs 器件存储或使用寿命为 n 年的条件，则根据式（4-19），即可得到一定温度 T 下氢气分压的大小阈值。

$$P = \exp\left[\frac{\left(\ln\frac{t}{A} - \frac{E_a}{K_B T}\right)}{n}\right] \tag{4-19}$$

式中，各参数含义与式（4-18）中的参数含义相同。

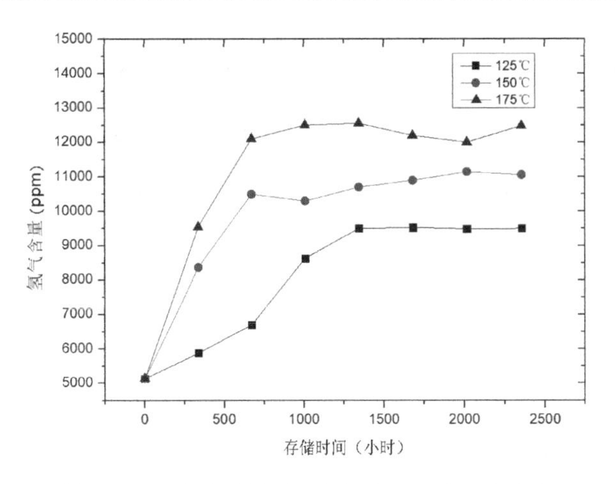

图 4-11　氢气含量随时间和温度变化的拟合曲线

4.4.4　高频振动载荷下的脆性断裂

在气密封装中，气密盖板可以阻断封装腔体内部结构受环境气氛的影响，大大增加气密封装内的器件可靠性。但气密盖板中连接界面存在的薄弱环节，仍然是影响气密性的重要因素。例如，焊缝处的合金焊料会溢出延伸至芯片端[25,26]。在外界应力（如高温载荷、振动载荷、恒定加速度载荷、冲击载荷、碰撞载荷等）下，薄盖板会发生大变形，导致盖板附近脆性较大的焊料发生脱落，这些脱落焊料会成为自由粒子，污染气密空腔。在更加严重的情况下，气密盖板连接界面处会出现连接质量下降，造成漏气现象，由此引发空腔内结构受到外界环境气氛的污染，使器件快速失效。为了更清晰地了解气密盖板的失效，运用生死单元的方法对盖板进行了平盖板和 T 型盖板连接界面裂纹扩展的过程的模拟（见图 4-12 和图 4-13）。显然，气密盖板易在板边处发生失效。平盖板易在 4 个边角处产生裂纹，裂纹有沿板边向中心扩展的趋势；T 型盖板易在盖板边缘产生裂纹，裂纹有沿板边向中心扩展的趋势。

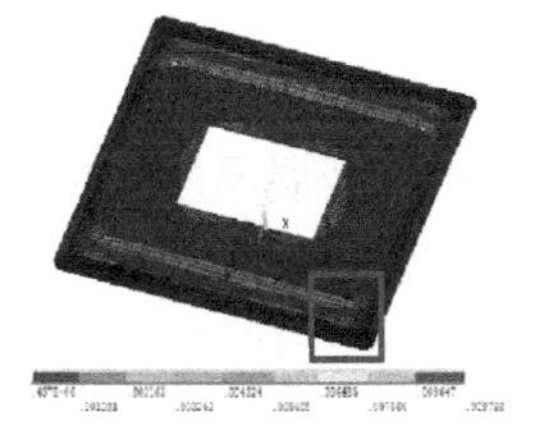
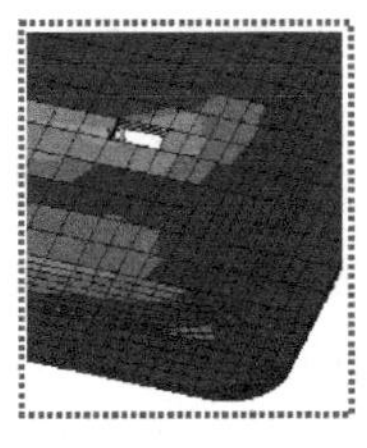

（a）Time 1

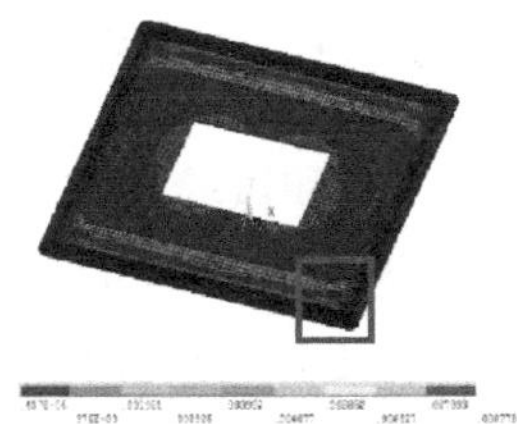
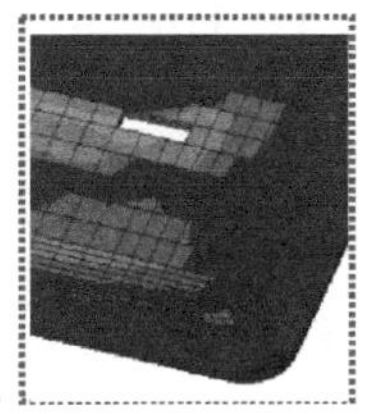

（b）Time 2

图 4-12　平盖板的失效及裂纹扩展

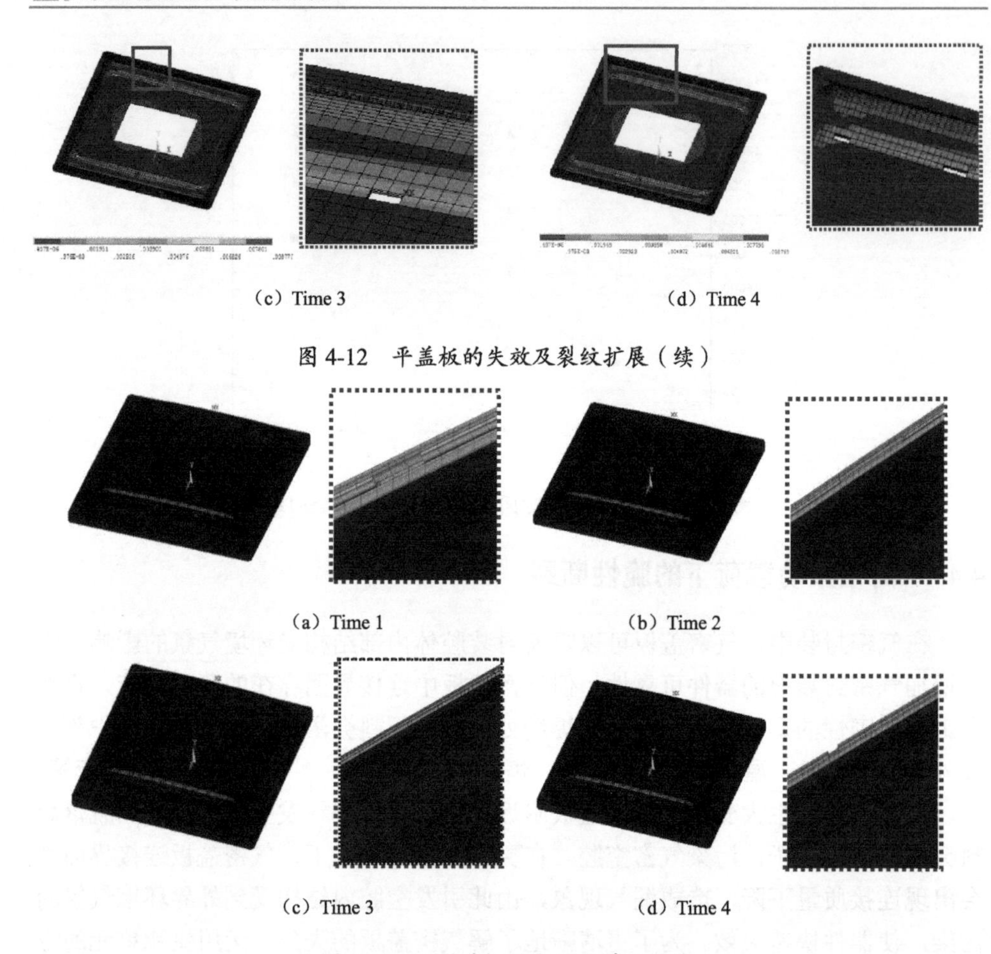

（c）Time 3　　（d）Time 4

图 4-12　平盖板的失效及裂纹扩展（续）

（a）Time 1　　（b）Time 2

（c）Time 3　　（d）Time 4

图 4-13　T 型盖板的失效及裂纹扩展

4.5　气密封装典型失效案例

4.5.1　HIC 金属-玻璃封接界面间歇渗漏退化机理分析

本案例通过虚拟仿真和试验相结合的方式，对某款气密 HIC 开展温度变化范围为-55~125℃，湿度为 100%RH 的金属-玻璃封接界面间歇渗漏退化机理分析。图 4-14（a）所示为气密 HIC 的关键引出端截面切片图，可以看出金属-玻璃封接界面存在明显的裂纹，这与有限元仿真图——图 4-14（b）中的 Von-Mises 应力分布基本对应。初步判断，金属-玻璃封接界面损伤机理为循环应力疲劳退化导致的裂纹扩展。

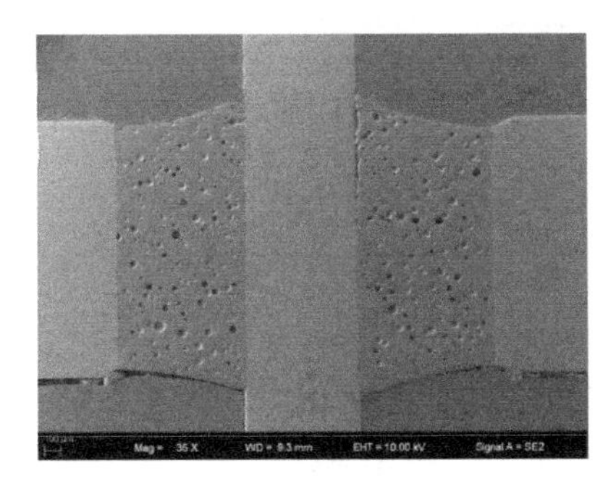

（a）截面切片图

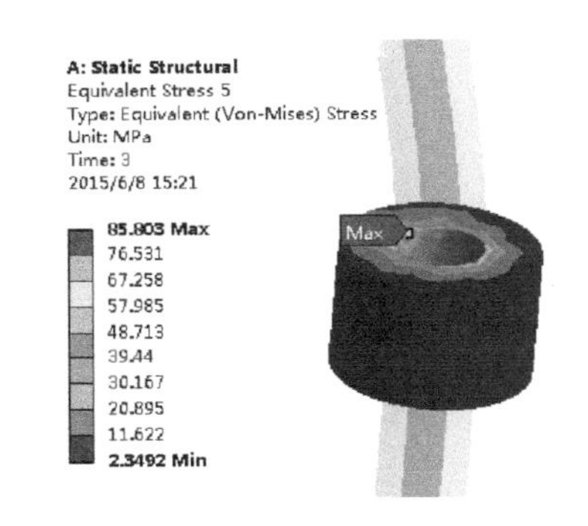

（b）Von-Mises 应力分布（125℃）

图 4-14　气密 HIC 的关键引出端截面切片图及金属–玻璃封接界面 Von-Mises 应力分布图

为了进一步明确漏率与金属–玻璃封接界面裂纹的关系，需要运用在现有裂纹宽度和长度下流动气体的动力学理论。基于气体动力学，气体流动的类型可以依据平均自由程（mfp）及漏道直径大小（D）进行如下分类：（a）当 mfp/D 小于 0.01 时，流动是黏滞性的；（b）当 mfp/D 大于 1.0 时，流动是分子性的；（c）当 mfp/D 介于上述两者之间时，流动是过渡性的。气体的 mfp 为

$$\text{mfp} = \frac{kT}{\sqrt{2}\pi P\sigma^2} \tag{4-20}$$

式中，k 为玻尔兹曼常数；T 为热力学温度；P 为压强；σ 为分子直径。本试验中使用的细检漏方法是氦质谱仪检漏方法，检漏过程中氦气是主要的流进封装体内的气体，各参数具体如下：$T = 298\text{K}$，$k = 1.38\times10^{-16}$，$P = 9.11\times10^5\text{Pa}$，$\sigma = 2.2\times10^{-8}\text{m}$，代入式（4-20）计算，得出 $\text{mfp} \approx 2.1\times10^{-5}\text{m}$。基于此判断，本试验中观测到界面裂纹直径均小于 21μm，其渗漏方式为分子流方式。对于漏道无规则的情况，可近似为多个细漏孔的叠加，当细漏孔的长度比其直径的尺寸大得多时，其流导如下。

$$F = \frac{3.81D^3\sqrt{\dfrac{T}{M}}}{l} \tag{4-21}$$

式中，D 为漏孔直径；l 为漏孔长度。分子流漏孔长度 l 等于玻璃绝缘子原长度减去裂纹长度，具体为

$$l = l_0 - l_c \tag{4-22}$$

式中，l_0 为玻璃绝缘子原长度（$l_0 = 1.5\text{mm}$）；l_c 为试验中采用 SEM 获取的裂纹长度（见图 4-15）。

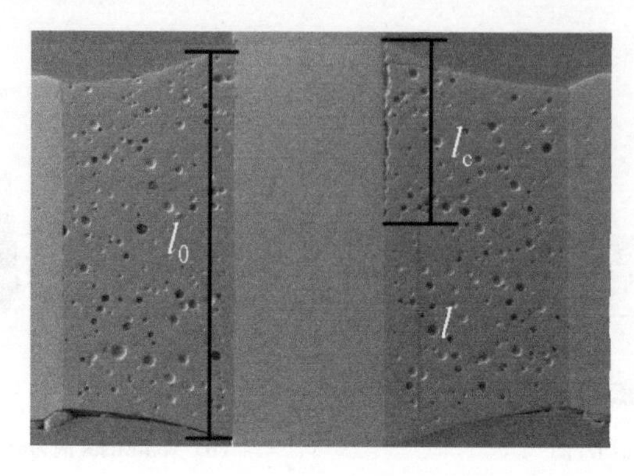

图 4-15　玻璃绝缘子金属–玻璃封接界面裂纹长度标示

将式（4-21）和式（4-22）代入式（4-13）得

$$R=\frac{3.81D^3T}{(l_0-l_c)M}(P_1-P_2) \tag{4-23}$$

由于测试过程中压力差、温度、分子质量基本不变，因此漏率主要随着漏孔长度及漏孔直径的变化而变化，且漏率与底部漏孔直径的三次方成正比，与底部漏孔直径成反比。基于疲劳理论，当玻璃绝缘子最大热应力大于玻璃最大抗张强度时，玻璃绝缘子漏孔直径随着试验的进行而不断扩大，漏孔长度逐渐减小，从而导致漏率随着试验时间延长而增大。

4.5.2　气密盖板的随机振动非接触在线监测

PCB 上混合微电路金属气密封装在随机振动环境下，将承受随机载荷，也就是扰动应力，在长时间的扰动应力作用下，混合微电路金属气密封装会出现疲劳失效现象，导致混合微电路金属气密封装的盖板开裂。气密封装组件随机振动试验如图 4-16 所示。

图 4-16　气密封装组件随机振动试验

试验中采取 3D 精密激光测振系统分析气密封装模块在随机振动条件下的谐振情况。试验带宽为 5kHz，谱线数为 3200 条，频率分辨率为 1.5625Hz。试样测点布局和试验现场如图 4-17 所示。

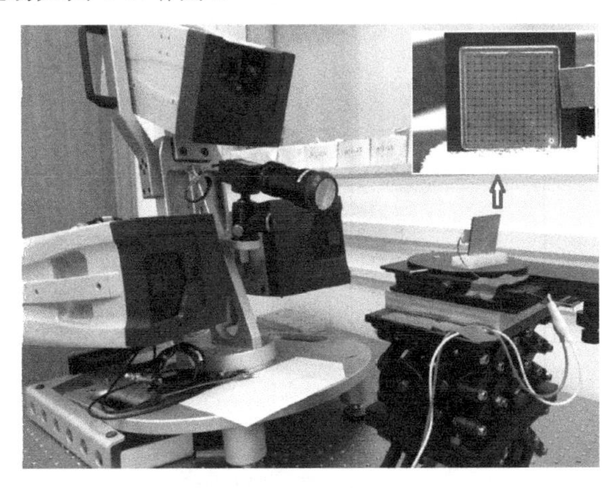

图 4-17　试样测点布局和试验现场

表 4-5 所示为模块外壳固有频率的试验与仿真结果对比，在 0~2000Hz 频率范围内存在 8 阶谐振频率，分别为 737.33Hz、754.49Hz、1035.04Hz、1050.77Hz、1417.97Hz、1546.40Hz、1805.80Hz、1833.97Hz。试验结果与有限元仿真结果的误差均小于 5%，最大应力出现在盖板边缘的中部，最大等效应力是 15.587MPa。

表 4-5　模块外壳固有频率的试验与仿真结果对比

自然频率	模态试验结果（Hz）	有限元仿真结果（Hz）	振型试验测试结构	仿真振型结果	误差
第一阶	737.33	734.96			0.33%
第二阶	754.49	735.72			2.5%
第三阶	1035.04	1074.30			3.8%

续表

自然频率	模态试验结果（Hz）	有限元仿真结果（Hz）	振型试验测试结构	仿真振型结果	误差
第四阶	1050.77	1074.50		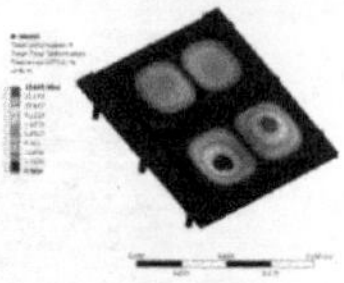	2.3%
第五阶	1417.97	1476.40		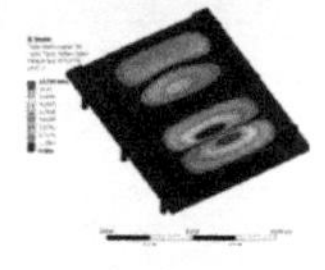	4.1%
第六阶	1546.40	1479.90		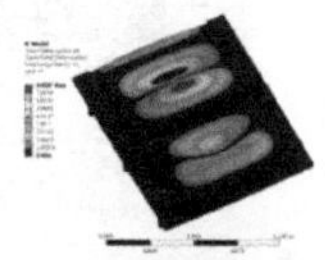	4.3%
第七阶	1805.80	1811.20		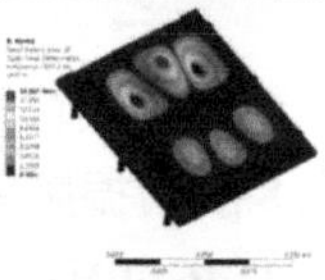	0.3%
第八阶	1833.97	1815.40		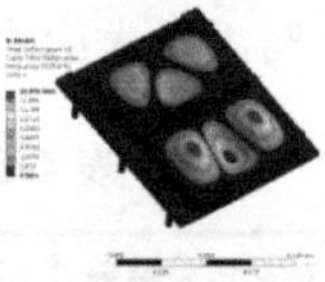	1.0%

显然，在引脚固定后的 0~2000Hz 振动试验中，盖板焊接层可能出现谐振损伤。该型号外壳的产品在生产或拆卸维修过程中，可能出现盖板、底座谐振，一旦超声波强度和时间控制不当，就可能造成盖板焊接层、内部芯片、底座绝缘子谐振损伤，甚至残余应力累积。采用有限元法分析气密焊接结构中焊接工艺导致的残余应力分布，焊接残余应力沿着可伐合金表面 L1、L2 的分布如图 4-18 所示。经过计算分析可知，散热条件和热导率不同导致焊缝的温度不平衡。残余应力最高水平达到 64.9MPa，位置在焊接结构焊缝的中心。沿着可伐合金表面分布的残余应力与焊缝中心的残余应力分布呈现相同的规律，都呈锯齿状变化，且在中心位置出现最大值。应力分布的分析结果表明，纵向焊接残余拉伸应力主要集中在焊缝中心位置及焊缝两端，其余位置主要呈现压缩应力。

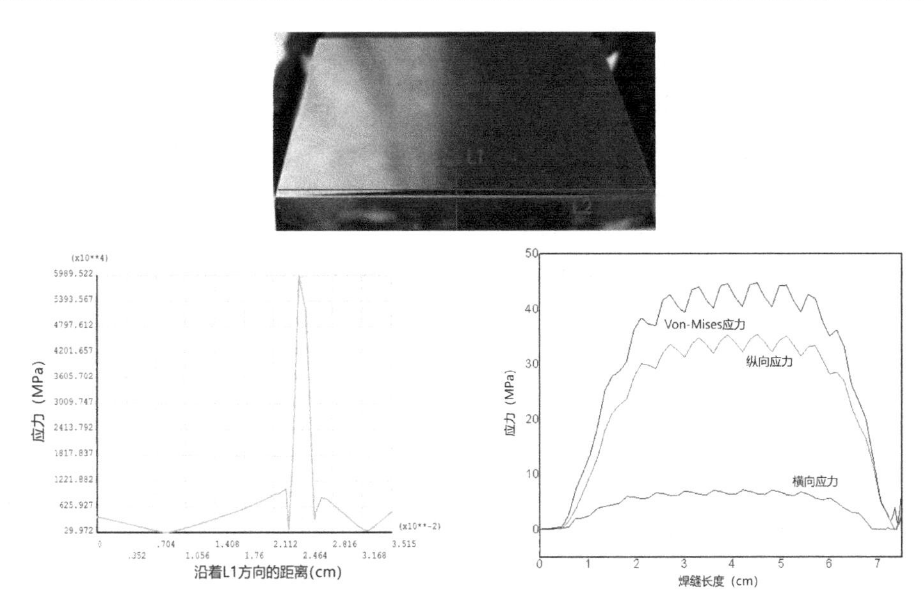

图 4-18　焊接残余应力沿着可伐合金表面 L1、L2 的分布

参考文献

[1] YAKABE S, MATSUI H, SAITO Y, et al.Multi-Channel Single-Mode Polymer Waveguide Fabricated Using the Mosquito Method[J], 2020, (99): 1-1.

[2] ALI M, WATANABE A, KAKUTANI T, et al. Heterogeneous integration of 5G and millimeter-wave diplexers with 3D glass substrates[C].2020 IEEE 70th Electronic Components and Technology Conference (ECTC), 2020: 1376-1382.

[3] 周涛，汤姆・鲍勃，马丁・奥德，等. 金锡焊料及其在电子器件封装领域中的应用[J]. 电子与封装，2005，5 (8): 4.

[4] 虞觉奇. 二元合金状态图集[M]. 上海：上海科学技术出版社，1987.

[5] 徐骏，胡强，林刚，等. Sn-Bi 系列低温无铅焊料及其发展趋势[J]. 电子工艺技术，2009，30 (1): 1-4.

[6] 王涛. 金锡焊料低温焊料焊工艺控制[J]. 集成电路通讯，2005，23 (3): 4.

[7] LAKE J, WILD R.Some factors affecting leadless chip carrier solder joint fatigue life[C].J Materials Processes-Continuing Innovations, SAMPE, 1983: 1406-1424.

[8] BAELMANS M, MEYERS J, NEVELSTEEN K. Flow modeling in air-cooled electronic enclosures[C]. 2003 IEEE 19th SEMI-THERM Symposium, 2003: 27-34.

[9] YAMAMOTO K, KOGA S, SEINO S, et al. Low Loss BT resin for substrates in 5G

communication module[C].2020 IEEE 70th Electronic Components and Technology Conference (ECTC), 2020: 1795-1800.

[10] KIM J-H, YOON K-S, OH H-D, et al. Study on Advanced Substrate for Double-side Package to Reduce Module Size[C].2020 IEEE 70th Electronic Components and Technology Conference (ECTC), 2020: 1904-1909.

[11] HOQUE M A, HAQ M A, CHOWDHURY M M, et al. Evolution of the Properties of SAC-Bi-Ni-Sb Lead Free Solder During Mechanical Cycling[C].2020 IEEE 70th Electronic Components and Technology Conference (ECTC),2020: 2048-2057.

[12] CHANG N, CHUNG C K, WANG Y-P, et al. 3D Micro Bump Interface Enabling Top Die Interconnect to True Circuit Through Silicon Via Wafer[C].2020 IEEE 70th Electronic Components and Technology Conference (ECTC), 2020: 1888-1893.

[13] BRANDTNER T, PRESSEL K, FLOMAN N, et al. Chip/package/board co-design methodology applied to full-custom heterogeneous integration[C].2020 IEEE 70th Electronic Components and Technology Conference (ECTC), 2020: 1718-1727.

[14] NAYINI M, HORN T, PATEL J, et al. Coupled thermal-mechanical simulation methodology to estimate BGA reliability of 2.5 D Packages[C].2020 IEEE 70th Electronic Components and Technology Conference (ECTC), 2020: 1653-1658.

[15] JACQUELINE S, BUNEL C, LENGIGNON L. Outstanding reliability performances of Silicon capacitors for 200°C automotive applications[C].2020 IEEE 70th Electronic Components and Technology Conference (ECTC), 2020: 2133-2138.

[16] 中国电子技术标准化研究院．微电子器件试验方法和程序：GJB548B-2005[S]. 2005.

[17] 任爱华，李自学，年卫鹏．气密性对电路内部水气含量的影响[J]. 电子元器件应用，2005，7 (2): 3.

[18] 贾松良．封装内水汽含量的影响及控制[J]. 电子与封装，2002，2 (6): 12-14.

[19] 顾振球，梁法．密封半导体器件内部水汽含量的控制 [J]. 半导体技术，2001 (7): 3.

[20] 微电路试验方法和程序．MIL-STD-883[S]. 2017.

[21] PARK H, PARK M, SEO H K, et al. Development of CMOS-compatible low temperature Cu bonding optimized by the response surface methodology[C].2020 IEEE 70th Electronic Components and Technology Conference (ECTC), 2020: 1474-1479.

[22] NISHAD V K, SHARMA R. First Principle Analysis of Li-Doped Armchair Graphene Nanoribbons for Nanoscale Metal Interconnect Applications[C].2020 IEEE 70th Electronic Components and Technology Conference (ECTC), 2020: 2278-2283.

[23] KUMAR R, PATHANIA S, GUGLANI S, et al. Role of grain size on the effective resistivity of cu-graphene hybrid interconnects[C].2020 IEEE 70th Electronic Components and Technology

Conference (ECTC), 2020: 1620-1625.
[24] 霍武德．预防密封继电器玻璃绝缘子碎裂技术[J]．机电元件，2000 (04): 19-21.
[25] 朱奇农，马莒生．提高金属-玻璃封装集成电路外壳的可靠性途径[J]．电子产品可靠性与环境试验，1995 (5): 19-24.
[26] 何中伟，李寿胜．MCM-C 金属气密封装技术[J]．电子与封装，2006，6 (009): 1-6.

第 5 章

3D 封装的失效模式、失效机理及可靠性

在过去的几十年中，在摩尔定律的指引下，晶体管的尺寸不断减小，芯片的性能不断提高，计算能力也不断提升。在这个不断创新的过程中，2D 平面集成电路得以持续发展。但是随着集成电路产业的不断发展，电子制造产业正在接近传统 CMOS 工艺所能达到的物理极限，通过缩小晶体管尺寸来提高性能的方式愈发困难。根据国际半导体技术发展路线图（International Technology Roadmap for Semiconductors，ITRS），基于叠层互连集成的 3D 封装是“后摩尔时代”至关重要的研究方向。3D 封装将多个芯片或系统（如图像传感器、MEMS、射频模块、存储器等）在垂直方向叠层，以形成更加小型化、多元化、智能化的系统，为 5G、IoT、AI 等新兴领域提供有效的解决方案。

3D 封装方式主要有芯片叠层（Chip on Chip，CoC）、封装叠层（PoP/PiP）和 3D 硅通孔/玻璃通孔（3D TSV/TGV）集成等。截至目前，3D 封装技术已在高校、研究所、封装测试公司等被广泛研究。但是，该技术在广泛应用前，还有许多可靠性问题需要解决，如高功率密度的热量累积问题、异质异构集成的材料热膨胀系数不匹配问题、结构分层问题等。本章首先概述了 3D 封装的发展现状和主要结构特征；然后介绍了 3D 封装结构的失效模式和失效机理，并介绍了 3D 芯片叠层、3D 封装叠层及 TSV 的 3D 封装技术及其可靠性问题；最后介绍了经典的 3D 封装失效案例。

5.1 3D 封装的发展历程与主流技术

1965 年，作为 Intel 创始人之一的戈登・摩尔（Gordon Moore）提出，价格固定的集成电路上的晶体管的密度和性能，约每 18 个月便增加一倍（称为摩尔定

律）[1]。摩尔定律强调光刻尺度的不断缩小并将功能集成（2D 范围内）在一个单一芯片上。然而，3D 封装技术在 20 世纪 70 年代逐渐兴起，先将不同功能的芯片在 Z 轴方向上进行叠层，再通过纵向互连方法进行集成。根据其实现方法，3D 封装结构分为 3D 芯片叠层、3D 封装叠层和基于 TSV/TGV 中介层的 3D 叠层[2]。图 5-1 展示了典型 3D 封装结构的发展历程，2010 年以后，2.5D 中介层（2.5D Interposer）、3D 集成电路（Three-Dimensional Integrated Circuit，3D IC）、扇出型（Fan-Out，FO）封装等先进技术的研发及产业化发展，使先进 3D 封装技术的水平得到了进一步的提升。Chiplet、CoWoS、InFO 等先进 3D 封装结构相继被提出并应用。在过去 50 多年中，互联线宽从 1000μm 提高到 1μm，甚至亚微米级，互连线宽性能提高了 1000 倍以上[3]。

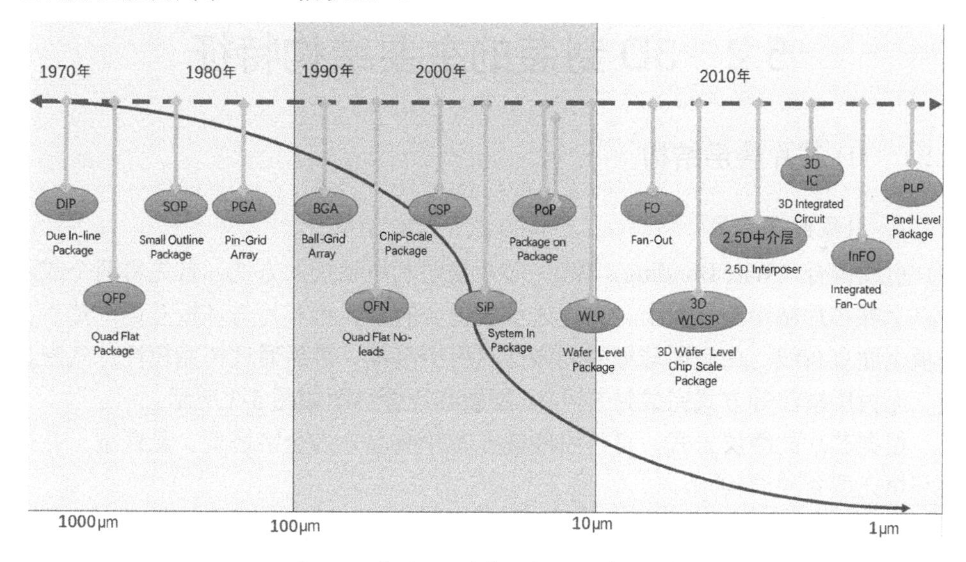

图 5-1　典型 3D 封装结构的发展历程[3]

先进封装技术的发展趋势如图 5-2 所示，主要包括倒装球栅阵列（Flip-Chip Ball Grid Array，FCBGA）封装、晶圆级芯片尺寸封装（Wafer Level Chip Scale Package，WLCSP）、晶圆级扇出型封装（Fan-Out WLP，FOWLP）、嵌入式集成电路（Embedded IC）、3D 晶圆级封装（3D WLP）、3D 集成电路（3D IC）、2.5D 中介层（2.5D Interposer）等 7 个重要技术。其中绝大部分封装技术与晶圆级封装（Wafer Level Package，WLP）息息相关，这样在实现封装器件高性能、多功能的同时，可以充分利用 WLP 的批量生产、低成本、小尺寸等优势。从图 5-2 中可知，支撑上述先进封装技术的主要工艺包括 TSV、重布线、键合/解键合等。为了满足日益复杂的 3D 集成需求，先进封装技术本身在不断地创新和发展[3,4]。

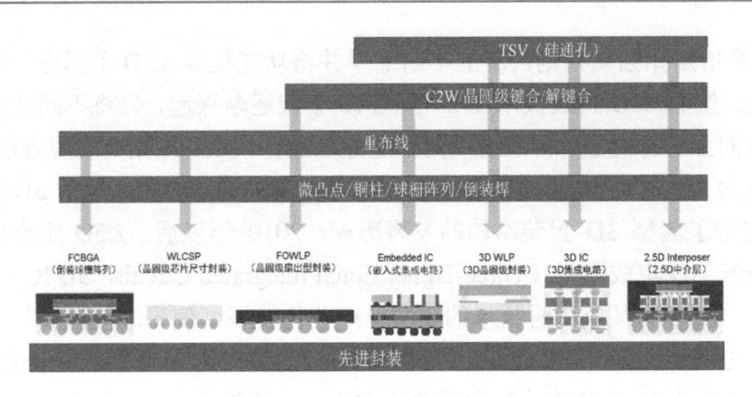

图 5-2　先进封装技术的发展趋势

5.2　3D 封装的主要结构特征

5.2.1　3D 芯片叠层结构

1. 引线键合结构

引线键合（Wire Bonding，WB）芯片叠层利用粘接的方式，首先将两个或两个以上裸芯片粘接到基板上，并通过引线键合的方式将芯片与基板互连，然后在基板上面重布线，由底面球栅阵列微凸点引出电极，最后通过树脂模注、气密封装、无树脂模注等方式完成封装[5]。6 层裸芯片叠层图如图 5-3 所示。

根据芯片的叠层方式，可将引线键合芯片叠层分为金字塔型、悬臂型、并排型和填充型 4 种结构[6-8]。

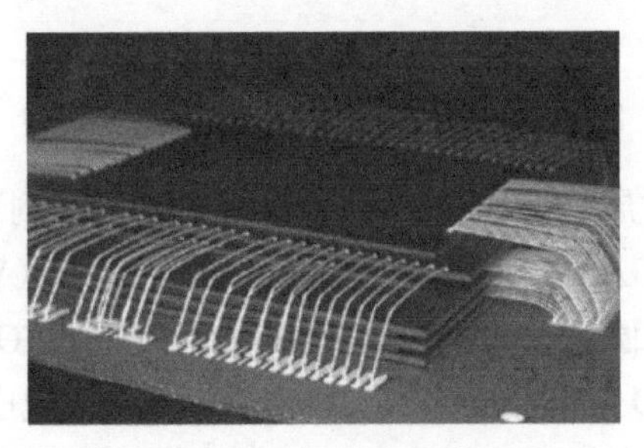

图 5-3　6 层裸芯片叠层图

（1）金字塔型结构。

将裸芯片以从下到上和从大到小的顺序进行逐层叠层，整体形状与金字塔相似，这种封装称为金字塔型叠层封装，如图 5-4 所示。这种叠层封装对芯片层数没有明确的限制，主要考虑芯片层数对封装体的厚度影响及叠层芯片间的散热问题。

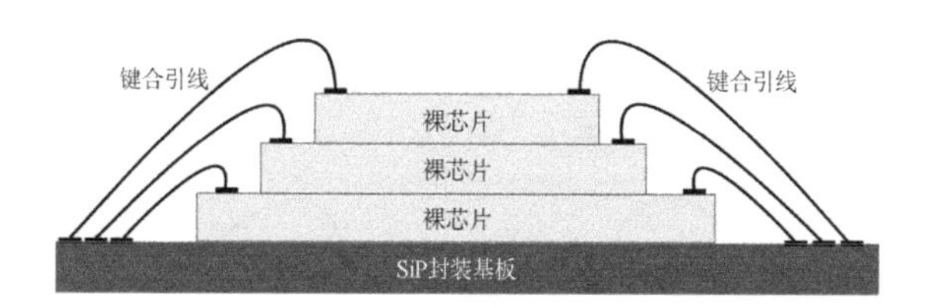

图 5-4　金字塔型叠层封装

（2）悬臂型结构。

悬臂型叠层封装是一种针对裸芯片大小相等或叠层上面的芯片尺寸更大的叠层封装方式，在通常情况下，在芯片之间插入介质，用于垫高上层芯片，便于下层芯片的引线键合。这种叠层封装对层数没有明确的限制，但封装体的厚度会限制它的叠层高度，同时叠层芯片结构的散热问题需要考虑。图 5-5 所示为悬臂型叠层封装。

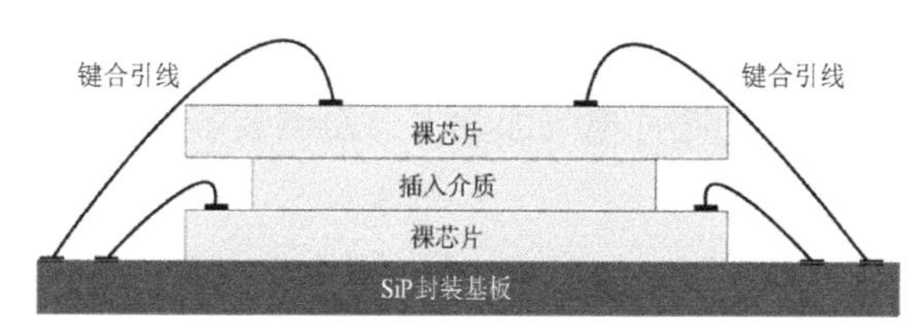

图 5-5　悬臂型叠层封装

（3）并排型结构。

并排型叠层封装是指在一个大裸芯片上叠层多个小裸芯片。并排型叠层封装如图 5-6 所示，因为叠层上方的小裸芯片无法直接键合到底部 SiP 封装基板，所以通过在大裸芯片和小裸芯片中间插入硅中介层来实现小裸芯片和 SiP 封装基板的互连。小裸芯片首先以并排的方式逐一叠层在硅中介层上，然后通过键合引线连接到带重布线层的硅中介层上，最后通过键合引线将大裸芯片连接到 SiP 封装基板，形成并排型叠层封装结构。

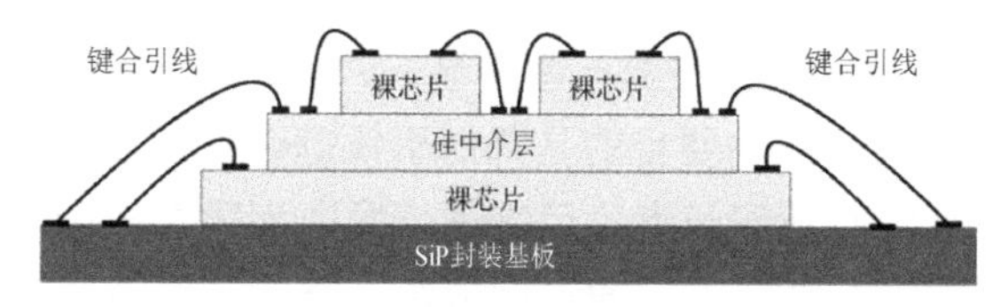

图 5-6　并排型叠层封装

（4）填充型结构。

填充型叠层封装将两个尺寸相同的裸芯片叠层在一起，并通过聚合物球式的粘接剂将两个裸芯片隔开，如图 5-7 所示。这种封装方式多用于存储芯片，如

SRAM、快闪存储器等。填充型叠层封装工艺简单，但是容易出现脱粘、低弧度键合和叠层之间热失配等可靠性问题。

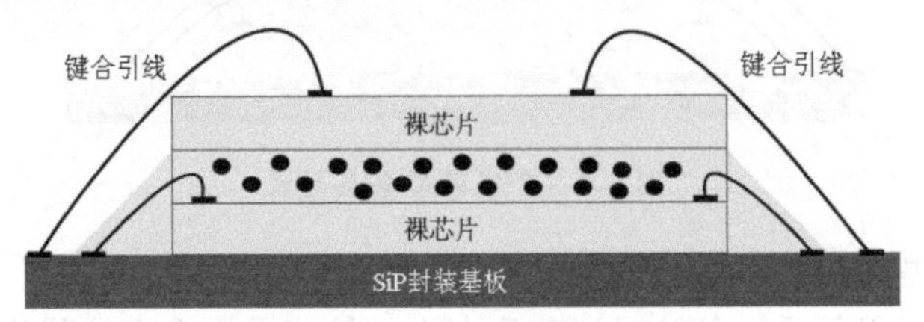

图 5-7　填充型叠层封装

2. 倒装结构

倒装芯片（Flip-Chip，FC）叠层技术是一种新型的无引脚微电子封装技术。相对于传统的引线键合封装结构，倒装芯片叠层封装首先在 I/O PAD 上沉积焊球，然后将芯片翻转加热，使芯片与基板形成连接，如图 5-8 所示。在传统结构中，通过引线键合与基板连接的芯片电气面朝上，而倒装芯片的电气面朝下，相当于将前者翻转过来。

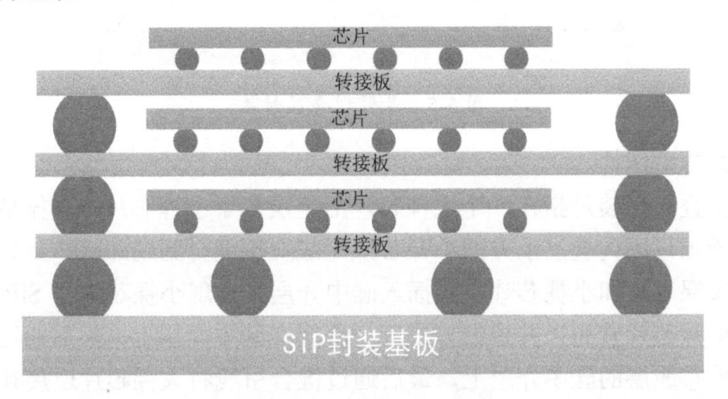

图 5-8　倒装芯片叠层封装

1960 年，IBM 开发了全世界第一款倒装芯片，有效地提高了组件的可靠性。当时，IBM 设计倒装芯片的主要目的是降低引线键合成本和提高芯片的可靠性。一开始的倒装芯片采用的是铜凸点，后来逐步发展为通过植球工艺在芯片上制作焊球并将芯片倒装贴附在基板上，通过回流焊工艺实现焊点组装。近年来，随着封装技术的发展和芯片小型化的需求，倒装芯片已经演变成一种高性能封装的互连方法。目前，系统级封装（System in Package，SiP）、多芯片组件（Multi-Chip Module，MCM）、图像传感器、微处理器、硬盘驱动器、医用传感器等都已经大量使用倒装芯片工艺。倒装芯片互连技术主要有 C4（Controlled Collapse Chip Connection）、DCA（Direct Chip Attach）和 FCAA（Flip Chip Adhesive Attachment）。

C4 技术先在基板的正面或侧面制备 C4 焊点，当芯片和基板叠层完成后通过回流焊完成叠层间的垂直互连。基于 C4 互连的倒装芯片叠层结构如图 5-9 所示。

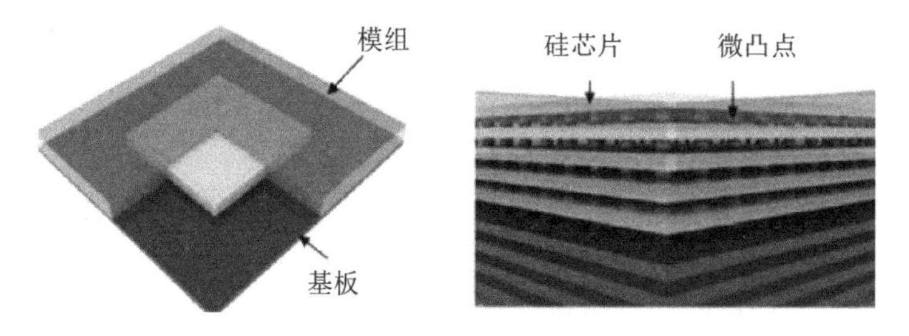

图 5-9　基于 C4 互连的倒装芯片叠层结构

5.2.2　3D 封装叠层结构

将两个或两个以上的封装体叠层在一起形成一个多芯片的封装结构称为 3D 封装叠层，目前常用的结构是两个封装体的叠层。按封装结构的不同，可将 3D 封装叠层分为封装内封装（Package in Package，PiP）和封装上封装（Package on Package，PoP）。3D 封装叠层的两种形式如图 5-10 所示[9,10]。目前工业生产中主流的实现方法是，先直接将两个封装体叠层在一起，再通过引线键合的方式将各芯片连接到基板上。

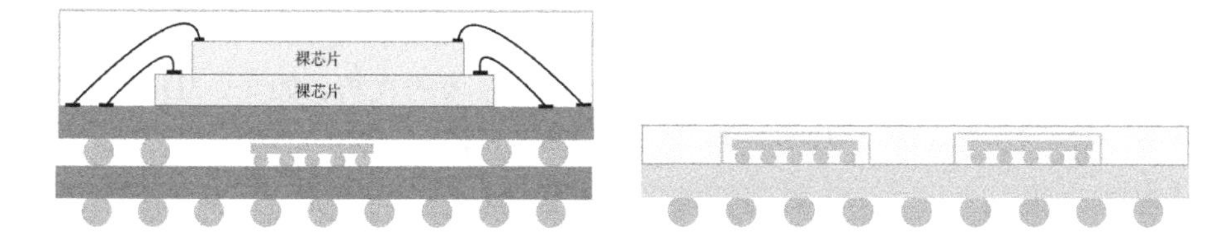

图 5-10　3D 封装叠层的两种形式

PiP 也称为器件内置器件[11]。封装内的芯片先通过引线键合的方式叠层到基板上，叠层的芯片再通过金线将叠层之间的基板键合，形成器件内置器件。PiP 具有外形高度低的优点，可以采用标准的 SMT 工艺。但是，PiP 存在一些不足，如封装良率低，封装体内只要有一个芯片存在故障，就会导致整个封装器件失效。

PoP 是一种针对移动设备的集成电路封装而发展起来的 3D 封装叠层技术。PoP 由上下两层封装体叠加而成，下层封装体与上层封装体之间及下层封装体和基板之间通过焊球阵列实现互连。同传统的 3D 芯片叠层技术相比，PoP 尺寸虽稍大，但系统公司可以拥有更多元件供应商，并且由于 PoP 下层封装体和上层封装体的元件都已经通过封装测试，良率有保障，因此 PoP 的系统集成既有供应链上的灵活性，又有成本控制的优势。近年来，随着封装体的进一步超薄化，翘曲已成为影响 PoP 组装良率的关键因素。超薄化的趋势使得翘曲问题更加突出，这成为一个阻碍 PoP 薄化发展的瓶颈。因此，各种新的技术和材料不断出现，用以减少封装体的翘曲[12-17]。

5.2.3 3D TSV 封装结构

3D TSV 封装技术通过在硅晶圆上制作垂直导电通道来实现不同层芯片之间的电连接。该技术大大减小了互连线的长度，可以减小延迟，降低电容和电感，从而实现芯片间高速低损耗的信号传输，被视为实现 3D TSV 封装的主要技术[18-20]。图 5-11 所示为 3D TSV 及基于 3D TSV 技术的叠层器件。

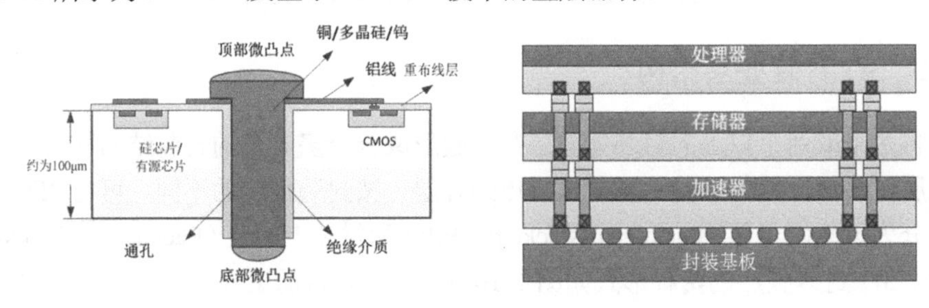

图 5-11　3D TSV 及基于 3D TSV 技术的叠层器件

3D TSV 技术能够将不同功能的芯片（如模拟电路、逻辑电路、射频电路、存储器及 MEMS）进行叠层，实现不同芯片的 3D 异质异构集成[21-24]。相比其他封装结构，异质异构集成结构在成本和性能上具有显著的优势。如今，3D TSV 技术已被全世界公认为是第 4 代互连技术。在实际器件设计及生产过程中，通过 3D TSV 技术来实现小尺寸 3D 封装集成将成为必然趋势。与传统的 2D 引线互连相比，3D TSV 封装具有诸多优点。

（1）尺寸小、质量小：与传统的单芯片封装相比，3D TSV 封装的尺寸和质量缩小为原来的 1/50~1/40；与 MCM 技术相比，3D TSV 封装的尺寸缩小为原来的 1/6~1/5，质量减小为原来的 1/13~1/2。

（2）集成度高：与 2D 封装相比，同一封装内采用 3D TSV 技术可叠层多种芯片，并且随着 3D TSV 技术的发展，更高深宽比的 TSV 将使封装密度进一步提高，垂直方向上叠层的芯片将持续增多，甚至能在封装内实现复杂的多系统集成。

（3）功耗更低、信号延迟更小：通过 3D TSV 技术，可以实现芯片间的垂直互连，大大减小了互连线的长度，可以有效地减小线路过长导致的信号延迟。据报道，采用 3D TSV 技术互连，信号延迟可以缩小至皮秒级。在微波射频领域，互连线的缩短可以有效地降低器件的功耗和互连延迟，提高系统的运行速度。

虽然 3D TSV 封装具有很多的优点，但是其也存在一些不足，主要包括：①通过 3D TSV 中介层封装的器件具有互连密度高、尺寸小、功率密度大的特点，所以热可靠性是 3D TSV 封装结构不可避免的问题；②TSV 的制备工艺复杂（包括通孔、SiO_2 绝缘层、Ti/Cu 种子层、电镀 Cu 层），封装成本高。

5.3　3D 封装的失效模式和失效机理

5.3.1　3D 封装常见失效模式

1. 芯片叠层工艺导致的失效

引线键合和倒装键合是芯片叠层封装中常用的两种方式。与其他封装结构相比，芯片叠层封装比单芯片封装的可靠性低，其失效模式主要包括芯片开裂，分层，键合失效、碰丝和断裂，减薄工艺缺陷，焊点失效[25-31]。

（1）芯片开裂。芯片开裂有以下原因：一是过大的机械应力造成芯片开裂；二是芯片和封装材料之间的热膨胀系数不匹配，在回流焊等温度变化大的工艺中，异质界面产生剪切应力和拉应力导致芯片开裂。芯片开裂示意图如图 5-12 所示。

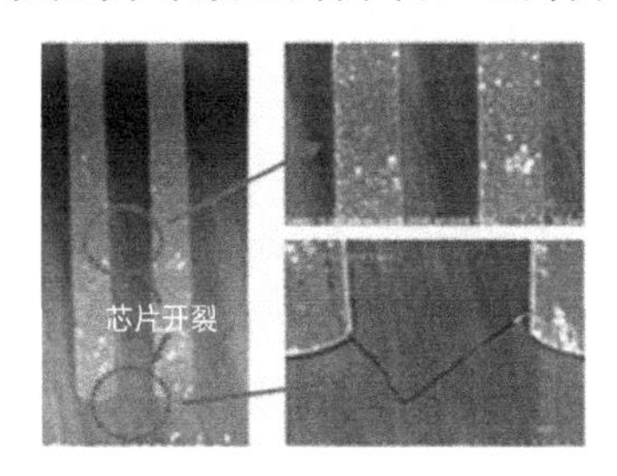

图 5-12　芯片开裂示意图

（2）分层。分层可能出现在芯片与引线框架、引线框架与模塑料、焊点与基板等位置，芯片分层现象如图 5-13 所示。引起分层的原因主要有热失配、界面反应（如氧化、潮湿、污染等）、机械载荷、内部压力、体积收缩或膨胀。

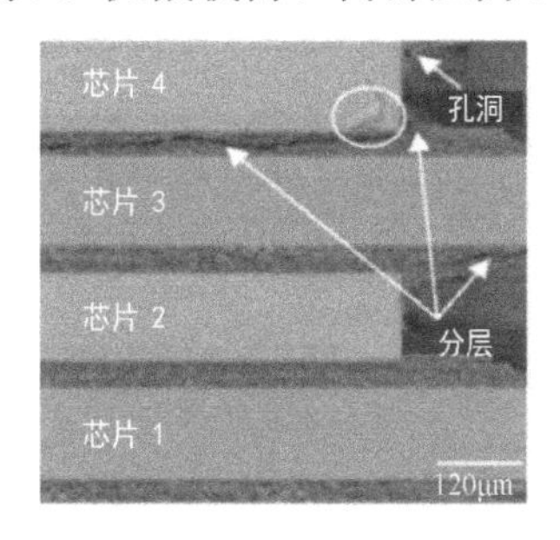

图 5-13　芯片分层现象

（3）键合失效、碰丝和断裂。封装结构的键合失效主要表现为键合点开路或键合引线断开。键合点开路的原因主要有 Au-Al 化合物失效、键合质量差、热疲劳、腐蚀等。键合引线断开的原因主要有大电流熔断和机械应力拉断。在多个芯片叠层的封装结构中，键合引线的数量随着芯片层数的增加而增加，进而提高了键合引线碰丝的风险。同时，在特定厚度的塑封体内，随着叠层芯片层数的增加，各键合引线间的空间越来越小，尤其是低弧度键合，其碰丝的风险大大提高。目前，行业内使用的低弧度键合工艺主要有标准正向键合工艺、叠层正向键合工艺和叠层反向键合工艺 3 种。叠层反向键合是当前 3D 封装内部芯片互连主要使用的低弧度键合技术，但叠层反向键合过程中引线易反拉过度，进而导致引线颈部裂缝，甚至断裂而引起失效。

（4）减薄工艺缺陷。相比传统 2D 封装工艺，3D 封装工艺需要对叠层芯片进行减薄处理。减薄工艺存在的主要缺陷是表面粗糙与翘曲问题。首先，减薄的晶圆厚度小，易发生断裂失效。其次，芯片背面研磨常易导致芯片表面凹凸不平，在局部产生较大应力，进而降低产品的可靠性及缩短使用寿命。当划片时，晶圆容易发生崩裂（晶圆较薄且很脆，背面崩裂可能延伸到晶圆正面，从而发生晶圆崩裂）。即使崩裂程度轻微，前期未被发现，也会影响器件在服役期间的可靠性。

（5）焊点失效。芯片互连焊点存在焊点断裂、Cu_3Sn 微焊点中的柯肯德尔孔洞和多孔孔洞、晶界脆化和晶间断裂、Ni/Sn/Ni 微焊点孔洞等问题。

2. *封装叠层工艺导致的失效*

封装叠层的 3D 互连工艺主要包括：①焊膏印刷；②贴装底部封装体；③贴装顶部封装体；④回流焊、底部填充及检测[31-36]。这些工艺导致的失效模式主要包括翘曲和焊点失效。

（1）翘曲。

为了降低整个叠层封装结构的厚度，基板需要最大限度地做薄，在回流焊过程中，基板温度升高而膨胀导致底部封装体产生较严重的翘曲。同时，由于封装材料之间的热膨胀系数不匹配，在回流焊过程中或器件服役过程中会产生翘曲。组装回流焊过程中的翘曲如图 5-14 所示，上图是“皱眉”翘曲示意图，熔化焊料的外部被挤压到一起，从而形成焊料桥（短路）；下图是“笑脸”翘曲示意图，外部焊点被拉开，这可能导致一个间隙（开路）。芯片或晶圆的翘曲可能会对组装工艺、装配成品率、焊点可靠性的保证及应用构成较大的挑战。

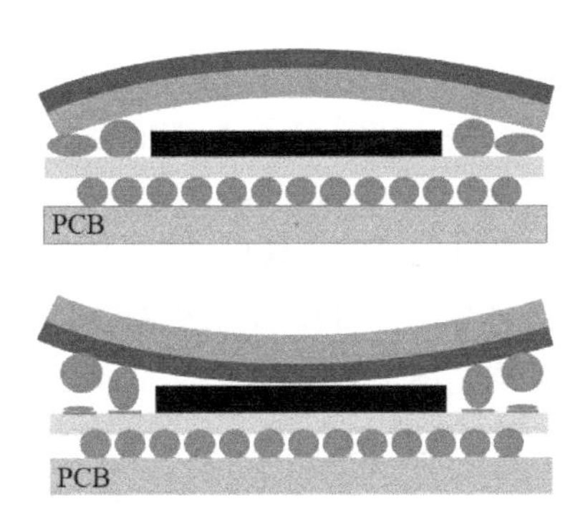

图 5-14　组装回流焊过程中的翘曲

（2）焊点失效。

①焊点断裂：封装叠层相关的互连焊点包括单个封装结构之间的第一级焊点和将封装连接到 PCB 的第二级焊点。微凸点材料通常是 Sn 基的无铅焊料，如 SnAgCu、SnAg、SnCu 和 SnAgCu-X 等，其中 X 表示第四元素。焊点互连时会在中间形成一层金属间化合物（Intermetallic Compound，IMC），IMC 的机械性能较差，在受到机械冲击和振动时，容易发生断裂。

②Cu_3Sn 微凸点中的柯肯德尔孔洞和多孔孔洞：在高温存储试验或电流应力试验期间，通常在 Cu/Sn 微凸点中观察到柯肯德尔孔洞，Cu 过度消耗而导致 Cu_3Sn 层中形成微孔。柯肯德尔孔洞是一个严重的可靠性问题，如果不加以控制，柯肯德尔孔洞会沿 Cu_3Sn/Cu 界面粗化，并诱导形成微裂纹，甚至导致器件失效。在腐蚀性热退火或电流应力作用下，Cu/Cu_3Sn/Cu 微凸点内部可能生成一种多孔孔洞。

③晶界脆化和晶间断裂：Ni/Sn/Ni 微凸点在温度和电流的作用下会生成一些微孔，这些微孔会沿着 Ni_3Sn_4 晶界扩散形成较大的孔洞，引起晶界脆化。从力学可靠性的角度来看，沿含有大量微孔和杂质的晶界处可能发生晶间断裂。

④Ni/Sn/Ni 微凸点孔洞：反 IMC 冲击引起的生长效应往往会形成不均匀的界面，从而导致在热退火过程中形成 Sn 须。Sn 原子扩散速度较快，非对称的原子通量导致空位在 Sn 须处聚集。当剩余的 Sn 原子被完全消耗时，空位的过饱和导致空穴的形成，进而形成孔洞。Ni_3Sn_4 微凸点内部的孔洞会严重降低机械可靠性。

3. TSV 晶圆制造导致的失效

基于 TSV 中介层的 3D 封装互连技术主要由 5 个工艺制程组成：TSV 晶圆制备、晶圆减薄、超薄晶圆切割、晶圆键合和解键合、3D 芯片叠层封装，在这 5 个工艺制程中面临着许多可靠性相关问题。

（1）TSV 晶圆制备导致的失效。

①TSV 开路或短路故障：当采用等离子体刻蚀硅基体形成 TSV 时，等离子体密度分布固有的不均匀性可能导致 TSV 开路和短路故障。TSV 刻蚀工艺缺陷导致晶圆边缘有残余的硅，进而引起晶圆边缘的 TSV 开路故障；TSV 刻蚀工艺缺陷导致晶圆中心存在过度刻蚀现象，易引起晶圆边缘的 TSV 漏电或短路故障。介质沉积后，当采用等离子体穿透刻蚀工艺去除 TSV 底部的介质材料时，如果介质材料刻蚀不充分，则 TSV 底部有残余的介质，会引起 TSV 开路；如果介质材料过度刻蚀，则后道制程（Back End Of Line，BEOL）内部的局部互连可能被破坏，导致 TSV 漏电。

②TSV 轴的孔洞线：当电沉积金属铜时，若电流密度与添加剂使用不当，则会沿 TSV 轴生成孔洞线。在沉积后的退火过程中，孔洞线会生长，并导致 TSV 填充料机械性能和电性能的退化。

③铜与硅基体短接：TSV 侧壁的形貌会对后道封装工艺产生影响，TSV 侧壁的粗糙度较大会导致 TSV 中金属铜与硅基体短接，进而引起漏电。此外，TSV 介质层内部的微裂纹可能是 TSV 漏电的原因之一。

④晶圆翘曲：由于在 TSV 结构中，金属、介质层、硅基体之间的热膨胀系数不匹配，因此在 TSV 底部的介质层和阻挡层的槽点处会产生应力集中的现象。与传统晶圆相比，TSV 晶圆两侧具有互连结构，如果两侧的残余应力不平衡，则可能出现晶圆翘曲。在实际工艺过程中，可通过减小晶圆两侧的残余应力差或增加晶圆厚度来减小晶圆翘曲。

⑤电介质分层：TSV 完成金属填充后，会采用化学机械抛光（CMP）方式来消除 TSV 表面的铜覆盖层。与压痕效应类似，在化学机械抛光过程中，TSV 中的 Low-k 介质可能会因机械应力而出现裂纹或分层。

⑥载流子迁移率降低：铜和硅表面产生的应力对 TSV 附近器件的电性能会产生不利影响，由于产生了压阻效应，因此载流子迁移率降低。

⑦铜胀出：经过加热和冷却后，铜在靠近 TSV 端部的界面附近产生最大 Von-Mises 应力，从而产生塑性变形，这是铜胀出的根本原因。热循环之后可能存在 Cu-SiO_2-Si 界面产生介质裂纹、TSV 顶部金属线粗糙化等问题。

⑧RDL/BEOL 结构变形或 TSV 端部封盖层分层：由于 TSV 的端部通常连接到 RDL/BEOL 结构，因此通孔的铜凸起或侵入对这些结构的完整性构成重大风险。通孔端部的铜凸起产生的应力引起的 RDL/BEOL 结构变形或 TSV 端部封盖层的分层，会给器件的可靠性带来极大的挑战。

（2）晶圆减薄导致的失效。

在 3D 封装中，为了将更多的芯片封装在一个封装壳里，需要将芯片进行磨削减薄，有时必须将其厚度控制在小于 200μm 的水平，甚至小于 50μm。

①晶圆翘曲：在磨削过程中可能产生各种缺陷，如划伤、裂纹、碎屑和非晶或多晶表面损伤层。这些缺陷会降低硅的断裂韧性，增加晶圆翘曲。晶圆翘曲可能会导致芯片断裂、焊点脱落等可靠性问题，晶圆翘曲导致的断裂如图 5-15 所示。同时，晶圆翘曲会给后道封装工艺带来挑战，如给 TSV 图形化过程带来不便。

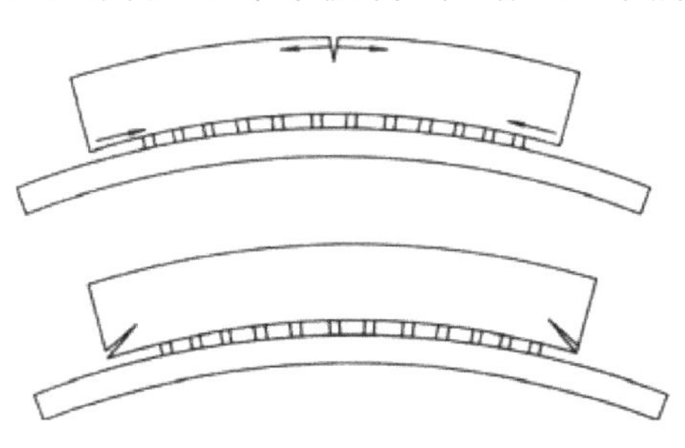

图 5-15　晶圆翘曲导致的断裂

②残余应力累积：在晶圆减薄过程中，晶圆上存在残余应力。残余应力包括压缩应力和拉伸应力，这取决于介质沉积条件、金属镀层条件和晶圆减薄条件等。

③晶圆级波纹：除晶圆级弯曲外，晶圆级波纹是晶圆在减薄和高温处理后经常出现的一种现象，这对之后的背面处理制程构成了重大挑战。

（3）超薄晶圆切割导致的失效。

①芯片崩裂及微裂纹：超薄晶圆的切割容易使芯片产生裂纹。裂纹通常可以分为两种：一种是贯穿式裂纹，如果伤及有效电路区，则会直接导致芯片失效，如图 5-16（a）~图 5-16（b）所示；另一种是微裂纹，虽然有效电路区可能不会被伤及，光学检查也极难发现这种裂纹，但它导致严重的可靠性问题是无法避免的，如图 5-16（c）所示。

（a）　（b）　（c）

图 5-16　芯片崩裂及微裂纹

②切屑和硅侧壁微裂纹：高金属含量的划道会增加刀片的负荷，增加划道上

形成的切屑数量，这可能会在硅侧壁导致微裂纹。切屑的大小和发生率、硅片的厚度，以及模具的残余应力决定了可靠性风险。典型的可靠性失效原因是装配和试验相互作用而导致的硅片裂纹。在特殊的情况下，模塑料或环氧树脂圆角会有开裂的现象产生。

③介质裂纹和分层：由于力学性能较差，一些低 Low-k 介质在机械切割过程中存在裂纹和分层风险。

④芯片开路：在激光切割过程中，硅和 Low-k 介质可能会产生材料碎片，并在晶圆表面重新沉积，这会在芯片连接过程中导致开路，也可能导致环氧树脂分层和焊点裂纹。

（4）晶圆键合和解键合导致的失效。

3D 封装器件制备经常需要将晶圆先临时键合在一个载片上，后面再进行解键合。

①键合质量下降：晶圆表面纳米级或亚纳米级槽中的表面污染或冷凝水分会对流体在键合表面的润湿产生负面影响，导致键合质量下降。

②表面条纹：在旋涂过程中，阻碍正常流体流动的表面大尺寸粒子会在涂层中形成条纹。

③晶圆翘曲、总厚度变化增加、分层，甚至开裂：在键合和解键合的处理过程中，晶圆会经历多次热循环，结构层间热膨胀系数的差异会使晶圆叠层在冷却过程中产生应力，并引起晶圆翘曲、总厚度变化增加、分层，甚至开裂。

④非接触性开路：在键合和解键合过程中，随着焊料体积的缩小，微凸点焊料扩散到底部 UBM（凸点下金属化层）的问题越来越严重。在接近微凸点焊料熔点的温度下，圆形微凸点顶部回流焊后被硬卡盘材料压扁，在芯片连接过程中可能导致非接触性开路。微凸点在回流焊过程中显示轻微扁平（左）和严重扁平（右）如图 5-17 所示。

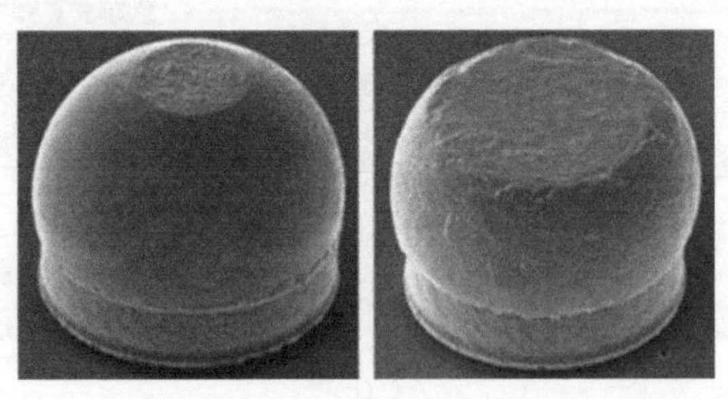

图 5-17　微凸点在回流焊过程中显示轻微扁平（左）和严重扁平（右）

（5）3D 芯片叠层封装导致的失效。

①弯曲、分层、断裂失效：通过把两个或多个芯片在垂直方向上叠层来实现

3D 芯片叠层封装。芯片经剪薄后，其强度和抗应力能力会降低，因此引线框架和芯片之间热膨胀系数的差异及过大的贴片外力都会导致芯片发生弯曲、分层，甚至断裂失效。超薄叠层封装中使用了贴片薄膜代替贴片胶，但贴片薄膜的长度一般都比芯片短，并且在进行塑封时，贴片薄膜边缘可能会出现孔洞。超薄叠层封装中的孔洞如图 5-18 所示，整个器件失效的原因是这些孔洞会成为裂纹或分层的初始点。

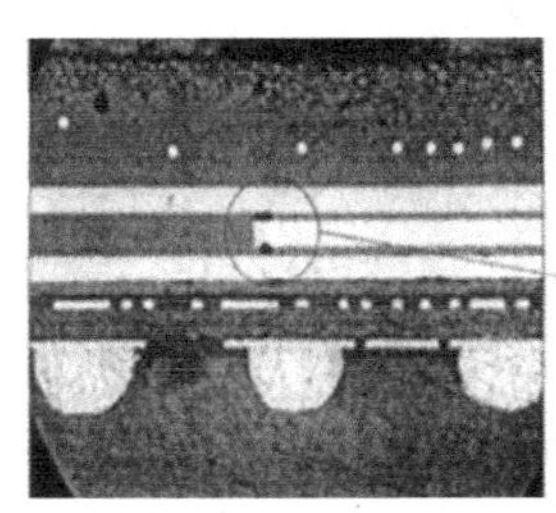
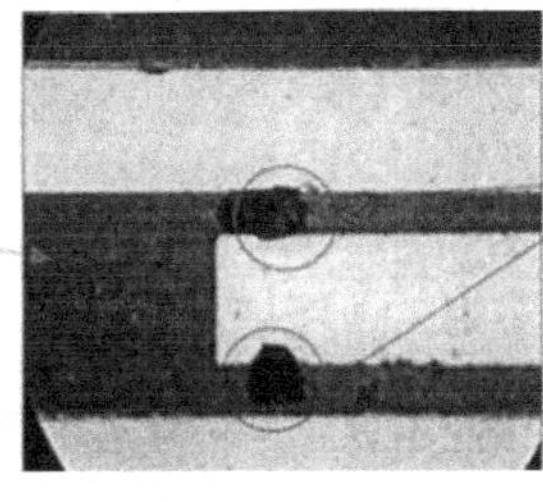

图 5-18　超薄叠层封装中的孔洞

②芯片空隙填充分层、焊点短路、电化学迁移或腐蚀：一般来说，芯片连接工艺流程包括助焊剂喷涂（或浸渍）、芯片拾取和放置、回流焊和清洗（或排流）。在此过程中，助焊剂可能会在芯片填充空隙残留，并造成芯片空隙填充分层、焊点短路、电化学迁移或腐蚀等可靠性风险。

③焊点开裂、漏焊、孔洞、桥连、润湿不良：3D 封装器件的封装结构比较复杂，如多层裸芯片叠层、封装叠层等，这些新型封装结构增加了大量微小且高度密集的焊点。相比于传统封装，新型封装对焊点的要求更加严格，常见的焊点失效模式包括焊点开裂、漏焊、孔洞、桥连、润湿不良等。焊点“枕头效应”放大形貌和焊点桥连形貌如图 5-19 所示。

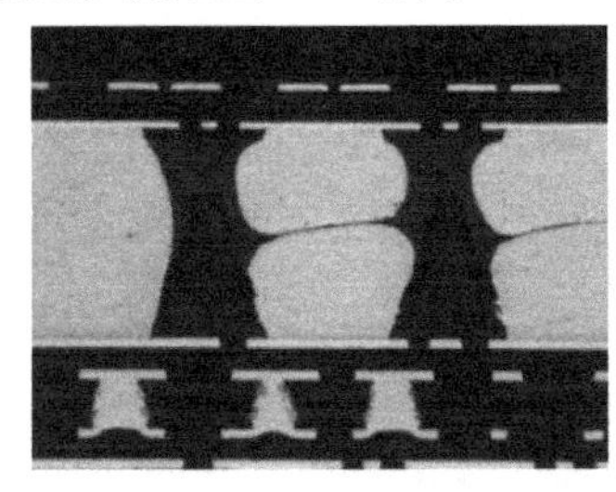
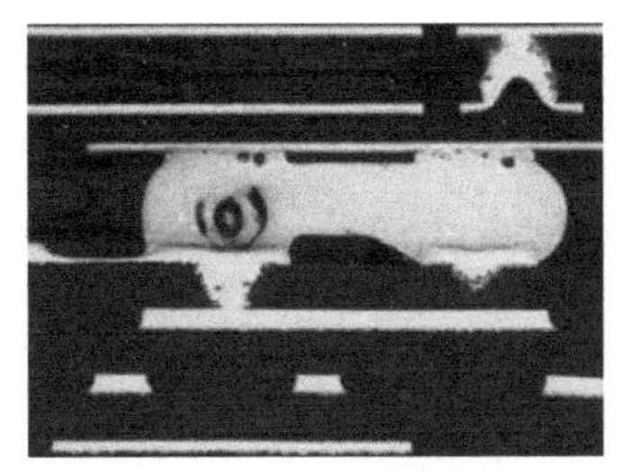

图 5-19　焊点“枕头效应”放大形貌和焊点桥连形貌

④芯片错位、芯片倾斜、焊点断路：3D 封装中芯片的数量和层数比较多，这就要求芯片更薄，所以传统 2D 封装中使用的大规模回流焊工艺无法用于 3D 封装。因为回流焊会产生高温，高温导致的从芯片和基板延伸的翘曲会克服焊料表面张力，从而引起芯片错位，并导致芯片倾斜、焊点断路。

5.3.2 3D 封装失效机理

根据损伤累积速率可以将 3D 封装的失效机理分为两类：过应力和磨损，如图 5-20 所示。过应力失效往往是瞬时的和灾难性的；长期的损坏累积会导致磨损失效，磨损失效首先表现为性能退化，然后才是器件失效。进一步地，根据引发失效的载荷类型可将 3D 封装失效机理分为机械的、热的、电的、辐射的和化学的等。在 3D 封装结构的可靠性分析研究中，通常按载荷类型来分类，其中失效时间是一个关键参数[37]。

机械载荷包括物理冲击、振动在 3D 封装体上施加的应力和惯性力。3D 封装结构和材料对机械载荷的响应主要包括大变形（弹性变形和塑性变形）、脆性或韧性断裂、崩裂、分层（芯片间分层、介质与芯片分层或其他界面分层、TSV 填充料分层、TSV 与 RDL/BEOL 结构分层、封装分层等）、界面粘接不良、微焊点开裂、微焊点断路、翘曲或弯曲、疲劳裂缝产生和扩展、蠕变及蠕变开裂等。

热载荷包括 3D 互连工艺中的高温加热（如微凸点的热压焊、封装叠层的回流焊、TSV 中的化学机械抛光预加热、介质生长等）、各个芯片或封装体本身的加热工艺及应用环境的热载荷影响等。材料因热膨胀而发生尺寸变化的问题皆由外部热载荷导致，蠕变速率之类的物理属性也会被热载荷改变。封装结构失效的大部分原因是热膨胀系数失配而引起局部应力集中。此外，器件内易燃材料的燃烧也会引起热载荷过大而产生失效。

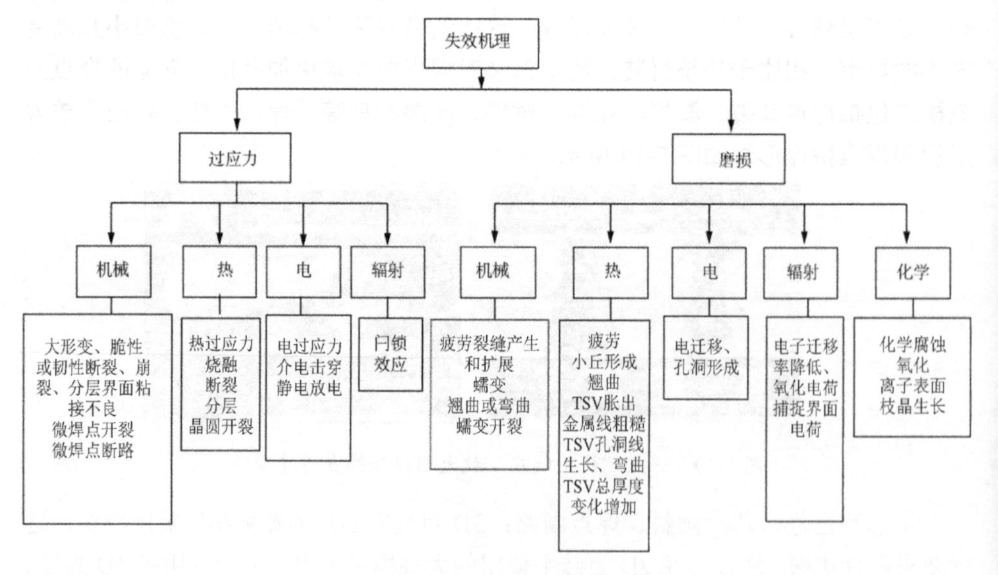

图 5-20 失效机理分类

引起电载荷的主要原因有电冲击、电压不稳或电流传输时突然的振荡而引起的电流波动、静电放电、电过载、输入电压过高和电流过大等。外部电载荷导致的可靠性问题有以下几种：介电击穿、电压表面击穿、电能的热损耗及电迁移等。此外，电载荷会增加电解腐蚀、引起枝晶生长，进而导致漏电、热降解等问题。

化学载荷相关的可靠性问题主要是由服役环境引起的化学腐蚀、氧化和离子表面枝晶生长等。环境中的湿气通过模塑料渗透进入器件而引起的器件性能退化是塑封器件的主要问题。

环境中的湿气渗透进入封装体后，将封装体中的残留催化剂萃取出来，形成新的产物，这些产物进入芯片的金属焊盘、半导体结构等各种界面，从而引起器件性能退化。例如，组装后残留在器件上的助焊剂会通过封装体迁移到芯片表面，从而带来可靠性问题。此外，长期暴露在高温高湿环境下的封装材料会发生降解，如环氧聚酰胺等，该效应也被称为逆转。由于模塑料的降解可能需要几个月或几年，因此一般采用加速测试来鉴定模塑料是否易发生降解失效[37]。

5.4　3D 封装技术的可靠性

5.4.1　3D 芯片叠层技术的可靠性

3D 芯片叠层封装是一种多芯片叠层封装，即将多个芯片垂直叠层在同一封装结构中，通过引线键合或倒装芯片的方式实现芯片之间的互连。3D 芯片叠层结构可以有效地缩小芯片封装的尺寸，提升器件的性能。但是芯片叠层和小尺寸会导致功率密度提高，进而引起热可靠性等问题。本节将讨论 3D 芯片叠层技术的可靠性问题[38,39]。

1. 晶圆翘曲问题

目前，晶圆减薄普遍采用的是机械研磨方式，超薄晶圆研磨需要先粗磨，再通过较小的金刚砂粒子（一般小于 20μm）来研磨。晶圆研磨减薄示意图如图 5-21 所示。由于芯片用硅材料是单晶硅片，硅原子按金刚石结构周期排列，因此当通过机械研磨的方式对晶圆背面进行减薄时，会在晶圆背面形成一定厚度的损伤层，损伤层的厚度与金刚砂粒子半径成正比。晶圆背面损伤层会破坏晶圆内部单晶硅的晶格排列，使晶圆的内部存在较大的应力。晶圆自身抗拒内部应力的能力会随着晶圆厚度的减小而降低。当晶圆的厚度较小时，晶圆自身抗拒内部应力的能力降低，体现在外部就是晶圆翘曲。

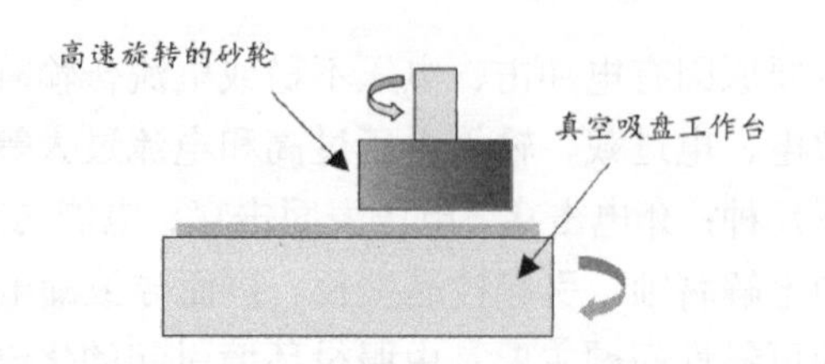

图 5-21　晶圆研磨减薄示意图

在单芯片的封装过程中，芯片的厚度一般都大于 300μm，所以可以忽略因研磨工艺而引入的残余应力和表面磨损对芯片性能的影响。整个减薄过程分为粗磨和精磨两个阶段，粗磨一般采用半径较大的金刚砂粒子（＞40μm），粗磨可以较快地降低晶圆的厚度，但会在晶圆背面形成一层厚度约为 1.5μm 的损伤层；精磨一般选择半径较小的金刚砂粒子（＜20μm），研磨粒子的尺寸小，所以研磨的速度较慢，给晶圆表面造成的损伤层也较薄（厚度约为 0.5μm）。对于较厚的晶圆减薄，粗磨的过程会在硅片内部产生较大的残余应力，使芯片减薄后发生翘曲，如 6 英寸的晶圆，减薄后翘曲可以达到 200μm。但对于减薄后厚度仍大于 300μm 的芯片，芯片的电路不会受到后道封装工艺的影响。

对于 3D 叠层封装的芯片，其厚度必须控制在 200μm 以内。如果采用与单芯片封装相同的减薄工艺参数，3D 叠层封装芯片会产生更大的翘曲变形，如 8 英寸的晶圆在减薄至 200μm 后，翘曲可达 1500μm，甚至更大。

在实际封装过程中，为了降低晶圆减薄对 3D 叠层封装芯片的影响，一般选用半径较小的金刚砂粒子进行精磨，将研磨后芯片背面损伤层的粗糙度降低至 0.2μm 以下。通过精磨工艺可以有效去除粗磨引起的损伤层。但是，小粒子精磨会带来压力大的问题，压力大会引起大量的热，进而导致芯片的翘曲和损坏。例如，对一块 8 英寸的晶圆采用小粒子金刚砂对芯片进行减薄，精磨后的晶圆翘曲约为 180μm[24,25]。图 5-22 所示为不同大小金刚砂粒子研磨的晶圆背面情况。可以看出，小的金刚砂粒子可以有效地减少晶圆背面的损伤。当研磨粒子尺寸降低至 6μm 以下时，晶圆背面的粗糙度明显减小，基本可以达到镜面的效果。

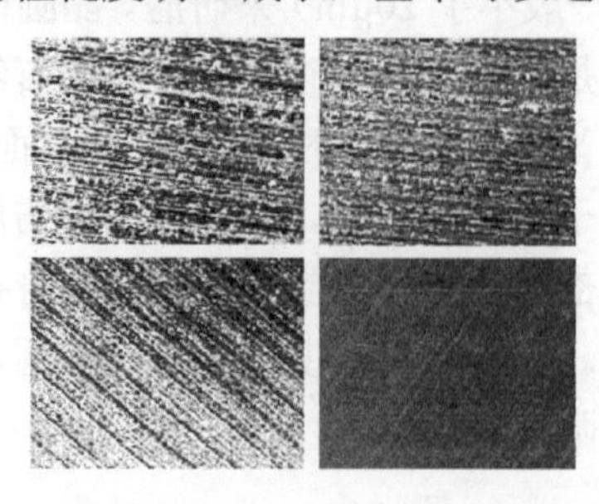

图 5-22　不同大小金刚砂粒子研磨的晶圆背面情况

2. 芯片间的引线键合影响

叠层芯片的引线键合包括正向键合和反向键合两种方式。第一级焊点放置在芯片金属焊盘键合区上的键合称为正向键合，第二级焊点为引脚。而反向键合是指在芯片金属焊盘键合区上打第二级焊点，引脚作为第一级焊点。

顶部的引线到塑封体表面的距离会限制叠层芯片的引线键合的高度，以及不同层之间的引线弧度。过大的引线弧度会导致露线或引线间短路，特别是在多个叠层芯片封装中，引线数量随着芯片层数的增加而增加，在特定厚度的塑封体内对小弧度引线的要求尤为突出，而且引线的空间越来越小。另外，芯片的厚度往往高于引线最大的弧度。

与反向键合相比，正向键合因少了植焊球的制程而效率更高，易于控制引线之间的间距，但是引线弧度不能有效控制。反向键合可以有效地控制引线弧度，且反向键合在引脚的第二级焊点处形成了较大的间隙，但键合过程中的引线反拉过度会导致引线颈部裂缝，这些裂缝会引发可靠性问题。

3. 芯片叠层封装受水汽侵蚀的影响

对于 3D 芯片叠层封装结构，内部芯片层数和引线框架数量增加，顶层芯片表面到封装体表面的距离减小，从而使表面芯片更容易受到水汽侵蚀，这会影响产品的潮湿敏感度等级和可靠性。针对上述问题，通常可以选择吸湿率较低的模塑料来进行 3D 封装，以降低芯片分层的概率[29]。

除上述提到的模塑料的抗湿能力外，金属框架引脚和塑封体的界面受水汽侵蚀的问题也不容忽视。引线框架的凹槽设计示意图如图 5-23 所示。通过改变引线框架的结构设计，增加塑封体边缘的模塑料与金属框架的结合力，避免水汽从界面进入封装体内引起器件性能的退化或失效。

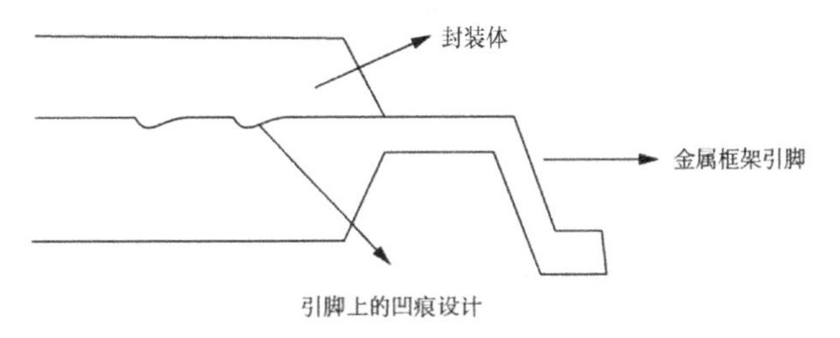

图 5-23　引线框架的凹槽设计示意图

5.4.2 3D 封装叠层技术的可靠性

随着 3D 封装叠层在移动设备领域的广泛应用，对封装叠层可靠性问题的研究变得愈发重要。本节将讨论 3D 封装叠层的可靠性问题。

1. PoP 封装叠层的热致翘曲问题

PoP 封装叠层通常是通过回流焊工艺来实现焊点互连组装的，同时通过回流焊工艺来实现器件和 PCB 的连接。封装材料主要包括环氧模塑料、贴片胶、芯片、无铅焊料、基板和 PCB 等。由于封装材料的热膨胀系数不匹配，因此在回流焊或使用过程中会产生翘曲。PoP 封装叠层技术面临的最大挑战就是翘曲，翘曲对组装工艺、焊点可靠性的保证及应用都构成极大的威胁。在装配成品率和可靠性之间，翘曲对前者的影响较大，主要是由于处于熔融状态的焊点不具有承载能力。因此，焊点固化时形成的形状由熔融焊点表面张力、单个封装体和 PCB 形成的翘曲几何形状控制。顶部封装体翘曲决定第一级焊点的成品率，而底部封装体和底层 PCB 的翘曲决定第二级焊点的成品率。为了降低整个 PoP 封装叠层的高度，基板会最大限度地做薄，基板在回流焊过程中会因温度升高而膨胀，从而导致底部封装体产生非常严重的翘曲。

翘曲是动态的，它会随着封装叠层回流焊剖面温度的变化而变化，焊球处的相对位移可达到 100~150μm。目前，国内外研究人员已经对影响翘曲的各种因素展开了详细的研究，可以从结构、材料和工艺 3 个方面来对芯片的翘曲进行优化。针对芯片、环氧模塑料和基板，设计合理的封装结构和工艺，选择合适的材料来降低芯片和基板之间的热失配度。目前，有研究人员考虑用一些替代方案来解决翘曲问题，如采用更薄的芯片和更薄的基板，采用薄膜来粘贴芯片，精心设计具有良好性能的材料，采用更薄的环氧模塑料及倒装芯片互连结构，从而降低芯片和基板间的互连净高度。

封装材料的选择对 PoP 封装叠层的翘曲有着重要的影响。相比于材料的杨氏模量，环氧模塑料和基板材料的热膨胀系数的选择对翘曲有更大的影响，并且其中最为关键的因素是环氧模塑料的热膨胀系数。顶部封装体和底部封装体的翘曲方向可以通过材料的选择来控制。为了减少 PoP 器件的翘曲现象，越来越多的封装材料浮现，并且层出不穷，材料的热学特性也在不断优化，具体表现为基板材料的热膨胀系数降低，环氧模塑料的热膨胀系数（CTE）提高。基板材料的 CTE 值越低，PoP 封装翘曲越可以得到有效的减少；环氧模塑料的 CTE 值越高，PoP 封装翘曲的改善程度越大。目前，常温下基板材料的 CTE 值已从原有的 15~17ppm 降低到 5~7ppm；原来环氧模塑料的 CTE 值一般为 8~10ppm 左右，现在 CTE 值在 12~15ppm 之间的超高 CTE 环氧模塑料已相当普及，新一代的则达到 22~25ppm，各种各样的高 CTE 的环氧模塑料也在不断地科学研究中。因芯片变薄而产生的封装翘曲问题可以通过使用新的封装材料得到非常好的改善。但随着封装叠层技术的发展，封装不断变薄，通过优化封装材料的性能来控制翘曲变得不那么有效。

目前，一般采用经验和模型相结合的方法来预测封装叠层技术在回流焊过程中的翘曲行为。Chiavone 等人采用 3D 轮廓工具分析翘曲封装之间的分离问题，因为间隙的变化会影响焊点的几何形状。Lall 等人给出了一种预测 PoP 封装翘曲行为的综合建模方法，他们将一系列相关的材料特性、几何形状和回流焊参数编译成一个有限元模型来对 PoP 封装的翘曲行为进行预测。此外，他们设计了一个统计模型来预测翘曲的概率分布，并作为输入参数的函数。

2. 封装叠层的互连焊点的可靠性

封装叠层相关的互连焊点包括单个封装体上的第一级焊点和将底部封装体连接到 PCB 的第二级焊点。微凸点材料通常是基于 Sn 的无铅焊料，如 SnAgCu、SnAg、SnCu 或 SnAgCu-X，其中 X 表示第四元素。焊料成分对封装的质量和可靠性起着至关重要的作用，这样对于一个固定的 UBM，调整焊料成分和焊接温度分布可以显著影响性能。这里将以 Cu/Sn/Cu 微凸点和 Ni/Sn/Ni 微凸点为例介绍应用于封装叠层的微凸点的可靠性问题。

（1）Cu/Sn/Cu 微凸点。

Li 等人通过控制压缩两个抛光铜表面，中间夹一层厚度为 25μm 的锡箔，在不同的回流焊温度下制备了 Cu/Sn/Cu 微凸点样品。他们监测了 Sn 处于熔融状态的连续液相反应过程中 Cu_6Sn_5 的微观结构演变。Cu/Sn/Cu 微凸点的 FIB 图像如图 5-24 所示，Cu_6Sn_5 在 Cu/Sn 界面形成扇贝状形貌。Cu_6Sn_5 在两个相对的界面上同时生长，当两个相对的 Cu_6Sn_5 晶粒相互接触时，平行晶界意外地消失了。在图 5-24（c）中未发现横向晶界，只能观察到纵向柱状晶界。柱状 Cu_6Sn_5 被 Cu 进一步消耗，形成更为稳定的 Cu_3Sn 相，柱状晶粒结构更为细小。当残余的 Cu_6Sn_5 被完全消耗时，与 Cu_6Sn_5 晶粒不同的是，两层相对的 Cu_3Sn 晶粒同时具有横向和纵向晶界。目前对相对的 Cu_6Sn_5 晶粒会随着横向晶界的消失而粗化为单一晶粒的根本原因尚不清楚。然而，横向晶界的消失无疑有利于微凸点的机械可靠性，因为穿过微凸点的横向晶界可以通过诱导裂纹形成和扩展来降低微凸点的抗断裂强度。

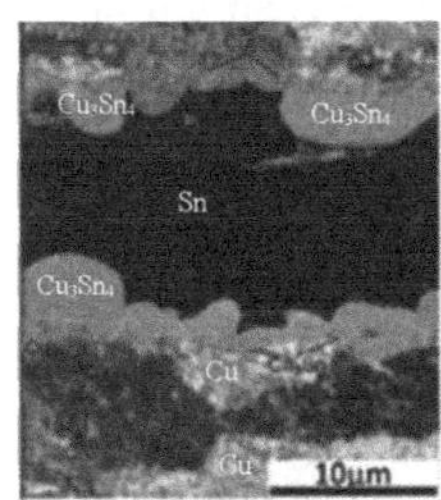

（a）260℃回流焊 5min

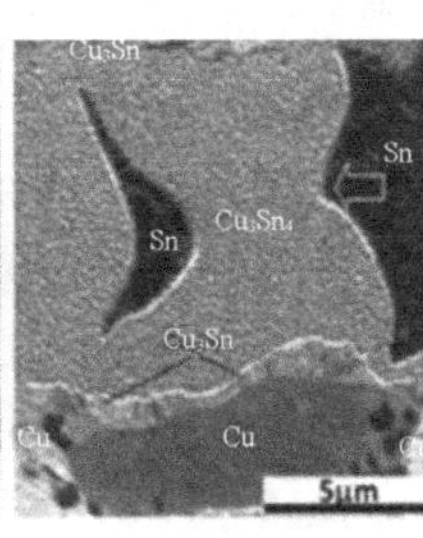

（b）300℃回流焊 10min

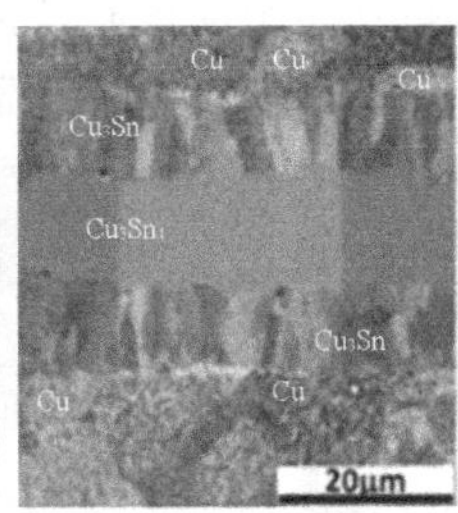

（c）300℃回流焊 480min

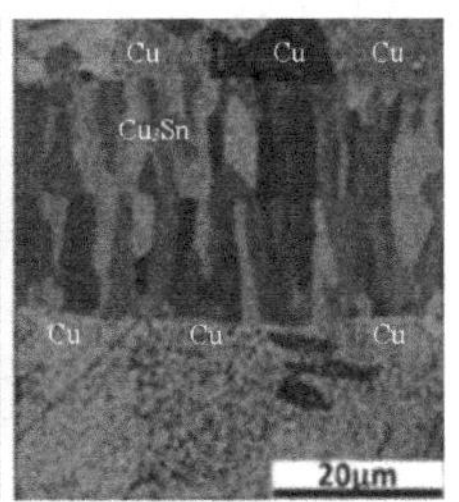

（d）340℃回流焊 480min

图 5-24　Cu/Sn/Cu 微凸点的 FIB 图像

在高温存储试验或电流应力试验期间，通常在 Cu/Sn 焊点中观察到柯肯德尔孔洞，其中 Cu 过度消耗导致 Cu_3Sn 层中形成微孔。柯肯德尔孔洞的形成是 Cu 原子和 Sn 原子通量的不平衡互扩散造成的，Cu 原子的扩散速度远远快于 Sn 原子的扩散速度。通过在无铅焊料中添加 Co 或 Ni，可以有效地减少柯肯德尔孔洞。此外，通过控制镀液或采用纳米孪晶 Cu 作为 UBM 材料可以显著减少微孔的形核。柯肯德尔孔洞是一个严重的可靠性问题，如果不加以控制，柯肯德尔孔洞倾向于沿 Cu_3Sn/Cu 界面粗化，并诱导形成裂纹。Ar^+溅射刻蚀后 SAC 焊料/Cu 焊盘截面如图 5-25 所示。毫无疑问，柯肯德尔孔洞是不可取的，对微凸点的机械性能和电性能都有害。

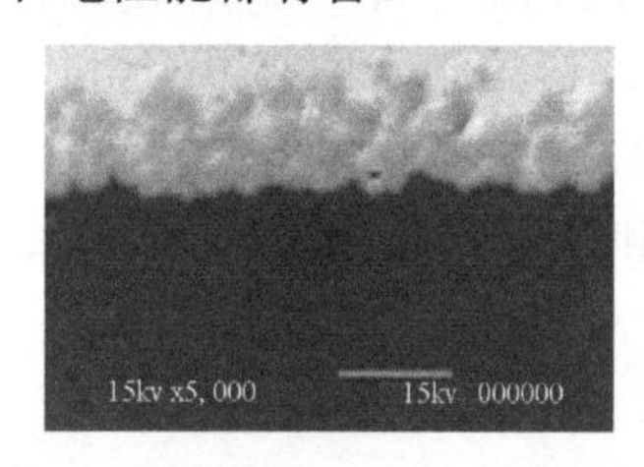

（a）回流焊前

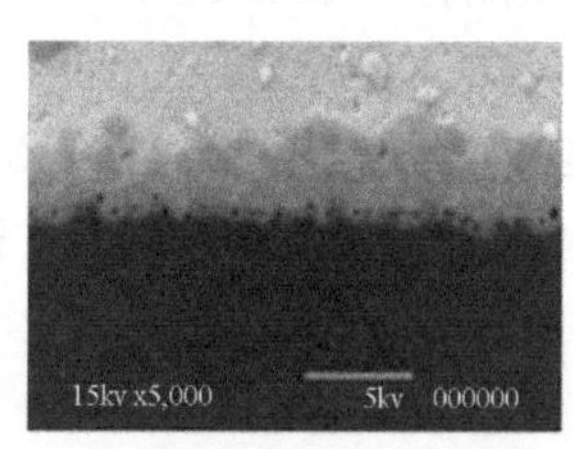

（b）500 次热循环，柯肯德尔孔洞形成并占界面的 10%左右

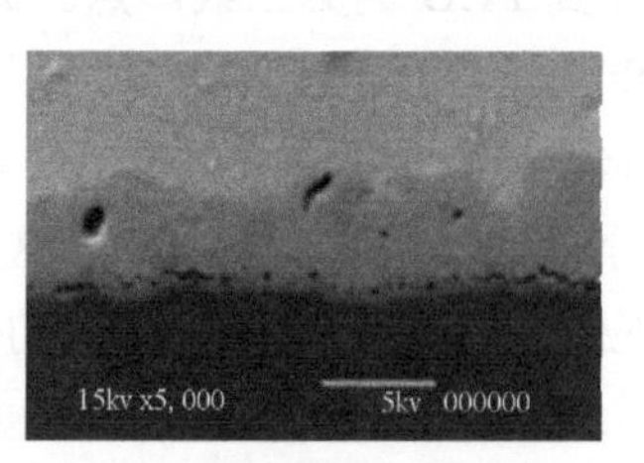

（c）1000 次热循环，在该循环过程中，柯肯德尔孔洞生长诱导界面处形成裂纹

图 5-25 Ar^+溅射刻蚀后 SAC 焊料/Cu 焊盘截面

Wang 等人对 Cu-TSV/Sn-Cu 焊料/Cu 微凸点进行了 170℃的热退火试验，发现退火 1000 小时后，Si 中间层中 Sn-Cu 焊料与 Cu-TSV 界面处的柯肯德尔孔洞可诱导裂纹形成。柯肯德尔孔洞优先在 Cu-TSV 界面的 TSV 侧形核长大。这归因于在芯片侧 Cu-UBM 和中介层中 Cu-TSV 之间不同的电势。在后者中，通过电镀将 Cu 填充到通孔中，有机杂质（如 S）可能被捕获在通孔中并分离到 Cu-TSV 的末端，因此柯肯德尔孔洞由于异质而优先形核在 Cu/Cu_3Sn 界面，这可能是柯肯德尔孔洞只能在 Cu-TSV 界面上观察到而不能在芯片侧观察到的原因。Cu-TSV/Sn-Cu 焊料/Cu 微凸点在 170℃热老化不同阶段的背散射截面 SEM 图像如图 5-26 所示。

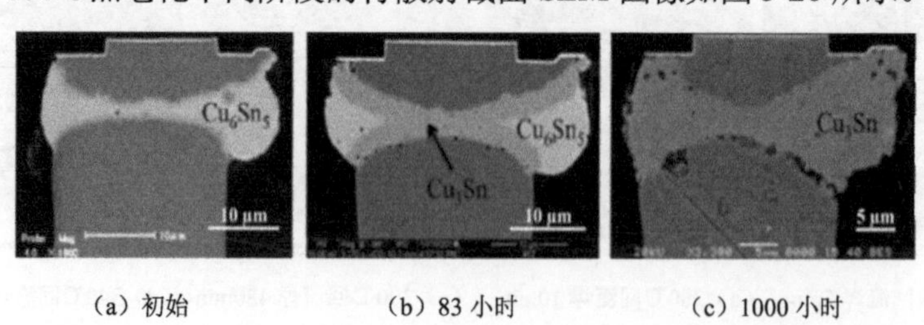

（a）初始　　（b）83 小时　　（c）1000 小时

图 5-26 Cu-TSV/Sn-Cu 焊料/Cu 微凸点在 170℃热老化不同阶段的背散射截面 SEM 图像

除柯肯德尔孔洞外，Chen 等人报道了在腐蚀性热退火或电流应力作用下，$Cu/Cu_3Sn/Cu$ 微凸点内部可能形成一种多孔孔洞。在多孔微凸点中，Cu_3Sn 可以以两种形态存在，在 Cu/Cu_3Sn 界面形成柯肯德尔孔洞的无孔 Cu_3Sn 层和夹在无孔对应物中间的多孔 Cu_3Sn 层。Cu_3Sn 的两种形态如图 5-27 所示。Wang 等人在 210℃下对 Cu 含量无穷大的 Cu 丝/Sn/Cu 丝微接头样品进行了腐蚀性高温存储试验。研究表明，退火一周后，Cu 丝的机械强度由原来的 162 MPa 急剧下降到 60 MPa。

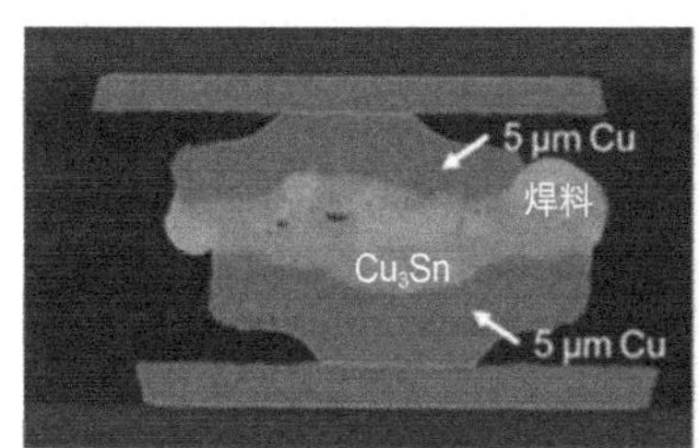

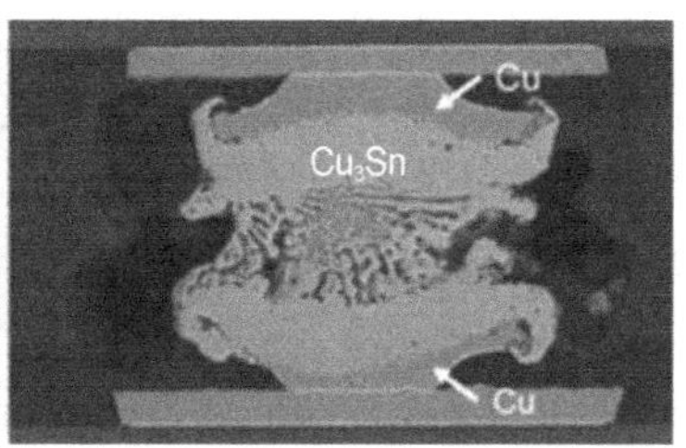

图 5-27　Cu_3Sn 的两种形态

（2）Ni/Sn/Ni 微凸点。

对于典型的 Ni/Sn/Ni 微凸点，Ni 被用作阻挡层来阻止 IMC 的形成，特别是在回流焊或热压焊条件下。因此，可以留下足够数量的未反应焊料作为机械缓冲层，以保持微凸点的延展性。Ni/Sn/Ni 微凸点在 170℃等温退火下的 SEM 图像如图 5-28 所示，对于初始的 Ni/Sn/Ni 微凸点，回流焊后 Ni/Sn/Ni 微凸点在焊料中心或多或少地转变为 Ni_3Sn_4-IMC，剩余的焊料则被挤到微凸点的外围。在进一步的热退火后，Ni/Sn/Ni 微凸点最终被完全转化为 Ni_3Sn_4-IMC，其中沿着 Ni_3Sn_4 晶界生成一系列微孔，这些微孔容易因捕获的杂质而引发晶界脆化。从力学可靠性的角度来看，沿含有大量微孔和杂质的晶界可能发生晶间断裂。Chuang 等人给出了 Ni_3Sn_4 晶界的详细杂质迁移现象，Ni/Sn/Ni 微凸点-TSV 接头的 FIB 截面图像如图 5-29 所示。

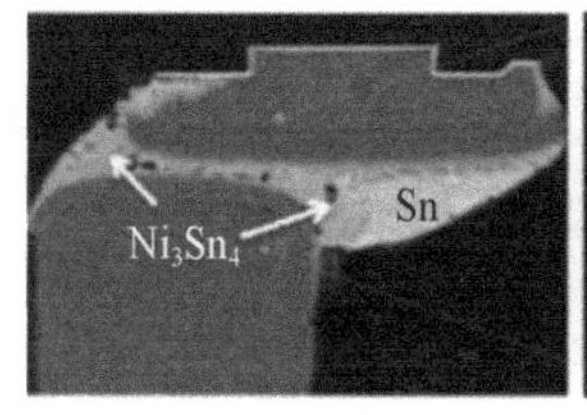

（a）初始

（b）83 小时

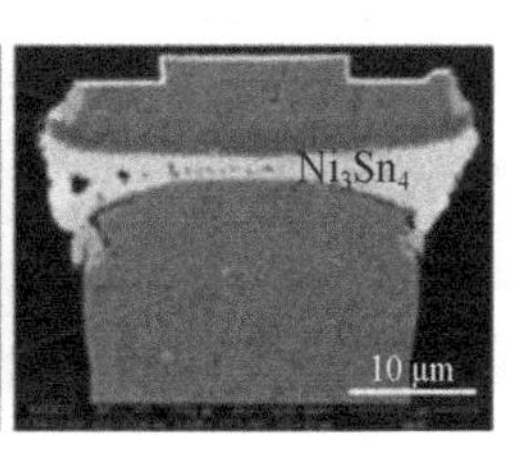

（c）1000 小时

图 5-28　Ni/Sn/Ni 微凸点在 170℃等温退火下的 SEM 图像

图 5-29 Ni/Sn/Ni 微凸点-TSV 接头的 FIB 截面图像

Ni/Sn/Ni 微凸点中 Ni 和 Sn 的化学反应是一个可靠性问题。当焊料完全转变成 Ni_3Sn_4 后，由于 IMC 的脆性特性，体积收缩不能再通过焊料厚度的减小来调节。相反，焊料厚度的减小会导致空隙形成，以消散体积收缩。Ni/Sn（10μm）/Ni 微凸点在 180℃等温退火后，Ni_3Sn_4 组织演变的截面 SEM 图像如图 5-30 所示，在 180℃退火 240 小时后的 Ni_3Sn_4 微凸点中发现了孔洞。为了避免机械抛光可能导致的微裂纹或抛光粉的涂抹效应，一般采用离子束铣削对截面进行抛光。图 5-30 清楚地表明，在 Ni/Sn-IMC 形成过程中，孔洞源自 Sn 空穴。对于 Ni/Sn/Ni 微凸点，Sn 原子比 Ni 原子扩散速度更快。在热退火过程中，IMC 的生长是一个通量驱动的成熟过程，较大的晶粒将以较小的晶粒为代价来生长。反 IMC 冲击引起的生长效应往往会形成不均匀的界面，从而导致在热退火过程中形成 Sn 须。Sn 原子扩散速度较快，非对称的原子通量导致空位在 Sn 须处聚集。当剩余的 Sn 原子被完全消耗时，空位的过饱和导致空穴的形成。毫无疑问，Ni_3Sn_4 微凸点内部的孔洞会严重降低机械可靠性。在 Ni_3Sn_4 微凸点的 UBM 中，Ni（弹性模量 E=186GPa）本身的机械顺应性比 Cu（弹性模量 E=120GPa）低。基于以上讨论，Ni_3Sn_4 微凸点似乎比 Cu 微凸点具有更为严重的机械可靠性问题：被捕获的杂质导致晶界脆化和体积收缩，引发孔洞或微裂纹。为了解决机械可靠性问题，主要通过引入 Ni 阻挡层来抑制 IMC 的形成。然而，对于要求焊接接头厚度小于 5μm 的 3D IC 技术中的细间距互连应用，由完全 IMC 形成的接头是不可避免的，因此使用 Ni 作为 UBM 材料不一定会减轻完全 IMC 形成，并且实际上可能导致严重的机械可靠性问题。

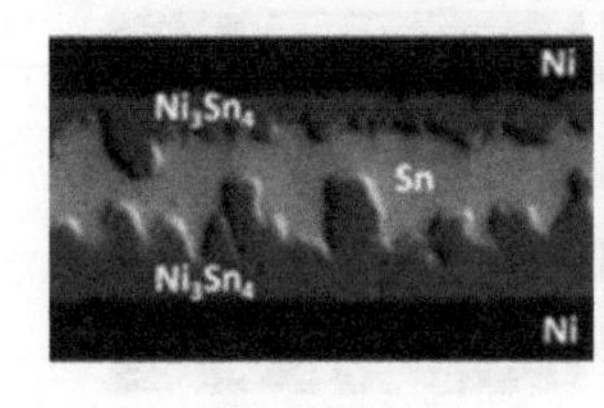

（a）72 小时

（b）192 小时

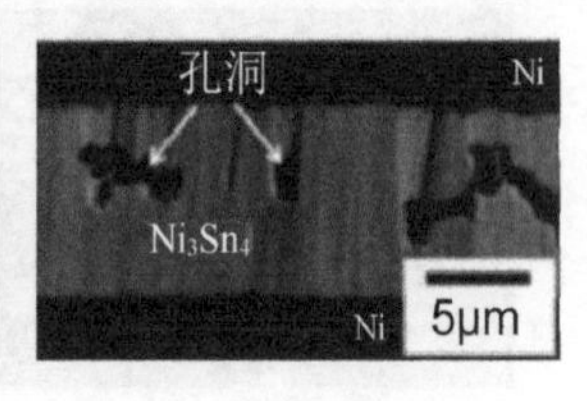

（c）240 小时

图 5-30 Ni_3Sn_4 组织演变的截面 SEM 图像

（3）机械冲击和振动对焊点的可靠性影响。

截至目前，PoP 封装器件已被广泛应用于移动通信设备中。在使用过程中，机械应力时刻影响着 PoP 封装器件的运行，跌落等有可能造成焊点的开裂。与其他表面贴装器件相比，封装叠层的焊点互连在机械冲击和振动环境中更容易受到损坏。封装叠层比表面贴装具有更大的质量和更高的重心，这会对 PCB 的第二级（底部）焊点施加更多的载荷。Jingen Luan 研究了跌落对于两层 PoP 封装体器件性能的影响，结果显示最易失效的焊点位于底部封装体的最外围边界处，在 PCB 焊盘和 IMC 界面处发生断裂成为失效的主要模式。J. Y. Lee 研究了添加底部填充料对两层 PoP 封装体器件跌落性能的影响，发现底部填充料可以有效改善器件的跌落性能，杨氏模量较小的底部填充料可以缓解跌落产生的变形。Vicky Wang 和 Dan Maslyk 等通过对两层 PoP 封装体器件进行跌落试验，发现顶部封装体和底部封装体都添加填充料时不会发生失效；只有底部封装体添加填充料时会发生失效，失效位置在顶部封装体上；SAC125 焊点比 SAC305 焊点具有更好的跌落性能。目前开发了新的无铅焊料，取代 SAC305、SAC396 等合金，以改善包括封装叠层在内的面阵封装的跌落冲击性能。这些新焊料是低 Ag 合金，如 SAC105（98.5Sn-1.0Ag-0.5Cu）和 SAC125（98.3Sn-1.2Ag-0.5Cu）。McCormick 等人比较了在-40~125℃的温度范围内，高 Ag、低 SAC 合金的 TMF 性能。尽管高 Ag、SAC305 和 SAC405 合金在温度循环方面优于低 Ag（SAC105 和 SAC125）焊料，但低 Ag（SAC105 和 SAC125）焊料的跌落冲击性能较好。此外，表面处理技术会影响封装叠层的跌落冲击性能，因为变形的高应变率特性“迫使”失效路径离开大块焊料并到达焊料/焊盘界面。断裂通常发生在 IMC 中，其发展直接取决于表面处理技术和焊料合金。Y. Ejiri 等人使用快速剪切试验来模拟高应变率事件（如跌落试验）中施加在焊点上的载荷，研究发现 IMC 厚度的综合效应（取决于焊料成分、表面处理技术和老化条件）及焊料整体强度，对焊点的整体失效行为起到了抑制作用。这些试验的结果对于解释焊料微观结构—强度关系和界面物理冶金在相当复杂的封装叠层结构中控制互连断裂行为的程度至关重要。

5.4.3 3D TSV 封装技术的可靠性

3D TSV 技术实现了芯片之间的垂直互连，有利于减小信号延迟，提高封装密度，是未来大规模集成电路封装的发展方向。但 TSV 的制造工艺会引入许多新的缺陷类型，进而引起 TSV 的可靠性问题。本节将讨论 TSV 的可靠性问题和影响。

1. TSV 中的应力

（1）应力的来源及影响。

TSV 及相邻 Si 中的应力主要来源于生长应力和热-机械应力，其中热-机械应力是通孔中 Cu 和周围 Si 之间热膨胀系数失配引起的。当电沉积的 Cu 从通孔侧壁径向生长在 Cu 种子层上时，会产生生长应力，从而会产生沿 TSV 轴的细缝。这种细缝可能沿 TSV 轴留下一条薄的孔洞线，在沉积后的退火过程中，孔洞线可能会生长（见图 5-31），并导致 TSV 填充料机械性能和电性能的损失。这是因为在室温下，自退火后电镀 Cu 晶粒会长大，消除晶界，进而导致 TSV 中 Cu 的体积收缩[40]。这可能会使任何现有的孔洞在自退火期间及在化学机械抛光预退火制程期间生长。在退火过程中，晶格空位向 TSV 轴附近的孔洞扩散，导致孔洞长大，从而消除了 Cu 中原有缺陷周围产生的径向压缩应力梯度[41]。

图 5-31　TSV 孔洞线[41]

由于 Cu 和 Si 的热膨胀系数差异很大（$\alpha_{Si}=2.8\times10^{-6}$/K，$\alpha_{Cu}=17\times10^{-6}$/K），因此 Cu 和 Si 在加热或冷却过程中的热膨胀或收缩差异会导致热-机械应力的产生。在电子器件的使用过程中，由焦耳热的波动而引起的热循环不断发生，3D 封装器件也不例外。沉积在 Si 上的电镀 Cu 往往都处于残余张力下（在环境温度下）。在加热过程中，残余张力首先被弹性地释放，然后压缩应力逐渐增大。随着温度的升高，Cu 的屈服强度和抗蠕变性能降低，从而通过塑性屈服和蠕变消除应力，因此在峰值温度下，几乎没有残余张力。在随后的冷却过程中，拉伸应力逐渐增大（TSV 中为径向应力）。温度范围和热循环速率决定这种行为的细节。

在室温下，TSV 阵列包围的 Si 具有压缩应力，其应力沿 TSV 的深度变化很大。当靠近 TSV 端部时，Si 中的压缩应力变小。假设围绕 TSV 的 Si 中的径向和轴向应力不依赖相对于 TSV 的轴向位置，那么可以推断在环境温度下，靠近 TSV 中部 Si 中的轴向应力 σ_{zz} 为负（σ_{zz} 在 Cu 中为正）。应注意到，与较小的 TSV 直径（较大的 TSV 深高比）相比较，沿深度的应力变化较大。此外，由 TSV 阵列包围的 Si 中的应力通常大于 TSV 阵列外部的应力，并且这些应力在 Cu 电沉积后从拉伸（其中应力是生长和自退火引起的）改变为在升高温度下退火时逐渐压缩。退火后，由于 Cu 的体积膨胀，Si 中的径向压缩应力在界面处变得更为压缩，而在远离界面处变得更为拉伸。相反，除增加晶粒尺寸外，退火还降低了 Cu 中的压缩应力[42]。Cu-TSV 或填充料中的径向压缩应力也会因为热循环而累积。此外，杂质含量高的 TSV 似乎会导致高残余应力。据报道，Si-Cu 界面存在较大的径向拉伸应力，这可能使这些部位在 TSV 组件中容易失效。对于给定的直径，Cu/Si 界面处的径向应力通常随着 TSV 深度的增加而增加。尽管径向应力对 TSV 直径的依赖性不是单调的，但 TSV 深度似乎会影响 TSV 组件中的应力状态。

Cu 和 Si 表面产生的应力对 TSV 附近器件的电性能会产生不利影响，由于产生了压阻效应，因此载流子迁移率降低[43,44]。这就需要在 Si 中有一个隔离区（KOZ），通常在每个 TSV 附近的几微米宽内不能放置有源器件。KOZ 与 TSV 直径的平方成比例，大深高比的 TSV 的 KOZ 也较大[45,46]。屈服强度较小的 Cu 微结构会减小 KOZ 尺寸，KOZ 尺寸首先随着屈服强度的增加而增加，直到 TSV 塑性屈服，然后保持稳定[47]。

经过加热和冷却后，Cu 在靠近 TSV 端部的界面附近产生最大 Von-Mises 应力，从而产生塑性变形，这是 Cu 胀出的根本原因。最大主应力（拉伸）在靠近 TSV 中部的界面处和 TSV 周围的轴向介质层处呈径向分布。介质裂纹的迹象在热循环之后在轴向 Cu/SiO_2/Si 界面处可能会出现，并且 TSV 顶部金属线粗糙化。TSV 介质裂纹和顶部金属线粗糙化如图 5-32 所示[48]。然而，当封装从无应力温度（150℃）冷却时，每个芯片都会经历翘曲，这从根本上改变了相对于独立芯片的应力和位移。径向界面应力因为凸曲率变为压缩界面应力，从而降低了界面和介质开裂的倾向，并将临界失效位置转移到 3D 封装中微凸点界面附近的 Cu 柱上。事实上，Si-Cu 微凸点附近的失效概率及所需的 KOZ 直径随着 3D 封装中 TSV 和 Cu 柱直径的增加而增加。除在 TSV 中产生缺陷外（包括电性能的复杂性和潜在的界面和介质开裂），诱导应力还会引起 Cu 胀出的塑性相关现象，可靠性会因此受到严重影响。

（a）循环之前

（b）100 次循环

（c）200 次循环

图 5-32　TSV 介质裂纹和顶部金属线粗糙化

（2）微观结构和应力。

一般在室温下，Cu-TSV 中有较大的初始拉伸应力，经过 200℃退火并冷却到环境温度时变为较小的拉伸应力。较大的初始拉伸应力是由退火和器件制造过程中的晶界消除引起的，如前所述，从可靠性角度来看是不可取的，因为这会在 Si 中引起较大的应力[49-51]。随后的退火处理降低了 Cu 中的压缩应力（最初较大晶粒的区域在退火过程中膨胀，这可能是因为与高温塑性和蠕变相关的松弛）。研究发现，Cu-TSV 在退火前后都具有随机结构。然而，退火后，TSV 的不同位置形成孔洞和裂纹，如图 5-33 所示，从而降低了应力。这可能是退火过程中，在 TSV 内部的径向压缩应力梯度作用下，空位向原有缺陷扩散导致的。TSV 填充料内部的应力分布相当不均匀，根据 Cu 晶粒的结构、形态和分布，应力集中可能发生在晶界处。

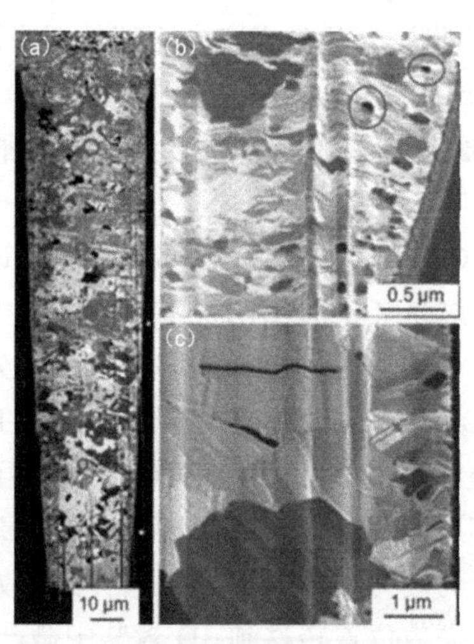

图 5-33　TSV 的不同位置形成孔洞和裂纹

（3）金属胀出。

在实际服役过程中，芯片会受到自身发热和环境温度的影响，而在不同的温度下，由于 TSV 内 Cu 和 Si 的热膨胀系数的差异，会在 TSV 的末端产生一个剪切应力。如果剪切应力足够大，就可以引起 TSV 内 Cu 的塑性变形。在大多数情况下，金属在 TSV 端部的塑性变形会引起 Cu 的挤压，且挤压的程度与温度成正比。在实际的工艺过程中，Cu 的挤压容易发生在化学机械抛光前或后退火期间，以及 RDL/BEOL 结构的介质沉积相关工艺的加热期间。在加热到高温退火/制造温度并冷却后，TSV 内的应力会超过整个 TSV 顶部的屈服强度，从而引起 TSV 顶部的屈服[42]。TSV 顶部塑性变形和蠕变应变的累积会引起 Cu 胀出（或 Cu 从顶部凸出），如图 5-34 所示。

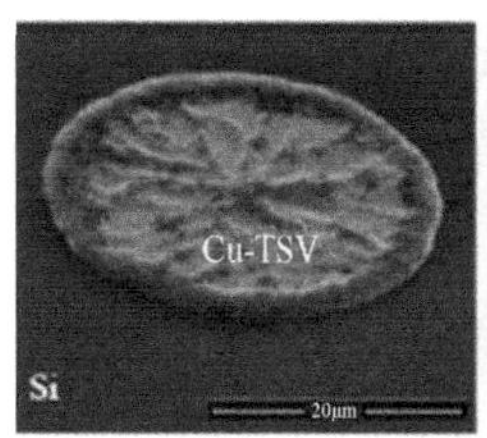

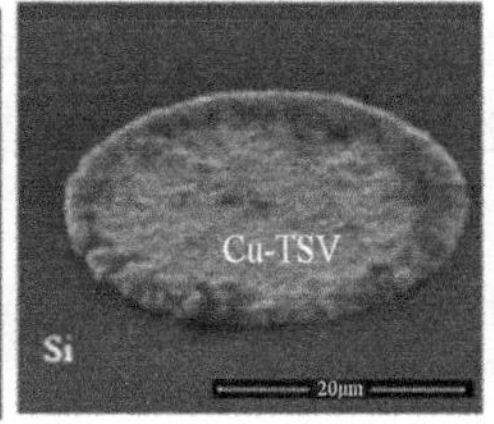

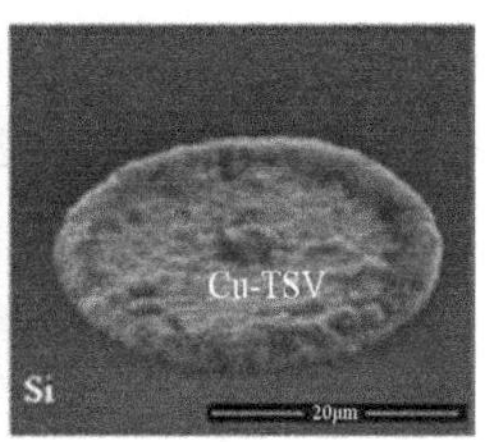

图 5-34　TSV 中的 Cu 胀出

在实现通孔的过程中，制造温度冷却后产生的界面剪切应力沿着通孔长度是对称的，并集中在两端。因此，对于通孔，界面滑动和 Cu 挤压在两端也是对称的。对于盲孔，界面剪切应力从盲孔端向开口端增大，因此，开口端的凸出量较大。应注意的是，在外加剪切应力下的界面扩散引发的界面滑动是一种适应界面处 Cu 和 Si 差异变形的机制，因此需要足够高的温度和足够长的时间来激活扩散过程。这就是为什么在快速循环条件下，由于 Cu 的非弹性变形，通常发生均匀的 Cu 胀出，而没有显著的界面滑动；而当在更大的温度范围内缓慢循环时，界面由于滑动而出现了台阶。Cu 的热膨胀系数远大于 Si，当从高温冷却时，Cu 会发生明显的相对收缩，这种收缩可以通过在界面处进行滑动来调节。在这种情况下，Cu 通孔的端部可能会发生收缩，而不是胀出。收缩是由于 Cu 的变形，但界面台阶是由于扩散调节的界面滑动。然而，应注意的是，随着温度循环次数的增加，金属填充料中产生的应力由于渐进应变硬化而达到饱和，热循环过程中 Cu 通孔端部的胀出率或收缩率降低。

TSV 的端部大多数情况下是连接到 RDL/BEOL 结构的，所以 Cu 通孔的凸出或侵入对这些结构的完整性具有很大的威胁。通孔端部的小凸起产生的应力引起的 RDL/BEOL 结构变形或 TSV 端部封盖层的分层，对可靠性是巨大的挑战。TSV 中的 Cu 胀出导致的芯片分层如图 5-35 所示。由于潜在的严重可靠性问题，Cu 胀出的影响已被广泛研究，同时人们注意到各种工艺参数的影响，如 TSV 间距/直径、电镀后的 Cu 覆盖层和退火条件。在通常情况下，大部分 Cu 胀出表现出的现象都是均匀的或整体的（10~30nm 凸起），只有相对较少的一部分的 TSV 表现出高温退火后单个晶粒挤出的现象。更大直径的 TSV 的平均胀出量更大，而间距似乎没有什么影响。然而，尽管对于较大的 TSV，TSV 阵列的平均胀出量较大，但最大 Cu 胀出量似乎与 TSV 直径无关，这表明 TSV 直径对 BEOL 结构的可靠性影响不大。Cu 覆盖层通常没有影响，但较高的化学机械抛光预退火温度会减小 Cu 胀出量。一个额外的退火制程，在化学机械抛光预退火之后，会显著降低 Cu 胀出量。最新研究表明，热循环后 TSV 端面经常出现的表面起伏与沿 Cu 的非相干边界滑动的晶界有关。然而，非相干边界因其较高的界面能而易于滑动，其错向约为 59°。相干边界的界面能要低得多，不会滑动。这意味着，如果可以控制 TSV 的电镀工艺，使其在上表面附近仅产生相干的 Σ3 晶界，则可以在很大程度上消除晶界滑动产生的 Cu 胀出。

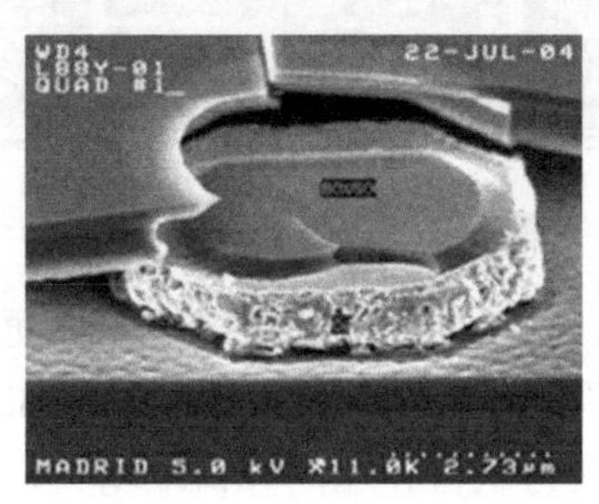

图 5-35 TSV 中的 Cu 胀出导致的芯片分层

（4）Cu 胀出的加热速率依赖性。

在热循环过程中，Cu 胀出的程度和机制取决于加热/冷却速率，以及封装热循环的温度范围。目前已有关于加热过程中加热速率对 Cu 胀出影响的研究，其中样品首先以 0.1℃/s 的加热速率快速加热至 300℃，然后以各种加热速率进一步加热至 425℃，样品中 TSV 间距为 200μm。TSV 表面在 300℃以下不会发生变化，但在 425℃下保持 90min，现有表面特征开始凸出。如图 5-36 和图 5-37 所示，以 0.02℃/s 的加热速率加热后，在 425℃保温期间几乎没有变化[52]；但在较高的加热速率（0.05℃/s）下，由于晶界滑动，晶粒沿 TSV 的边缘和中心凸出。随着时间的推移，这些特征继续增大。需要注意的是，多种机制（包括晶界滑动、界面滑动和蠕变）在所有加热速率下都起作用，尽管主要机制在不同速率和不同温度范围下是不同的。晶界滑动、界面滑动和蠕变都是加热速率依赖（扩散依赖）过程。由于这种扩散依赖性，以及对 TSV 和界面在任何时刻的应力状态（这些过程的驱动力）的依赖性，上述机制的相对动力学既取决于温度，又取决于加热速率。

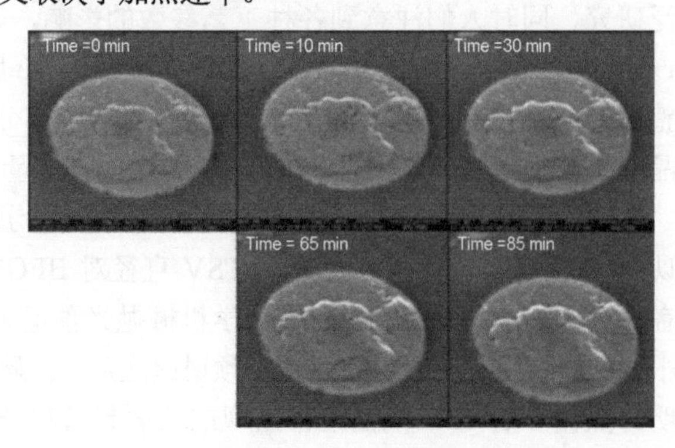

图 5-36 425℃保温期间插入层表面单 Cu-TSV SEM 原位观察，加热速率为 0.02℃/s

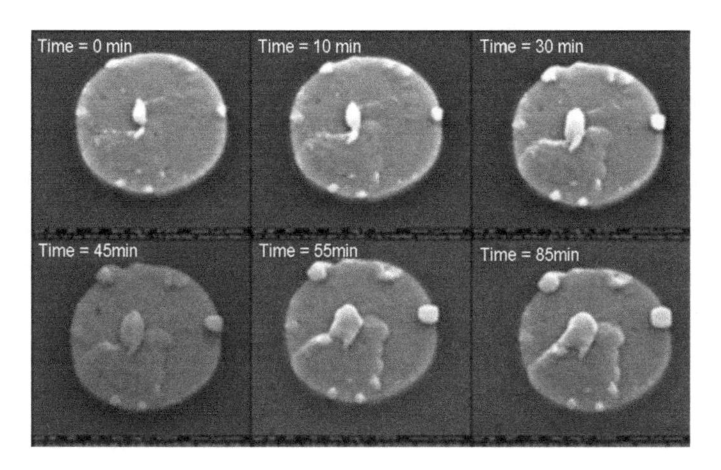

图 5-37　425℃保温期间插入层表面单 Cu-TSV SEM 原位观察，加热速率为 0.05℃/s

图 5-38 显示了从室温到 300℃和从室温到 425℃进行 5 次热循环后，在加热速率为 0.01℃/s 的情况下，TSV 的顶部形貌。很明显，即使在相同的加热速率下，热循环的温度范围对 Cu 胀出的主要机制（300℃时晶界滑动，425℃时界面滑动）也有显著影响。在这个较小的加热速率下，蠕变机制（晶界滑动和界面滑动）占主导地位，其中晶界滑动在低温下占主导地位，界面滑动在高温下占主导地位。

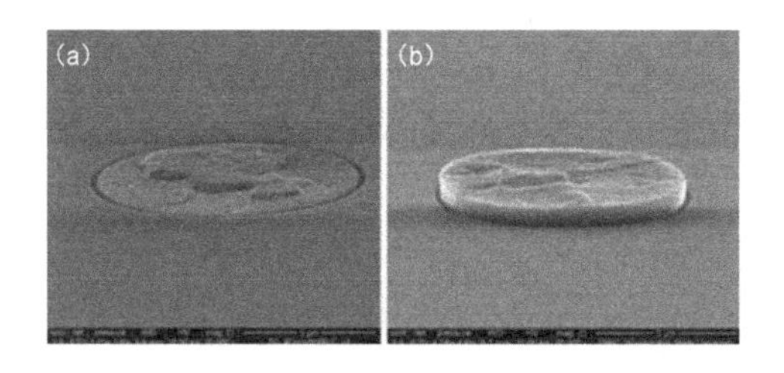

图 5-38　TSV 的顶部形貌

总的来说，当加热速率较高，温度范围较大，特别是峰值温度较低时，非塑性变形占主导地位。在中等加热速率和中等温度范围内，有足够的热激活和扩散时间，并且 TSV 中的应力足够高，晶界滑动是主要机制，这导致 TSV 顶部出现显著的表面起伏。在较高的峰值温度和缓慢的加热速率下，TSV 中的应力显著降低（由于位错或扩散蠕变的应力消除），并且界面滑动占主导地位。应力状态、加热速率和峰值温度之间的相互作用通常导致上述三种效应的叠加，尽管其中一种或两种效应是主要的。

2. 电迁移相关效应

虽然电迁移是电子学中金属互连的一个重要可靠性问题，特别是在 BEOL

结构中，但TSV通常不太容易受到电迁移诱导失效的影响。这主要是由于TSV相对较大的截面降低了电流密度。然而，在TSV上与RDL/BEOL结构的相结合处，电流和TSV上下复杂的应力状态的结合，不仅能导致实质性的扩散效应，还能导致与电迁移相关的孔洞生长现象。关于应力梯度、电位梯度和温度梯度对原子通量发散（AFD）的影响，用有限元法进行分析，在顶部和底部UBM接触TSV的地方，与扩散流和电迁移相关的AFD通常很大[53]。在大部分情况下，焦耳热产生的应力梯度引起AFD现象，而相对较小部分的AFD现象是电位梯度引起的。TSV有可能发生电迁移和孔洞增长。通常，减小应力梯度将减少孔洞的增长。

在TSV顶部和底部具有薄UBM和厚UBM的器件上进行的电迁移试验的结果（见图5-39）表明，无论电流方向如何，TSV内部都不会因电迁移而形成孔洞。然而，在电子流方向的下游，在TSV端部和RDL结构中的UBM的交叉处形成孔洞。据推测，这些孔洞形成是因为TiN阻挡层阻止了Cu原子从TSV向孔洞的迁移，但从孔洞区域的迁移可能发生在TSV末端的Cu线中。因此，作为有效的扩散屏障的TiN层，实际上是电迁移孔洞形核的根本原因。在薄Cu线中，孔洞占据了薄Cu线的整个厚度。对于较厚的Cu线，电子流离开TSV处的电流拥挤效应较大，因此，较厚的Cu线也会出现孔洞。在薄Cu线中，孔洞位于TiN和Cu线之间的界面处。通过电迁移试验的研究，发现在TSV下游电子流方向下方的背面Cu线中存在孔洞，但在SiN-Cu界面上不存在孔洞，在TiN-Cu界面上则相反。然而，在电迁移试验前后，TSV侧存在的小空隙保持不变[54,55]。因此，即使电迁移不容易损伤TSV本身，也会严重影响设备中的RDL/BEOL结构。

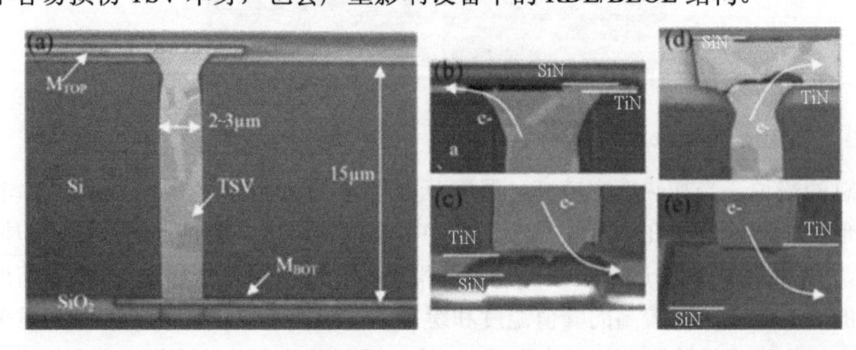

图5-39　电迁移试验的结果

在电迁移条件下，界面滑动会造成不同类型的“并发症”。外加电流可增强或减弱界面剪切应力引起的界面滑动，这取决于外加电场的方向。即使界面上没有剪切应力或剪切应力很小，电迁移也能驱动界面沿TSV-Si界面滑动。如

图 5-40 所示，在具有热循环条件的电迁移和恒定电流下，TSV 的端部在电子流方向上凸出，并且在电子流相反方向凹陷。在外加电流作用下，Cu 在界面上沿电子流方向发生扩散流动，从而导致 Cu 填充料相对于 Si 的位置随时间变化。电迁移诱导的界面滑动是非对称的，并且是连续累积的。这可能会带来潜在的严重可靠性挑战，特别是当通过通孔的电流密度随着 TSV 直径的减小而增加时[49,50]。值得注意的是，虽然电迁移条件下的这种通孔迁移在具有不含 RDL 通孔的样品试验中发生，但是 RDL/BEOL 电介质的存在可以限制这种迁移，从而减轻它。由于 RDL/BEOL 电介质的弹性模量较低，任何外加约束的影响都是有限的，因此这种现象对 RDL/BEOL 结构稳定性的影响还需要进一步研究。

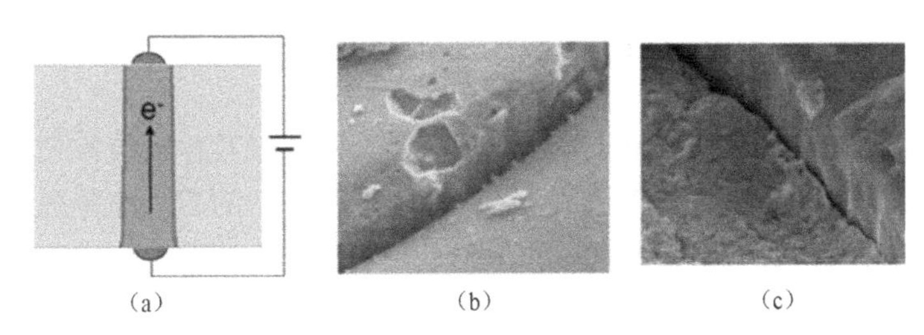

图 5-40　（a）电迁移与热循环（25~425℃）试验安排示意图；（b）热循环+电流密度为 5.2×10^4 A/cm^2 的电迁移，TSV 端部凸出；（c）反向电流密度为 -5.2×10^4 A/cm^2 后，Cu 侵入 Si

对具有几种 TSV 和 UBM 的 Si 插入层的研究表明，电迁移引起的损伤机制主要有两种。通常，因为在顶部存在 BEOL 结构，以及在底部存在 RDL、Cu 焊盘和焊点，所以 TSV 的胀出和收缩会被抑制。然而，在极端电迁移条件下（200℃，TSV 电流密度为 1.5×10^5 A/cm^2，持续 20 天），在金属 1（M1）层中观察到孔洞，其中电子流在离开更大截面 TSV 后聚集，再次扇出后离开。这种孔洞在图 5-41（a）中用箭头表示[56]。这些电子流拥挤导致的电迁移孔洞是一致的，通常孔洞是在高密度互连结构和高电流密度下形成的。在极端电迁移条件下发现的损伤是 Sn 扩散进入 TSV 引起的，如图 5-41（b）所示。很明显，Sn 已经沿着电子流的方向从 Sn 基焊点处电迁移，通过 TSV 下方的 UBM，沿着 TSV-Si 界面，进入 TSV[57]。在极高的电流密度下，焊料中的元素对 Cu 进行合金化会导致器件电性能的显著劣化，并且合金化引起的体积变化会导致机械不稳定性。如上所述，这些试验中的试验条件比含有 TSV 的封装所承受的条件更为严格，但表明了随着电流密度和温度的升高，封装可能承受的损伤类型。

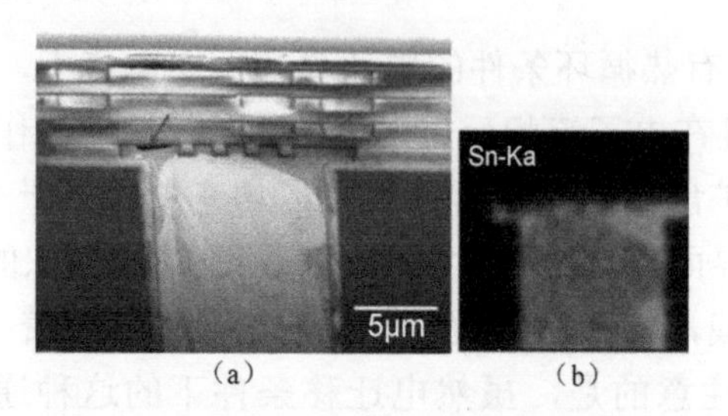

（a）　　（b）

图 5-41　电迁移引起的损伤

5.5　3D 封装典型失效案例

5.5.1　CoWoS 3D 封装结构失效案例

CoWoS（Chip on Wafer on Substrate，基板上晶圆级芯片封装）先将半导体芯片通过 Chip on Wafer 方式封装连接至晶圆，再把 C2W 的芯片与基板连接，集成而成 CoWoS。图 5-42 所示为典型的 CoWoS 封装结构[19,58,59]。

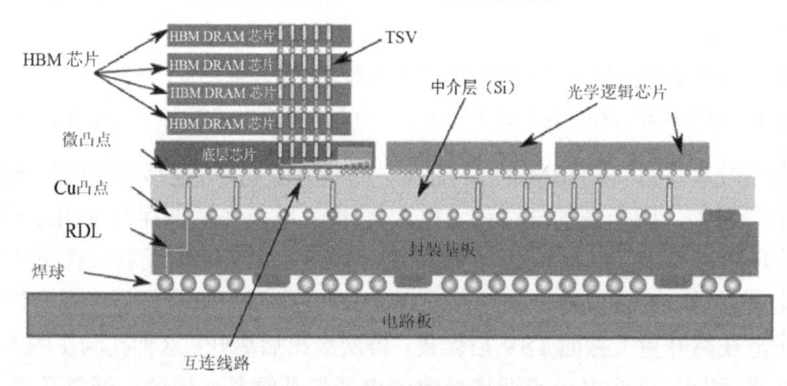

图 5-42　典型的 CoWoS 封装结构[12]

1. TSV 中介层中 Cu 互连的可靠性

由于中介层采用高密度 Cu 互连，因此在 Cu 互连下方插入大量的 Cu-TSV 会给产品的可靠性带来许多问题。TSV 中的 Cu 的体积是互连中 Cu 体积的 200000 倍。典型的 TSV 电镀 Cu 填实后，后续化学机械抛光和封装制程都可能引起 Cu 互连的裂纹或短路。但这些可通过控制电镀工艺和退火 Cu 的显微组织来改善。

为保证 TSV 下层的 Cu 互连的可靠性，本案例提出了一套完整的可靠性试验结构，还定义了一个可靠的 Cu 互连到 TSV 的新的设计规则。可靠性试验包括 Cu 互连电迁移、Cu 互连应力迁移、金属间介质 TDDB 和 MiM 去耦电容的

V_{bd}/TDDB。通过优化后的工艺，所有试验项目均通过了可靠性指标，并有良好的余量[19,20]。

2. 微凸点的可靠性

微凸点是 CoWoS 3D IC 集成的关键支持组件之一，微凸点结构、界面工程和底部填充料都对微凸点的可靠性有重要影响。下面从微凸点的热-机械可靠性和微凸点的电迁移两部分来阐述微凸点的可靠性问题。

（1）微凸点的热-机械可靠性。

借助 CoW 工艺的优势，将芯片与整片晶圆上的 TSV 微凸点进行连接。然而，由于微凸点的尺寸较小，因此 Al 焊盘和微凸点界面的剥离应力是结构可靠性的主要问题。在设计过程中，可通过有限元建模来优化微凸点的结构特征和底部填充料材质的选择。以微凸点与基板连接的热力学电阻大小为指标来优化制备工艺。图 5-43 所示为微凸点的界面电阻。通过界面优化可以提高微凸点和 Al 焊盘的界面结合力。

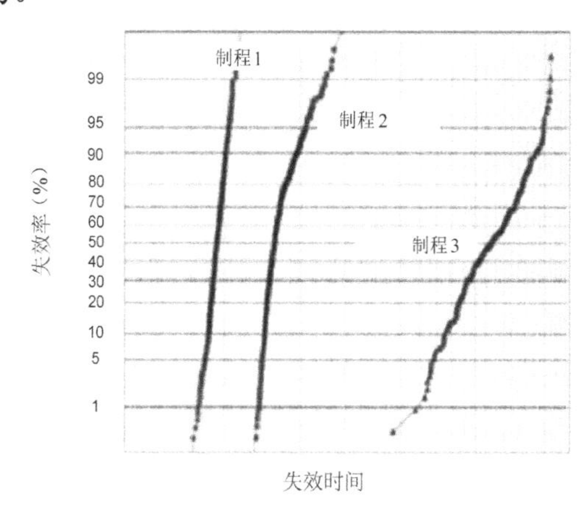

图 5-43　微凸点的界面电阻[51]

表 5-1 所示为 CoW 微凸点连接的温度循环试验结果。从表 5-1 中可以看出，制程 1 的处理工艺有效地提高了微凸点和 Al 焊盘之间的界面结合力。图 5-44 所示为典型的温度循环条件下微凸点失效模式。

表 5-1　CoW 微凸点连接的温度循环试验结果

试验条件	制程 1（失效样品数量/试验样品数量）	制程 2（失效样品数量/试验样品数量）	制程 3（失效样品数量/试验样品数量）
200 次温度循环	0/20	11/20	20/20
500 次温度循环	0/20	15/20	20/20
1000 次温度循环	0/20	20/20	20/20

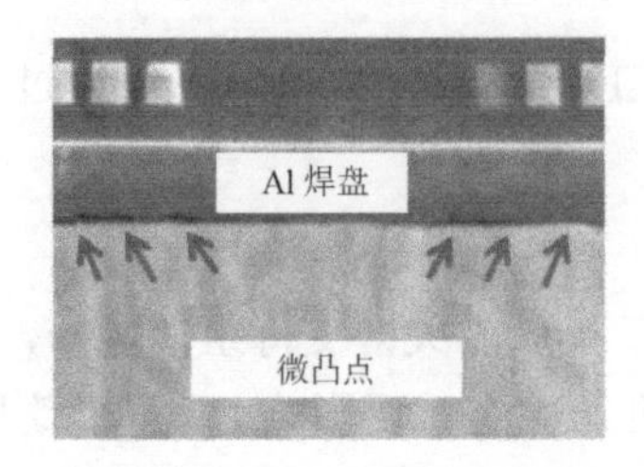

图 5-44　典型的温度循环条件下微凸点失效模式[52]

（2）微凸点的电迁移。

为了测试微凸点的电迁移行为，设计了两种微凸点测试结构：一是单个的微凸点开尔文结构；二是具备 22 个微凸点的菊花链结构。单个的微凸点开尔文结构展示了高分辨率的微凸点电阻随电迁移应力的变化，可以更好地帮助我们了解微凸点的电迁移行为；而菊花链结构更具有统计意义，可以帮助我们了解多个微凸点结构的平均变化。

图 5-45 所示为菊花链结构的电迁移测试图。

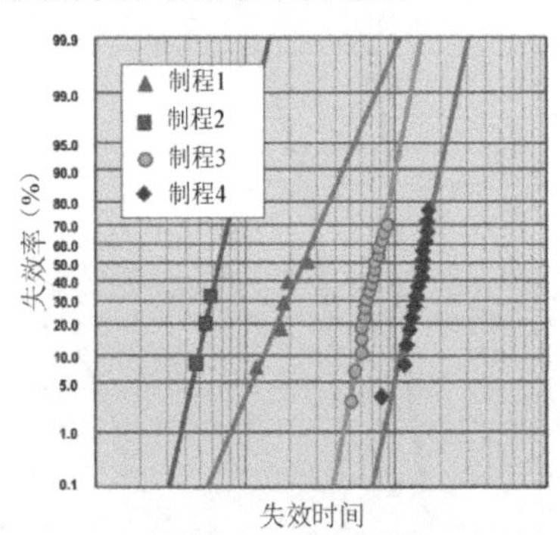

图 5-45　菊花链结构的电迁移测试图[51]

3. TSV 的可靠性

对于 CoWoS 中的 TSV 中介层，其一端连接到正面的第一层 Cu 互连，另一端连接到背面的 C4 凸点。TSV 中介层连接 C4 凸点和 RDL，起着信号传输的关键作用。同时，TSV 中介层提供了 C4 凸点和芯片之间的电源和地端的连接通道。

图 5-46 所示为 TSV 和 C4 凸点电迁移测试结构。该结构包括 TSV 中介层的化学机械抛光表面与正面第一层 Cu 互连界面和背面与 C4 凸点的连接界面两个关键界面，通过优化这两个界面可改善结构的电迁移性能。两个 TSV 和两个 C4 凸点连接形成一个测试结构。在 160℃环境下给该结构施加一个 500mA 的电流，测量结构的电迁移。图 5-47 所示为 TSV 电迁移累积失效分布。其中制程 1 和制程 2 分别表示不同的电镀参数和不同的背面研磨工艺。可以看出，制程 2 的器件寿命

有明显的改善。TSV和C4凸点界面显微组织图如图5-48所示，制程1的样品在TSV至C4凸点之间形成了孔洞，但制程2的样品未出现任何损伤。制程2样品的失效模式为典型的C4凸点的电迁移失效（见图5-49），基板上Cu焊盘在阴极侧被完全消耗。将同样的电流应力加载在TSV和Cu互连上一次，界面处未发现电迁移退化现象。

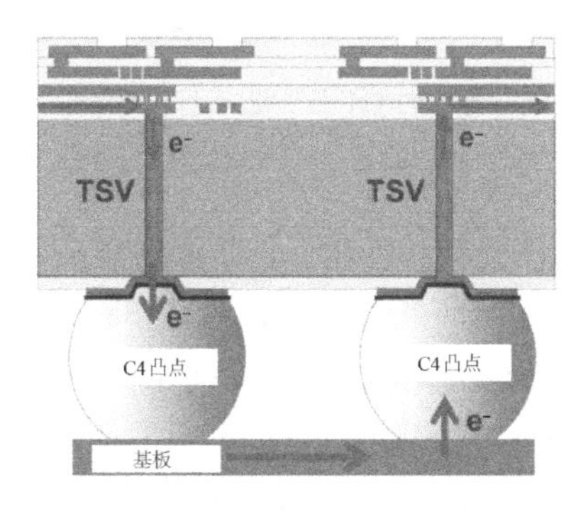

图5-46　TSV和C4凸点电迁移测试结构[51]

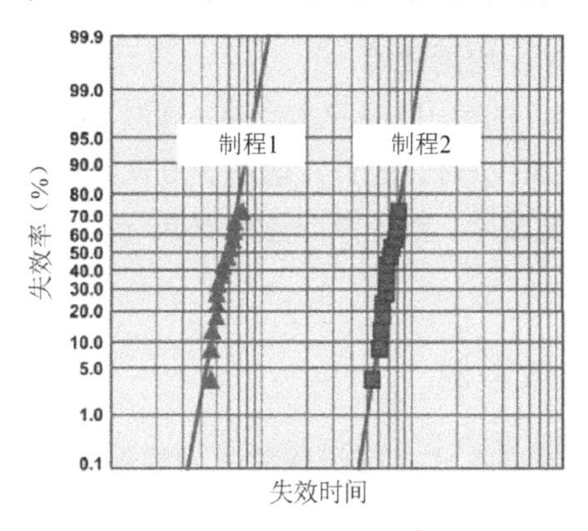

图5-47　TSV电迁移累积失效分布[51]

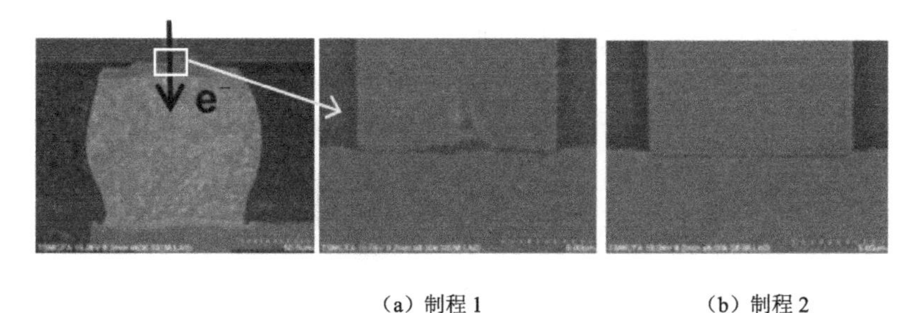

（a）制程1　　（b）制程2

图5-48　TSV和C4凸点界面显微组织图[51]

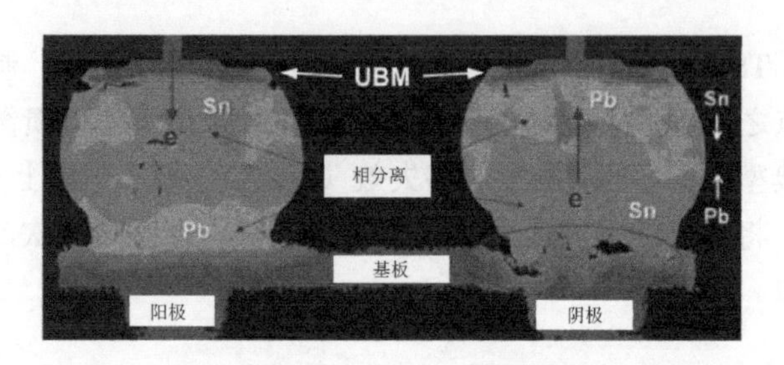

图 5-49　典型的 C4 凸点电迁移失效模式图[51]

4. 组件的可靠性

经过上述工艺的可靠性分析和优化后，下面对集成 CoWoS 组件进行组件级可靠性分析测试，包括温度循环条件-B（TCB，-55~125℃）、高温存储（HTS，150℃），以及无偏压高加速应力试验条件-A（uHAST，130℃/85%RH）和 3 级预处理（30℃/60%RH/192 小时+260℃回流焊×3）。

结果表明，CoWoS 具有良好的可靠性余量。其通过了工业规范 TCB 1000 次循环、HTS 1000 小时和 uHAST 96 小时试验，扩展到 TCB 2500 次循环、HTS 2000 小时和 uHAST 1000 小时，均无故障。

评估整个微凸点 IMC 的热-机械应力风险：高温存储 1000 小时后，经过 TCB 250 次循环和高温存储 250 小时。此外，增加 500 次循环的 TCB 试验和 500 小时 HTS 试验后，仍没有出现故障。整个微凸点的 IMC 在底部填充料的保护下具有良好的热-机械可靠性。

5.5.2　扇出型封装失效案例

扇出型封装采用传统嵌入式晶圆级球栅阵列的封装方案，其封装叠层结构如图 5-50 所示。扇出型封装具有布线密度高、引脚间距小、封装厚度薄和高频传输损耗小等优点，近年来已经被公认为封装主流技术。但由于技术尚新，扇出型封装还面临着很多可靠性问题亟待解决[60]。

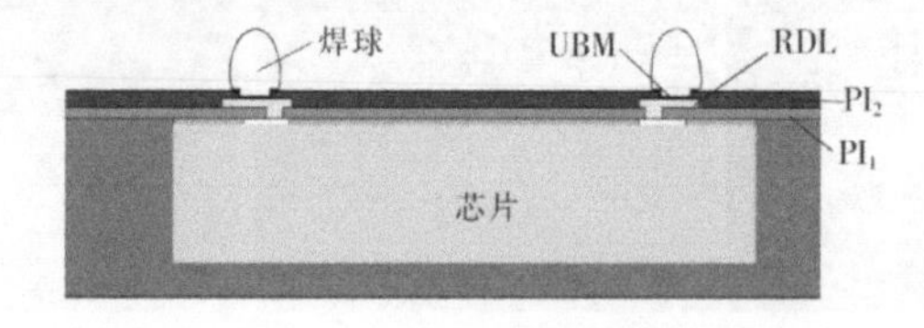

图 5-50　扇出型封装叠层结构

目前，扇出型封装技术主要面临着两项关键工艺挑战：翘曲和芯片偏移。在扇出型封装中，如果塑封、芯片键合、RDL 及微凸点等工艺中任何一项出现问题，都会导致整个芯片封装出现失效[61]。其中，翘曲问题主要是不同材料间的热膨胀系数不匹配造成的。芯片封装所使用的环氧树脂材料，因温度变化会发生膨胀和收缩，当和其他材料热膨胀系数失配时，接触界面将会发生分层或断裂等失效问题。芯片偏移是指在贴片、塑封等过程中，材料特性、设备精度和工艺参数等因素使芯片偏离原设计位置。

华进半导体封装先导技术研发中心有限公司对扇出型封装结构进行了完整的菊花链芯片制造及后道组装工艺制造，并对不同批次、不同工艺参数条件下的封装样品进行了电学测试表征、可靠性测试和失效样品分析[62]。其中，可靠性测试包括首先将经过 MSL-3 预处理的芯片分为 3 类，然后分别进行温度循环（TC）试验（500 次循环），最后进行高温存储（HTS）试验 1008 小时和高加速应力试验（HAST）144 小时。扇出型封装芯片可靠性测试结果如表 5-2 所示。

表 5-2　扇出型封装芯片可靠性测试结果

测 试 类 型	测试芯片数量（个）	失效芯片数量（个）	测试通过率
预处理	150	60	60.0%
TC 试验（500 次循环）	30	4	86.7%
HTS 试验 1008 小时	30	3	90.0%
HAST 试验 144 小时	30	2	93.3%

从表 5-2 中可以看出，芯片测试通过率高低与不同测试项目所施加的应力大小有直接关系，应力越大，失效芯片比例越大，测试通过率就越低。

TC 试验后失效芯片的开裂形貌照片如图 5-51 所示。

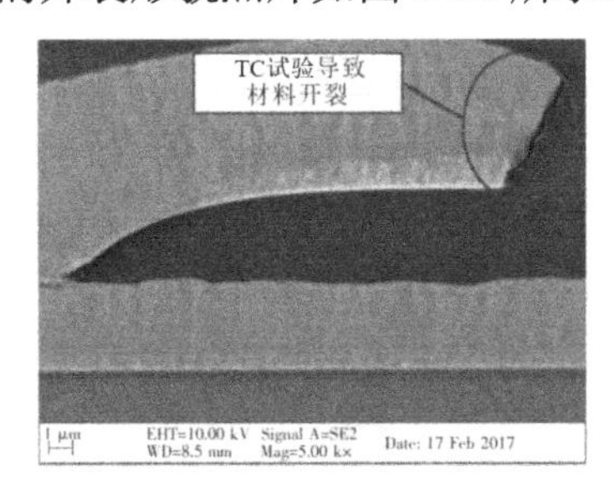

图 5-51　TC 试验后失效芯片的开裂形貌照片

从图 5-51 中可以看出，介质和导体之间的连接界面虽然存在分层，但是并没有导致导体自身断裂，这是因为 TC 试验导致材料在承受高/低温冲击时产生膨胀和收缩，进而引起材料间的界面分层。因此，为了能够抵抗引起界面分层的应力，需要提升界面材料的韧度和粘接强度。

HAST 试验后各芯片平均阻值的对比结果如图 5-52 所示。

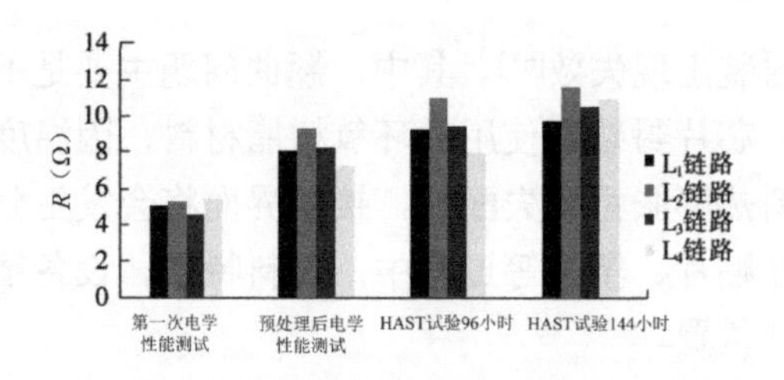

图 5-52　HAST 试验后各芯片平均阻值的对比结果

为了对比试验前后的阻值变化，在进行预处理之前，通过 SEM 设备对阻值正常的芯片内的焊点进行截面分析，焊点截面 SEM 图如图 5-53 所示。焊点和 UBM 结合的 IMC 存在部分孔洞，但焊点未完全塌落，孔洞的位置在 IMC 的晶界处，观察焊点的形态，考虑是助焊剂覆盖不均匀，导致回流焊过程中无法充分润湿焊点，从而产生孔洞。

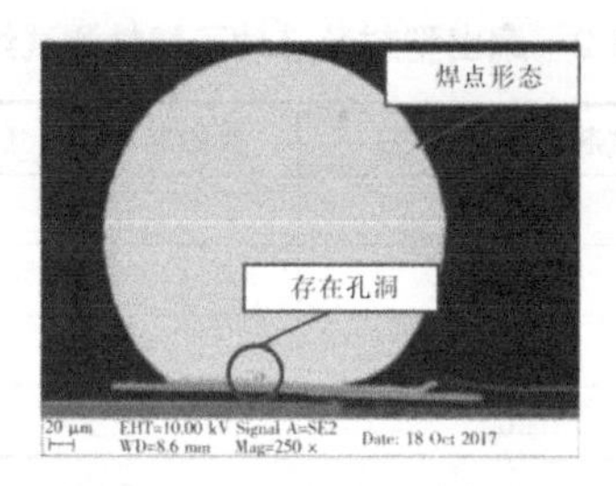

图 5-53　焊点截面 SEM 图

经过预处理后，孔洞出现得更多，焊点与焊盘接触的部分甚至断裂，预处理后焊点截面 SEM 图如图 5-54 所示。根据孔洞产生的原理可知，在经历预处理（预处理包含 3 次回流焊）后，焊料内晶粒长大和粗化。焊料的塑性变形导致在焊料与焊盘之间的晶界处产生微小孔洞。之后，随着热循环的进行，孔洞扩大并且增多，从而形成孔洞的聚集，直至产生微裂纹，并且随着微裂纹的增多产生宏观裂纹，从而导致界面的孔洞变大，对阻值的影响变大。

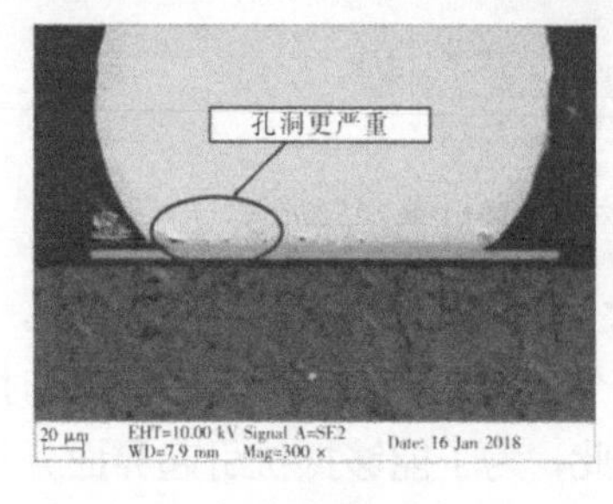

（a）孔洞

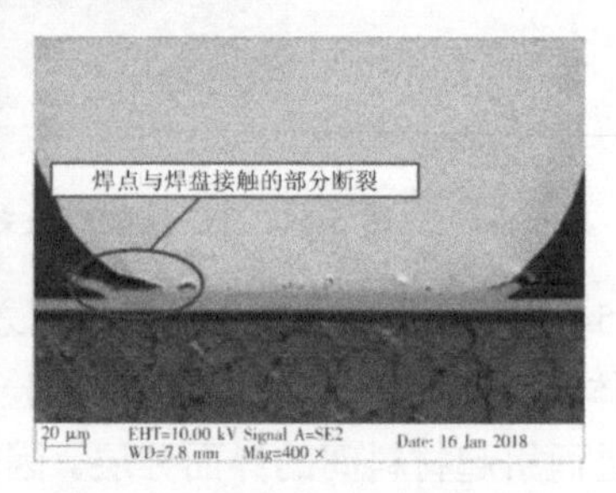

（b）焊点与焊盘接触的部分断裂

图 5-54　预处理后焊点截面 SEM 图

经过 HAST 试验 144 小时后，4 条链路的平均阻值增加了 5 Ω 左右。经过 TC 试验 500 次循环后，4 条链路的平均阻值也增加了 5 Ω 左右。经过 HTS 试验 1008 小时后，4 条链路的平均阻值也增加了 5 Ω 左右。为了分析导致阻值增加的原因，对 TC 试验和 HTS 试验后的焊点结构和分层情况进行观察。TC 试验后焊点截面 SEM 图如图 5-55 所示。

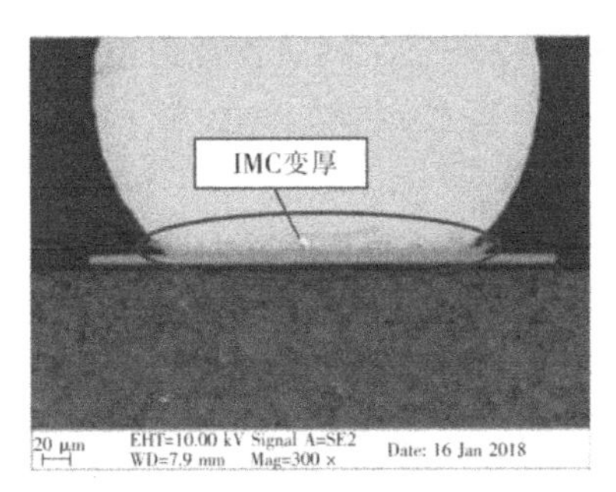

图 5-55　TC 试验后焊点截面 SEM 图

由图 5-55 可以看出，在经过 TC 试验后，焊盘和焊点之间的 IMC 明显变厚，从而导致阻值变大。经过超声波扫描后，发现有几个芯片产生了分层，观察到的超声波扫描显微镜（SAM）结果如图 5-56 所示。可以看出，经过 TC 试验后，从芯片正面看过去，第二层出现分层，分层位置出现在 PI 和 EMC 上。虽然经过 500 次循环后，在 PI 和 EMC 之间的分层并没有影响到链路的通断，但如果继续进行 TC 试验，则有可能造成更加严重的分层现象，进而引起 RDL 的断裂。

图 5-56　SAM 结果

5.5.3　TSV 结构失效案例

TSV 是 3D 集成中关键的互连技术之一，TSV 技术通过制作穿透芯片或晶圆的垂直电连接通道，实现芯片、晶圆之间的垂直互连，并起到信号导通、传热和机械支撑的作用。TSV 具有电性能好、功耗低、互连密度高、尺寸小等优势，在各个领域得到广泛的应用，但还有很多热-机械可靠性问题尚待解决。本案例结合离子束材料移除法，分别测量接收态、退火、温度循环后纳米分辨率下 TSV 界面残余应力梯度的变化，利用 SEM 和 EBSD（电子背散射衍射）测量了 TSV 界面处 Cu 种子层微观结构的变化，明确了与微观结构演变相关的应力释放机制。为了验证试验的可信性，基于有限元和 SRIM 程序仿真，讨论了 FIB（聚焦离子束）加工对试验结果的影响。

1. 离子束材料移除法

TSV 的结构参数如图 5-57 所示，TSV 直径为 30μm，深度为 100μm，间距为 200μm。TSV 界面处的材料分别 Cu-TSV、TiW 阻挡层、SiO_2 绝缘层、Si 衬底。

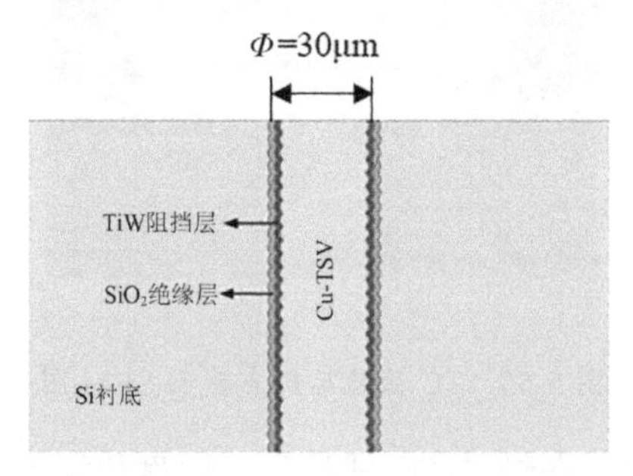

图 5-57 TSV 的结构参数

本案例一共准备了三组样品，第一组是刚电镀完成（未处理）的 TSV 样品；第二组 TSV 样品进行 10 次温度循环（0~125℃，升、降温速率均为 10℃/min，高/低温保温时间均为 2min）；第三组 TSV 样品进行 250℃退火，退火条件为以升温速率 10℃/min 升温至 250℃，保温 30min，后随炉冷却至室温。

采用 FIB 制作三组样品的 TSV 界面微悬臂梁结构，如图 5-58 所示。

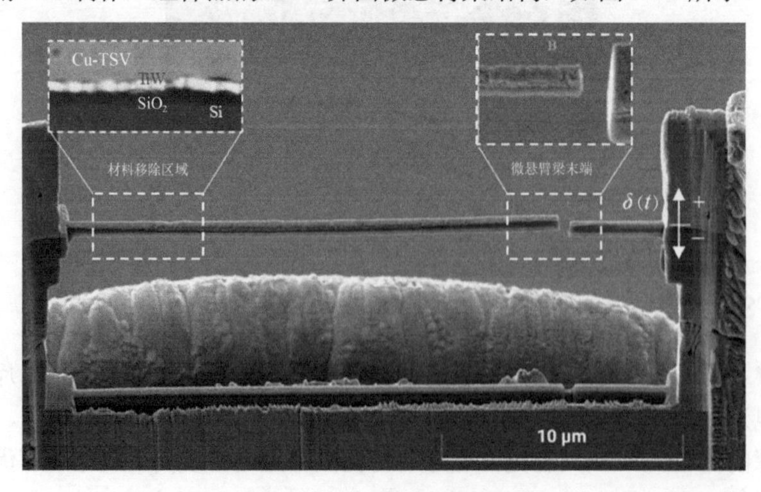

图 5-58 TSV 界面微悬臂梁结构

基于离子束材料移除法测量 TSV 界面微悬臂梁结构内部残余应力的主要制程如下。

（1）初始微悬臂梁结构的一端被切开，由于内部残余应力的存在，微悬臂梁会发生一定程度的翘曲，采用 SEM 测量微悬臂梁末端的初始翘曲量 δ_{origin}。

（2）使用 FIB 在微悬臂梁的材料移除区域（ILR Area）逐层移除 TSV 的界面材料，由 Cu-TSV 层逐步减薄至 Si 层。每移除一层材料，记录微悬臂梁翘曲量的变化 $\delta(t)$，以及剩余的界面厚度 d。结合相关理论可以计算出 TSV 各界面层内部的残余应力。

在计算界面应力梯度的过程中，需要先确定各层材料的双轴杨氏弹性模量 E_{b_f} 和衬底杨氏弹性模量 E_{b_s}，因为每层材料的厚度远远小于其他两个方向的尺寸。取 E_{Cu}=155.47GPa，E_{TiW}=129GPa，E_{SiO_2}=72.1GPa 和 E_{Si}=131GPa，根据 $E_b=E/(1-\upsilon)$，其中 υ 表示泊松比，计算出 TSV 界面上不同材料层的双轴杨氏弹性模量，如表 5-3~表 5-5 所示。

得到每层材料的双轴杨氏弹性模量后，根据 SEM 测得的翘曲量，可以计算出残余应力在三组试验样品界面处的分布，如图 5-59 所示。

如图 5-59（a）所示，对于未处理的样品，Cu-TSV/TiW 界面产生的压缩应力主要由制备 TSV 界面处的 Cu 种子层的磁控溅射工艺引起。磁控溅射过程为了维持可见的辉光放电，引入压力大约为 13.3Pa 的氩气。在溅射过程中的氩气压力下，在 Cu-TSV 中产生压缩应力，符合试验测量结果。

图 5-59（b）所示为温度循环后 TSV 界面应力分布。可以看出，经过 10 次温度循环后，界面的残余应力由未处理时的残余压缩应力和拉伸应力全部转变为拉伸应力。在 Si 中远离 Cu-TSV 的位置，残余应力由 128.03MPa 减小为-0.34MPa，接近无应力状态。Cu-TSV 中残余应力约减小 86.07%，由未处理状态下的 184.93MPa 减小为 25.76MPa。

表 5-3　未处理 TSV 界面上不同材料层的双轴杨氏弹性模量

层数	0~3	4	5~6	7	8~9	10	11~12
材料组成	Si 层	Si/SiO_2 层	SiO_2 层	SiO_2/TiW 层	TiW 层	TiW/Cu 层	Cu 层
E_b（GPa）	201.54	119.42	86.87	138.36	215.00	216.63	222.10

表 5-4　温度循环后 TSV 界面上不同材料层的双轴杨氏弹性模量

层数	0~2	3	4~6	7	8~9	10	11~12
材料组成	Si 层	Si/SiO_2 层	SiO_2 层	TiW/SiO_2 层	TiW 层	TiW/Cu 层	Cu 层
E_b（GPa）	201.54	109.63	86.87	183.71	215.00	219.94	222.10

表 5-5　退火后 TSV 界面上不同材料层的双轴杨氏弹性模量

层　数	0	1	2
材 料 组 成	Si/SiO_2 层	TiW/SiO_2 层	TiW/Cu 层
E_b（GPa）	189.68	159.18	223.74

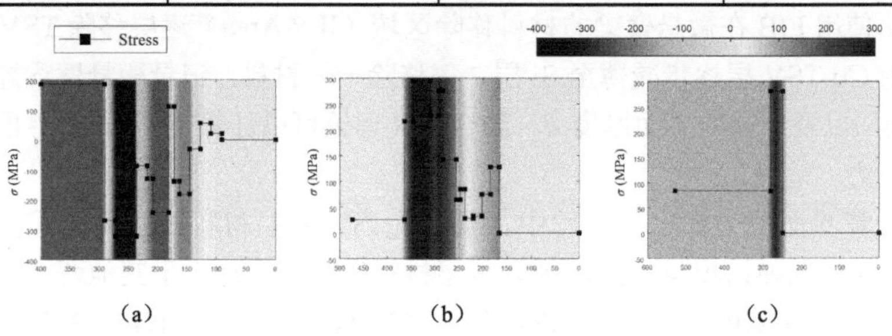

（a）　　　　（b）　　　　（c）

图 5-59　三组 TSV 试验样品的残余应力分布图

图 5-59（c）所示为退火后 TSV 界面应力分布。在退火过程中，TSV 界面内部的残余压缩应力和拉伸应力全部转变为拉伸应力。在 Si 中，残余应力为-0.29MPa，接近无应力状态。Cu-TSV 中残余应力约减小 54.83%，由未处理状态下的 184.93MPa 减小为 83.54MPa。

对比图 5-59（a）、图 5-59（b）、图 5-59（c），250℃退火和 125℃温差的温度循环均有助于减小 Cu-TSV 内部的残余应力，并引发整个 TSV 界面残余应力梯度曲线的改变。

2. TSV 界面的微观结构

为了进一步解释离子束材料移除法测量的 TSV 界面应力分布结果，利用 SEM 和 EBSD 对 TSV 界面处 Cu 种子层的微观结构进行了表征，尝试用微观结构的变化来解释界面应力分布变化的原因。

（1）TSV 界面的微观组织。

通过 SEM 观察三组 TSV 试验样品的 Cu-TSV/TiW/SiO_2/Si 界面的失效模式，三组 TSV 试验样品的 SEM 图如图 5-60 所示。

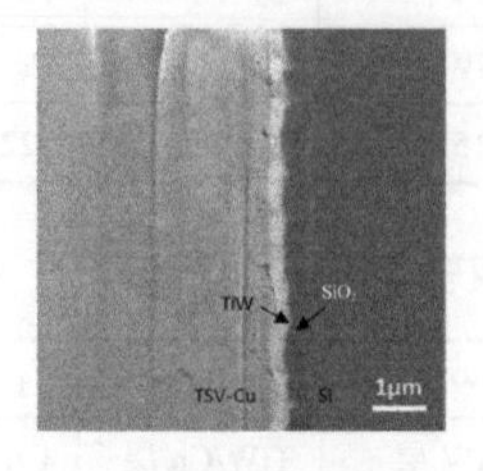

（a）未处理的样品

（b）10 次温度循环的样品

（c）250℃退火的样品

图 5-60　三组 TSV 试验样品的 SEM 图

从图 5-60 中可以看出，温度循环后，靠近界面处的 Cu-TSV 中出现了孔洞，这种孔洞产生的原因可能是在热载荷下，晶体内的蠕变变形导致晶粒之间发生滑移，一些不稳定的三叉晶界点产生孔洞，应力得到释放。当 Cu-TSV 中产生了一定数量的孔洞时，孔洞会联合形成裂纹，如图 5-60（c）所示。

（2）TSV 界面附近的晶体结构。

利用 EBSD 探头拍摄了 TSV 界面附近的晶体结构。因为 TiW、SiO_2 属于非晶体，所以无法得到 EBSD 图像。三组 TSV 试验样品的 EBSD 图像如图 5-61 所示。

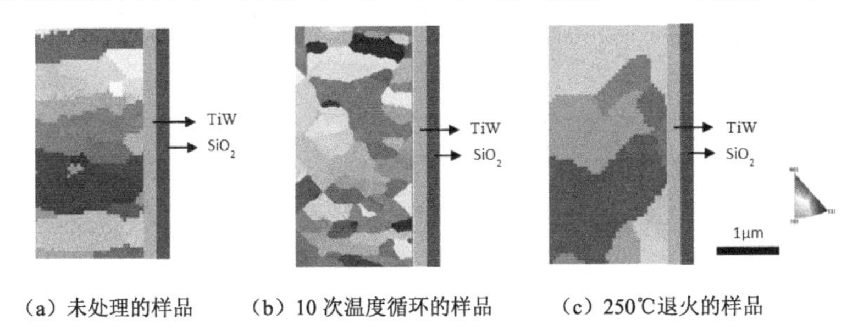

（a）未处理的样品　　（b）10 次温度循环的样品　　（c）250℃退火的样品

图 5-61　三组 TSV 试验样品的 EBSD 图像

从图 5-61 中可以看出，温度循环样品和退火样品都发生了回复再结晶现象，对于温度循环样品，靠近界面处 Cu 晶粒尺寸变小了，然而对于退火样品，晶粒尺寸增大了。这可能是因为 Cu 在试验应力较小或时间较短时，晶体内部先发生再结晶，晶粒变小，当试验应力较大或时间增加时，晶粒变小后会进一步增大，出现晶粒成长现象。不同试验条件下 Cu-TSV 平均晶粒尺寸的变化如表 5-6 所示。

表 5-6　不同试验条件下 Cu-TSV 平均晶粒尺寸的变化

处理方式	未处理	10 次温度循环	250℃退火
平均晶粒尺寸（nm）	226.851	128.773	495.11

热载荷引起的回复再结晶现象可能会导致晶体内部发生变形，从而改变晶粒之间的平均取向差分布，使得局部的应力状态发生变化。为了进一步研究这种现象，我们通过 Channel 5 软件对 EBSD 获得的数据进行处理，得到 TSV 界面处 Cu-TSV 取向差分布图，用来判断 TSV 界面区域晶体的变形程度。三组 TSV 试验样品的晶粒取向差分布图如图 5-62 所示。

对于 Cu-TSV，靠近界面处的位置平均取向差较大，这是由于界面处应力较大，晶体变形，位错累积，应变集中。而在热载荷条件下，高温和热应力会进一步推动晶体发生变形，其中蠕变会使得部分晶粒之间发生滑移，滑移达到一定程度后，晶粒之间一些不稳定的晶界点（如三叉晶界点）就会产生孔洞，此时应变得到释放，晶体变形得到缓解，呈现出位错密度减小、应力下降的现象。当热载荷条件加剧或持续时间增加时，界面处的 Cu-TSV 会产生更多的孔洞，孔洞与孔洞联合产生裂纹。

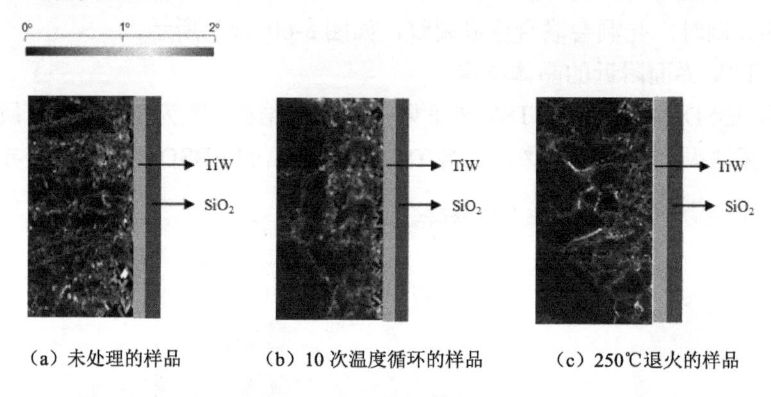

（a）未处理的样品　　（b）10 次温度循环的样品　　（c）250℃退火的样品

图 5-62　三组 TSV 试验样品的晶粒取向差分布图

参考文献

[1] MOORE G E. Cramming more components onto integrated circuits[J]. Proceedings of the IEEE, 1998, 86(1): 82-85.

[2] ARDEN W M.The international technology roadmap for semiconductors—perspectives and challenges for the next 15 years[J].Curr Opin Solid State Mater Sci,2002, 6 (5): 371-377.

[3] LAU, JOHN H.Overview and outlook of through - silicon via (TSV) and 3D integrations[J]. Microelectronics International, 2011, 28 (2): 8-22.

[4] KARNEZOS M. 3D packaging: where all technologies come together[C].IEEE/CPMT/SEMI 29th International Electronics Manufacturing Technology Symposium (IEEE Cat. No. 04CH37585), 2004: 64-67.

[5] MIETTINEN J, MANTYSALO M, KAIJA K, et al. System design issues for 3D system-in-package (SiP)[C].2004 Proceedings. 54th Electronic Components and Technology Conference (IEEE Cat. No. 04CH37546), 2004: 610-615.

[6] SONG B. Reliability evaluation of stacked die BGA assemblies under mechanical bending loads[M]. University of Maryland, College Park, 2006.

[7] BRUNNER J, QIN I W, CHYLAK B. Advanced wire bond looping technology for emerging packages[C].IEEE/CPMT/SEMI 29th International Electronics Manufacturing Technology Symposium (IEEE Cat. No. 04CH37585), 2004: 85-90.

[8] GERBER M, DREIZA M.Stacked-chip-scale-package-design guidelines-Design optimization helps to avoid manufacturing problems, to maximize product performance, and to achieve lowest packaging cost[J].Edn, 2006, 51 (12): 79-86.

[9] 刘静，潘开林，朱玮涛，等. 叠层封装技术[J]. 半导体技术，2011，36 (02): 161-164.

[10] 李忆，牛天放，Coderre J.3G 推动元件叠层装配技术应用[J].中国电子商情（基础电子），2007 (07): 70-76.

[11] SCHMIDT K, RAUCHENSTEINER D, VOIGT C, et al. An Automated Optical Inspection System for PIP Solder Joint Classification Using Convolutional Neural Networks[C].2021 IEEE 71st Electronic Components and Technology Conference (ECTC),2021: 2205-2210.

[12] GAGNON P, FORTIN C, WEISS T. Package-on-Package Micro-BGA Microstructure Interaction with Bond and Assembly Parameter[C].2019 IEEE 69th Electronic Components and Technology Conference (ECTC), 2019: 306-313.

[13] CHONG S C, CHING E W L, SIANG S L P, et al. Demonstration of Vertically Integrated POP using FOWLP Approach[C].2020 IEEE 70th Electronic Components and Technology Conference (ECTC),2020: 873-878.

[14] GUO K, RAN H, WANG J. Experimental Tests and Stress Analysis of SnPb Solder Joints in a Ceramic PoP Device[C].2021 22nd International Conference on Electronic Packaging Technology (ICEPT),2021: 1-5.

[15] KIM J, KIM K, LEE E, et al. Chip-Last HDFO (High-Density Fan-Out) Interposer-PoP[C].2021 IEEE 71st Electronic Components and Technology Conference (ECTC), 2021: 56-61.

[16] XIA D, WANG B, LIAO C, et al. Warpage Behavior Study and Optimization for Ultra-Thin POP Memory with Multi-Stacked Chips[C].2021 22nd International Conference on Electronic Packaging Technology (ICEPT), 2021: 1-5.

[17] YAO Y, CUI Z, RAN H, et al. Fatigue Life Predictions of SnPb Solder Ball in A Ceramic PoP Device[C].2021 22nd International Conference on Electronic Packaging Technology (ICEPT), 2021: 1-5.

[18] LEE K, KOYANAGI M. TSV characteristics and reliability: Impact of 3D integration processes on device reliability, Three-Dimensional Integration of Semiconductors[C]. Springer, 2015: 201-233.

[19] GARROU P.Researchers strive for copper TSV reliability[Z].Semiconductor International, 2009.

[20] FAROOQ M, GRAVES-ABE T, LANDERS W, et al. 3D copper TSV integration, testing and reliability[C].2011 International Electron Devices Meeting, 2011: 7.1. 1-7.1. 4.

[21] KAWANO M, WANG X-Y, REN Q, et al. One-step TSV process development for 4-layer wafer

stacked DRAM[C].2021 IEEE 71st Electronic Components and Technology Conference (ECTC), 2021: 673-679.

[22] JOURDAIN A, SCHLEICHER F, DE VOS J, et al. Extreme wafer thinning and nano-TSV processing for 3D heterogeneous integration[C].2020 IEEE 70th Electronic Components and Technology Conference (ECTC), 2020: 42-48.

[23] ZHOU J-Y, WANG Z, WEI C, et al. Three-dimensional Simulation of Effects of Electro-Thermo-Mechanical Multi-physical Fields on Cu Protrusion and Performance of Micro-bump Joints in TSVs Based High Bandwidth Memory (HBM) Structures[C].2020 IEEE 70th Electronic Components and Technology Conference (ECTC), 2020: 1659-1664.

[24] SEO S-K, JO C, CHOI M, et al. CoW Package Solution for Improving Thermal Characteristic of TSV-SiP for AI-Inference[C].2021 IEEE 71st Electronic Components and Technology Conference (ECTC), 2021: 1115-1118.

[25] 廖小平，高亮．叠层芯片引线键合技术在陶瓷封装中的应用[J]．电子与封装，2016，16 (2): 5-8.

[26] 李新，周毅，孙承松．塑封微电子器件失效机理研究进展[J]．半导体技术，2008，33(2): 98-101.

[27] 傅国如，张峥．失效分析技术[J]．理化检验：物理分册，2005，41(4): 212-216.

[28] 刘波，李艳红，张小川，等．锁相红外热成像技术在无损检测领域的应用[J]．无损探伤，2006，30(3): 12-15.

[29] 冯立春，陶宁，徐川．锁相热像技术及其在无损检测中的应用[J]．红外与激光工程，2010，39 (6): 1120-1123.

[30] 徐川，霍雁，李艳红，等．锁相热成像无损检测方法的基础试验研究[J]．无损检测，2007，29 (12): 728-730.

[31] 林晓玲，恩云飞，姚若河．3D 叠层封装集成电路的缺陷定位方法[J]．华南理工大学学报（自然科学版），2016，44 (5): 36.

[32] 蓝业顷．三维叠层芯片封装的可靠性研究[D]．陕西：西安电子科技大学，2014.

[33] 朱文敏．叠层芯片封装的热湿机械可靠性研究[D]．广东：广东工业大学，2012.

[34] 林娜．系统级封装（SiP）的可靠性与失效分析技术研究[D]．广东：华南理工大学，2013.

[35] 王爱秀．先进的 3D 叠层芯片封装工艺及可靠性研究[D]．上海：复旦大学，2011.

[36] 倪锦峰，王家楫．IC 卡中薄芯片碎裂失效机理的研究[J]．半导体技术，2004 (04): 40-44.

[37] DASGUPTA A, PECHT M.Material failure mechanisms and damage models[J].IEEE Transactions on Reliability,1991, 40 (5): 531-536.

[38] 高尚通，杨克武．新型微电子封装技术[J]．电子与封装，2004，4 (1): 10-15.

[39] 周泰．微电子封装技术的发展趋势研究[J]．现代信息科技，2018，2 (8): 2.

[40] HARPER J, CABRAL Jr C, ANDRICACOS P, et al.Mechanisms for microstructure evolution in electroplated copper thin films near room temperature[J].Journal of applied physics, 1999, 86 (5): 2516-2525.

[41] KONG L, LLOYD J, YEAP K, et al.Applying X 射线 microscopy and finite element modeling to identify the mechanism of stress-assisted void growth in through-silicon vias[J].Journal of applied physics, 2011, 110 (5): 053502.

[42] De WOLF I, CROES K, PEDREIRA O V, et al.Cu pumping in TSVs: Effect of pre-CMP thermal budget[J]. Microelectronics Reliability, 2011, 51 (9-11): 1856-1859.

[43] ATHIKULWONGSE K, CHAKRABORTY A, YANG J-S, et al. Stress-driven 3D-IC placement with TSV keep-out zone and regularity study[C].2010 IEEE/ACM International Conference on Computer-Aided Design (ICCAD), 2010: 669-674.

[44] HO P S, RYU S K, Lu K H, et al. Reliability challenges for 3D interconnects: A material and design perspective[C]. Presentation at the 3D Sematech Workshop, Burlingame, 2011, 17.

[45] TRIGG A D, YU L H, CHENG C K, et al.Three dimensional stress mapping of silicon surrounded by copper filled through silicon vias using polychromator-based multi-wavelength micro Raman spectroscopy[J].Appl Phys Express (2.265), 2010, 3 (8): 086601.

[46] De WOLF I, SIMONS V, CHERMAN V, et al. In-depth Raman spectroscopy analysis of various parameters affecting the mechanical stress near the surface and bulk of Cu-TSVs[C].2012 IEEE 62nd Electronic Components and Technology Conference, 2012: 331-337.

[47] JIANG T, RYU S-K, IM J, et al. Impact of material and microstructure on thermal stresses and reliability of through-silicon via (TSV) structures[C].2013 IEEE International Interconnect Technology Conference-IITC, 2013: 1-3.

[48] OKORO C, LAU J W, GOLSHANY F, et al.A detailed failure analysis examination of the effect of thermal cycling on Cu TSV reliability[J]. IEEE Transactions on Electron Devices, 2013, 61 (1): 15-22.

[49] DUTTA I, KUMAR P, BAKIR M.Interface-related reliability challenges in 3-D interconnect systems with through-silicon vias[J]. JOM, 2011, 63 (10): 70-77.

[50] KUMAR P, DUTTA I, BAKIR M.Interfacial effects during thermal cycling of Cu-filled through-silicon vias (TSV)[J].Journal of electronic materials, 2012, 41 (2): 322-335.

[51] MEINSHAUSEN L, LIU M, LEE T K, et al. Reliability implications of thermo-mechanically and electrically induced interfacial sliding of through-silicon vias in 3D packages[C]. International Electronic Packaging Technical Conference and Exhibition. American Society of Mechanical Engineers, 2015, 56895: V002T02A002.

[52] YANG H, LEE T-K, MEINSHAUSEN L, et al.Heating rate dependence of the mechanisms of

copper pumping in through-silicon vias[J].Journal of Electronic Materials,2019, 48 (1): 159-169.

[53] TAN Y, TAN C M, ZHANG X, et al.Electromigration performance of Through Silicon Via (TSV)–A modeling approach[J]. Microelectronics Reliability, 2010, 50 (9-11): 1336-1340.

[54] FRANK T, MOREAU S, CHAPPAZ C, et al. Electromigration behavior of 3D-IC TSV interconnects[C]. 2012 IEEE 62nd Electronic Components and Technology Conference, 2012: 326-330.

[55] FRANK T, MOREAU S, CHAPPAZ C, et al.Reliability of TSV interconnects: Electromigration, thermal cycling, and impact on above metal level dielectric[J].Microelectronics Reliability, 2013, 53 (1): 17-29.

[56] De MESSEMAEKER J, PEDREIRA O V, VANDEVELDE B, et al. Impact of post-plating anneal and through-silicon via dimensions on Cu pumping[C].2013 IEEE 63rd Electronic Components and Technology Conference, 2013: 586-591.

[57] HARREN S, DEVE H, ASARO R.Shear band formation in plane strain compression[J].Acta Metallurgica, 1988, 36 (9): 2435-2480.

[58] TU K-N.Reliability challenges in 3D IC packaging technology[J].Microelectronics Reliability,2011, 51 (3): 517-523.

[59] LIN L, YEH T-C, WU J-L, et al. Reliability characterization of chip-on-wafer-on-substrate (CoWoS) 3D IC integration technology[C]. 2013 IEEE 63rd Electronic Components and Technology Conference, 2013: 366-371.

[60] WATANABE Y.Electrical transport through Pb (Z r, T i) O 3 pn and pp heterostructures modulated by bound charges at a ferroelectric surface: Ferroelectric pn diode[J].Physical review B, 1999, 59 (17): 11257-11266.

[61] HOU F, LIN T, CAO L, et al.Experimental verification and optimization analysis of warpage for panel-level fan-out package[J].IEEE Transactions on Components, Packaging Manufacturing Technology, 2017, 7 (10): 1721-1728.

[62] 徐健，孙悦，孙鹏，等．扇出型封装结构可靠性试验方法及验证[J]．半导体技术，2018，43 (10): 787-794.

第6章

集成电路封装热性能及分析技术

集成电路在工作时产生热量是无法避免的，要保证其性能和可靠性，就必须使器件产生的热量尽可能少，并使产生的热量有效、快速地导出封装体外。虽然芯片制造技术越来越先进，单一晶体管功耗持续降低，但随着芯片特征尺寸的不断缩小、封装密度的不断提高，集成电路功率密度不降反增，这使得电子封装的散热问题越发凸显。基于热分析方法，先精确表征微电子器件热特性，再通过冷却/散热技术和结构优化等热设计方法对封装体内的耗热芯片、单元温度进行控制，使器件内部温度维持在允许范围内，保证电子器件正常、可靠地工作，已成为业界关注的热点和重点。

通常，根据GJB 548B—2005，微电子器件的热性能包括结温、热阻、壳温、热响应时间等，而封装的热性能主要指封装热阻，它可以量化电路或封装在不同的装配工艺上能达到的散热能力。做好集成电路封装热性能分析，首先需要了解有关传热学的基本理论和热分析方法，并细致考虑芯片内部热量的产生机制、耦合机制及应用要求。本章重点介绍了传热学基本理论、集成电路封装主要热致失效模式、热性能参数、主流热分析方法及热性能影响主要因素等内容。

6.1　集成电路热效应

6.1.1　集成电路热问题

在延续摩尔定律和拓展摩尔定律的共同推动下，微电子技术呈现出工艺节点不断缩小、集成密度不断提高、功能性能日趋先进、结构框架软硬一体，以及失效机制交叉融合、分析技术更新迭代等全新特征。新型封装器件已因高密度、高频率、低损耗等优势得到行业的广泛应用。当集成电路工作时，其内部互连、半导体多晶硅层、晶体管等都存在对电流的阻力，这些电阻会产生明显的焦耳热，如果没有冷却系统及时地耗散热量，则器件原有的热平衡状态将被打破，结温产生不期望的温升，直至达到新的热平衡状态，若新的热平衡温度超过器件阈值，那么微电子器件将停止工作或由于过热而烧坏，这就需要集成电路封装具备良好的散热性能。

随着集成电路向集成化、小型化和多功能化发展，新型高密度集成电路、功率器件等的平均热流密度达到 500W/cm^2 以上，局部热点热流密度已超过 1000W/cm^2，这给电子封装热管理技术提出了全新挑战。而如何精确定量分析封装的热性能、表征热点的位置和温度，是热分析的重要内容，也是实现良好热管理的重要前提。一个成功的集成电路封装取决于选择适当的材料并与确切的传热机理进行结合，将微电子器件的工作温度稳定在可接受的范围内[1]。

在高密度封装技术发展进程中，封装热设计和热可靠性已成为行业焦点。一方面，芯片功率、密度的增加及芯片尺寸的减小导致功率密度急剧增加，从而使芯片结温上升，影响器件的性能，严重时会导致器件烧毁；另一方面，3D 异质异构的封装形式加剧了内部半导体材料间的热失配，导致与时间和温度紧密相关的材料退化、蠕变等，而这种变化的累积最终导致裂纹、界面分层等失效。此外，3D 复杂封装结构相比传统的平面结构，其热特性表征和分析难度加大，传统的表面热分析方法不再适用。

6.1.2　集成电路热效应分类

随着集成电路特别是超大规模集成电路的迅速发展，虽然集成电路芯片的体积越来越小，单个晶体管的耗散功率越来越低，但由于内部晶体管数量越来越多，频率越来越高，因此封装器件的耗散功率仍急剧增加。此外，随着高密度封装技术的发展，互连线宽、凸点直径不断缩小，电流密度不断提高，从而导致焦耳热效应更加显著。由此可见，耗散功率和焦耳热效应是导致集成电路封装热效应显著的两大主要因素。通常，耗散功率是有源结构引起的电热效应，焦耳热则是无源结构中因电阻作用而使部分电能转换成热能带来的热效应。

1. *耗散功率*

集成电路通常由大规模的互补金属氧化物半导体（Complementary Metal Oxide Semiconductor，CMOS）组成，其耗散功率与逻辑单元的电容、工作电压的平方和工作频率成正相关，如式（6-1）所示[2]。

$$P = NCV^2 f \tag{6-1}$$

式中，P 为 CMOS 耗散功率（W）；N 为每个芯片中的晶体管数量；C 为逻辑单元的电容（F）；V 为工作电压（V）；f 为工作频率（Hz）。虽然逻辑单元的电容随着特征尺寸的减小和工作电压的降低而降低，但晶体管数量和工作频率的快速增加仍驱动集成电路的耗散功率不断增加。可见，虽然通过降低输入电容、电压摆幅可以有效减小耗散功率，但随着芯片上晶体管数量的急剧增加及工作频率的快速上升，已难以控制耗散功率不断升高的趋势。

2. 焦耳热

集成电路中的互连结构对电流存在一定的阻力作用，当电流通过封装互连结构等导体时会产生焦耳热，1840 年该现象由英国物理学家焦耳率先发现，其定量关系遵循焦耳定律：

$$Q = I^2 Rt \tag{6-2}$$

式中，Q 为热量（J）；I 为电流（A）；R 为电阻（Ω）；t 为时间（s）。

随着电流强度的增加，功率传送线路上的焦耳热效应将十分显著。由于不同材料产热性能和散热性能的差异，焦耳热效应将导致封装体内存在较大温度梯度。为研究封装微互连凸点中焦耳热带来的温升效应影响，付志伟[3]将封装微互连凸点试验样品采用研磨、抛光的方法制作成金相截面，对研磨后的样品施加 1.5×10^4A/cm^2 的电流应力，在 70℃的温控台条件下，测试分析倒装芯片表面及铜柱互连截面的热点温度，铜柱凸点截面样品及红外热成像测试如图 6-1 所示。

图 6-1　铜柱凸点截面样品及红外热成像测试

在 70℃、1.5×10^4A/cm^2 条件下的微凸点封装的温度分布如图 6-2 所示，其中 2 个铜柱凸点互连下的截面热点温度如图 6-2（a）所示，忽略测量时边界效应对标尺的影响，测得的焦耳热温升最高为 0.3℃，热点位于铜柱凸点的焊料帽焊接位置。铜柱、Sn1.8Ag 焊料和 Cu_6Sn_5 金属间化合物（Intermetallic Compound，IMC）的电阻率分别为 1.7μΩ•cm、13μΩ•cm 和 17.5μΩ•cm，焊料的电阻率约为铜柱凸点的 7.6 倍[5]，根据焦耳热计算公式分析发现，焦耳热的温升与电阻值成正比。图 6-2（b）所示为 224 个铜柱凸点互连下的表面温度，可知，焦耳热产生的表面温升达到了 31℃，可见焦耳热的温度叠加效应非常明显，焦耳热效应引起的温升随凸点数量增加而迅速上升。

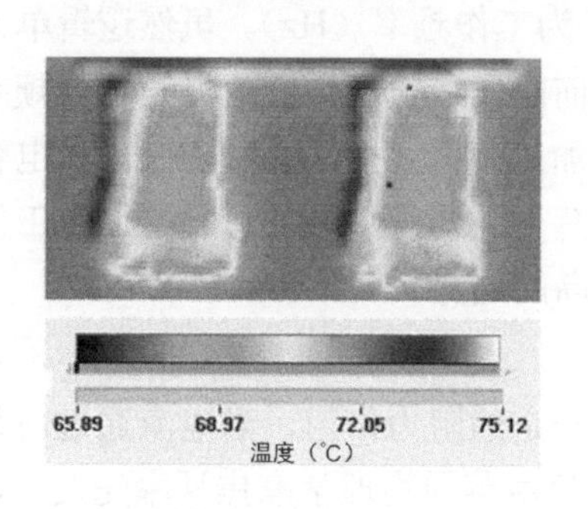

（a）2 个铜柱凸点互连下的截面热点温度

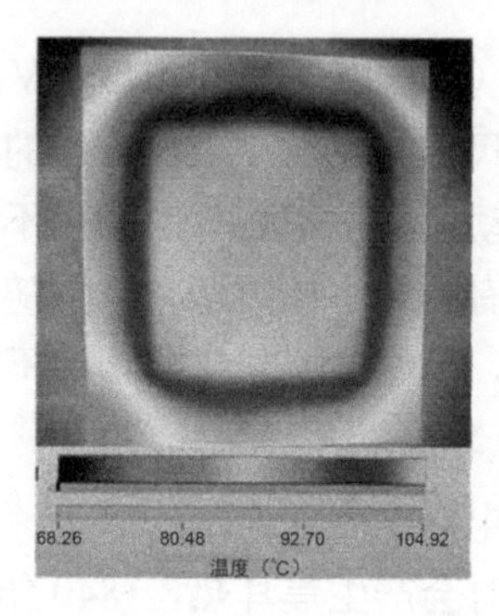

（b）224 个铜柱凸点互连下的表面温度

图 6-2 微凸点封装的温度分布（70℃，1.5×10^4A/cm^2）

在电流应力作用下，焦耳热效应使得铜柱凸点温度高于加热平台设定的环境温度。而且由于材料热导率和电阻率的差异，电流导通产生的焦耳热引起铜柱凸点出现明显的热梯度。图 6-3 给出了温度与电流密度的关系。随着电流密度的增加，铜柱凸点的热点温度及内部最大温差呈抛物线式增长，这是因为焦耳热引起的温升与电流密度的平方正相关，芯片温度在电流密度的增加下也快速升温。当电流密度达到 4×10^4A/cm^2 时，铜柱凸点的热点温度达到 200℃，接近 Sn-Ag 或 Sn-Ag-Cu 系列无铅焊料的熔点，这将使互连结构的失效机制由电迁移失效转变为焦耳热效应引起的焊料熔融断路失效。焦耳热效应与施加电流的铜柱凸点数目正相关，对于目前正在研发的 2000pin 以上引出端的集成电路封装器件，内部凸点互连数目可超过 7000 个，如果所有凸点都同时施加电流，则将面临严峻的焦耳热致失效风险。由此可见，对于大电流密度下封装凸点的热电可靠性，必须考虑焦耳热效应的影响。由于金属互连结构具有良好的热导率，即使整体温升高，其单个凸点内部的温差仍较小，如图 6-3（b）所示，单个凸点内部最大温差虽然随电流密度增加而增长，但温差在 2℃之内。

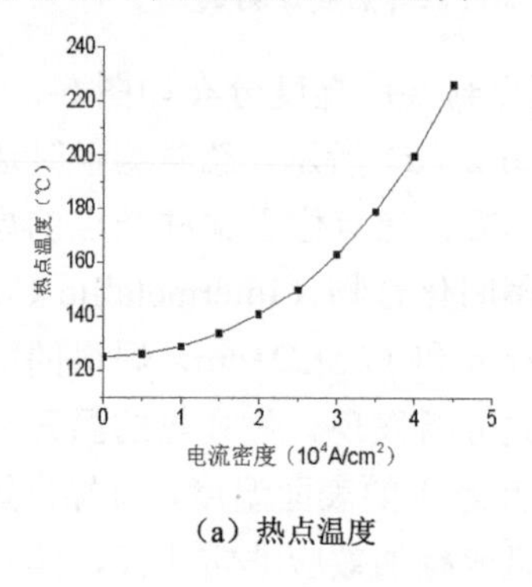

（a）热点温度

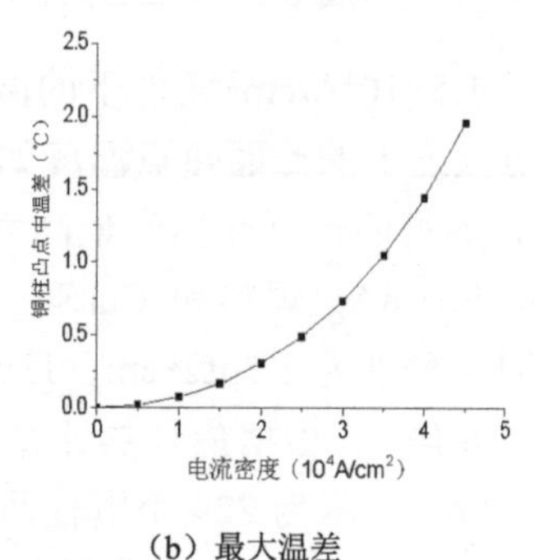

（b）最大温差

图 6-3 温度与电流密度的关系

6.2 封装热分析理论基础

在热力学第二定律的解释下，热量总会自发地从高温物体传到低温物体，或者沿着物体温度梯度减小的方向传递。温差是热传导现象有且仅有的驱动因素。在传热过程中，低温物体接收热量，温度升高，内能增长；高温物体释放热量，温度降低，内能减小。材料的温度越高，其组成分子的热运动越剧烈，动能高的分子会将热量传递给动能低的分子，进而实现热量的传递。

通常以传播的类型区分热输导机理，分别是热传导、对流换热、辐射换热或以上的耦合形式。对于热传导机理：若有温度梯度存在于连续且静止的介质中，则热量以热传导的形式在介质里面输导；对于对流换热机理：当物体的表面与不同温度的流体接触时，热量会通过对流换热的方式在物体表面进行热量交换；对于辐射换热：若两个温度不同的物体在空间中，则它们之间会将热量辐射到对方的表面并吸收。热传导和对流换热无法在真空环境中发生，而辐射换热可以，因为在两个表面之间热辐射不需要介质。在集成电路封装传热中，主要形式是从芯片发热结到器件封装壳的热传导换热和从封装壳到环境的对流换热，辐射换热引起的热量交换极少。

6.2.1 热传导

热量通过介质在外部接触的两个物体间或物体里面传递，并且造成流体的运动，这样的过程称为热传导或导热[6]，其导热因微观粒子的热运动而产生，微观粒子包括分子、原子和自由电子。图 6-4 所示为典型封装热传导示意图。

热传导的微观现象是不同能量粒子之间的能量传递，如能量高的粒子将振动能传递给相邻的能量低的粒子，从而实现热传导。热传导是固体热量转移的主要方式，绝缘固体的热传导几乎完全是由于晶格的振动，而金属内的热传导还增加了自由电子的能量传递。液体也可以导热，但是导热程度远不如固体。当材料由固态转变为液态时，分子间作用力减弱，固体的有序度下降，因此，分子热运动越自由，导热性越差。当液体汽化时，分子键更松，使得气体分子可以随机运动，仅有的限制是随机碰撞，因此气体的热导率非常低。

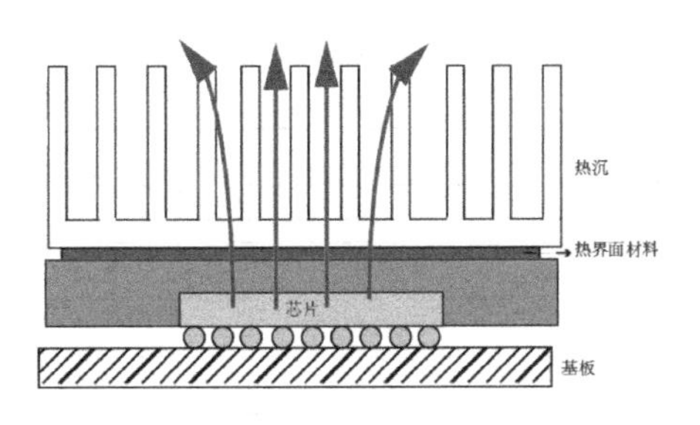

图 6-4 典型封装热传导示意图

根据傅里叶导热定律，热流量与导热面积、热导率和温度梯度成正比，与厚度成反比。如图 6-5 所示，有一个截面积为 A、厚度为 L 的平面，该平面两侧的温度分别为 T_1 和 T_2，则其热流量 Q_{cond} 可表示为

$$Q_{cond} = kA\frac{T_1 - T_2}{L} \tag{6-3}$$

式中，k 为材料的热导率，国际单位为 W/(m•K)，一般用它表示材料导热性能的情况。

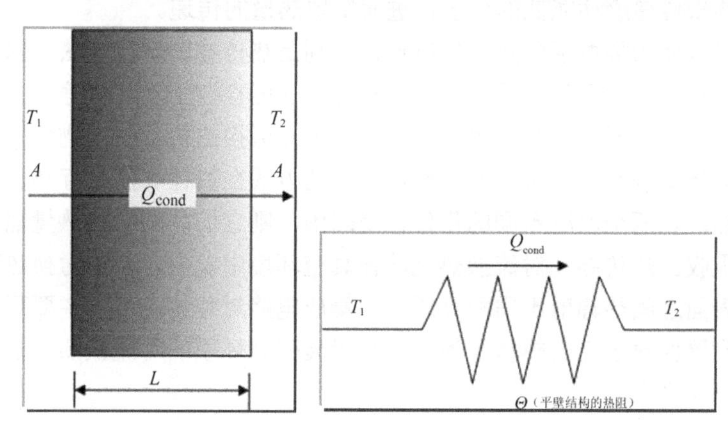

图 6-5 平壁结构的热传导示意图

表 6-1 展示了电子封装常见材料的热导率。其中导热性最好的纯质材料是钻石类的晶体；得益于较高的热导率，金属材料广泛应用于不同装配需求的电子封装中；空气等气体的导热性则较差。

表 6-1 电子封装常见材料的热导率[7]

材　料	热导率（W/(m•K)）
钻石	2000~2300
铜	380~403
金	319
铝	210~237
硅	124~148
锗	64
氧化铝	15~33
氮化铝	82~320
碳化硅	120~270
焊料（95Pb5Sn）	35.5
焊料（37Pb63Sn）	50.6

续表

材　　料	热导率（W/(m•K)）
环氧树脂材料	0.19
聚酰亚胺	0.18
环氧玻璃	0.35
25℃饱和水	0.613
25℃空气	0.0261

在通常情况下，材料的热导率是一个变量。气体的热导率随着温度的增加而增大。而绝大多数液体和纯金属材料，其热导率通常随温度升高而下降。但是，通常在硅基器件正常工作的温度变化范围内（0~150℃），大多数材料的热导率受温度影响较小。例如，纯铜在硅基器件正常工作的温度范围内（0~150℃）的热导率变化不会超过 3%。硅材料大量应用于集成电路行业中，硅材料的热导率特征：热导率受温度影响大，而且随着温度升高而降低。

6.2.2　对流换热

对流换热区别于热对流，对流换热是固体表面和其周围流体（液体或气体）之间因温差而产生的热量交换，其实质包含了流体与物体壁面（如器件封装壳）、流体与流体的导热及流体与流体间的热对流的共同作用。对流换热必须存在温差，对流换热示意图如图 6-6 所示。发生对流换热的情况是在物体表面温度和运动流体温度之间存在温度梯度时。在生活中，自然界的风属于冷、热空气的热对流，而风冷却发热的电子器件属于对流换热。

对流换热的形式有两种，分别是自然对流换热和强迫对流换热，两者均为流体运动，由冷、热流体的密度差引起。自然对流换热：温度控制器的工作原理利用了自然对流换热的原理。首先，加热器使其四周的空气变热，四周热空气的密度比远离加热器的冷空气的密度更低；然后，混合流体中密度低的热空气向上运动，周围的冷空气为了平衡加热器四周的气压而取代原来热空气的位置；最后，如此循环往复引起冷热空气的交替流动，屋内的空气温度上升。强迫对流换热：通过大功率风机、风扇、泵等旋转机械鼓风以达到改变流体流动速度的效果。

不管是自然对流换热还是强迫对流换热，层流和紊流两种流态都会出现在物体表面。两者的区别：缓慢的、有序的及流线型的流态是层流，而快速的、无序的及脉动型的流态是紊流。要使得对流换热作用得到强化，应尽量引入紊流流态，以达到更好的换热效果。

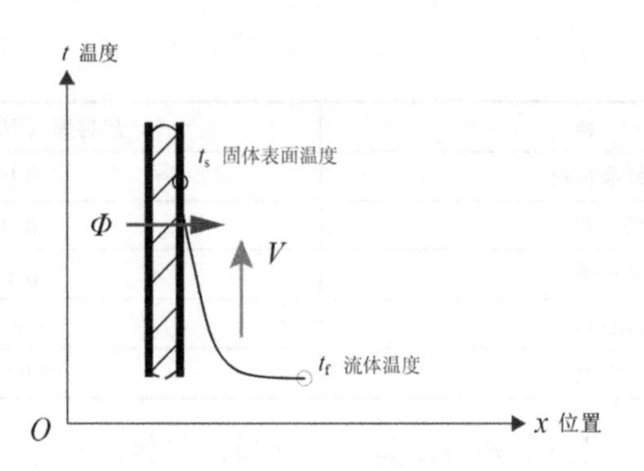

图 6-6　对流换热示意图

1701 年，牛顿提出了计算对流换热的基本公式，称为牛顿冷却定律。

$$Q_{conv} = hA\left(T_s - T_f\right) \tag{6-4}$$

式中，h 为对流换热系数（W/(m²·K)）；A 为物体表面积（m²）；T_s 为物体表面热力学温度（K）；T_f 为流体热力学温度（K）。h 的含义是对流换热系数，与热导率不同，对流换热系数主要受外部因素的影响，因此 h 不是材料的固有属性。对流换热系数受到以下影响：流体的状态、流动速度、物体和流体接触面之间的温差、流体的重力加速度、流动路径的几何特性、物体与流体之间接触面的几何特性及流体的流动类型。表 6-2 所示为常用流体对流换热系数。

表 6-2　常用流体对流换热系数[8]

流　体	流动起因	对流换热系数（W/(m²·K)）	
		范　围	典型值
空气	自然对流换热	3～12	5
	强迫对流换热	10～100	50
水	自然对流换热	200～1000	600
	强迫对流换热	1000～15000	8000

6.2.3　辐射换热

辐射换热的过程：物体以电磁辐射的方式把热量对外散发并且传递过程中不需要任何介质。电磁辐射的波长范围可以从纳米级别到千米级别，涵盖了各个尺度。太阳的热量通过辐射换热影响着地球的温度。热水瓶之所以做成双层的，在里层镀上水银，是为了减少热辐射损失。辐射换热具有以下 3 个特点。

（1）辐射换热无须与物体发生接触便可以进行热量传递。由于热辐射的传输方式是电磁波，电磁波可以在无传输介质的环境中进行传输，如真空中。

（2）辐射换热过程存在辐射能量形式的再次转化，也就是说物体的部分内能还会转化成电磁波能发射出去，电磁波能又转化为内能是因为吸收了另一个物体发射过来的电磁波。

（3）辐射换热无处不在，只要两个物体之间存在温差就会发生辐射换热。当物体间有温差时，低温物体辐射给高温物体的辐射能量小于高温物体辐射给低温物体的辐射能量，因此总的来说表现为：高温物体把能量传递给低温物体。

物体的温度、表面积，物体之间相对位置的函数和表面辐射特性都极大地影响了两个物体之间的辐射换热。我们之所以只考虑辐射换热最简单的情况，是因为辐射换热的计算较为复杂，当有均匀温度为 T_s 及表面积为 A 的物体，暴露在温度为 T_{env} 的大空间中时，大空间是指以物理结构围绕这个物体所形成的一个密闭的域[9]。根据斯蒂芬辐射定律，这样的物体与周围环境之间的净辐射换热量 Q_{rad} 如下所示。

$$Q_{rad} = \varepsilon\sigma A(T_s^4 - T_{env}^4) \tag{6-5}$$

式中，T_s 和 T_{env} 分别是物体和周围环境的热力学温度，单位均为开尔文（K），与摄氏温度的关系为 $T(K)=T(℃)+273.15$；σ 为斯蒂芬－玻尔兹曼常量（$\sigma=5.67\times10^{-8}W/(m^2\cdot K^4)$）；发射率 ε 和物体表面性质有关，取值范围为 0~1；A 为物体表面积。

定义辐射换热系数 h_{rad} 为

$$h_{rad} = \varepsilon\sigma(T_s^2 + T_{env}^2)(T_s + T_{env}) \tag{6-6}$$

则有

$$Q_{rad} = h_{rad}A\left(T_s - T_{env}\right) \tag{6-7}$$

式（6-7）与对流换热的牛顿冷却定律的形式相似，但是它们的参考温度不同。周围环境的热力学温度 T_{env} 可能与物体周围流体温度 T_f 不相等。例如，台式计算机内某些地方的温度高于周围机箱的温度。

6.3　热致封装相关失效模式

硅基半导体器件的芯片结温一般要求不超过 175℃，但实际使用中为保持其长期稳定可靠地工作，芯片结温通常控制在 125℃以下。微电子器件封装材料会因为高温环境的影响而降低使用强度，模塑料能承受的最高温度一般为 115℃，即酚醛树脂材料的变形温度。另外，当温度超过 100℃时，锡焊接头的强度逐渐削弱。而对于受振动和冲击的微电子模块来说，导致材料疲劳断裂更多的是明显的温度突变，最终缩短封装的机械寿命。D. Su 等研究倒装芯片的互连焊点在温度突变情况下发生偏移的现象，发现互连结构的失效与基板和硅基芯片材料的热膨胀系数失配有直接关系[10]。微电子器件封装是由热膨胀系数（Coefficient of Thermal Expansion，CTE）各异的材料装配而成的，在生产、测试、存储和运输的过程中就很可能由于热膨胀系数失配而产生热应力并造成应力损伤，在热应力的驱使下，这会对封装结构造成不可逆破坏。封装过程的工艺温度往往比器件正常工作的温度高，因此在装配过程中容易形成残余的热应力，在低温下残余应力将会更大。即使没有热膨胀系数失配的情况，当封装结构的温度场不平均时，也会在封装结构上形成热应力。

6.3.1 温度与器件封装失效的相关性

2019 年，赛灵思（Xilinx）宣布推出世界最大的现场可编程逻辑门阵列（Field Programmable Gate Array，FPGA）芯片“Virtex UltraScale+VU19P”，其拥有多达 350 亿个晶体管，虽然整体功耗相比上一代产品下降了 60%，但其功耗密度极大提高，与温度相关的失效风险也在增加。集成电路的各种失效与温度紧密相关，器件失效速率与温度的关系如图 6-7 所示，器件失效速率与温度呈现指数关系。器件失效速率急剧上升的原因更多的是由于温度的升高，如果器件的工作温度从 75℃提高 50℃到 125℃，则失效速率骤增 5 倍。工作温度每增加 10℃，器件失效速率几乎增加一倍，温度是影响微电子器件封装可靠性的关键因素。

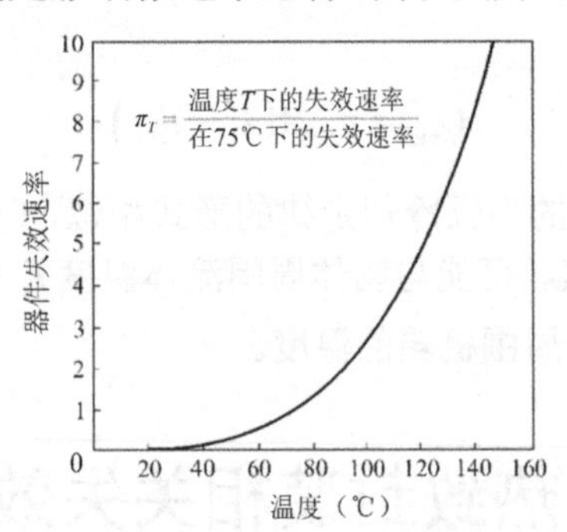

图 6-7 器件失效速率与温度的关系[11]

据不完全统计，大约有 55%的微电子产品失效是发热温度超过安全值及与热相关的问题造成的[12]，电子产品失效的主要原因及占比如图 6-8 所示。集成电路温度过高引起的失效主要与封装相关，包括电失效和机械失效。

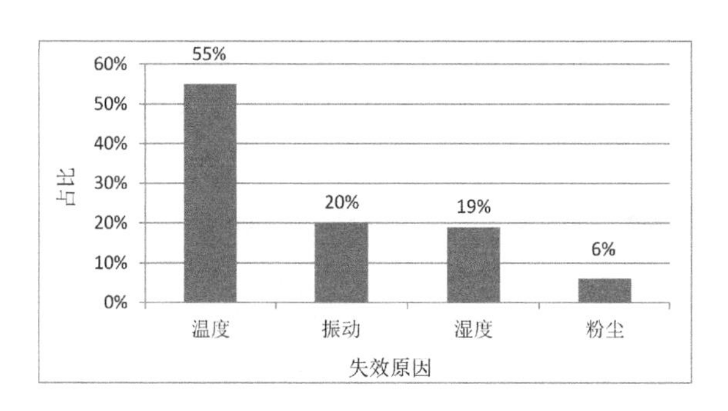

图 6-8　电子产品失效的主要原因及占比

随着微电子技术往工艺节点不断缩小、集成密度不断提高的方向快速发展，与封装相关的新的可靠性问题越发突出。在高密度封装结构中，芯片、焊料、基板及填充材料之间热膨胀系数是存在差异的。当器件处于服役阶段时，会产生类似温度循环变化的环境，互连结构中不同热膨胀系数的材料将发生不一样的变形，形成长期的循环热应力，从而发生材料退化、热应力失配等可靠性问题。当前，高密度封装集成电路的外引出端已达到 2000pin 以上，芯片内部倒装凸点数更是达到 8000~10000 个，这使得集成电路在温度应力下的热翘曲变形越发严重，热翘曲变形可能导致封装衬底分层、互连结构开裂或焊点电迁移失效，从而影响集成电路封装可靠性[13]。与集成电路封装相关的热失效体现在以下方面。

6.3.2　热失配引起的开裂失效

在 3D 封装中，受热传导通道的影响，叠层芯片在受到热-机械应力时，最大应力通常出现在顶部芯片与底部芯片上，顶部芯片及底部芯片与环氧塑封材料的接触区域处较容易出现应力集中，从而引发芯片的分离和裂纹萌生，还会造成单芯片封装中的“爆米花”现象。由于塑封材料与硅芯片的热膨胀系数存在巨大的差异，因此器件在高温服役时有可能造成硅芯片与塑封材料间的热膨胀系数失配，进而出现分层和开裂。当芯片中的应力值或压力值处于某一范围时，则很有可能在芯片中的相应位置出现垂直开裂，从而导致硅芯片的失效，如应力值接近 100MPa~200MPa 或压力值超过 600MPa [14]。叠层芯片热失配开裂如图 6-9 所示。

在封装互连中，IMC 的弹性模量远高于焊料本身，所以在外部加载热应力的时候，IMC 的变形不同于焊料的变形，IMC 的变形会更小。因此，受 IMC 的约束水平较高而产生应力集中的焊料离焊料/IMC 界面较近，而受 IMC 的约束水平较低的焊料离焊料/IMC 界面较远，具有较大的自由度，可以通过旋转、弹性变形等方式来缓解或消除外加载。在焊料/IMC 区域附近的焊料有许多高应力应变集中带，这是焊料/IMC 不同区域变形的差异导致的，靠近焊点末端的 IMC 边界处容易在循环剪切应力的作用下因热失配而开裂失效。图 6-10 所示为热失配引起的焊点脱开。

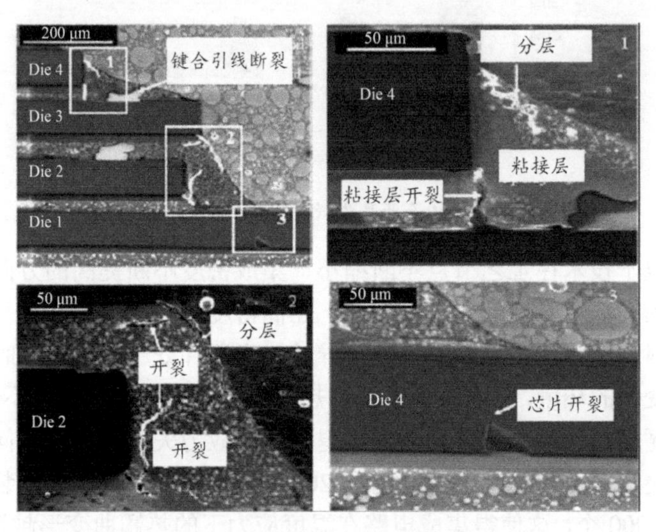

图 6-9　叠层芯片热失配开裂

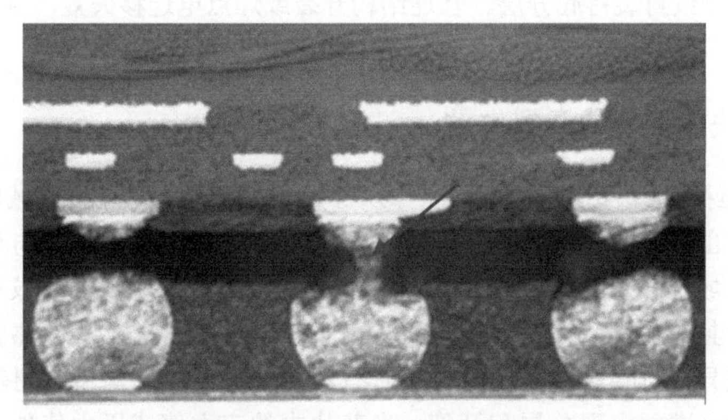

图 6-10　热失配引起的焊点脱开

此外，硅和模塑料的热膨胀系数不同，分别为 3ppm/℃和 20ppm/℃。在过去的装配过程中，当使用聚酰亚胺粘接剂时，芯片和粘接剂在 270℃条件下贴和；当使用环氧粘接剂时，芯片和粘接剂在 170℃条件下贴合。当芯片工作发热时，因热膨胀系数的差异，芯片受到压力而模塑料承受张力。因此，塑封模塑料容易因热失配而产生裂纹并扩张。图 6-11 所示为塑封芯片在 260℃下由于热应力产生裂纹[15]。

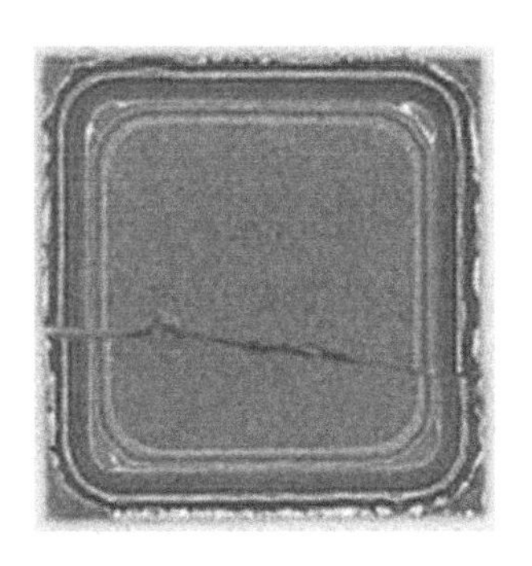

图 6-11 塑封芯片在 260℃下由于热应力产生裂纹

6.3.3 热疲劳引起的开裂失效

疲劳失效可以描述为：塑性变形导致的位错相互作用削弱了位错的迁移能力，导致在疲劳变形过程中位错持续聚集，当位错密度超过临界值时，晶体受到破坏并促进裂纹的萌生，疲劳变形进一步将裂纹的萌生和扩展演变为断裂失效。集成电路封装中的机械和电失效的概率高达 90%，均可归结为因疲劳而发生的失效。

随着集成电路集成度的提高和封装体积的减小，热流密度急剧增加，内部温度上升，封装内部结构在不同的温度下，材料参数变化不一致。高密度的封装使得散热条件变差，进一步造成热量累积，内部产生较大的温升，从而产生严重的应力集中。在键合点、焊点等互连结构位置由于温度周期变化将产生周期剪切应力，这有可能导致键合点疲劳断裂。图 6-12 所示为集成电路典型的热疲劳失效。

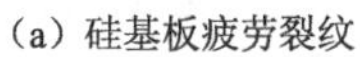

（a）硅基板疲劳裂纹

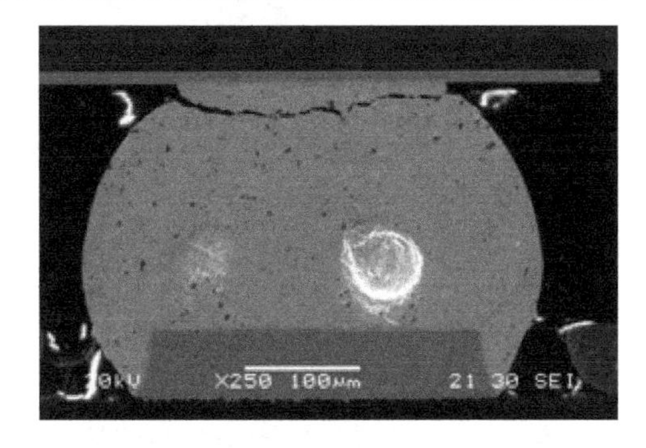

（b）焊点疲劳失效

图 6-12 集成电路典型的热疲劳失效

6.3.4 高温引起的蠕变失效

在持续高温及低于屈服强度的应力共同作用下，材料塑性变形量随时间推移而增加，这就是高温引发的材料蠕变。蠕变相比塑性变形有很大的区别，塑性变形是应力超过了材料的屈服应力而导致的不可逆损伤；而蠕变是在低应力环境下，通过长时间作用在物体上，最终导致的损伤。高温应力持续作用将会促使焊点等金属互连结构发生不同程度的蠕变失效。

以下 3 种失效类型属于金属蠕变，分别是沿晶蠕变、穿晶蠕变和延缩性蠕变。第一种，金属材料蠕变失效的主要形式是沿晶蠕变，在长期低应力作用且温度 $T>0.3T_m$（T_m 为用热力学温度表示的材料熔点）条件下，蠕变将不断地进行，以晶界滑移和晶界扩散为主，促进了金属内部的孔洞、裂纹沿晶界的形成和扩展；第二种，在高应力条件下主要发生穿晶蠕变，其断裂机制类似于常温条件下的韧性断裂；第三种，在高温（$T>0.6T_m$）条件下主要发生延缩性蠕变，延缩性蠕变的机理是在断裂过程中不断地在晶粒内产生细小的新晶粒，一般称之为动态再结晶。

集成电路等电子产品的使用和存放环境温度通常都在 $0.3T_m$ 以上，因此，焊点、引线材料的蠕变通常在所有工况下都会发生。图 6-13 所示为柱状焊点蠕变失效照片。

图 6-13　柱状焊点蠕变失效照片

6.3.5　高温引起的互连退化失效

1. 粘接剂退化失效

在存储器、系统级封装（System in Package，SiP）等封装叠层的器件中，通常会使用胶粘工艺。相比于共晶焊接，粘接剂的缺点是耐高温性能和热传导性能差，高温存储后粘接性能下降，以及粘接不良产生孔洞从而引发器件热击穿。物理参数退化表现为芯片剪切应力下降，电参数退化表现为饱和压降 V_{ces} 明显增大（三极管），热性能参数退化表现为封装热阻增大，最终引起结温上升，导致产品寿命缩短。粘接剂的不良热稳定性和释气特性已成为其用于高可靠性电子封装的最大障碍。图 6-14 所示为温度引起的粘接不良失效。

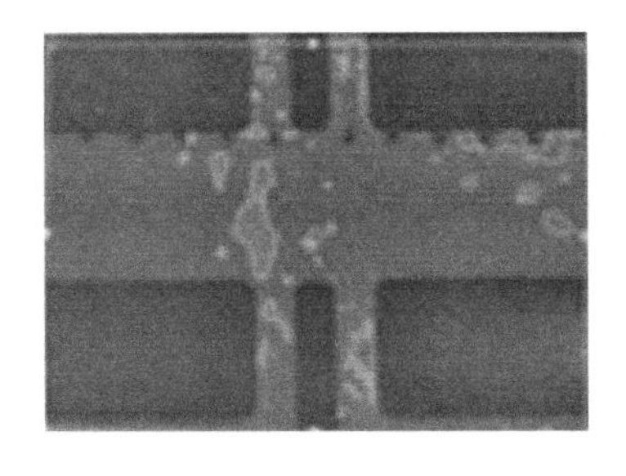

（a）粘接剂孔洞分布　　　（b）器件温度分布

图 6-14　温度引起的粘接不良失效[16]

2. 互连凸点退化失效

在 FPGA 等先进高密度集成电路中，通常会采用倒装凸点互连结构，主要有焊料凸点、铜柱凸点等。这类高密度封装互连凸点在高温时效下，焊料和基体中的金属原子将相互扩散，引起 IMC 的持续生长。同时，芯片散热装置和热源间的互连凸点产生巨大的温度梯度，加速受冷侧的 IMC 生长[17]。IMC 属于脆性相，适当厚度（通常为 1~3μm）的 IMC 有利于互连界面形成良好的冶金键合，但过厚的 IMC，特别是 Cu_3Sn，将极大增加互连结构的脆性，降低界面剪切强度，导致开裂失效。图 6-15 所示为不同高温时效下铜柱凸点焊接界面微观形貌。随着温度升高，互连结构中原子扩散速度加快，促进了 IMC 的生长和组织衍变过程。在 150℃条件下，Cu_6Sn_5 快速转换成 Cu_3Sn。

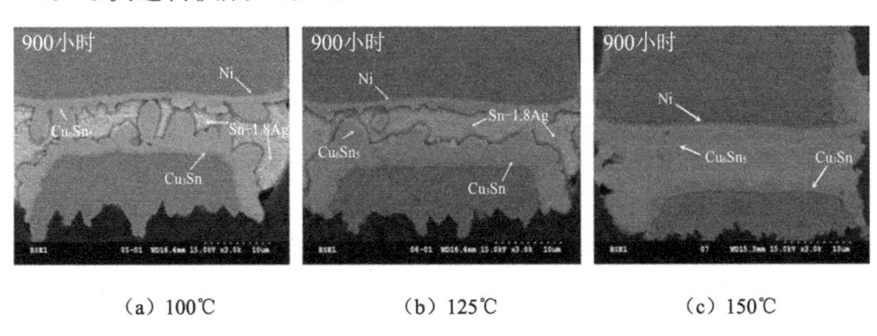

（a）100℃　　　（b）125℃　　　（c）150℃

图 6-15　不同高温时效下铜柱凸点焊接界面微观形貌

3. 金属键合界面退化失效

金丝、铝丝或铜丝键合是集成电路芯片与基板的常见互连方式，键合界面主要生成金-铝、金-铜、铝-铜等化合物，异质金属键合界面的金属元素在高温工作应力下过分扩散将形成过量的脆性 IMC 及柯肯德尔（Kirkendall）孔洞，造成界面接触电阻增大、键合强度下降，甚至脱开失效。图 6-16 所示为金丝键合点退化引起的界面剥离。

Au-Al 键合包括金丝与铝芯片、铝丝与厚膜金导体、铝丝与镀金外引线柱的键合。Au-Al 键合在高温条件下产生 5 种 IMC：Au_4Al、Au_5Al_2、Au_2Al、$AuAl_2$（紫斑）、AuAl，它们的电导率较低，且晶格常数和热膨胀系数均不同，键合部位存在较大内应力，其中 Au_5Al_2 为主要的 IMC。在长时间高温下，Au-Al 键合点键合强度下降，接触电阻增大，甚至开路。

Cu-Al 键合是指铜丝与铝芯片的键合，在 100~500℃的老化条件下，界面通孔相互扩散生成 IMC：$CuAl_2$、CuAl、Cu_9Al_4、CuAl，键合界面不会产生柯肯德尔孔洞，但是由于主要 IMC——$CuAl_2$ 的脆性，剪切强度会明显下降，而且铜丝最大的问题就是容易氧化。

图 6-16　金丝键合点退化引起的界面剥离

高温条件下的退化通常会引起封装热阻升高，进而结温上升，最终导致失效或寿命缩短。互连结构的高温退化寿命评价目前主要依据经典的 Arrhenius 模型，其加速系数采用如下公式计算

$$A_f = e^{\left[\frac{E_a}{K_B}\left(\frac{1}{T_U}-\frac{1}{T_S}\right)\right]} \tag{6-8}$$

式中，A_f 是加速系数；E_a 是失效活化能；T_U 是使用环境温度；T_S 是加速试验环境温度；K_B 为玻尔兹曼常数。通过处理多组加速寿命试验数据求出 Arrhenius 模型的失效活化能和加速系数，从而可以推出封装互连结构的实际寿命。

6.3.6　芯片过热烧毁

高密度集成电路在工作时，会产生大量的热量。如果热量无法及时耗散，就会造成器件内部热量累积，引起器件结温升高。过高的结温会引起器件的电学性能退化、寿命缩短、可靠性降低，甚至造成芯片烧毁等问题。集成电路封装内部器件的工作温度与功耗、封装热阻、环境温度等密切相关。在一定功耗和环境温度条件下，决定芯片结温的主要因素是热阻。若要全面评价器件的热性能，器件的结温、热阻等热性能参数是核心参量，也是必须检测的项目。在过热情况下封装内部芯片通常会出现以下两类失效问题。

（1）芯片热致击穿。该击穿主要分为两种：热致击穿或二次击穿，通常来说使用过程中出现的损坏更多是二次击穿导致的。据研究，二次击穿有两种形式，一种是正向偏置二次击穿，这与电子电路自身的热性能有关，如器件的掺杂浓度、本征浓度等；另一种是反向偏置二次击穿，这与空间电荷区（如集电极附近）载流子雪崩倍增有关。同时这两者一定会出现电流聚集。

（2）芯片过流烧毁。对于高密度封装器件，在工作时出现瞬时过流脉冲，过流脉冲造成的失效原因包括顶层 IMC 熔融，特别是键合工艺的二极管。图 6-17 所示为芯片布线区域过热熔融烧毁。

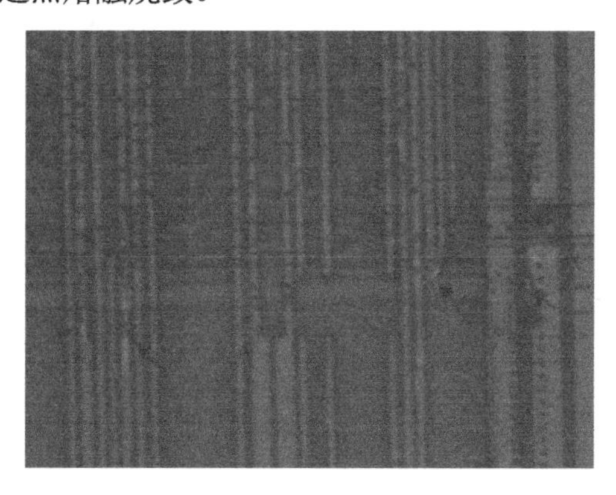

图 6-17　芯片布线区域过热熔融烧毁

6.4　集成电路封装主要热性能

热性能是对微电子封装进行度量的一项重要指标。通常用结温（T_J）和热阻（$R_{\theta JX}$ 或 θ_{JX}）作为衡量封装散热性能的两个关键热参数[18]。集成电路有一个产生大量热量的区域，该区域产生了绝大部分的热量，也是整个电路最热的地方，称为结，结的温度称为结温。结最高允许温度受以下因素的限制：电路能力要求、结构可靠性、芯片和封装材料属性。集成电路热管理的主要目标是设计合理的芯片散热方法，以确保器件结温低于最高允许温度。芯片封装提供了从芯片发热结至外部表面的传热路径，在封装表面再配合各种散热技术，以便集成电路更好地散热。因此，集成电路封装内部的芯片由里至外的传热性能通常可抽象为数学表达式，这些数学表达式通常叫作封装的热参数或热指标。图 6-18 所示为典型的热参数及应用领域。

热阻是指特定厚度的结构对热流阻碍程度的测量值，表征的是材料或结构的热量传递能力。对于均匀材料，热阻正比于平板厚度，与平板的热导率和表面积成反比。对于非均匀材料，热阻通常会随厚度增加而增大，其关系可能是非线性关系。热阻类似于电阻，两侧温差产生的导热热流类似于电势差产生的电流，热流从高温向低温传递类似电流从高电势向低电势流动，导热也可以用串联、并联方法来进行热阻网络的表征。

热阻可分为传导热阻、对流热阻、辐射热阻，按照是否达到热平衡状态可分为稳态热阻和瞬态热阻。

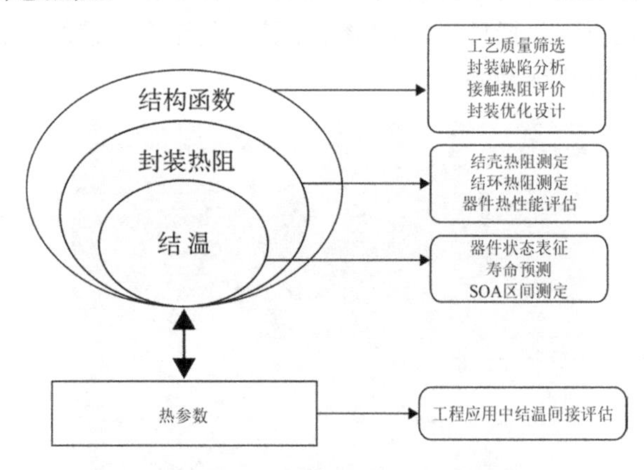

图 6-18 典型的热参数及应用领域

6.4.1 稳态热阻

稳态热阻在半导体器件中的定义为：在热平衡条件下，器件结温与特定位置的温差与耗散功率之比[19,20]。

$$\theta_{JX} = \frac{T_J - T_X}{P_H} \tag{6-9}$$

式中，θ_{JX} 表示从器件结到指定位置或环境的热阻（℃/W），当 X 表示封装壳时，θ_{JX} 即为结壳热阻（θ_{JC}）；T_J 表示稳态测试条件下的器件结温（℃）；T_X 表示指定环境下的参考温度（℃）；P_H 表示器件耗散功率（W）。器件在测试条件下的结温可以定义为

$$T_J = T_{J0} + \Delta T_J \tag{6-10}$$

式中，T_{J0} 表示施加热载荷前的初始结温（℃）；ΔT_J 表示施加热载荷后的结温改变值（℃）。

通常，在电学测试方法中，使用温度敏感参数（TSP）监测待测器件（DUT）

在电功率加载下结温的改变，公式表示为

$$\Delta T_{\mathrm{J}} = K \times \Delta \mathrm{TSP} \tag{6-11}$$

式中，ΔTSP 表示温度敏感参数的变化（℃/(m•V)）；K 表示定义 T_{J} 和 TSP（℃/(m•V)）之间关系的常数。

在实际测试过程中，一般通过温度变化曲线（加热或冷却曲线）来判断器件是否达到稳态。当温度曲线在新的阶段保持基本平坦时，即可认为已初步达到热稳态。热稳态的确定对于实际测试具有重要意义。如果器件加热时间太短，未达到热平衡状态，则不能反映特定环境条件下的实际值，而加热时间太长，也并不会改善测量效果，反而降低了测试效率。

如果测试过程无法轻松生成温度变化曲线，则可以采用热稳态阶段确认的流程图（见图 6-19），分三步确定稳态发生的时间。当认为似乎达到稳态时，进行第一步，记录加热时间和热阻值，然后进行第二步，将加热时间增加 10%，并记录新的热阻值，将该值与初始热阻值进行比较，如果满足图 6-19 中指定的条件，则进行第三步，再增加 10%的加热时间，并再次记录热阻值，如果满足图 6-19 中指定的条件，则表明达到稳态，最后记录的热阻值为稳态热阻，第三次加热的时间为达到稳态的加热时间。

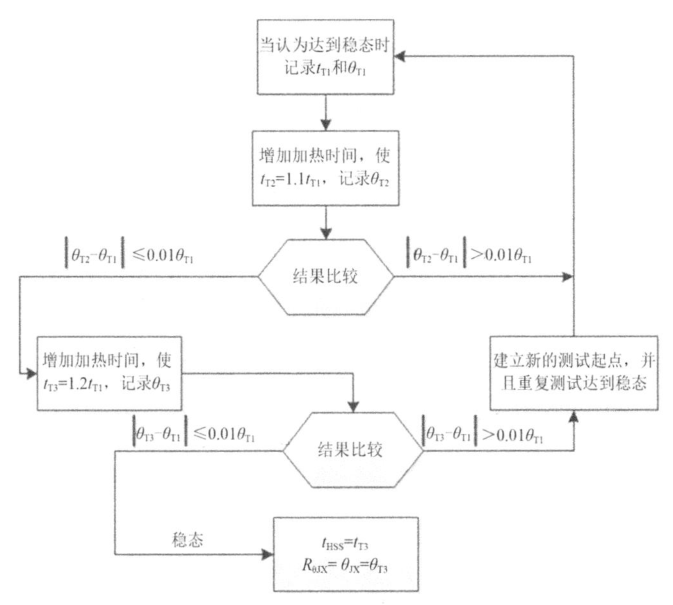

图 6-19　热稳态阶段确认的流程图[21]

热阻越大，表示热流路径上的阻碍越强，难以耗散的热量在封装体内累积并产生高温，由热阻可以判断及预测实际使用环境下封装结构的散热状况。常见的微电子封装热阻有结壳热阻θ_{JC}、结板热阻θ_{JB}和结环热阻θ_{JA}，它们都属于稳态热阻。θ_{JC}是指绝大部分热量由芯片发热结传到集成电路封装壳表面的热阻。θ_{JB}是指绝大部分热量由芯片发热结传到 PCB 上的热阻。θ_{JA}是指在自然对流或强迫对流条件下，测量热量由芯片发热结传到空气中的热阻。

结壳热阻和结板热阻为传导热阻，是封装本身的固有属性，仅取决于几何尺寸和材料特性，在测试时应尽量消除对流换热的影响。结环热阻为对流辐射热阻，其值取决于几何尺寸、材料特性、气流速度、环境条件等。

1. 结壳热阻

结壳热阻θ_{JC}的含义：量化半导体器件从发热结表面到封装壳表面的热耗散能力。JESD51-1 将结壳热阻定义为：当半导体器件封装壳有良好的散热条件且其表面温度变化最小时，发热结到离芯片温度峰值区最近的主要热耗散路径上的封装壳表面的热阻。结壳热阻测量应尽量使热量仅通过主散热面散发，通过采用高热导率板、绝热材料等方法保证四周绝热。

美军标 MIL883 详细介绍了传统热电偶测量方法，该方法要求在确定器件封装壳与热沉良好接触的前提下，找到结温T_J、壳温T_C及器件结壳热阻。结壳热阻的计算公式如下。

$$\theta_{JC} = \frac{T_J - T_C}{Q_{JC}} \tag{6-12}$$

式中，θ_{JC}为结壳热阻；T_J和T_C分别为结温和壳温；Q_{JC}为从芯片传递至封装壳的那部分热量。对于如图 6-20 所示的封装体，热源的热量通过不同的热流路径最终到达芯片封装的顶部（或顶部的散热器）和底部（或底部的 PCB），达到耗散热量的目的，结壳热阻和结板热阻象征着两种热流路径。

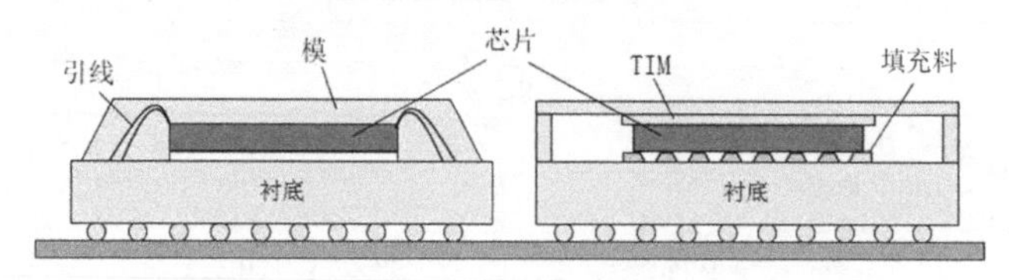

图 6-20　引线键合塑模封装和倒装芯片金属封装

对于倒装形式的芯片封装来说，封装壳指封装体的顶面；对于 TO-220 和 TO-263 等金属封装，以及芯片朝上的方形扁平式封装（Quad Flat Package，QFP）来说，封装壳指封装体的底面。因此，常使用符号θ_{JCX}表示结壳热阻，X 表示顶面或底面，取决于封装壳是封装体的顶面还是底面。

结壳热阻用于表征器件本身的热性能，主要与材料、结构相关性大。在测量时，要尽量消除对流换热的影响，因而通常要在全部热量都通过封装壳散失的情况下测量。建议如图 6-21 所示，采用热导率小于 0.1W/(m·℃)的绝热材料对四周的非主流传热路径进行绝热处理，同时使用高效的散热器或冷板连接到封装壳上。当热加载时，采用额定功率或能使芯片最小结温温升达 20℃的加载功率，推荐典型温升为 30~60℃，壳温在封装壳中心测得。该测量方法实现困难的一点在于当封装壳表面与热沉紧密接触时，精确测量封装壳表面的壳温十分困难，因此 θ_{JC} 的值因不同的测量设备而不尽相同。

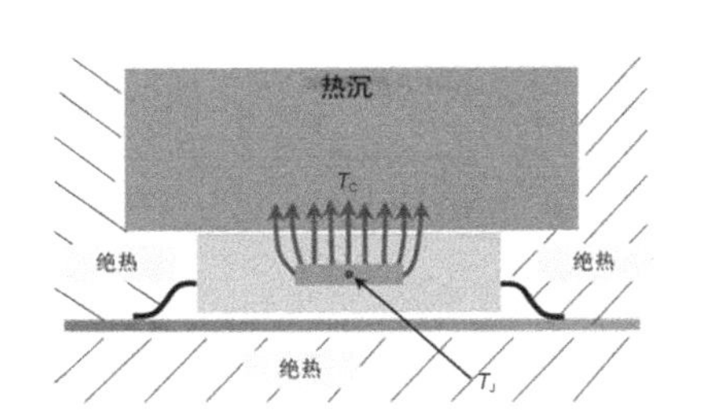

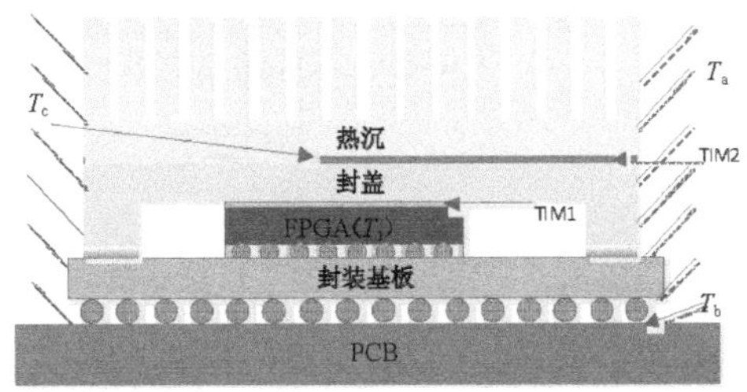

图 6-21 结壳热阻测试的绝热处理示意图

2. 结板热阻

根据 JESD51-8 标准，结板热阻 θ_{JB} 可用于比较安装在标准板上的表面贴装型集成电路封装的热性能。结板热阻的定义如下。

$$\theta_{JB} = \frac{T_J - T_B}{Q_{JB}} \tag{6-13}$$

式中，T_J 和 T_B 分别表示结和板的温度；Q_{JB} 表示从结传递至板的那部分热量。在电子器件工程联合委员会（Joint Electronic Device Engineering Council，JEDEC）标准中，用 θ_{JB} 表示结板热阻。测量结板热阻的方法在 JEDEC 标准 JESD51-8 中列出。

结板热阻属于传导热阻，因此结板热阻的测试过程需要做好隔热措施，尽量消除对流换热的影响。通常，采用铜制的环形冷板（热导率大于 300W/(m·K)）夹持测试板两端，环形冷板的温度应该控制在室温+2/−5℃的范围，同时温度波动不超过 0.2℃。环形冷板内侧边缘距离封装器件外侧边缘至少 5mm，环形冷板直接与测试板上阻焊膜覆盖的走线相接触，接触宽度不小于 4mm，测试结果对夹持力不敏感，一般先将 200g 的夹持力均匀施加到板上，无须使用导热硅脂。再用热导率小于 0.1W/(m·℃)的绝热材料包围封装顶面和底面，使该方向传热最小，使热量尽量往测试板两端流动[22]，即 $Q_{JB} \approx Q$，并且在绝缘材料和封装器件顶部及绝缘材料和测试板底部之间，应该留有 1~5mm 的空隙。结板热阻测试固定装置截面示意图如图 6-22 所示。

采用热电偶测量板面温度，推荐采用易于焊接的 T 型热电偶，焊接在板面适当位置，对于 QFP 封装，热电偶安装在器件中线位置引脚根部；对于球栅阵列封装，热电偶安装在距封装 1mm 内的测试板中线附近走线层。

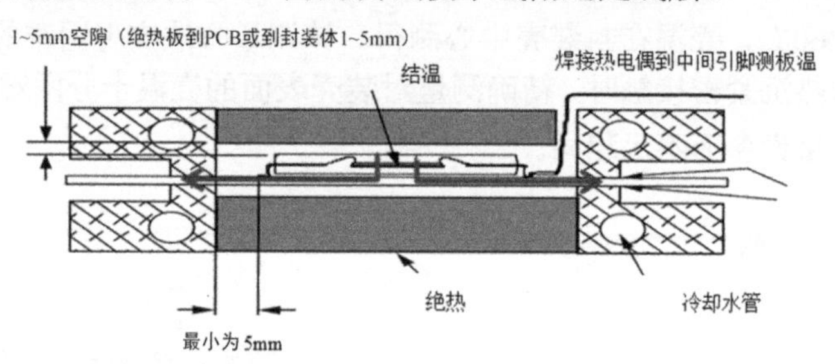

图 6-22　结板热阻测试固定装置截面示意图

3. 结环热阻

集成电路有多种封装形式，但是热量最终都通过封装结构耗散到周围空气中。结环热阻是衡量封装冷却效率的一个有效指标，定义如下。

$$\theta_{JA} = \frac{T_J - T_A}{Q} \tag{6-14}$$

式中，θ_{JA} 表示自然对流情况下的结环热阻；T_J、T_A 分别表示结温和环境空气温度；Q 表示芯片总散热量。风速为零表示自然对流，风速非零表示强迫对流。

JESD51-2 标准详细列出了测试自然对流情况下封装结环热阻的步骤。该标准规定，如果封装中芯片的最大尺寸小于 27mm，则封装体安装在 76.2mm×114.3mm 的测试板上；如果芯片的最大尺寸为 27~54mm，则封装体安装在 101.6mm×114.3mm 的测试板上。测试板厚度为 1.6mm，要么是低热导率的 1s0p 板（1 个信号层，没有接地层和功率层），要么是高热导率的 2s2p 板。封装体位于板前端 76.2mm×76.2mm 或 101.6mm×101.6mm 的中心处。测试板水平安装在竖直壁面上，一边与壁面连接。整个装置用一个体积为 0.0283m^3 的立方体静止空气箱包住，JEDEC 测试自然对流封装结环热阻的装置如图 6-23 所示。空气箱材料为聚碳酸酯、硬纸板、木头或其他低热导率材料。周围空气温度通过热电偶测得，热电偶置于测试板下 25.4mm 处，同时距侧壁 25.4mm。结温通过温敏参数的变化来测量，如通过芯片内部的正偏二极管的压降来测量。热耗散功率通过测量设备运行中的电流和电压来计算。测得温度和热耗散功率后，用式（6-14）来计算封装的结环热阻。

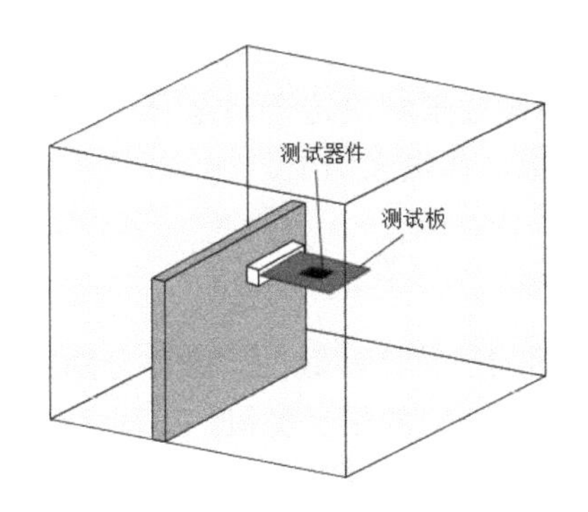

图 6-23　JEDEC 测试自然对流封装结环热阻的装置

测试强迫对流封装结环热阻的步骤在 JESD51-6 标准中给出。测试板和测试板上封装体的位置和自然对流封装结环热阻测试时一样。JEDEC 测试强迫对流封装结环热阻的装置如图 6-24 所示，测试板置于风洞的测试区，风洞内形成稳定、均匀的一维层流空气流动。气流速度用一根位于测试装置上游的风速探针测量。气流温度用热电偶测量，热电偶位于测试装置上方 100~150mm、测试板下方 25mm、距测试区壁面 25mm 处。结温和热耗散功率的测试方法和自然对流封装结环热阻测试中的方法一样。

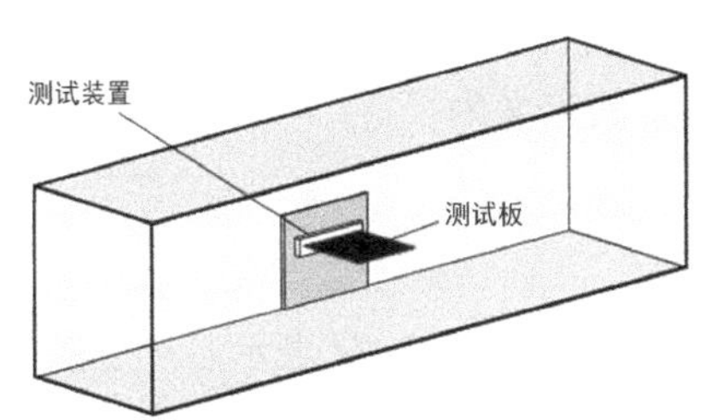

图 6-24　JEDEC 测试强迫对流封装结环热阻的装置

6.4.2　热特性参数

结壳热阻要在芯片热量几乎全部传到封装壳的条件下测得，结板热阻要在芯片热量几乎全部传到封装壳和 PCB 的条件下测得。在上述条件都满足的情况下，仅仅在封装壳或板上安装高导热的散热器即可，也可以把封装体安装在高导热的散热板上，并且封装体四周的气流处于自然对流状态，不安装高效散热器也能满足测量结板热阻的条件，因为此时绝大部分热量流入板内。只有满足了以上散热条件，结合结壳或结板热阻、封装壳或板的温度，以及封装热耗散功率去计算并估计结温才有意义。在实际工况中，大部分封装体的芯片只有部分热量通过封装壳耗散，绝大部分通过板耗散。此时难以单独测量封装壳散热量 Q_{JC} 或板的散热量Q_{JB}，那么式（6-12）、式（6-13）和式（6-14）就不适合用来计算芯片结温了。所以，定义热特性参数来解决这个问题[23]。

ψ_{JX}是一种热特性参数，其定义如下。

$$\psi_{JX} = \frac{T_J - T_X}{Q} \tag{6-15}$$

式中，ψ_{JX}表示结到参考面的热特性参数；T_J和T_X分别表示结温和参考面的温度；Q表示芯片总散热量。ψ_{JX}和θ_{JX}的定义类似，不同之处是，ψ_{JX}是指大部分热量传递的状况，而θ_{JX}是指全部热量传递的状况。在电路系统的实际工况中，热量不会由单一方向传递而是从多个方向进行耗散的，因此ψ_{JX}的定义是为了满足实际工况的测量。

结顶热特性参数ψ_{JT}的定义为

$$\psi_{JT} = \frac{T_J - T_T}{Q} \tag{6-16}$$

式中，T_J表示结温；T_T表示封装壳的顶部中心温度；Q表示芯片总散热量。ψ_{JT}指对于从芯片结面传到封装体上表面的路径，热流在此路径上产生的热阻。该定义可用于实际系统产品根据集成电路封装体外表面温度预测芯片结面温度，相比热阻，具有更强的工程意义。

结板热特性参数ψ_{JB}的定义为

$$\psi_{JB} = \frac{T_J - T_B}{Q} \tag{6-17}$$

式中，T_J和T_B分别表示结温和板温；Q表示芯片总散热量。ψ_{JB}的测温位置和结板热阻θ_{JB}测量时一样，但是ψ_{JB}的不同之处在于测试环境的变化：芯片的热量从结传递到测试板，同时处于自然对流或强迫对流的环境下，热量流过该结构路径产生的热阻。ψ_{JB}可用于依据 PCB 的温度去预测器件结温。

ψ_{JT}和ψ_{JB}的测量可以在测量θ_{JA}时同步进行。需要强调的是，虽然热特性参数与热阻类似，是封装、底板、环境条件的函数。但是，热特性参数不同于热阻，因为两者计算时采用的传热量不一样，计算热特性参数时的传热量Q不是两点间实际的传热量。根据调查研究显示，ψ_{JB}小于或近似等于θ_{JB}，ψ_{JT}远远小于θ_{JC}，并且ψ_{JT}一般小于ψ_{JB}。结壳热阻θ_{JC}、结板热阻θ_{JB}及热特性参数只有在特定的测量条件下才有意义。在实际工程应用中，器件通常具有多个散热通道，并且对于多数集成电路而言，难以准确测得壳温，此时，采用热特性参数进行结温预测更现实可行，因此，热特性参数更多是一个工程参数。

6.4.3 瞬态热阻抗

瞬态热阻抗（Z_{th}）是指器件在施加功率发热或截断功率冷却过程中，未达到热平衡状态时的热阻。GB/T 2900.32 对瞬态热阻抗的定义：对于任意的时间间隔，两规定点（或区域）温差变化与在该时间间隔内按阶跃函数变化的耗散功率之比。

$$Z_{th}(t)=\frac{[T_r^*(0)-T_r^*(t)]-[T_r(0)-T_r(t)]}{P(0)-P(t)} \tag{6-18}$$

瞬态热阻抗是量化参数和物理量，本质上是非稳态的热阻，其单位是℃/W，即器件在导通电流加热或截断电流冷却过程中、未达到热平衡状态前的热阻。在这个过程中，热阻是一个随时间变化的函数，一般用与时间相关的瞬态热阻抗曲线形式给出，直至达到热稳态时，热量充满物体的热容达到最大温度并与稳态热阻相等。研究人员为计算电子电路在一系列动作下，如导通、截断、浪涌、脉冲等瞬态时的结温、功耗或载荷能力而引入瞬态热阻抗。

无论是稳态热阻还是瞬态热阻抗，其测试方法都可分为静态测试模式和动态测试模式两种，如图 6-25 和图 6-26 所示。静态测试模式理论上是在对被测器件施加加热功率的同时，通过温敏参数监测结温，这种方法非常适合热测试芯片和部分功能集成电路器件。对于热测试芯片，采用如图 6-25（a）所示的测试方法，在对功率芯片施加功率的同时，对温敏芯片进行实时监测；对于功能集成电路，则采用如图 6-25（b）所示的测试方法，先施加功率，待达到热稳态后，在断开大加热功率的同时，施加小测试电流，进行结温测量。动态测试模式需要首先转换到温敏参数测量条件，然后对被测器件施加一定时间的功率，再返回到测量条件。这种方法非常适合功能集成电路器件和大部分的热测试芯片。相比图 6-26 的动态测试模式，静态测试模式主要具有以下优点。

（1）静态测试模式采用一次加热、实时监测的方式，只需在加热电流截断、测试电流导通的瞬时进行一次误差修正，因此具有测试精度高、一致性好、测量速度快的优点。

（2）静态测试模式可以避免测试过程中加热功率细微波动而带来的干扰。

（3）传统的动态测试模式需要采用热电偶监测壳温，而热电偶测量的仅仅是其与封装壳接触处的温度，这可能不是真实的最大壳温。此外，热电偶与冷却板之间的非隔热接触及热电偶与封装壳之间的非紧密接触，均会影响壳温测量的准确性，从而在热阻计算时带来极大的误差。而基于冷却曲线的静态测试模式采用瞬态双界面测试法，无须测量壳温，只需通过监测结温的变化来计算热阻，从而消除了壳温测量引入的误差。

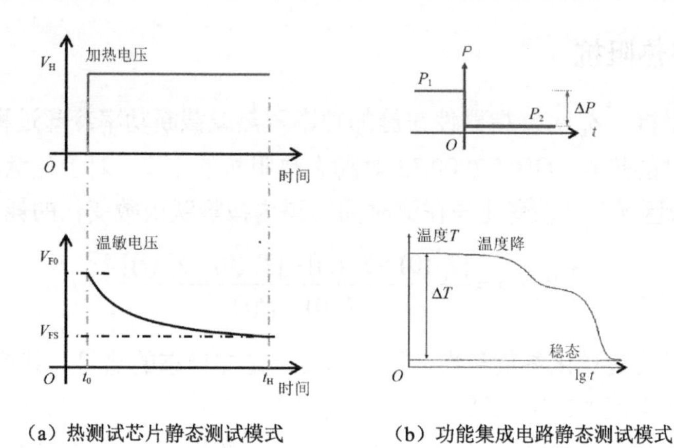

（a）热测试芯片静态测试模式　　（b）功能集成电路静态测试模式

图 6-25　静态测试模式

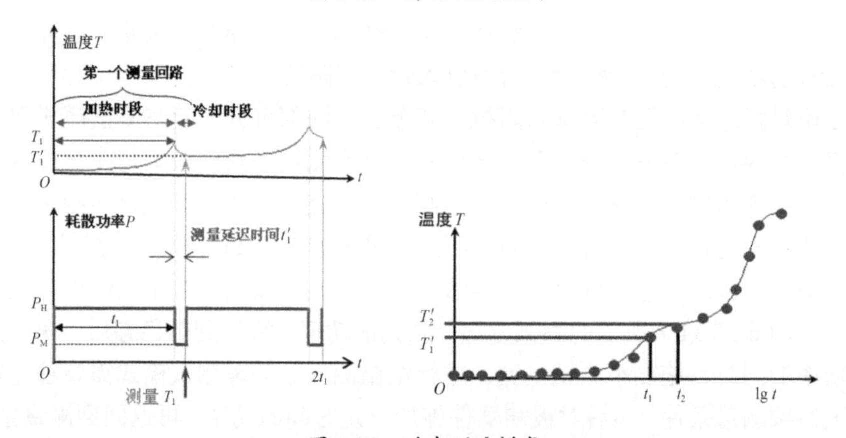

图 6-26　动态测试模式

JESD51-14 标准[24]给出了瞬态双界面测试法。瞬态双界面测试法的核心是对同一个待测器件在控温热沉上进行两次不同的瞬态结温响应测量。第一步，待测器件与散热良好的热沉干接触；第二步，将导热硅脂或油脂涂在待测器件与热沉之间，形成一层很薄的热界面材料，形成湿接触。干接触与湿接触示意图如图 6-27 所示。两次测量过程中干接触和湿接触界面的差异使得器件与控温热沉间的接触热阻也存在差异。因此，当器件结区热量传递到器件与恒温台的接触界面时，热量的传递路径将发生改变，表现在从该时刻 t_s 开始，两条瞬态热阻抗曲线将存在明显的分离，分离点即表示热量传递到器件主散热界面（封装壳）的时刻。通常，瞬态热阻抗曲线 $Z_{\theta JC}(t_s)$ 在该点的贡献值约等于定义的稳态热阻 θ_{JC}。通过 $Z_{\theta JC}(t_s)$ 曲线分离点可以近似估算得到 θ_{JC} 瞬态结温响应曲线（包含了器件热流传导路径中每层结构的详细热学信息），可进一步基于 JESD51-14 标准中的结构函数，进行器件内部各层封装内热阻的分析和封装缺陷诊断。

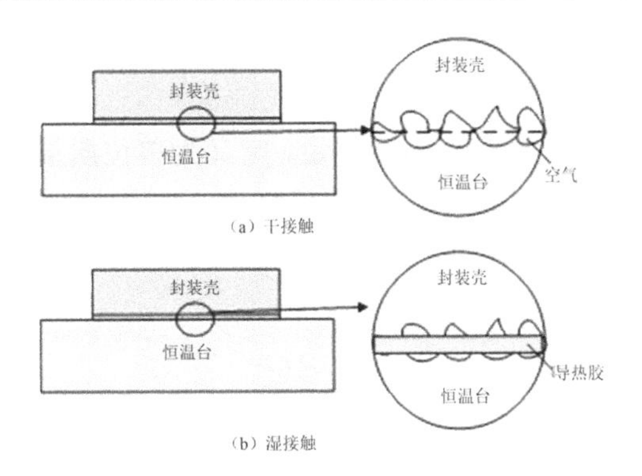

图 6-27　干接触与湿接触示意图

接触热阻θ_c是所有接触界面的一个特征。要实现理想的界面接触，需要两个界面之间对应的点相接触，然而受限于实际的加工工艺，两个界面的粗糙度无法控制得绝对光滑。通常而言，两个界面间的实际接触面积会小于应接触面积的 0.1%，从而导致接触界面间存在一定的温差ΔT_{int}，理想接触与实际接触如图 6-28 所示。在微观角度下，两个接触界面的形态是存在空气间隙的点接触。空气是热的不良导体，空气孔洞阻碍热流，并强迫热量经过小面积的接触点。这些接触界面间的空气间隙成为热流传导路径的寄生热阻，单位接触面积的热阻称为接触热阻。接触热阻的单位是℃ • W^{-1} • m^{-2}，其表达式如下。

$$\theta_c = \frac{\Delta T_{int}}{Q/A} \tag{6-19}$$

如果两个接触界面变得更为光滑，那么空气间隙就会减小，接触热阻也随之减小；而如果两个接触界面相互挤压得更为严实，那么实际接触面积就会增大，空气间隙就会变小，接触热阻也会减小。一个结构的总热阻定义为它的材料的热阻和任何接触界面的接触热阻之和。界面平整度、界面粗糙度、夹紧压力、材料厚度和压缩弹性模量都对接触热阻有重要影响[25]。

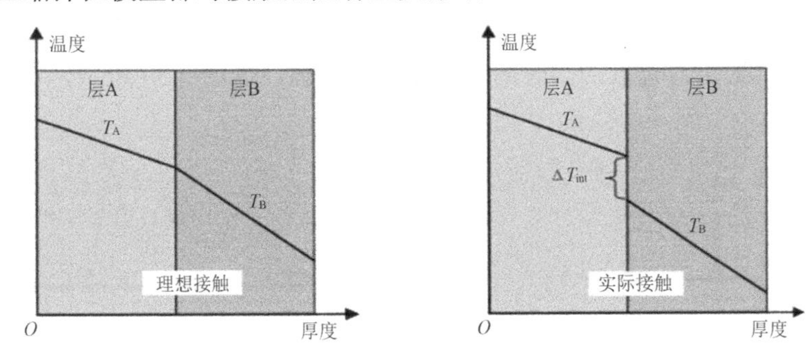

图 6-28　理想接触与实际接触

6.4.4 比热容与结构函数

比热容是热力学中一种常见的物理量，定义为单位质量的物质每升高（或下降）1℃所吸收（或放出）的热量，通常用于表示封装材料提高温度时需要热量的能力，并不用于散热能力的表征。比热容与热量变化量和温度变化量之间的关系为

$$c = \frac{\Delta Q}{m\Delta T}$$

式中，c 为比热容，单位为 J / (kg•K)；ΔQ 为材料吸收或放出的热量，单位为 J / mol；m 为物质的质量，单位为 kg；ΔT 为温度差，单位为 K。需要注意的是，比热容不适合相变过程，如果物质因吸收或放出热量而发生了相变，这一关系将不再适用，原因是相变过程吸收或放出的热量不会导致温度的变化。

对于一个简单的、由单一材料构成的封装结构，可以用单个热阻和单个热容并联组成的 RC（阻容）网络热模型对封装结构的热性能进行简单的描述。假如给这个模型施加 ΔP_{H} 的功率，那么温度将以指数形式上升[26]。

$$T(t) = \Delta P_{\mathrm{H}} \cdot R_{\mathrm{th}} \cdot [1 - \exp(-t / \tau)]$$

式中，$\tau = R_{\mathrm{th}} \cdot C_{\mathrm{th}}$，表示封装模型的热时间常数。

这个模型由 τ 及 R_{th} 的值来描述其大小，单个封装体的热时间常数模型如图 6-29 所示。

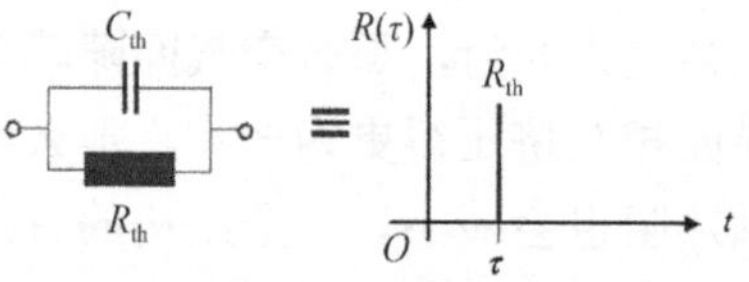

图 6-29 单个封装体的热时间常数模型

对于一个实际的封装器件，可以认为其由若干个 RC 模型组成。此时，用连续的热时间常数谱对离散的热时间常数值进行处理，如图 6-30 所示。

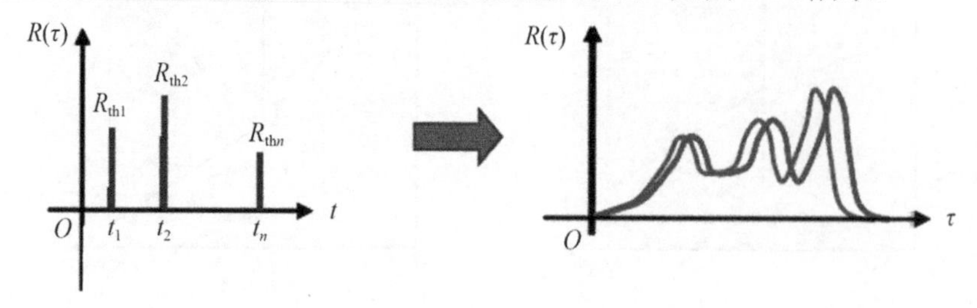

图 6-30 用连续的热时间常数谱对离散的热时间常数值进行处理

通过积分方法描述单位阶跃响应函数，并假设施加功率 $\Delta P_{\mathrm{H}}=1\mathrm{W}$，可得器件的温度响应 $a(t)$表达式为

$$a(t)=\int_{0}^{\infty}R(\tau)\cdot[1-\exp(-t/\tau)]\mathrm{d}\tau$$

第一步，通过反卷积计算方式获得热时间常数谱 $R(\tau)$；第二步，将热时间常数谱离散成若干个长度的 Δz 小片段，每一个 Δz 小片段对应一个并联的 RC 热网络电路；最后一步，构建 Foster 热网络模型。但是 Foster 热网络模型没有实际的物理意义，因为 Foster 热网络模型由节点对节点的热容组成，但实际的热容应该是从已知节点连接到地的，形成一个叠加的状态，因此需要将 Foster 热网络模型转换为 Cauer 热网络模型，如图 6-31 所示。Cauer 热网络模型是一个阶梯式的热网络模型，每个节点的热容都是连接到地的，与实际的热容物理含义相符。得到 Cauer 器件的 RC 热模型后，绘制 Cauer 热网络模型中的累积热容对累积热阻，纵坐标为累积热容，横坐标为累积热阻，从而可近似为器件的积分结构函数。基于结构函数，可对器件各层封装结构内的热阻进行分析提取。

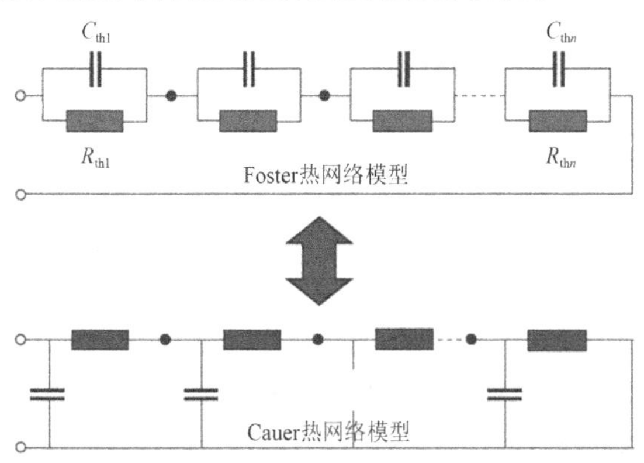

图 6-31　从 Foster 热网络模型到 Cauer 热网络模型

6.4.5　主要热测试和分析标准

集成电路热测试要对所考察的实际芯片进行热分析，进而评估封装的散热效果，鉴于各个厂商生产的芯片的封装形式及实际应用环境不同，为了便于行业内交流，行业内制定了一系列的测试标准，以规范各种类型封装芯片的测试方法。

国内外关于热测试的标准较多，主要集中阐述在单热源条件下的芯片结温和热阻测试，主要包括 JESD51（JEDEC JESD51）系列、国际半导体产业协会（Semiconductor Equipment and Materials International，SEMI）系列、国际电工委员

会（International Electro technical Commission，IEC）系列、国标（GB）系列和美军标 MIL-STD-883J、美军标 MIL-STD-750F、国军标 GJB 548B、国军标 GJB 128A 等。早期热阻测试相关的工业标准定义了集成电路封装体在自然对流、强迫对流及近似无限平板的测试环境下的测试方法，属于 SEMI 系列。20 世纪 90 年代，JEDEC 委员会邀请封装测试厂商及研究人员制定新的工业标准，针对热管理方面提出多项标准。JEDEC 标准和 SEMI 标准相比，JEDEC 标准虽然基本测试方法及原理与 SEMI 标准相同，但 JEDEC 标准的内容更为完整，从热阻定义、单芯片热测试、温敏参数校正、测试环境修正、多热源热阻矩阵等方面进行了较全面的规定，涵盖了单一分立器件、集成电路、二极管器件、多热源器件等，JEDEC 标准侧重测试方法的细节研究、测试环境的定义、数据采集和处理方法等。

JEDEC 委员会针对封装热测试专门制定了一系列标准，其是当前热分析领域最全面的标准体系。随着封装形式的快速更新迭代，JEDEC 委员会添加 θ_{JB}、ψ_{JT}、ψ_{JB} 等定义到 JEDEC 标准的新版本里面。虽然通过新的 JEDEC 标准测量的热阻值可进行实际工况下的结温预测，但是并没有对实际应用有太大的改善，结温预测仍然有很大的限制。想要通过 θ_{JA}、θ_{JC}、θ_{JB}、ψ_{JT}、ψ_{JB} 等热参数预测封装体的结温，要特别关注被测样品的 PCB 尺寸，特别是厘清自然对流、强迫对流与实际工况的差异[27]。

JESD51-1 标准阐述了如何对单结半导体器件通过电学法测量对应的热特性参数。其本质上利用了半导体器件与温度相关的温敏参数，如二极管在恒定的电流下，其正向导通电压与器件的结温呈现线性关系。JESD51-1 标准适用于专用的芯片（热测试芯片）和功能不同的集成电路器件。测试方法局限于单个芯片的封装（专用测试芯片或功能芯片）。任何半导体器件的热特性参数在不同的温度和功率耗散下，都不是一个恒量，因此，通常要求热测试在接近真实的应用环境下进行。

JESD51-2 标准阐明了结-空气热阻在自然对流的环境下的测试方法，该标准需要在标准测试板上安装规定的待测 SMT 封装器件，测试时需要防止外来气氛的干扰，因此需要将测试板平放在静止空气的测试箱中。

JESD51-3 标准阐述了如何对低热导率的 PCB 进行器件的结-空气热阻测量。JESD51-3 标准适用于封装引脚间距大于 0.35mm 直至封装体尺寸达 48mm 的有引脚表面贴装器件，不适用于通孔插装、BGA 或插座类器件。

JESD51-4 标准规定了引线键合类型的热测试芯片要求，对热测试芯片给出了具体设计要求，从而使该类非标准测试芯片之间的测试结果差异达到最小。

JESD51-5 标准阐述了如何设计测试 PCB，用于封装类型芯片在 PCB 上的粘接。

JESD51-6 标准阐述了如何测试结顶热特性参数和结板热特性参数，还对测试方法和测试环境进行了规定，如强制风冷热测试环境的要求及其测试方法。

JESD51-7 标准用于测试高热导率 PCB 条件下的器件结-空气热阻特性，详细规定了高热导率测试板的尺寸、UBM 数量和厚度，该标准不适用于通孔插装、BGA 或插座类器件。

JESD51-8 标准介绍了如何测试内嵌两层铜测试板的结板热阻，该标准不适用于测量以下两种封装器件：在封装单侧安装散热器和热流路径不对称的封装。

JESD51-9 标准阐述了焊球阵列封装、栅格阵列封装两种封装类型的 PCB 规格，但是 JESD51-9 标准不适用于通孔插座类器件。

JESD51-10 标准阐明了单双列直插式封装和 SiP 封装器件在测试过程中对于 PCB 的要求。

JESD51-11 标准规定了栅格阵列封装器件热测试 PCB 的要求。

JESD51-12 标准总体介绍了 JESD51 系列标准定义的电子器件热特性参数的使用方法。以前的 θ_{JC} 界定器件的表面为主要的散热通道，而表面指的是封装壳的顶部表面或封装壳的底部表面。JESD51-12 标准将封装壳顶部表面的结壳热阻定义为 $\theta_{JC\text{-}Top}$，同时进一步详细说明了结顶热特性参数 ψ_{JT} 和结板热特性参数 ψ_{JB} 的含义。

JESD51-13 标准提供了半导体热测试领域常用术语和定义的统一集合，部分定义和术语超出了 JESD51 系列标准中使用的术语和定义，有助于更全面、准确地描述不同半导体封装和封装器件的热性能。

JESD51-14 标准阐明了在一维传热路径下，器件的热耗散沿结耗散到封装壳表面；半导体器件结壳热阻的可重复性测试方法，即瞬态双界面测试法；同时提出了基于积分结构函数、微分结构函数的结构热阻分析方法。

JESD51-31 标准针对多芯片组件的特点，对上述 JESD51 系列标准规定的单芯片条件下的热测试环境和测试方法进行了适当修正。

JESD51-51 标准主要描述了通过电学法测试 LED 热阻和热阻抗的方法，同时给出了热功率、光通量、结温、正向电压、正向电流等之间的相互关系，该标准适用于在实验室环境下，单个 LED 和一定结构 LED 阵列的结温和热阻测试，对于大批量筛选测试并不合适。

MIL-STD-883J 和 GJB 548B 基本一致，规定了包括结温、热阻、壳温和封装表面温度及热响应时间在内的微电子器件热性能测试方法，涵盖红外法、电学法，重点从测试程序、测试电路、测试设备、样品安装、功率施加、热阻计算等方面描述，主要针对稳态热性能测试。MIL-STD-750F 3100 系列方法和 GJB A128A 基本一致，主要侧重绝缘栅功率场效应晶体管、绝缘栅双极晶体管等不同类型的分立半导体器件的热测试电路的规定，其余测试原理和测试方法与 MIL-STD-883J 基本一致。IEC 60747 和 GB 系列标准主要根据半导体器件的具体类别，详细规定各种功能性能的测试方法和测试电路，热性能测试方法属于其中的一部分内容。

对于 CPU 等高端集成电路，国外在 CPU 产品详细规范中已经明确给出了结温的具体技术要求和测试条件。国内的 GJB 7704—2012《军用 CPU 测试方法》对 CPU 的性能测试进行了规定，但未涉及 CPU 的结温测试要求和方法。目前，主要采用 CPU 内部读数电路进行温度的读取。但由于 CPU 内核较多、面积大，内部读数电路的温度与测温位置相关性大，因此测试误差较大。

6.5 封装热分析技术

根据 6.4 节的描述，结温、热阻、热特性参数等是衡量微电子封装热特性的重要指标。基于上述指标可对半导体器件的热可靠性进行评估。在微电子封装的可靠性问题中，与热相关的可靠性问题达到 20%以上。因此，无论是器件自热效应还是高温服役导致的热可靠性问题，都使得热可靠性评估在器件封装的可靠性评价中显得尤为重要，其关键热学参数的测试和分析则成为非常重要的一项内容。随着器件继续向小尺寸、高集成度、高速和大功率方向发展，对器件封装热特性的分析提出了更高的要求，包括准确的分析精度、更高的空间分辨率和更高的时间分辨率等。无论是哪一个热参数的测量，都需要对温度进行精确测试。

6.5.1 主要热分析方法及对比

当前，主要的热分析方法有：①电学法，通过随温度变化的电学参数对温度进行表征；②光学法，通过随温度变化的光学参数对温度进行表征；③物理法，通过与待测器件密切接触的物质对温度进行表征；④仿真法，通过有限元等仿真分析方法对温度和热特性状态进行表征。各种热分析方法及优缺点对比如表 6-3 所示。

表 6-3 各种热分析方法及优缺点对比

类 别	方 法	优 点	缺 点
电学法	□ 结电压法 □ 阈值电压法 □ 电流法 □ 增益法	□ 对封装器件的非破坏性测量 □ 非接触式测量	□ 测出的结温值反映的是结区的平均效应 □ 需要特定的工作模式 □ 不能得到表面温度分布图
光学法	□ 场致发光法 □ 红外法 □ 热反射法 □ 光致发光法 □ 拉曼散射法	□ 得到表面温度分布图 □ 非接触式测量 □ 空间分辨率高	□ 需要表面视角 □ 测量封装器件结温时为破坏性测量 □ 设备昂贵

续表

类　别	方　法	优　点	缺　点
物理法	□ 扫描探针法 □ 液晶法 □ 荧光粉法	□ 得到表面温度分布图 □ 空间分辨率高	□ 需要表面视角 □ 测量封装器件结温时为破坏性测量 □ 直接接触可能干扰温度场分布
仿真法	□ ANSYS □ Fluent □ Flotherm □ Icepak	□ 得到表面温度分布图和瞬态响应曲线 □ 加载灵活，结构改动方便	分析准确度需要验证

光学法是目前比较受重视的一种方法，其基本原理是基于半导体器件表层的对温度敏感的光学参数进行表征测试，可以测量物体的自身辐射、反射辐射或受激辐射。光学法测试可分为两类：发射测试法和激励测试法。发射测试法假设物体自身是发射光源，如测试由外部电场激励（场致发光）的荧光光谱，或者由黑体辐射产生的与温度有强关系的红外辐射。激励测试法的原理是通过对比入射光与反射（或散射）光的不同来进行温度表征，具体的应用分别是热反射法、光致发光法、拉曼散射法等。问题在于，只有光子和待测器件有相互作用的情况，这些相互作用的状态和温度的影响可以微小到被认为是噪声而忽略掉，所以光学法属于非接触式测量法。光学法的空间分辨率主要由光源和光学镜头的性能决定，时间分辨率基本上由光学现象随温度变化的反应能力决定，但同时受设备实际反应能力的影响。

光学法具有高空间分辨率和高时间分辨率的优势，能够得到器件表面极小限定区域的温度。光学法可以对器件表面进行温度的逐点扫描，因此能够方便地得到器件的表面温度分布图，图 6-32 所示为 MOSFET 器件去除表面的树脂胶后在不同温度下的热成像图[28]。光学法的缺点是必须使光束接触物体表面，因而不适宜在已封装器件上的应用（或需要对已封装的器件进行开封处理），而且光学法设备属于高精密仪器，不仅在制造上困难，成本非常高，在使用过程中还涉及复杂的操作步骤。

图 6-32　MOSFET 器件去除表面的树脂胶后在不同温度下的热成像图

在上述热分析方法中，主流的光学法是红外法，新型的光学法有热反射法和拉曼散射法。光学法与电学法、热电偶法主要技术指标对比表见表 6-4。

表 6-4 光学法与电学法、热电偶法主要技术指标对比表

方法	最高分辨率			是否可成像	备注
	空间分辨率	温度分辨率	时间分辨率		
热电偶法	50μm	0.01℃	0.1~10s	否	封装壳、PCB、控温台
电学法	—	0.01℃	1μs	否	分立器件或具有温敏特性的其他器件
红外法	3~5μm（15 倍放大倍数下 2.7μm/像素）	0.1℃	10ms	是	常规半导体材料，金属辐射系数低，GaN 材料对红外波段透明
热反射法	0.3~0.5μm（100 倍放大倍数下 45nm/像素）	0.5℃（5min） 0.25℃（30min）	50ns	是	可测试金属和半导体材料
拉曼散射法	0.5~1μm	1℃	100ns	是	半导体材料

6.5.2 电学法

在半导体器件中，与温度相关的电学参数称为温敏参数，并非所有温敏参数都可以用于表征温度，需要温敏参数与温度有密切的线性关联，如 PN 结正向压降、阈值压降、漏电流、增益等。

电学法热阻测试利用半导体器件的温敏特性，通过温敏参数表征待测器件的平均结温，从而计算获得热阻值。因此测量温敏参数后，可以通过温敏参数与温度的关系式推算出半导体器件的实际温度。电学法对器件结温的测量分为两个步骤：首先建立温敏参数与温度的关系，得到 k 系数，然后通过热测试仪器测量器件从一个较高的温度稳定状态到常温稳定状态的电压变化曲线，通过电压变化曲线与 k 系数的乘积得到器件结随时间推移的降温曲线，结的降温曲线通过热瞬态测量结果数据分析软件进行分析，得到半导体封装结构的热特性（热容、热阻等参数）。图 6-33 所示为电学法测试获得器件结温响应曲线的过程。

当测试半导体器件 PN 结到自然对流环境的热阻时，需要将器件放置到标准静止空气箱中进行测试，测试过程中需要用热电偶前置放大器来连接热电偶进行环境温度的测量。当测试半导体器件 PN 结到强迫对流环境的热阻时，需要将器件放置到风穴装置中进行测试。当测试半导体器件 PN 结到封装壳的热阻时，需要将器件固定到液冷板上进行测试。当器件的功率超过测试主机所能提供的功率时，需要使用功率辅助放大器来为器件提供功率。电学法热阻测试系统如图 6-34 所示。

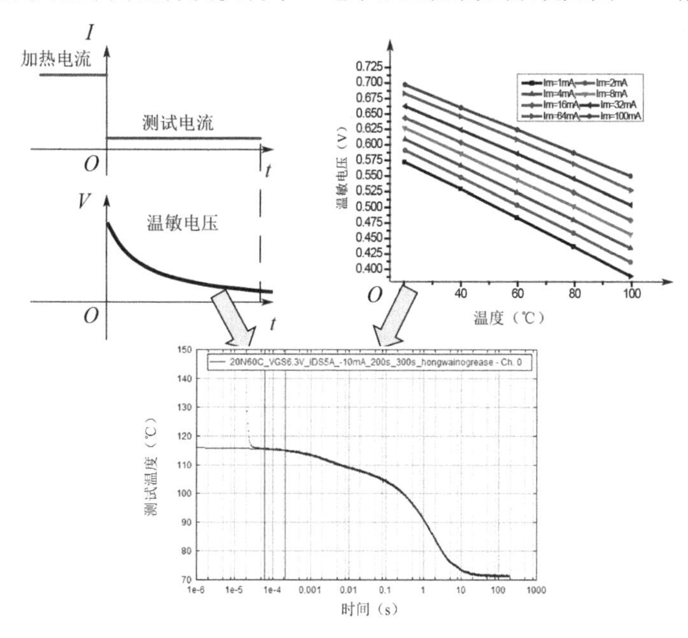

图 6-33　电学法测试获得器件结温响应曲线的过程

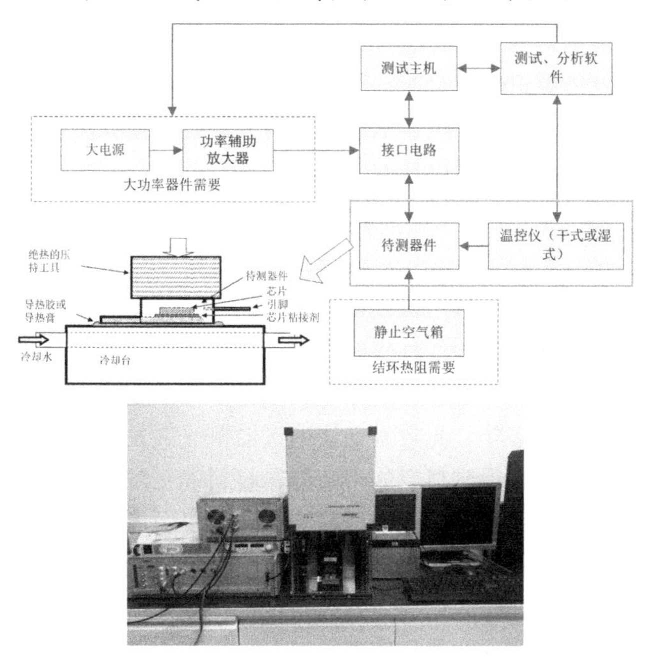

图 6-34　电学法热阻测试系统

k 系数校正通常在油槽或封闭的恒温腔体中进行，由于 k 系数校正基于器件温度与油槽或恒温腔体的温度相同的假设，因此在测试过程中必须避免测试电流使器件产生自热现象。为使测试电流不引起器件自热现象，可以采用脉冲测量校正，也可在低输入功率水平下进行校正。对于低输入功率水平校正的情况，器件温度的测量过程为：对器件施加工作功率，使得器件温度升高达到饱和，接着高速切换很小的测试功率，在温度下降过程中实时监测器件温度。

基于电学法的特征，只能得到器件结区的温度，而非器件表面的温度分布。以二极管为例，当二极管的 PN 结正向电压作为待测器件温度的温敏参数时，只能代表发热结的平均温度，无法代表器件其他区域的温度。在大多数情况下，可以用结区平均温度近似代表整个器件的温度；在特殊的情况下，当器件结温分布存在明显的温度梯度时，电学法就会受到较大的限制。例如，对于 GaN 高电子迁移率晶体管（High Electron Mobility Transistor，HEMT）器件来说，电学法得到的是源漏极间整个区域的平均温度，而该器件的横向温度分布具有很大的不均匀性。因此电学法得到的温度远远低于器件的实际峰值温度，这使得电学法对温度测试的准确度较差。

虽然电学法牺牲了温度测试的某些特性，但是它不需要器件特定的测试结构，因为进行电学法测试的所有电连接与器件正常工作的连接是相同的，电学法也因此被称为非接触式的测试方法。采用电学法测试器件温度还具有其他优点：电学法是有且仅有的能够对封装器件进行无损检测的一种方法；可以快速地测试不同工艺的器件的热性能并进行热分析；可以得到结区温度的真实信息，而结区是器件中温度最高的区域。因此，电学法成为国内外研究者研究微电子器件结温和进行器件纵向热阻分析的一种常用技术。

6.5.3 红外法

红外法属于光学法的一种，可以得到器件的表面温度分布图。其原理是：通过接收并处理物体表面发射的红外辐射直接得到器件的表面温度分布图。因此，红外法被广泛应用于物体表面温度的测量。经过多年的更新迭代，基于红外法的温度表征产品已经面世多年。光致发光法通过监测光致发光的载流子在材料体内复合过程中的辐射衰变来得到材料的带隙能，材料的带隙能的变化可以反映出器件的工作温度[29]。除此之外，拉曼散射法也可以表征温度，其监测器件工作温度的原理是：测量半导体的声子频率。因为温度的变化是光子生成或消失导致的，所以散射光子的光谱随温度变化[30]。热反射法的原理是：根据材料表面光反射随温度的变化而变化来间接反映器件的表面温度，相对于红外法其优点在于空间分辨率达亚微米量级[31,32]。

红外法是常用的一种检测物体自身发光的技术，它通过利用物体表面发射红外辐射而直接得到器件的表面温度分布图。该方法利用了以下特性：待测物体的辐射能峰值所对应的波长与温度有关，物体辐射能峰值与温度的关系图如图 6-35 所示。因此可以通过红外透镜模组不间断地对物体表面进行测量，记录物体表面各单元发射的辐射能峰值的波长，最后利用计算机可换算成表面各点的温度值[33,34]。

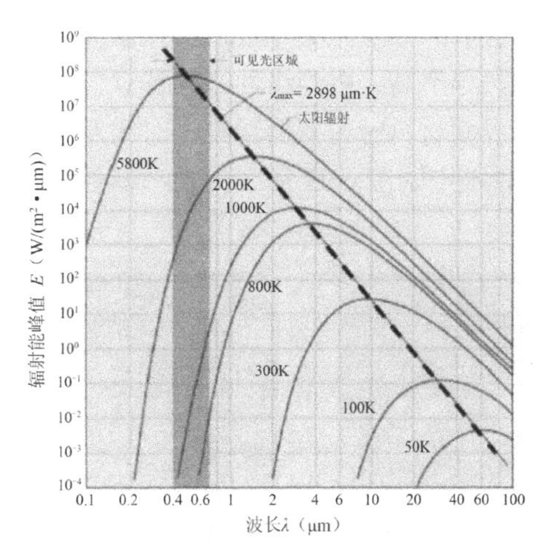

图 6-35　物体辐射能峰值与温度的关系图

红外法测试原理图如图 6-36 所示，通过红外透镜模组收集待测物体表面信息（各点的远红外辐射信号），同时将这些信息聚集到红外焦平面上的阵列检测器上，并将模拟信号转换成多路数字信号，再通过软件处理成伪色彩的图像。依据图像的颜色分布来实时呈现待测物体表面的温度分布云图。红外法采用同时测量物体表面各点温度的方式来实现温度分布的直接探测，因而能准确地得到器件的表面温度分布图。

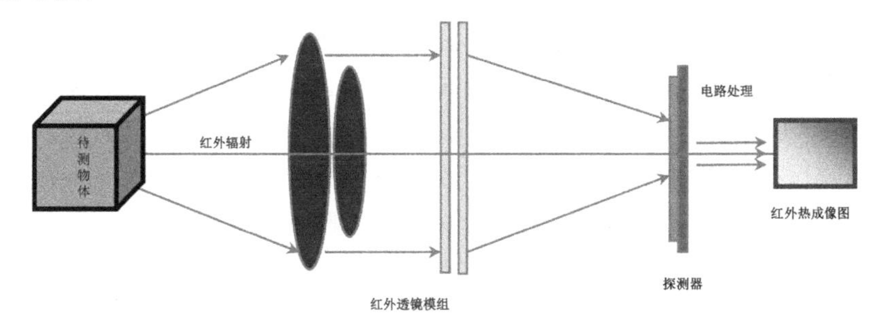

图 6-36　红外法测试原理图

采用红外热成像技术，需要获得待测物体每个像素区域的红外发射率。发射率的含义：物体表面辐射的能量与相同温度的黑体辐射能量的比值，是一个介于0~1之间的数值。所谓黑体，其实是一个能够吸收外来的全部电磁辐射的物体，正由于黑体的特性，其表面的发射率为1。各种物体的发射率由物体本身的材料属性决定，在相同的温度下，不同物体向外辐射的能量也会不同，发射率也不同。通常热绝缘和电绝缘材料是很好的发射体，如陶瓷、橡胶、塑料等，而铜、铁、铝、镍、铅等金属是很差的发射体，一般发射率低于0.25。因此，需要根据集成电路的待测区域，选择合适的方法。N. Wang等在研究石墨烯材料作为热界面材料的散热性能时，因其热导率高、电绝缘性好等特点，在热分析时采用红外法测量功率器件使用不同热界面材料时的表面温度，对比发现石墨烯具有良好的电学性能、力学性能及散热性能[35]。图6-37所示为功率器件在使用不同热界面材料时的工作温度。

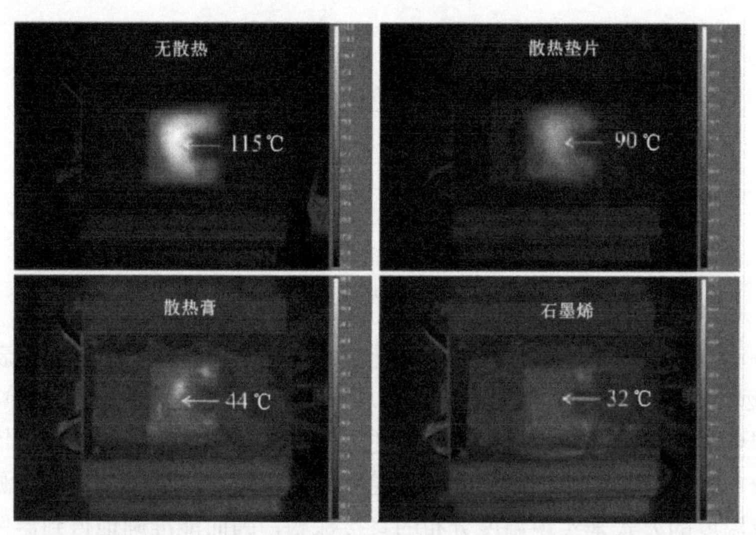

图6-37 功率器件在使用不同热界面材料时的工作温度

典型的红外热成像设备有QFI TM-HST MWIR-512，高速动态红外热成像仪设备照片及采集的样品表面发射率如图6-38所示。该设备采用双探测器显微镜系统，一个用于成像静态图像，另一个用于成像瞬态图像。该设备采用液氮制冷InSb传感器，温度分辨率为0.1℃，最高空间分辨率为2.7μm，动态测量的时间常量为3μs，控温平台的温度范围为25~145℃。为获取清晰的红外热成像图，一般将控温平台加热到70℃或以上进行测量。该设备具有手动物镜旋转台，可搭载5个不同的红外镜头。

图 6-38　高速动态红外热成像仪设备照片及采集的样品表面发射率

6.5.4　拉曼散射法

拉曼散射法是一种新型的光学法，近几年被广泛应用于功率器件热学性能的研究中，由于高空间分辨率的优点，并能得到器件表面纵深的温度分布情况，成为研究半导体器件热学参数的热门手段。

拉曼散射法的本质是一种用于探测材料光学声子的振动频率或振动能量的光散射技术，借助其他手段处理入射光与散射光的能量差来观测拉曼散射。当用一定频率的激发光照射物体表面时，大部分光只是改变方向在分子表面发生无能量交换的弹性散射，这种现象称为瑞利散热，还有一些散射光不但改变了方向，而且改变了频率，这种现象称为非弹性散射，也称为拉曼散射。斯托克斯散射是拉曼散射频率减小的现象，当频率增加的时候称为反斯托克斯散射，通常斯托克斯散射比反斯托克斯散射强度大，测得的散射光与入射光的频率差为拉曼位移，斯托克斯与反斯托克斯强度比为极化率。温度的变化会引起拉曼位移的变化和极化率的变化。因此，可以通过测量拉曼位移或极化率的变化来获得器件温度，两种方法各有优缺点。

由于声子频率除与温度有关外，还与晶格应变有关，因此不仅温度会使得声子频率产生位移，机械应力也会改变振动频率。半导体器件通常由具有不同热膨胀系数的复合材料构成，器件在工作时会因局部发热而发生膨胀变形，产生热力耦合现象，进而引起频率的变化。因此，器件工作时声子频率的变化是温度和应力共同作用的结果，从而影响拉曼位移测温的准确性。

与拉曼位移方法不同，极化率方法能不受应力影响地得到器件温度，这主要利用了斯托克斯与反斯托克斯的强度比值与温度成正相关。然而，反斯托克斯信号强度非常弱、需要的采集时间非常长、采用的全息滤波器价格昂贵且寿命短，这导致极化率方法在实际应用中十分困难。因此，测量拉曼位移是采用拉曼散射法测量器件温度最常用的方法。图 6-39 所示为瑞利散射和拉曼散射过程的能级示意图。

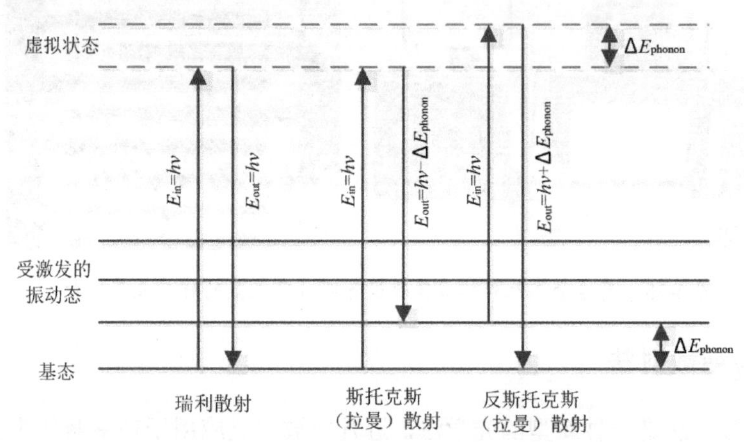

图 6-39 瑞利散射和拉曼散射过程的能级示意图

拉曼散射法一般只监测比入射光源能量低的那一侧来得到斯托克斯拉曼位移，因为在室温下，斯托克斯信号强度比反斯托克斯信号强度要强得多。不同温度下 GaN 衬底的拉曼散射如图 6-40 所示，从中可见，温度上升导致斯托克斯拉曼谱横移、谱线展宽和信号强度降低。

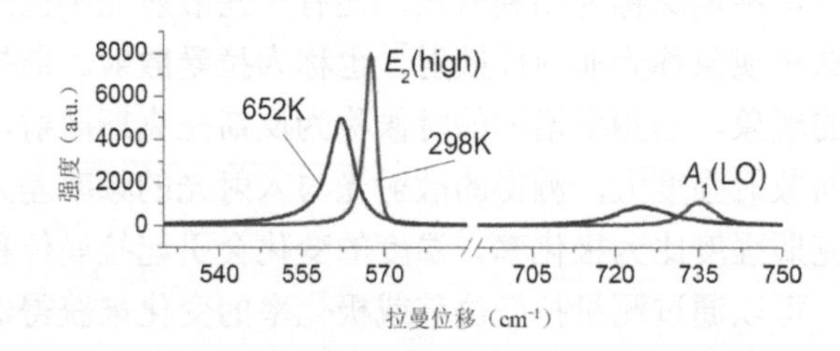

图 6-40 不同温度下 GaN 衬底的拉曼散射

Bristol 大学的 Andrei Sarua 等人报道了利用拉曼位移的方法测试 GaN 器件的结温情况，图 6-41 所示为 GaN 器件的不同热测试方法结果对比[36]。从测试结果可看出，拉曼散射法在空间分辨率方面的优势远远大于红外法，拉曼散射法的空间分辨率约达 1μm，这对于精确表征器件的沟道峰值温度起关键作用。但拉曼散射法的缺点是测量周期很长，因为该方法需要逐点扫描，所以仅适用于局部小范围的温度测量。

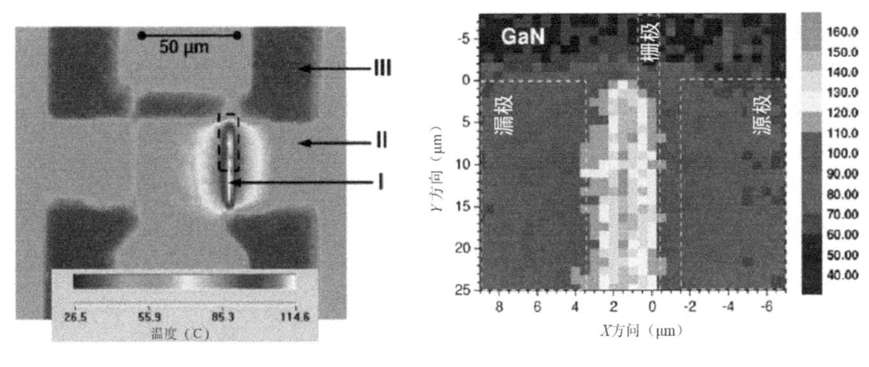

（a）红外法测试结果　　　（b）拉曼散射法测试结果

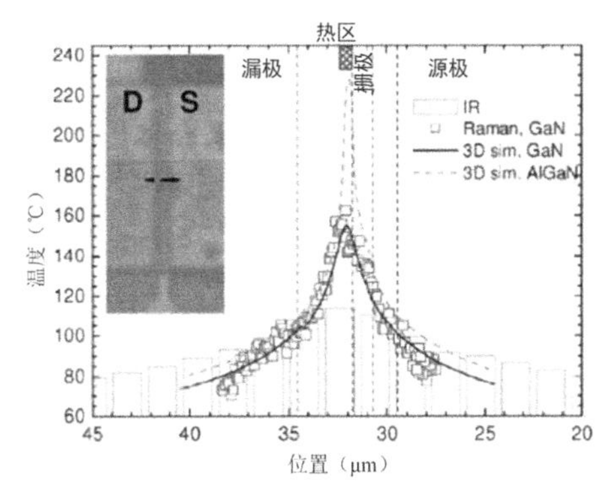

（c）红外法、拉曼散射法及 3D 仿真结果对比

图 6-41　GaN 器件的不同热测试方法结果对比

此外，拉曼散射法还可进行纵向深度的温度分布分析，图 6-42 所示为测试结构的碳化硅（SiC）衬底纵向深度的温度分析结果。当然，拉曼散射法在进行纵向深度分析时，空间分辨率将会降低。

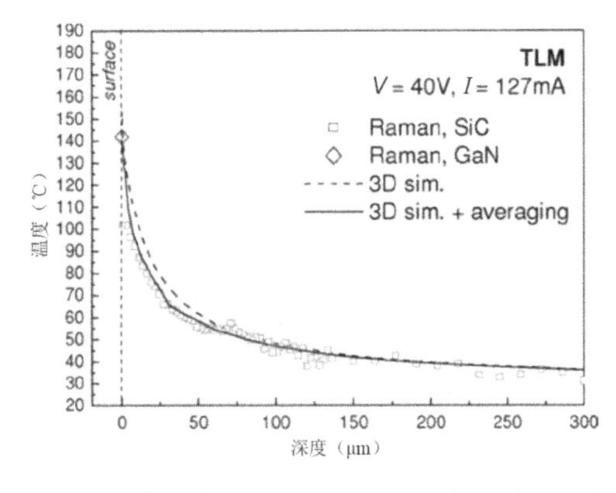

图 6-42　测试结构的碳化硅衬底纵向深度的温度分析结果

6.5.5 热反射法

热发射法属于新兴的光学表征方法。在热成像技术中，成像的空间分辨率与波长相关，波长越长，空间分辨率越低。红外热成像技术选用的中红外波段，其波长范围为3~12μm，因而其理论上的极限空间分辨率约为3μm，为进一步提高热检测的空间分辨率，近年来，采用波长更短的近红外光和单色可见光作为光源的热反射成像技术得以迅速发展。

热反射成像技术利用材料的反射率随温度变化而变化的原理，对待测器件的温度分布进行实时表征。光束照射到材料上会发生反射，当材料的温度发生变化时，探测器的镜头模组收集到的反射光强度也会随之发生改变，因此可以通过待测器件表面材料的反射光强度的变化得到其温度的变化。与红外法相比，热反射法需要提供一个主动入射光源，校正反射系数，探测反射光强度；红外法不需要主动入射光源，直接探测待测器件表面发射的红外辐射能。

入射光反射率（R）的变化与温度的关系类似线性关系，如式（6-20）所示[37]。

$$\frac{\Delta R}{R}=\left(\frac{1}{R}\frac{\partial R}{\partial T}\right)\Delta T=\kappa\,\Delta T \tag{6-20}$$

式中，T为温度；κ为热反射校准系数（通常为10^{-2}~$10^{-5}K^{-1}$量级），很大程度上依赖于材料属性、光照波长、入射角度、表面粗糙度及多层结构中样品的组分。

图6-43所示为热反射法测试系统的原理及实物图[38]，窄带型LED用于提供光强稳定的入射光，照射到待测器件表面，电荷耦合器件（Charge Coupled Device，CCD）或探测器用于探测随温度变化的反射光强度的变化，从而生成器件的表面温度分布图。在热发射成像系统中为了获得更高的温度分辨率，通常使用锁相技术来提高采集信号的信噪比，因为反射信号信噪比很低，而且容易遭受噪声的影响。

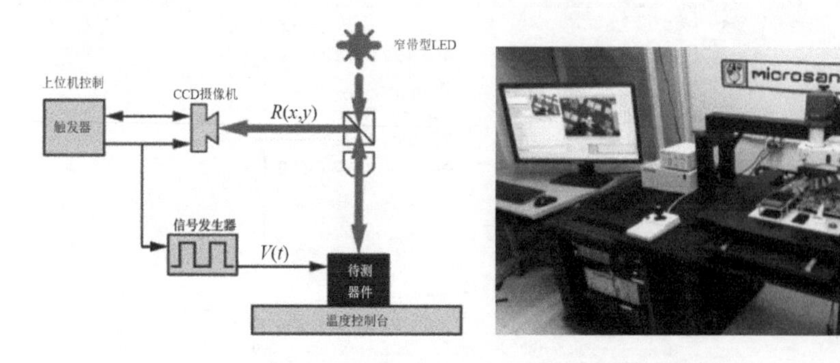

图6-43　热反射法测试系统的原理及实物图

根据Spar－row判据，热反射成像与波长及镜头数值孔径相关：

$$D=\frac{0.5\lambda}{\text{N.A.}} \tag{6-21}$$

式中，D 为空间分辨率；N.A.为镜头的数值孔径；λ 为光源的波长。选择波长为 400~800nm 的可见光，热反射成像的温度检测理论空间分辨率最高可达 300nm，这使得其在对微小结构进行温度成像检测方面具有明显优势，这种亚微米级别的空间分辨率对 GaN 集成器件的热测试具有非常大的吸引力。美国空军研究实验室（Air Force Research Laboratory，AFRL）在研究 GaN 基 HEMT 器件的热物理特性时引进了热反射成像系统，图 6-44 所示为 GaN 基 HEMT 器件的热反射法测试结果[31]。得益于极高的空间分辨率，GaN 器件表面温度分布的精度极其高，在热分析中可以更多地应用热反射法到 GaN 器件中。

亚微米级别的空间分辨率、纳秒级别的时间分辨率是热反射法所特有的。文献[43]对 GaN 基 HEMT 器件进行了瞬态自热效应测试，用的是热反射法，测试结果如图 6-45 所示。从中可见，高温区域位于 GaN 通道，而且该区域的温升是最快的，GaN 通道上方的栅极金属温度与之相近，低温区域位于漏极金属，而且该区域的温升较慢。这个例子反映出，对于这种器件级别的热测试需要很高的分辨率。

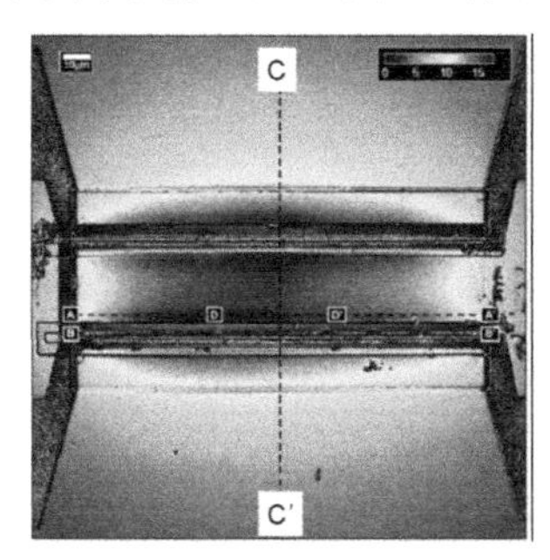

（a）热反射法测得的温度分布图

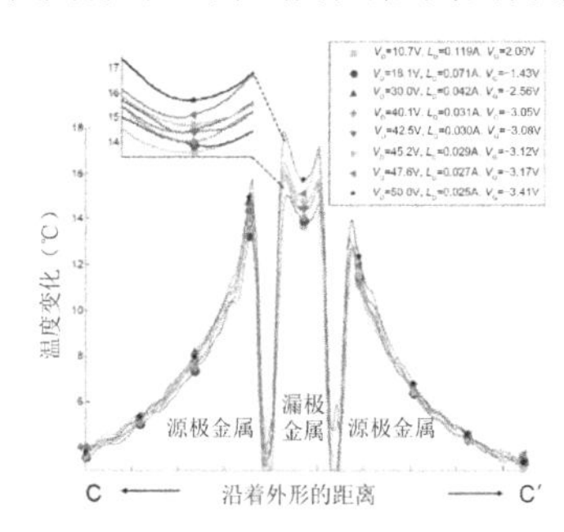

（b）C-C′区域的温度扫描图[39]

图 6-44　GaN 基 HEMT 器件的热反射法测试结果

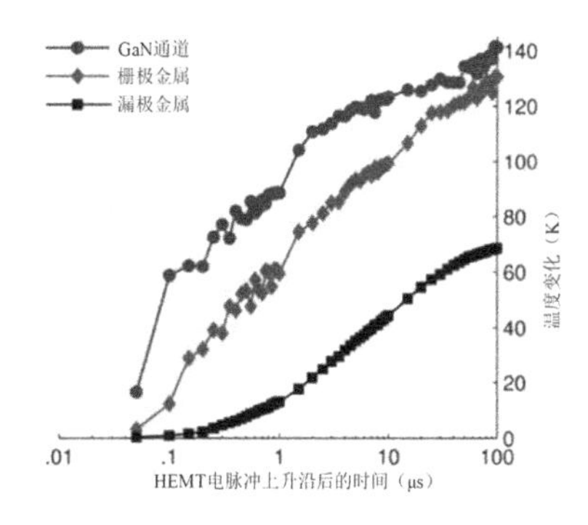

图 6-45　GaN 基 HEMT 器件的瞬态自热效应测试结果[43]

热反射法的优点：空间分辨率是亚微米级别的和时间分辨率是纳秒级别的，同时表面温度分布图能直观呈现；不需要知道材料的辐射系数；可以在室温或低于室温的条件下工作。以上三大优点使热反射法十分适用于器件级别的热学参数测试，如 GaN 器件。

6.6 封装热性能的主要影响因素

6.6.1 封装材料

高热导率的封装原料，如陶瓷、金属及高热导率的基板都会降低结壳热阻和结板热阻，进而使结环热阻降低。例如，由于陶瓷的热导率比塑料高得多，因此陶瓷封装比同类塑料封装的整体热阻低，导热性能更好。图 6-46 所示为自然对流情况下 QFP 封装结环热阻随引脚数量的变化。

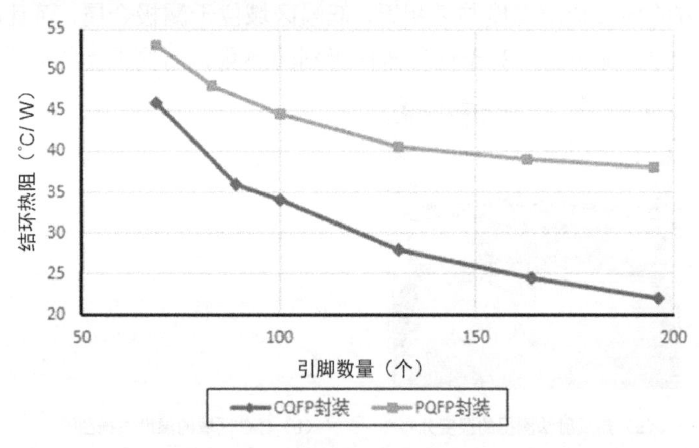

图 6-46 自然对流情况下 QFP 封装结环热阻随引脚数量的变化[39]

6.6.2 封装尺寸

器件封装包含两类热阻：第一类是内部传导热阻（结壳热阻和结板热阻），第二类是外部对流辐射热阻（壳环和板环热阻）。这两类热阻都和器件封装表面积成反比关系。因此，器件的封装尺寸与热阻成反比关系。图 6-47 表明了在自然对流情况下，3 种不同封装的结环热阻随引脚数量增加（封装尺寸增加）而减小的情况。

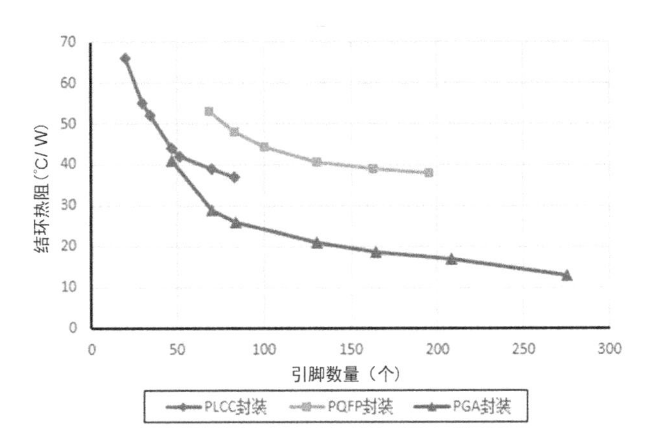

图 6-47 自然对流情况下 3 种封装的结环热阻随引脚数量的变化[39]

6.6.3 芯片尺寸

芯片尺寸通常远远小于其基板或上盖板的尺寸。从实际情况和相应的数学公式可知：芯片与基板及芯片与上盖板之间的传导热阻都随着芯片尺寸的增加而减小。图 6-48 表明了在自然对流情况下，不同引脚数量 PGA 封装和不同引脚数量 PQFP 封装的结环热阻随芯片尺寸增大而减小的现象。这种现象发生在热源面积比实际芯片面积要小得多，芯片发热时的温度梯度较大的情况中。

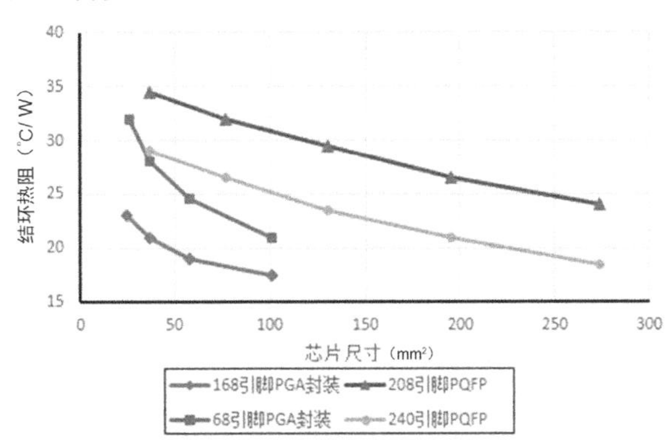

图 6-48 自然对流情况下不同封装的结环热阻随芯片尺寸的变化[39]

6.6.4 器件热耗散量

温度与电子器件热耗散量成正相关。物体温度越高，则通过自然对流和辐射散热的热量越多。图 6-49 展示了结环热阻和结壳热阻随热耗散功率（热耗散量）的变化。从中可知，随着热耗散量的增加，结环热阻减小，而结壳热阻基本保持不变，这是因为结环热阻为对流辐射热阻，结壳热阻为传导热阻，传导热阻仅与封装材料和尺寸有关。

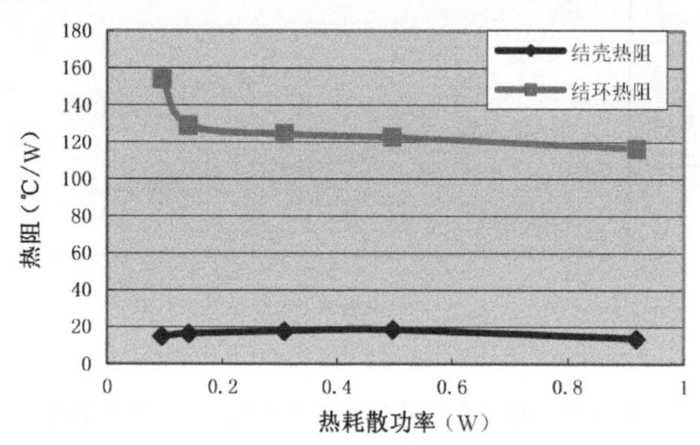

图 6-49　结环热阻和结壳热阻随热耗散功率的变化

6.6.5　气流速度

气流速度越大，则热量通过对流传热的效率越高，因而壳环热阻和板环热阻越小。因此，结环热阻与气流速度呈现负相关。图 6-50 展示了 168 引脚 PGA 封装结环热阻和结壳热阻随气流速度的变化。当气流速度增大到一定值后，结环热阻不再随气流速度的增大而继续降低，而是呈现稳定状态。这表明此时再增大气流速度将失去意义。图 6-50 也表明，气流速度对封装的结壳热阻并不会产生明显的影响。

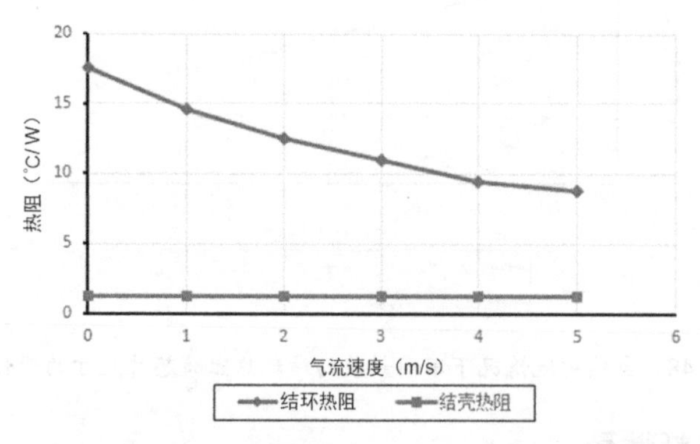

图 6-50　168 引脚 PGA 封装结环热阻和结壳热阻随气流速度的变化

图 6-51 给出了在 28℃室内环境下，对流换热系数与气流速度关系的试验装置及拟合曲线，对流换热系数随着气流速度的增大而增加，从而引起结环热阻的降低。

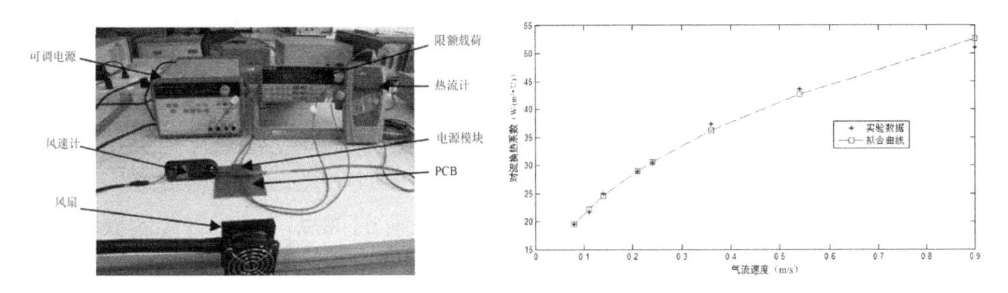

图 6-51　对流换热系数与气流速度关系的试验装置及拟合曲线[40]

6.6.6　板的尺寸和热导率

高热导率的基板不仅可以减小基板的体热阻，还可以进一步减小板环热阻；大面积的 PCB 可以降低对流辐射热阻，也能达到减小板环热阻的效果。因此，大面积或高热导率的基板可以减小板环热阻，进而减小结环热阻。132 引脚 PQFP 封装的结环热阻随 PCB 面积和热导率的变化如图 6-52 所示。图 6-52 表明当一个 132 引脚的 PQFP 封装安装在高热导率的 PCB 上时，其结环热阻比安装在低热导率 PCB 上的小。同时表明，当 PCB 面积增加时，结环热阻减小。然而试验数据表明，PCB 面积与封装面积对降低热阻的贡献有一个极限值，当 PCB 与封装的面积比大于 5 后，结环热阻不再随着 PCB 面积增加而产生明显变化。这是因为在距封装体远的位置，板温和空气之间的温差较小，不能形成明显的对流换热，因此远处的面积对于散热没有帮助。

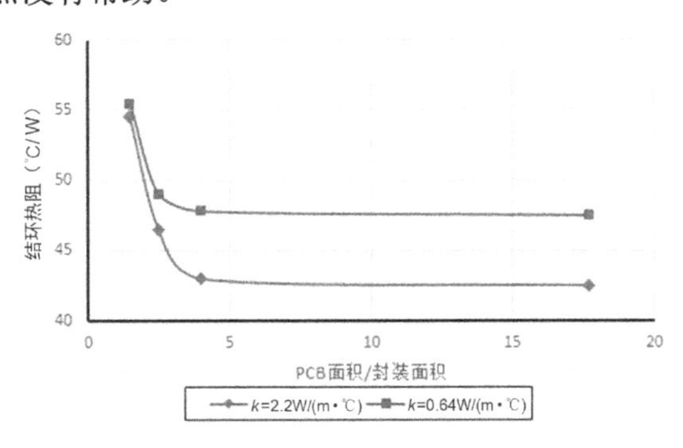

图 6-52　132 引脚 PQFP 封装的结环热阻随 PCB 面积和热导率的变化[39]

6.7　微流道热特性及热管理

热传导、强迫风冷、液冷或热管等散热技术被广泛应用于各种封装形式中，然而这些传统散热方式由于散热效率低且集成度低等缺点，已不能满足单芯片热流密度超过 100W/cm² 的热管理需求，从而对新型热管理技术提出更高要求。南京电子技术研究所针对大功率芯片阵列提出了一种多层微流道设计，将冷却结构分为冷却液供给层、冷却液回路层和微流道层，并通过设计优化冷却液路径，实现多芯片增强传热、均匀流动的目的[41]。微流道是针对近结散热的概念而提出的先进散热方式，近结散热具有一些传统散热所没有的优点，包括散热装置质量更小、尺寸更小、热流路径上的热阻更低，以及单位体积的有效热交换率更高，有利于大功率设备微型化的发展。2020 年，洛桑联邦理工学院的 Remco Van Erp 等学者，在 *Nature* 上介绍了一种单片硅中刻蚀歧管微流道，达到 1723W/cm² 的芯片级散热能力，这是目前公开报道的最高芯片级散热水平[42]。

6.7.1 微流道技术及换热效率

微流道的主要挑战是制造困难和流道内的高压降。美国于 2008 年启动了“热管理技术”项目，其将热管理分为 3 个层级、5 个方面的技术途径，如图 6-53 所示[43]。

（1）芯片级冷却技术：芯片级微流道、超低热阻热界面材料（CNT/GNP）。

（2）模块级冷却技术：微型半导体制冷器、高热导率热交换器（TGP）。

（3）设备级冷却技术：微型主动式散热器（散热片、风机）。

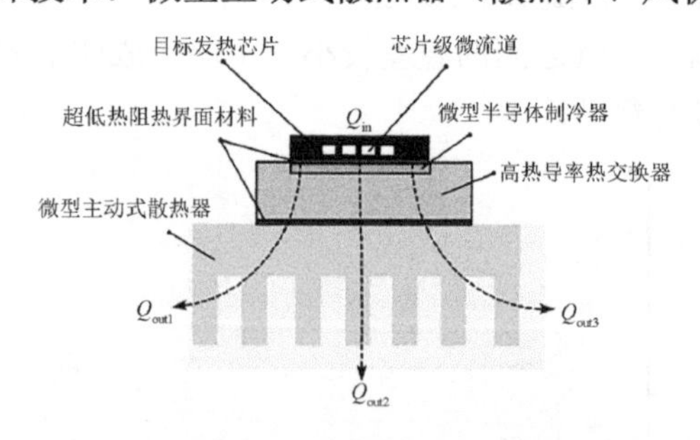

图 6-53 “热管理技术”项目

许多的试验表明，芯片级微流道在合理的流道压降和泵功率下，可以实现 400~1000W/cm² 的热移除量。不同换热方式的效率如表 6-5 所示。

表 6-5 不同换热方式的效率

	换热方式	技术	热移除量（W/cm²）
Prasher 等人[44]	单相	微米型流道	1250
Kosar 等人[45]	两相	微米型流道	400
Weibel 等人[46]	两相	纳米型冷却棒	500
Narayanan 等人[47]	两相	薄层蒸发	600

6.7.2　微流道热管理

通常，单相换热可以实现较高的热移除量，但是单相换热比两相换热存在更高的流道压降。原因是当单相换热时，工质沸腾所形成的气泡会在流道内形成气栓，并对工质的流动形成极大的阻碍。若泵功率不足，流道将形成堵塞，芯片热量无法及时耗散，芯片温度升高，严重时会导致芯片过热而损坏。

因此，在微流道热管理中，可以对流道形状、拓扑结构、流道材质、冷却液种类及冷却液路径进行优化，其优化目标有 3 个：一是提高热交换效率；二是降低热点的温度梯度，使温度均匀分布；三是平衡微流道内部压降，提高微流道的可靠性。例如，Tang 等人针对微流道的拓扑结构进行分析，优化基于冲击射流技术的冷却板喷嘴直径、长度及微流道宽度等设计参数，有效地提高了冷却效率[48]；T. Wei 等人通过设计优化芯片阵列之间微流道的散热路径，增加进出口数量并降低路径间的串联比例，降低芯片间的温度梯度，实现了均匀流动的目的[41]等。微流道的设计优化如表 6-6 所示。

表 6-6　微流道的设计优化

优化方向	类别	具体形式	示意图	特点
散热能力	流道形状	针片鳍形[49]	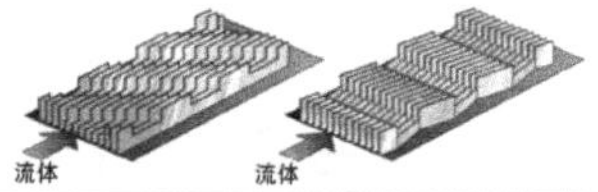	1. 产生二次流（叠加于主流之上的水流，如涡流、紊流） 2. 扰乱热边界层的发展（流体在流动时，因边界附近加热或冷却而形成了一层具有温度梯度的薄层，该薄层对传导热阻有较大的贡献）
		波浪形[50]	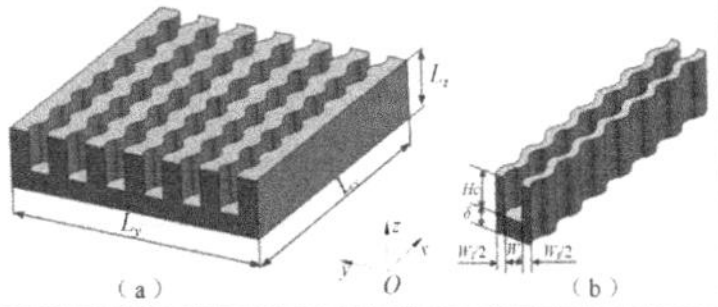	
		蛇形[51]	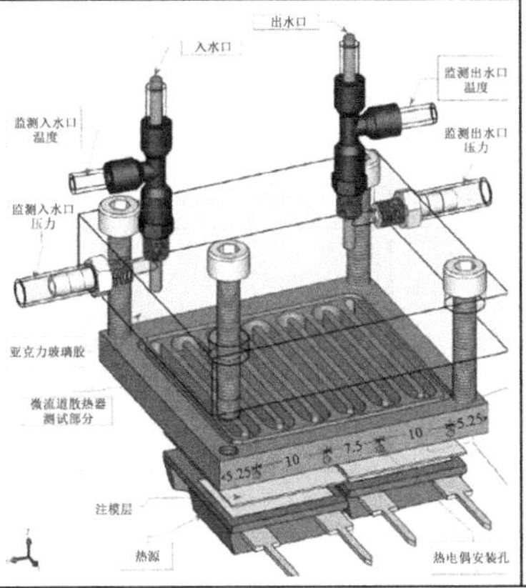	

续表

优化方向	类别	具体形式	示意图	特点
散热能力	流道材质	铜/铜合金[52] 铝/铝合金[53] SiC[54] 金刚石[55] 低温烧结陶瓷[56]	—	提高单位体积内的有效热交换量
	流动路径	循环型[57]	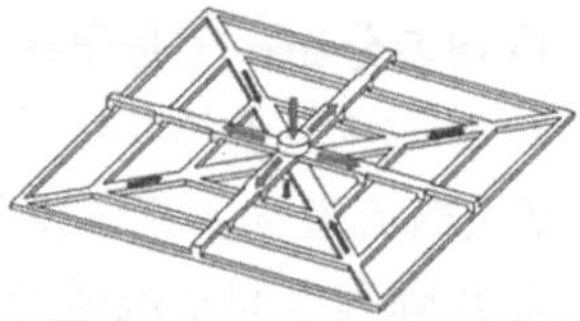	提高工质单位体积内的热交换效率
高压降问题	拓扑结构	汽-液两相换热结构[58]	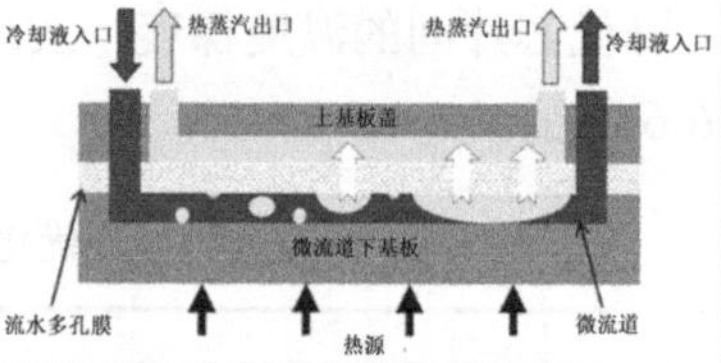	改善工质沸腾状态下的不均匀效应（气泡的存在使得工质分布不均匀） 更多的流道进出口、缩短有效流动路径
		歧管型拓扑结构[59]	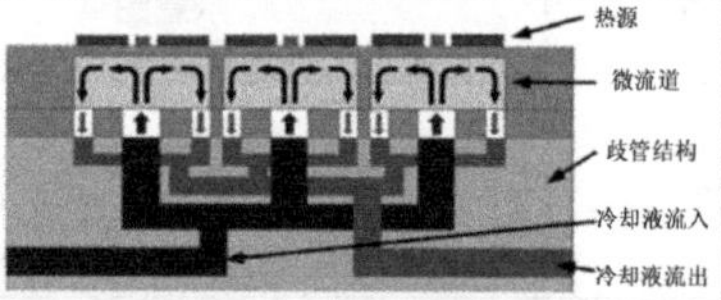	
	冷却工质	镓合金（EGaInSn、EGaIn、GaSn、GaIn）	—	低熔点、高沸点的特性，解决了工质沸腾态下的不均匀效应
	流动路径	发散型[60]	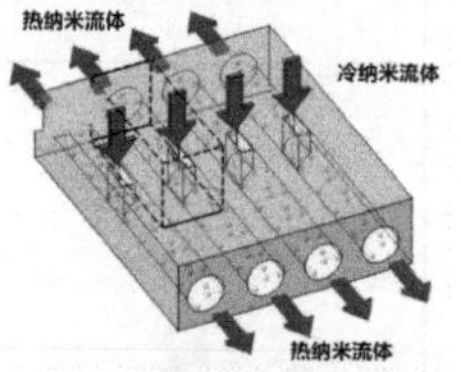	缩短有效流动路径、合理分配冷却工质
		汇聚型[61]	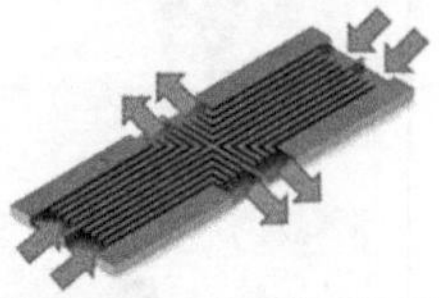	

6.8　叠层芯片封装热分析及结温预测案例[62]

在 3D 封装集成电路中，由于芯片尺寸越来越小，功率却越来越大，因此多芯片叠层产生的热量越来越大，单位面积上的热耗散功率急剧增加。受器件封装尺寸的制约，3D 叠层芯片之间的间隙过小，不能充分提供流体流动的冷却通道，叠层的较薄芯片容易导致芯片上产生过热点，且各叠层芯片之间的热功耗可能不尽相同，内层芯片的过热点温度难以探测，因此热管理成为 3D 集成封装的一个重要问题[63]。

3D 封装芯片类似三明治结构，难以直接测试获得其内部芯片结温。通常只能通过仿真进行分析，或者通过测试表层芯片结温，进而基于热传导理论，计算获得内层芯片结温。进行叠层芯片结温预测的理论方法主要有基于线性叠加原理的热阻矩阵方法和基于 45°热传导法则的热阻网络方法。本节描述了一个 6 层叠层芯片的结温预测和对比验证的案例。

6.8.1　热测试叠层芯片及测试板设计

首先设计了 6 层键合叠层的热测试裸芯片和测试板，每层芯片具有独立 PN 结热源、热敏电阻和热敏 PN 结，采用键合和粘接方式叠层封装，可分别基于热敏电阻和热敏 PN 结独立进行每层芯片的结温测试；然后分别基于线性叠加原理的热阻矩阵方法和基于 45°热传导法则的热阻网络方法，进行了叠层芯片内层结温预测，并利用测试结果验证叠层芯片温度预测结果的正确性。

热测试芯片实物图如图 6-54 所示。中间区域为梳齿状的 PN 结发热区，用于为所在的裸芯片提供热源，其热耗散功率通过计算流经该发热 PN 结的电流和其两端电压的乘积值获得。热敏电阻的热感应区埋置在发热中心区的正下方，可用于监测发热区中心位置发热时的温度，也可用于监测周边其他热源芯片发热时测温区域的温度。

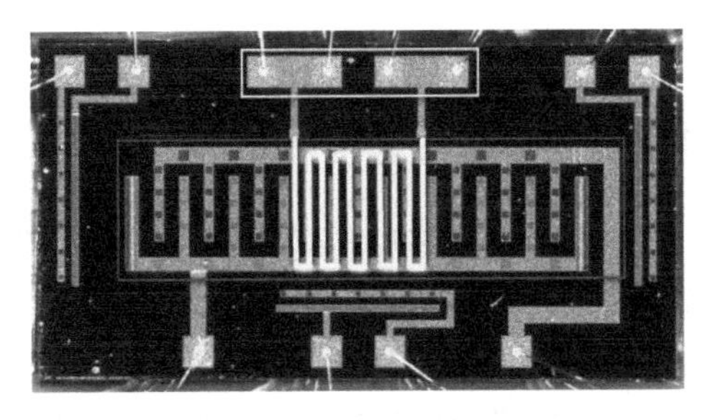

图 6-54　热测试芯片实物图

通过测试热敏电阻的电阻值，根据电阻值与温度的关系，进而获取微区温度场的数据。电阻测试过程采用四线法测量，且测试电流应足够小，避免在 UBM 产生可测量出的焦耳热。首先在测试线的两端稳定施加电流 I_m，然后测量电压 V_1，计算电阻值 $R_1(T_1)=V_1/I_m$。接着使电流反向，测量测试线两端电压 V_2，然后计算电阻值 $R_2(T_2)=V_2/I_m$。根据 $R_1(T_1)$和 $R_2(T_2)$的平均值计算金属测温电阻的电阻值。

电阻大小与温度的关系如下。

$$R(T_{test}) = R(T_{ref})\left[1 + \mathrm{TCR}(T_{ref})'\,(T_{test} - T_{ref})\right] \qquad (6\text{-}22)$$

式中，T_{test}是热敏电阻测试区的实际温度，单位为℃；$R(T_{test})$是该温度下的电阻值；$\mathrm{TCR}(T_{ref})$是温度系数，单位为℃$^{-1}$，通常热敏电阻的温度系数约为 500ppm/℃，具体可在已知温度下进行实测校正；$R(T_{ref})$是室温下的电阻值，单位为 Ω；T_{ref}表示室温，单位为℃。由式（6-22），即可根据电阻测试结果，计算获得结区温度。

叠层芯片的结构示意图如图 6-55 所示。叠层芯片采用悬臂型叠层方式，悬臂型为“芯片-垫片-芯片”结构，垫片采用硅材料制成，与芯片材料相同，芯片与垫片之间用粘接剂粘接。按照从底层到顶层芯片的顺序，依次编号为裸芯片 1（Die1）~裸芯片 6（Die6）。热测试芯片中各层裸芯片之间无电连接，每层芯片通过引线键合方式单独与基板上的焊盘相连。

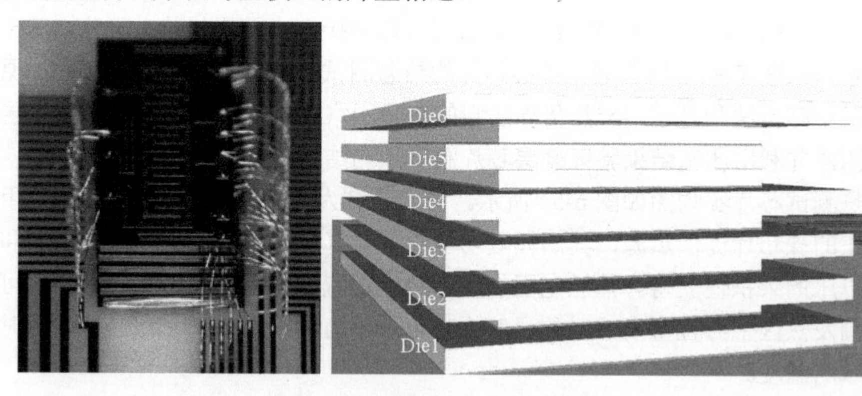

图 6-55　叠层芯片的结构示意图

6.8.2　基于温敏电阻的叠层芯片温度测试

由于采用红外法只能测量表层芯片温度，无法获取内部叠层芯片温度，因此基于热测试芯片的温敏电阻进行叠层芯片各层温度提取。首先在 30~100℃之间的恒温箱中每隔 10℃取 1 个温度点，采用四线法进行电阻值测量，当恒温箱设定温度和箱内实测温度一致且各层温敏电阻达到稳定时，记录各层芯片温敏电阻阻值。拟合得到各层芯片温敏电阻与温度的关系曲线，如图 6-56 所示。

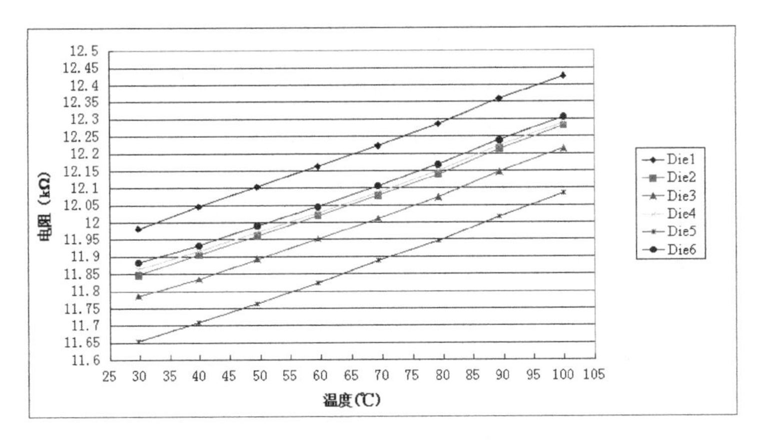

图 6-56 各层芯片温敏电阻与温度的关系曲线

为了确定叠层芯片在不同层的裸芯片上施加功率时各层芯片的温度分布情况，在环境温度为23℃的条件下，单独对每层裸芯片施加2W的功率，记录各层温敏电阻阻值并拟合函数求出各层温度，其结果如图6-57所示。

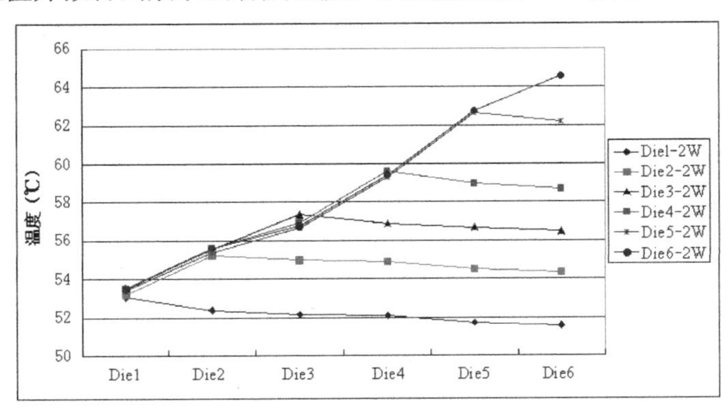

图 6-57 各层芯片单独施加 2W 功率时的温度

在对各层芯片单独施加功率时，热源芯片越靠近顶层，整个芯片的最大温度值越高，且被施加功率的裸芯片温度值最高。对于其他芯片而言，如果热源为其上层的芯片，则该层芯片的温度不会因为热源的位置差异而有明显变化。热源芯片下层的温度比上层芯片的温度要低，表明热量主要往基板方向朝下流出。例如，当对 Die4 芯片单独施加功率时，Die4 芯片的温度最高，其上层和下层的温度都呈现出逐步降低的趋势，且下层的 Die3 芯片、Die2 芯片及 Die1 芯片的温度明显高于 Die5 芯片和 Die6 芯片，即 Die4 芯片与上层芯片的温度更为接近。

由傅里叶热传导基本定律可知，热量从温度高的地方流向温度低的地方。当对某层芯片单独施加功率时，其自身的温度最高。芯片热量散发的路径主要有两条，一条是向上传到顶层芯片后散发到腔体空气中，另一条是向下传入基板后经过引脚传到PCB，最后散发到空气中。热源芯片的下层芯片温度比上层芯片温度更低，这是因为往下传热路径的总热阻比往上传热路径的总热阻小，芯片产生的热量大部分往热阻小的路径传递。

在保持总功率2W不变的情况下，给各层芯片同时施加0.33W功率，获得各层芯片温度分布，如表6-7所示。

表6-7　各层芯片同时施加0.33W功率时的温度

	Die1	Die2	Die3	Die4	Die5	Die6	环境温度（℃）
试验结果（℃）	53.94	56.45	58.10	59.18	60.94	61.67	23

由表6-7可以发现，当把2W功率均匀分配到各层芯片上时，从顶层芯片到底层芯片温度逐步降低。顶层芯片温度最高，为61.67℃，其温度值比顶层芯片单独施加2W功率时低。底层芯片温度最低，为53.94℃，其温度值比底层芯片单独施加2W功率时高。这说明了底层芯片比顶层芯片更容易散热，同时说明了在对叠层芯片进行封装时，功率较大的芯片更适合放置在底层，这样有利于整个芯片热量的散发。

6.8.3　基于有限元仿真的叠层芯片热分析

采用FloTHERM热仿真软件对6层叠层芯片及热测试环境（包含静态空气测试环境箱）进行热稳态仿真分析。参考JESD51-2标准建立测试环境，将芯片放置在测试板上，标准无风静态空气测试环境箱内的温度设为23℃，自然对流换热系数设为6W/(m²•K)。空气自然对流条件下热测试环境仿真模型如图6-58所示。

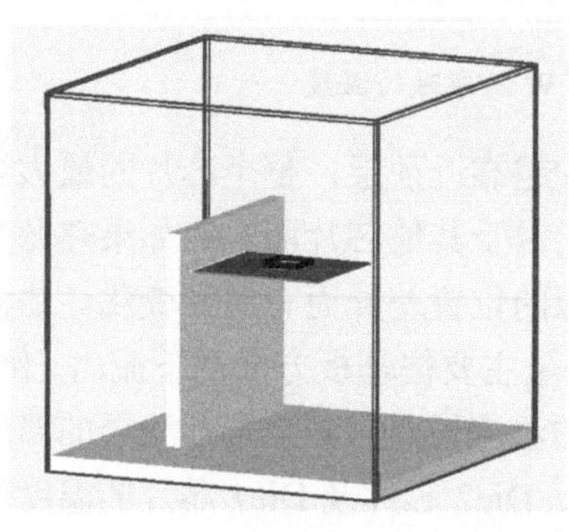

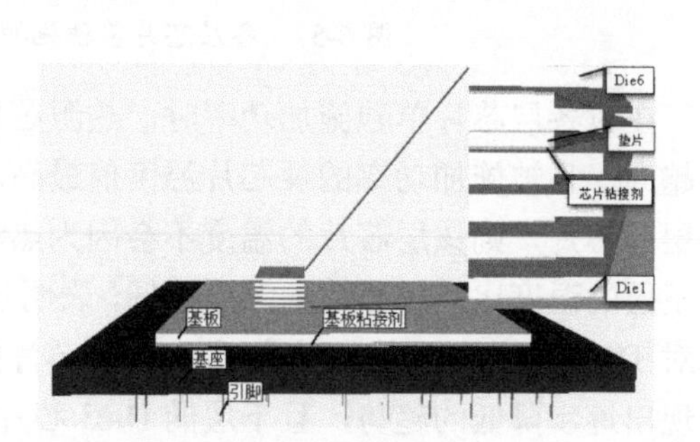

图6-58　空气自然对流条件下热测试环境仿真模型

通过分析仅对Die6芯片施加2W功率条件下叠层芯片内部热场分布来进一步分析叠层芯片的热流路径。图6-59所示为对Die6芯片施加2W功率时叠层芯片热分布云图。为了验证所建立的热仿真模型的正确性，分别采用红外法和温敏电阻法验证仿真结果。红外法在 70℃恒温台上具有较好的测试精度，为便于对比分析，统一用 70℃作为基准环境温度。在做红外热成像试验的同时，测试内层各叠层芯片的温敏电阻，以便进行内层结果之间的对比分析。

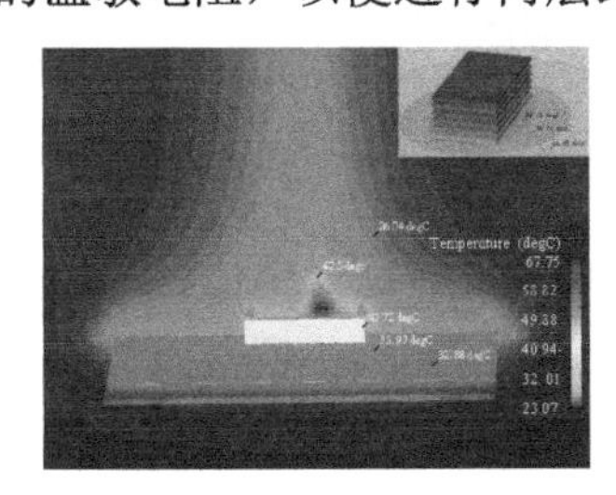

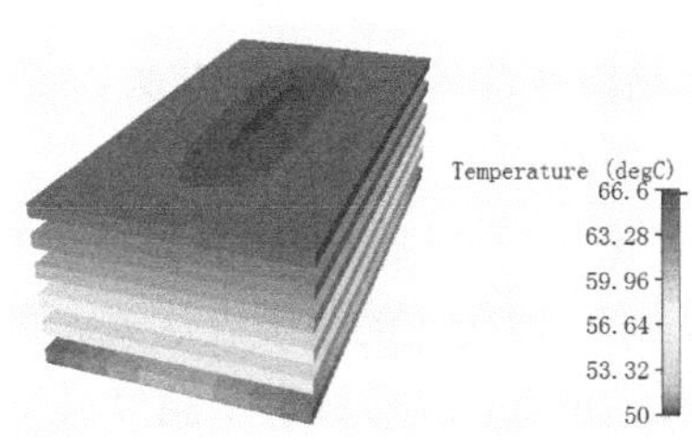

图 6-59　对 Die6 芯片施加 2W 功率时叠层芯片热分布云图

图 6-60 所示为对 Die6 芯片施加 2W 功率时其表面的红外热成像温度分布图，温敏电阻是埋置在热源区下的，而仿真的温度测点设置在各层芯片的体中心。仅对 Die6 芯片施加 2W 功率时各层芯片温度如表 6-8 所示。由表 6-8 可以发现，红外热测试获得顶层芯片的平均温度为 94.89℃，温度最高点位于面中心位置附近，最大值达 96.80℃。顶层芯片温度仿真结果为 93.23℃，这与红外试验结果非常接近。温敏电阻法获得的顶层芯片温度为 95.74℃，与红外试验顶层芯片热源位置平均最大温度仅差 0.85℃。各层芯片温度的仿真结果和温敏电阻法结果相差最大值约为 2℃。以上对比结果充分验证了本案例中所建立仿真模型的准确性。

表 6-8　仅对 Die6 芯片施加 2W 功率时各层芯片温度

	Die1	Die2	Die3	Die4	Die5	Die6	Die6 结区红外测量值	
仿真结果（℃）	82.65	84.55	86.76	89.04	91.27	93.23	平均值	最大值
温敏电阻法结果（℃）	83.66	85.95	87.38	90.30	93.91	95.74	94.89	96.80

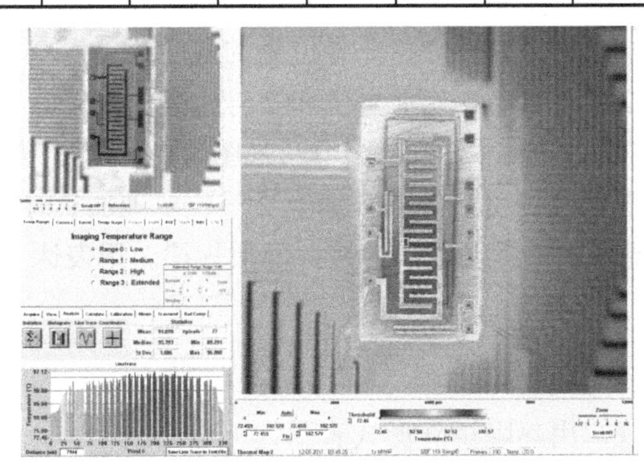

图 6-60　对 Die6 芯片施加 2W 功率时其表面的红外热成像温度分布图

6.8.4 叠层芯片温度预测模型及验证

对于单一热源的芯片而言，人们提出了多种热阻网络模型，但关于建立多热源的叠层芯片热阻网络模型的文献较少。本节根据叠层芯片的热流路径，分别建立基于热阻矩阵和热阻网络的叠层芯片结温预测模型。

1. 基于热阻矩阵的芯片温度预测

（1）热阻矩阵理论。

热阻矩阵是基于多热源芯片中各个热源单独产热时对其他芯片产生耦合线性叠加的加热原理，而构建的数学表达式。图 6-61 所示为热耦合线性叠加原理示意图（横坐标表示位置，纵坐标表示温度），一根金属棒内部有热源，假设金属棒除了左右两个端面，其他面均为理想绝热面，金属棒表面温度从热源处向两端线性递减。

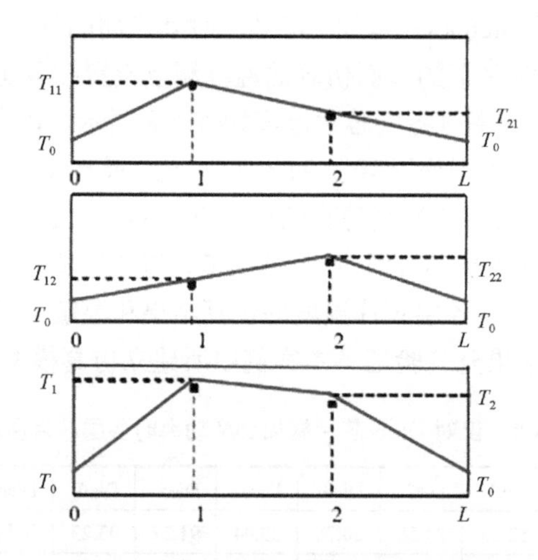

图 6-61 热耦合线性叠加原理示意图

当只对 1 号位加热时，1 号位和 2 号位处的温度分别为 T_{11} 和 T_{21}，T_0 为周围环境温度；当只对 2 号位加热时，1 号位和 2 号位处的温度分别为 T_{12} 和 T_{22}。当对 1 号位和 2 号位同时加热时，将上、中两张图叠加，即 1 号位处的温升等于 1 号位单独加热时在 1 号位处引起的温升加上 2 号位单独加热时在 1 号位处引起的温升。2 号位处的温升同样遵循类似的线性叠加规律。用表达式表示就是

$$\begin{aligned} T_1 - T_0 &= (T_{11} - T_0) + (T_{12} - T_0) \\ T_2 - T_0 &= (T_{21} - T_0) + (T_{22} - T_0) \end{aligned} \tag{6-23}$$

上述线性叠加规律用热阻矩阵形式表示为

$$\begin{bmatrix} T_1 - T_0 \\ T_2 - T_0 \end{bmatrix} = \begin{bmatrix} \theta_{11} & \theta_{12} \\ \theta_{21} & \theta_{22} \end{bmatrix} \cdot \begin{bmatrix} P_1 \\ P_2 \end{bmatrix} \tag{6-24}$$

这里 θ_{ij} 代表只在位置 j 处施加功率时在位置 i 处的热阻，可以用式（6-25）表示。

$$\theta_{ij} = \frac{(T_{ij} - T_0)}{P_j} \qquad i, j = 1, 2 \tag{6-25}$$

热源的数量决定了热阻矩阵的阶数。N 个热源用 $N \times N$ 阶矩阵表示。叠层芯片中任何一个裸芯片发热时都会对其他层的芯片有耦合加热的影响，每个裸芯片温度的上升除与它自身功耗发热有关外，还与其他发热的裸芯片对其累加耦合加热有关。因此对叠层芯片中具体某个裸芯片热阻的计算不能忽略其他裸芯片对其产生的耦合加热影响。根据线性叠加原理，对于一个包含 6 层裸芯片的叠层封装，可以采用 6×6 阶的热阻矩阵来描述其封装体的散热特性。式（6-26）是一种利用芯片环境温度和对应的热阻矩阵计算各层裸芯片温度的方法。

$$[T_i] = \begin{bmatrix} T_1 \\ T_2 \\ T_3 \\ T_4 \\ T_5 \\ T_6 \end{bmatrix} = [\theta_{ij}] \cdot [P_k] + [T_A] = \begin{bmatrix} \theta_{11} & \theta_{12} & \theta_{13} & \theta_{14} & \theta_{15} & \theta_{16} \\ \theta_{21} & \theta_{22} & \theta_{23} & \theta_{24} & \theta_{25} & \theta_{26} \\ \theta_{31} & \theta_{32} & \theta_{33} & \theta_{34} & \theta_{35} & \theta_{36} \\ \theta_{41} & \theta_{42} & \theta_{43} & \theta_{44} & \theta_{45} & \theta_{46} \\ \theta_{51} & \theta_{52} & \theta_{53} & \theta_{54} & \theta_{55} & \theta_{56} \\ \theta_{61} & \theta_{62} & \theta_{63} & \theta_{64} & \theta_{65} & \theta_{66} \end{bmatrix} \cdot \begin{bmatrix} P_1 \\ P_2 \\ P_3 \\ P_4 \\ P_5 \\ P_6 \end{bmatrix} + [T_A] \tag{6-26}$$

式中，T_i 为第 i 层裸芯片的温度；P_k 为第 k 层裸芯片的功率。在热阻矩阵中，θ_{11} 表示当只有第 1 层裸芯片单位功率耗散时，该层裸芯片温度与环境温度的差，即该芯片的自热阻；θ_{i1} 表示当第 1 层裸芯片单位功率耗散时，在第 1 层裸芯片的耦合加热下第 i 层裸芯片温度与环境温度的差，即第 1 层芯片对第 i 层芯片的耦合热阻。由式（6-26）可求得 6 层叠层芯片结构中任一层芯片的温度，可由式（6-27）表示。

$$T_i = \theta_{i1}P_1 + \theta_{i2}P_2 + \theta_{i3}P_3 + \theta_{i4}P_4 + \theta_{i5}P_5 + \theta_{i6}P_6 + T_A \tag{6-27}$$

$$\theta_{ik} = \frac{T_i - T_{Ak}}{P_k} \tag{6-28}$$

热阻矩阵中任一元素 θ_{ik} 可根据式（6-28）求得。在式（6-28）中，P_k 为仅有第 k 层芯片施加的功率值，T_i、T_{Ak} 为仅有第 k 层芯片功率消耗时第 i 层芯片的温度和环境温度。热阻矩阵体现了裸芯片自身发热和相互耦合加热的关系。

（2）热阻矩阵的验证。

各裸芯片单独施加 1.2W 功率时的温度见表 6-9。基于上述预测裸芯片温度的热阻矩阵方法，并根据式（6-28）和表 6-9 中的数据计算各裸芯片单独施加 1.2W 功率时热阻矩阵中各裸芯片自热阻和耦合热阻的值，同样可计算各裸芯片单独施加 0.8W 和 1.6W 功率时的热阻矩阵$[\theta]_{0.8}$和$[\theta]_{1.6}$。

表 6-9　各裸芯片单独施加 1.2W 功率时的温度

	Die1-1.2W	Die2-1.2W	Die3-1.2W	Die4-2W	Die5-1.2W	Die6-1.2W
Die1 温度（℃）	43.12	42.04	42.85	42.25	42.73	42.74
Die2 温度（℃）	42.90	43.63	43.63	43.66	43.45	43.51
Die3 温度（℃）	42.68	42.80	44.91	43.74	44.96	44.61
Die4 温度（℃）	42.54	42.84	45.00	47.10	46.75	46.46
Die5 温度（℃）	42.04	42.18	44.36	44.65	49.12	48.49
Die6 温度（℃）	41.95	42.01	44.01	44.86	47.40	49.46
环境温度（℃）	22.6	22.4	22.5	22.8	22.7	22.5

热阻矩阵中各个元素的值并非为恒定值，随着施加功率的增加，各裸芯片到环境的热阻呈下降趋势。求出热阻矩阵$[\theta]_{0.8}$、$[\theta]_{1.2}$、$[\theta]_{1.6}$中内部各个元素的平均值构成如下所示的矩阵$[\theta]$。

$$[\theta]=\begin{bmatrix} 16.62 & 16.26 & 16.34 & 16.21 & 16.42 & 16.38 \\ 16.22 & 17.35 & 17.61 & 17.17 & 17.16 & 16.91 \\ 16.08 & 17.24 & 18.68 & 17.72 & 18.31 & 18.19 \\ 16.05 & 17.30 & 18.59 & 20.04 & 19.68 & 19.28 \\ 15.30 & 16.55 & 17.71 & 18.45 & 21.46 & 21.34 \\ 15.56 & 16.49 & 17.76 & 18.65 & 20.78 & 22.17 \end{bmatrix}$$

在已知环境温度的情况下，根据式（6-27）和热阻矩阵$[\theta]$预测总功率为 1.2W 且各裸芯片功率均为 0.2W 时的芯片温度，并进行对比验证。表 6-10 所示为温敏电阻测试结果和热阻矩阵计算结果对比。

表 6-10　温敏电阻测试结果和热阻矩阵计算结果对比

	Die1	Die2	Die3	Die4	Die5	Die6	环境温度（℃）
热阻矩阵计算结果（℃）	44.65	45.48	46.24	47.19	46.15	47.28	25
温敏电阻测试结果（℃）	46.68	47.94	49.07	50.51	50.98	51.17	
误差（%）	−4.36	−5.12	−5.76	−6.58	−7.50	−7.60	

由表 6-10 可以发现，热阻矩阵计算结果和温敏电阻测试结果最大误差为−7.60%，温差约为 4℃，说明了热阻矩阵预测叠层芯片温度具有一定的合理性。存在误差的原

因可能是在建立热阻矩阵时给每层芯片施加的功率远比实际施加的功率大，而芯片加载的功率越大，其热阻越小，因此出现热阻矩阵计算结果比温敏电阻测试结果偏小的情况。

2. 基于热阻网络拓扑模型的芯片温度预测

（1）叠层芯片热阻网络拓扑模型。

当热量从窄区域的芯片块传送到宽截面的基板时，热流是与材料截面成 45°角扩散的，求解热量 45°角扩散时的热阻可用热阻 45°计算方法。图 6-62 所示为热阻 45°计算方法示意图，若 A 是发热芯片的长度，则 $D=A+X$ 是按照 45°角扩散后的平均长度，而 $C=A+2X$ 是扩散后的最大长度，按扩散后的最大长度来计算热扩散面积。

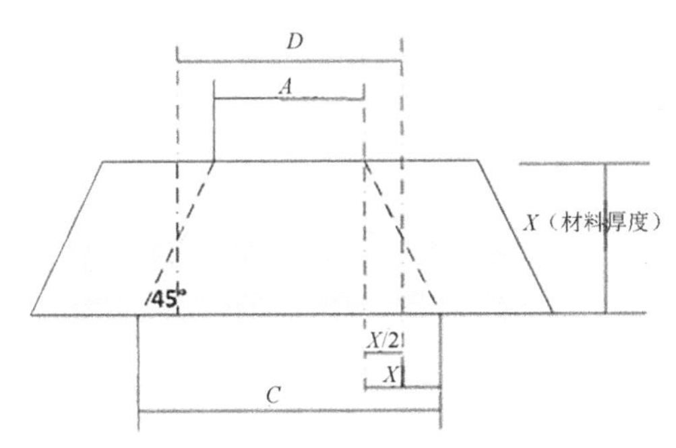

图 6-62　热阻 45°计算方法示意图

仿真结果显示芯片产生的热量大部分经过芯片粘接剂和基板后，流经引脚，最后在大面积的 PCB 上散发。叠层芯片主要以热传导和热对流方式向外界散发热量，其散热路径分布示意图如图 6-63 所示。

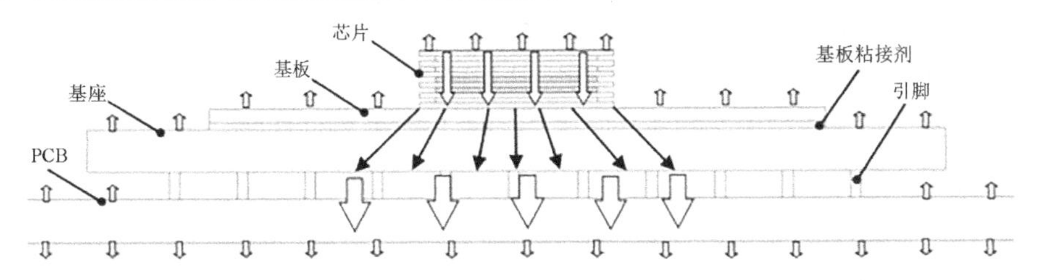

图 6-63　叠层芯片散热路径分布示意图

将顶层芯片 Die6 经过热对流方式传热到空气的热阻记为 $R_{\text{air-Die6}}$，第 6 层芯片的热阻记为 R_6，其他各层热阻参照此方式命名。每层芯片结构由两层芯片粘接剂（如 adh61、adh62）和硅垫片（如 spacer6）及裸芯片（如 Die6）构成，每层芯片热阻由这 4 部分的热阻组成。根据传热路径及叠层芯片内部热源位置提出了如

图 6-64 所示的单功耗下叠层芯片热阻网络模型（避免所绘示意图过长，图中 A、B 两点实际是连在一起的，接地符号也连在一起）。

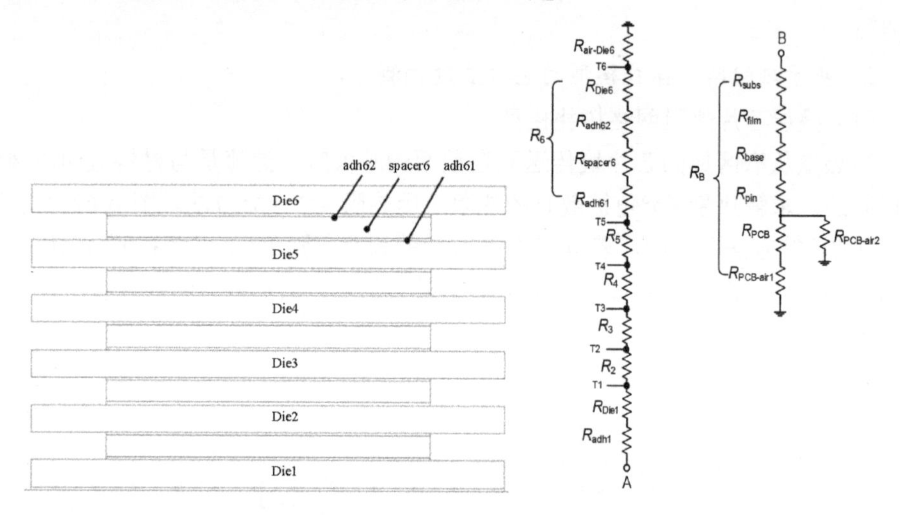

图 6-64 单功耗下叠层芯片热阻网络模型

为了方便表示，记

$$R_6 = R_{\text{Die6}} + R_{\text{adh62}} + R_{\text{spacer6}} + R_{\text{adh61}} \tag{6-29}$$

$$R_{\text{B}} = R_{\text{subs}} + R_{\text{film}} + R_{\text{base}} + R_{\text{pin}} + (R_{\text{PCB}} + R_{\text{PCB-air1}}) // R_{\text{PCB-air2}} \tag{6-30}$$

在如图 6-64 所示的模型中，热阻 R_2、R_3、R_4、R_5 含义类似 R_6，分别表示第 2~5 层芯片的热阻。一个裸芯片上发热区主要有两条传热路径，传热路径中各部件热阻串联相加，流到 PCB 的热量一部分在顶面散热到空气中，另一部分在底面散热到空气中，在 PCB 处的这两条传热路径的热阻在网络模型中以并联的方式存在，如式（6-31）所示。顶层芯片 Die6 功率耗散主要有两条路径，它们是同时散热的，在热阻网络模型中将两条路径上的热阻并联起来即 Die6 芯片（测点 T6）到空气的热阻，则有

$$R_{\text{T6-air}} = R_{\text{air-Die6}} // (R_6 + R_5 + R_4 + R_3 + R_2 + R_{\text{Die1}} + R_{\text{adh1}} + R_{\text{B}}) \tag{6-31}$$

类似地，当对 Die1~Die5 各层裸芯片单独施加功率时，其到空气中的热阻均可通过如图 6-64 所示的热阻网络拓扑关系求得。

叠层芯片热阻网络中各芯片的热流是串行的，大部分热量往下传递，流经具体某个芯片的热量约等于位于该芯片及上层所有芯片所散发热量的叠加，该芯片的温度等于该芯片与底层芯片的温度差加上底层芯片到周围环境的温度，数学表达式如下。

$$T_i = T_1 + (T_2 - T_1) + \cdots + (T_i - T_{i-1}) \tag{6-32}$$

$$T_i = \left(\sum_{k=1}^{6} P_k\right) \cdot R_{\text{T1-air}} + \left(\sum_{k=2}^{6} P_k\right) \cdot R_{\text{T2-air}} + \cdots + \left(\sum_{k=i}^{6} P_k\right) \cdot R_{\text{T}i\text{-air}} + T_{\text{air}} \tag{6-33}$$

② 热阻网络模型的验证。

热阻网络模型是根据芯片内部热源位置建立起来的拓扑网络模型，可根据芯片各部件热阻及其网络关系计算出芯片热源区温度。

各层芯片的一维热传导热阻根据式（6-34）计算，基板、基板粘接剂、基座的传导热阻根据上述的热流 45°扩散理论计算，PCB 顶面和底面的对流换热热阻根据式（6-35）计算，部分组件热阻具体计算过程如下所示。

$$R_{\text{cond}} = \frac{T_1 - T_2}{Q_{\text{cond}}} = \frac{L}{\lambda A} \tag{6-34}$$

$$R_{\text{conv}} = \frac{1}{hA} = \frac{T_{\text{s}} - T_{\text{f}}}{Q_{\text{conv}}} \tag{6-35}$$

$$R_{\text{Die6}} = \frac{0.19 \times 10^{-3}}{7.22 \times 10^{-3} \times 3.65 \times 10^{-3} \times 145} = 0.0497℃/\text{W}$$

$$R_{\text{LTCC}} = \frac{0.5 \times 10^{-3}}{7.72 \times 10^{-3} \times 4.15 \times 10^{-3} \times 20} = 0.7803℃/\text{W}$$

$$R_{\text{PCB-air1}} = \frac{1}{114.3 \times 10^{-3} \times 101.6 \times 10^{-3} \times 6} = 14.3519℃/\text{W}$$

类似地，根据式（6-34）和式（6-35）及仿真部分各部件的尺寸和热导率计算得到热阻网络模型中的热阻。根据如图 6-64 所示的热阻网络关系及式（6-31），代入相应数据，可计算得到各裸芯片单独施加功率情况下其热源区温度测点到环境的热阻，并根据热阻计算结果获得各裸芯片单独施加 2W 功率时的温度。各裸芯片温度计算结果和试验结果对比情况见表 6-11。

表 6-11　各裸芯片温度计算结果和试验结果对比情况

单独施加功率（W）	测点	计算结果（℃）	试验结果（℃）	相对误差（%）
2	T6	62.79	64.56	−2.75
2	T5	60.57	62.52	−3.33
2	T4	58.36	59.62	−2.11
2	T3	56.15	57.35	−2.09
2	T2	53.94	55.22	−2.32
2	T1	51.72	53.06	−2.52

由表 6-11 可以发现，当对叠层芯片各层单独施加功率时，基于热阻网络模型计算所得的结果与试验结果存在的差异最大约为 2℃，相对误差小于 4%。为了进一步验证叠层芯片多热源功率耗散情况下热阻网络模型预测芯片温度的合理性，根据式（6-32）及式（6-33）计算各层裸芯片都施加 0.33W 功率，总共约为 2W 功率的条件下芯片的温度。表 6-12 所示为计算结果和试验结果对比情况。

表 6-12　计算结果和试验结果对比情况

总功率（W）	测点	计算结果(℃)	试验结果（℃）	相对误差（%）
2	T6	59.22	61.07	-3.97
	T5	58.85	60.64	-3.43
	T4	58.11	59.18	−1.81
	T3	57.01	58.10	−1.88
	T2	55.54	56.45	−1.61
	T1	53.69	53.94	−0.46

由表 6-12 发现，在各层裸芯片同时施加 0.33W 功率（总功率约为 2W）条件下，基于热阻网络模型的计算结果与试验结果相差最大约为 2℃，相对误差亦小于 4%。

上述案例表明，在计算预测单个芯片施加功率和多个芯片施加功率情形下的叠层芯片温度时，基于热阻网络拓扑模型的计算结果与试验结果误差均在 5%范围内。这证明了通过热阻网络拓扑模型计算叠层芯片温度是合理可行的。计算结果比试验结果偏小，可能是在热阻网络拓扑模型中计算热流路径上的热阻时忽略了芯片工艺带来的尺寸误差及相接触部件之间的接触热阻等原因造成的。

参考文献

[1] 周良知．微电子器件封装：封装材料与封装技术[M]．北京：化学工业出版社，2006.

[2] HANNEMANN R J. Thermal control of electronics: Perspectives and prospects[Z]. 2003.

[3] 付志伟. 热电应力下倒装芯片中铜柱凸点互连的可靠性研究[D]. 广东：华南理工大学，2017.

[4] 李艳. 集成电路封装柱形铜凸点在耦合场中原子迁移的数值研究[D]. 四川：电子科技大学，2010.

[5] FREAR D R, BURCHETT S N, Morgan H S. The Mechanics of Solder Alloy Interconnects[M]. New York: van Nostrand Reinold, 1994.

[6] SHABANY Y 著，余小玲，吴伟烽，刘飞龙译．传热学：电力电子器件热管理[M]．北京：

机械工业出版社，2013.
[7] PECHT M G, DISHONGH T J, MAHAJAN R, et al. Electronic Packaging Materials and Their Properties[J]. Plastics, 1998, 31(2):203-209.
[8] 李波．FloTHERM 软件基础与应用实例[M]．北京：中国水利水电出版社，2014.
[9] YOUNES SHABANY 著，李波译．笑谈热设计[M]．北京：机械工业出版社，2014.
[10] SU D, ZHAO D, Zhang L, et al. Reliability assessment of flip chip interconnect electronic packaging under thermal shocks[C]. 2020 21st International Conference on Electronic Packaging Technology (ICEPT), IEEE, 2020: 1-4.
[11] 娄文忠，孙运强．微机电系统集成与封装技术基础[M]．北京：机械工业出版社，2007.
[12] 任恒，刘万钧，黄靖，等．基于 Icepak 的机箱热设计研究[J]．电子科学技术，2015，2（6）：639-644.
[13] NENG L, SONG T, SHAO G, et al. An Accurate Simulation Method of Package Warpage Experimental Results Based on FEM[C]. 2021 22nd International Conference on Electronic Packaging Technology (ICEPT). IEEE, 2021: 1-4.
[14] 郭丹．叠层 CSP 的热-机械可靠性分析及参数最优化组合[D]．广西：桂林电子科技大学，2008.
[15] VITELLO D, ALBERTINETTI A, ROVITTO M. Die thickness optimization for preventing electro-thermal fails induced by solder voids in power devices[C]. 2019 IEEE 69th Electronic Components and Technology Conference (ECTC). IEEE, 2019: 2091-2096.
[16] PENG Y, GAO W, GUO Q, et al. Thermal stress failure analysis of power diode SMBF package[C]. 2020 21st International Conference on Electronic Packaging Technology (ICEPT). IEEE, 2020: 1-3.
[17] TANG C, ZHU W, CHEN Z. Effect of thermomigration on evolution of interfacial intermetallic compounds in Cu/Ni/Sn-3.5 Ag microsolder joints for 3D interconnection[C]. 2021 22nd International Conference on Electronic Packaging Technology (ICEPT). IEEE, 2021: 1-6.
[18] EIA/JESD51. Methodology for the Thermal Measurement of Component Packages[S]. USA: JEDEC Standard,1995.
[19] GB/T 2900.32-94. 电工术语　电力半导体器件[S].中华人民共和国国家标准，1994.
[20] EIA/JESD51-1. Integrated Circuits Thermal Measurement Method- Electrical Test Method[S]. USA: JEDEC Standard, 1995.
[21] JESD51-1. Integrated Circuits Thermal Measurement Method – Electrical Test Method (Single Semiconductor Device)[S]. USA: JEDEC Standard, 1995.
[22] JESD51-8. Integrated Circuit Thermal Test Method Environmental Conditions-Junction-to-Board [S]. USA: JEDEC Standard, 1999.

[23] 刘勇，梁利华，曲建民．微电子器件及封装的建模与仿真[M]．北京：科学出版社，2010.

[24] JESD51-14. Transient Dual Interface Test Method for the Measurement of the Thermal Resistance Junction to Case of Semiconductor Devices with Heat Flow Trough a Single Path[S]. USA:JEDEC Standard,2010.

[25] 张平，宣益民，李强．界面接触热阻的研究进展[J]．化工学报，2012，63(2): 335-349.

[26] 李汝冠，周斌，许炜，等．基于结构函数的大功率整流管封装内部热阻分析[J]．电子元件与材料，2016，35(1): 40-43.

[27] JEDEC Solid State Technology Association. JESD51[S]. USA: JEDEC Standard, 1999.

[28] TATSUMI K, MORISAKO I, WADA K, et al. High temperature resistant packaging technology for SiC power module by using Ni micro-plating bonding[C]. 2019 IEEE 69th Electronic Components and Technology Conference (ECTC). IEEE, 2019: 1451-1456.

[29] LANDESMAN J P, FLORIOT D, MARTIN E, et al. Temperature Distributions in III-V Microwave Power Transistors Using Spatially Resolved Photoluminescence Mapping[C]. Proceedings of the 3rd IEEE Caracas Conferences on Devices, Circuits and Systems, Cancun, Mexico. New York: IEEE, 2000:D1114/1-D1114/8.

[30] KUBALL M, HAYES J M, UREN M J, et al. Measurement of Temperature in Active High-Power AlGaN/GaN HFETs Using Raman Spectroscopy[J]. IEEE Electron Device Lett., 2002, 23(1): 7-9.

[31] FARZANEH M, MAIZE K, LUERBEN D, et al. CCD-based thermoreflectance microscopy: principles and applications[J]. J. Phys. D: Appl. Phys. 2009, 42: 143001.

[32] MAIZE K, ZIABARI A, FRENCH W D, et al. Thermoreflectance CCD Imaging of Self-Heating in Power MOSFET Arrays[J]. IEEE Trans. Electron Devices, 2014, 61(9): 3047-3053.

[33] MAIZE K, HELLER E, DORSEY D, et al. Thermoreflectance CCD Imaging of Self Heating in AlGaN/GaN High Electron Mobility Power Transistors at High Drain Voltage[C]. 28th IEEE SEMI-THERM Symposium, San Jose, USA. New York: IEEE, 2012: 173-181.

[34] 李汝冠，廖雪阳，尧彬，等．GaN 基 HEMTs 器件热测试技术与应用进展[J]．电子元件与材料，2017，36(9): 1-9.

[35] WANG N, LIu Y, CHEN S, et al. Highly Thermal Conductive and Electrically Insulated Graphene Based Thermal Interface Material with Long-Term Reliability[C]. 2019 IEEE 69th Electronic Components and Technology Conference (ECTC), IEEE, 2019: 1564-1568.

[36] SARUA A, JI H, KUBALL M, et al. Integrated Micro-Raman/Infrared Thermography Probe for Monitoring of Self-Heating in AlGaN/GaN Transistor Structures[J]. IEEE Trans. Electron Devices, 2006, 53(10): 2438-2447.

[37] KUBALL M, POMEROY J W. A review of Raman thermography for electronic and opto-electronic device measurement with sub-micron spatial and nanosecond temporal resolution[J].

IEEE Trans. Electron and Materials Reliability, 2016, 16(4): 1-19.

[38] TADJER M, RAAD P, KOMAROV P, et al. Electrothermal evaluation of AlGaN/GaN Membrane high electron mobility transistorsby transient thermoreflectance[J]. Journal of the Electron Devices Society, 2018, 6: 922-930.

[39] 仝兴存[美]著，安兵，吕卫文，吴懿平译．电子封装热管理先进材料[M]．北京：国防工业出版社，2016.

[40] 刘岗岗．基于对流换热系数研究的 DC/DC 电源模块热模拟及热可靠性研究[D]．广西：桂林电子科技大学，2012.

[41] T. Wei, H. Huang, Y. Ma, et al. Design and Fabrication of Multi-Layer Silicone Microchannel Cooler for High-Power Chip Array[C]. 2021 22nd International Conference on Electronic Packaging Technology (ICEPT), 2021.

[42] van ERP R, SOLEIMANZADEH R, NELA L, et al. Co-designing electronics with microfluidics for more sustainable cooling[J].Nature. 2020, 585: 211-216.

[43] 余怀强，唐光庆，桂进乐，等. 微系统热管理技术的新发展[J]压电与声光．2018，40（6）：931-935.

[44] PRASHER R S, CHANG J Y, SAUCIUC I, et al. Nano and Micro Technology-Based Next-Generation Package-Level Cooling Solutions[J]. Intel Technology Journal, 2005, 9(4): 285-296.

[45] KOSAR A , KUO C J , PELES Y . Boiling heat transfer in rectangular microchannels with reentrant cavities[J]. International Journal of Heat and Mass Transfer, 2005, 48(23/24):4867-4886.

[46] WEIBEL J A , GARIMELLA S V , MURTHY J Y , et al. Design of Integrated Nanostructured Wicks for High-Performance Vapor Chambers[J]. IEEE Transactions on Components, Packaging, and Manufacturing Technology, 2011, 1(6):859-867.

[47] NARAYANAN S , FEDOROV A G , JOSHI Y K . Experimental characterization of a micro-scale thin film evaporative cooling device[C]. IEEE Intersociety Conference on Thermal and Thermomechanical Phenomena in Electronic Systems. IEEE, 2010: 1-10.

[48] TANG G, WAI L C, BOON LIM S, et al. Thermal Analysis, Characterization and and Material Selection for SiC Device Based Intelligent Power Module (IPM)[C]. 2020 IEEE 70th Electronic Components and Technology Conference (ECTC), 2020: 2078-2085.

[49] PELES Y , KOSAR A, MISHRA C , et al. Forced convective heat transfer across a pin fin micro heat sink[J]. International Journal of Heat and Mass Transfer, 2005, 48(17): 3615-3627.

[50] LIN L , ZHAO J , LU G , et al. Heat transfer enhancement in microchannel heat sink by wavy channel with changing wavelength/amplitude[J]. International Journal of Thermal Sciences, 2017, 118: 423-434.

[51] Al-NEAMA A F , KAPUR N , SUMMERS J , et al. Thermal management of GaN HEMT devices

using serpentine minichannel heat sinks[J]. Applied Thermal Engineering, 2018, 140: 622-636.

[52] LEE Y J , LEE P S , CHOU S K . Enhanced Thermal Transport in Microchannel Using Oblique Fins[J]. Journal of Heat Transfer, 2012, 134(10): 101901.

[53] MUHAMMAD A , SELVAKUMAR D , IRANZO A , et al. Comparison of pressure drop and heat transfer performance for liquid metal cooled mini-channel with different coolants and heat sink materials[J]. Journal of Thermal Analysis and Calorimetry, 2020, 141: 289-300.

[54] WON Y , HOUSHMAND F, AGONAFER D, et al. Microfluidic Heat Exchangers for High Power Density GaN on SiC[C]. Compound Semiconductor Integrated Circuit Symposium. IEEE, 2014: 1-5.

[55] PALKO J W , LEE H , CHI Z , et al. Extreme Two-Phase Cooling from Laser-Etched Diamond and Conformal, Template-Fabricated Microporous Copper [J]. Advanced Functional Materials, 2017, 27(45): 1703265.

[56] HU D W , MIAO M , MA S L , et al. Investigation of cooling performance of micro-channel structure embedded in LTCC substrate for 3D micro-system[C]. Solid-State and Integrated Circuit Technology (ICSICT), 2012 IEEE 11th International Conference on. IEEE, 2012: 1-3.

[57] FARZANEH M , SALIMPOUR M R , TAVAKOLI M R . Design of bifurcating microchannels with/without loops for cooling of square-shaped electronic components[J]. Applied Thermal Engineering, 2016, 108: 581-595.

[58] DAVID M P , MILER J , STEINBRENNER J E , et al. Hydraulic and thermal characteristics of a vapor venting two-phase microchannel heat exchanger[J]. International Journal of Heat & Mass Transfer, 2011, 54(25-26): 5504-5516.

[59] STEVANOVIC L D , BEAUPRE R A , GOWDA A V , et al. Integral Micro-channel Liquid Cooling for Power Electronics[C]. Applied Power Electronics Conference and Exposition (APEC), 2010 Twenty-Fifth Annual IEEE. IEEE, 2010: 1591-1597.

[60] SHALCHI-TABRIZI A , SEYF H R . Analysis of entropy generation and convective heat transfer of Al_2O_3 nanofluid flow in a tangential micro heat sink[J]. International Journal of Heat & Mass Transfer, 2012, 55(15-16): 4366-4375.

[61] BAHIRAEI M , HESHMATIAN S . Thermal performance and second law characteristics of two new microchannel heat sinks operated with hybrid nanofluid containing graphene–silver nanoparticles-ScienceDirect[J]. Energy Conversion and Management, 2018, 168: 357-370.

[62] 张津源．三维叠层芯片热分析与温度预测模型研究[D]．广东：华南理工大学，2018.

[63] 查尔斯.A.哈珀．电子封装材料与工艺[M]．北京：化学工业出版社，2006.

第7章

集成电路封装力学特性与试验

集成电路封装结构在生产、运输和使用过程中面临各类力学问题，涉及材料力学、塑性力学、断裂力学等多个力学领域，随着超大规模集成电路的出现和电子封装密度的不断提高，力学问题引发的集成电路封装失效愈发严重，因此，明确封装力学失效模式及机理，对于解决集成电路封装中的力学可靠性问题具有重要的意义，还可为封装的结构优化设计提供有益的参考。

本章从封装中常遇的各类力学问题入手，分析集成电路封装中的关键力学特性，阐述封装中的力学失效模式与机理，提出失效预防解决方案，并介绍集成电路封装中传统力学与微结构力学试验方法，最后给出集成电路封装中力学性能评估方法及典型案例。

7.1 集成电路封装力学特性

7.1.1 封装各类力学问题

1. 封装中的材料力学问题

集成电路封装面临众多的材料力学问题，其结构设计不断革新，从一维结构到二维（2D）结构和三维（3D）结构，从简单结构到多级分形结构，其材料力学性能要求越来越高。材料力学着重研究封装结构在外力作用下的变形问题，电子封装材料可以承载电子元器件及其互连，具有机械支持、密封环境、信号传递、散热和屏蔽等作用，其力学性能直接影响集成电路的寿命，封装过程中常受到弯曲、折叠、拉压、振动、冲击等外力作用而出现各种问题，如封装结构在交变应力下的疲劳失效、封装多层材料之间发生的层间脱离、封装盖板在外部机械应力作用下的开裂、高密度键合引线在振动环境下的断丝、封装结构在冲击载荷作用下的损伤开裂，这些都与封装结构受力超出了其强度极限或疲劳强度有关[1]。

2. 封装中的塑性力学问题

集成电路封装中常面临塑性变形，这超出了弹性力学的范畴，主要涉及弹塑性与黏塑性两个方面。弹塑性研究封装结构在受到外力的同时立即产生全部变形，当存在外力接触时，只有一小部分的变形会立刻消失，而其余部分变形在外力接触后不会恢复到原来的状态的行为；黏塑性考虑封装结构黏性的塑性行为，黏性是指与时间有关的变形性质，与黏性有关的力学现象包括蠕变和应力松弛，对于描述应力波的传播和短时强载荷下结构的动力特性，需要同时考虑封装结构的塑性和黏性[2]。集成电路封装中常见的塑性力学问题非常突出，如电子封装材料在回流焊过程中伴随着湿气侵入因弹塑性问题而出现的“爆米花”式的破裂现象；PBGA（塑料球栅阵列）黏塑性材料力学性能；多层集成电路中由于各层材料性质及结构受力形式不同，层间界面处会出现较大的应力集中现象，封装结构发生弹塑性变形。随着循环次数的增加，塑性变形逐渐累积，产生棘轮效应，所以封装芯片互连焊层在应力控制加载的低周疲劳过程中，其疲劳寿命会明显缩短[3]。

3. 封装中的断裂力学问题

在封装结构设计制作过程中，存在一些由裂纹、孔洞等缺陷引起的界面。其在服役过程中使得封装结构的性能大大降低，对这种多裂纹和界面的结构，如果能对其断裂性能特别是热断裂性能做出评估，甚至得以改变材料的断裂韧度，从而提升材料的抵抗断裂的能力，则对于封装结构的设计将会产生重要的影响。集成电路封装中常见的断裂力学问题为：当封装结构处于静应力的作用下，同时处于与腐蚀性介质相接触的状态时，通常会产生裂纹，经过一定时间后，封装结构出现断面而被破坏，这就是应力腐蚀开裂；封装工艺引入的焊点缺陷使其在外部机械应力、温度循环作用下更容易产生焊点开裂失效问题。

7.1.2 封装主要力学特性

封装的主要力学特性体现为模态特性、振动和冲击响应特性，以及界面力学特性。

1. 模态特性

模态分析的理论基础是振动理论，分析方法则是围绕模态参数来进行的。模态分析是研究并确定模态振型、阻尼比和固有频率等模态参数模型理论及其应用的一门学科。模态分析又可称为试验模态分析，这门学科是由计算机与测试技术、信号分析方法、数据处理手段、振动理论等学科融合而来的。模态分析理论及技术实现在 1970 年—1985 年达到了成熟阶段，随后便应用于各工程领域，产生了多种多样的模态分析软硬件。模态分析可用于分析各种实际结构的振动情况，它首先得到传递函数的曲线拟合结构，然后对模态参数进行识别，最后建好结构模态模型。

模态在振动力学理论中的定义：随着某固有频率发生振动的多（单）自由度系统结构所表现出来的振动形式。模态分析往往应用于结构设计中，利用模态计算来验证结构设计的合理性，以免只能采取被动性的控制措施[4]。

集成电路在运行过程中受多种激励共同作用，属于复杂的力学系统，一般采用有限元法确定其固有频率和振型。通过对集成电路有限元离散和变分，可得动力学方程为

$$\boldsymbol{M}\ddot{\boldsymbol{X}} + \boldsymbol{C}\dot{\boldsymbol{X}} + \boldsymbol{K}\boldsymbol{X} = \boldsymbol{F} \tag{7-1}$$

式中，$\boldsymbol{M}$、$\boldsymbol{C}$ 和 $\boldsymbol{K}$ 分别为质量矩阵、阻尼矩阵和刚度矩阵；$\boldsymbol{F}$ 为作用力向量；$\ddot{\boldsymbol{X}}$ 为结构振动的加速度；$\dot{\boldsymbol{X}}$ 为结构振动的速度；$\boldsymbol{X}$ 为结构振动的位移向量。模态是结构的固有属性，与外载荷无关。

2. 振动和冲击响应特性

振动和冲击是集成电路封装在产生、运送和应用过程中所历经的主要机械应力，其抗振动和冲击能力是由自身的固有动态特性与激励信号的特征决定的。如果根据振动激励信号的统计特性对振动进行分类，则得到图 7-1。

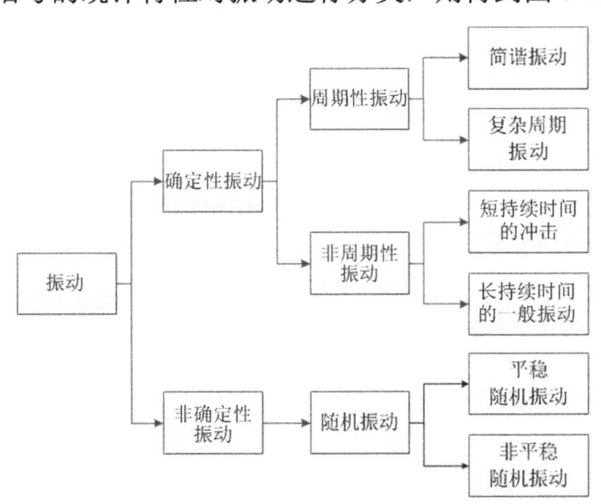

图 7-1　振动分类

周期性振动具有重复振动的特点，即在多次循环中相继出现相同的变化过程，它是由简谐振动和复杂周期振动组成的。

非周期性振动包括短持续时间的冲击和长持续时间的一般振动，机械冲击和地震分别属于这两种非周期性振动。

非确定性振动是指会随时间变化的振动形式，典型代表就是随机振动。

按照振动的平稳性可将随机振动分为平稳随机振动和非平稳随机振动两类。非平稳随机振动是在随机振动过程中随时间的变化，统计特性也发生变化的振动类型，反之称为平稳随机振动。平稳随机过程是指集合平均值、方差、均方值、自协方差等统计参数不随时间变化的随机过程。各态历经随机过程是指在随机过程中，时间与集合平均值的概率特性相等的随机过程。在随机过程集中的情况下，过程所具有的全部统计特性都被任意一条样本曲线包含。

在一般情况下，在实际应用上都将随机振动按各态历经随机过程进行处理和分析。随机振动的统计特性一般用时域、频域和幅值域来反映。随机振动这一典型的非确定性振动形式更贴切地代表集成电路等电子产品应用的真实振动环境，这种振动包括飞机、导弹、汽车、卡车、火车，以及化工处理设施、数控铣床中的振动[5-8]。在随机振动环境激励作用下，集成电路封装结构会发生随机振动，其振动响应无法用一个函数表示出来，只能通过响应的统计特性来表述。必须先用模态分析解出模态并获取模态参数，随后才能进行随机振动分析。模态分析基于振动理论，用于研究集成电路动态特性，识别集成电路的自振频率特性，从而指导集成电路自身的故障诊断、性能分析与设计。

冲击通常定义为机械系统对能量进行快速传递，结果引起系统的应力、速度、加速度或位移明显增大。其中，能量传递所需时间与系统的特性有关。冲击会使集成电路封装结构和键合引线产生较大的位移，发生封装结构开裂、键合引线短路故障[6]。

机械冲击产生的来源不同，作用形式和影响效果也不同。最常用的冲击描述有三种，分别是冲击脉冲、速度冲击和冲击响应谱。常见的冲击脉冲有方冲击脉冲、半正弦冲击脉冲和各种三角冲击脉冲。冲击脉冲因形式简单而容易实现，但其很难完全代表实际冲击环境。尽管如此，在考核产品结构抗冲击能力时，使用冲击脉冲是行之有效的。速度冲击是指速度突然发生变化的冲击，如下落的包装件，当其接触到地面时，速度突然降为 0，称之为跌落冲击。还有一类速度冲击是指采用重锤猛烈撞击装有试样的夹具。重锤把速度传递给夹具和试样，美国海军使用这种类型的速度冲击模拟爆炸对舰船和潜艇设备的影响。

无论是冲击脉冲还是速度冲击，均是用加速度、速度和位移对时间的历程来描述冲击环境的，但冲击研究的目的不是冲击本身，而是冲击对产品的破坏作用。产品本身的特性会影响产品受到冲击后的使用效果，通过观察冲击后所生成的响应可以发现这一特性。元器件在运输及操作中可能受到冲击作用，常用冲击脉冲来检验元器件在这些过程中的适应能力，如 GJB 548、GJB 360 等规定了各种类型的冲击脉冲及用这些脉冲进行试验的详细方法。

半正弦冲击脉冲几乎是各类商用、工业用产品进行试验最常用的冲击脉冲，这是因为半正弦冲击脉冲最容易产生、分析和评价，但这并不意味着半正弦冲击脉冲就准确地代表了真实环境中产品所经受的实际冲击。

当集成电路受到冲击激励时，其响应过程便是电路系统在冲击信号激励下产生的零状态响应。若定义其可简化为单自由度系统[9,10]，如图7-2所示，则当集成电路受到冲击脉冲激励时，其振动方程为

$$m\ddot{x}(t)+c\dot{x}(t)+kx(t)=f(t) \tag{7-2}$$

式中，$f(t)$表示冲击脉冲激励函数。若使用半正弦冲击脉冲，如图7-3所示，则有

$$f(t)=\begin{cases}F\sin\dfrac{\pi}{D}t & 0\leqslant t\leqslant D\\ 0 & t>D\end{cases} \tag{7-3}$$

式中，F为振幅；D为半正弦冲击脉冲持续时间。在半正弦冲击脉冲作用下，单自由度系统的响应分两个阶段：第一个阶段为在载荷作用时间内产生的被迫振动，第二个阶段为被迫振动后产生的自由振动。式（7-2）的解为

$$x(t)=\frac{\dfrac{F\omega}{\omega_n}\mathrm{e}^{-2\xi t}}{\sqrt{\left(\omega_n^2-\omega^2\right)+(2\xi\omega)^2}}\sin\omega_{\mathrm{d}}t+\frac{F}{\sqrt{\left(\omega_n^2-\omega^2\right)+(2\xi\omega)^2}}\sin\omega t \tag{7-4}$$

式中，$\xi=c/2m\omega_n$为阻尼比系数；$\omega=2\pi/D$为激励基频；$\omega_{\mathrm{d}}=\omega_n\sqrt{1-\xi^2}$为系统有阻尼固有频率；$\omega_n=\sqrt{k/m}$为系统无阻尼固有频率。

从式（7-4）可以看出，单自由度系统受冲击激励后所产生的响应与激励脉冲的幅值、持续时间及系统的固有频率、阻尼有关。

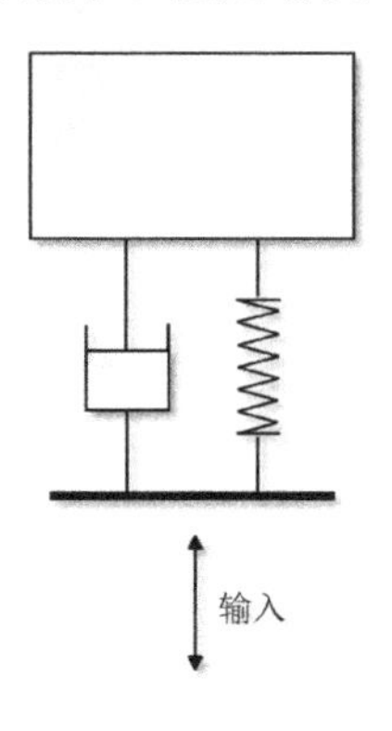

图7-2 单自由度系统

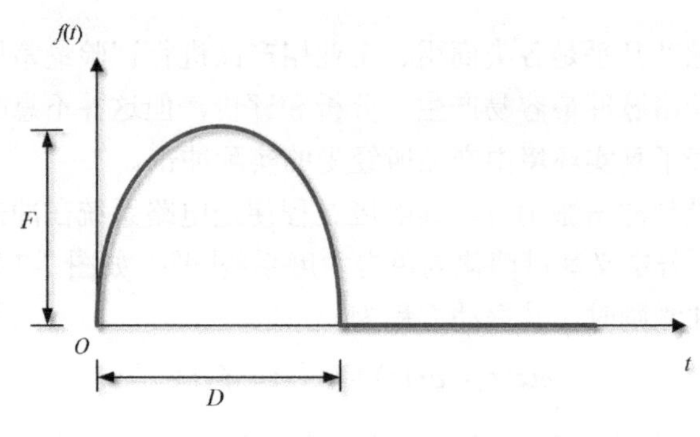

图 7-3 半正弦冲击脉冲

3. 界面力学特性

在焊锡接点的垫片界面与焊锡材料中有很多的结合处，且很多的界面在结合处存在。界面应力奇异场是因为界面两侧材料性质不一样而产生的，这对焊锡接点的失效有较大影响。

从宏观上来看，各类材料和结构的结合部位，会对结构整体或材料的功能和力学行为有十分深远的影响，就好比复合材料层合板的层间、金属陶瓷结合界面、薄膜涂层材料的涂层界面等。从微观上来说，设计和开发新的先进材料主要围绕着晶粒界面等力学行为、基体材料与纤维等的界面来进行，这会对结构寿命的精确评价产生巨大意义[11,12]。

像结合度不足部位、较大的孔洞等一些宏观缺陷，在建模时必须将其纳入考虑范围，而界面相的微观缺陷对模型整体造成的影响，可以不予考虑。从力学角度来分析，可将界面分成三种形式，如图 7-4 所示。

（1）完全结合界面。

完全结合界面即不存在结合度不足部位、较大的孔洞等宏观缺陷的界面，且满足界面的位移和力连续，也称为理想界面，这对所有面都是成立的，以图 7-4（a）为例，可将其描述为

$$\tau_{xy1}=\tau_{xy2},\ \sigma_{y1}=\sigma_{y2},\ u_1=u_2,\ v_1=v_2 \tag{7-5}$$

式中，τ_{xy} 为 XY 平面上的切应力；σ_{y1} 和 σ_{y2} 分别为材料 1 和材料 2 在 Y 方向上受到的应力分量；u 为位移量；v 为界面力的大小。

由弹性力学相关理论知识，可得正应力平行于界面两侧时不连续的情况有两种，分别为正应变垂直于界面时和切应变位于界面两侧时。

（2）剥离界面。

如图 7-4（b）所示，剥离界面是指处于同一位置的界面两侧材料分离的边界，即界面处存在孔穴或未结合部位，其主要表现形式是具有开口的界面裂纹。剥离

界面的正应力和切应力应满足

$$\sigma_{y1}=\tau_{xy1}=0,\ \sigma_{y2}=\tau_{xy2}=0 \tag{7-6}$$

式中，σ_{y1}和τ_{xy1}分别为材料 1 在 Y 方向上受到的应力分量和在 XY 平面上的切应力。

（3）接触界面。

接触界面指的是在残余应力或外力的作用下，两种材料未结合但互相接触的界面。开口区、滑移区和黏着区是接触界面变形后的主要区域。在满足小变形的前提条件下，如图 7-4（c）所示的接触界面，其在滑移区上应满足

$$\sigma_{y1}=\sigma_{y2}\leqslant 0,\ v_1=v_2,\ \tau_{xy1}=\tau_{xy2}=\pm f\sigma_y \tag{7-7}$$

式中，f 为接触界面上的动摩擦系数。根据实际的受力状况和多次迭代可以解出接触界面发生变形后会出现的开口区、滑移区和黏着区。

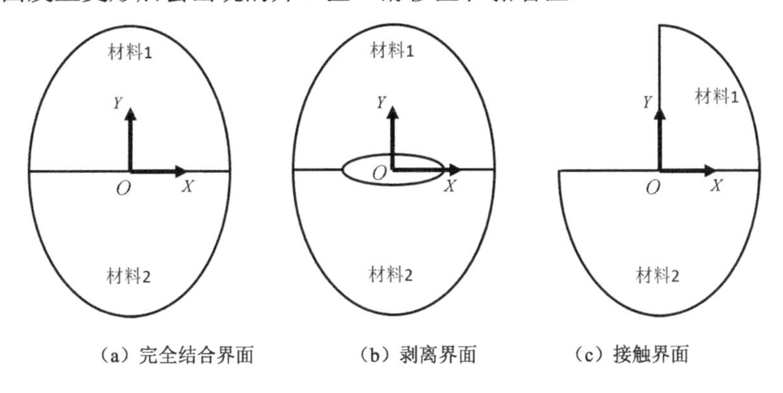

图 7-4　界面的分类

7.1.3　封装力学失效及预防

集成电路封装结构的力学失效主要是外部的振动或冲击应力造成的，其失效模式可以按力学失效机理分为两类，即位移型失效和应力型失效。位移型失效是指振动或冲击环境下引起封装结构产生的振动变形值超过其结构允许值而出现的失效，该类失效常常引起集成电路器件瞬间短路，严重时导致器件烧毁[13]。图 7-5 所示为板载集成电路在机械冲击过程中发生键合引线碰丝短路。键合引线在振动环境下产生振动变形，特别是当键合引线固有频率在环境振动频带范围内时，键合引线产生共振，一旦共振，键合引线产生的最大振动幅度超过了键合引线之间的距离，则键合引线之间相互接触（搭丝）而造成短路[14,15]，如图 7-6 所示，在振动停止后又恢复正常。

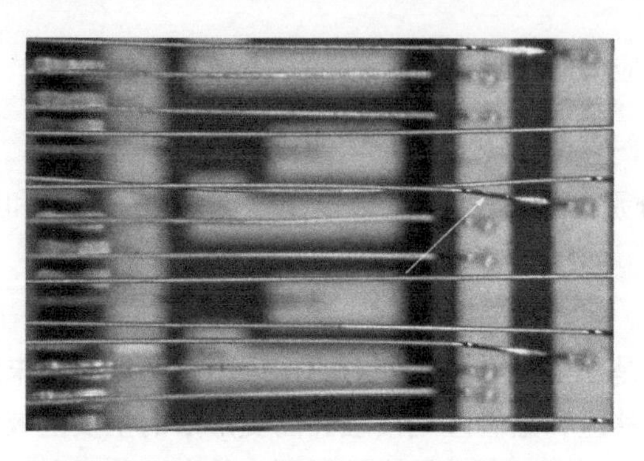

图 7-5　板载集成电路在机械冲击过程中发生键合引线碰丝短路

图 7-6　键合引线搭丝短路失效

应力型失效是指在振动或冲击环境下封装结构产生的动态应力超出材料可承受极限而引发的失效现象。当动态应力超出材料强度极限时，封装结构在最大应力区域出现裂纹或产生断裂，该类失效常出现在器件的使用早期，特别是当存在制造缺陷因素时，如早期裂纹引起瞬间断裂、焊点脱落等[16]；当动态应力超出材料疲劳极限时，长期的动态应力将使封装结构产生疲劳断裂失效，常见的失效模式有焊点开裂、键合引线断裂（见图 7-7）、气密封装盖板开裂（见图 7-8）、封装结构断裂（见图 7-9）等。

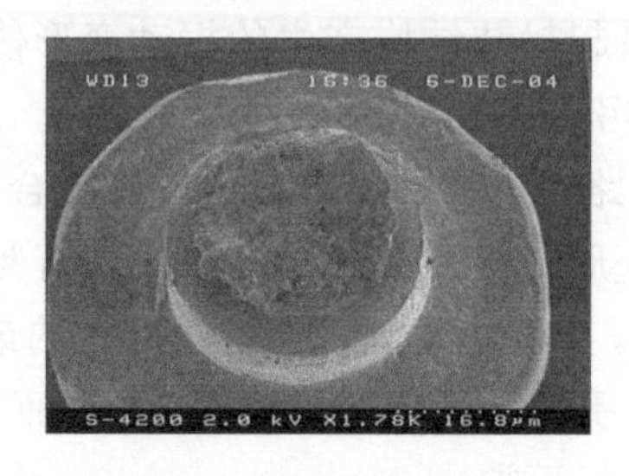

图 7-7　键合引线断裂

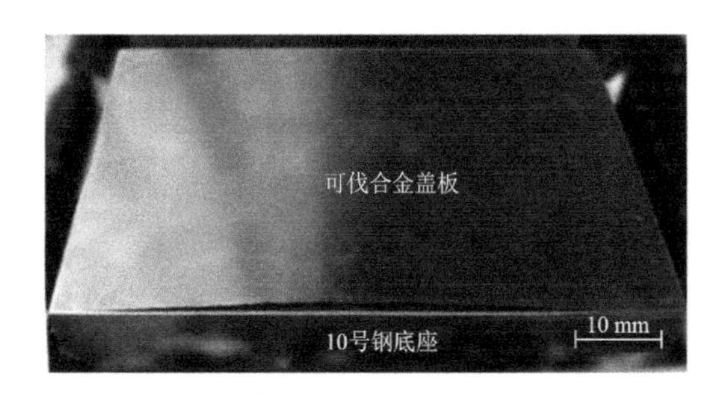

图 7-8　气密封装盖板开裂

（a）陶瓷体裂纹

（b）金属盖封焊区脱开

图 7-9　封装结构断裂

目前，在封装测试企业中，研发并大量应用于高可靠性电子产品的二级封装主要存在两种互连形式[17]。图 7-10 所示为不同载荷条件下 CBGA（Ceramic Ball Grid Array，陶瓷球栅阵列）封装失效模式。如图 7-10（a）所示，在温度循环条件下，CBGA 封装主要发生两种变形，一种是蠕变变形，另一种是塑性变形；如图 7-10（b）所示，在振动冲击条件下，CBGA 封装主要沿着 PCB 一端产生脆性断裂。对比图 7-10（a）与图 7-10（b）可见，不同的载荷条件造成了 CBGA 封装两种完全不同的失效模式。

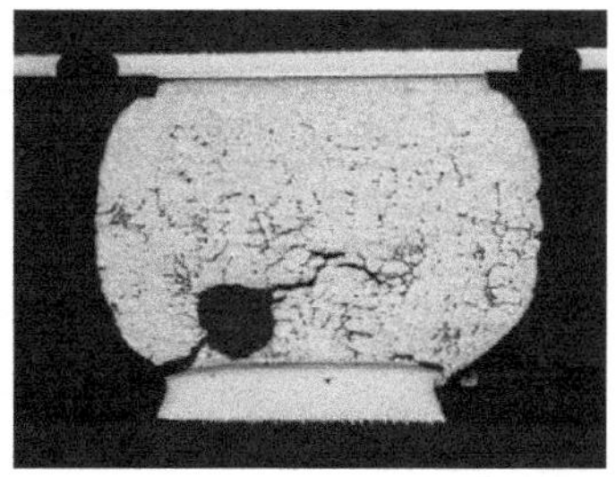

（a）温度循环条件下的开裂失效

图 7-10　不同载荷条件下 CBGA 封装失效模式

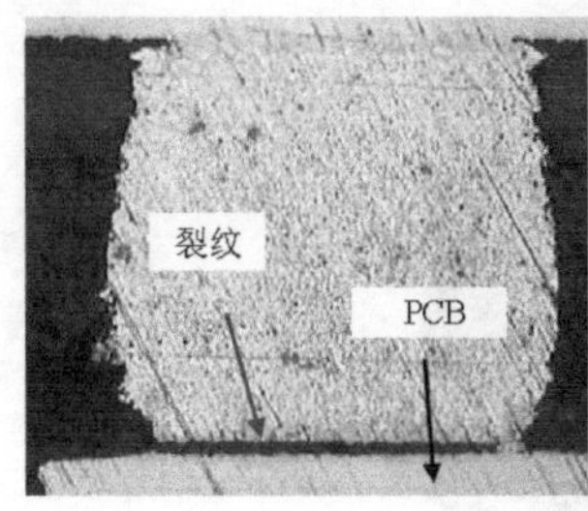

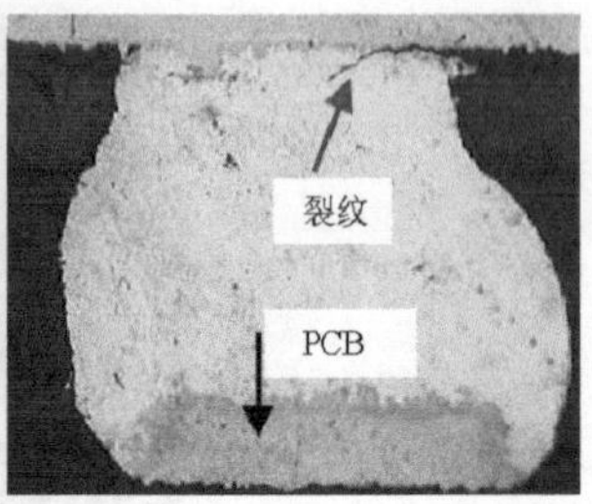

（b）振动冲击条件下的开裂失效

图 7-10　不同载荷条件下 CBGA 封装失效模式（续）

图 7-11 所示为不同载荷条件下 CCGA（Ceramic Column Grid Array，陶瓷柱栅阵列）封装失效模式。在图 7-11（a）中，在温度循环条件下，CCGA 封装很好地容纳了热失配带来的塑性、蠕变变形；在图 7-11（b）中，CCGA 封装过于薄弱，无法承受较高水平的振动冲击应力，因此发生了根部的脆断。

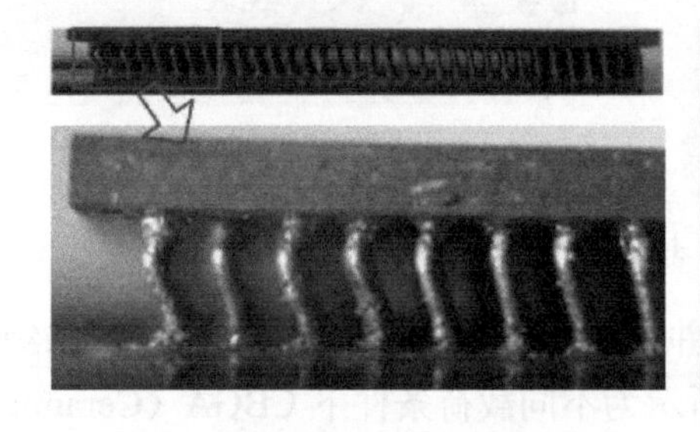

（a）温度循环条件下的开裂失效

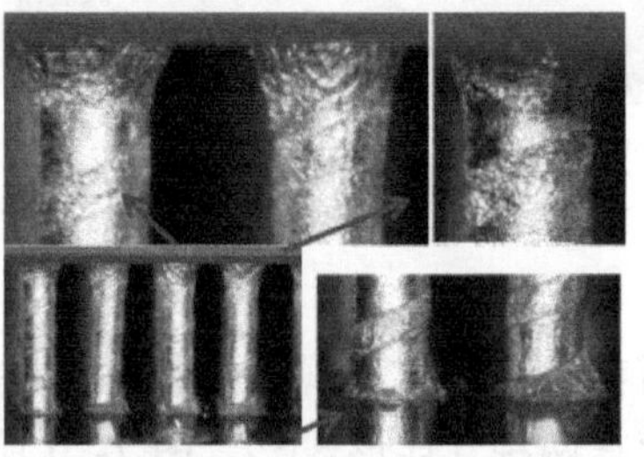

（b）振动冲击条件下的开裂失效

图 7-11　不同载荷条件下 CCGA 封装失效模式

综上，CBGA 与 CCGA 两种封装结构从制备工艺、占用封装体空间、电性能、服役条件等不同角度来讲，各具优势与劣势，二者优缺点对比见表 7-1。

表 7-1　CBGA 与 CCGA 的优缺点对比

	CBGA	CCGA
优点	动态力学可靠性高 有标准的制备工艺 占用较少的空间 电感电容小 良好的自对准特征	热机械可靠性高 I/O 数>1657
缺点	热机械可靠性低 I/O 数<1657	动态力学可靠性低 没有标准的制备工艺 需要较大的垂直空间

在表 7-1 中，CCGA 的热机械可靠性较高，而 CBGA 的动态力学可靠性较高。原因是在陶瓷封装中，芯片能较好地匹配基板的热膨胀系数，而环氧 PCB 的热膨胀系数为 18×10^{-6}~20×10^{-6}/℃，是陶瓷基板的 3~4 倍。正因如此，CCGA 的基本尺寸要限制在 32.5mm 以内，当超过该尺寸时，焊点的热疲劳寿命受影响较大，从而降低了器件的可靠性。而 CCGA 的细长焊柱在这方面有一定的优势，在焊柱高度增加时，CCGA 可以通过焊柱弯曲将应力释放。与 CBGA 相比，在温度疲劳作用下，柔软的焊柱能有更长的寿命，但易造成机械物理损伤。

当实际使用时，在器件服役时受到的载荷中，高温、振动是同时作用的，这时对于 CBGA 和 CCGA 的选取，必须经过系统的试验和理论研究才能给出结论[18]。

封装结构振动失效预防实质上就是"隔振减振"，可分为主动式预防和被动式预防。主动式预防是指从产品结构设计角度，尽可能提高结构抗振性能，如增加结构刚度、减小结构质量，达到降低结构响应的目的，包括应力和位移响应。被动式预防是指在不改变产品结构的情况下，采取辅助性策略使结构响应降低，如增加阻尼、安装减振器等。对于应力型失效，主动式预防主要从降低应力和提高材料强度两个方面进行。降低应力主要在设计阶段借助仿真工具进行优化来实现。对于位移型失效，主动式预防主要从阈值优化和位移优化两个方面进行。阈值优化是指通过局部结构调整，增大阈值，如对于键合引线的碰丝问题，增加键合引线间距。位移优化是指在设计阶段借助仿真工具进行定量的结构优化，降低封装结构在振动环境下的位移响应。被动式预防通过利用阻尼效应，增设阻尼来进行减振，如涂胶。在所有预防措施中，借助仿真工具优化设计最为复杂，下面介绍优化设计时的原则与方法。

封装结构振动失效预防需要在研制阶段，从设计结构时就加以考虑。振动试验三要素包括频率范围、振动幅值或谱形、持续时间。从振动试验三要素考虑，封装结构抗振设计可分为避免共振、降低响应、疲劳寿命设计三个方面。

1. 避免共振

首先要考虑产品的固有频率，要将产品的固有频率设计为避开环境振动的高谱密度频带，高谱密度频带能量高，如果固有频率范围与之相近，则产品所需的抗振强度将会很高，除产品研制成本大大增加外，试验时间也增加许多，有时甚至会出现工程上无法实现的情况。如果固有频率无法避开高谱密度频带量级处，特别是尖峰处，也要与尖峰处的频率至少相差 $\sqrt{2}$ 倍，最好在 $\sqrt{2}$ 倍以上。对固定频率的正弦载荷的试验，产品的固有频率一定要远离 $\sqrt{2}$ 倍的正弦定频试验频率。对正弦扫频试验，产品的固有频率一定要在输入频率范围外，如 GJB 548B—2005

标准中的扫频振动（方法2007）规定的频率范围为20~2000Hz，随机振动（方法2026）规定的频率范围为50~2000Hz，封装结构固有频率一般均高于50Hz，避免扫频试验产生共振就要使封装结构的一阶固有频率大于2000Hz，最好大于2000Hz的$\sqrt{2}$倍，即大于2828Hz。

2. 降低响应

特定频率的环境条件是产品被破坏的重要因素之一，同时与其振动的强度有关。在振动试验中，振动幅值或谱形决定着振动强度。并不是所有集成电路封装结构的一阶固有频率都能满足大于2828Hz的避免共振要求，当固有频率处于20~2000Hz范围内时，在振动激励下封装结构产生谐振，当振动强度达到一定水平时，封装结构就可能因应力响应或位移响应超限而出现振动失效。GJB 548B—2005标准中的扫频振动（方法2007）规定了A、B、C共三种试验条件，见表7-2。

表7-2 扫频振动试验条件

试验条件	峰值加速度
A	20g
B	50g
C	70g

GJB 548B—2005标准中的随机振动（方法2026）规定了两种试验条件，各10个试验量级，如图7-12和表7-3所示，产品技术条件中规定了试验条件，产品应根据此进行抗振设计。利用仿真工具软件计算规定的试验条件下产品的振动响应，应使产品的响应满足强度、刚度条件。

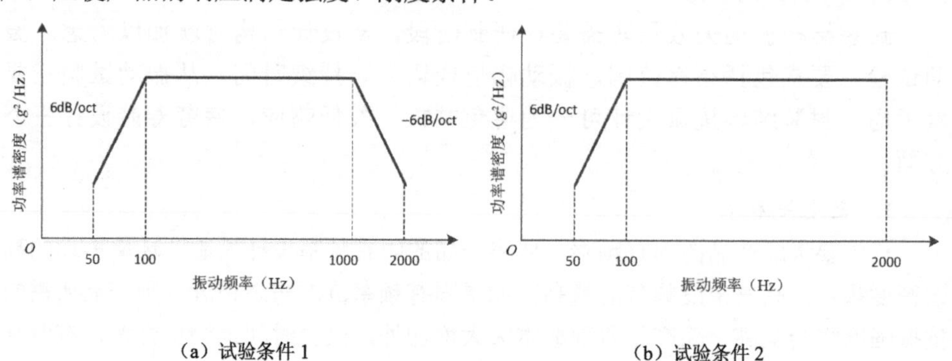

（a）试验条件1　　（b）试验条件2

图7-12 随机振动谱

表 7-3 随机振动试验条件

试验条件 1			试验条件 2		
试验条件编号	功率谱密度（g^2/Hz）	加速度总均方根值（g）	试验条件编号	功率谱密度（g^2/Hz）	加速度总均方根值（g）
A	2	53.5	A	2	62.1
B	4	75.6	B	4	87.8
C	6	92.6	C	6	107.6
D	10	119.5	D	10	138.9
E	20	169.1	E	20	196.4
F	30	207.1	F	30	240.6
G	40	239.1	G	40	277.8
H	60	292.8	H	60	340.2
J	100	378	J	100	439.2
K	150	463	K	150	537.9

MIL-STD-883K 标准规定的试验条件与 GJB 548B—2005 标准类似，在随机振动试验中同样规定了两种试验条件，各 10 个试验量级，见表 7-4。

表 7-4 随机振动试验条件

试验条件 1			试验条件 2		
试验条件编号	功率谱密度（g^2/Hz）	加速度总均方根值（g）	试验条件编号	功率谱密度（g^2/Hz）	加速度总均方根值（g）
A	0.02	5.2	A	0.02	5.9
B	0.04	7.3	B	0.04	8.3
C	0.06	9.0	C	0.06	10.2
D	0.10	11.6	D	0.10	13.2
E	0.20	16.4	E	0.20	18.7
F	0.30	20.0	F	0.30	22.8
G	0.40	23.1	G	0.40	26.4
H	0.60	28.4	H	0.60	32.3
J	1.00	36.6	J	1.00	41.7
K	1.50	44.8	K	1.50	51.1

3. 疲劳寿命设计

交变应力是材料被破坏的因素之一，在实际工程应用中，在远未达到屈服极限或强度极限的情况下，材料就发生了疲劳破坏。集成电路寿命周期内要经历多种复杂的环境条件，在振动环境下，封装结构材料所受的交变应力的大小和重复次数极其复杂，一定时间后就可能发生疲劳破坏，因此，封装结构的振动响应满足强度和刚度要求只能保证短期的振动可靠，而考虑振动疲劳寿命设计能保证结构的长期振动可靠。应力历程概念如图 7-13 所示。

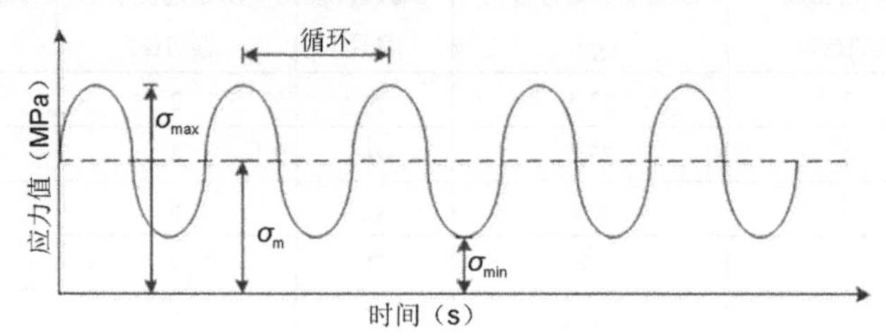

图 7-13　应力历程概念

集成电路疲劳寿命考核通常是进行扫频振动疲劳试验，如 GJB 548B—2005 中（方法 2007）规定频率范围为 60±20Hz，振动试验条件如下：试验持续时间为每轴向 32±8 小时，总时间不少于 96 小时。GJB 548B—2005（方法 2026）规定随机振动疲劳试验时间为每轴向 15min，共 45min，对于随机振动疲劳寿命，可采用 Stenberg 的三区间法进行估算。

名义应力法是一种疲劳设计方法，它最早是基于 *S-N*（应力–寿命）曲线形成的，参考试件的材料或结构的名义应力和疲劳危险位置的应力集中系数，根据疲劳累积的损伤理论，对疲劳寿命进行计算。在 *S-N* 曲线中，应力的最大值与最小值和载荷时域信号相关，根据统计分布的定义，疲劳载荷循环主要由平均应力和应力幅值表征。

用于基本描述应力循环特征的指标如下。

应力幅值（Stress Amplitude）：

$$\sigma_a = \frac{\sigma_{max} - \sigma_{min}}{2} \tag{7-8}$$

平均应力（Mean Stress）：

$$\sigma_m = \frac{\sigma_{max} + \sigma_{min}}{2} \tag{7-9}$$

应力比（Ratio）：

$$R = \frac{\sigma_{min}}{\sigma_{max}} \tag{7-10}$$

式中，σ_{max} 为应力的最大值；σ_{min} 为应力的最小值。

根据任务剖面，进行受力分析，获得薄弱疲劳关键部件/部位的应力循环特征，包括最大应力σ_{max}、最小应力σ_{min}，计算对应的R、σ_a和σ_m。对于单轴疲劳问题，$\sigma_{max}=\sigma_1$（薄弱点处的第一主应力），$\sigma_{min}=\sigma_3$（薄弱点处的第三主应力）；对于多轴疲劳问题，$\sigma_{max}=\sigma_{\text{Von-Mises max}}$，$\sigma_{min}=\sigma_{\text{Von-Mises min}}$。在以上 5 个参数中，只有 2 个参数是独立的，要确定应力循环特征，已知其中任意 2 个即可。

应力幅值与失效循环次数之间的关系为

$$N=N_0\left(\frac{\sigma_a}{\sigma_{-1A}}\right)^{\frac{1}{b}} \tag{7-11}$$

式中，N为σ_a作用下的失效循环次数；N_0为σ_{-1A}相应的循环次数；σ_{-1A}为疲劳极限；b为 S-N 曲线的斜率，$b=\dfrac{\lg\sigma-\lg\sigma_{-1A}}{\lg N-\lg N_0}$，由曲线上两点的斜率计算得出，该指数与材料的疲劳强度有关，或者通过查阅相关手册获得。

对多数材料而言，常幅值载荷（$\sigma_m=0$）常被用于获取它们的疲劳特性数据。在实验室中，将常幅值载荷作用于疲劳标准试件，通过标准的试验方法获得材料的疲劳特性数据。然而，在实际工程应用中，材料或结构往往受到随机变幅载荷，这极大地影响了对材料或结构的疲劳寿命估计。在随机交变应力、同等应力幅值条件下，交变应力造成的损伤程度会随平均应力的增大而增加。在通常情况下，拉伸平均应力和压缩平均应力分别缩短和延长材料或结构的疲劳寿命。S-N 曲线在考虑平均应力的条件下预测效果更好。

在已给的应力幅值下，随着平均应力增大，疲劳寿命缩短，通过 Haigh 曲线（见图 7-14）可以在保证疲劳寿命不变的前提下，修正应力幅值。

著名的修正方法是 Goodman 和 Gerber 应力修正。

Goodman 公式：

$$\sigma_e=\frac{\sigma_b}{\sigma_b-\sigma_m}\sigma_a \tag{7-12}$$

Gerber 公式：

$$\sigma_e=\frac{\sigma_b^2}{\sigma_b^2-\sigma_m^2}\sigma_a \tag{7-13}$$

式中，σ_e为平均应力为零的等效应力幅值。当平均应力不为零时，根据式（7-12）或式（7-13）得到σ_e并代替式（7-8）中的σ_a进行计算。

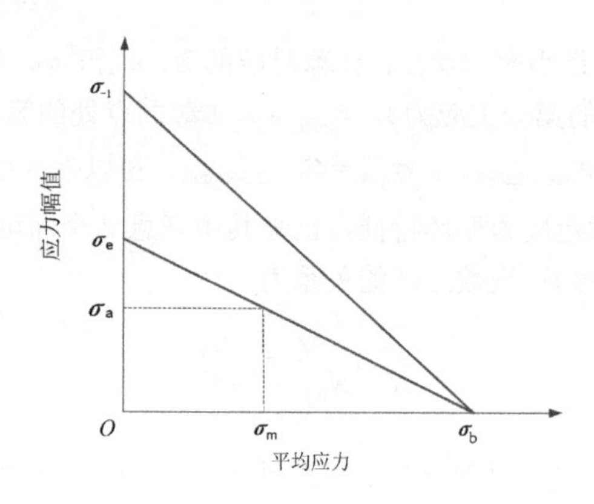

图 7-14 Haigh 曲线（Goodman 曲线）

随机振动疲劳寿命的估计方法之一是三区间法。三区间法基于 Stenberg 提出的损伤定律和高斯分布。假设随机振动服从高斯分布，1σ 水平瞬时加速度作用在-1σ和$+1\sigma$ 之间的时间为 68.3%，2σ 水平瞬时加速度作用在-2σ 和$+2\sigma$ 之间的时间为(95.4%−68.3%)，即 27.1%，3σ 水平瞬时加速度作用在-3σ 和$+3\sigma$ 之间的时间为(99.73%−95.4%)，即 4.33%。假设疲劳破坏发生在累积损伤为 1 时，根据式（7-14）估算随机振动疲劳寿命。

$$T=\frac{1}{f_0\left(\dfrac{0.683}{N_{1\sigma}}+\dfrac{0.271}{N_{2\sigma}}+\dfrac{0.0433}{N_{3\sigma}}\right)} \tag{7-14}$$

式中，f_0为统计平均频率，通常取1σ 速度除以1σ 位移的商；$N_{1\sigma}$、$N_{2\sigma}$、$N_{3\sigma}$ 分别为1σ 、2σ 和3σ 应力对应的疲劳寿命，根据 *S-N* 曲线计算。只有当随机振动疲劳寿命长于预期的振动时间或期望寿命时，才满足最终的抗振设计要求。

7.2 集成电路封装力学试验

7.2.1 封装常规力学试验

随着材料和构件的可靠性的日益提高，产品失效的概率正逐步降低，对材料或构件进行可靠性评估的试验周期在延长。人们希望在较短的时间内做一次评估试验，以获得有效的结果，即加速试验。所谓加速试验，并不是单纯为了强化应力以缩短时间，它也不是全方位的试验[19]。这种技术的有效运用与否，其可靠性评估的结果会不同，可靠性试验的内容也大不相同。环境可靠性试验有时间短且成本低的特点，模拟产品的服役环境，包括温湿度、产品受到的压力、振动等。

考虑到使用条件，还应关注产品的特性，推断可能出现的失效现象，根据这种失效的再生产机理制定环境试验的框架。

随着半导体技术、表面贴装技术和 LCD 技术的发展，高密度、小型化、性能可靠、功能齐全、价格低廉、功耗低已成为电子产品的发展要求。这对可靠性试验提出了两个要求。

①在市场需求逐步增加的情况下，产品的安全可靠标准被进一步提高。

②市场需求增大带来产品生命周期的缩短，研发周期加快，不得不在更短的时间内对产品进行可靠性评估。目前，已能够凭借成熟的可靠性理论技术对产品进行失效机理和可靠性的研究。

1. 拉伸与弯曲

在试验中，常用拉伸试验来衡量材料力学性能，拉伸试验是指在室温和静载荷（应变速率≤0.1/s）作用下对构件进行轴向拉伸。通过拉伸试验，综合测量材料的强塑性、变形和断裂等力学特征参数。这些特征参数在工程实际应用中的材料分析、结构设计和新材料研发中是必不可少的。在有效部分处于单轴拉伸状态下将构件拉至断裂。拉伸试验可以得出材料的载荷-变形曲线和材料变形特征。根据一定的计算和判断标准，可以得到反映材料拉伸试验结果的力学指标，并以此指标来确定材料的性能。

2. 振动与冲击

振动试验分类如下。

（1）环境适应性试验：通过了解试验对象未来所处的振动环境，使用冲击振动试验机来模拟其对环境的适应能力。

（2）动力学强度试验：试验对象主要是结构构件。对结构构件施加特定的试验条件，评估构件的疲劳寿命和动态强度。

（3）动力特性试验：采用试验方法测试物体的模态参数，如振型、阻尼和频率等。

（4）其他试验：例如，低质量的产品往往是加工过程中存在的问题导致的，利用振动筛分试验对这条生产线上的零部件和整机进行筛分，以提高整个产品的可靠性。

3. 硬度与疲劳

材料在交变载荷作用下的疲劳强度可由疲劳强度试验进行预测。此类试验一般周期长，所需设备复杂。材料受到交变载荷的疲劳强度用一般力学试验（如冲击振动试验、硬度试验或拉伸试验等）是无法得出的，对于重要构件，疲劳强度试验是必不可少的。

材料抵抗变形破坏的能力往往用硬度作为指标来衡量，硬度能够反映材料的强韧性、弹塑性。实验室中常用的试验方法是静载荷压痕硬度试验，相关指标包括维氏硬度（HV）、洛氏硬度（HRA / HRB / HRC）和布氏硬度（HB）等，这些指标表示材料阻止硬物压入材料的能力。维氏硬度（HV）和邵氏硬度（HS）用于回弹测试，代表金属弹性变形功的大小。

4. 断裂强度

断裂强度是指材料断裂时拉伸力与横断面积的比。根据材料本身性质和厚度粗细的不同，测量设备也会发生变化，但总体原理是不变的。

在需要同时测定延伸率的情况下，试样的长度将会有所规定。例如，在半导体行业内使用的键合引线的重要评价指标即断裂强度及延伸率，对试样长度的选用会根据公制和英制单位的不同而不同。

在公制单位时：

试样长度为 10cm，采用 10mm/min 的均匀下降速率，直到试样断裂，此时测得的强度即断裂强度。其单位为力的单位，有 g、kg、mN、cN、N 等。延伸长度与试样长度（10cm）之比为延伸率（%）。

在英制单位时：

试样长度为 25.4mm，采用 25.4mm/min 的均匀下降速率。换算方法同上。

7.2.2 封装新型力学试验

1. 激光测振法

激光测振法是一种非接触测量方法，基于多普勒效应，仪器发出激光束（波长为λ）照到振动物体表面，而反射回来的激光束的频率受到振动的影响发生变化（多普勒频移 f_d），根据多普勒效应，物体运动速度与频移量成正比，即 $f_d = 2v/\lambda$，f_d 由设备测得，经过信号解调后，可以得到振动速度随时间的波形。

（1）3D 扫描激光测振仪。

对于小型轻薄电子元器件来说，传统的接触时测量往往会给试样附加额外质量和刚度，这影响了测量的精度和准确率。而 3D 扫描激光测振仪可进行不适宜传统接触式（贴应变片）传感器测量的电子产品的振动测试，其主要适用于电子产品轻薄结构动力学振动测试。

3D 扫描激光测振仪配有三个高精度摄像头，如图 7-15 所示，采用非接触的测量方式，可以获得试样动力响应和模态参数等信息。

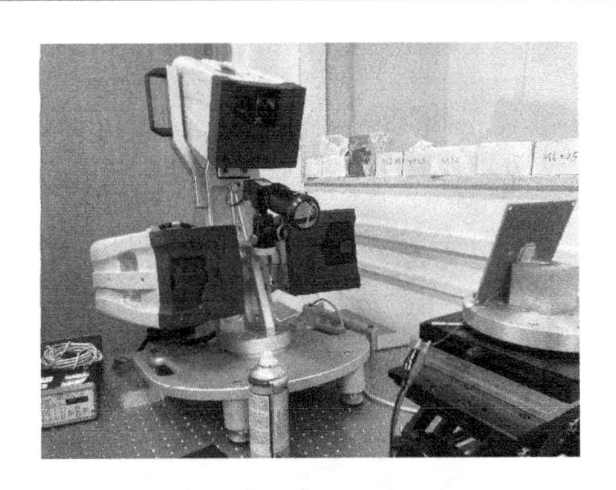

图 7-15　3D 扫描激光测振仪

（2）显微激光测振仪。

电子元器件中的微型部件振动参数测量对其结构抗振设计验证具有至关重要的作用，显微激光测振仪可解决元器件中微结构振动参数测量问题，主要用于电子产品微型部件常温和高低温真空环境下的动力学振动测试。

显微激光测振仪配备真空探针台、*XY* 轴定位台及温控装置，如图 7-16 所示，同样采用非接触的测量方式，可满足不同环境温度下微结构的振动测试要求，获取结构的动力响应和模态参数等信息。

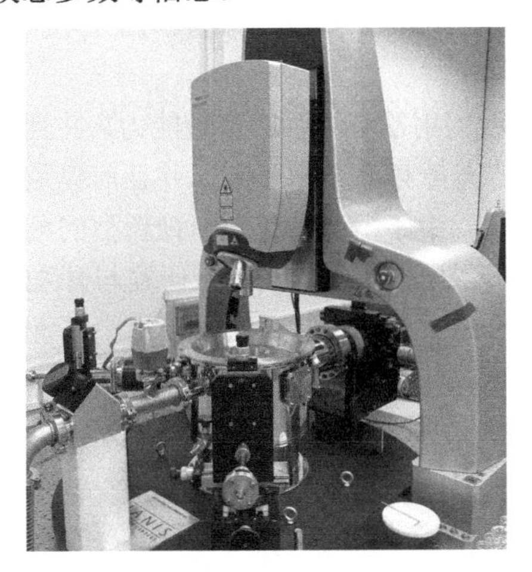

图 7-16　显微激光测振仪

2. 微区残余应力测量

常见的微区残余应力测量方法如下。

（1）X 射线衍射法。

X 射线衍射法是测量残余应力较为常用的方法之一，由专用的设备来完成，图 7-17 所示为 PROTO 公司的 LXRD 残余应力分析仪。

图 7-17　LXRD 残余应力分析仪

X 射线衍射法应用最为普遍，但 X 射线穿透深度大约为 30μm，穿透能力弱，在进行内部残余应力测量时必须将内部揭开。部分材料（如粗晶）因为无法衍射，测量难度较大，X 射线衍射法对材料本身有较高要求[20]。

X 射线衍射法对晶格产生干涉现象，得出晶格平面间距和残余应力。该方法通过直接测定晶体的原子间距来得到构件的变形信息，具有较高的精度。由于 X 射线衍射法具有无损性的特征，因此该方法已广泛应用于焊接结构残余应力的测量。

（2）中子衍射法。

中子衍射法较 X 射线衍射法有更强的穿透能力，并且无须揭开内部即可测得内部残余应力。它的缺点是难以获得中子源，并且前提是测得晶格在自由状态下的原子面间隔或布拉格角。中子衍射法作为一种新型的测量方法，在实际应用的过程中存在一定难度，值得研究人员的进一步研究与开发。

（3）磁测法。

磁测法是一种利用磁致伸缩效应的应力测量方法，应变改变导致的变形伸缩使线圈磁通变化，通过测量线圈内感应电流的变化来测量应力。磁测残余应力测量机如图 7-18 所示。

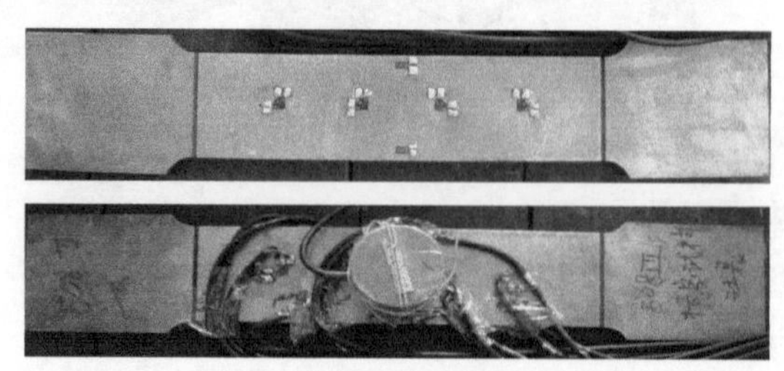

图 7-18　磁测残余应力测量机

图 7-18　磁测残余应力测量机（续）

磁测法是一种优缺点明显的测量方法，它的优点是可以在现场快速并非接触测量，缺点是测量结果受多方面因素影响，较其他方法来说难以标定量值且精度不高，测量对象仅限于磁制材料。另外，磁测法专用的测量设备耗能较高，设备笨重，其激励起的外部磁场还会造成磁污染、剩磁等一系列问题，材质的敏感性让测量准确率大大降低，测量对象以大型构件为主。

（4）拉曼光谱法。

拉曼光谱法是基于拉曼散射效应的一种测量方法，即利用谱带对应力敏感这一特点，来对应力进行测量。JYT 64000 显微激光拉曼系统如图 7-19 所示。

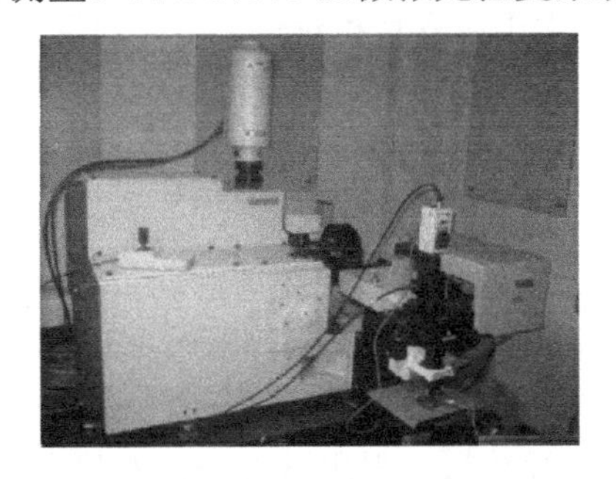

图 7-19　JYT 64000 显微激光拉曼系统

拉曼光谱分辨率高，并且可以少量非接触无损检测不同深度的试样，能对少量试样进行不同深度的测量。但拉曼活性影响材料适用性，拉曼频移会受到许多外部因素的影响，在缺乏有效的标定手段的情况下测量精度不高。

（5）超声波法。

超声波法是一种利用声弹性原理的一种应力测量方法，由于超声波透过受应力材料会发生双折射，因此超声波的传播速度在有应力和无应力的物体之间并不相同。超声波传播速度与应力大小有一定的关系，利用这一关系来测量残余应力。

超声波测量设备便携，具备现场、在役检测的能力。超声波测量设备能够无损测量构件的表面应力和内应力，具有良好的方向性，可实现定向发射，安全无污染，但测量精度较低，比较适合测量大型构件的残余应力、焊接及螺栓应力。

（6）纳米压痕法。

作为一种新型的测量法，纳米压痕法利用应力场干涉原理来测量残余应力，图 7-20 所示为 DUH-211S 超显微动态硬度仪。

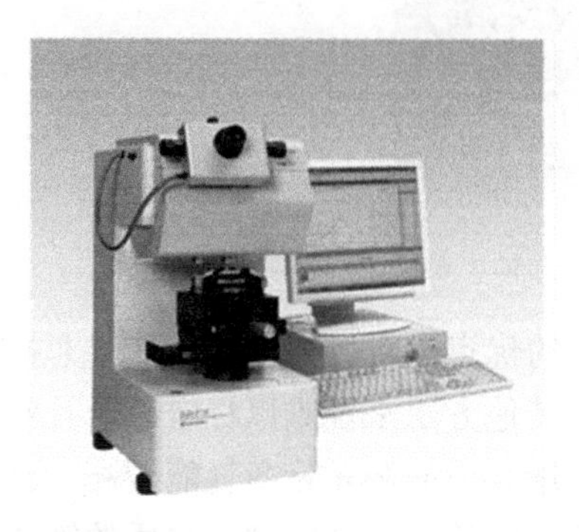

图 7-20 DUH-211S 超显微动态硬度仪

纳米压痕法的主要测量对象是金属和金属基薄膜。纳米压痕法的位移和力分辨率极高，具有小范围测试构件力学性能的能力，在试验施加或卸除载荷时可以不间断记录位移和力的变化。

3. 非接触式应变测量法

在应变测量方法中，与传统接触式应变测量法相对应的是非接触式应变测量法。接触式应变测量法通过在关注区域粘贴应变片（应变花），利用电桥平衡原理获得变形前后的应变大小，测量精度高，可以达到 0.1$\mu\varepsilon$，但是测量精度受应变片的粘贴质量、应变片与试样相对大小的影响，对于微小结构试样，由于应变片相对较大，其测量结果只能表征应变片粘贴区域的平均应变大小，因此空间分辨率就变得很小。对于存储器的气密封装盖板而言，只能够粘贴一个应变片测量，并且盖板薄，易变形，粘贴过程会人为引入变形量。

非接触式应变测量法包括数字图像相关（Digital Image Correlation，DIC）技术和电子散斑干涉（Eletronic Speckle Pattern Interferometry，ESPI）技术。DIC 技术采用的是光学拍摄的原理，图 7-21 所示为 PCC（高速摄像机软件）拍摄现场，对试样表面进行拍摄，得出试样表面灰度分布随机图像，如果已知每个摄像机的成像参数和摄像机之间的相互位置，那么通过算法可得到表面各点的坐标。

ESPI 技术用 CCD（电荷耦合器件）相机对被激光照射的物体进行拍摄，并生成随机干涉图。随机干涉图在物体所受载荷变形的情况下发生变化，通过变化计算相位图，位移值可由相位图直接获得，并且 ESPI 技术仅采用一个传感器便能测得表面位移、形状及应力应变。

DIC 与 ESPI 是相辅相成的两种技术。DIC 技术能对大变形或塑性变形进行测量，但灵敏度低，ESPI 技术则对小变形的测量有较高的灵敏度和精度。

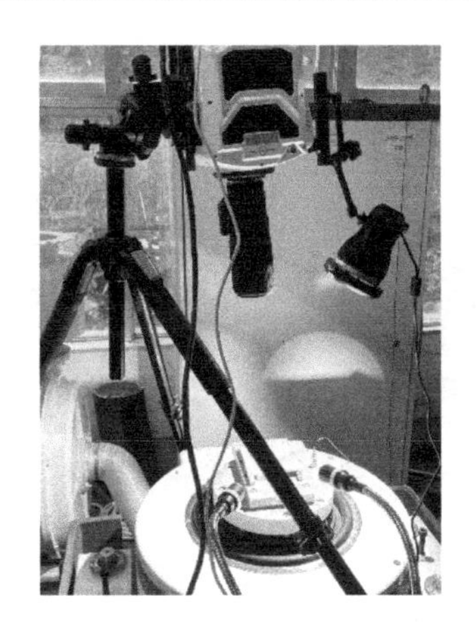

图 7-21　PCC 拍摄现场

7.3　集成电路封装力学典型案例

7.3.1　封装盖板振动特性案例

为了保障和延长封装盖板的疲劳寿命，需要获取封装盖板的振动力学特性。利用有限元分析软件，提取其应力云图，分析封装盖板的薄弱区域[21]。

1. 封装盖板模态有限元分析试验

在试验之前，建立某典型器件封装盖板的 3D CAD 模型，如图 7-22 所示，根据设计图纸给定的材料参数及边界约束，划分网格，建立对应的 3D 有限元模型(Finite Element Modeling，FEM)，如图 7-23 所示。利用 FEM 对封装盖板进行模态分析获得各阶模态参数。了解封装盖板固有频率、模态密度及振型。前 8 阶振型便于确定测点位置、激励方式和采样频率设置。

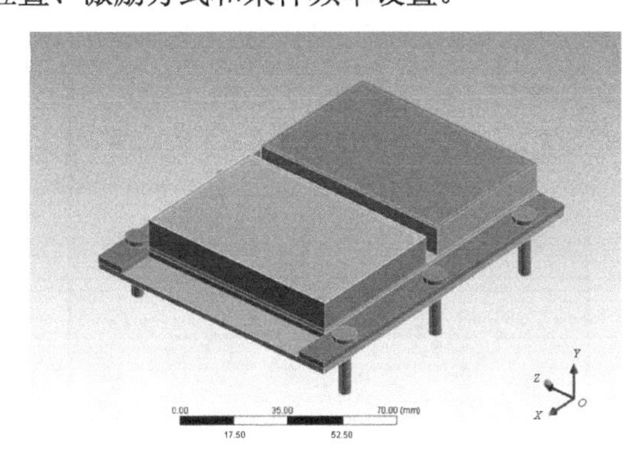

图 7-22　封装盖板的 3D CAD 模型

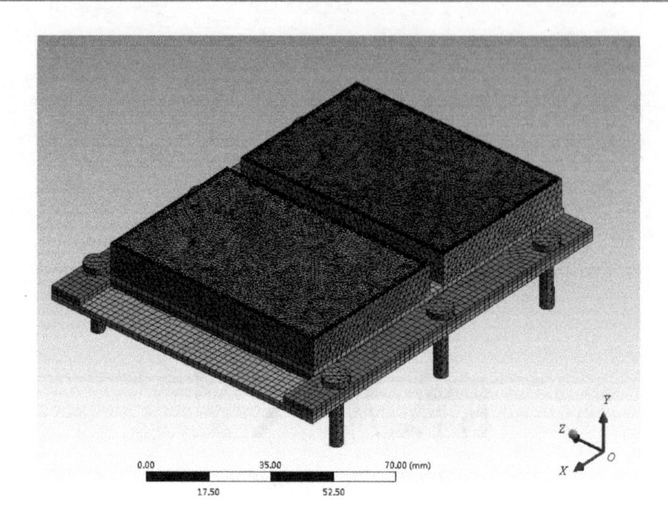

图 7-23　封装盖板的 3D FEM

2. 封装盖板模态分析试验

对封装盖板动态特性进行预估，在封装盖板的封装壳上布置 234 个测点，考虑不同试验工况进行对比试验，设置不同的激励位置和激励信号类型。最佳的激励位置通过预试验确定。同时，测试封装盖板频响函数矩阵的对称性及其非线性效应。最后使用非接触扫描式激光测振仪进行测量，并采用正弦扫频声激励作为激励源开展试验。

（1）动态测试。

将封装盖板固定在 PCB 上，并将 PCB 按实际安装方式通过夹具固定。选取 234 个测点，测点布置如图 7-24 所示。采用扫频声音激励方式，激光测振仪对每个测点的振动信息进行采集，并得到频响函数。

图 7-24　测点布置

（2）数据后处理。

利用激光测振仪采集软件分析处理测量信号，由于存在两个同规格的封装盖板，理论上同振型对应的频率应相同，受制造工艺影响，存在一定的偏差，因此存在密集频率，应提高采集数据的频率分辨率。选定分析频率为 5000Hz，频响函数谱线为 6400 条，频率分辨率为 0.783Hz，根据激励信号与测量信号计算频响函数。图 7-25 和图 7-26 分别给出了典型频响函数曲线及典型相干函数曲线。

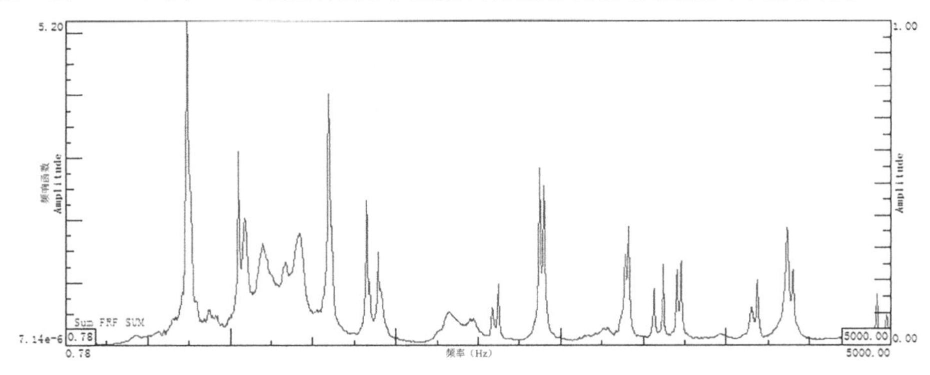

图 7-25 典型频响函数曲线

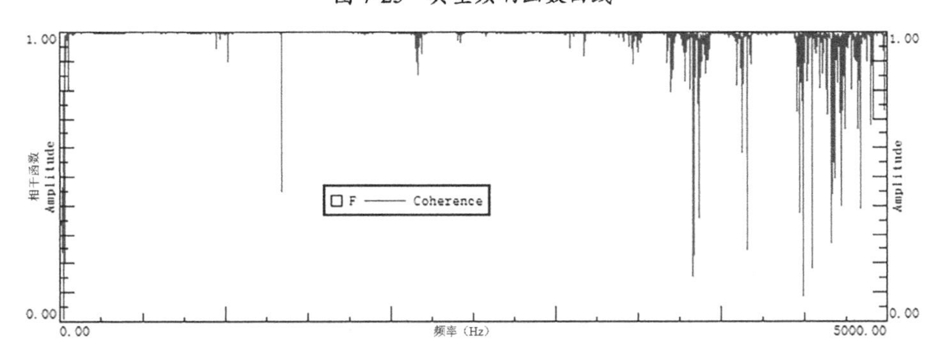

图 7-26 典型相干函数曲线

（3）模态试验结果及分析。

将试验获得的频响函数导入 LMS Test.Lab 软件中，采用 LMS Test.Lab 软件中的 PolyMAX 方法进行模态识别。通过频响函数之和 FRF 和模态指标函数，剔除虚假模态后，获得 5000Hz 内模块的 26 阶固有频率和振型，模态置信因子如图 7-27 所示，可见振型彼此正交。将频响函数与实测数据拟合并相互比较，部分测点频响函数对比如图 7-28 所示。表 7-5 所示为封装盖板前 8 阶模态参数。

模态分析结果显示，封装盖板在 2000Hz 以下存在着丰富的模态。封装盖板的使用环境振动带宽为 2000Hz，在该环境振动条件下，封装盖板必然会发生谐振，放大振动量级，引起盖板疲劳破坏。

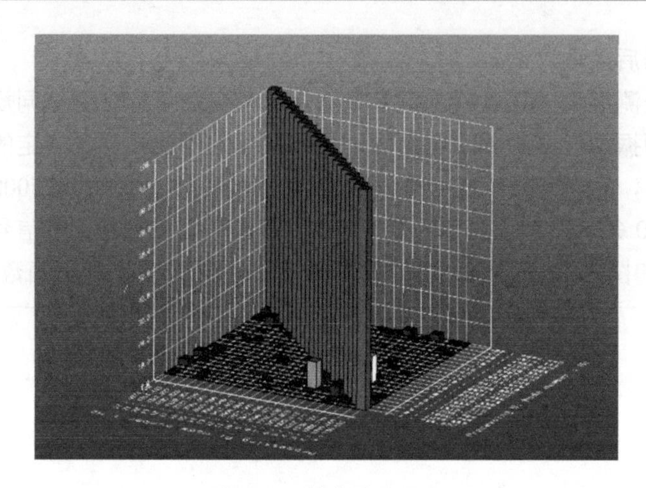

图 7-27　模态置信因子

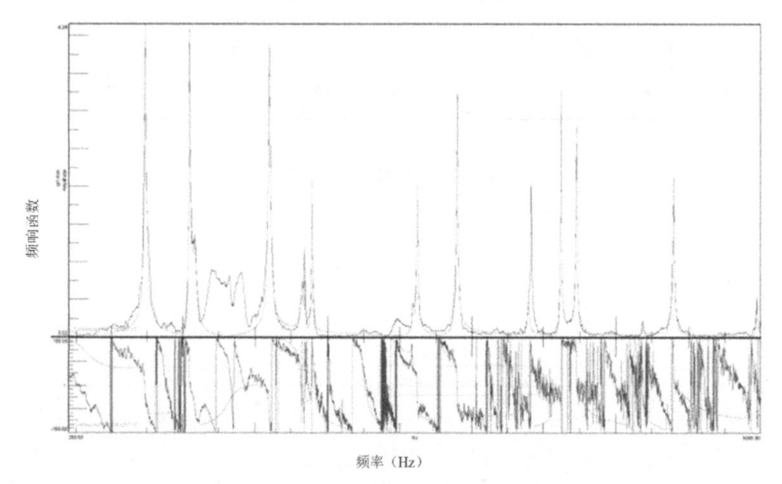

图 7-28　部分测点频响函数对比

表 7-5　封装盖板前 8 阶模态参数

模 态 阶 次	固有频率（Hz）	阻尼比（%）
1	736.925	0.28
2	749.436	0.34
3	1049.613	0.13
4	1088.950	0.91
5	1595.733	0.18
6	1611.995	0.14
7	1825.434	0.08
8	1843.682	0.04

3. 基于随机振动分析结果的结构薄弱点确定

基于模态分析可以对结构性能进行定性评价，为了确定结构在振动条件下的失效原因及薄弱点，需要进一步深入地计算分析。本节在前节基础上，结合封装盖板介绍基于随机振动分析结果的结构薄弱点确定。

（1）基于模态分析结果的模型修正。

对比仿真与试验的结果，修正 FEM 中的材料参数、边界约束条件，封装盖板固有频率对比见表 7-6，二者相对误差在 10%以内。

表 7-6　封装盖板固有频率对比

模 态 阶 次	模态试验结果（Hz）	修正的 FEM 仿真结果（Hz）	相对误差
1	736.925	734.96	0.27%
2	749.436	735.72	1.83%
3	1049.613	1074.30	−2.35%
4	1088.950	1074.50	1.33%
5	1595.733	1476.40	7.48%
6	1611.995	1479.90	8.19%
7	1825.434	1811.20	0.78%
8	1843.682	1815.40	1.53%

（2）封装盖板随机振动试验。

为进一步消除阻尼影响，开展随机振动试验，测量其关键点的加速度响应量值。随机振动试验现场如图 7-29 所示，随机振动施加的功率谱密度如图 7-30 所示，均方根值为 8*g*，试验测点布置方案如图 7-31 所示，封装盖板测点时域响应如图 7-32 所示。

图 7-29　随机振动试验现场

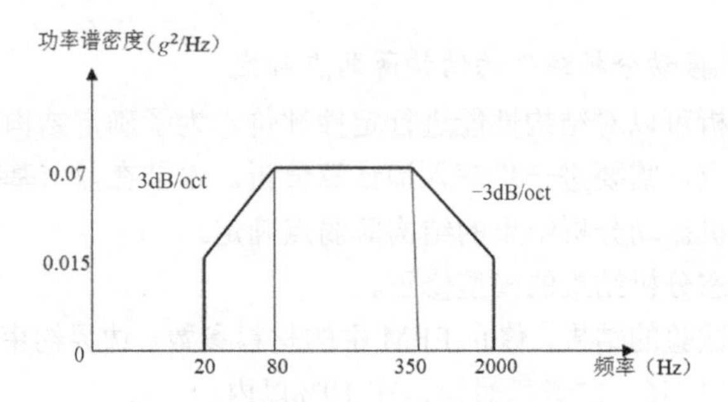

图 7-30 随机振动施加的功率谱密度

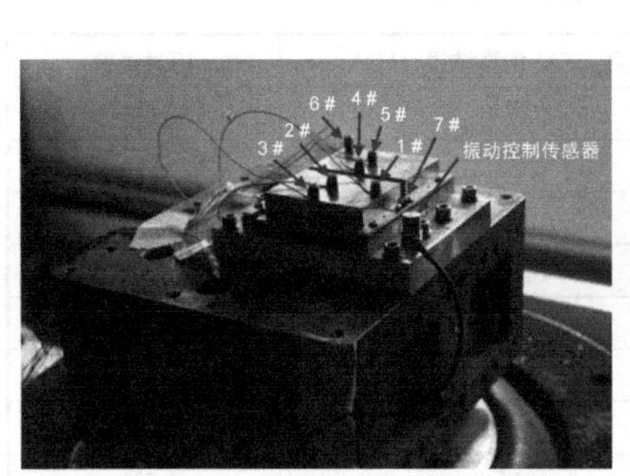

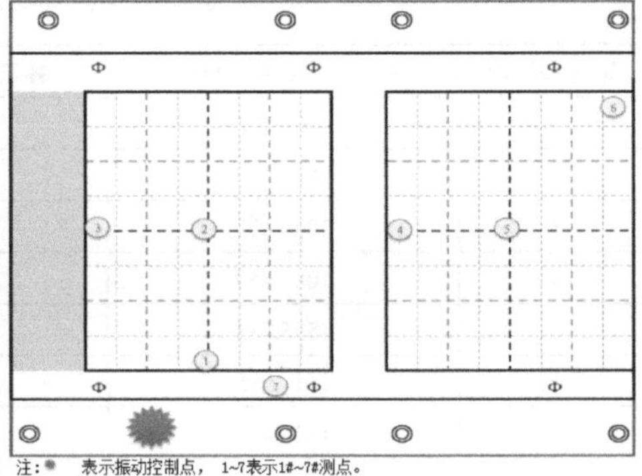

图 7-31 试验测点布置方案

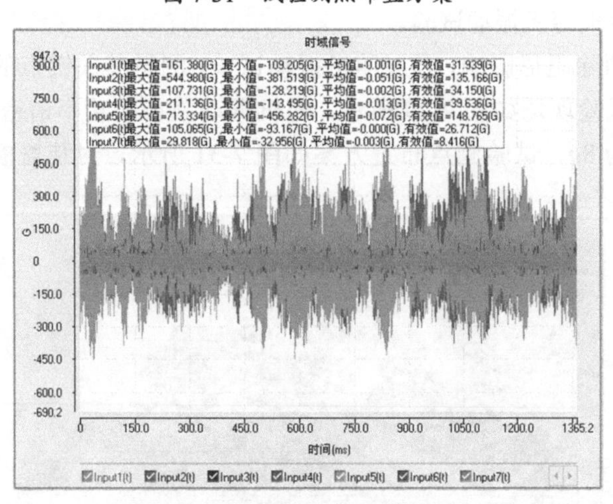

图 7-32 封装盖板测点时域响应

(3)基于随机振动试验的模型修正。

随机振动仿真与试验结果对比见表 7-7。通过修正阻尼比参数为 8%,得到的仿真与试验结果相对误差小于 5%。

表 7-7 随机振动仿真与试验结果对比（测点 7#试验数据无效）

测点	随机振动试验结果（Hz）	验证的 FEM 仿真结果（Hz，阻尼比为 2%）	相对误差	验证的 FEM 仿真结果（Hz，阻尼比为 8%）	相对误差
1#	31.94	35.54	11.2%	32.52	1.82%
2#	135.16	146.36	8.28%	139.65	3.32%
3#	34.15	39.24	14.9%	35.31	3.40%
4#	39.63	40.64	10.9%	38.72	2.30%
5#	148.76	149.21	3.1%	142.37	4.30%
6#	26.71	29.24	9.5%	27.34	2.36%

（4）基于随机振动分析结果的结构薄弱点提取。

基于验证的 FEM，提取封装盖板随机振动作用下的等效应力分布云图，如图 7-33 所示，可以看出应力最大处在封装盖板金属封装的长边边缘，是封装盖板的薄弱区域，这与实际失效现象相吻合。

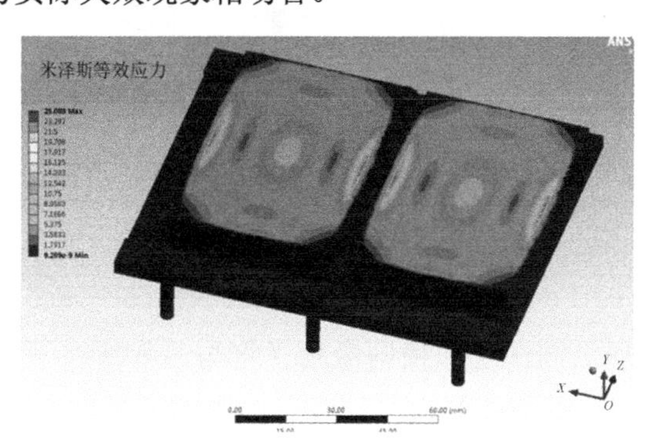

图 7-33 封装盖板随机振动作用下的等效应力分布云图

7.3.2 高密度键合引线碰丝案例

1. 基于光学法测量的键合引线碰丝

叠层芯片因其结构的特殊性需要键合引线才能与外部电路相连，电子产品在外部振动冲击或加速度循环的服役环境下，键合引线会出现变形、扭曲和断裂等问题，或者因为相邻键合引线间距过小，在振动冲击条件下发生搭丝短路，这些严重威胁着电子产品的安全可靠运行，因此，引线键合可靠性的提高是延长电子产品寿命的关键。

器件固有频率和共振引起的频率、方向和加速度都会对键合引线的变形产生影响。不同构件的结构、材料和粘接方式不同，其固有频率也不同。同一类型器件的引线、相邻引线之间的间距，以及弧高和线长的不同，对同一载荷会产生不同的结果。因此，在研究器件引线的碰丝行为时，不仅要考虑器件的固有频率，还要注意激励频率、加速度等关键振动参数引起的振动结果。

1）高速摄像机碰丝测试

（1）试样。

试样表观及其内部结构如图 7-34 所示，图 7-34（a）所示为器件完整封装图，器件开封后如图 7-34（b）所示。在图 7-34 中，芯片（3mm×4mm×0.1mm）固定在镂空的陶瓷基板（14mm×14mm×2mm）上，由 121 根键合引线（金丝）引出固定在 100 个焊盘，外部引出 100 根铜线，引线直径为 25μm，引线间最小距离为 125μm，最大距离为 325μm。

（a）器件完整封装图

（b）器件开封后

图 7-34　试样表观及其内部结构

（2）试验过程。

分别对试样施加纵向激励和横向激励（将与芯片所在平面垂直方向的激励定义为纵向激励，与芯片所在平面平行方向的激励定义为横向激励），振动试验如图 7-35 所示。

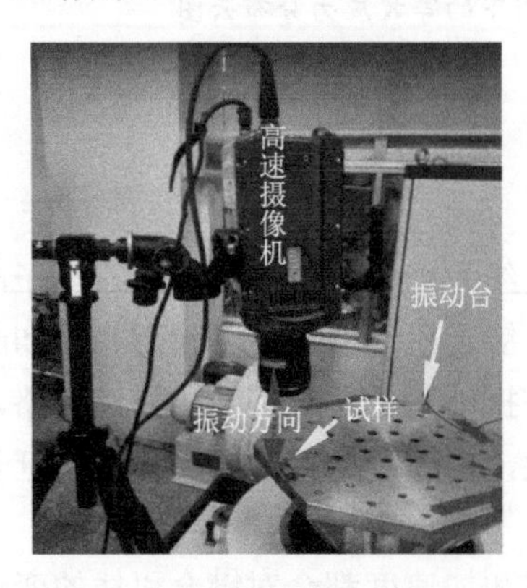

（a）纵向激励

（b）横向激励

图 7-35　振动试验

（3）试验结果及分析。

①纵向激励虽能引起共振，但不发生碰丝，在横向激励条件下，键合引线发生碰丝；纵向激励引起键合引线共振的频率为 2000~3000Hz，加速度为 250m/s^2 的纵向激励下不同频率段键合引线的振动情况如图 7-36 所示；横向激励引起键合引线共振的频率为 500~2500Hz。

②随着激励加速度的增大，键合引线的振动越来越剧烈；在横向激励条件下，当加速度增大至 250m/s^2 时，键合引线发生碰丝。

③在 250m/s^2 的加速度，2000~2300Hz 频率的激励下，芯片（91 号与 92 号键合引线、96 号与 97 号键合引线）碰丝；当频率为 2300~2500Hz 时，芯片（94 号与 95 号键合引线）碰丝。此时芯片部分电路将被短路，功能出现缺陷，从而引发一定的可靠性问题。由此确定碰丝的危险频率及危险位置，为实现电性能监测碰丝的试验提供依据。

（a）振动前的键合引线

（b）2000~2300Hz

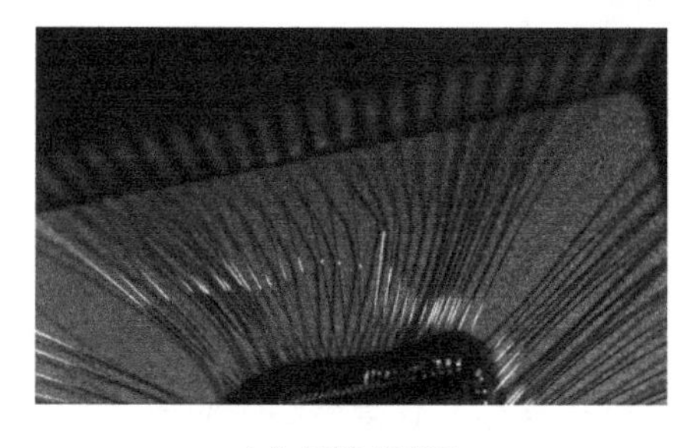

（c）2300~2500Hz

（d）2500~3000Hz

图 7-36 加速度为 250m/s^2 的纵向激励下不同频率段键合引线的振动情况

2）显微激光测振系统碰丝测试

（1）试样。

试样如图 7-37（a）所示，盖板开封后，待测键合引线如图 7-37（b）所示。

（2）试验过程。

键合引线拼接模态试验使用光学显微镜观察，MSA-600 显微激光测振仪如

图 7-38 所示。本次试验测试两根键合引线，分别记为键合引线 1、键合引线 2，五倍镜下的键合引线如图 7-39 所示。五倍镜下的视场范围内只能观察到大约 1/2 长度的键合引线，如图 7-39（a）所示，记为 part1，因此进行分段测试；图 7-39（b）所示为剩余部分的键合引线，记为 part2，最后拼接键合引线的模态。

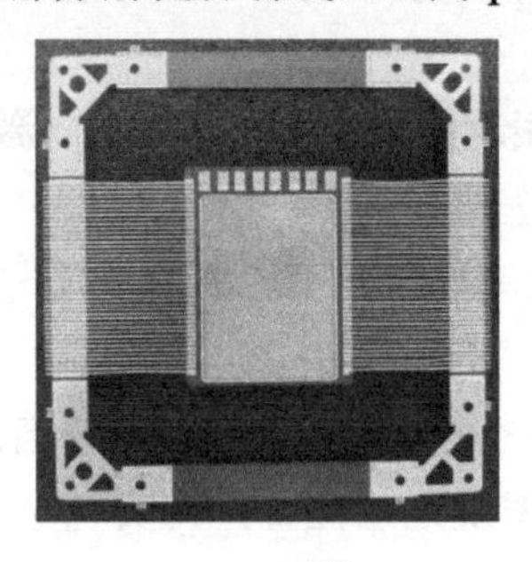

（a）试样

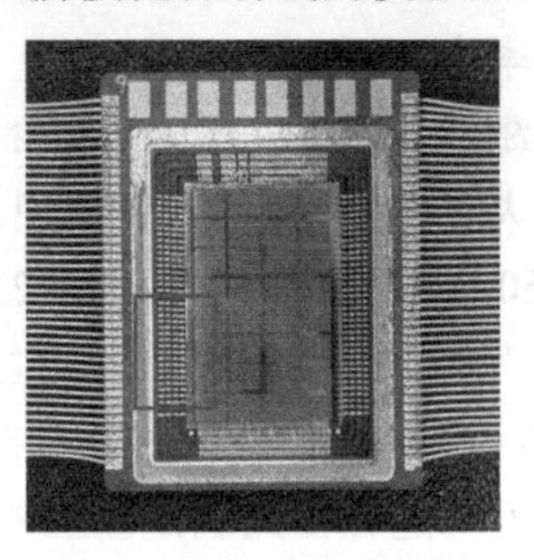

（b）待测键合引线

图 7-37　大容量 SRAM 存储器

图 7-38　MSA-600 显微激光测振仪

分别对两段键合引线进行测试，通过压电陶瓷片施加随机扫频信号，对试样施加振动激励，将信号源发出的信号作为参考信号。计算所有测点相对于参考信号的频响函数及响应谱，将两部分文件进行拼接操作，获得最终响应谱。

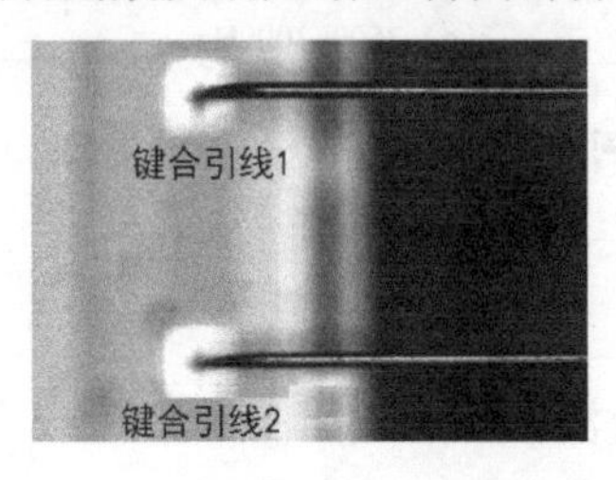

（a）part1

（b） part2

图 7-39　五倍镜下的键合引线

（3）试验结果及分析。

试验测得各测点频域振动速度信号，由 PSV 软件计算得到各测点相对于参考点的传递函数，导出为 unv 格式文件。图 7-40 所示为最终频响函数图，试样在 125kHz 以内存在二阶模态，两根键合引线的材料可能存在差异，因此固有频率不同，键合引线 1 的固有频率分别为 43.5kHz 和 90.8kHz，键合引线 2 的固有频率分别为 41.7kHz 和 91.4kHz，振型分别为键合引线正对称中心弯曲、键合引线反对称二阶弯曲，如图 7-41 和图 7-42 所示。

可以得出结论，试样在 125kHz 以内存在二阶模态，激励频率在 40~45kHz 范围内能激起一阶模态，并且在对键合引线施加纵向激励的条件下，器件平面内的横向振动几乎没有，因此键合引线在纵向激励下不容易发生碰丝问题，但是可能会出现键合引线变形问题。

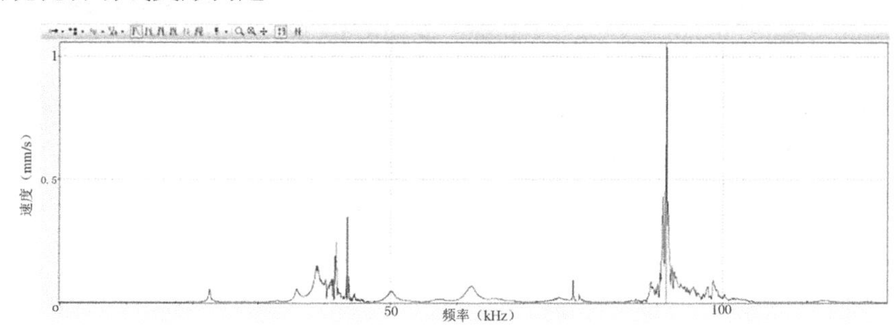

图 7-40　最终频响函数图

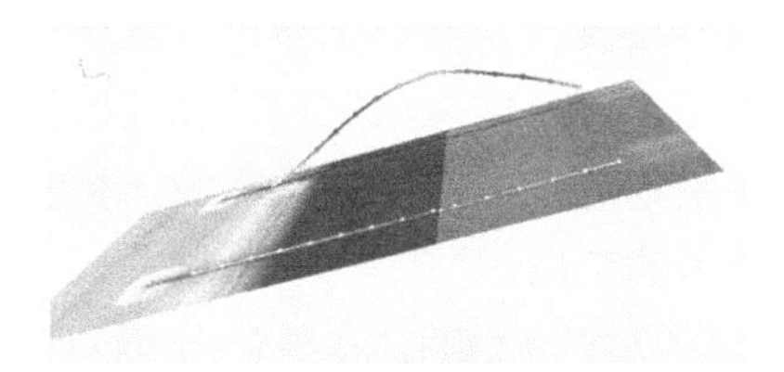

（a）键合引线 1 一阶模态

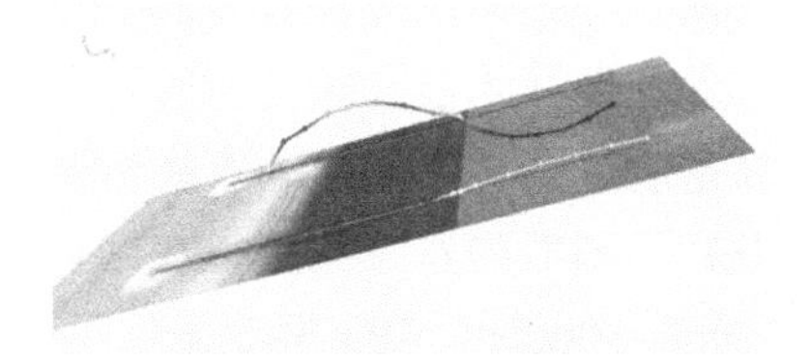

（b）键合引线 1 二阶模态

图 7-41　键合引线 1 模态图

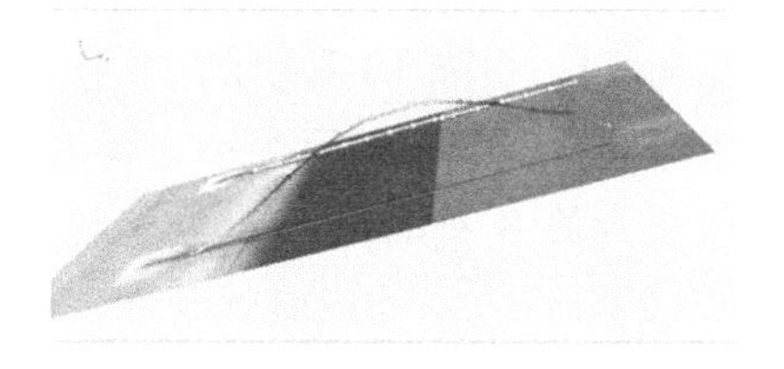

（a）键合引线 2 一阶模态

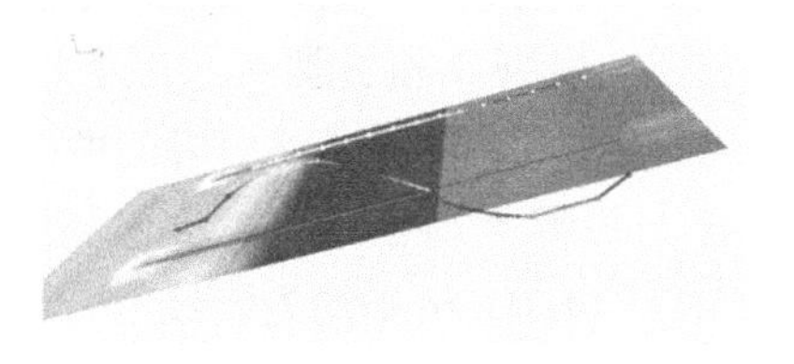

（b）键合引线 2 二阶模态

图 7-42　键合引线 2 模态图

2. 基于电学法测量的键合引线碰丝

为了解决漏检问题，提出了一种新的基于电学法的键合引线碰丝在线监测方法，通过设计监测电路和编写驱动程序，实现了电学法在线监测，并采用高速摄像技术完成了试验验证。

采用 Xilinx kc705 FPGA 套件作为开发板，按照集成电路引脚规格，设计测试电路板，FPGA 开发板与测试电路板之间通过 FMC 转接板进行信号连接，编制烧录 FPGA 自动信号采集程序，待测试芯片和上位机的通信通过串口调试助手实现。采用提出的电学法在线监测技术，基于振动试验平台，搭建的振动碰丝原位监测系统如图 7-43 所示。

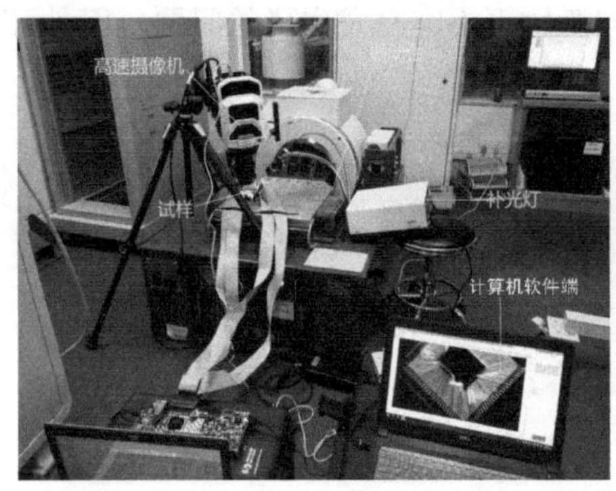

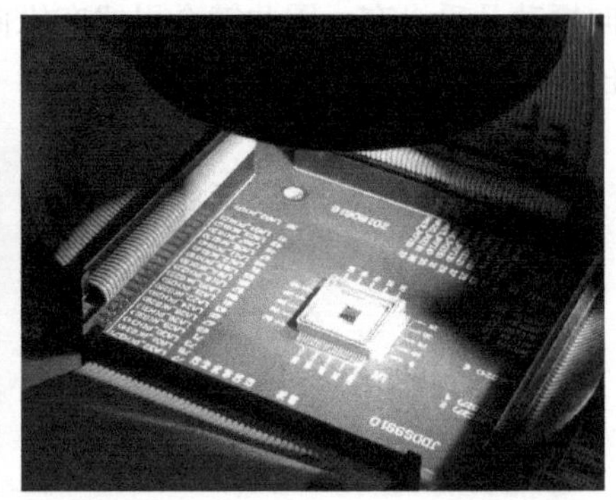

图 7-43　振动碰丝原位监测系统

通过对电学法碰丝监测技术和光学法碰丝监测技术的对比分析，发现提出的电学法在线监测技术能在振动试验过程中实现 1μs 以内碰丝短路的原位监测，为 SiP 等高密度键合器件的振动可靠性试验和鉴定考核提供了有效手段，填补了振动冲击状态下瞬时碰丝短路原位在线监测技术的空白。

在 2000~3000Hz，20*g* 振动条件下，通过编写的 MATLAB 代码分析并显示静态、动态数据对比，如图 7-44 所示，该动态数据包含 4 次检测周期。其中竖线标记的列代表静态与动态数据有差异。（在正常情况下碰丝只能发生在相邻的两个引脚之间，为便于分析，只保留驱动引脚序号相邻的两个引脚的检测结果。）观察检测结果发现，引脚 3 和引脚 4、引脚 10 和引脚 11、引脚 18 和引脚 19 存在碰丝（当检测到碰丝时，这对碰丝引脚的两个列为竖线，对应行的两个小方块为斜线。若引脚 3 与引脚 4 碰丝，则对应检测图的结果为第 3 列与第 4 列为竖线，方块 (3,3)、(3,4)、(4,3)、(4,4)均为斜线）。其余单独的竖线列不构成碰丝条件，可能由于检测周期数不够，存在漏检，或者芯片内部功能导致误检。

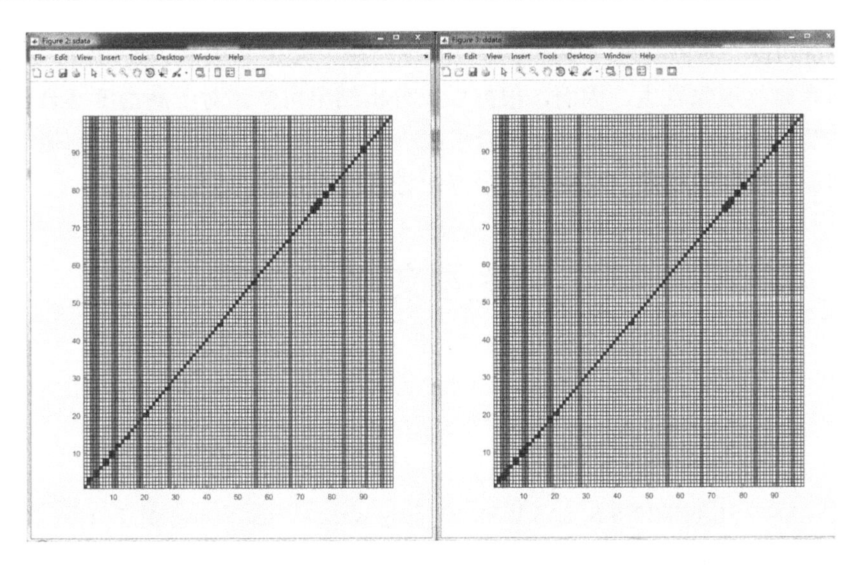

图 7-44　静态、动态数据对比

为验证项目提出的电学法在线监测技术的有效性，项目采用高速摄像机，同步对样品进行了高速摄像分析，对高速录制的视频采用降速回访的方式进一步观察分析，结果发现，引脚 3 和引脚 4、引脚 10 和引脚 11 及引脚 18 和引脚 19 间发生了金丝碰丝行为，该观测结果与电学法观测结果完全一致，验证了项目提出的电学法在线监测技术的合理性和准确性。图 7-45 所示为降低录制视频播放帧数之后，截取的引脚 3 和引脚 4 金丝的碰丝图像。

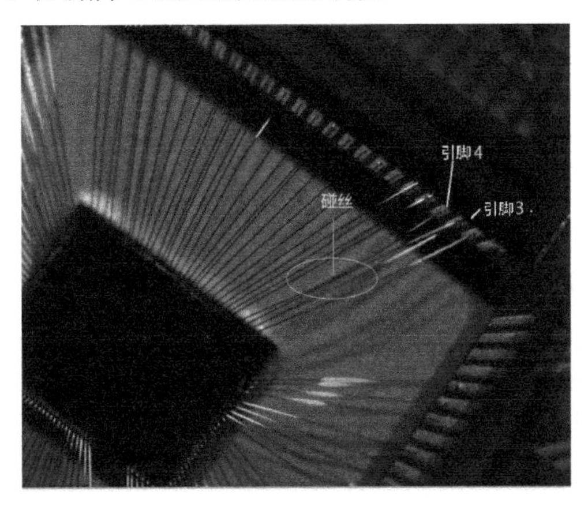

图 7-45　引脚 3 和引脚 4 金丝的碰丝图像

通过测试可知，对于高密度键合引线，在振动、冲击条件下的碰丝主要发生在 XY 方向（水平方向），且最小间距为 125μm，碰丝发生的频率范围主要集中在

2000~3000Hz，项目组进一步缩小激励频率范围，发现当频率达到 2000~2300Hz 时，即有碰丝现象发生。因而，根据以上分析结果可知，对于高密度键合引线碰丝失效的控制，主要可以从提高键合引线一阶固有频率、降低 *XY* 方向振动激励响应和加大键合引线最小间距等三个方面进行优选控制。

参考文献

[1] 孙训方，方孝淑，关来泰．材料力学（第 5 版）[M]．北京：高等教育出版社，2009.

[2] 杨桂通. 弹塑性力学引论[M]．北京：北京航空航天大学出版社，2013.

[3] 郦正能. 应用断裂力学[M]．北京：北京航空航天大学出版社，2012.

[4] HEYLEN W, LAMMENS S, SAS P. Modal analysis theory and testing[M]. Leuven, Belgium: Katholieke Universiteit Leuven, 1997.

[5] SU W, LUO W, DONG X, et al. Ultimate Strength Analysis of Local Thinning Tee Pipe Considering Plastic Strengthening Effect[C]. Journal of Physics: Conference Series. IOP Publishing, 2020, 1650(2): 022024.

[6] WOLTER A, BAUMEISTER H, YENI C, et al. A Study of the Board Level Reliability of Large 16FF Wafer Level Package for RF Transceivers[C].2020 IEEE 70th Electronic Components and Technology Conference (ECTC). IEEE, 2020: 1684-1690.

[7] SU W, LUO W, NIE Z, et al. A wideband folded reflectarray antenna based on single-layered polarization rotating metasurface[J]. IEEE Access, 2020, 8: 158579-158584.

[8] LUO W, SU W, NIE Z, et al. Vibration Characteristic Measurement Method of MEMS Gyroscopes in Vacuum, High and Low Temperature Environment and Verification of Excitation Method[J]. IEEE Access, 2021, 9: 129582-129593.

[9] 李东旭. 高等结构动力学[M]. 北京：科学出版社，2012.

[10] 邱吉宝. 结构动力学及其在航天工程中的应用[M]．合肥：中国科学技术大学出版社，2015.

[11] NDIP I, ANDERSSON K, KOSMIDER S, et al. A Novel Packaging and System-Integration Platform with Integrated Antennas for Scalable, Low-Cost and High-Performance 5G mmWave Systems[C]. 2020 IEEE 70th Electronic Components and Technology Conference (ECTC). IEEE, 2020: 101-107.

[12] HOU I C, TSENG P H, JOU J J, et al. Design of 4-Channel 25 Gbaud/s PAM-4 Optical Transmitter Module for Short Reach Applications[C].2020 IEEE 70th Electronic Components and Technology Conference (ECTC). IEEE, 2020: 2272-2277.

[13] JOUVE A, LAGOUTTE E, CROCHEMORE R, et al. A reliable copper-free wafer level hybrid

bonding technology for high-performance medical imaging sensors[C].2020 IEEE 70th Electronic Components and Technology Conference (ECTC).IEEE, 2020:201-209.

[14] 王树起. 叠层芯片封装可靠性分析与结构参数优化[D]. 哈尔滨：哈尔滨理工大学，2007.

[15] 曹文辉. 单晶铜制备键合引线的性能研究[D]. 兰州：兰州理工大学，2008.

[16] KUO K H, CHIANG C Y, CHEN K H, et al. The board level reliability performance and process challenges of ultra-thin WLP (package height < 250μm)[C]. 2020 IEEE 70th Electronic Components and Technology Conference (ECTC). IEEE, 2020: 2118-2123.

[17] SU W, LUO W, DONG X, et al. Harmonic Response Analysis for Ball Grid Array Package Using Computer Finite Element Simulation[C]. Journal of Physics: Conference Series. IOP Publishing, 2021, 2033(1): 012012.

[18] WANG X, YONG G, ZHANG Y, et al. Reliability and Simulation of composite BGA solder joint connecting LTCC substrates[C].2019 20th International Conference on Electronic Packaging Technology (ICEPT), 2019: 1-4.

[19] JINFENG G, CHUNYUE H, MAOLIN L, et al. Sop welding joint bending stress finite element analysis and optimization[C].2021 22nd International Conference on Electronic Packaging Technology (ICEPT), 2021: 1-4.

[20] SU W, LUO W, DONG X, et al. Residual Stress Analysis of Laser Welding Between Output Needle and Helix[C]. Journal of Physics: Conference Series. IOP Publishing, 2021, 1802(2): 022088.

[21] SU W, LUO W, DONG X, et al. Finite Element Analysis of Subsurface Damage of Optical Glass after Grinding[C].Journal of Physics: Conference Series. IOP Publishing, 2021, 1802(2): 022087.

第 8 章

集成电路封装失效分析技术

从集成电路封装的结构、工艺、材料等方面入手，开展失效分析，明确其薄弱环节，分析缺陷的生成和演变机理，才能识别缺陷、分辨失效模式、确认失效机理，并提出相应的改进措施，提高集成电路封装的可靠性[1,2]。本章介绍集成电路封装失效分析的主要内容、分析程序、分析技术等。

8.1 封装失效分析的主要内容

集成电路封装失效分析利用各种分析和测试手段确认集成电路封装失效模式和失效机理，以及可能的失效原因，提出相关改进措施或建议，防止失效的再次发生。以 Fan-Out 封装为例，集成电路封装工艺和应力相关的失效见表 8-1[3-8]。对应不同失效部位，表 8-1 给出了工艺相关失效模式和应力作用下的失效模式。

表 8-1 集成电路封装工艺和应力相关的失效（以 Fan-Out 封装为例）

部 位	工艺相关失效模式	应力作用下的失效模式
芯片	超薄晶圆过脆易破裂 芯片减薄应力不当致变形或翘曲 划片时芯片崩裂 芯片粘接不良 叠层错位 芯片粘接层填充孔洞致分层等	在热应力作用下，芯片变形、翘曲 在热应力作用下，注塑料扎伤芯片 机械应力导致芯片开裂 在热应力作用下，分层失效 热膨胀系数不匹配，分层失效 静电损伤 过电损伤等

续表

部 位	工艺相关失效模式	应力作用下的失效模式
焊球	焊球孔洞 焊球虚焊 焊球尺寸问题 焊盘脱落	在高温回流焊作用下，焊球熔融短路 在高温回流焊作用下，焊球开裂 填充料热膨胀系数不匹配、受热情况下发生裂缝 分层致焊球开裂
TSV	TSV 的刻蚀深度不足或过深 顶部直径误差 底部直径误差 侧壁垂直度不达标和粗糙度过大 阻挡层不完整导致的铜扩散 TSV 填充完整性 TSV 孔洞	填充 TSV 时应力导致的变形 铜析出引起的裂纹/介质层浮起 热膨胀系数失配使 TSV 塑性变形 电迁移 应力迁移 侧壁开裂 TSV 底部与金属化界面之间的裂纹 氧化
微凸点	凸点尺寸偏小导致虚焊 凸点尺寸偏大导致相邻凸点之间短路失效 凸点中孔洞 枕头效应	电迁移 热应力作用下变形 裂纹 开裂
重布线层（RDL）	RDL 孔洞 RDL 尺寸偏差	铜电迁移导致 RDL 线间短路 铜电迁移导致 RDL 孔洞 热机械应力导致 RDL 裂纹

不同的失效部位对应不同的失效模式和机理，需要利用失效分析来确认，集成电路封装失效分析的主要内容包括明确失效对象，确认失效模式，探究失效机理，推断失效原因，提出设计和工艺改进措施。

8.2 封装失效分析程序

集成电路封装失效的表现形式多种多样，并且可能出现在封装的任何位置，包括外部封装、内部封装、芯片表面、芯片底面或界面。为了对集成电路封装进行有效的失效分析，必须遵守有序的、一步接一步的程序来进行，以确保不会丢失相关的信息。设计、装配和制造等多种技术需要与其相适应的缺陷定位和失效分析技术。

近年来，新型封装不断涌现，如超精密度表面贴装、倒装芯片（FC）、封装上封装/封装内封装（PoP/PiP）、超薄晶圆处理、芯片叠层与 TSV 等[9-11]。这些新型封装都对我们的失效分析手段提出了挑战。加之 3D 系统集成密度高、封装结构复杂及材料多样，传统的失效分析手段不再适合，需要得到改进才有可能满足

3D 系统失效分析的要求。集成电路封装失效原因、机理及对应的失效分析方法见表 8-2。

表 8-2　集成电路封装失效原因、机理及对应的失效分析方法[12-30]

失效模式	序号	失效原因和机理		失效分析方法
A 裂纹	1	热-机械失配	芯片焊料疲劳 BGA 焊球疲劳 嵌入式无源器件破损 芯片间的间隔垫片开裂 下填充料开裂 芯片金属线开路	应力分析 热变形干涉测量仪、散斑干涉测量仪 变形分析 图像相关、X 射线衍射 缺陷隔离 磁显微定位技术、时域反射、LIT、TIVA、OBIRCH 裂纹检测 SAM、光学显微镜截面分析、SEM 或 FIB/SEM
	2	机械冲击	芯片绝缘层开裂 有机基板开裂 焊球开裂（跌落）	
	3	吸湿膨胀	塑封材料开裂 芯片开裂 基板开裂	
	4	反应引起体积收缩或膨胀（如固化）	塑封材料开裂 芯片开裂	
	5	内部应力（如高温时水分蒸发）	塑封材料开裂 芯片开裂	
B 界面分层	1~5	同 A 裂纹 1~5 的失效机理	芯片绝缘层分层 下填充料分层 叠层芯片分层 有机基板分层 塑封材料分层	应力分析 热变形干涉测量仪、散斑干涉测量仪 变形分析 图像相关、X 射线衍射 裂纹检测 SAM、光学显微镜截面分析或 SEM、FIB/SEM、FIB/TEM
	6	界面反应引起粘接剂脱落（如潮湿、氧化、污染等）	下填充料分层 塑封材料分层 有机基板分层	裂纹检测 SAM、光学显微镜截面分析或 SEM、FIB/SEM、FIB/TEM 表面分析 TOF-SIMS 、 XPS 、 AES 、 TEM+EDX、TEM+EELS

续表

失效模式	序号	失效原因和机理		失效分析方法
C 孔洞和气孔	1	机械蠕变	芯片互连孔洞 BGA 焊球孔洞	缺陷隔离 磁显微定位技术、时域反射、LIT、TIVA、OBIRCH 孔洞检测 X 射线显微分析、光学显微镜截面分析、SEM 或 FIB/SEM（EDX、WDX、EBSD、金属互连 X 射线衍射分析技术）
	2	扩散	芯片 UBM 翘起 芯片互连或通孔出现孔洞 键合引线翘起 BGA 焊球翘起	
	3	电迁移	芯片金属线、焊球出现孔洞 基板焊球、金属布线和通孔出现孔洞	
	4	热迁移	芯片金属线、焊球出现孔洞 基板焊球、金属布线和通孔出现孔洞	
D 材料腐蚀和开裂	1	化学腐蚀	键合引线翘起	缺陷隔离 磁显微定位技术、时域反射、LIT、TIVA、OBIRCH 机理分析 光学显微镜截面分析或 FIB/SEM（EDX/WDX、TEM、TOF-SIMS、XPS、FTIR 频谱分析）机械测试、TGA、DMA、DSC（老化）、EBSD（晶粒分析）
	2	电化学腐蚀	键合引线翘起	
	3	老化	有机基板开裂或分层 下填充料开裂或分层	
	4	晶粒粗糙、相位分离	键合引线开裂 芯片焊球疲劳 BGA 焊球疲劳	

失效分析的原则是先外部分析，后内部分析；先进行非破坏性分析，后进行破坏性分析。非破坏性分析技术不会影响器件的各项性能，它们不改变封装上现有的缺陷和失效，也不会引入新的失效。在进行非破坏性分析之前，用电学方法来识别失效器件的失效模式。尽管 X 射线检测是非破坏性分析技术，但是 X 射线有可能使某些器件的电学特性发生退化，因此必须在电学评价之后进行。破坏性分析技术（如开封）会物理性、永久地改变封装，它们会改变存在的缺陷。例如，开封的过程就会破坏封装中已存在的缺陷或失效的证据。因此，制定合理的失效分析程序是十分重要的。非破坏性分析技术受一定的分辨率限制，小于或等于 1μm 的缺陷用普通的 X 射线显微镜和声学显微镜基本上检测不到，需要用分辨率更高的显微镜（如 C-SAM）来分析。封装失效分析程序如图 8-1 所示。

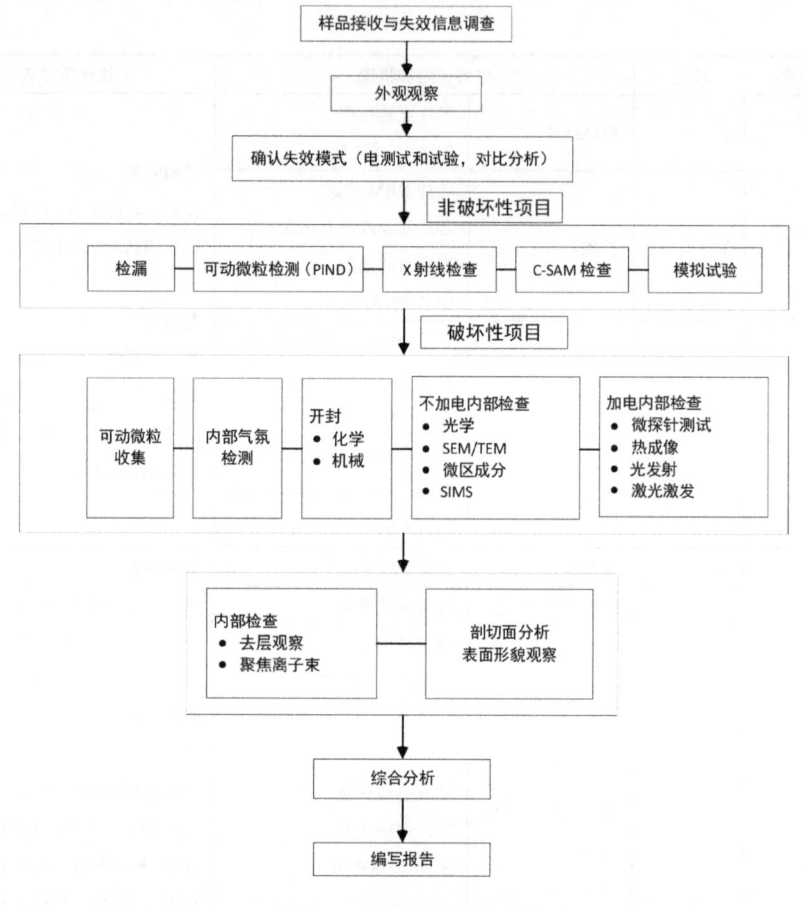

图 8-1　封装失效分析程序

8.3　非破坏性失效分析技术

8.3.1　外观分析技术

集成电路封装的外观分析可为后续的分析提供重要线索。通常采用光学显微镜进行外观分析，观察表面沾污、外来物、引脚变色、引线断裂、锡须等。

1．基本原理和主要性能指标

一般使用光学显微镜来进行外观分析，光学显微镜采用光学透镜放大原理来观察封装表面的缺陷。光学显微镜操作简单，但是放大倍数有限制，目前光学显微镜的放大极限是2000倍，分辨率通常在微米级以上。光学显微镜分为两种，一种是立体显微镜，另一种是金相显微镜。立体显微镜的放大倍数比金相显微镜的放大倍数低，但是景深比金相显微镜要大。

立体显微镜和金相显微镜的成像原理类似，均是用目镜和物镜组合来成像的，放大倍数是目镜放大倍数和物镜放大倍数的乘积。

光照系统决定了物镜放大倍数、数字孔径、分辨率、景深和场曲率。目镜系统中包括可选择的放大倍数。图 8-2 所示为一台金相显微镜。样品可以用反射光来检查，如果样品由透明材料组成，则也可以用透射光来检查。

与电子显微镜和其他显微镜相比，光学显微镜的工作不需要高真空或传导性材料。缺点在于其分辨率受到可见光波长的限制。分辨率 d 和波长 λ 有关，关系式为

$$d=\frac{\lambda}{2A} \tag{8-1}$$

式中，A 为数字孔径。

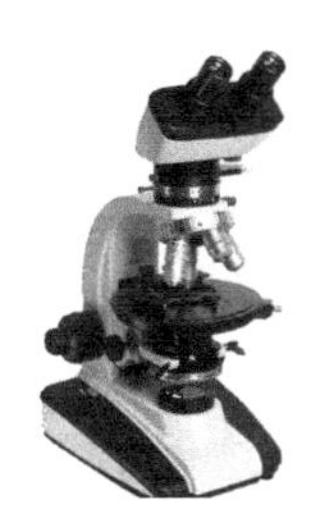

图 8-2　金相显微镜

2．分析案例

图 8-3 和图 8-4 所示分别为立体显微镜拍摄的集成电路外观照片和观察到的集成电路引脚沾污。引脚沾污会导致焊接后接触不良。

图 8-3　立体显微镜拍摄的集成电路外观照片

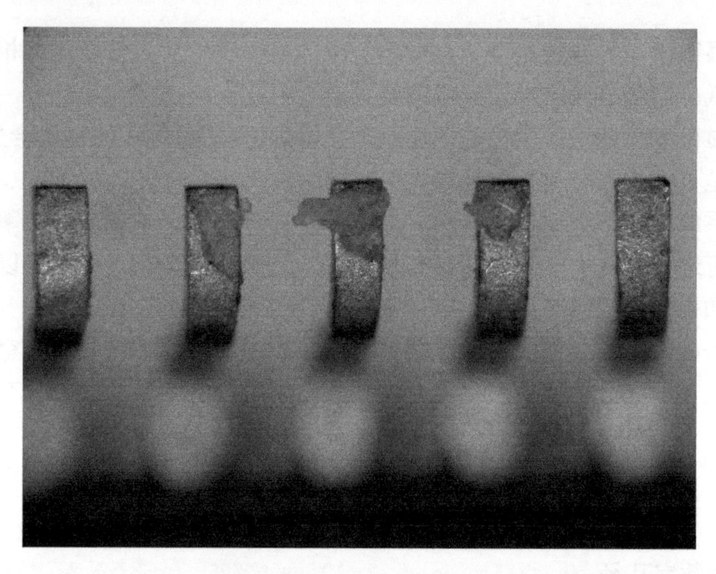

图 8-4　立体显微镜观察到的集成电路引脚沾污

8.3.2　X 射线显微透视分析技术

X 射线（X-ray）显微透视分析可以无损分析封装内部的缺陷，如焊料层孔洞、键合引线碰丝、引脚断裂、封装壳密封工艺缺陷等。X 射线显微透视分析技术分为 2D X 射线和 3D X 射线分析技术。这里主要介绍 2D X 射线分析技术，3D X 射线分析技术将在 8.5 节进行介绍。

1. 基本原理和主要性能指标

X 射线显微透视分析技术根据不同材料对 X 射线的吸收率和透射率的不同，利用 X 射线通过封装不同部位衰减后的射线强度检测封装内部缺陷[31-33]。当 X 射线穿透封装时，X 射线的强度会衰减。衰减程度由封装材料的衰减系数和样品的厚度决定：

$$I = I_0 \cdot \mathrm{e}^{-\mu \cdot L} \tag{8-2}$$

式中，I 是 X 射线穿过封装后衰减的强度；I_0 是 X 射线穿过封装前的初始强度；μ 是封装材料的衰减系数。

对函数 $\mu(x,y)$进行线积分，得到透过 2D 物体的 X 射线强度 I。

$$I = I_0 \cdot \mathrm{e}^{-\int_L \mu(x,y)\mathrm{d}L} \tag{8-3}$$

图 8-5 说明了影响 X 射线衰减率的物理因素。

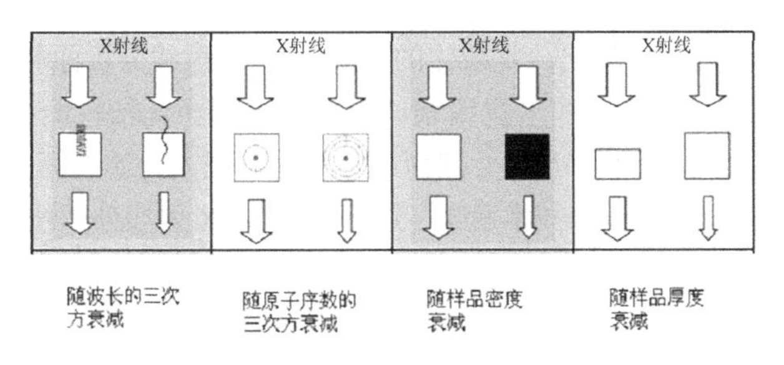

图 8-5　影响 X 射线衰减率的物理因素

2D X 射线分析技术可实时检测封装的缺陷特征，辨别隐藏缺陷的类型，实现准确定位，并且操作简单。2D X 射线分析技术的分辨率与放大倍数有关，下式说明了 2D X 射线分析技术的放大倍数与几何距离之间的简单关系：

$$M = \frac{L_1 + L_2}{L_1} \tag{8-4}$$

式中，M 是放大倍数；L_1+L_2 是 X 射线源和探测器之间的距离；L_1 是 X 射线源和样品之间的距离。式（8-4）表明靠近 X 射线源的样品的几何放大倍数高于靠近探测器的样品。

另一个影响放大倍数（尤其是高放大率）的重要因素是 X 射线源（焦点）的几何尺寸，焦点尺寸与图像清晰度的关系如图 8-6 所示，焦点尺寸越大，物体边缘的不清晰图像越大，可用下式表示：

$$U = d_{\text{X射线}} \frac{L_2}{L_1} \tag{8-5}$$

使用微焦点管可以将 X 射线源的直径减小至纳米级。但是只有低功率的 X 射线光管可能实现这个目标，因为高功率模式下的 X 射线源的直径大于 2μm（取决于 X 射线光管的类型和厂商）。

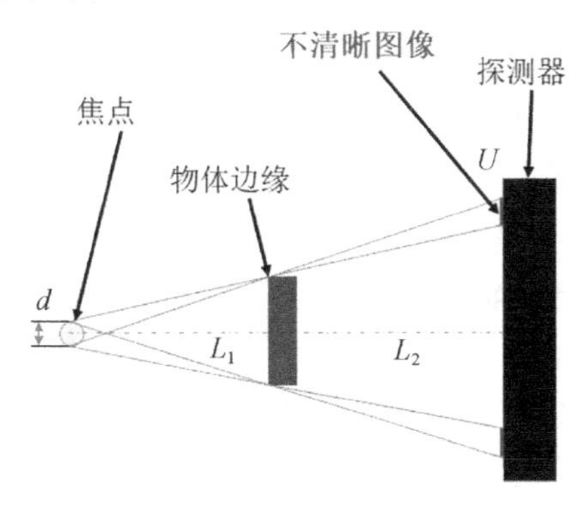

图 8-6　焦点尺寸与图像清晰度的关系

面对集成电路封装小型化、复杂化的发展，2D X 射线分析面临了技术性挑战。由于视野中存在许多遮挡物和干扰因素，因此难以甚至无法检测小尺寸缺陷的特征。这时候通常需要进行切片准备，然而这很可能造成人为的破坏。2D X 射线成像技术的分辨率低是普遍存在的技术瓶颈，这推动了 3D X 射线分析技术的发展，使之成为微电子封装失效分析的重要手段。

目前，适用于集成电路封装的 X 射线显微透视系统的电压等级从 150kV 到 250kV，电流等级为几十毫安，空间分辨率达到微米级，通过调整设备的电流电压可以调节穿透强度，调整样品与 X 射线源的距离可以调节放大倍数，实现对不同封装产品的分析。

2. 分析案例

图 8-7 所示为芯片粘接孔洞的 2D X 射线透视图，芯片粘接孔洞会导致集成电路工作时散热不良，影响其长期可靠性。

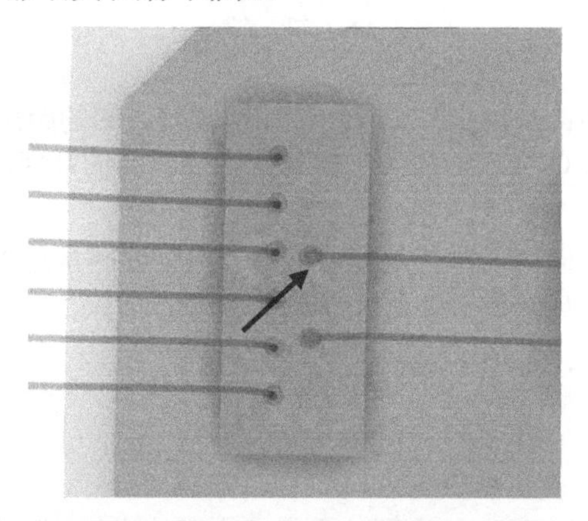

图 8-7　芯片粘接孔洞的 2D X 射线透视图

8.3.3　扫描声学显微分析技术

扫描声学显微分析技术是一种适用于集成电路封装的无损分析技术，它利用超声波探测封装内部空隙等缺陷，主要用于观察芯片粘接层缺陷，对于分析塑料封装的分层现象特别有效。

1. 基本原理和主要性能指标

扫描声学显微分析技术的原理是使用超声换能器对样品内部一定深度对焦，超声换能器以各种扫描模式移动，产生相应的声学显微图像，基本原理如图 8-8 所示。常用的扫描模式主要有 C-模式、B-模式和 Tru-模式。C-模式和 B-模式都是利用反射声波成像的，C-模式的超声换能器平行于样品 *XY* 平面以扫描方式移动，产生相应的 *XY* 平面声学显微图像。B-模式的超声换能器沿 *X* 或 *Y* 方向的一条直线移动，收集该线上各点各深度的信息，产生相应的 *XZ* 或 *YZ* 剖面声学显微图像[34]。Tru-模式利用透射声波成像，超声换能器沿 *XY* 平面以扫描方式移动，收集各点透射声波信息，产生样品的透射声学显微图像。其中，最常用的是 C-模式扫描，在 C-模式中，聚焦的超声换能器在被关注的平面区域上扫描，透镜聚焦在某个深度，深度选择门决定了扫描的区域[35]。例如，在塑封集成电路中，选择窄门仅对芯片表面成像，而较宽的门可同时对芯片表面、基板周边和引线框架进行成像。

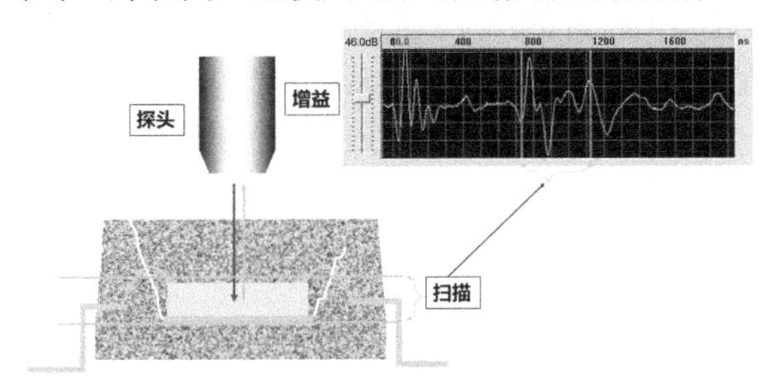

图 8-8　扫描声学显微分析基本原理

目前，扫描声学显微镜（SAM）的频率范围为 1MHz~500MHz，空间分辨率可达 0.1μm，超声换能器的频率越高，可达到的分辨率越高，扫描面积可达到几百平方毫米。

2. 分析案例

图 8-9 所示为 DSP 集成电路模塑料与引线框架界面分层的图片。塑封集成电路分层可能是样品本身已经存在的，也可能是受潮后在回流焊工艺中产生的，已经存在分层的样品在焊接、存储、使用等各个阶段，分层可能扩展，最终导致失效。在失效样品中，内部多个界面分层或开裂是发生“爆米花效应”的强应力作用造成的。

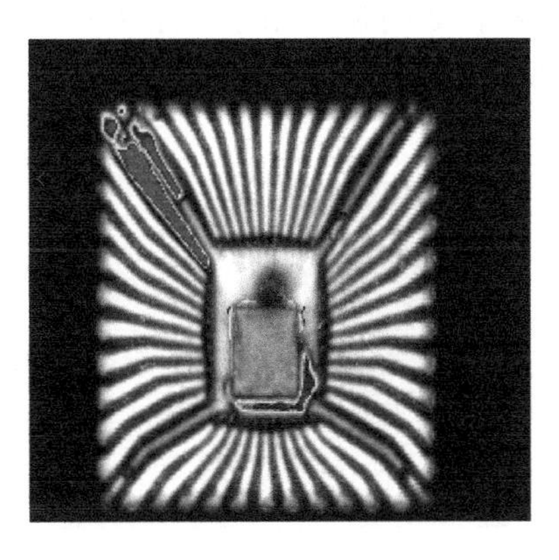

图 8-9　DSP 集成电路模塑料与引线框架界面分层的图片

8.3.4 粒子碰撞噪声检测技术

粒子碰撞噪声检测技术是用来检查密封集成电路封装腔体内的可动多余物的非破坏性分析技术。

1. 基本原理和主要性能指标

粒子碰撞噪声检测（Particle Impact Noise Detection，PIND）技术是一种通过观察集成电路封装腔体内松散的粒子，检查集成电路完整性的非破坏性分析技术。封装腔体内的可动多余物受到冲击和振动后，在封装腔体内加速运动，并会与封装内壁发生碰撞，动能被转化为声能，通过超声波探测仪里的压电晶体把声能转化为电能，再通过放大器的放大和滤波后，一路在示波器上显示，另一路转化成低频信号，送到声响系统，以确定是否有不符合要求的粒子存在。粒子碰撞噪声检测仪如图 8-10 所示。

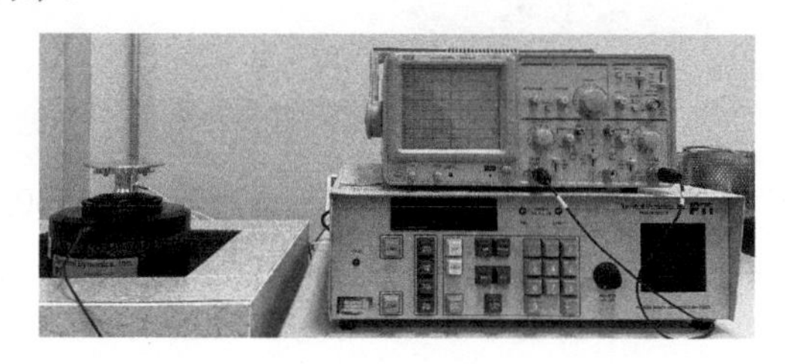

图 8-10　粒子碰撞噪声检测仪

目前，商用粒子碰撞噪声检测仪的振动频率范围为几十赫兹到几百赫兹，冲击加速度可达上千 g，噪声传感器灵敏度达几十分贝。

2. 分析案例

某密封集成电路经粒子碰撞噪声检测后，发现有噪声爆发，开封检查发现键合引线上有可动多余物存在，如图 8-11 所示。经 SEM 和 EDS 分析，该可动多余物成分为 Al，与键合引线成分相同，因此推测封装内部的可动多余物是键合工艺引入的。

图 8-11　密封集成电路内部可动多余物导致粒子碰撞噪声爆发

8.3.5　氦质谱检漏分析技术

氦质谱检漏分析技术是用来检查密封集成电路封装的气密性的非破坏性分析技术。

1. 基本原理和主要性能指标

氦质谱检漏分析技术将密封集成电路置于密封箱内，在规定的压力下用 100% 的氦气对密封箱进行加压，经过规定的时间后去除压力，样品从真空/压力箱内取出除去样品表面吸附的氦气，并把样品移到氦质谱检漏仪中检测，从而得到漏率。漏率的大小与加压时间、加压压强和样品的腔体体积都有一定的关系。图 8-12 所示为氦质谱检漏仪。

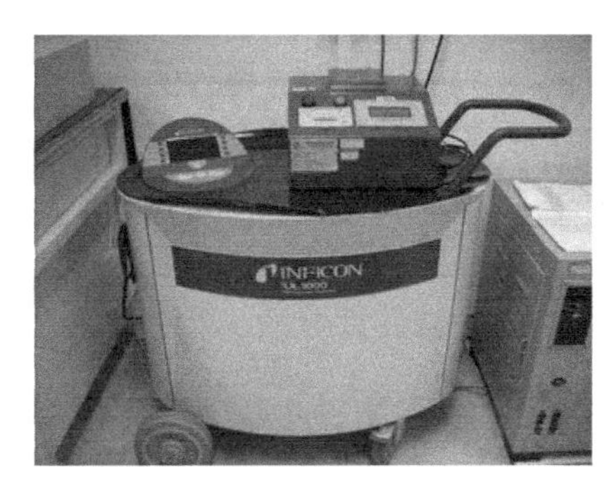

图 8-12　氦质谱检漏仪

目前，先进的氦质谱检漏仪的最小可检漏率达到 10^{-10}Pa•cm^3•s^{-1} 以下。

2. 分析案例

某密封集成电路通过氦质谱检漏仪检测到的漏率为 6.2×10^{-3}Pa•cm^3•s^{-1}，大于 5.0×10^{-3}Pa•cm^3•s^{-1} 标准判据，经过 X 射线检测发现该集成电路封盖密封区存在孔洞，密封宽度未达标，如图 8-13 所示。

图 8-13　封盖密封区宽度未达标导致漏率超标

8.4 破坏性失效分析技术

8.4.1 开封及显微制样技术

为了对集成电路封装进行进一步的分析，需要开封将内部结构暴露出来。不同的封装形式需要不同的开封方法。非塑封集成电路通常采用机械开封方法，塑封集成电路采用化学腐蚀开封方法或激光开封方法。

1. *基本原理和主要性能指标*

机械开封方法的原理简单，本书不再详细展开叙述，下面主要介绍化学腐蚀开封和激光开封方法。

喷射腐蚀开封机（见图 8-14）可对塑封器件的封装进行开封。开封前需要进行 X 射线检测，确定芯片形状、位置和尺寸，键合引线的高度等信息，在去包封层前应先烘烤样品，以去除包封层中所有的水汽，防止酸腐蚀金属而产生附加缺陷。采用化学腐蚀开封时不应暴露外部的键合引线，因为化学溶剂很容易使其退化。确保包封层完全腐蚀芯片裸露部分后，再用无水丙酮、异丙醇作为漂洗剂进行漂洗。

对于模塑料较厚的集成电路或铜引线集成电路，可先利用激光开封方法将封装器件上的模塑料去掉，从而避免化学腐蚀时间过长对铜引线或芯片造成腐蚀损伤。

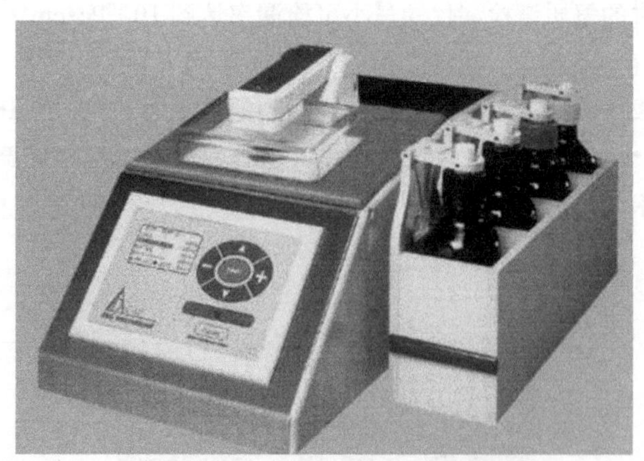

图 8-14 喷射腐蚀开封机

2. *分析案例*

图 8-15 所示为塑封集成电路化学腐蚀开封后的内部形貌。

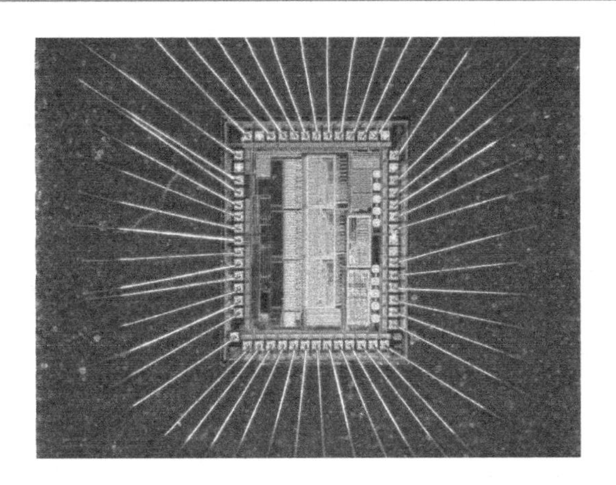

图 8-15　塑封集成电路化学腐蚀开封后的内部形貌

8.4.2　内部气氛分析技术

内部气氛分析需要在集成电路封装上钻孔提取内部气氛，因此属于破坏性分析，内部气氛分析需要在样品开封之前进行。内部气氛分析技术是一种直接对气密封装内部各种气体（包括水汽）进行定量分析的技术。

1. 基本原理和主要性能指标

内部气氛分析是全面评价集成电路封装条件及内部材料和材料处理工艺的主要技术。内部气氛分析仪采用的分析方法是分压力质谱法，其主要原理是首先从密封器件内部取样后进行电离，然后采用质谱仪进行质量分离计数，最后给出各种气体的分压比。密封集成电路典型的封装气氛主要包括以下几种。

- 干燥空气：去除水汽和其他有害气体的干燥空气可以作为保护气体。
- 干燥氮气：纯度达到 99.9%的氮气。
- 干燥氮气/氦气混合。

内部气氛分析仪主要由真空系统、取样系统、分析系统、数据处理系统及样品夹具组成。目前国内引进的内部气氛分析仪检测的范围是原子级的（1~512 个），主要气氛（如水汽、氮气、氧气、氩气、氢气、二氧化碳等）的准确度在 5%以内。水汽检测灵敏度为 100ppm，其余气氛灵敏度为 10ppm。图 8-16 所示为典型的内部气氛分析仪。

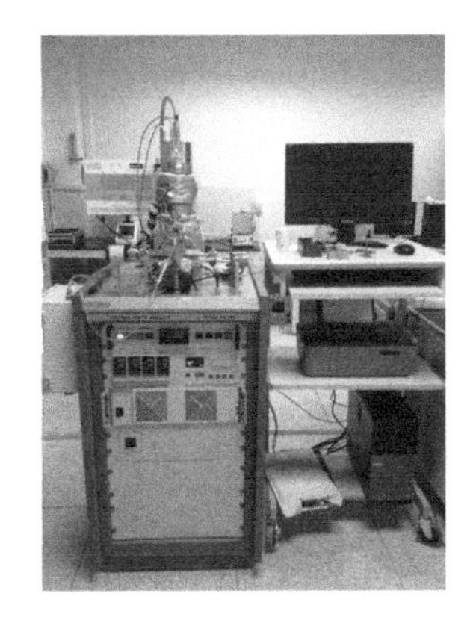

图 8-16　典型的内部气氛分析仪

2. 分析案例

表 8-3 所示为典型密封集成电路内部气氛检测结果，2 个样品的内部水汽含量均大于 5000ppm，水汽含量过高会导致芯片腐蚀等失效现象。

表 8-3 典型密封集成电路内部气氛检测结果

分压及内部气氛		样品编号	
		1	2
分压	torr	2.5	2.5
氮气（Nitrogen）	%	86.0	86.5
氧气（Oxygen）	%	6.00	5.16
氩气（Argon）	%	1.10	1.22
水汽（Moisture）	%	2.95	3.69
氢气（Hydrogen）	ppm	632	248
碳氢化合物（Hydrocarbon）	ppm	104	104
二氧化碳（Carbon-Dioxide）	%	3.83	3.37

8.4.3 扫描电子显微分析技术

扫描电子显微分析技术在集成电路封装失效分析中主要用于高分辨率的物理表征分析。扫描电子显微镜（SEM）的放大倍数可以达到几十万倍。

1. 基本原理和主要性能指标

扫描电子显微分析技术利用电子透镜将电子束聚焦并加速后轰击到样品表面，激发出二次电子和背散射电子等信号，将这些信号接收、放大并显示成像，获得样品的表面形貌。扫描电子显微分析技术原理如图 8-17 所示。

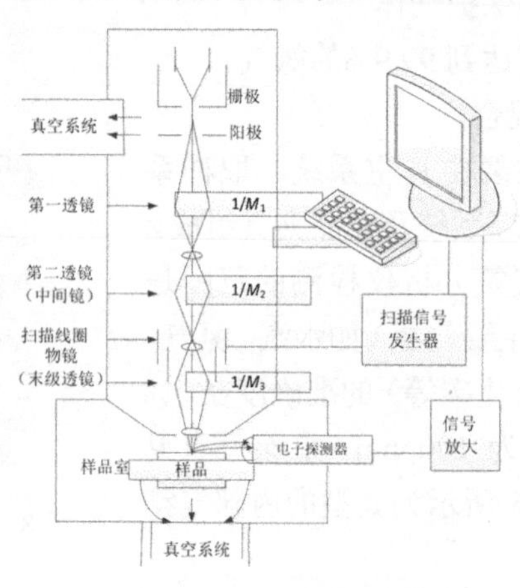

图 8-17 扫描电子显微分析技术原理

SEM 的分辨率可达 50Å 以下，放大倍数为几倍到几十万倍，景深大，立体感强，结合电子能谱仪（EDS）还可以进行成分分析。使用 SEM 分析前需要对缺陷进行初步定位，并对样品进行制样，为防止样品在高电压下表面出现电荷导致图像不清晰，有时还需对样品喷金。图 8-18 所示为 SEM 外观图。

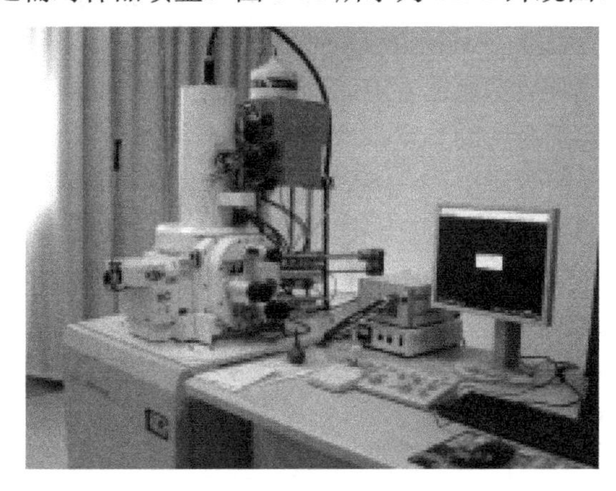

图 8-18　SEM 外观图

2. 分析案例

图 8-19 所示为热循环试验后，TSV 发生变形的 SEM 图像，从粗细均匀（见图 8-20）变成中间细两头粗，这是由于热循环试验中 TSV 中间位置所受的热应力最大，铜柱不同部位发生位移，左右两端朝中间挤压。

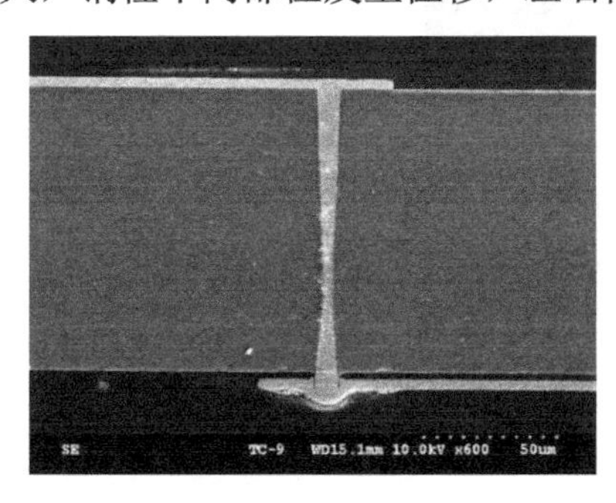

图 8-19　TSV 发生变形的 SEM 图像

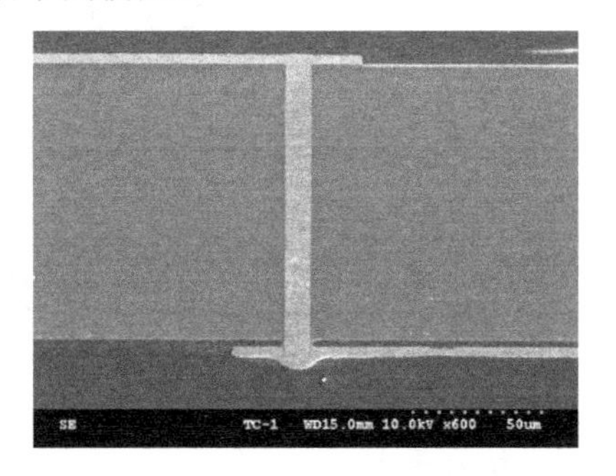

图 8-20　正常 TSV 的 SEM 图像

8.4.4　透射电子显微分析技术

透射电子显微分析技术在集成电路封装失效分析中主要用于更高分辨率的 3D 显微形貌和结构分析及元素成分定量分析。

1. 基本原理和主要性能指标

透射电子显微分析技术利用电子的波动性来观察材料和结构缺陷，分辨率可达原子大小级别。和 SEM 一样，采用电子束作为源，电子束在外部磁场或电场的作用下发生弯曲，形成类似于可见光通过玻璃时的折射现象，利用这一物理现象制造出电子束的“透镜”，从而开发出透射电子显微镜（TEM）。

透射电子显微分析技术通过特定的制样技术不仅可实现 3D 方向超高分辨率图像的观察，还可实现高空间分辨率（纳米尺度）的结构、成分的分析。对于特征尺寸在亚微米量级的集成电路，TEM 可以精确地给出用于超大规模集成电路芯片制造的各种材料的有关形貌特征。由于透射电子显微分析制样过程对器件内部结构的影响很小，因此观察到的图像基本可以认为是样品的原始形貌。

目前国内在 TEM 研发方面尚处于起步阶段，市场上还没有成熟的产品。在该技术上处于世界领先地位的公司主要有美国赛默飞（原 FEI）、日本电子（JEM）和德国蔡司（ZEISS）等公司。国内高校、科研院所等单位也主要使用这 3 个品牌的 TEM。目前，先进的 TEM 的点分辨率可达 0.24nm，线分辨率可达 0.14nm，STEM（扫描透射电子显微镜）的分辨率优于 1nm。图 8-21 所示为 TEM 外观图。

图 8-21　TEM 外观图

2. 分析案例

TSV 转接板在 1000 次热循环试验（−55~125℃）后出现开路失效，通过缺陷定位及 FIB 切片分析，确认了失效部位在 TSV 与顶层金属（TOP-M1）界面处，为了进一步分析其裂纹萌生机制，利用 TEM 对 TSV 样品的界面区进行了分析。根据 TSV 与 TOP-M1 界面的 STEM 形貌（见图 8-22）和 TEM 形貌（见图 8-23），确认了该 TSV 样品在热循环应力下，裂纹首先出现在 TSV 顶端拐角部位的应力极值处，然后朝着 TSV 中心往里扩展延伸[9]。

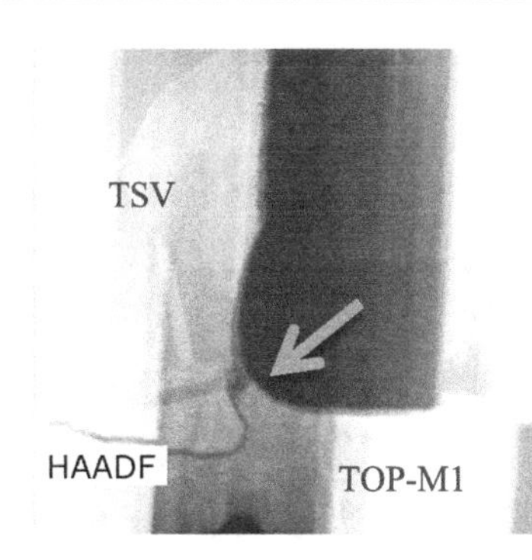

图 8-22　TSV 与 TOP-M1 界面的 STEM 形貌

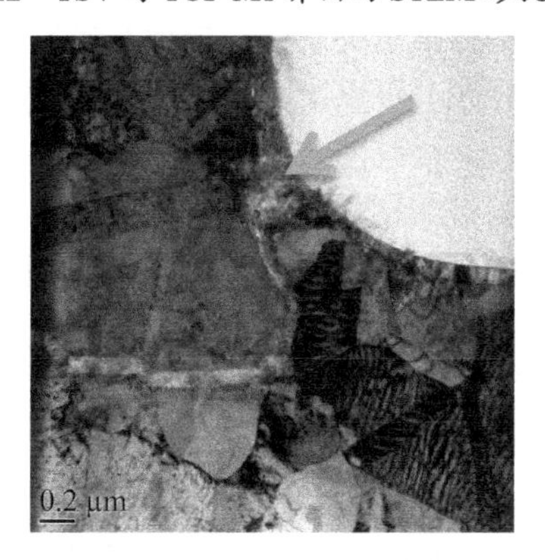

图 8-23　TSV 与 TOP-M1 界面的 TEM 形貌

利用该系统上的 EDS 分析功能，分析元素的分布及其扩散行为，为确定失效机理提供重要依据。TSV 界面元素分析如图 8-24 所示。从图 8-24 看出，该 TSV 样品界面由 Si、SiO_2、Ti、Cu 四种材料组成，从 Ti 元素的分布可以看出，TSV 顶端界面应力极值处开裂后，Ti 元素沿着裂纹向 Cu 基体中扩散，证明了裂纹首先出现在 TSV 顶端拐角部位的应力极值处，然后朝着 TSV 中心往里扩展延伸的物理机理。

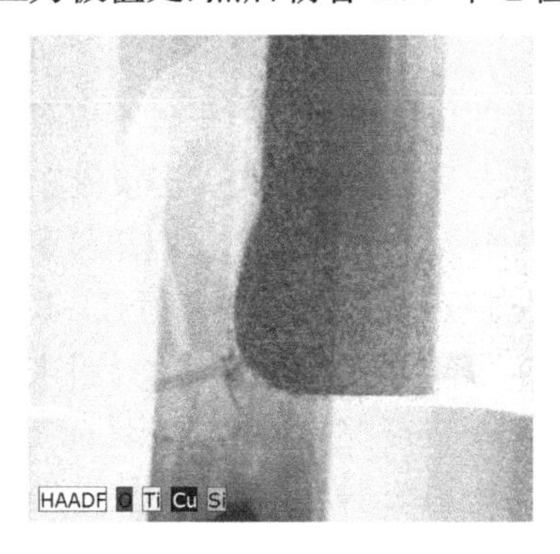

图 8-24　TSV 界面元素分析

8.4.5 聚焦离子束缺陷分析技术

聚焦离子束（FIB）缺陷分析技术在集成电路失效分析中主要用于失效部位或特定位置的截面分析、失效部位的局部去层观察、切割隔离辅助测试和键的生长测试等[36]。

1. *基本原理和主要性能指标*

在很多失效分析案例中，需要制备缺陷金相截面来分析失效机理，找出器件失效的根本原因。针对 3D 集成电路模块的失效分析，由于元件组合多、材料各异且结构复杂，截面制备是成功分析失效机理及原因的关键环节。

可以采用机械研磨的方法进行制样，去除不同的覆盖材料，但机械研磨常常带来表面污染、粗糙等问题。可以应用离子抛光和 FIB 技术来提高表面的质量。然而，由于离子研磨缓慢，传统的 FIB 制样技术刻蚀率较低，耗时长，只适合用于芯片级的制样，对于封装级制样显得耗时耗力。为了缩短封装级制样的时间，可以使用大电流 FIB（High Current FIB，HC-FIB）技术，HC-FIB 技术采用电感耦合等离子体（ICP）源代替常用的液态金属镓离子源[37]；也可以在传统的镓离子源 FIB 上通过气体注入系统（Gas-Injection System，GIS）注入反应气体来增加刻蚀率，通常刻蚀率可增加 1~2 个数量级；还可以将传统的 FIB 技术与激光刻蚀结合，这也是缩短传统 FIB 制样时间的一种行之有效的方法。Infineon 公司采用 HC-FIB 技术对 SiP 进行缺陷分析，Philips 半导体公司采用激光开封技术来暴露 3D 集成电路的缺陷部位[38]。

1）等离子体 FIB 技术

传统 FIB 技术的离子束常用液态金属镓（Ga）离子源（LMIS），FIB 系统加电场于离子源，导出离子束，利用电子透镜聚焦离子束轰击样品表面，利用物理碰撞来达到切割的目的。LMIS 存在的一个严重问题在于可选择的金属离子种类少，而且这些金属离子易与多种元素发生化学反应，存在严重的金属离子污染和溅射现象。

等离子体 FIB 技术使用的电感耦合等离子体不但温度低、密度高，而且均匀性好，在大面积刻蚀的应用上具有突出优势。当束流较低时，ICP 产生的离子束（约为 50nm）不如 LMIS（小于 5nm）精细，但是在束流高达几微安的情况下，ICP 能够快速去除材料，性能远远高于 LMIS。而且，ICP 可选的等离子体不止一种，包括 Xe、O_2、Ar、He 等气体，根据去除的材料来选择等离子体源。当前常用 Xe 作为研磨材料，因为 Xe 高度集中且离子源性能参数良好。因此，和传统的 FIB 系统相比，等离子体 FIB 系统不但能够更加快速地去除材料，而且在低束流时能保持高分辨率，这对于随后的分析是很重要的。等离子体 FIB 系统将束流提高至微安级，刻蚀率高达 20000μm³/min。

2）FIB 技术与激光刻蚀结合

激光刻蚀是指把激光束聚焦在样品表面的目标区域，通过高温使材料熔化。激光刻蚀属于非接触加工，样品不会受机械冲击产生变形和裂纹等；在加工过程中，激光被聚集成极小的光束，光束能量密度高，速度快，热影响区很小。

表 8-4 列出了几种典型 FIB 技术与激光的 Si 刻蚀率，以及应用这些技术移除 0.3mm³ 材料所需要的时间。其中二极管泵固态激光器（DPSS）的激光波长为 355nm。采用激光刻蚀方法制备叠层硅片的截面，激光波长的正确选取是不引入新破坏的关键因素。

表 8-4　不同制样方法的刻蚀率和移除时间比较

方法	Si 刻蚀率（μm³/s）	移除时间（0.3mm³）
FIB	2.7	3.5 年
HC-FIB	30	116 天
FIB 引入 GIS	250	14 天
ICP 离子源	2000	1.7 天
355nm DPSS 激光	10^6	5min

从表 8-4 的数据可以看出激光刻蚀率达到 10^6μm³/s 数量级，先通过激光快速刻蚀，再利用 FIB 抛光，以获得平滑的金相截面。结合激光刻蚀和 FIB 技术将实现质量高、速度快的大尺寸制样。

然而，激光刻蚀引起的材料变化可能会影响这项技术的可行性。激光刻蚀可能造成材料局部熔融、化学反应、相位形成、再结晶、表面污染、提高扩散速度，以及在热反应区（Heat-Affected Zone，HAZ）中发生的其他转化过程，还有制样时可能引入裂缝、表面粗糙和其他损坏。因此，具体分析激光刻蚀过程中形成的 HAZ 特性，这对于分析可见的裂缝或分层是激光刻蚀中的热反应引入的还是器件中的真正缺陷是极其重要的。对于失效机理的研究，必须遵循不移除和改变原始缺陷的原则。因此，需要避免激光刻蚀对真正缺陷可能引入的各种破坏。

2. 分析案例

HC-FIB 技术可以用于分析由 TSV 和键合引起的 3D 集成系统的失效。图 8-25 所示为等离子体 FIB 分析技术在 3 层叠层芯片的可靠性分析中的应用，图 8-25（a）是感兴趣区域的截面图（IMC 键合、TSV），图 8-25（b）是样品开封后底层的结构。通过集成 XeF_2 注入系统来加快开封和去层操作，结合快速的选择性 Si 刻蚀和 Xe 研磨使程序更加灵活可行。图 8-26 所示为 TSV 和底层结构的放大图，表明了等离子体 FIB 在低束流情况下仍具有足够高的分辨率（当束流为 60pA 时，分辨率约为 50nm）以提供相关结构的准确信息。

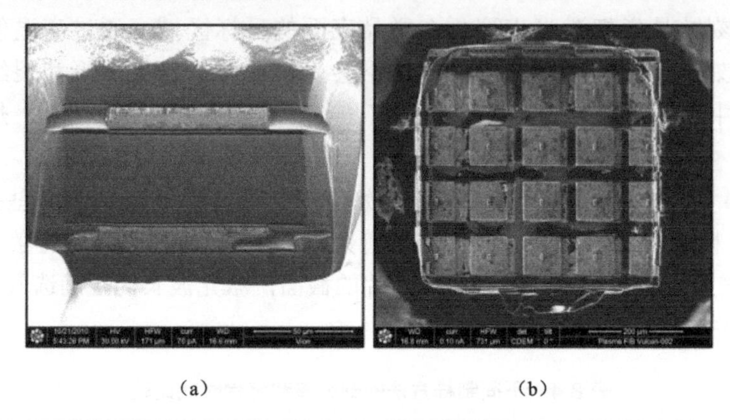

（a）　　（b）

图 8-25　等离子体 FIB 分析技术在 3 层叠层芯片的可靠性分析中的应用

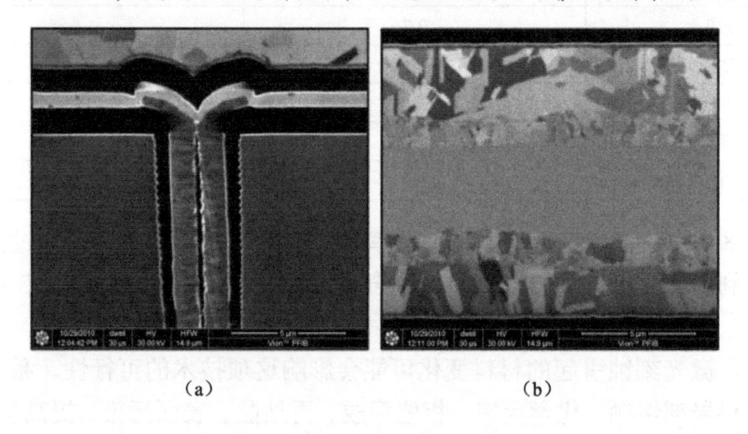

（a）　　（b）

图 8-26　TSV 和底层结构的放大图

8.5　3D 封装失效分析新技术

8.5.1　3D X 射线分析技术

3D X 射线分析技术可对集成电路封装的内部结构进行 3D 立体成像，无损分析复杂封装结构的内部缺陷，可实现对各种封装内部结构，尤其如 TSV、叠层裸芯片封装、PiP、PoP 等先进的复杂封装结构的亚微米级 3D X 射线无损探测[39,40]。

1. 基本原理和主要性能指标

3D X 射线分析技术也称为 CT 技术，通过特殊的计算机算法程序对封装不同角度的 X 射线投影信息进行收集并重构，形成 3D 立体图像，可以解决普通 2D X 射线分析技术的信息重叠问题[41]。

随着先进 3D 封装技术的发展、TSV、叠层裸芯片封装、PiP 及 PoP 等复杂封装结构开始广泛应用。这些复杂的封装结构都对传统的 2D X 射线分析技术提出了严峻的挑战。2D X 射线分析由于视野中存在遮挡和干扰因素，难以检测复杂封装或器件的小尺寸缺陷特征。对于一个典型的 3D 封装结构，2D 投影使多层芯片、焊球及多层键合引线在一个图像中彼此重叠，因此，难以观察到各个部位的特征信息。现有的 2D X 射线分析把样品内部结构的位置和影像，投影到一个实时探测器上。因为投影的图像是 2D 的，所以无法得到样品深度方面的信息。尽管通过轻微倾斜样品或探测器，可以看得更清楚一点，但是根本问题没有得到解决[42]。

2D X 射线分析在分辨率及成像对比度方面，仍然受到很多基本的技术因素的限制。现有的 2D X 射线分析技术常常遇到的困难是与焊球相关的缺陷，芯片级的裂纹、通孔裂纹、分层等。焊球裂纹、微米量级的球内孔洞、焊球非浸润及细微的金属从焊球凸出到封装表面，这类缺陷大部分是几微米到几亚微米量级的，它们通常很难用现有的 2D X 射线分析技术来分析。此外，2D X 射线分析无法有效地对低原子序数的材料（如封装中的铝丝键合引线，封装硅树脂、硅芯片等）进行分辨。这是因为低原子序数的材料的原子核外围电子数少，与 X 光子相撞的概率非常小，对 X 光子吸收很少，甚至不吸收，X 光子几乎全部穿透，就如同低原子序数的材料根本不存在，因而无法在探测器对应位置上形成图像衬度。

3D X 射线分析的关键指标包括分辨率和分析时间[43]。

1）分辨率

3D X 射线图像的分辨率取决于多个因素，除几何放大倍数、X 射线源的光斑尺寸外，还与样品尺寸有关[44,45]。对于 2D X 射线分析，几何放大倍数的表达式为

$$M = \mathrm{DD}/\mathrm{OD} \tag{8-6}$$

式中，OD 是样品到 X 射线源的距离；DD 是 X 射线源到探测器的距离。3D X 射线分析技术的原理如图 8-27 所示，由于 3D X 射线分析需要将样品 360°旋转，拍摄不同角度的照片，为了避免样品碰撞到 X 射线源，样品需要离 X 射线源一定的距离，然而增加 OD 会降低放大倍数，限制可实现的极限分辨率，因此，样品越大，其分辨率就会越低。

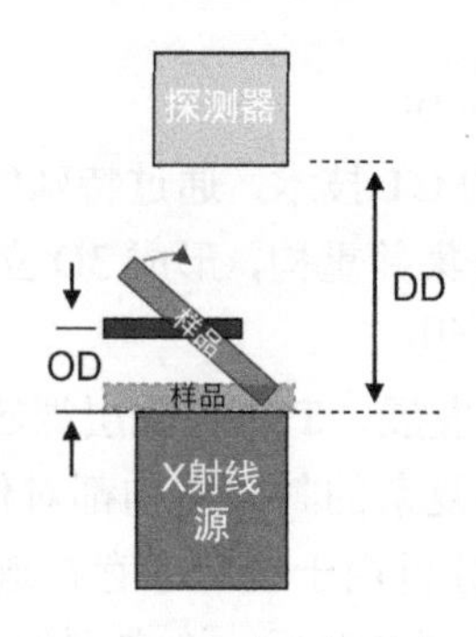

图 8-27　3D X 射线分析技术的原理

极限分辨率是应用 3D X 射线分析技术的一个关键限制因素[46]，现有的 3D X 射线分析设备的分辨率通常大于 10μm[47]。近年来，有设备商开发了亚微米 3D X 射线分析设备，采用闪烁屏耦合可见光探测器系统，结构上采用两级放大技术（见图 8-28）[48]。首先，样品图像与传统 3D X 射线分析设备一样进行几何放大；然后，X 射线在探测器的闪烁屏上被转换为可见光，图像接着被可见光系统进一步放大。由于采用了第二级的光学放大，大大提升了 3D X 射线分析设备的极限分辨率，使其在大样品、长工作距离下仍然具有较高的分辨率，其极限分辨率可达 0.6μm[49]。

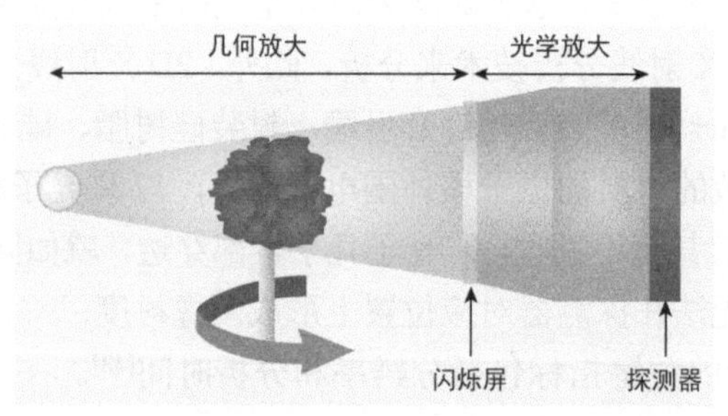

图 8-28　两级放大结构

2）分析时间

3D X 射线分析技术的分析时间主要由图像收集时间和图像重构时间决定。3D X 射线分析技术要 360°扫描样品，获取每个角度的 3D X 射线图像，这需要收集大量的数据，并且对数据的处理和重构 3D 图像所需要的全部时间远远多于获取 3D X 射线图像的时间。将 3D X 射线分析技术应用于集成电路封装领域，提出有效的方法使图像收集时间和图像重构时间小于 10min 是非常重要的。因此，减少分析时间，提高检测效率是 3D X 射线分析系统不断追求改进和发展的一个重要动力[40]。

2. 分析案例

采用 3D X 射线技术分析 PoP 样品，其中一排焊点的虚拟断层扫描结果如图 8-29 所示。孔洞和枕头效应清晰可见，并且可获得缺陷焊点的具体位置[39]。

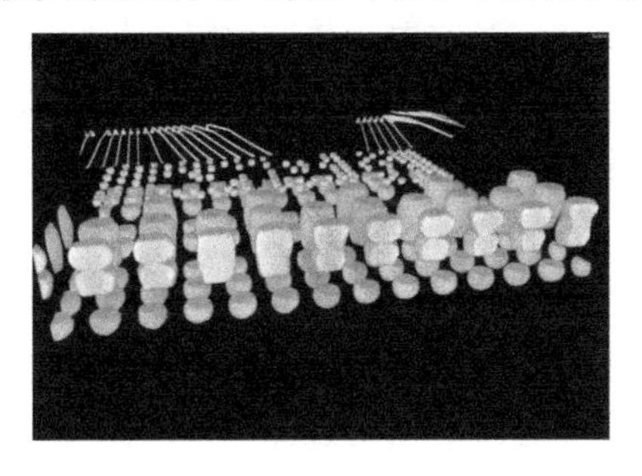

图 8-29　PoP 样品焊点的虚拟断层扫描结果

3D X 射线技术的分析结果与金相切片的分析结果具有很好的对应性，3D X 射线形貌与金相切片形貌的对照图片如图 8-30 所示。对于 3D SiP 器件，或者多层叠层的倒装凸点而言，3D X 射线分析技术能获得器件内部各个缺陷位置的信息。

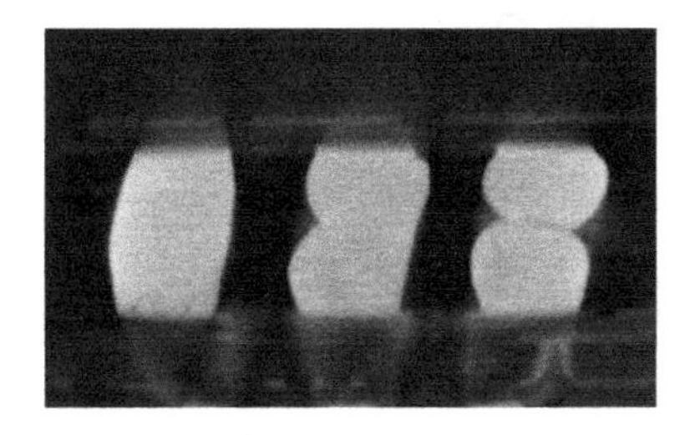

（a）3D X 射线形貌 1

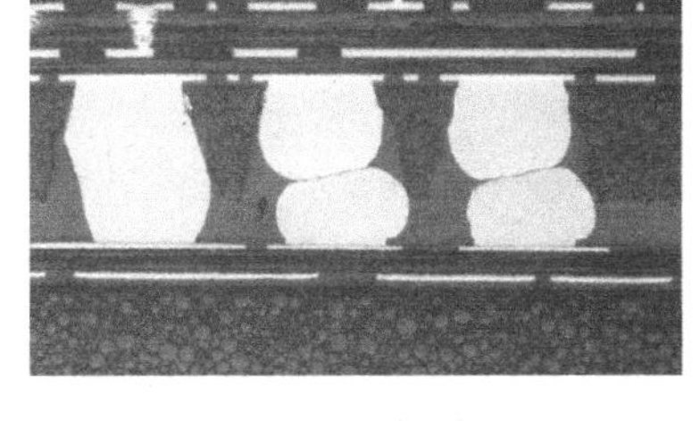

（b）金相切片形貌 1

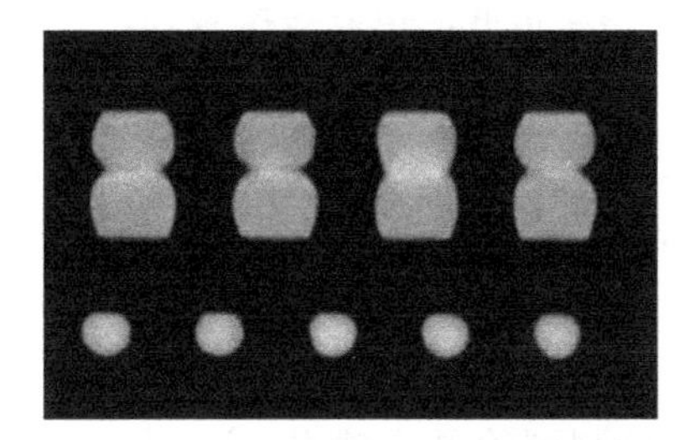

（c）3D X 射线形貌 2

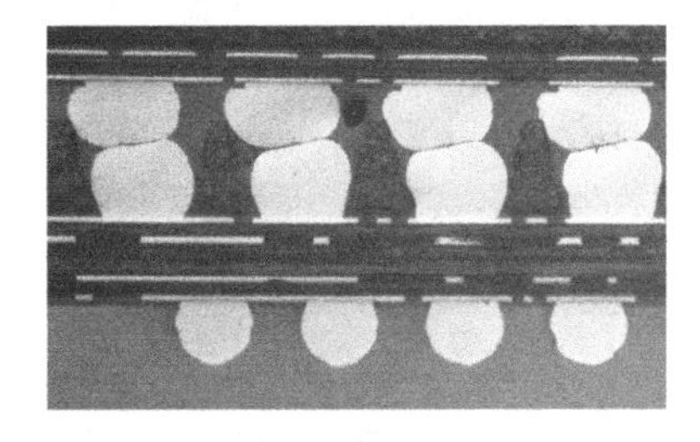

（d）金相切片形貌 2

图 8-30　3D X 射线形貌与金相切片形貌的对照图片

8.5.2　磁显微分析技术

磁显微分析技术是一种非破坏性、非接触式的缺陷定位技术，与热学、光学、离子或电子束技术不同的是，其不受封装材料或封装形式的影响。电流图像能同时从器件前端和后端穿过多层金属、芯片或封装材料后被获取。因此，利用磁感应成像显微定位不需要进行样品制备，如开封、去钝化层等。

常用的失效定位技术（如光发射、热发射等）只能探测漏电和短路缺陷，传统的检测开路的 TDR 技术的分辨率仅为 1mm，而磁显微分析技术可实现短路、开路和漏电多种缺陷的定位，分辨率高。

1. 基本原理和主要性能指标

磁显微分析技术利用电流和磁场之间的关系实现缺陷定位。根据毕奥-萨伐尔定律，当电流通过一个导体时，会产生一个磁场，电流和磁场之间的关系如图 8-31 所示。当器件内部有电流导通时，采用磁探头检测器件内部产生的磁信号，磁场图像通过计算机处理将获得对应的电流图像，这就是磁流成像（MCI）技术。通过比较器件的 CAD 图像或 X 射线图像，来精确定位失效部位。

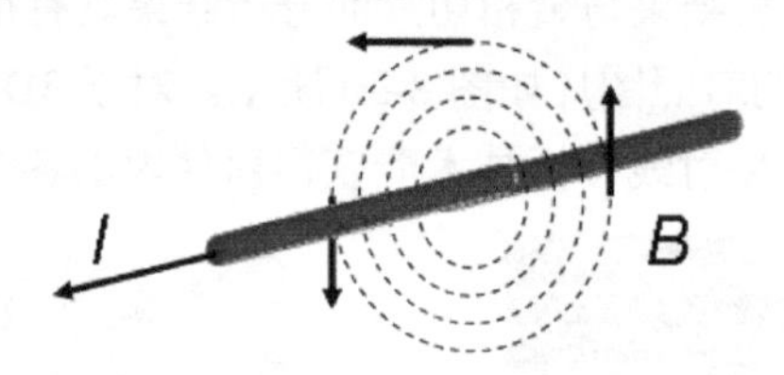

图 8-31　电流和磁场之间的关系

因为集成电路和封装使用的大多数材料是非磁性的，所以磁场不会受到这些材料的干扰。对于复杂的封装结构，尤其是系统级封装（SiP)，芯片叠层密集，元件材料各异，缺陷定位难，热、光、电子信号很容易被复杂结构和材料阻挡，而磁场信号很难被多层结构屏蔽，即使材料的磁导率很低，也能被探测到。

因此，利用磁显微分析技术可以实现对芯片级、互连级及封装级的失效定位，它可以定位短路、漏电及高阻缺陷，如走线破裂、润湿不好或 C4 焊接撞破、通孔分层等。对于 3D 叠层封装的缺陷分析，磁显微缺陷定位技术是一种有效的失效分析手段。

通过探测产品 Z 轴方向的磁场和迭代算法的计算，还可实现 3D 结构上的缺陷定位。电流通路越靠近磁性传感器，其检测到的磁场越强，这意味着只要载流的金属线宽每层数值相同，且只要 2 个来自不同层的金属线不是从各自外层直接引出的，则不同的金属层能以 3D 图形显示。当电流在多平面的金属或不同的叠层结构中流动时，就能看到芯片或叠层结构中的不同层别及其对应的物理状态。

磁显微缺陷定位常用的有两种探测技术：超导量子干涉仪（SQUID）探测技

术和巨磁阻（GMR）探测技术。它们之间的区别主要在灵敏度和分辨率上。

SQUID 具有极高的灵敏度和分辨率，它不仅可以测量磁通量，还可以测量磁感应强度、磁场梯度、磁化率等能转换成磁通量的其他磁场量。SQUID 的磁场分辨率小于 10^{-10}T、电流分辨率小于 10^{-9}A。GMR 探测距离大，可达 700mm 以上，但分辨率小。

2. 分析案例

应用磁显微镜对多层芯片集成电路进行失效定位，磁显微系统配备 SQUID 磁探测器，生成的电流路径清晰可见。短路失效通常表现为电流集中，磁显微探测结果表明缺陷位于失效路径上电流较集中的一点，并给出了该点的具体坐标，样品的磁感应缺陷定位的典型图片如图 8-32 所示[50]。

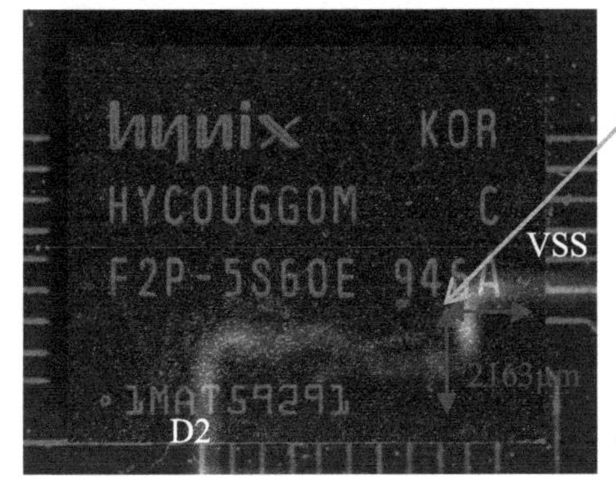

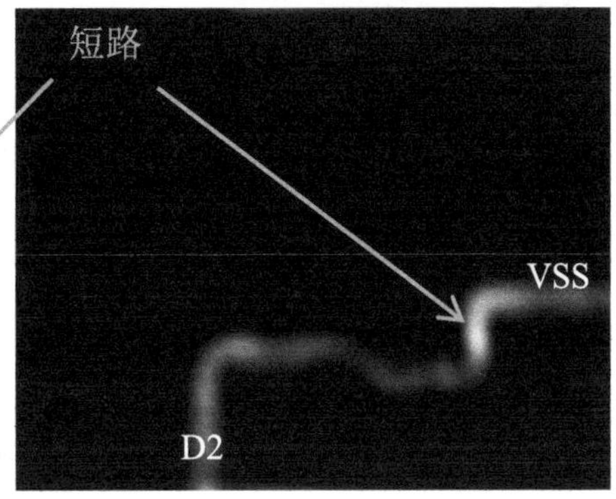

图 8-32　样品的磁感应缺陷定位的典型图片

通过喷射腐蚀开封机对样品进行局部开封，暴露出芯片表面，根据磁显微分析的定位结果，结合立体显微镜观察，并用 NIS Elements F 软件对开封后的样品进行尺寸测量。

样品 D2 失效部位如图 8-33（a）所示，可以看出，失效点位于底层芯片，失效部位的局部放大形貌如图 8-33（b）所示。首先将上下两个芯片分离，将底层裸芯片放入反应离子刻蚀机进行去钝化层，去钝化层结束后，用金相显微镜观察失效位置，无明显异常点。然后进行去金属层，在光学显微镜下未观察到失效形貌，接着第二次放入反应离子刻蚀机进行去介质层和金属层，在金相显微镜的观察下，失效部位的 SEM 形貌如图 8-33（c）所示，发现在图 8-33（a）中定位到的失效部位有异常形貌，继续去层直至露出硅本体，用 SEM 观察到该失效部位存在熔融变形，SEM 局部放大形貌如图 8-33（d）所示。

（a）样品 D2 失效部位

（b）失效部位的局部放大形貌

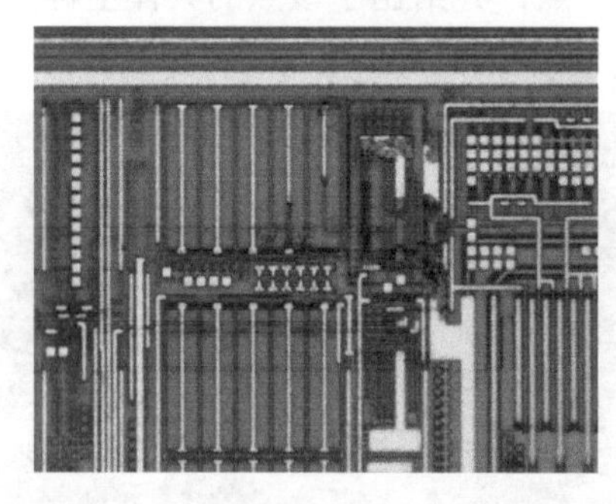

（c）失效部位的 SEM 形貌

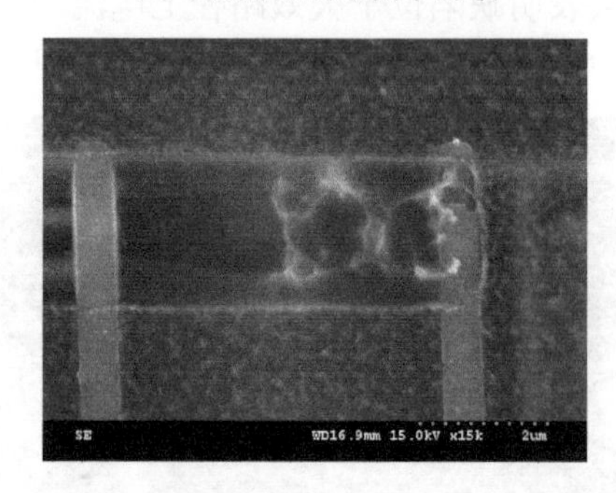

（d） SEM 局部放大形貌

图 8-33　样品 D2 失效部位对应的物理分析过程

8.5.3　同步热发射分析技术

同步热发射（Lock-In Thermography，LIT）分析技术的原理是通过检测热点来分析金属层短路、氧化层击穿、ESD 损伤、Latch-up 等失效，相比于传统的红外热成像技术，LIT 分析技术检测深度深，相位图像包含的信息比幅值图像多，是红外热成像检测领域新兴的无损检测技术，是一种适合 3D 集成电路缺陷定位的手段[51]。

1．基本原理和主要性能指标

随着微电子封装技术的不断发展，许多常用的缺陷定位技术，如光发射显微分析技术、液晶热点检测技术或 OBIRCH，已经不适用于 3D 封装的缺陷隔离分析。3D 器件的封装结构往往比平面结构复杂，缺陷可能出现在器件的底层芯片或衬底等任何位置，多层材料叠层大大增加了检测定位的难度[52]。

LIT 分析技术也叫锁相热成像技术，属于红外热成像技术[53]。被测器件（DUT）在特定频率的外部激励下，缺陷产生的热信号经过不同材料层传播到器件表面，在表面引起按照该频率振荡变化的温度响应。虽然覆盖在缺陷上方的材料会吸收红外波长，但是由缺陷发射的热波可以穿过覆盖材料传播到器件表面，引起表面温度周期性上升。通过高灵敏度的红外热成像仪对表面热响应成像，采集的信号通过相位关联法（同相信号 *S*0°、反相信号 *S*90°）获得幅值和相位的响应结果，结果图像和材料的传热特性有关。另外，衬底硅材料对红外光透明，因此 LIT 检测可在 SiP 器件的背面进行[54]。

图 8-34 给出了采用 LIT 技术实现无损检测封装缺陷的原理。有学者对缺陷深度与相移、频率之间的关系有全面深入的研究，并应用 LIT 检测定位各种 3D 封装缺陷，证实 LIT 技术对倒装芯片、TSV、叠层芯片封装及其他 SiP 封装结构的缺陷分析有效[55]。

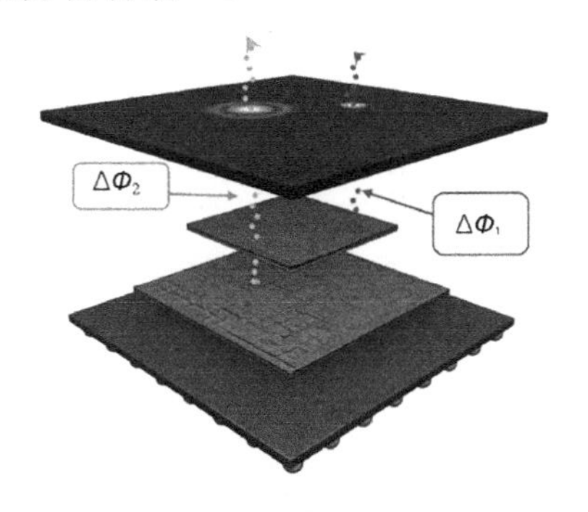

（a）不同层的缺陷产生不同的相移

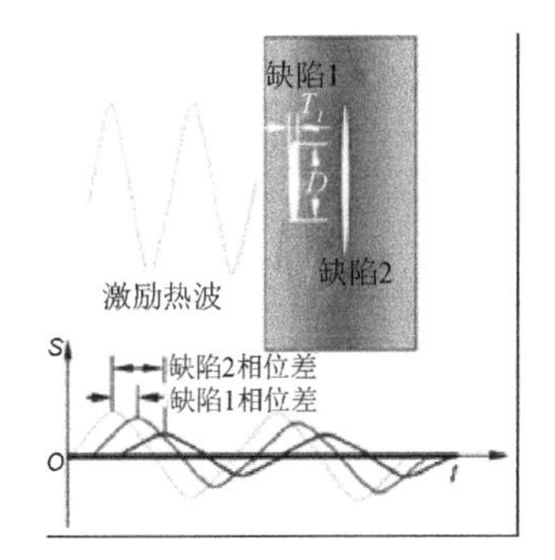

（b）通过相位信息实现缺陷定位

图 8-34　采用 LIT 技术实现无损检测封装缺陷的原理

通过 LIT 相位图像能够将微小缺陷产生的微弱热点从附近的强干扰热点中分离出来。LIT 相位图像包含缺陷的深度信息，无须多次热成像及器件的开封、剥层处理，因此适于 3D SiP 器件的缺陷分析。

加载频率是影响 LIT 检测精度最关键的因素。当采用 LIT 技术进行无损检测时，存在一个最佳检测频率，最佳检测频率和被检器件的材料属性及缺陷距表面的深度有关。在实际应用过程中，应先设置采用较高的调制频率，再逐渐降低频率，以达到最佳检测频率，实现准确定位[56]。

如何提高图像的空间分辨率是 LIT 面临的技术挑战之一。空间分辨率越高，热点定位就越精确。缺陷的截面范围小对于分析失效机理有重要意义，然而由缺陷发出的热量传播到表面经过模塑料，向四周扩散必然造成 LIT 检测的困难，从而降低图像的空间分辨率。提高检测频率能一定程度提高空间分辨率，目前先进的 LIT 设备的空间分辨率可达 1μm。

2. 分析案例

对叠层芯片封装内部进行 LIT 缺陷定位，在不同频率条件下得到参考相移值及实际相移值，相比较获得 Z 轴方向上的信息，判断出缺陷位于上层芯片，如图 8-35 所示。结合 X 射线分析，与热成像得到的图像进行叠加，判断缺陷的具体位置，如图 8-36 所示。经过开封后的物理分析，根据热成像探测锁定的缺陷范围，如图 8-37 所示，缺陷部位在 SEM 下有击穿烧毁形貌，如图 8-38 所示。

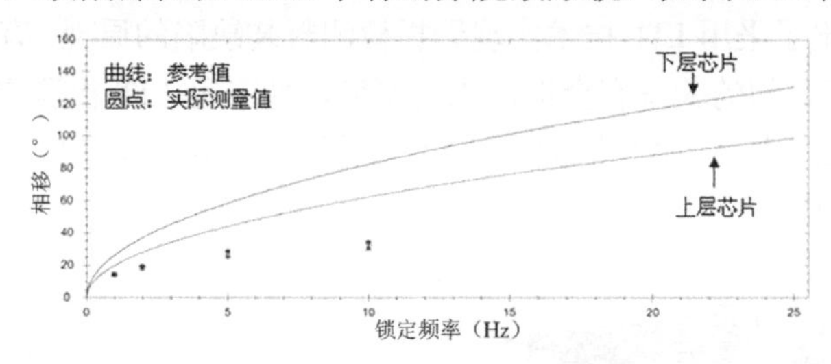

图 8-35 判断出缺陷位于上层芯片

图 8-36 判断缺陷的具体位置

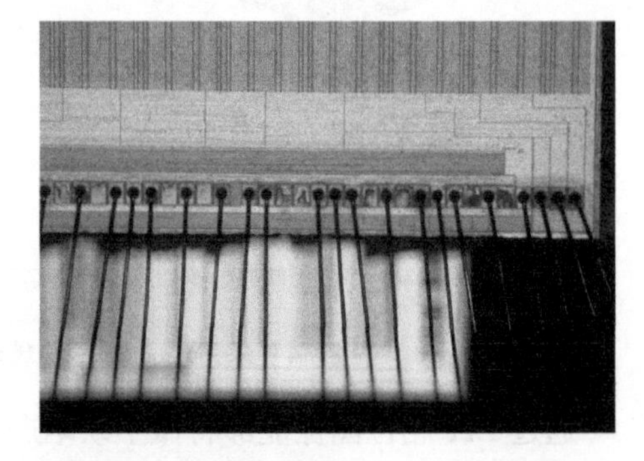

图 8-37 根据热成像探测锁定的缺陷范围

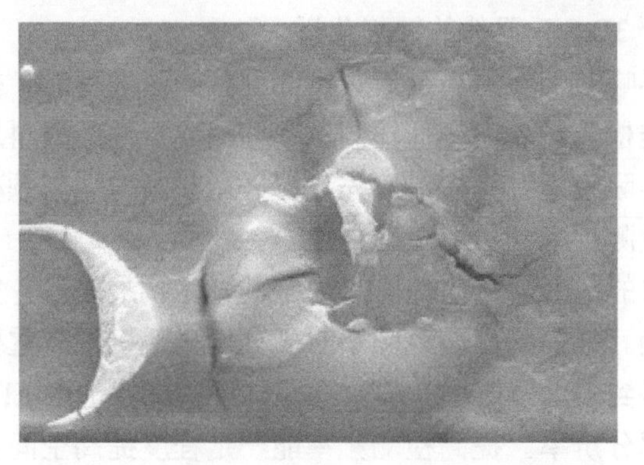

图 8-38 缺陷部位在 SEM 下有击穿烧毁形貌

8.6　集成电路封装故障树分析

传统的故障树分析（Fault Tree Analysis，FTA）方法采用基于功能逻辑关系的故障树构建方式，适用于整机系统产品故障原因分析，故障底事件落在元器件产品层面。本节提出的基于失效物理逻辑关系的故障树构建方法，适用于电子元器件故障原因分析，故障底事件落在元器件内部物理结构层面，元器件故障树可深入元器件内部结构的失效物理层面进行故障分析、失效定位和失效机理分析。集成电路封装故障树分析属于失效部位为封装的元器件级别的故障树分析。

故障树分析可以帮助确定集成电路封装质量问题对应的失效模式和失效部位，判断导致集成电路封装质量问题的失效机理和影响因素；故障树分析还可以帮助判断集成电路封装的主要潜在失效模式和失效机理，并计算其重要度等级，从中发现集成电路封装可靠性和安全极限的薄弱环节，以便改进设计和提高可靠性。

8.6.1　集成电路封装故障树分析方法

1. 集成电路封装故障树分析目的

集成电路封装故障树分析的目的是找出元器件中与封装相关的失效机理和失效路径，以及失效机理的影响因素，支撑集成电路封装故障归零，支撑集成电路封装可靠性设计。

2. 基于失效物理的集成电路封装故障树构建方法

按集成电路封装门类分别构建集成电路封装故障树，以失效物理 6 个层次及其逻辑关系构建每类集成电路封装故障树，以共因失效机理子树转移和共因故障模块子树导入的方式简化故障树，形成 6 个失效物理层次、n 级事件的集成电路封装故障树（$n \geq 6$）。

集成电路封装故障树各层事件定义如图 8-39 所示。集成电路封装故障树的“故障对象”事件由其对应的更低一层的直接原因事件“失效模式”组成，“失效模式”事件由其对应的更低一层的直接原因事件“失效部位”组成，“失效部位”事件由其对应的更低一层的直接原因事件“失效机理”组成，“失效机理”事件由其对应的更低一层的直接原因事件“机理因子”组成，“机理因子”事件由其对应的更低一层的直接原因事件“影响因素”组成[57]。

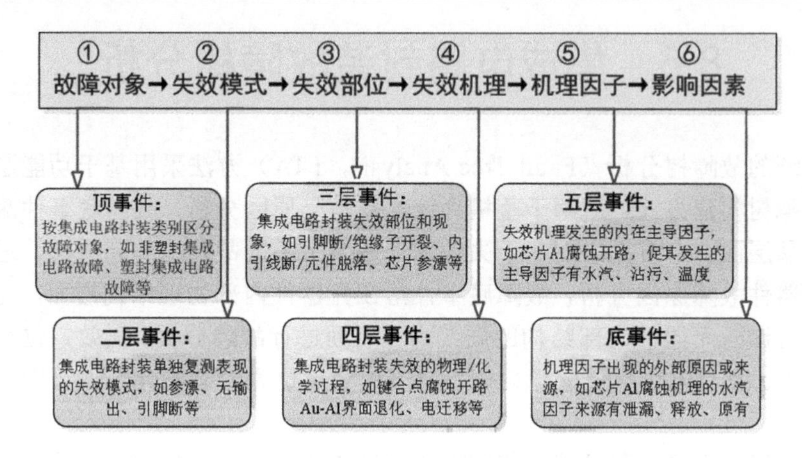

图 8-39　集成电路封装故障树各层事件定义

集成电路封装故障树构建：集成电路封装故障树的建树层次分为 6 层。

（1）顶事件（顶层）——故障对象，按集成电路封装类别分别建树，用集成电路封装在整机中的故障对象作为顶事件，如塑封集成电路故障、非塑封集成电路故障等。

（2）二层事件（第二层次）——失效模式，用集成电路封装单独复测表现的失效模式作为这一层次的故障事件，如参漂、无输出、引脚断等。

（3）三层事件（第三层次）——失效部位，对失效类别的进一步定位和失效现象的描述，如引脚断/绝缘子开裂、内引线断/元件脱落、芯片参漂等。

（4）四层事件（第四层次）——失效机理，集成电路封装失效的物理/化学过程，如键合点腐蚀开路、Au-Al 界面退化、电迁移等。

（5）五层事件（第五层次）——机理因子，失效机理发生的内在主导因子，如芯片 Al 腐蚀开路，促其发生的主导因子有水汽、沾污、温度。

（6）底事件（第六层次）——影响因素，形成机理因子的外在因素，如芯片 Al 腐蚀机理的水汽因子来源有泄漏、释放、原有。

在上述集成电路封装故障树建树方法中，应考虑分析的需要和对底事件的定位，如针对机理研究，可以将底事件定位在失效机理或影响因素；针对机理控制故障改进，可以将底事件定位在外部原因。

根据集成电路封装故障信息库，按失效物理 6 个层次及失效物理逻辑关系，建立每类元器件的故障树。

8.6.2　集成电路封装故障树分析应用

塑封 FPGA：“爆米花效应”的故障树分析。

【故障问题】某塑封 FPGA 在整机调试过程中，发现芯片无法写入程序。

【失效模式】多个端口开路。

【故障树分析】塑封 FPGA 开路可能是由引脚、芯片、键合点失效引起的，各部位的失效机理、机理因子、影响因素可以通过故障树分析得到。塑封 FPGA 开路失效的故障树如图 8-40 所示。

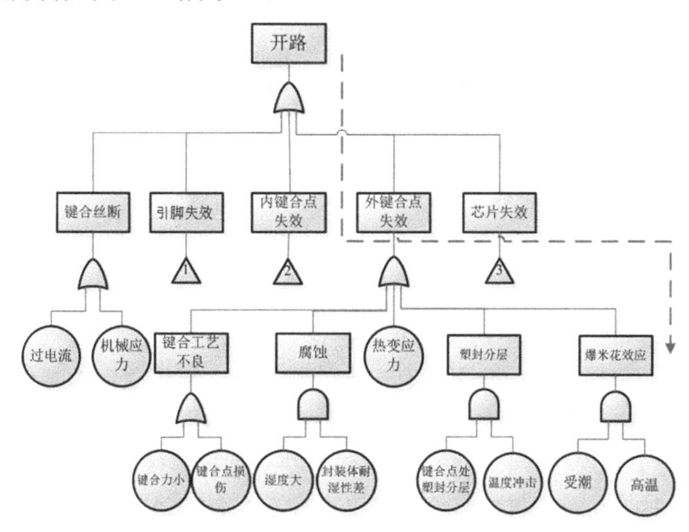

图 8-40　塑封 FPGA 开路失效的故障树

【分析验证】SAM 结果显示失效样品内部界面存在严重分层（见图 8-41~图 8-44），多个端口对 GND 开路，但用力按压测试可呈现与良品相同的特性曲线，切片观察发现样品模塑料与 PCB 的界面存在分层，PCB 表面绿釉与基材的界面也存在分层或开裂，铜箔从基材上脱起。可见样品是内部多个界面分层导致内部互连断裂失效的。

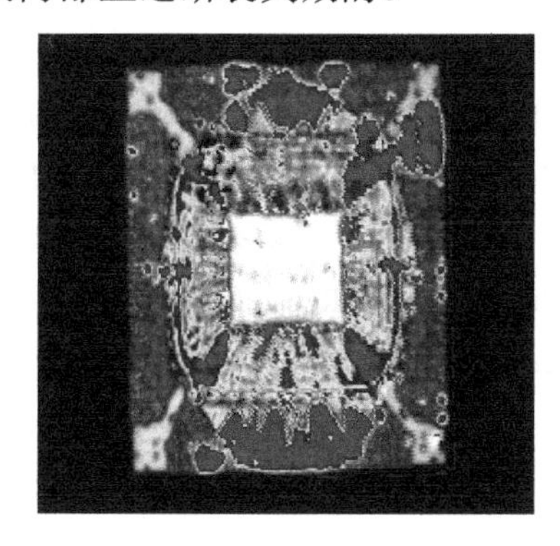

图 8-41　失效样品 SAM 图

图 8-42　断裂的铜箔研磨后缺失形貌

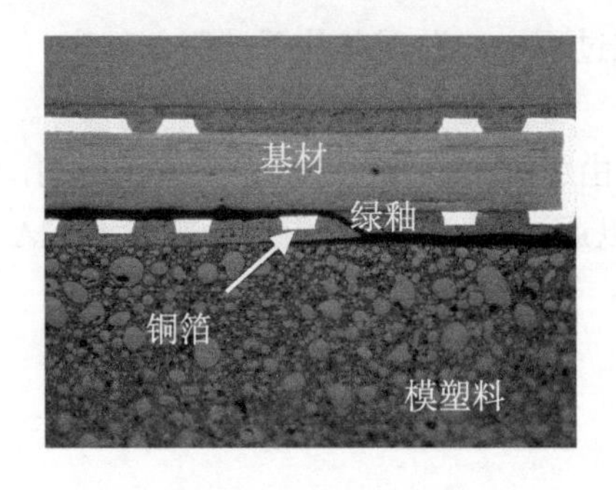

图 8-43　模塑料与 PCB 及 PCB 表面绿釉与基材存在分层形貌

图 8-44　键合引线处模塑料与 PCB 分层

【失效机理】塑料封装中的水汽在高温下受热膨胀，导致封装界面发生分层，热膨胀的应力拉断键合引线。

【分析结论】塑封集成电路长期暴露在自然空气下会吸潮，湿气聚集会造成焊接时内部分层。塑封器件的分层具有一定的隐蔽性，对于受潮的器件，分层会在焊接和使用过程中进一步扩大，是影响器件可靠性的严重隐患。

【纠正措施】建议在样品编程以后先进行烘烤，再焊接，避免吸潮造成集成电路内部分层。对于已经上机的器件，建议进行 100%的 SAM 筛选，剔除存在可靠性隐患的器件。

参考文献

[1] 孔学东，恩云飞．电子元器件失效分析与典型案例[M]．北京：国防工业出版社，2006.

[2] 恩云飞，来萍，李少平．电子元器件失效分析技术[M]．北京：电子工业出版社，2015.

[3] 陈媛，张鹏，夏逵亮．TSV 的工艺缺陷诊断与分析[J]．半导体技术，2018，43 (6): 473-479.

[4] PREMACHANDRAN C, TRAN-QUINN T, BURRELL L, et al. A Comprehensive Wafer Level Reliability Study on 65nm Silicon Interposer[C].2019 IEEE International Reliability Physics Symposium (IRPS),2019: 1-8.

[5] CHAN J M, LEE K C, TAN C S.Effects of Copper Migration on the Reliability of Through-Silicon Via (TSV)[J]. IEEE Transactions on Device Materials Reliability,2018, 18 (4): 520-528.

[6] PREMACHANDRAN C S, CHOI S, CIMINO S, et al.Reliability challenges for 2.5D/3D integration: An overview[C]. 2018 IEEE International Reliability Physics Symposium (IRPS), 2018: 5B.4-1-5B.4-5.

[7] SHEN W W, CHEN K N.Three-Dimensional Integrated Circuit (3D IC) Key Technology:

Through-Silicon Via (TSV)[J]. Nanoscale Research Letters,2017, 12 (1): 1-9.

[8] DANIEL H J, YOUNGWOO K, JONGHOON J, et al.Through Silicon Via (TSV) Defect Modeling, Measurement, and Analysis[J]. IEEE Transactions on Components Packaging Manufacturing Technology, 2017, 7(1): 138-152.

[9] CHEN Y, SU W, HUANG H Z, et al.Stress evolution mechanism and thermo-mechanical reliability analysis of copper-filled TSV interposer[J]. Eksploatacja i Niezawodnosc - Maintenance Reliability, 2020, 22 (4): 705-714.

[10] CHEN Y, LAI P, HUANG H-Z, et al.Open Localization in 3D Package with TSV Daisy Chain Using Magnetic Field Imaging and High-Resolution Three-Dimensional X-ray Microscopy[J]. Applied Sciences, 2021, 11 (17): 1-11.

[11] CHEN Y, ZHANG P, SU W, et al. Boundary Layers Defect Diagnosis and Analysis of Through Silicon Via (TSV)[J]. International Journal of Performability Engineering,2019, 15 (1):97-106.

[12] MEES F, SWENNEN R, GEET M V, et al.Applications of X-ray computed tomography in the geosciences[J]. J Geological Society London Special Publications, 2003, 215 (1): 1-6.

[13] VALLETT M D. A Comparison of Lock-In Thermography and Magnetic Current Imaging for Localizing Buried Short-Circuits[C]. ISTFA Proceedings, 2011: 146-152.

[14] GOURIKUTTY S B N, CHOW Y M, ALTON J, et al. Defect Localization in Through-Si-Interposer Based 2.5D ICs[C]. 2020 IEEE 70th Electronic Components and Technology Conference (ECTC), 2020: 1180-1185.

[15] WANG Z, WU Z, SUN J, et al. Defect Location and Physical Analysis in Chip-on-chip Device[C]. IEEE 26th International Symposium on Physical and Failure Analysis of Integrated Circuits (IPFA), 2019: 1-3.

[16] JAKUBAS A. Diagnostics of the Fe-based composites using a magnetic field camera[C]. 2019 Progress in Applied Electrical Engineering (PAEE), IEEE, 2019: 1-4.

[17] WOLF I D, CROES K, BEYNE E. Expected Failures in 3-D Technology and Related Failure Analysis Challenges[J]. IEEE Transactions on Components, Packaging, Manufacturing Technology, 2018: 1-8.

[18] ALTMANN F, BRAND S, PETZOLD M. Failure Analysis Techniques for 3D Packages[C]. 2018 IEEE International Symposium on the Physical and Failure Analysis of Integrated Circuits (IPFA), IEEE, 2018: 1-8.

[19] XU X, HUANG W, CHEN Y. Failure Localization Method in Open Mode Failure Analysis of Advanced Package[C]. 2020 21st International Conference on Electronic Packaging Technology (ICEPT), IEEE, 2020: 1-5.

[20] HARTFIELD C, SCHMIDT C, GU A, et al. From PCB to BEOL: 3D X-ray Microscopy for

Advanced Semiconductor Packaging[C]. 2018 IEEE International Symposium on the Physical and Failure Analysis of Integrated Circuits (IPFA), IEEE, 2018: 1-7.

[21] LIU C Y, KUO P S, CHU C H, et al.High resolution 3D X-ray microscopy for streamlined failure analysis workflow[C]. 2016 IEEE 23rd International Symposium on the Physical and Failure Analysis of Integrated Circuits (IPFA), IEEE, 2016: 216-219.

[22] MOHAMMAD-ZULKIFLI S, ZEE B, THOMAS G, et al. High-resolution 3D X-ray Microscopy for Structural Inspection and Measurement of Semiconductor Package Interconnects[C]. 2019 IEEE 26th International Symposium on the Physical and Failure Analysis of Integrated Circuits (IPFA), IEEE, 2019: 1-4.

[23] ORAVEC M, PACAIOVA H, IZARIKOVA G, et al. Magnetic Field Image – Source of Information for Action Causality Description[C]. 2019IEEE 17th World Symposium on Applied Machine Intelligence and Informatics (SAMI), IEEE, 2019: 101-106.

[24] SCHMIDT C, LECHNER L, WOLF I D, et al. Novel Failure Analysis Techniques for 1.8 m Pitch Wafer-to-Wafer Bonding[C]. 2018 IEEE 68th Electronic Components and Technology Conference (ECTC), IEEE, 2018: 92-96.

[25] KHOSRAVANI M R, REINICKE T.On the Use of X-ray Computed Tomography in Assessment of 3D-Printed Components[J]. Journal of Nondestructive Evaluation,2020, 39 (4):1-6.

[26] JACOBS K, LI Y, STUCCHI M, et al.Optical Beam-Based Defect Localization Methodologies for Open and Short Failures in Micrometer-Scale 3-D TSV Interconnects[J]. IEEE Transactions on Components, Packaging, Manufacturing Technology, 2020, (99): 1-1.

[27] GAUDESTAD J, TALANOV V, GAGLIOLO N, et al. Space Domain Reflectometry for open failure localization[C].Physical and Failure Analysis of Integrated Circuits (IPFA), 19th IEEE International Symposium on the, 2012: 11-15.

[28] GAUDESTAD J, TALANOV V, HUANG P C J M R.Space Domain Reflectometry for opens detection location in microbumps[J]. Microelectronics Reliability, 2012, 52 (9-10): 2123-2126.

[29] SPINELLA L, JIANG T, TAMURA N, et al.Synchrotron X-ray Microdiffraction Investigation of Scaling Effects on Reliability for Through-Silicon Vias for 3-D Integration[J]. IEEE Transactions on Device and Materials Reliability, 2019, 19(3), 568-571.

[30] MURUGESAN M, TAKEUCHI A, FUKUSHIMA T, et al. X-ray computed tomography studies on directed self-assembly formed vertical nanocylinders containing metals for 3D LSI applications-Characterization technique-dependent reliability issues[J]. Japanese Journal of Applied Physics, 2019, 58 (SB): SBBC05.

[31] 杨柳．X 射线图像传感及数字成像实验的研究[D]．重庆：重庆大学，2009.

[32] 程耀瑜．工业射线实时成像检测技术研究及高性能数字成像系统研制[D]．南京：南京理工

大学，2003.

[33] 李衔．数字射线照相法现状评述[J]．无损检测，2006，28(4):198-203.

[34] SEMMENS J E, KESSLER L W. Nondestructive evaluation of thermally shocked plastic integrated circuit packages using acoustic microscopy[J]. International Symposium on Testing and Failure Analysis, 1988: 211-215.

[35] CICHANSKI F J. Method and system for dual phase scanning acoustic microscopy : US, US4866986 A[P]. 1989.

[36] 尚勇，赵环昱．用于聚焦离子束系统的离子源[J]．原子核物理评论，2011，28 (4): 439-443.

[37] 滕龙，于治国，杨濛，等．GaN 电感耦合等离子体刻蚀的优化和损伤分析[J]．微纳电子技术，2012，49 (3): 181-186.

[38] KHO W F, LEOW J L, CHEAH Y C, et al. Alternative FIB cross section and laser ablation methods to improve failure analysis throughput of copper wire moisture related reliability failures[C]. 2012 19th IEEE International Symposium on the Physical and Failure Analysis of Integrated Circuits (IPFA), IEEE, 2012: 1-4.

[39] CHEN Y, LIN N, LAI P. Three-dimensional X-ray laminography as a tool for detection and characterization of package on package (PoP) defects[C]. 201410th International Conference on Reliability, Maintainability and Safety (ICRMS), IEEE, 2014: 275-278.

[40] CHEN Y, LIN N. Three-dimensional X-ray laminography and application in failure analysis for System in Package (SiP)[C]. 14th International Conference on Electronic Packaging Technology, 2013: 746-749.

[41] LI Y, CAI Y, PACHECO M, et al. Non Destructive Failure Analysis of 3D Electronic Packages Using Both Electro Optical Terahertz Pulse Reflectometry and 3D X-ray Computed Tomography[C]. International Symposium for Testing & Failure Analysis American Society for Metals, 2012:95-99.

[42] MARIO P, DEEPAK G. Detection and characterization of defects in microelectronic packages and boards by means of high-resolution X-ray computed tomography (CT)[C].Electronic Components and Technology Conference, 2011: 1263-1268.

[43] PACHECO M, GOYAL D. X-ray computed tomography for non-destructive failure analysis in microelectronics[C].Reliability Physics Symposium, 2010: 252-258.

[44] PACHECO M, GOYAL D. New Developments in High-Resolution X-ray Computed Tomography for Non-Destructive Defect Detection in Next Generation Package Technologies[C]. International Symposium for Testing and Failure Analysis, 2008: 30-35.

[45] OPPERMANN M, ZERNA T, WOLTER K J. X-ray computed tomography on miniaturized solder joints for nano packaging[C]. Electronics Packaging Technology Conference, 2009: 70-75.

[46] SCOTT D, DUEWER F, KAMATH S, et al. A Novel X-ray Microtomography System with High

Resolution and Throughput for Non-Destructive 3D Imaging of Advanced Packages[C]. International Symposium for Testing and Failure Analysis American Society for Metals, 2004: 94-98.

[47] KALUKIN A R, SANKARAN V J.Three-dimensional visualization of multilayered assemblies using X-ray laminography[J]. IEEE Transactions on Components Packaging Manufacturing Technology Part A, 1997, 20 (3): 361-366.

[48] SANKARAN V, KALUKIN A R. Improvements to X-ray laminography for automated inspection of solder joints[J]. IEEE Transactions on Components Packaging Manufacturing Technology Part C, 1998, 21 (2): 148-154.

[49] GONDROM S, ZHOU J, MAISL M, et al. X-ray computed laminography: an approach of computed tomography for applications with limited access[J]. Nuclear Engineering Design,1999, 190 (1-2): 141-147.

[50] YUAN C, NA L. Magnetic microscopy for 3D devices failure localization and analysis[C].2014 IEEE International Conference on Electron Devices and Solid-State Circuits (EDSSC), IEEE, 2014: 1-2.

[51] 刘俊岩，戴景民，王扬．红外锁相法热波检测技术及缺陷深度测量[J]．光学精密工程，2010 18(1): 37-44.

[52] SCHMIDT C, GROSSE C, ALTMANN F.Localization of electrical defects in system in package devices using Lock-in Thermography[C]. 2010 IEEE 3rd Electronic System-Integration Technology Conference (ESTC), IEEE, 2010:1-5.

[53] TAY M Y, TAN M C, QIU W, et al. Lock-in thermography application in flip-chip packaging for short defect localization[C]. 2011 IEEE 13th Electronics Packaging Technology Conference (EPTC), IEEE, 2011:642-646.

[54] SCHMIDT C, ALTMANN F, SCHLANGEN R, et al. Non-destructive defect depth determination at fully packaged and stacked die devices using Lock-in Thermography[C]. 17th IEEE International Symposium on the Physical and Failure Analysis of Integrated Circuits (IPFA), IEEE, 2010:1-5.

[55] 霍雁，赵跃进，李艳红，等．脉冲和锁相红外热成像检测技术的对比性研究[J]．激光与红外，2009，39 (6): 602-604.

[56] 赵延广．基于锁相红外热像理论的无损检测及疲劳性能研究[D]．大连：大连理工大学，2012.

[57] CHEN Y, HE X Q, LAI P. The application of fault tree analysis method in electrical component[C]. 20th International Symposium on the Physical and Failure Analysis of Integrated Circuits(IPFA), 2013: 666-669.

第 9 章 集成电路封装质量和可靠性保证技术

集成电路封装的质量和可靠性对产品的质量和可靠性具有重要影响。集成电路封装的质量和可靠性保证技术涵盖范围非常广泛，从封装的结构设计、制备工艺，到产品的筛选、鉴定及产品投入使用后的寿命等，涉及封装的各种检测和试验技术，以保证封装的质量和可靠性能够满足或超过特定的设计和使用要求。

为了保证集成电路产品的质量和可靠性，国内外制定了集成电路产品通用规范和标准，其中提出了集成电路产品需要满足的检测和试验要求。由于集成电路产品的应用领域、工作环境不同，不同标准对封装的质量和可靠性要求严苛度不同。本章将对比介绍不同标准中涉及的与封装相关的质量和可靠性检测和试验要求，包括封装的物理特性要求和环境适应性要求，其中标准包括工业标准、军用标准及汽车电子行业标准等。本章还介绍了几种常见的集成电路封装质量与可靠性分析技术，包括破坏性物理分析（Destructive Physical Analysis，DPA）、结构分析（Construction Analysis，CA）、假冒和翻新分析技术。通过这些分析技术，可以发现集成电路封装设计、工艺和制备缺陷，封装中潜在的、能引起致命性失效和可靠性问题的缺陷，以及产品假冒、翻新等重要信息。最后，本章介绍了加速寿命试验方法和封装中常用的加速模型。通过加速寿命试验，提高试验应力水平，可以快速获得更多的失效样品数据，了解封装的寿命分布统计规律，实现封装可靠性的快速试验评估。

9.1 封装质量检测与环境适应性要求

9.1.1 封装的质量检测要求

为了保证封装的质量，需要开展各种质量保证试验，标准中常见的试验项目包括外目检、内目检、超声波检测、引线牢固性试验、键合强度试验、倒装芯片拉脱试验、芯片剪切强度试验、密封试验、内部水汽含量试验、可焊性试验、外形尺寸试验、盖板扭矩试验、焊球剪切试验等。

1. 非破坏性物理试验要求

非破坏性物理试验是在试验过程中不对元器件造成损伤的试验，也称为无损试验，常见的与封装相关的试验项目包括外目检、外形尺寸试验、密封试验、X 射线检查等。通过非破坏性的检测方法可以检测到封装内的缺陷，如分层、引线键合缺陷、芯片中的附着材料缺陷或采用玻璃密封时玻璃中的孔洞等。表 9-1 列举了不同标准中的两种非破坏性物理试验检测要求，可以看出不同标准对封装的检测要求基本相同，只是样品数量上稍有差异。

外形尺寸试验主要是为了保证产品的加工符合设计规范和图纸要求，以及保证后续的正常装配。不同的封装结构类型由相应的行业标准来确定其具体的尺寸和公差。

密封试验需要确定具有内空腔的封装的气密性，由检漏试验来确定。检漏试验包括两个过程：细检漏和粗检漏。封装的气密性直接影响集成电路产品的可靠性，当湿气及酸性气体进入密封封装的内部腔体时，会对空腔内的芯片、金属互连及非金属结构产生腐蚀、氧化作用，轻则导致电子产品性能退化，重则导致电子产品失效，因此密封封装需要满足标准中规定的漏率。

表 9-1 不同标准中的两种非破坏性物理试验检测要求

<table>
<tr><th>试验项目</th><th>样品数量</th><th>合格要求</th><th>标准</th></tr>
<tr><td rowspan="4">外形尺寸试验</td><td>5</td><td>尺寸超过规定公差或极限值视为失效，0 失效</td><td>国军标准</td></tr>
<tr><td>5</td><td>尺寸超过规定公差或极限值视为失效，0 失效</td><td>美军标准</td></tr>
<tr><td>10/Lot；3Lots</td><td>C_{PK}>1.67；尺寸超过规定公差或极限值视为失效，0 失效</td><td>汽车电子行业标准</td></tr>
<tr><td>30/Lot；1Lot</td><td>尺寸超过规定公差或极限值视为失效，0 失效</td><td>工业标准</td></tr>
<tr><td rowspan="4">密封试验</td><td>15</td><td>细检漏后进行粗检漏，0 失效</td><td>国军标准</td></tr>
<tr><td>15</td><td>细检漏后进行粗检漏，0 失效</td><td>美军标准</td></tr>
<tr><td>15/Lot；1Lot</td><td>细检漏后进行粗检漏，0 失效</td><td>汽车电子行业标准</td></tr>
<tr><td>—</td><td>细检漏后进行粗检漏</td><td>工业标准</td></tr>
</table>

注：C_{PK} 为过程能力指数，Lot 表示批次。

本章表格中所述标准均参照如下标准。

（1）国军标准：参照 GJB 597B—2012《半导体集成电路通用规范》、GJB 548B—2005《微电子器件试验方法和程序》、GJB 2438B—2017《混合集成电路通用规范》。

（2）美军标准：参照 MIL-STD-883《微电子器件试验方法标准》、MIL-PRF-38535《集成电路制造总规范》。

（3）汽车电子行业标准：参照 AEC_Q100《基于失效机理的集成电路应力测试鉴定》、AEC_Q104《汽车应用中多芯片模块（MCM）的基于失效机理的应力测试鉴定》。

（4）工业标准：参照 JESD47 *Stress-Test-Driven Qualification of Integrated Circuits*、JESD22 系列标准 *Reliability Test Methods for Packaged Devices*、IPC/JEDEC J-STD 系列标准。

2. *破坏性物理试验要求*

破坏性物理试验通过物理或化学手段对受试产品进行结构破坏，验证产品的结构、材料、工艺和设计是否满足预定用途或有关规范要求，主要包括可焊性试验、盖板扭矩试验、内部水汽含量试验、耐溶剂性试验、键合强度试验、芯片剪切强度试验等。表 9-2 列举了多种常见的破坏性物理试验检测要求，可以看出中国和美国的军用标准对封装的物理试验条件和合格要求基本相同，而军用标准和汽车电子行业标准、工业标准之间的试验条件、样品数量、合格要求差异较大。

引线键合拉力试验的目的是评估键合强度是否符合标准或规范的要求。常见的引线键合失效包括内引线断开、芯片上的键合界面失效、金属化层从芯片/基板上浮起、芯片破裂、基板破裂等。军用标准、汽车电子行业标准、工业标准采用相同的引线最小拉伸强度要求，其中汽车电子行业标准单独对金线直径>1mil 的引线提出了温度循环后拉伸强度大于 0.03N 的要求。

引线牢固性试验是为了检查引线（引出端）和焊接的牢固性。引线牢固性试验主要分为拉力试验、弯曲试验、引线疲劳试验、引线扭力试验、螺栓扭矩试验，以及无引线片式载体和同类封装器件的焊盘附着性能试验。军用标准中明确指出需要进行引线疲劳试验，以检查引线及其密封处抗弯曲疲劳的能力。汽车电子行业标准和工业标准未明确指出需要进行哪种引线牢固性试验。

可焊性试验是为了检查封装引脚/可焊端/焊球/焊柱等的金属表面处理方法是否有利于焊接，确定集成电路产品在组装焊接过程中是否会出现可靠性问题。不良的润湿会导致焊接出现假焊、虚焊、桥接和焊接强度差等问题，增加质量控制工作量和产生大量的维修成本，造成人力和财力的浪费。标准中一般要求可焊性试验的润湿面积要达到大于 95%的覆盖率。

芯片剪切强度试验是为了确定将集成电路芯片安装在基板或封装壳上所使用的材料和工艺步骤的可靠性，也是对集成电路芯片装片质量的检验。军用标准、汽车电子行业标准采用相同的芯片剪切强度要求。

盖板扭矩试验是为了检测集成电路芯片封装的剪切强度。表 9-2 的 4 种标准中都提出了盖板扭矩试验要求。通常要求检测样品数量为 5 个，军用标准和汽车电子行业标准要求检测样品 0 失效，而工业标准要求基于制造商规范或适用采购文件进行判定。

内部水汽含量试验是为了测定金属或陶瓷等密封封装集成电路产品的内部气体中的水汽含量。封装壳的内部水汽含量过高，会导致金属化学腐蚀、金属电化学腐蚀、Au-Al 键合退化等。军用密封器件的内部水汽含量通常要求低于 5000ppm。

表 9-2　破坏性物理试验检测要求

试验项目	试验条件	样品数量	合格要求	标准
引线键合拉力试验	采用 GJB 548B—2005 方法 2011 图 1 确定最小拉伸强度	最少 4 个器件的 15 根引线	0 失效	国军标准
	采用 MIL-STD-883 方法 2011 图 1 确定最小拉伸强度	最少 4 个器件的 15 根引线	0 失效	美军标准
	引线直径>1mil，温度循环后最小拉伸强度为 0.03N；引线直径<1mil，采用 MIL-STD-883 方法 2011 图 1 确定最小拉伸强度	最少 5 个器件的 30 根引线	C_{PK}>1.67 或温度循环后 0 失效	汽车电子行业标准
	采用 MIL-STD-883 方法 2011 图 1 确定最小拉伸强度	最少 5 个器件的 30 根引线	C_{PK}≥1.33 或 P_{PK}≥1.66	工业标准
键合强度试验	最小键合强度为 0.05N×键合数	22 个芯片	0 失效	国军标准
	最小键合强度为 0.05N×键合数	22 个芯片	0 失效	美军标准
	—	最小 10 个器件的 5 个焊球；3Lots	C_{PK}>1.67	汽车电子行业标准
	—	10 个焊球/器件；5 个器件	—	工业标准
引线牢固性试验	试验条件：引线疲劳	45 根引线，至少取自 3 个器件	0 失效	国军标准
	试验条件：引线疲劳	45 根引线，至少取自 3 个器件	0 失效	美军标准
	—	10 根引线；5 个单元；1Lot	无引线断裂或裂纹	汽车电子行业标准
	—	45 根引线；最小 5 个单元	基于制造商规范或适用采购文件	工业标准
可焊性试验	焊料温度为 245℃±5℃	22 个芯片	>95%覆盖率，0 失效	国军标准
	焊料温度为 245℃±5℃	22 个芯片	>95%覆盖率，0 失效	美军标准

续表

试验项目	试验条件	样品数量	合格要求	标准
可焊性试验	焊料温度为 245℃±5℃	15/Lot；1Lot	>95%覆盖率，0 失效	汽车电子行业标准
	焊料温度为 245℃±5℃	22/Lot；3Lots	>95%覆盖率，0 失效	工业标准
芯片剪切强度试验	采用 GJB 548B—2005 方法 2019 图 4 确定不同尺寸的芯片的剪切强度	3 个芯片	0 失效	国军标准
	采用 MIL-STD-883 方法 2019 图 4 确定不同尺寸的芯片的剪切强度	3 个芯片	0 失效	美军标准
	采用 MIL-STD-883 方法 2019 图 4 确定不同尺寸的芯片的剪切强度	5/Lot；1Lot	0 失效	汽车电子工业标准
	—	—	—	工业标准
盖板扭矩试验	仅适用于玻璃熔封封装	5 个芯片	0 失效	国军标准
	仅适用于玻璃熔封封装	5 个芯片	0 失效	美军标准
	仅适用于陶瓷空腔封装	5/Lot；1Lot	0 失效	汽车电子工业标准
	—	5/Lot；1Lot	基于制造商规范或适用采购文件	工业标准
内部水汽含量试验	不大于 5000ppm	3 个或 5 个芯片	0 失效或 20%失效	国军标准
	不大于 5000ppm	3 个或 5 个芯片	0 失效或 20%失效	美军标准
	—	5/Lot；1Lot	0 失效	汽车电子工业标准
	—	1/Lot；3Lots	0 失效	工业标准

注：Lot 表示批次。

9.1.2　封装的环境适应性要求

温度、湿气、烟雾环境及振动、冲击等作用会导致封装的性能退化，影响集成电路产品的可靠性。集成电路产品标准和规范中对封装的环境适应性进行了要求，以保证产品在运输、存储、使用环境下的质量和可靠性。将封装暴露在特定环境中进行试验，发现封装结构中的缺陷，从而提供产品质量方面的信息。

1. *温度应力*

温度是影响封装可靠性的重要因素，在温度变化或高温、低温环境下，封装材料不同的热膨胀系数导致封装出现界面疲劳、分层，以及工艺制造过程中的残余应力的释放等可靠性问题[1-3]。表 9-3 列出了不同标准中对集成电路产品的温度环境适应性要求。其中，温度循环试验是为了测定高低温循环变化对封装的影响；热冲击试验是为了确定封装结构在温度剧变环境下的可靠性，以及产生的可靠性问题；高温存储试验的目的是确定不同存储条件下时间和温度对封装的影响，高温环境会导致封装产生裂纹、Au-Al 互扩散反应增强、促进生成 IMC、孔洞数量增加及热阻增大等损伤[4]。

表 9-3　不同标准中对集成电路产品的温度环境适应性要求

试验项目	试验条件	样品数量	合格要求	标准
温度循环试验	−65℃~150℃	15	100 次循环/0 失效	国军标准
	−65℃~150℃	15	100 次循环/0 失效	美军标准
	最低工作温度~最高工作温度	30/Lot；3Lots	1000 次循环/0 失效	汽车电子行业标准
	−55℃~125℃	25/Lot；3Lots	700 次循环/0 失效	工业标准
热冲击试验	−65℃~150℃	15	15 次循环/0 失效	国军标准
	−65℃~150℃	15	15 次循环/0 失效	美军标准
	—	—	—	汽车电子行业标准
	−55℃~125℃	25/Lot；3Lots	700 次循环/0 失效	工业标准
高温存储试验	—	—	—	国军标准
	—	—	—	美军标准
	150℃	30/Lot；1Lot	1000 小时/0 失效	汽车电子行业标准
	150℃	25/Lot；3Lots	1000 小时/0 失效	工业标准

注：Lot 表示批次。

通过对比可以发现，国军标准和美军标准在温度环境适应性上的要求一致，汽车电子行业标准比工业标准要求的样品数量更多，对温度循环的次数要求更高，要求更高的温度环境可靠性。

2. 机械应力

机械应力对封装结构的质量和可靠性的影响如下。

（1）结构损坏，主要指引起变形、弯曲，产生裂纹、断裂等，以及长时间的交变应力引起的封装结构疲劳损伤等。

（2）工作失灵，主要指部件接触不良造成性能超差，如工作不正常、不稳定，时通时断等。

（3）功能失效，这类破坏主要指脱焊等，经常在较短的试验时间内产生。

机械应力试验主要包括扫频振动试验、机械冲击试验、恒定加速度试验等，

表 9-4 给出了机械环境适应性要求。

扫频振动试验是为了测定一定频率范围内的振动对集成电路产品的影响，如在航空航天领域的发射过程中，存在强烈的振动，需要测试在这种环境下的可靠性问题。振动导致的常见失效机理包括键合处的脱落、封装内异物（工艺中造成的杂质）的干扰等。扫频振动试验的频率要求为 20~2000Hz。

机械冲击试验是为了测定集成电路产品在中等严酷程度的机械冲击环境下是否能够工作。这类冲击是产品在运输或操作过程中突然受到外力或运动状态突然变化而产生的。这类冲击可能影响产品的工作性能，甚至导致损坏[5]。随着冲击脉冲重复，损坏会变得更加严重。军用标准要求在 X_1、X_2、Y_1、Y_2、Z_1 和 Z_2 方向上施加脉冲，而汽车电子行业标准和工业标准均只要求在 Y_1 方向上施加脉冲。

恒定加速度试验是为了显示在扫频振动和机械冲击试验中未能检测出的缺陷。恒定加速度试验可以检测封装中引线、芯片及基板焊接等在恒定加速度下出现的性能退化或失效。

表 9-4　机械环境适应性要求

试验项目	试验条件	样品数量	合格要求	标　准
扫频振动试验	峰值加速度为 196m/s²（20*g*），频率为 20~2000Hz	15	0 失效	国军标准
	峰值加速度为 20*g*，频率为 20~2000Hz	15	0 失效	美军标准
	峰值加速度为 50*g*，频率为 20~2000Hz	15/Lot；1Lot	0 失效	汽车电子行业标准
	峰值加速度为 50*g*，频率为 20~2000Hz	39/Lot；3Lots	0 失效	工业标准
机械冲击试验	X_1、X_2、Y_1、Y_2、Z_1 和 Z_2 方向各 5 个脉冲，脉冲宽度为 0.5ms，峰值加速度为 1500*g*	15	0 失效	国军标准
	X_1、X_2、Y_1、Y_2、Z_1 和 Z_2 方向各 5 个脉冲，脉冲宽度为 0.5ms，峰值加速度为 1500*g*	15	0 失效	美军标准
	Y_1 方向，5 个脉冲，脉冲宽度为 0.5ms，峰值加速度为 1500*g*	15/Lot；1Lot	0 失效	汽车电子行业标准
	Y_1 方向，5 个脉冲，脉冲宽度为 0.5ms，峰值加速度为 1500*g*	39/Lot；3Lots	0 失效	工业标准
恒定加速度试验	Y_1 方向，294000 m/s²（30000*g*）	15	0 失效	国军标准
	Y_1 方向，30000*g*	15	0 失效	美军标准

续表

试验项目	试验条件	样品数量	合格要求	标准
	Y_1方向，小于 40 引脚封装，30000*g*；大于 40 引脚封装，20000*g*	15/Lot；1Lot	0 失效	汽车电子行业标准
	Y_1方向，小于 40 引脚封装，30000*g*；大于 40 引脚封装，20000*g*	39/Lot；3Lots	0 失效	工业标准

注：①Lot 表示批次；②试验完成后，对标记进行外观检查，对封装壳引线或密封情况进行目检，以判定产品是否合格。

3. 湿热应力

空气中的湿气进入封装内部是导致封装失效的一个重要因素。湿气进入封装结构中会引起焊盘和金属的腐蚀。常温下湿气的侵入速度较慢，因此通常采用高温度、高湿度和电应力共同作用的高加速湿热应力试验，来评估封装结构的湿度环境适应性。高加速湿热应力试验可造成金属和焊盘的失效、裂纹生成、界面分层、电化学腐蚀、IMC 生成、绝缘失效等[6-8]。

表 9-5 列出了湿热环境适应性要求。国军标准和美军标准采用耐湿试验，两者试验条件和合格要求相同。耐湿试验是指通过温度循环方法使封装内部的湿气凝结和干燥，从而引起封装内的湿气产生“呼吸”作用，加速腐蚀。在高温环境下，由于腐蚀的化学反应加快，湿气引起的退化会变得明显。试验包括低温子循环，在低温环境下，湿气凝结会产生较大的应力，加速裂缝、分层等缺陷的出现。

汽车电子行业标准与工业标准采用高加速湿热应力试验，两者的试验条件相同，样品数量要求不同。汽车电子行业标准要求检测更多的样品，以保证其质量和可靠性。

表 9-5　湿热环境适应性要求

试验项目	试验条件	样品数量	合格要求	标准
耐湿试验	25℃/（80%~100%）RH~65℃/（90%~100%）RH，10 次循环（至少有 5 次低温子循环，-10℃/不控制湿度）	15	0 失效	国军标准
	25℃/（80%~100%）RH~65℃/（90%~100%）RH，10 次循环（至少有 5 次低温子循环，-10℃/不控制湿度）	15	0 失效	美军标准
	—	—	—	汽车电子行业标准
	—	—	—	工业标准

续表

试验项目	试验条件	样品数量	合格要求	标　准
高加速湿热应力试验	—	—	—	国军标准
	—	—	—	美军标准
	130℃/85%RH，96 小时或 110℃/85%RH，264 小时，最大 VCC	30/Lot；3Lots	0 失效	汽车电子行业标准
	130℃/85%RH，96 小时或 110℃/85%RH，264 小时，最大 VCC	25/Lot；3Lots	0 失效	工业标准

注：Lot 表示批次。

9.2　质量与可靠性分析技术

9.2.1　破坏性物理分析

破坏性物理分析能提供集成电路设计、封装工艺缺陷相关的信息，是一项重要的质量与可靠性分析技术。利用破坏性物理分析可以发现批次质量问题，定制筛选和鉴定试验方案。

与集成电路封装相关的破坏性物理分析项目主要包括 9 个，分别为外目检、X 射线检查、密封试验、内部水汽含量试验、内目检、键合强度试验、基线结构检查、芯片剪切试验和 SEM 检查，具体项目内容和程序可参考 GJB 548B—2005。针对塑封电路，GJB 4027A—2006 增加了声学 SEM 检查、玻璃钝化层完整性检查两个项目。

密封封装破坏性物理分析流程如图 9-1 所示，抽样要求见 GJB 4027A—2006。其破坏性物理分析各分析项目的具体要求及判据在具体操作中列出。其中，外目检、X 射线检查、密封试验、内部水汽含量试验、内目检、键合强度试验、芯片剪切试验包含对封装方面的检查。

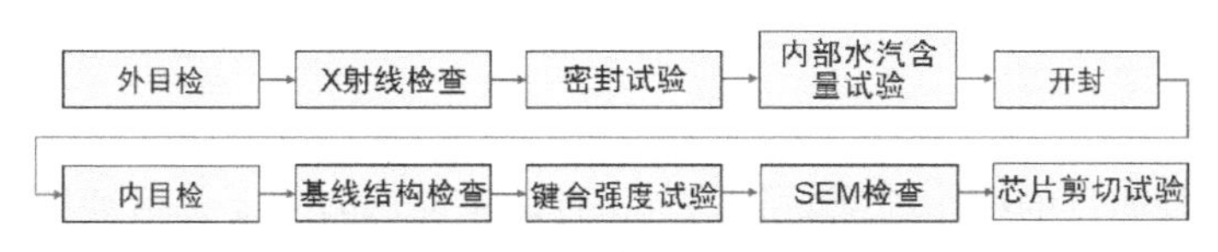

图 9-1　密封封装破坏性物理分析流程

如果应用于航空航天、军用等关键、严酷领域，最好补充如下附加分析或要求供应商提供如下数据。

- □ 模塑料的填充粒子分析：粒子直径、粒子锐度。
- □ 模塑料的物理性能分析（2 个产品/批次）：玻璃化转变温度 T_g。

□ 电子能谱（EDS）分析：引脚镀层材料。

□ 封装材料的挥发性：适用于航空应用。

□ 封装水汽吸潮特性分析：水汽扩散常数和湿膨胀系数。

（1）外目检。

外目检是为了检查封装集成电路产品的工艺质量，以及检查已封装产品在运输、使用过程中引起的损坏。外目检主要检查内容如下。

□ 封装变形：不平、扭曲等。

□ 封装中存在杂质，模塑料中存在孔洞、裂纹。

□ 引脚变形、剥皮、起泡、镀层腐蚀。

□ 引脚和镀层情况。

□ 标识的正确性、合法性。

□ 批产品的一致性。

参考 GJB 548B—2005 方法 2009.1 的要求和判据。

（2）X 射线检查。

X 射线检查的目的是用非破坏性的方法检查封装内的缺陷，包括封装体、芯片、芯片粘接和引线等。X 射线检查主要检查如下缺陷。

□ 封装孔洞或外来物。

□ 芯片粘接材料孔洞。

□ 引脚不重合。

□ 引线框架毛刺。

□ 键合布局不良。

□ 塌丝或引线断裂。

□ 芯片位置不当。

检查依据和判据参考 GJB 548B—2005 方法 2012。由于 X 射线会对敏感器件造成辐射损伤，因此采用实时 X 射线检查进行集成电路筛选时，应估算设备的总剂量率。

（3）密封试验。

密封试验的目的在于检测封装的气密性。密封试验主要包括细检漏和粗检漏试验，常用的检漏方法有氦质谱检漏法和氟油气泡检漏法，分别用来检测微小漏隙和漏率较大的漏孔。

检查依据和判据参考 GJB 548B—2005 方法 1014。

（4）内部水汽含量试验。

内部水汽含量试验主要用于气密封装，目的在于测定金属或陶瓷封装内部气体中的水汽含量。

内部水汽含量试验方法参考 GJB 548B—2005 方法 1018。

（5）内目检。

内目检是为了检查内部芯片划片、芯片安装、引线键合等与封装相关的缺陷。在进行内目检时，首先使用低倍显微镜（30~60 倍），然后使用高倍显微镜（75~200 倍），以发现芯片级和组装级的缺陷，同时检验芯片的批一致性。内目检主要检查如下缺陷。

- 玻璃钝化层针孔、剥皮或裂纹（尤其是模塑料填充料引入的损伤）。
- 金属化层孔洞、腐蚀、剥皮或翘起。
- 键合抬起、位移、过度变形。
- 芯片的批一致性应予以评估。

内目检检查部位参考 GJB 548B—2005 方法 2013，如有必要对观察到的异常做进一步检查，则可进行键合或钝化、IMC 的 SEM 检查。

（6）基线结构检查。

基线结构检查的目的是检查产品是否符合基线设计文件要求，与要求不符的应作为缺陷予以记录。

（7）键合强度试验。

键合强度试验的目的是测定键合强度是否符合订购文件的要求。

引线键合拉力的测定按 GJB 548B—2005 方法 2011 条件 D 进行。需要注意的是：由于开封并未暴露键合引线的全部，因此 GJB 548B—2005 的判据可能不适用。一般地，键合颈部是最薄弱的部位。键合强度很大程度上与器件经受的环境有关。在温度循环或高温高湿环境下存储，可能会导致键合强度退化。在含有阻燃剂的模塑料中，金铝键合界面中的 IMC 会加速退化。在某些情况下，为了确保器件的质量和长期可靠性，推荐在不同加速试验后进行键合强度试验。

（8）SEM 检查。

SEM 检查利用样品表面材料的物质性能进行微观成像，主要用于微观形貌观察、失效定位和缺陷分析。

SEM 检查主要检查的缺陷如下。

- 键合缺陷：键合点凹陷、键合拉脱，焊球周围大于 0.1mil 的可见 IMC，以及键合断裂处引线、键合层、芯片界面的微观形貌特征。
- 玻璃钝化层完整性：由模塑料填充料或封装机械应力导致的分层、针孔和裂纹。
- 芯片金属化层缺陷：平坦化质量、通孔或台阶质量。

参考 GJB 548B—2005 方法 2018.1 进行检查。

（9）芯片剪切试验。

芯片剪切试验是为了确定将半导体芯片、无源器件安装在基板或封装壳上所使用的材料和工艺步骤的完整性，主要检查芯片安装处的缺陷。

按 GJB 548B—2005 方法 2019 进行试验。测量芯片剪切试验对芯片所加力的大小、观察在该力作用下产生的失效类型，以及残留的芯片附着材料和基板/封装壳金属化层焊接面的界面形貌。

（10）附加分析。

①玻璃化转变温度检查。

玻璃化转变温度是塑封器件可靠性的一个较为重要的指标，当温度超过玻璃化转变温度时，水汽和离子扩散率会明显增加，加速封装中的水汽扩散。通常采用热机械分析仪（Thermal Mechanical Analyzer，TMA）和热流型差示扫描量热仪（Differential Scanning Calorimeter，DSC）来测量模塑料的玻璃化转变温度。

②引脚镀层的成分分析、可焊性。

目前，基于环保要求，民用和商用电子器件领域基本上已普遍采用无铅工艺，其器件的引脚镀锡。无铅器件在自然环境下会生长出长度不一的锡须，很容易导致高密度引脚之间产生通路，存在严重安全隐患。因此，在重要领域应用塑封器件时，在目前的技术条件下，最好能对其引脚镀层进行成分分析，评估引脚的可焊性，在耐焊接热等方面排查隐患。

图 9-2 所示为两个样品的引脚 EDS 成分分析图，左侧样品为有铅器件，引脚先镀钯（Pd，具有保护作用）再镀镍，镀层成分见图 9-2（a），其中的 C、O 元素为外来物，Au 元素为试验前预处理的结果。右侧样品为无铅器件，引脚镀锡，镀层成分见图 9-2（b）。目前有铅器件已在民用和商用领域禁止，市场上采购到的新品器件基本上为无铅器件。而由于无铅工艺存在工艺条件更严酷和产生锡须的隐患，目前军品器件基本仍采用有铅工艺。因此，在使用器件时应先进行镀层成分分析，以便在应用时有所区分和预防。

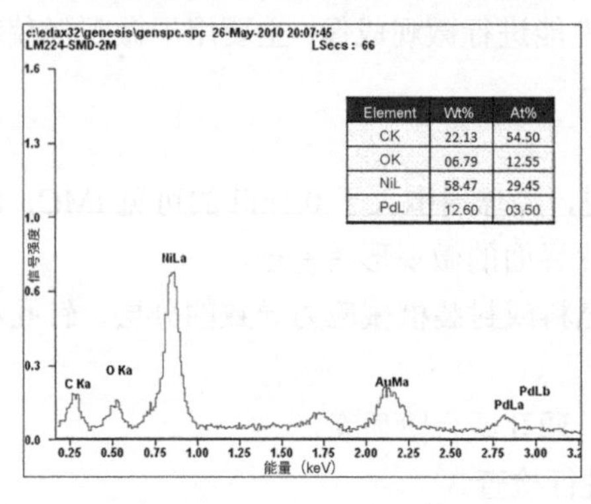

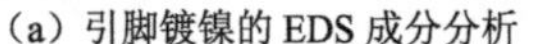
（a）引脚镀镍的 EDS 成分分析

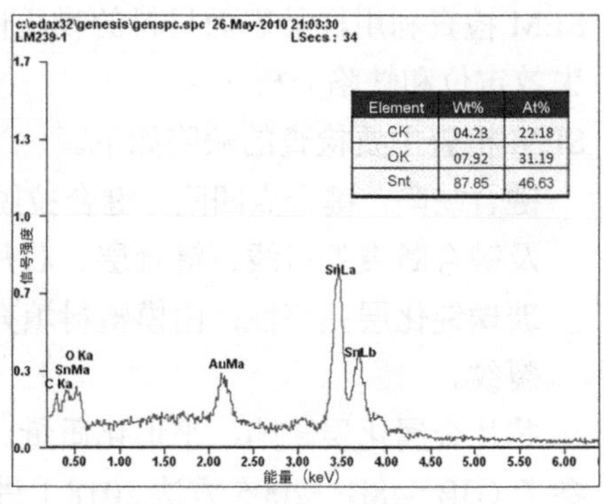

（b）引脚镀锡的 EDS 成分分析图

图 9-2　两个样品的引脚 EDS 成分分析图

③塑封电路的水汽扩散系数和热膨胀系数。

对于模塑料吸潮，测量其质量随时间的变化，可以获得水汽扩散系数，并采取适当的烘烤条件。材料的热膨胀系数用于反映材料尺寸变化与温度之间的关系。测量封装的热膨胀系数，可以掌握集成电路的热机械特性。塑封中的热膨胀系数失配往往会带来严重的热机械疲劳问题，为使机械应力最小，模塑料的热膨胀系数应与封装的其他材料相匹配。因此，对模塑料进行热膨胀系数测试，可以获得材料特性退化信息，对模塑料的可靠性判断具有重要作用。

④封装填充料的粒子 SEM 检查。

为了避免封装中填充料粒子尺寸过大、过于尖锐导致在外部机械应力作用下芯片钝化层、金属化层布线损伤，在重要领域应用时，破坏性物理分析可补充对其金属化层粒子尺寸和形状进行检查。通常，填充料中的石英砂粒子一般是直径约为 20μm 的圆球，但各厂家采用的填充料质量差异很大，有些采用粒子大而尖锐的填充料，存在质量隐患。

下面将介绍几个破坏性物理分析案例，详细说明破坏性物理分析在集成电路封装质量与可靠性保证中的应用。

案例 1：SiP 模块的破坏性物理分析。

对某 SiP 模块进行破坏性物理分析。首先，利用显微镜对 SiP 模块进行外目检，检查样品表面是否存在缺陷。经观察，SiP 模块表面标识清晰，底部插针引脚脱落，未发现其他异常。接下来，将 SiP 模块固封，然后从正面研磨至存储芯片层，并对其中的存储器件进行破坏性物理分析标准中规定的 X 射线检查、C-SAM 检查，结果表明存储器件 Pin22 端口外键合点引线框架存在分层形貌，Pin22 端口的引脚焊点与其余焊点相比存在明显异常，有开路风险，典型检测结果如图 9-3 所示。

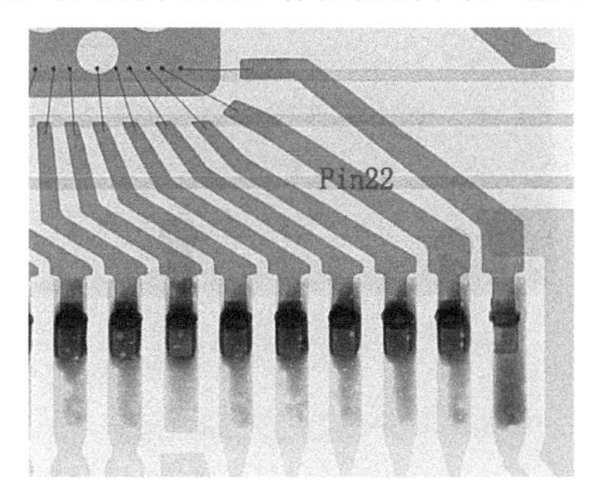

（a）存储器件 Pin22 端口键合引线和引脚 X 射线形貌

（b）存储器件 Pin22 正面 C-SAM 形貌

图 9-3 典型检测结果

SiP 模块通电工作后，发现 SiP 模块中存储器件功能异常。通过平面研磨和激光开封等方法，将存储器件 Pin22 端口内部的键合引线和外键合点引线框架展现出来，经测试发现 Pin22 引脚与 GND 之间开路，测试结果如图 9-4 所示。

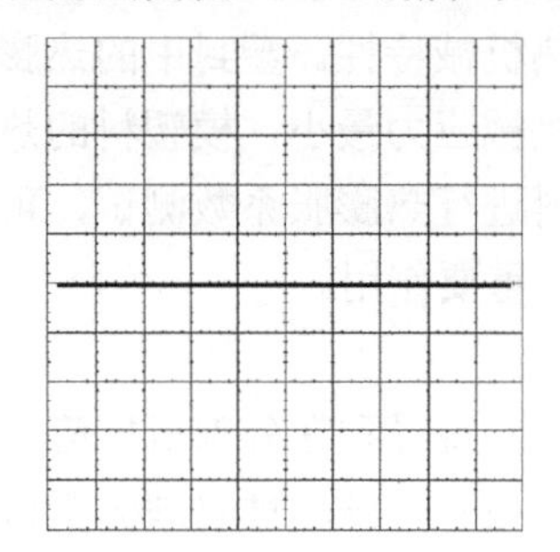

（a）存储器件 Pin22 与 GND 之间的 *I-V* 特性曲线

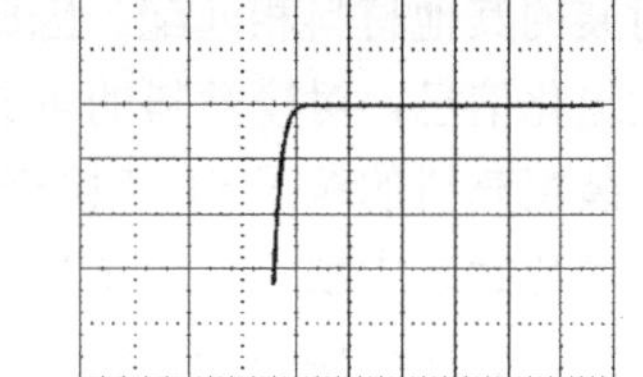

（b）存储器件 Pin21 与 GND 之间的 *I-V* 特性曲线

图 9-4　测试结果

为了展现出存储器件 Pin22 引脚焊点形貌，再次进行固封切片制样，内目检发现：存储器件 Pin22 引脚与焊盘之间存在明显缝隙，缝隙被模塑料填充（见图 9-5），引脚与焊盘之间焊锡连接面积很小，并出现断裂开路，不符合破坏性物理分析内目检合格标准。

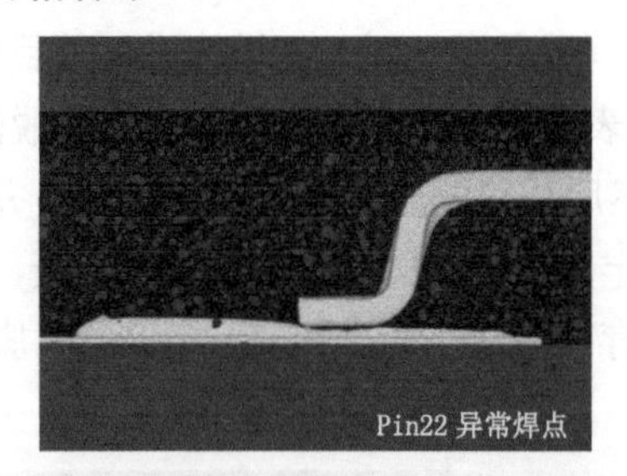

（a）存储器件 Pin22 引脚焊点切片整体形貌

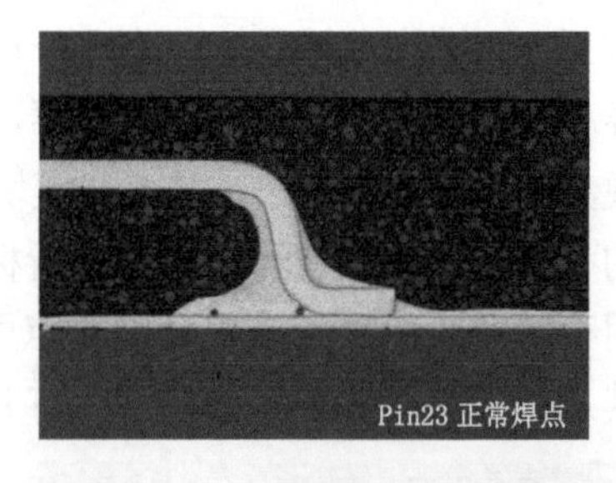

（b）存储器件 Pin23 引脚焊点切片整体形貌

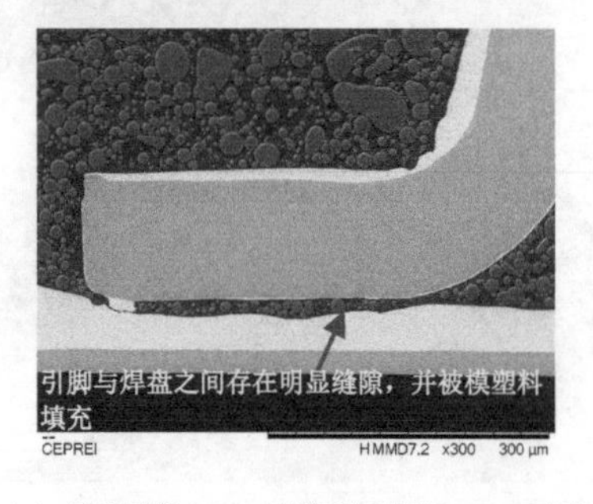

（c）存储器件 Pin22 引脚焊点切片 SEM 形貌

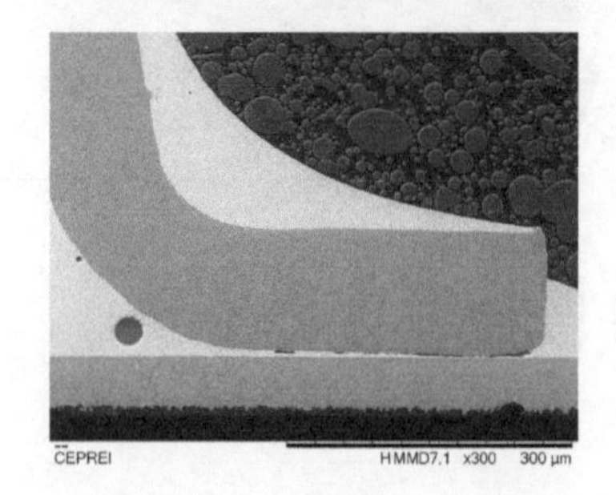

（d）存储器件 Pin23 引脚焊点切片 SEM 形貌

图 9-5　SiP 中存储器件引脚焊点切片 SEM 形貌图

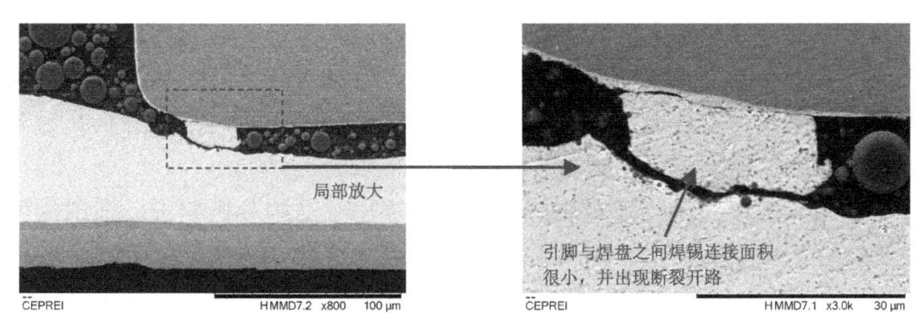

（e）存储器件 Pin22 引脚焊点切片放大 SEM 形貌　　（f）存储器件 Pin22 引脚焊点切片局部放大 SEM 形貌

图 9-5　SiP 中存储器件引脚焊点切片 SEM 形貌图（续）

案例 2：封装填充料的粒子 SEM 检查。

封装填充料的形貌特性会影响塑封质量。试样的封装填充料的粒子分析如图 9-6 所示。图 9-6（a）为 A 公司生产的运算放大器中填充料的典型形貌。可以看出石英砂粒子均为圆形粒子，直径为 20~30μm，边缘光滑。但 B 公司生产的器件中石英砂粒子尺寸要大得多，如图 9-6（b）所示，粒子形状也十分尖锐，容易在外部机械应力作用下对芯片钝化层、金属化布线产生潜在影响。图 9-6（c）为 C 公司生产的器件填充料粒子 SEM 检查结果，其填充料粒子比较尖锐，直径大于 50μm。这样尖锐的石英砂粒子很容易导致集成电路芯片钝化层和金属化布线损伤。相比之下，在填充料粒子方面，A 公司的塑封器件产品要比 B 公司、C 公司产品更具优势，更具可靠性。B 公司、C 公司生产的集成电路由于填充料粒子较大，存在芯片损伤的潜在应用风险。

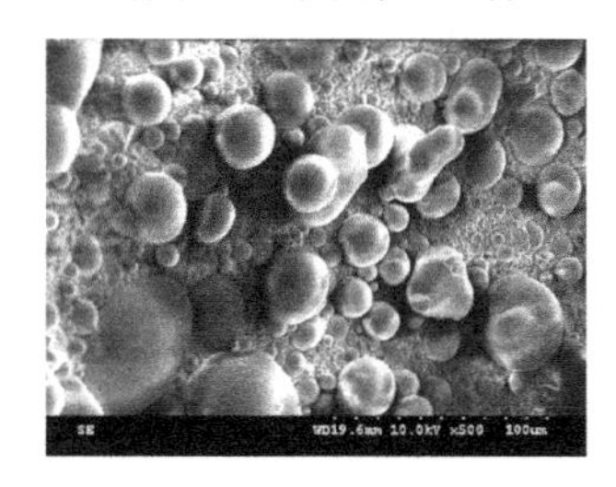

（a）A 公司填充料粒子

（b）B 公司填充料粒子

（c）C 公司填充料粒子

图 9-6　试样的封装填充料的粒子分析

9.2.2　结构分析

基于航空航天用集成电路产品的高可靠性要求，20 世纪 90 年代国际宇航界提出了一种新的集成电路可靠性评估方法——结构分析。结构分析主要评价集成电路产品的设计、结构和工艺合理性。通过对集成电路产品的封装进行深入的结构分析，可以获得封装结构中潜在的、能引起失效和可靠性问题的缺陷，也可以用于确定工艺中是否存在影响封装可靠性的制造工艺。因此，结构分析是封装质量和可靠性保证的重要分析手段。

目前，虽然多种应用环境对集成电路产品提出了结构分析要求，但国内外均未形成结构分析相关的标准和规范。集成电路用的封装壳结构分析可以参考 GJB 1420B—2011、GJB 2440A—2006，但这些规范中缺少芯片粘接、引线键合、密封等封装工艺对可靠性的影响，对结构分析来讲是不全面的。目前针对集成电路封装的结构分析，主要依赖于个性化方法和经验，通过参考以往类似封装结构的失效分析情况，将这些常见失效问题的考核设计到结构分析方案中，制定结构分析试验方法，选取试验项目，对封装的材料、结构、工艺等方面进行结构分析。

结构分析的一般方法如图 9-7 所示，主要包括以下步骤。

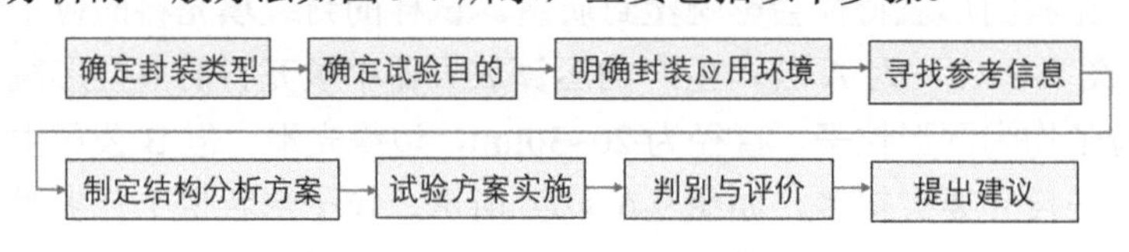

图 9-7 结构分析的一般方法

（1）确定封装类型。

对封装结构类型进行初步分析（如塑料封装、气密封装、引线键合、倒装焊、叠层等），针对具体的封装结构，确定封装的基本设计、结构形式。

（2）确定试验目的。

试验目的决定了结构分析的方向和重点。明确试验目的可以制定出更加有针对性的结构分析方案。

（3）明确封装应用环境。

封装的应用环境对其可靠性影响很大。明确封装的应用环境，可以着重考虑在此应用环境下可能出现的问题，并据此来设计试验方案。例如，封装在海洋气候下应用，就应着重考虑对其抗腐蚀能力的考核。

（4）寻找参考信息。

寻找同类型封装的结构分析数据，掌握其结构特点，作为待分析封装结构的参考。总结同类型封装在以往破坏性物理分析和使用过程中出现的问题，并重点考核待分析封装结构相关问题情况。

（5）制定结构分析方案。

当制定结构分析方案时，需要综合考虑封装类型、试验目的、应用环境及各种相关的参考信息。试验项目需要尽可能覆盖封装材料、结构、工艺要素。

试验项目主要包括 X 射线检查、外目检、标识牢固性检测、超声波检测、SEM 检查、能谱分析、气密性检查、内目检等非破坏性试验项目，以及键合强度测试、芯片剪切力测试、聚焦离子束（Focused Ion Beam，FIB）等。

（6）试验方案实施。

按照试验方案中规定的程序及要求进行试验。若在试验过程中发现试验方案不能达成试验目的，则可根据分析情况改变试验项目和顺序。

（7）判别与评价。

在完成试验和检测后，需要对试验和检测结果进行评价。结构分析的评价主要包含以下内容。

①评价结构设计的合理性。

②检查工艺设计和质量。

③分析潜在失效风险。

④确定是否存在禁、限用工艺和材料。

结构分析的结论需要给出封装的结构设计、可靠性、失效风险等方面的评价性结论。针对存在失效风险的特定结构，需要明确结构分析意见，并针对整体封装结构给出结论，如可用、限用、禁用等。

（8）提出建议。

结构分析结束后，根据得到的可靠性问题及失效信息向研制方和使用方提出针对性的建议，如针对发现的问题向研制方提出需要改进、完善的具体设计、结构和工艺方向，向使用方提供使用环境建议、风险预警和规避方案，对于可能存在失效风险的结构，提出相应的后续试验验证内容。

下面举例说明集成电路封装的结构分析方案的制定。

在结构分析提出之初，结构分析的方案制定大都以试验项目为主线。试验项目的顺序安排不合理对结构分析的全面性和准确性会产生很大影响。为了避免不同试验项目之间的干扰，在制定试验方案时，应考虑封装结构的层次性，根据不同的层次进行结构分析试验。

以射频前端模组封装为例，在制定试验方案的过程中，结构分析的内容应从外部封装、内部封装及芯片组装三个方面入手。试验顺序应遵从外部封装分析、内部封装分析及芯片组装分析的递进顺序。射频前端模组封装结构分析内容和主要分析方法如图 9-8 所示。

进一步，可以将封装结构继续分解到结构最小单元。通常采用行业内公认的典型结构作为最小单元。

某陶瓷 QFN 封装的结构单元分解图如图 9-9 所示。根据结构单元分解图，结合各单元本身的固有特点和生产工艺，如封装材料、互连工艺、内部结构等，采用合适的分析试验项目，对各单元进行结构分析，最终形成此陶瓷 QFN 封装的结构分析综合评价结论。

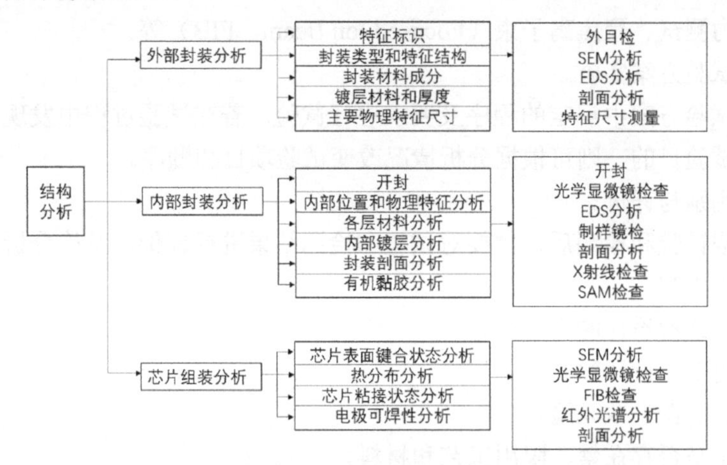

图 9-8　射频前端模组封装结构分析内容和主要分析方法

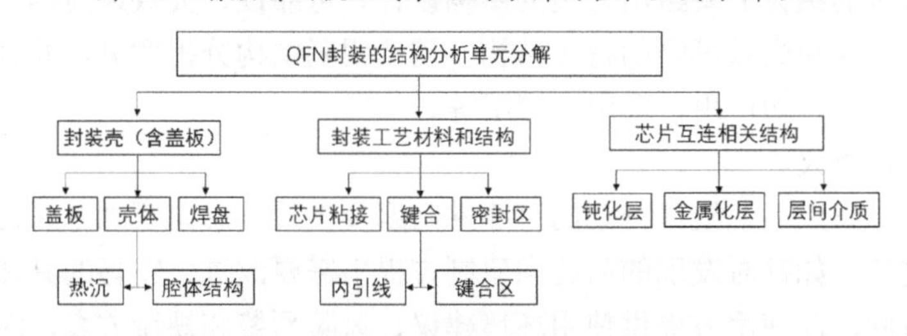

图 9-9　某陶瓷 QFN 封装的结构单元分解图

9.2.3　假冒和翻新分析

1. 假冒、翻新、混批集成电路的检验要点

假冒、翻新、混批集成电路对高可靠性应用具有重大潜在危害，且极大阻碍自主、自研新品集成电路的发展，需要从技术上、管理上进行严厉打击管控。通常，翻新集成电路的来料主要有以下特点。

①翻新产品来料通常投入市场的时间长，用量大。

拆机来自淘汰的电子产品，用于翻新的拆机集成电路投入市场通常有一定年限，且考虑到销售问题，翻新集成电路通常为通用型、用量大的、利于销售的产品，如存储器系列、单片电源系列、通信接口、通用模拟集成电路、通用逻辑阵列等。

②翻新产品与集成电路常规工艺存在差别。

塑封集成电路的常规工艺为注塑→打标识→引脚电镀→断连筋→测试→入

库。但翻新时上漆、断连筋处被再次电镀，与常规的集成电路工艺不同。

③翻新工序引起集成电路的可靠性变化。

由于翻新时对封装的研磨，集成电路内部芯片受到压力作用，因此芯片表面被损伤，尤其是封装比较薄的集成电路，表面研磨的损伤是很明显的。

为加强假冒、翻新、混批集成电路的检验，结合工程经验，下面简要列出若干检验要点。

（1）外目检。

根据翻新集成电路的来料特点、翻新的本质、翻新与集成电路常规工艺的矛盾，以及翻新与集成电路可靠性常识的矛盾，鉴别翻新集成电路就不难了。新近投入市场的集成电路通常不是翻新产品，专用集成电路通常不是翻新产品。但是下面这些情况需要注意：集成电路表面经上漆并在上漆面上打标识；集成电路表面经研磨、上漆，并在上漆面上打标识；集成电路引脚断连筋处被上锡（也可能是存储时间长，为了可焊性而进行上锡处理，应结合其他信息综合判断）。

外目检关注的要点如下。

- 芯片标识，是否存在被研磨的情况，是否残留原激光标识。
- 芯片边缘是否被磨成棱角，边界线是否平行。
- 通过化学去漆检查研磨情况，去漆后观察是否存在石英砂研磨的情况。
- 表面上漆与其他部位的区别。
- 观察标识孔的深度，判断其是否被研磨。
- 判断封装表面压模后油漆和喷涂油漆自然流动形貌的区别。
- 引脚的断面是否被上锡。
- 塑料自然断口处是否被上漆。
- 封装体上是否存在裂纹、沾污等。

翻新集成电路的典型外观形貌如图 9-10 所示。

（a）打磨后喷漆的侧面形貌

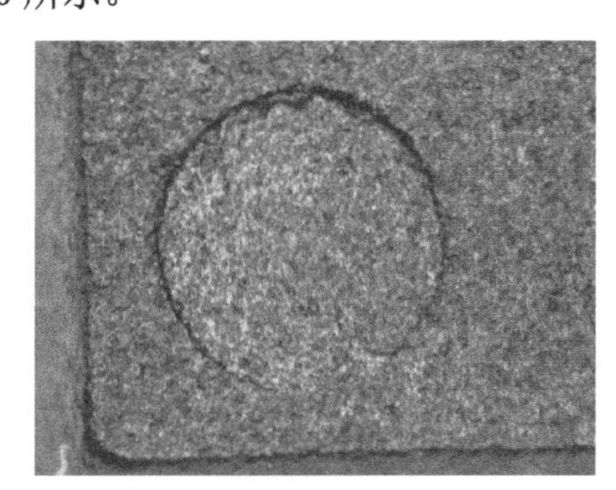

（b）定位孔被打磨的形貌

图 9-10　翻新集成电路的典型外观形貌

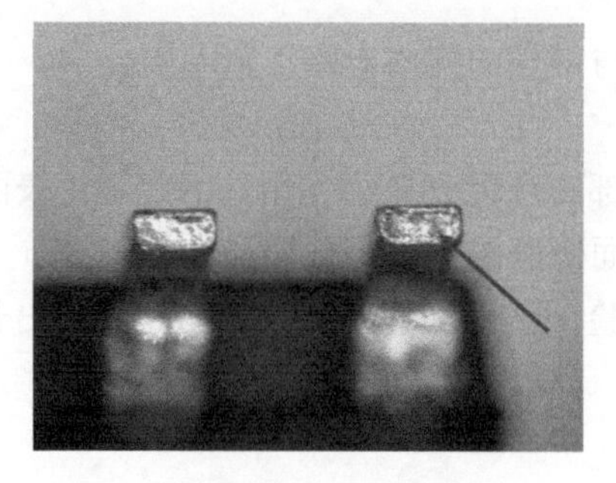

（c）引脚截面有残留焊料形貌

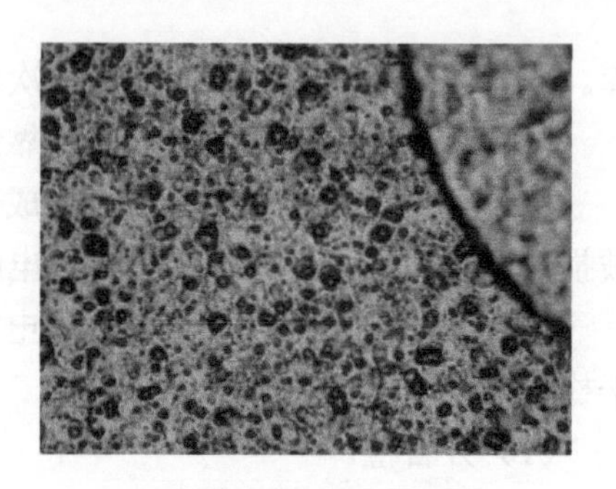

（d）塑封表面打磨及喷涂形貌

图 9-10　翻新集成电路的典型外观形貌（续）

（2）X 射线检查。

X 射线检查关注的要点如下。

□ 引线框架形状是否相同。

□ 引线布局是否相同，是否存在键合偏移、桥连、焊接不均等情况。

□ 芯片尺寸是否相同。

某伪劣集成电路的 X 射线照片如图 9-11 所示，引线已断开。

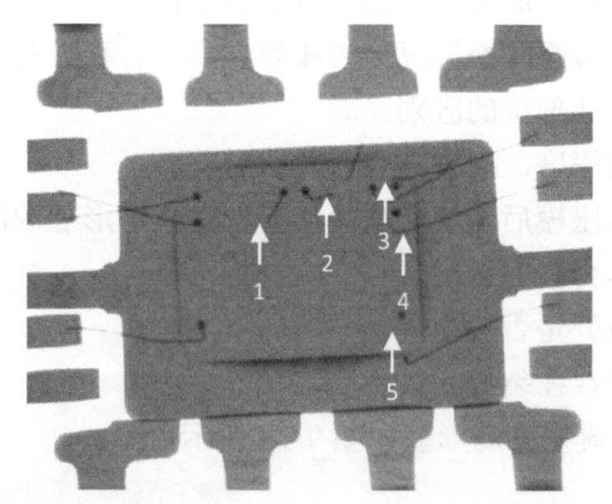

图 9-11　某伪劣集成电路的 X 射线照片

（3）C-SAM 检查。

C-SAM 检查关注的要点如下。

□ 关注芯片/模塑料、引线框架/模塑料、芯片/基板界面是否存在分层。

□ 封装材料封装体是否存在裂纹。

□ 芯片是否存在碎裂。

伪劣集成电路的典型 C-SAM 不合格照片如图 9-12 所示。

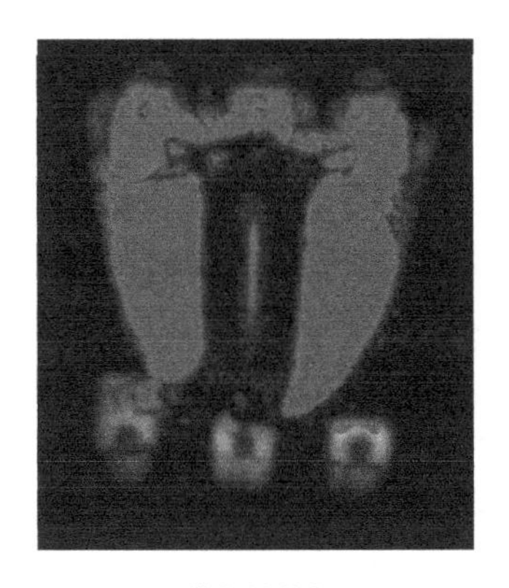

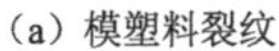

（a）模塑料裂纹

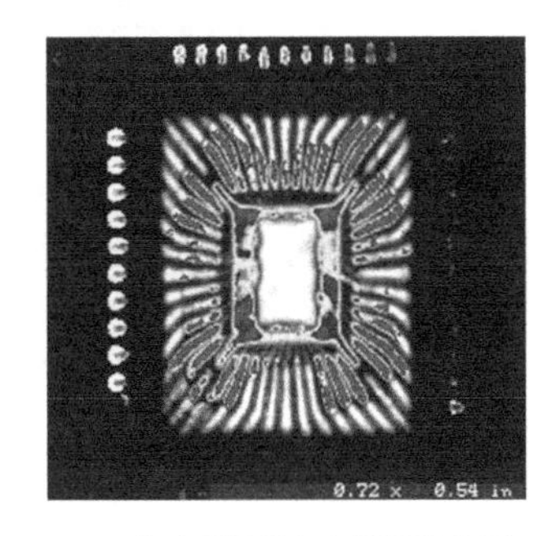

（b）芯片引线框架与模塑料分层

图 9-12　伪劣集成电路的典型 C-SAM 不合格照片

（4）内目检。

内目检关注的要点如下。

- 芯片版图标识是否与封装体一致，是否与正规渠道采购的正品版图一致，版本是否一致。
- 芯片焊盘、金属化布线是否存在腐蚀、过流、静电损伤、过压击穿等使用痕迹。
- 芯片键合是否存在损伤、拉脱等异常。
- 钝化层是否存在碎裂、扎伤等异常。

2. 假冒、翻新、混批产品的可靠性问题

我国电子工业基础薄弱，部分高端器件（如 CPU、大容量存储器、DSP、功率射频器件等）依靠进口。但由于采购渠道和来源不可控制，在高额利润的驱动下，许多芯片代理商以次充好，用翻新产品，甚至伪产品来充当新产品出售。近两年在世界经济深刻调整的行业背景下，许多半导体生产商压缩产能，导致芯片供应量偏少，随着经济的复苏，工业级先进微电路供不应求的局面加剧了假冒、翻新、混批情况的出现，甚至美国军方惊呼，美军装备里存在翻新伪劣芯片的问题。

一方面，翻新产品已经使用，且使用信息不详，其使用寿命已经大打折扣，可能存在老化和腐蚀等问题。例如，某未使用集成电路产品在破坏性物理分析检验中发现该样品曾经经受大电流（见图 9-13），属于拆机件；另一方面，翻新产品在拆卸过程中可能出现静电应力损伤、可焊性等问题而给整机产品带来巨大的潜在隐患。伪劣产品更是给电路设计和调试带来了巨大的麻烦，严重延误了设计周期，引入无法估量的隐患。混批产品可能存在以次充好、批质量不一致不可控的问题，给集成电路服役过程中的可靠性保障和维修带来很大负担。

图 9-13　某未使用集成电路产品曾经经受大电流

集成电路的假冒、翻新、混批属于非常严重的质量问题，必须在装机之前进行甄别和有效筛选，严格把关。通过装机前的破坏性物理分析检验和专门的伪品鉴定分析，可有效发现并剔除假冒、翻新、混批的集成电路。

下面介绍具体的案例，详细论述假冒、翻新、混批集成电路在电子装备中的应用风险和危害。

案例 1：失效塑封集成电路发现为翻新产品，封装商标有 2 种标识。

某单位失效集成电路封装的引线框架已经严重分层，其上有 MOTOLOLA（M）的产品标识，刮开表层涂漆后，又发现有 ON（安森美）的标识（见图 9-14），证明该样品为翻新集成电路。

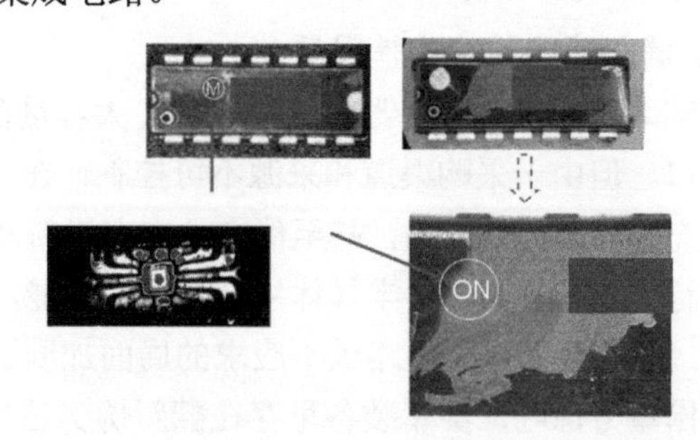

图 9-14　某装机后的失效集成电路表面存在 2 种标识

案例 2：某电源控制芯片装机前发现为翻新产品，存在钝化层破损和金属腐蚀现象。

某电源控制芯片应用于 DC-DC 电源模块中，在生产测试阶段和用户使用过程中均有失效现象发生。样品失效现象为无法正常输出 PWM 信号。失效样品的上下边缘与塑封边缘不平行，如图 9-15 所示。

对样品进行外目检，各样品表面标志一致。观察发现，部分样品表面不平，且同一个样品边缘处形状有所不同，部分样品表面存在打磨过的痕迹，如图 9-16 所示。从外观检查来看，该样品存在翻新的可能。

图 9-15　失效样品的上下边缘与塑封边缘不平行

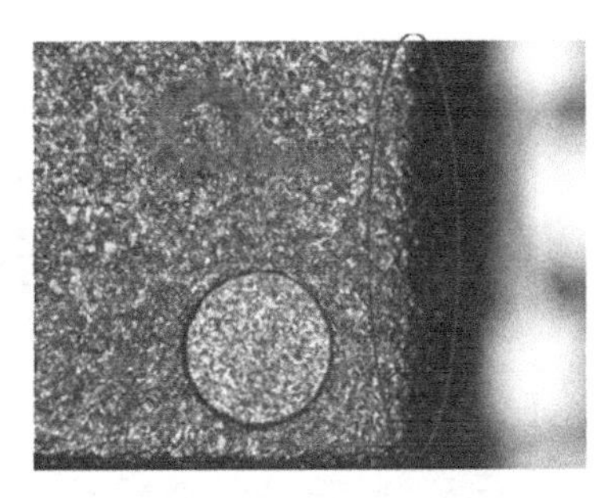

（a）样品左下角位置边缘处较圆滑

（b）样品右下角位置边缘处较锐利

（c）用酒精清洗后，可见模塑料表面边缘与中央区域形貌不同

（d）用酒精清洗后，可见有打磨过的痕迹

图 9-16　外目检发现失效样品表面存在打磨过的痕迹

对良品和失效样品进行了端口 *I-V* 特性测试，与良品端口特性相比，失效样品呈现异常的端口特性，其对比情况如图 9-17 所示。

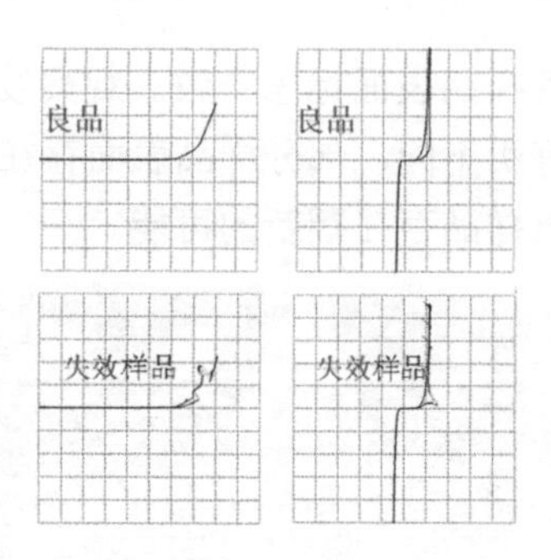

图 9-17　失效样品与良品端口特性对比

对所有样品进行了 C-SAM 检查，发现各样品模塑料与引线框架界面存在分层现象，其中部分样品的模塑料与芯片界面也存在分层现象。失效样品典型 C-SAM 照片如图 9-18 所示，存在模塑料/芯片界面分层、模塑料/基板边缘分层、模塑料/引线框架界面分层。良品典型 C-SAM 照片如图 9-19 所示，同样存在模塑料/基板边缘分层和模塑料/引线框架界面分层。

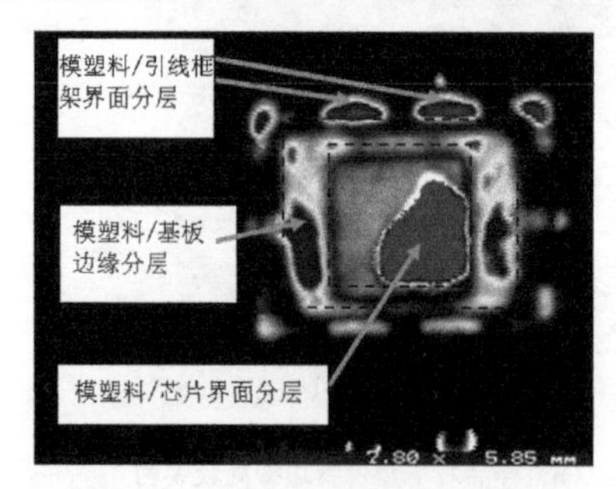

图 9-18　失效样品典型 C-SAM 照片

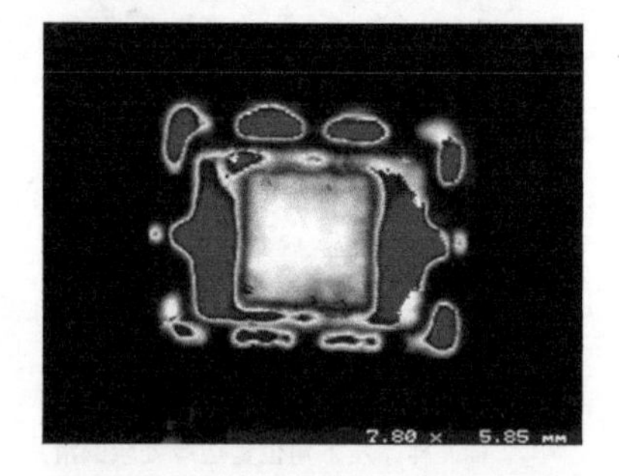

图 9-19　良品典型 C-SAM 照片

开封失效样品和良品，在同样的观察条件下，发现 2 个失效样品的芯片表面的颜色不同，其中 3 个失效样品和良品存在不同程度的金属腐蚀的现象。失效样品边缘铝金属化层腐蚀如图 9-20 所示。未使用品出现铝金属化层腐蚀和钝化层碎裂现象如图 9-21 所示。

图 9-20　失效样品边缘铝金属化层腐蚀

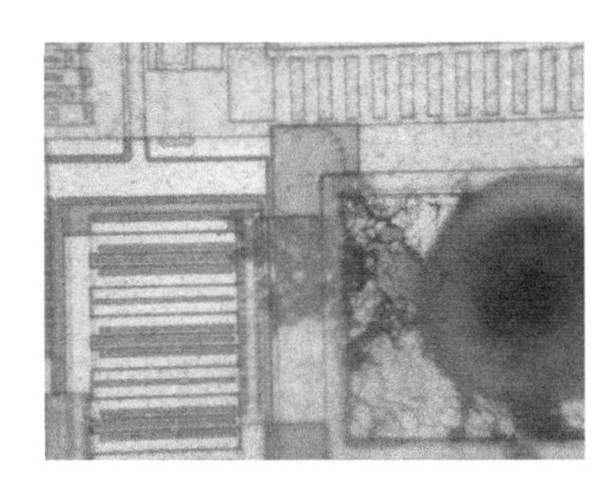

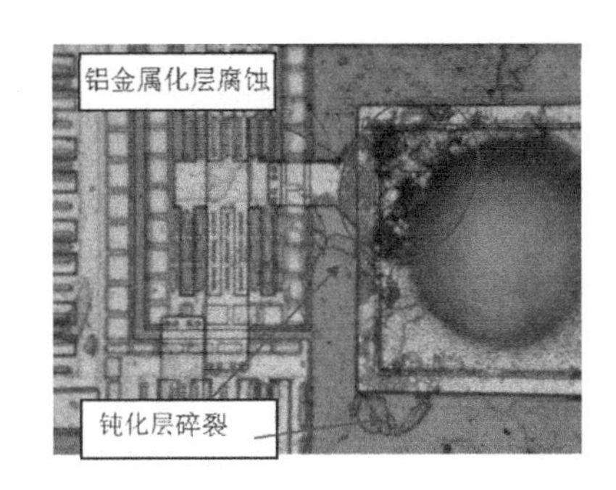

图 9-21　未使用品出现铝金属化层腐蚀和钝化层碎裂现象

结合上述外目检、C-SAM 检查和内目检，以及对失效样品和未使用品的分析，外观、芯片标识、腐蚀及钝化层碎裂痕迹充分表明该批样品为翻新产品。

案例 3：某电源控制芯片装机前发现为翻新/假冒产品，存在钝化层破损和金属化层腐蚀，使能电平恰好相反。

某单位在应用某集成电路时，装机调试发现电路无功能输出。对此样品开展失效分析，首先对各样品进行外观观察，发现各样品表面均存在涂层。涂层覆盖了表面标识孔，使样品产地标识"MALAY"字迹模糊（见图 9-22）。用刀片轻刮样品表面，可将这层涂层刮去，露出底层模塑料，可见模塑料颜色更黑，与涂覆过的表面不同（见图 9-23）。在高倍显微镜下观察样品侧面，发现涂覆物没有完全覆盖样品侧面，存在明显界限。

图 9-22　样品产地标识"MALAY"字迹模糊

对失效样品进行 C-SAM 检查，可见各样品基板及芯片存在分层现象，失效样品的基板 C-SAM 照片如图 9-24 所示。其中，芯片/模塑料界面、芯片/基板界面存在分层现象。

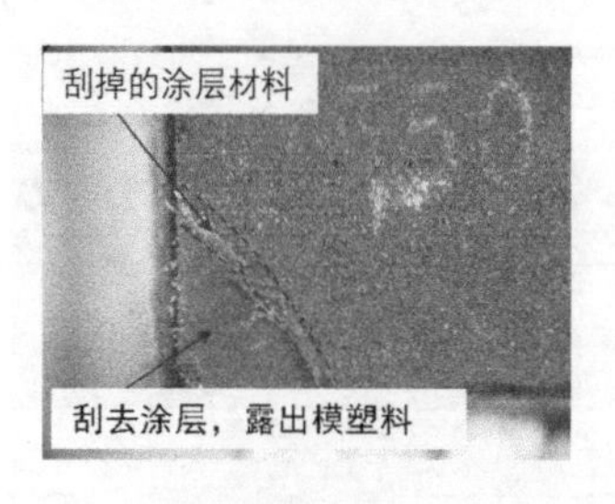

（a）刮去涂层

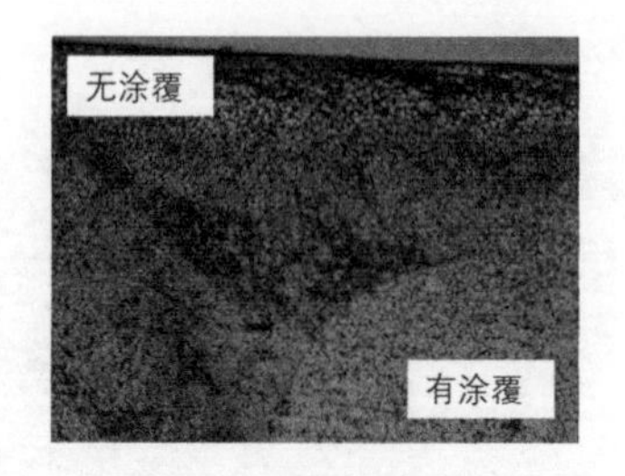

（b）涂覆区域与无涂覆区域界限明显

图 9-23　失效样品表面形貌照片

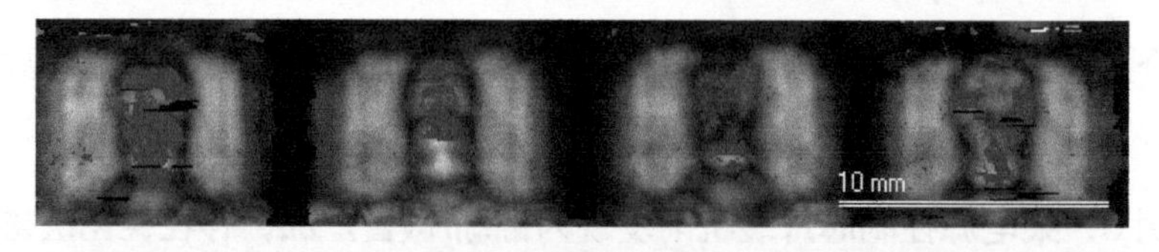

（a）芯片/模塑料界面分层

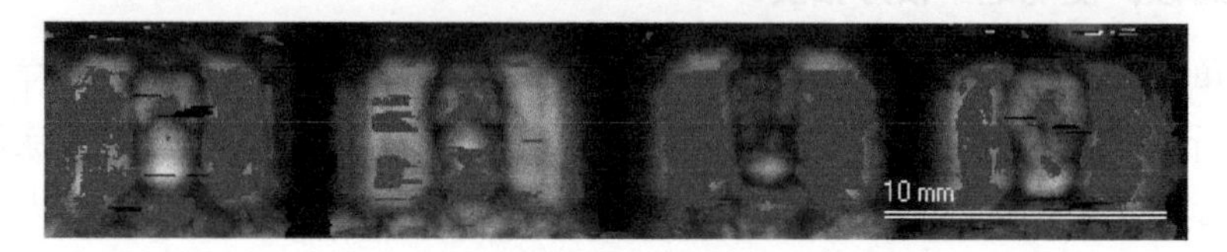

（b）芯片/基板界面分层

图 9-24　失效样品的基板 C-SAM 照片

开封发现，有样品的芯片标识与封装表面的型号不符。查阅芯片公司两种型号电源芯片的规格书，发现两种型号电源芯片对使能电平的要求不同，一种为低电平使能，另一种为高电平使能，按照测试电路测试了使能端口，发现 2 个失效样品均为高电平使能，输出电压约为 1.13V，将使能端接地，则无输出。对其进行化学开封，可见内部芯片与封装标识不符。

因此，该样品存在翻新和假冒现象，样品表面有涂覆层，大部分失效样品芯片型号与表面标识的型号不同。由于引脚端口使能电平不同，因此设计的电路无法正常输出工作。

9.3　加速寿命试验评估

9.3.1　集成电路产品的加速寿命试验方法

随着微电子技术的发展，高可靠性的集成电路产品越来越多，在正常的工作温度条件下，产品的寿命可达百万小时，这导致在进行了大量和长期试验后仍然没有失效样品，难以对集成电路产品进行有效的可靠性评估。此时，如果把试验温度提高，保证样品的失效机理不变，便可以激发更多的样品失效，这对估计样品的高温可靠性非常有利。这种在超过正常应力水平下的可靠性试验称为加速寿命试验。集成电路封装的加速寿命试验可参照集成电路产品的加速寿命试验方法进行。

集成电路的加速寿命试验的目的包括以下几个方面。

（1）减少试验成本和试验时间。加速寿命试验通过提高工作应力或环境应力的方法来使产品快速地暴露故障，避免了大量样品和长时间试验造成的成本问题。

（2）在合理的工程及统计假设的基础上，通过数理统计和外推的方法，获取有效的可靠性特征数据，如产品的失效分布、平均寿命及产品特性参数随时间的变化、产品在正常应力水平下的可靠性指标等。

（3）作为失效鉴定试验的一种手段，获得产品的失效信息，如失效模式、失效模型及失效机理等。

（4）考核集成电路产品的结构、材料和工艺过程，鉴定和改进质量。

（5）采用更加严苛的试验条件检查产品缺陷。

（6）确定集成电路产品能承受安全应力的极限水平。

1. 加速寿命试验设计

加速寿命试验分为恒定应力加速寿命试验、步进应力加速寿命试验和序进应力加速寿命试验，其中恒定应力加速寿命试验是最成熟的试验方法，试验结果的误差较小，得到广泛应用。本节将介绍恒定应力加速寿命试验的设计方法。

首先选取一组加速应力水平，如 $S_1, S_2,\cdots, S_x$，它们都高于正常应力水平 S_0，然后将样品分为 K 组，每组在一种加速应力水平下进行加速寿命试验，直到各组均有一定数量的样品发生失效为止。K 的取值决定了加速系数提取的精度和可信度，K 值越大，应力水平数越多，加速系数提取越精确。但应力水平数越多，试验所需的样品数就越多，成本也越高，两者之间存在矛盾。

（1）应力水平数选择。

加速寿命试验选取的加速应力水平要确保产品在各种应力水平下的失效模式和失效机理与在正常应力水平下是相同的，这样才能保证可以采用加速方程外推正常工作应力下产品的可靠性指标。如果产品的失效机理有本质不同，那么外推将有困难，无法进行加速寿命试验。当加速寿命试验中只有一种应力时，应力水平数不得小于 4。当应力种类增加时，应力水平数需要适当增加，以得到精确的加速系数。

（2）样品数量选取。

每种应力水平下的样品数量均应不少于 5 个，由于在低应力水平下产品不易失效，因此应尽可能多地安排样品数量。在高应力水平下，产品易出现失效，可以少安排一些样品。

（3）失效判据确定。

试样是否失效应根据产品规范规定的失效标准判断，失效判据必须要明确，采用确定的失效判据记录每个失效样品的准确失效时间。

（4）试验终止。

当试验终止时最好能做到所有进行试验的样品都失效，这样统计分析的精度高，但是对不少产品来说，要做到全部失效将会导致试验时间过长，试验成本增加。因此，尽量做到在每种应力水平下，有一半以上样品失效。如果确实有困难，至少也要有 30%的样品失效。如果一种应力水平下只有 5 个样品，则至少要有 3 个失效，否则统计误差较大，无法获得可靠的试验数据和加速系数。

2. *加速寿命试验分析*

（1）寿命分布。

在完成加速寿命试验后，对样品数量及失效时间信息进行统计分析。根据样品寿命的分布特征，提取出样品在不同加速应力下的特征寿命。在集成电路的加速寿命试验中，较为常用的寿命分布是指数分布、威布尔分布和对数正态分布。

① 指数分布。

指数分布是最常用的寿命分布，其分布函数与密度函数分别为

$$F(t)=1-\exp\left(-\frac{t}{\theta}\right),\ t\geqslant 0 \tag{9-1}$$

$$f(t)=\frac{1}{\theta}\exp\left(-\frac{t}{\theta}\right),\ t\geqslant 0 \tag{9-2}$$

式中，θ 既是平均寿命，又是特征寿命。当产品寿命服从指数分布时，平均寿命的倒数 $1/\theta$ 就是其失效率 λ。根据产品的失效规律，当剔除早期失效产品后，余下产品的寿命在进入耗损失效期前可认为服从指数分布。

② 威布尔分布

威布尔分布是可靠性中常用的寿命分布。许多电子元器件和设备的寿命分布服从威布尔分布。通过调整威布尔分布函数的不同参数，可以表征产品整个生命周期。大量的研究表明，某一局部失效或故障引起全局失效的元件、器件、设备等的寿命分布可看作或近似看作威布尔分布。

威布尔分布的分布函数与密度函数分别为

$$F(t)=1-\exp\left[-\left(\frac{t}{\alpha}\right)^{\beta}\right],\ t\geqslant 0 \tag{9-3}$$

$$f(t)=\frac{\beta}{\alpha}\left(\frac{t}{\alpha}\right)^{\beta-1}\exp\left[-\left(\frac{t}{\alpha}\right)^{\beta}\right],\ t\geqslant 0 \tag{9-4}$$

威布尔分布含有两个参数，分别为 α 和 β，其中 α 是特征寿命，β 是形状因子。失效的特征寿命等于 63.212%失效分数下的失效时间。威布尔分布的特征寿命可简单记为 $\alpha = t_{63}$。

③对数正态分布

对数正态分布也是可靠性中常用的寿命分布。绝缘体、二极管等的寿命服从对数正态分布。对数正态分布的密度函数与分布函数分别为

$$f(t)=\frac{1}{\sigma t\sqrt{2\pi}}\exp\left[-\frac{\left[\ln(t)-\mu\right]^2}{2\sigma^2}\right],\ t>0 \tag{9-5}$$

$$F(t)=\Phi\left(\frac{\ln(t)-\mu}{\sigma}\right),\ t>0 \tag{9-6}$$

式中，$\Phi(\cdot)$ 表示标准正态分布函数。对数正态分布含有两个参数，分别为 μ 和 σ，其中 μ 为对数均值，σ 为对数标准差。

（2）加速模型。

加速寿命试验对产品进行寿命评价的方法是通过试验获得高应力水平下的产品寿命，并根据应力水平与产品寿命之间的关系，建立应力水平–寿命模型，从而外推产品在正常工作条件下的寿命。大多数产品在高应力水平下，寿命较短，在低应力水平下，寿命较长。但是，个别产品例外。因此，着眼于个别产品的寿命很难建立寿命与应力水平之间的关系，我们通常对多个产品的总体数据进行分析，采用产品的特征寿命、平均寿命、中位寿命等特征参数建立寿命与应力水平间的关系，这种关系称为加速模型。

寿命与应力水平之间的关系通常为非线性的，一般通过对两者进行变换，如对数变换、倒数变换，获得两者之间的线性关系，从而进行直线拟合。

（3）加速系数。

加速系数是加速寿命试验的一个重要参数，它是正常应力下某种寿命特征与加速应力水平相应寿命特征的比值，是一个无量纲数。加速系数反映某加速应力水平的加速效果，是加速应力的函数。当加速系数接近 1 时，说明加速应力没有

起到作用。不同寿命分布的加速系数计算方法不同，针对常用的加速模型，目前已给出了相应计算加速系数的方法。加速系数可用于产品的可靠性评估、质量鉴定和可靠性验收中。

9.3.2 封装中常用的加速及失效模型

1. Arrhenius 模型

Arrhenius 模型是最常用的高温耐久性加速模型[9]。大部分封装结构在高温应力下的可靠性模型可采用 Arrhenius 模型，如球栅阵列（Ball Grid Array，BGA）封装的焊球在高温存储下的退化、金锡键合高温退化等[10,11]。温度升高，增加了材料中原子、电子的能量，加快了封装结构内部的化学反应，促使封装结构提前失效。Arrhenius 模型的表达式为

$$\xi = A\exp\left(-\frac{E_a}{K_B T}\right) \tag{9-7}$$

式中，ξ 为某寿命特征；K_B 为玻尔兹曼常数；A 为材料相关的系数；E_a 为活化能；T 为绝对温度。Arrhenius 模型表明，随着温度升高，产品的寿命呈现指数级缩短。等式两边取对数可以得到

$$\ln\xi = a - b/T \tag{9-8}$$

式中，$a=\ln A$，$b=E_a/K_B$。因此寿命的对数与温度的倒数呈现线性关系。通过对数据进行拟合可以获得加速模型的 a、b 参数，从而对不同工作应力下的产品寿命进行预测。

2. Coffin-Manson 模型

封装中温度循环过程导致的热疲劳失效是非常常见的失效模式，往往会引发裂纹、分层，甚至开路。Coffin-Manson 模型用于温度循环应力下热疲劳导致的失效[12,13]。材料的低周疲劳寿命（N_f）和塑性应变范围之间符合 Coffin-Manson 方程。

$$N_f = \frac{1}{2}\left(\frac{\Delta\gamma_\tau}{2\varepsilon_f}\right)^{\frac{1}{c}} \tag{9-9}$$

式中，N_f 为疲劳寿命；$\Delta\gamma_\tau$ 为等效剪切应变幅；ε_f 为疲劳延性系数；c 为与温度循环剖面相关的参数，可由式（9-10）确定。

$$c = -0.442 - 0.0006T_{sj} + 0.0174\ln(1+f) \tag{9-10}$$

式中，T_{sj} 为平均循环温度（单位为℃）；f 为循环频率（单位为次/天）。

3. Black 模型

Black 模型是评估电迁移的经典模型。电迁移是金属互连在电流和温度两种应力条件下出现的金属迁移现象，运动中的电子和主体金属晶格之间相互交换动量，金属原子在沿电子流方向迁移时，在原有位置上形成孔洞，同时，金属原子迁移堆积形成丘状凸起[14]。孔洞将导致引线开路或断裂，而金属原子堆积会造成多层布线之间的短路，影响芯片的正常工作。电迁移失效通常缓慢发生，需要几个月，甚至几年才能显示出来，因此会采用高温、大电流的加速应力来测试电迁移寿命。电迁移寿命与温度、电流密度之间满足 Black 方程，表示为

$$\mathrm{MTTF} = A\frac{1}{J^n}\exp\left(\frac{E_\mathrm{a}}{kT}\right)$$

式中，MTTF 为平均失效时间；A 为常数；J 为电流密度；n 为电流密度指数；E_a 为活化能；T 为温度；k 为玻尔兹曼常数。

4. Lawson 模型和 Peck 模型

Lawson 模型和 Peck 模型是用于评估电子元器件湿热加速寿命的模型。环境湿气往往会导致电子元器件腐蚀、涂层脱落等，湿气还可以通过封装渗透到内部芯片，导致芯片腐蚀失效，缩短元器件使用寿命。通常，湿度和温度一起作为加速寿命试验的加速变量。Lawson 模型是比较常用的评估湿度引起的有源元器件腐蚀的模型，是温度和湿度的综合模型，表示为

$$K = A\exp\left(-\frac{E_\mathrm{a}}{kT}\right)\exp\left(bH^2\right)$$

式中，K 为腐蚀速率；k 为玻尔兹曼常数；A、b 为常数；E_a 为活化能；H 为相对湿度。

Peck 模型是常见的湿热加速模型，其适应性比 Lawson 模型更好。Peck 模型综合考虑了温度、湿度影响，是在 Arrhenius 模型上的延伸。Peck 模型是基于大量不同的寿命研究得到的经验模型，表示为

$$t = A(\mathrm{RH})^{-n}\exp\left(\frac{E_\mathrm{a}}{kT}\right)$$

式中，t 是失效时间；A 是一个常数，取决于材料、工艺和条件；RH 是相对湿度；n 是常数；E_a 是活化能；k 是玻尔兹曼常数；T 是温度。

在集成电路封装的加速失效物理模型中，除上面介绍的 5 种加速模型外，还有适用于电压、电流、功率等加速应力的逆幂律模型，以及用于电压和温度同时加速的艾林（Eyring）模型等，此处就不一一介绍了。

9.3.3 集成电路封装的加速寿命试验案例

近年来，随着扇出型封装、3D 封装等先进封装技术的快速发展和广泛应用，高密度互连的铜柱凸点由于具有细间距、高密度、互连线路短、信号传输损耗小等优点而被快速推广和应用[15-17]。随着铜柱凸点特征尺寸和间距的减小，在相同传输电流下，铜柱凸点中的电流密度和温度显著提高，造成严重的电迁移可靠性问题[18,19]。

铜柱凸点的电迁移加速寿命试验开展方法如下。选取至少三组电流应力及三组温度应力，开展加速寿命试验。选取的电流应力、温度应力水平要确保铜柱凸点在各种应力水平下的失效模式和失效机理与在正常应力水平下是相同的。测试铜柱凸点互连的电阻在每组应力条件下随时间的变化。重点关注铜柱凸点的裂纹、凸丘、孔洞及 IMC 的生成[20]。

铜柱凸点结构示意图如图 9-25 所示。其中铜柱凸点直径约为 50μm，高度为 55μm，铜柱凸点间节距为 80μm。铜柱凸点顶部为 Sn1.8Ag 焊球，高度为 23μm，铜柱凸点和焊料之间镀有 2μm 镍层。基板直径为 66μm，基板上聚酰亚胺（PI）开口直径为 36μm，厚度为 5μm。铜柱凸点之间采用铜互连，长约为 136μm，宽为 36μm，厚度约为 4μm。

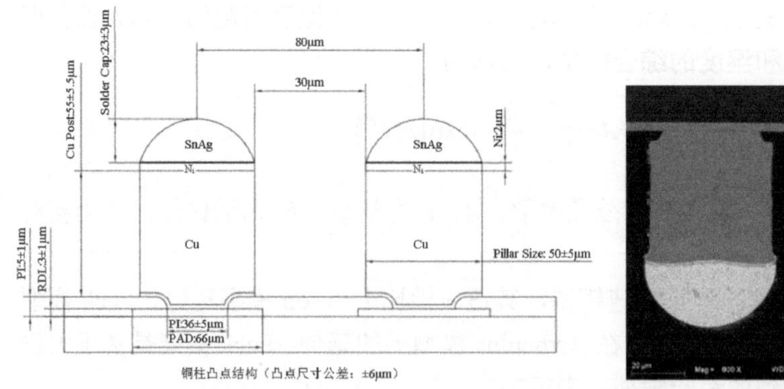

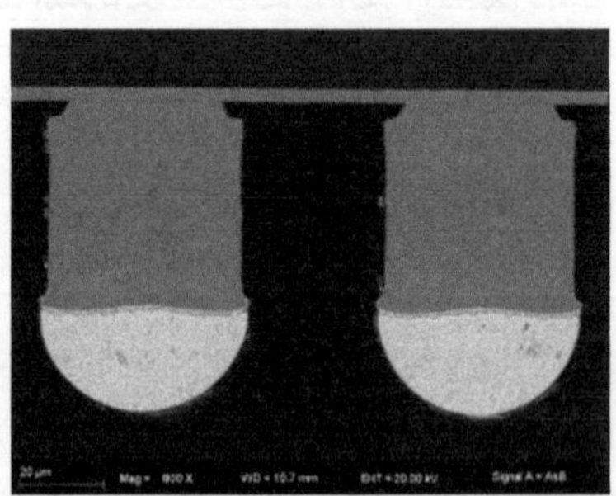

图 9-25　铜柱凸点结构示意图

图 9-26 所示为高密度铜柱凸点互连的试样图和结构图。通过设计菊花链结构，对产品施加 9 组热电耦合加速应力，包括 2×10^4A/cm²、2.5×10^4A/cm²、3×10^4A/cm² 三种电流密度应力水平和 100℃、125℃、150℃三种高温应力水平，来进行加速寿命试验。测量每组应力水平下铜柱凸点互连电阻随时间的变化。图 9-27 所示为铜柱凸点互连电阻在不同温度、电流密度下随时间变化的曲线。

（a）试样图

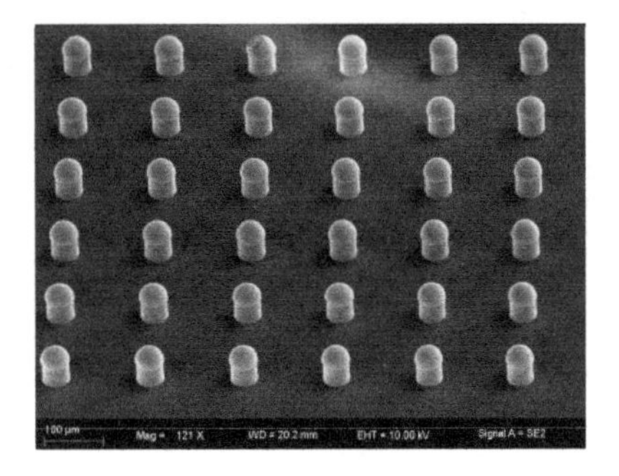

（b）结构图

图 9-26　高密度铜柱凸点互连的试样图和结构图

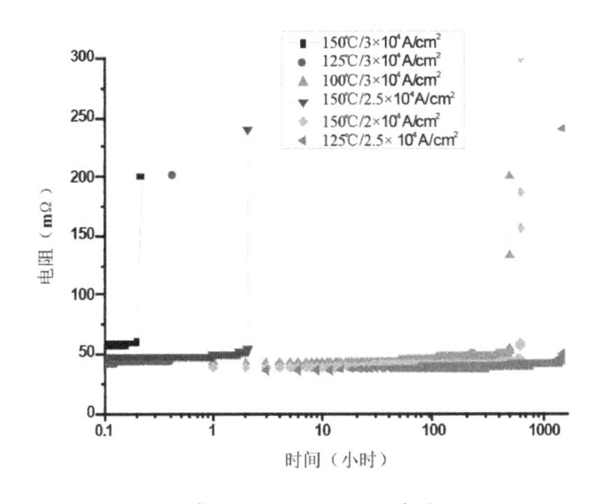

图 9-27　铜柱凸点互连电阻在不同温度、电流密度下随时间变化的曲线

采用描述原子质量输运的 Black 方程构建描述铜柱凸点互连在热电综合应力下的可靠性模型。Black 方程表示为

$$\mathrm{MTTF} = A\frac{1}{(j)^n}\exp\frac{E_\mathrm{a}}{kT} \tag{9-11}$$

式中，MTTF 为平均失效时间；j 为电流密度；k=8.616×10^{-5}，为玻尔兹曼常数；T 为互连导线温度；E_a 为活化能；n 为电流密度指数；A 为线宽常数。

首先对热电可靠性试验中的 MTTF 数据进行分析，确定铜柱凸点互连的电流密度指数和活化能，建立铜柱凸点互连电迁移可靠性模型。图 9-28、图 9-29 所示为铜柱凸点互连电迁移 MTTF 与电流密度和温度的关系，通过拟合提取出电流密度指数和活化能，得到铜柱凸点互连电迁移可靠性模型如下。

$$\mathrm{MTTF}=A\frac{1}{(j)^{17.75}}\exp\frac{0.51}{kT} \tag{9-12}$$

式中，A 为常数，取值为 5.76×10^9。

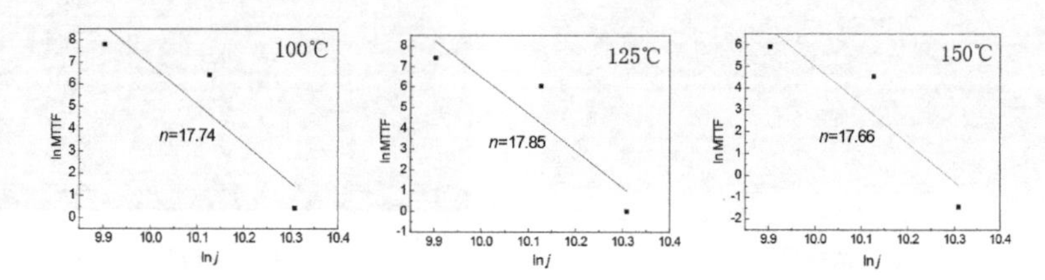

图 9-28　铜柱凸点互连电迁移 MTTF 与电流密度的关系

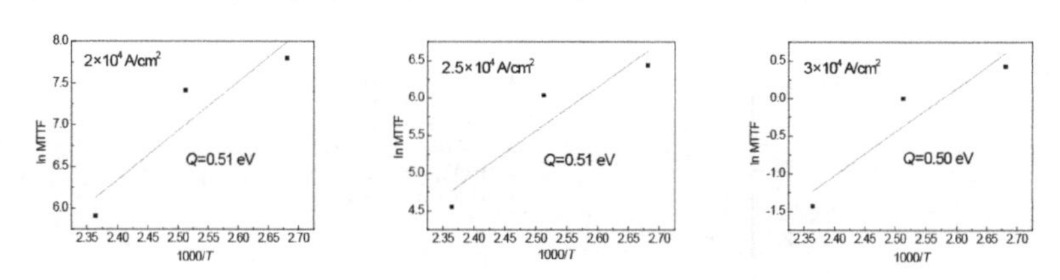

图 9-29　铜柱凸点互连电迁移 MTTF 与温度的关系

选取铜柱凸点互连电阻相比初始值增加 20%作为失效阈值，对试验采集到的铜柱凸点互连电阻数据进行统计分析，基于威布尔分布拟合得到的热电综合应力下铜柱凸点互连寿命分布曲线如图 9-30 所示。由图 9-30 发现，铜柱凸点互连在热电综合应力条件下的寿命较好地服从威布尔分布，其形状参数为 7.78，基于该分布曲线，分析认为铜柱凸点互连在热电综合应力下的失效符合累积耗损的失效特征。进一步基于寿命分布曲线，建立加速系数与加速应力的关系，从而外推获得在 308K 温度、0.2A 电流的使用应力条件下，铜柱凸点互连的平均寿命约为 10.9 年[21]。

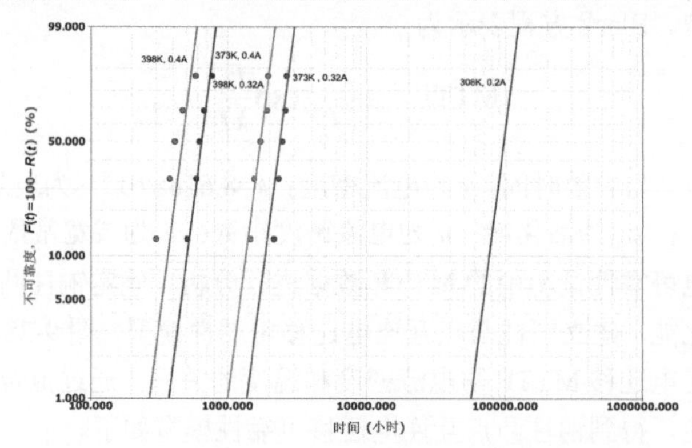

图 9-30　热电综合应力下铜柱凸点互连寿命分布曲线

参考文献

[1] YU S Y.Studies on the Thermal Cycling Reliability of BGA System-in-Package (SiP) With an Embedded Die[J]. IEEE Transactions on Components, Packaging,Manufacturing Technology, 2012, 2 (4): 625 -633.

[2] DRIEL W, GILS M, SILFHOUT R, et al.Prediction of Delamination Related IC & Packaging Reliability Problems[J].Microelectronics Reliability,2005, 45 (9-11): 1633-1638.

[3] PHAM V L, XU J, PAN K, et al. Investigation of underfilling BGAs packages-Thermal fatigue[C].2020 IEEE 70th Electronic Components and Technology Conference (ECTC), IEEE, 2020: 2252-2258.

[4] MA S, LIU Y, ZHENG F, et al. Development and Reliability study of 3D WLCSP for automotive CMOS image sensor using TSV technology[C].2020 IEEE 70th Electronic Components and Technology Conference (ECTC), IEEE, 2020: 461-466.

[5] MATTILA T T, MARJAMAKI P, KIVILAHTI J K.Reliability of CSP Interconnections Under Mechanical Shock Loading Conditions[J]. IEEE Transactions on Components Packaging Technologies,2006, 29(4): 787-795.

[6] TANAKA N, KITANO M.Evaluating IC-package interface delamination by considering moisture-induced molding-compound swelling[J].IEEE Transactions on Components Packaging Technologies, 1999, 22 (3): 426-432.

[7] NOMA H, OKAMOTO K, TORIYAMA K, et al. HAST failure investigation on ultra-high density lines for 2.1 D packages[C]. 2015 International Conference on Electronics Packaging and iMAPS All Asia Conference (ICEP-IAAC), 2015: 161-165.

[8] FENG W, ZHOU J, FU X, et al. THB reliability research for fine pitch substrate[C].2009 16th IEEE International Symposium on the Physical and Failure Analysis of Integrated Circuits, 2009: 219-223.

[9] KEITH J.The development of the Arrhenius equation[J].Journal of Chemical Education, 1984, 61 (6): 494.

[10] LEE C B, YOON J W, SUH S J, et al.Intermetallic compound layer formation between Sn-3.5 mass %Ag BGA solder ball and (Cu, immersion Au/electroless Ni-P/Cu) substrate[J].Journal of Materials Science Materials in Electronics, 2003, 14 (8): 487-493.

[11] SHARIF A, CHAN Y C.Dissolution kinetics of BGA Sn-Pb and Sn-Ag solders with Cu substrates during reflow[J].Materials Science Engineering B, 2004, 106 (2): 126-131.

[12] GEKTIN V, BAR-COHEN A.Coffin-Manson fatigue model of underfilled flip-chips[J]. IEEE

Transactions on Components Packaging Manufacturing Technology Part A, 1997, 20 (3): 317-326.

[13] LADANI L J.Numerical analysis of thermo-mechanical reliability of through silicon vias (TSVs) and solder interconnects in 3-dimensional integrated circuits[J]. Microelectronic Engineering, 2010, 87(2): 208-215..

[14] CHEN K C, LIAO C N. Direct observation of electromigration-induced surface atomic steps in Cu lines by in situ transmission electron microscopy[J]. Applied Physics Letters, 2007, 90 (20): 192.

[15] GERBER M, BEDDINGFIELD C, O'CONNOR S, et al. Next generation fine pitch Cu Pillar technology — Enabling next generation silicon nodes[C]. 2011 IEEE 61st electronic components and technology conference (ECTC). IEEE, 2011: 612-618.

[16] CHANG Y J, HSIEH Y S, CHEN K N.Submicron Cu/Sn Bonding Technology With Transient Ni Diffusion Buffer Layer for 3DIC Application[J].IEEE Electron Device Letters, 2014, 35 (11): 1118-1120.

[17] CHEN N C, HSIEH T H, JINN J, et al. A Novel System in Package with Fan-Out WLP for High Speed SERDES Application[C].2016 IEEE 66th Electronic Components and Technology Conference (ECTC), IEEE, 2016: 1495-1501.

[18] ISLAM N, KIM G, KIM K O. Electromigration for advanced Cu interconnect and the challenges with reduced pitch bumps[C].2014 IEEE 64th Electronic Components and Technology Conference (ECTC), IEEE, 2014: 50-55.

[19] KUO K H, MAO C, WANG K, et al. The impact and performance of electromigration on fine pitch Cu pillar with different bump structure for flip chip packaging[C].2015 IEEE 65th Electronic Components and Technology Conference (ECTC), IEEE, 2015: 626-631.

[20] CHEN S, ZHAO N, QIAO Y Y, et al. Growth Behavior and Orientation Evolution of Cu6Sn5 Grains in Micro Interconnect During Isothermal Reflow[C].2019 IEEE 69th Electronic Components and Technology Conference (ECTC), IEEE, 2019: 1629-1634.

[21] 周斌，黄云，恩云飞，等．热-电应力下 Cu/Ni/SnAg1.8/Cu 倒装铜柱凸点界面行为及失效机理[J].物理学报，2018，67(2): 028101.

第 10 章 集成电路板级组装可靠性

电子制造可分为半导体制造（0 级）、PCB/集成电路封装/无源器件/工艺材料等制造（1 级）、板级组装（2 级）、整机装联（3 级）共 4 个层级[1]。本章所指的集成电路组装属于电子制造的第 2 层级（板级组装），主要指将已封装的集成电路焊接至 PCB，以板级组装焊点的形式实现集成电路与 PCB 间的热、电及机械连接的工艺过程。

集成电路板级组装的可靠性是电子系统整体可靠性的重要基础和保障。本章分别从组装的工艺、结构、材料及环境应力的角度介绍了其对集成电路板级组装焊点的可靠性影响，给出了相关的可靠性评价试验方法，并结合集成电路板级组装焊点的典型失效案例，讨论了板级焊点互连的失效控制方法。

10.1 板级组装工艺与可靠性

集成电路功能的实现依赖于板级焊点互连，而组装工艺贯穿了电子产品的整个生命周期，伴随不同的服役环境，最终以不同的失效方式暴露出工艺对焊点的影响。因此，电子系统的使用可靠性很大程度上取决于集成电路组装工艺的可靠性。集成电路的板级组装工艺经历了长时间的发展，已形成了成熟的制造产业链，具有大量的相关专著及文献等参考数据。因此，本节中不再重点讨论组装工艺技术，只简要介绍集成电路板级组装工艺的变迁，结合集成电路表面组装技术（Surface Mounted Technology，SMT）过程探讨其可能出现的主要可靠性问题。

10.1.1 板级组装工艺的发展历程

随着电子封装技术的发展，集成电路的板级组装工艺也在不断进步，经历了手工焊接、通孔插装及表面组装等不同阶段的变迁。20 世纪 60 年代以前，集成电路的结构非常简单，一般是手工焊接到底盒或安装板上，并没有成型的封装形式。至 20 世纪 70 年代，单列直插式封装（Single In-line Package，SIP）、双列直插式封装（Dual In-line Package，DIP）、针栅阵列（Pin Grid Array，PGA）等封装技术开始应用于集成电路的板级组装。此类型的封装引出端采用直插式引脚，利用通孔插装技术将器件安装至 PCB 上，具有操作简单方便的优点，与其相对应的波峰焊技术在该时期逐渐在工业界被广泛应用。20 世纪八九十年代，在集成电路多功能、高密度及小型化发展需求的推动下，集成电路的封装技术迅猛发展，以小外形封装（Small Out-line Package，SOP）、方形扁平式封装（Quad Flat Package，QFP）、球栅阵列（Ball Grid Array，BGA）、芯片尺寸封装（Chip Scale Package，CSP）等为代表的多样化封装形式涌现并且被大量应用。集成电路的板级组装开始进入表面组装时代，以回流焊为关键工序的表面组装工艺成为主流工艺。而从 21 世纪初至今，为应对半导体制造工艺物理极限的挑战，集成电路封装开始从 2D 封装向 3D 封装发展，包含芯片叠层和硅通孔（Through Silicon Via，TSV）的系统级封装（System in Package，SiP）及 3D 晶圆级封装等都已成为集成电路封装发展的重要方向。此类型的先进封装技术的创新主要集中于封装体的内部，外部依然采用与 BGA 封装相同的焊球阵列引出端，因此在板级互连中仍主要采用回流焊进行表面组装。

集成电路板级组装工艺的发展与其封装形式的变更紧密相联，图 10-1 所示为电子组装工艺的发展路线。20 世纪 60 年代以前，集成电路还没有成熟的封装形式，组装载体也还没进入 PCB 时代，多采用手工焊接、机械紧固等传统组装方式。后续随着 PCB 的广泛应用，板级组装进入了现代组装工艺技术阶段，从通孔插装逐渐发展至表面组装和复合组装。通孔插装的元器件一般采用波峰焊工艺，而表面组装、复合组装的元器件主要采用回流焊工艺。现阶段以回流焊为关键技术的表面组装工艺仍占据主流地位，且随着封装形式的多元化，回流焊组装往往与波峰焊（针对部分直插式引脚集成电路）及手工焊接（针对安装位置特殊、量少的产品）等技术相结合。另外，部分先进微组装技术在集成电路板级组装上得到一定的应用，如板上芯片（Chip on Board，CoB）组装通过引线键合方式将裸芯片直接安装到 PCB 上。

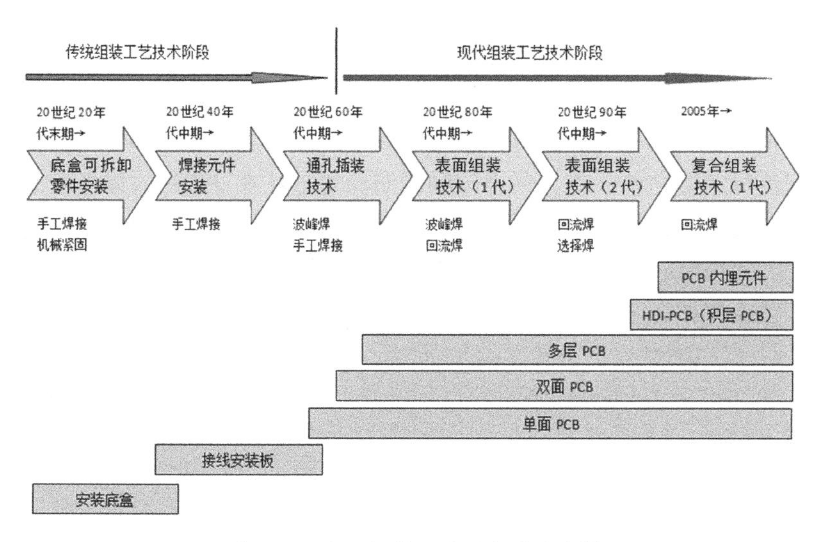

图 10-1 电子组装工艺的发展路线[2]

10.1.2 主流 SMT 技术

SMT 技术是指采用自动化设备将片式、微型化的无引线或短引线的元器件直接贴装或焊接到 PCB 上的一种电子装连技术[3]。目前，主流的 SMT 技术包括回流焊组装和波峰焊组装，其中回流焊组装最为常用，而波峰焊组装常用于直插式引脚元器件与 PCB 通孔之间的安装。下面分别对两种主流 SMT 技术进行简单介绍。

1. 波峰焊组装工艺技术

波峰焊主要用于通孔插装、表面组装与通孔插装的混装工艺等。采用波峰焊工艺的集成电路主要包括 SIP、DIP 及 PGA 等直插式封装元器件。在波峰焊组装之前，首先需要进行点胶（或印刷）、贴装、胶固化及元器件插装等工艺过程。波峰焊组装过程主要包括助焊剂涂覆、预热、焊接、冷却 4 个工艺程序[4]。当待焊元器件通过助焊剂发泡（喷雾）槽时，PCB 底面和元器件的引出端表面均匀涂覆薄层的助焊剂。涂覆完成后，待焊元器件送入预热区进行预热。高温环境会使助焊剂中的溶剂挥发，并使助焊剂中的活性剂分解和活性化，预热过程可以有效去除 PCB 焊盘、元器件引脚表面的氧化膜污染，且缓解了焊接过程中温度急剧升高导致热应力损坏 PCB 和元器件的现象。

预热完成后进行焊接组装，首先，PCB 底面经历第一个焊料波（振动波或紊流波，也称 λ 波），使焊料覆盖到元器件的引脚及 PCB 底面的焊盘。熔融的焊料在金属表面（已经过助焊剂净化）上进行浸润和扩散。然后，PCB 底面经历第二个焊料波（平滑波，也称Ψ波），将引脚之间的连桥分开。

最后，采用自然降温冷却的方式固化形成焊点，完成焊接的组装工艺。

2. 回流焊组装工艺技术

在回流焊组装之前，首先采用印刷或滴涂等方法在 PCB 的焊盘表面涂覆焊膏。采用贴装机将待焊元器件放到指定位置，回流加热使焊膏熔化流动，从而实现连接。回流焊组装一般包括焊膏涂覆、贴装、焊接和检测 4 个部分。典型回流焊组装工艺流程如图 10-2 所示。

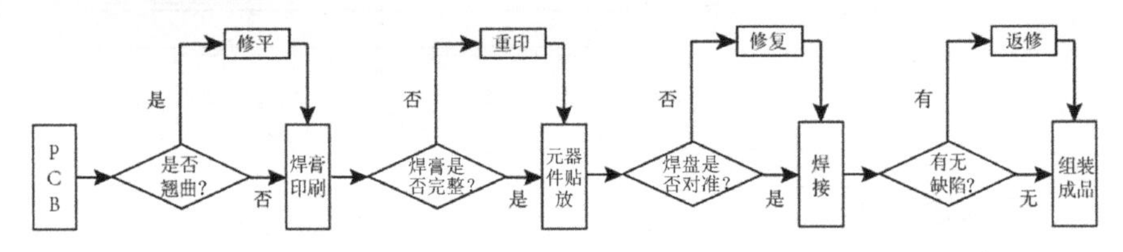

图 10-2 典型回流焊组装工艺流程

（1）焊膏涂覆。

将焊膏均匀涂覆至 PCB 表面，称为焊膏涂覆工艺，又叫焊膏印刷工艺，主要包括丝网或模板印刷、滴涂、滚轮涂覆等方法，其中丝网或模板印刷两种方法较为常见。模板印刷需要将金属箔模板放置于 PCB 上对齐焊盘，金属箔上图案与 PCB 上的焊盘相匹配后，用刮刀将焊膏涂覆于整个模板，PCB 与模板分离后即完成焊膏涂覆。模板印刷工艺具有组装速度快、可大批量生产等优点，且组装过程中的图案对齐性及焊膏量可精准控制，因此更适用于细间距互连组装。但模板印刷工艺对待贴装的 PCB 表面的平整度具有较高的要求。

（2）贴装。

贴装工艺利用贴装机或人工将元器件贴放至已涂覆焊膏的 PCB 表面，分为拾取和贴放两个步骤。贴装机主要可分为两类：一种是贴放头固定，供料工作台及 PCB 移动的贴装机。这种贴放方式容易引起元器件位置的偏移，且贴放过程中不可以给供料工作台补充元器件；另一种是供料工作台及 PCB 固定，贴放头可以自由移动的贴装机。这种贴装机具有灵活的拾放系统，携带的旋转头上有多个真空吸嘴，贴装过程中可重新补充元器件，且由于 PCB 已固定，贴好的元器件不会产生偏移。

（3）焊接。

基于设定的焊接工艺曲线，对待焊元器件完成预热、峰值温度焊接及冷却等过程，这称为回流焊。按照加热方式的差异，回流焊可分为红外回流焊、气相回流焊、强制热风对流回流焊和激光回流焊等。其中，红外回流焊、强制热风对流回流焊，或者这两种加热方式相结合的焊接技术应用范围较广。随着无铅组装的应用和推广，对回流焊提出了更高的要求。例如，无铅组装工艺要求焊接温度更加均匀、润湿时间更加充足等。采用红外辐射与强制热风对流相结合可以避免焊接温度差异过大，因此无铅回流组装工艺中以红外辐射结合强制热风对流的加热方式最为常见。

（4）检测。

表面组装工艺需要不断进行过程检测，主要包括自动光学检测（Automated Optical Inspection，AOI）、超声波检测、X 射线检测和功能检测等。焊膏涂覆前，需要对 PCB 进行检测，以确保翘曲程度符合要求；焊膏涂覆后，需要对涂覆质量进行检测，确定焊膏印刷的位置、焊膏高度、焊膏黏连情况等；焊接结束后，还需要采用一系列的技术手段对焊点的质量开展检测分析。

10.1.3 板级组装可靠性的工艺影响因素

集成电路板级组装工艺过程包括多道关键工序，而这些工序的质量控制将直接影响板级组装的质量及可靠性。本节将结合表面组装工艺中的关键工序，简要讨论波峰焊和回流焊的工艺控制对表面组装焊点质量及可靠性的影响。

1. 波峰焊组装可靠性的工艺影响因素

波峰焊组装工艺包括助焊剂涂覆、预热、焊接及冷却等过程。当助焊剂的涂覆量不足或涂覆不均匀时，将无法达到良好助焊的效果。而助焊剂涂覆过量容易导致残留物过多等问题，因此对助焊剂的涂覆量和均匀性提出了检控要求。

预热工艺过程对预热温度和时间提出了严格要求，通过优化预热温度和时间可以使助焊剂活性达到最佳，并降低对线路板及元器件的热损伤。预热温度不高或时间不够将无法充分分解助焊剂中的活性剂，导致助焊性能减弱。而预热温度过高或时间过长，助焊剂会过分分解而降低活性，且易引起线路板及元器件的翘曲变形和热应力损伤。

波峰焊的关键工艺参数包括焊接温度、传送带速度及传送带的输送角度等。适当的焊接温度可以保证焊料的润湿性，因此需要定期对焊接炉的温度进行校正。传送带速度不宜过快，应保证焊接部位的充分浸润。传送带的输送角度过大，形成的焊点容易变薄，角度过小则会导致焊料过多。

除此之外，还需要注意焊接过程中的氮气保护及焊盘熔解等问题。波峰焊现阶段主要用于直插式引脚集成电路的焊接，形成的焊点为通孔插装焊点，常见的工艺缺陷包括针孔/气孔、锡珠、桥连、焊点拉尖等，后续章节中将会针对通孔插装焊点的可靠性进行详细描述。

2. 回流焊组装可靠性的工艺影响因素

焊膏的质量管控对于回流焊中印刷工艺的可靠性具有重要的意义，其具体管控措施主要有焊膏中的金属微粒含量、黏度、保形性等要素的控制，且印刷前的焊膏应在低温环境下存储，取出后应直接使用，不宜过久放置。

焊膏印刷质量的两大主要影响因素是印刷模板和印刷参数。印刷模板通常使用铜或不锈钢等摩擦系数较小的材料，便于焊膏的脱模成型，并防止产生焊膏桥连。印刷模板的厚度需要严格控制，模板太薄会导致焊膏量不足、焊点变形及机械性能不良等问题；而模板太厚存在焊膏桥连的风险。印刷过程通过控制刮刀的速度和压力确保焊膏的成型状态符合要求。另外，线路板的平整度对印刷质量有着重要的影响，线路板不平整会引起印刷模板与线路板间的接触障碍，焊膏刮挤时容易被挤出焊盘或黏在模板底面，产生焊膏塌陷的现象。焊膏印刷缺陷种类示意图如图 10-3 所示，主要包括缺焊、渗透、塌陷、偏离、拉尖和凹陷等。在焊膏印刷过程中，可以通过印刷模板及印刷参数的优化控制来消除此类缺陷。

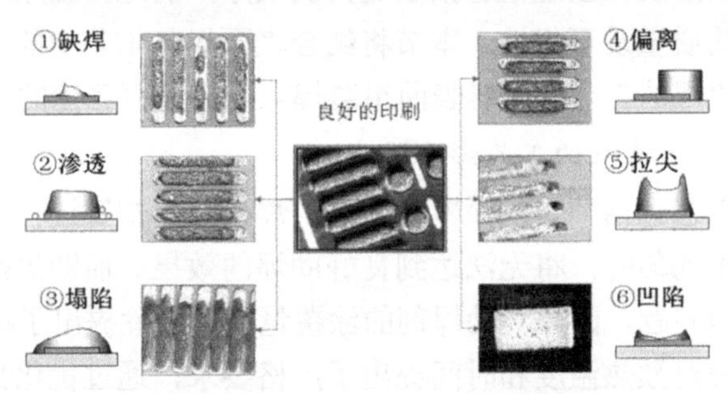

图 10-3　焊膏印刷缺陷种类示意图[5]

在回流焊组装工艺中，回流焊温度曲线的设置和控制是决定焊接质量的核心[6]。回流焊温度曲线由预热区、活性区、回流区及冷却区等组成，如图 10-4 所示。

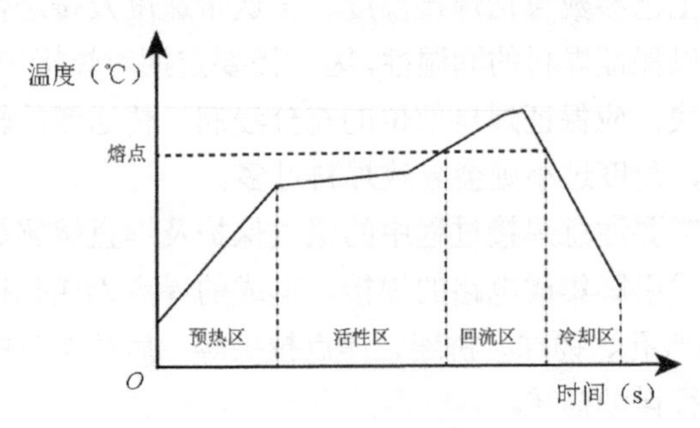

图 10-4　回流焊温度曲线示意图[6]

预热区首先将线路板温度从室温提高至活性温度，加热速率一般为 2~5℃/s。预热区加热速率过高容易引起元器件的热损伤，而加热速率过低，焊膏会感温过度，不足以使线路板达到活性温度。

活性区让线路板在稳定的温度下感湿，使得助焊剂充分活性化，挥发性物质从焊膏中挥发，降低焊点中的孔洞率。回流区也称作峰值区或最后升温区，负责将焊接的温度从活性温度提高到峰值温度。焊接的峰值温度应高于焊料的熔点温度，而活性温度一般低于其熔点温度。回流区的加热速率建议不超过 2~5℃/s，峰值温度不超过推荐的峰值温度，否则易引起线路板的过度卷曲、分层或烧毁，以及元器件热损伤等。冷却区的理想温度曲线应与回流区成镜像关系，冷却速率一般控制为 4℃/s，冷却速率不宜太高，否则易形成温度冲击应力。

随着电子封装技术的不断发展，出现了多样化的板级焊点互连结构，涉及有铅焊料、无铅焊料，以及混装焊料等不同成分。而回流焊工艺过程的控制效果最终会在板级组装焊点的质量和可靠性中体现。后续章节将针对不同结构和材料的板级焊点可靠性进行论述，并进一步讨论回流焊组装工艺对焊点质量及可靠性的影响。

10.2　板级焊点的结构及可靠性

板级组装焊点的结构和封装形式、线路板引出端的形状等相关，不同形状的引出端决定了其对应线路板焊盘的形态，并最终影响板级组装焊点的结构和形态。本节将基于不同的集成电路封装形式，开展板级焊点结构与其可靠性关联的讨论。

10.2.1　焊点结构特点分析

早期的 SIP、DIP、PGA 等形式的封装引出端均采用直插式引脚，通过焊接于 PCB 上的通孔中而形成插装焊点。随着封装技术的发展，后面陆续出现了 J 形焊点、无引脚互连、L 形引脚焊点、球柱阵列型焊点（BGA 焊点和 CGA 焊点）等互连结构。其中，L 形引脚焊点主要应用于 SOP、QFP 等常见封装形式，球柱阵列型焊点因具有细节距、高引脚密度等优点，被广泛应用于 2.5D/3D 封装的板级互连。

1. 通孔插装焊点结构

通孔插装焊点剖面结构如图 10-5 所示，器件引出端置于 PCB 通孔（Plating Through Hole，PTH）的中央位置，通过焊料实现对引脚表面镀层及 PTH 内壁金属镀层的润湿焊接，从而形成有效焊点。采用这种焊点结构的常见封装形式有 SIP、DIP、PGA 等。

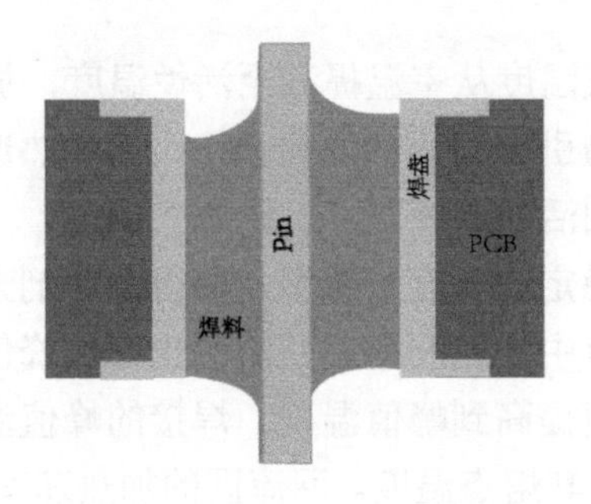

图 10-5　通孔插装焊点剖面结构

2. L 形引脚焊点结构

L 形引脚焊点剖面结构如图 10-6 所示。由于 L 形引脚焊点形状与鸟翼相似，故又被称为翼形引脚焊点，常用于 SOP、QFP 等封装互连[7]。组装时引脚置于 PCB 对应位置的焊盘，通过加热使焊料对引脚表面镀层及焊盘表面镀层润湿形成焊点。L 形引脚位于封装结构的外侧，因此其焊点不会被器件遮挡，焊点质量检查非常方便，可直接通过目视或低倍显微镜初步确定焊点互连结构质量的好坏。

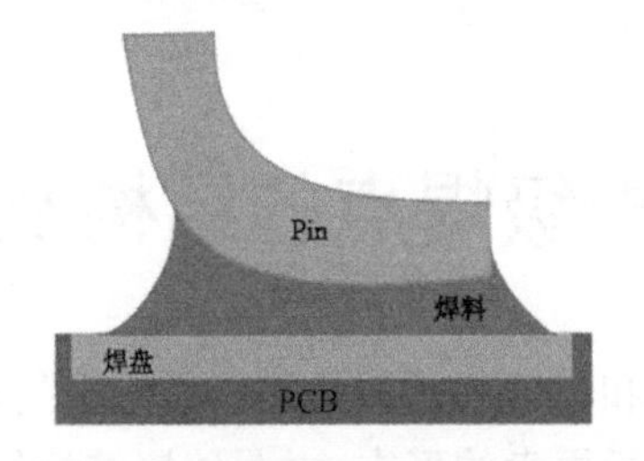

图 10-6　L 形引脚焊点剖面结构

3. BGA 焊点结构

BGA 焊点结构如图 10-7 所示，常用于 CSP、倒装芯片（Flip-Chip，FC）、多芯片组件（Multichip Module，MCM）、SiP 等封装互连。封装完成后先对基板进行植球，随后将器件与印刷好焊膏的 PCB 对准，通过加热使焊料对 PCB 焊盘表面镀层形成 BGA 焊点。BGA 焊点位于器件下方，因此焊点的检查难度较大，通常需要借助 X 射线或一些破坏性技术手段进行检测。

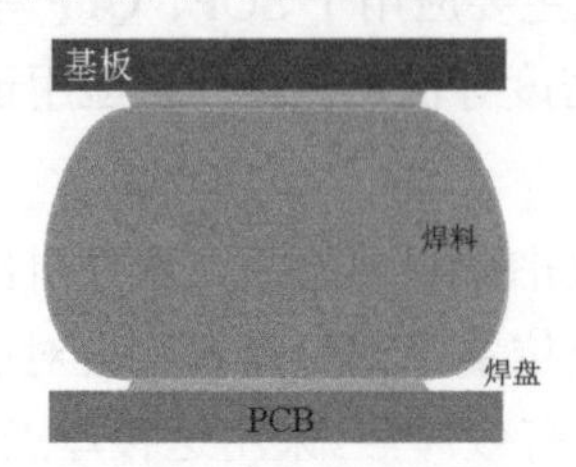

图 10-7　BGA 焊点结构

4. CGA 焊点结构

CGA 焊点结构是在 BGA 焊点结构的基础上改进而来的[8]。与焊球结构相比，焊柱结构具有更好的耐蠕变的能力。CGA 焊点常用于陶瓷封装壳/基板与 PCB 间的互连，具有密度高、散热好及耐疲劳等优点，在军事、航空航天等领域受到青睐。CGA 焊点结构如图 10-8 所示。

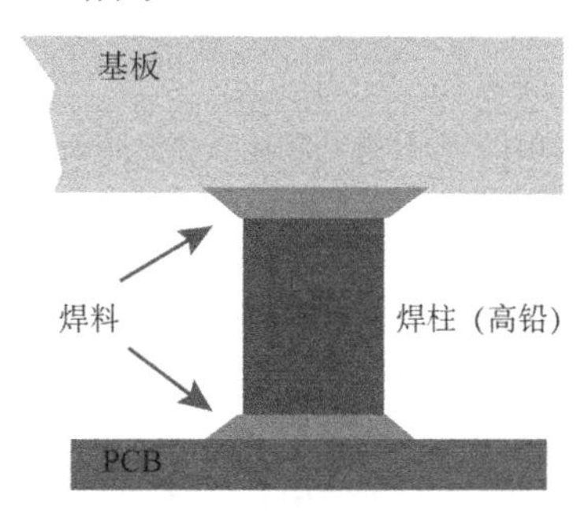

图 10-8　CGA 焊点结构

5. 其他焊点结构

除上述结构外，还有 J 形引脚焊点、无引脚焊接等结构，主要用于方形扁平式无引脚（Quad Flat No-lead，QFN）封装、无引脚陶瓷芯片载体（Leadless Ceramic Chip Carrier，LCCC）和 J 形引脚小外形（Small Out-line J-leaded，SOJ）封装等多种封装形式。J 形引脚焊点通过焊料对引脚表面可焊性镀层和焊盘的良好润湿形成有效焊点。J 形引脚焊点的面积占据线路板的较少部分，焊点检查具有较大的难度。J 形引脚焊点结构如图 10-9 所示。

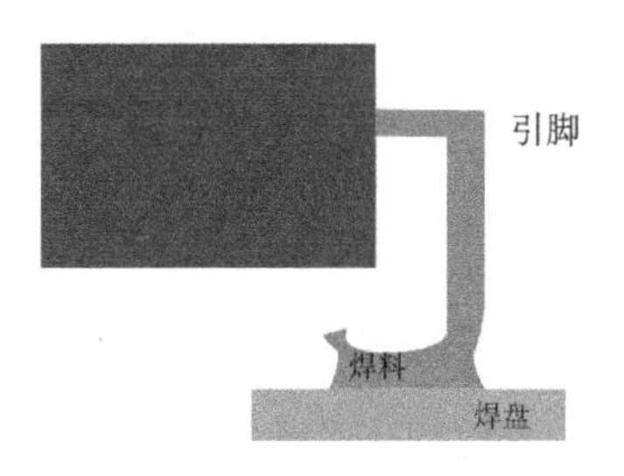

图 10-9　J 形引脚焊点结构

QFN、LCCC 等封装通常采用无引脚焊接，封装体外围导电焊盘作为电气引出端，通过焊料对器件焊盘及 PCB 的焊盘进行润湿，形成有效焊点。无引脚焊接的焊点位于器件封装体的下方，焊点厚度较薄，检查难度较大。无引脚封装典型焊点剖面结构如图 10-10 示。

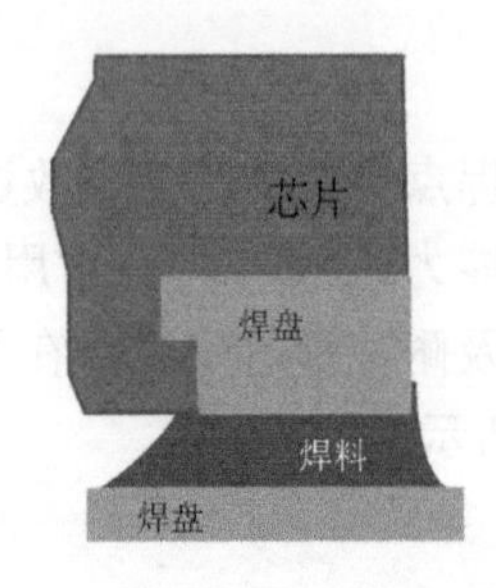

图 10-10 无引脚封装典型焊点剖面结构

10.2.2 焊点结构与可靠性

1. 通孔插装焊点结构的可靠性

（1）通孔插装焊点的成型。

通孔插装一般采用波峰焊工艺进行焊接。对通孔进行助焊剂涂覆去除氧化膜后，基于基体金属的润湿作用和毛细现象，焊料合金沿着通孔爬升形成焊点。通孔波峰焊填锡过程受力图如图 10-11 所示，焊料在重力 G、PCB 浸入熔融焊料形成的静压力 P_Y 及表面张力形成的附加压力 P_A 三种力的共同作用下进行爬升[9]。其中，P_A 是毛细作用力，为焊料爬升的主要作用力，而焊料所受的静压力（向上压力）P_Y 相对影响较小。

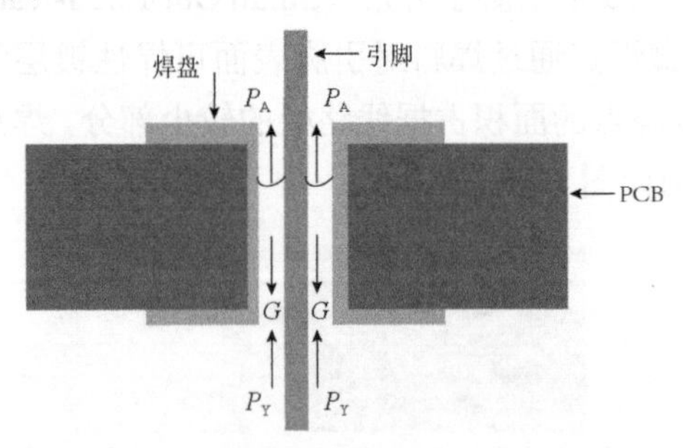

图 10-11 通孔波峰焊填锡过程受力图[9]

P_A 是由表面张力形成的，是焊料当前形状界面比平界面多出的压力，其表达式为

$$P_A=2\sigma/r \tag{10-1}$$

式中，r 为焊料液面的曲率半径；σ 为焊料液面的表面张力。式（10-1）显示毛细作用力 P_A 与焊料液面的表面张力 σ 成正比，与焊料液面的曲率半径 r 成反比。图 10-12 所示为通孔波峰焊填充高度分析图，通孔最终的填充高度可通过式（10-2）表示。

$$h=2(\sigma_{sg}-\sigma_{sl})/\rho \quad (10\text{-}2)$$

式中，ρ、σ_{sl} 及 σ_{sg} 分别为液态焊料密度、固液界面张力和固气界面张力；h 为液面爬升的最大高度。焊料液面的爬升速度可由式（10-3）表示。

$$v=d\sigma_1\cos\theta/(4\eta y) \quad (10\text{-}3)$$

式中，y 为任意时刻焊料液面的爬升高度；θ 为液面的接触角；d 为通孔的直径；η 为液态焊料的黏度；σ_1 为液态焊料的表面张力；v 为焊料液面的爬升速度。

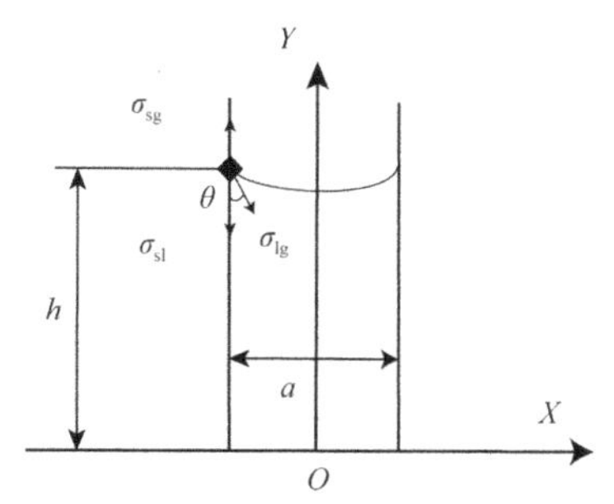

图 10-12 通孔波峰焊填充高度分析图[9]

通孔最终的填充高度 h 和 PCB 表面通孔与器件引脚的间隙距离成反比，即间隙越小，通孔最终的填充高度越大。由式（10-2）可知，通过增加固气界面张力 σ_{sg} 或减小固液界面张力 σ_{sl}，可以增大通孔最终的填充高度。通孔内壁应保持清洁，通孔内壁的残留物会导致固气界面张力 σ_{sg} 变小，填充高度不足。通孔的填充高度是影响焊点填充性能的关键，直接影响了焊点连接的可靠性。

（2）通孔插装焊点形态的可靠性。

通孔插装焊点的形态是否饱满、通孔填充是否充分是影响焊点连接可靠性的关键，尤其是厚度较大、吸热能力强的元器件，填充不良的焊点不仅机械强度低，互连结构的抗热疲劳性能也差。依据标准 IPC-A-610E 7.3.5.1 的要求，焊接后通孔中的透锡高度需要大于 75%。通孔波峰焊填充高度如图 10-13 所示。

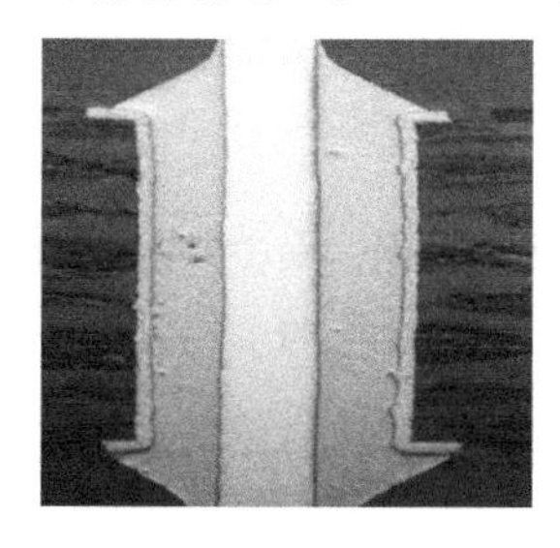

（a）理想填充

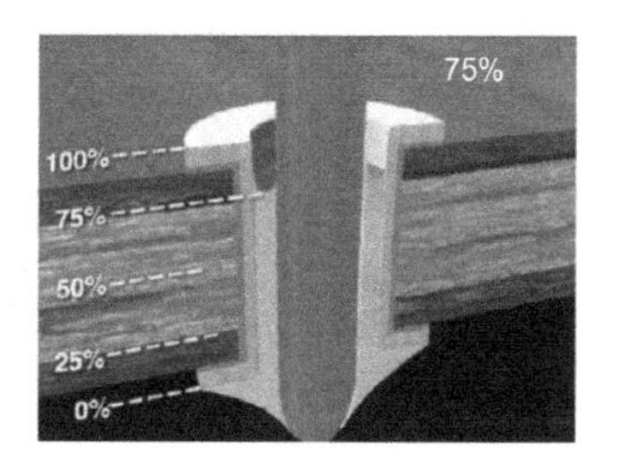

（b）填充高度示例

图 10-13 通孔波峰焊填充高度[9]

通孔波峰焊填充的主要影响因素包括组件的可焊性、助焊剂的种类、焊接工艺参数及插装孔径的匹配程度等。组件的可焊性决定了焊接界面的润湿性，进而影响了通孔的填充高度。助焊剂的种类决定了可焊端氧化膜的除膜工艺能力，影响了可焊端表面对焊料的润湿性能。其他焊接工艺参数，如传输轨道的倾角、链速、助焊剂喷涂的效果、预热区的温升曲线、焊接的温度与时间、波峰高度等对于 PCB 通孔中焊料的填充都具有重要的影响。PCB 和插装引脚的间隙越小，通孔填充高度 h 越大。但 PCB 和插装引脚的间隙过小会增加插件等工序的难度。因此，PCB 通孔的孔径比设计，对于波峰焊时焊料能否填满空隙至关重要。

2. L 形引脚的可靠性

（1）L 形引脚焊点结构形态。

在已知焊料的体积、性质等条件下，基于最小能量原理、液态焊料润湿理论等可以对 L 形引脚焊点的形态进行预测。最小能量原理在这里是指当包含表面势能、重力势能及外力作用势能等在内的液态系统达到平衡形态时，系统的能量最小。焊点系统的总能量 E 是由表面势能 E_S、重力势能 E_G 和外力作用势能 E_f 组成的，具体如式（10-4）所示。

$$E = E_S + E_G + E_f \tag{10-4}$$

式中，重力势能 E_G 为

$$E_G = \iiint_V \rho gz \mathrm{d}V \tag{10-5}$$

外力作用势能 E_f 为

$$E_f = Fh \tag{10-6}$$

在式（10-5）和式（10-6）中，V 为焊料的体积，z 为垂直方向的坐标，ρ 为焊料密度，g 为重力加速度，h 为焊点高度，F 为各个焊点上的压力。系统的表面势能 E_S 是由自由液面的表面势能 E_{Sf} 和焊料与焊盘及引脚表面之间的界面能 E_{Si} 组成的，即

$$E_S = E_{Sf} + E_{Si} = \iint_{S_{lg}} T_{lg} \mathrm{d}s + \iint_{S_{sl}} -T_{lg} \cos\theta \, \mathrm{d}s \tag{10-7}$$

式中，T_{lg} 为熔融焊料的表面张力；S_{lg} 为自由液面的总面积；S_{sl} 为固液界面的总面积；θ 为润湿角。假设焊点的体积为 V_0，则体积的限制条件为

$$\iiint_V \mathrm{d}V - V_0 = 0 \tag{10-8}$$

引入泛函 I：

$$I = \iint_{S_{lg}} T_{lg} \mathrm{d}s + \iint_{S_{sl}} -T_{lg} \cos\theta \, \mathrm{d}s + \iiint_{V} \rho g z \mathrm{d}V + Fh + \lambda\left(\iiint_{V} \mathrm{d}V - V_0\right) \tag{10-9}$$

式中，λ 是 Lagrange 系数。当被积函数满足 Euler-Lagrange 方程时，可得到泛函的驻点，从而预测出焊点的形态[10]。在 L 形引脚焊点中，影响互连结构可靠性的因素主要有焊接后焊点的厚度、引脚的高度，以及引脚与基板的接触长度等。

（2）L 形引脚焊点结构的可靠性。

L 形引脚焊点内侧和焊盘接触的中心区域应力最为集中，且应力大小受焊点的厚度、引脚高度及引脚与基板的接触长度等因素的综合影响，此区域是 L 形引脚焊点处最薄弱的部位。对于 L 形引脚焊点而言，焊点的厚度越大，则互连结构的刚度越大，对位移的缓冲作用越少，这导致传递至焊点结构的应力变大，进而使得焊点结构的最大应力值增加。

L 形引脚焊点结构的高度对焊点的最大应力值也有影响。图 10-14 所示为 L 形引脚高度与最大应力值的关系，随着引脚高度的增加，L 形引脚焊点结构的最大应力值先增大再减小。图 10-14 显示当引脚高度达到 0.7mm 时，L 形引脚焊点结构的应力值达到最大。针对 L 形引脚焊点结构的设计必须充分考虑器件组装的尺寸、焊料结构的应力承受能力等因素。另外，随着引脚与基板接触长度的增加，焊点中的最大应力值快速减小。L 形引脚焊点结构是封装体的主要机械支撑，适当增加引脚与基板的接触长度，可以有效缓解焊点结构中的应力。

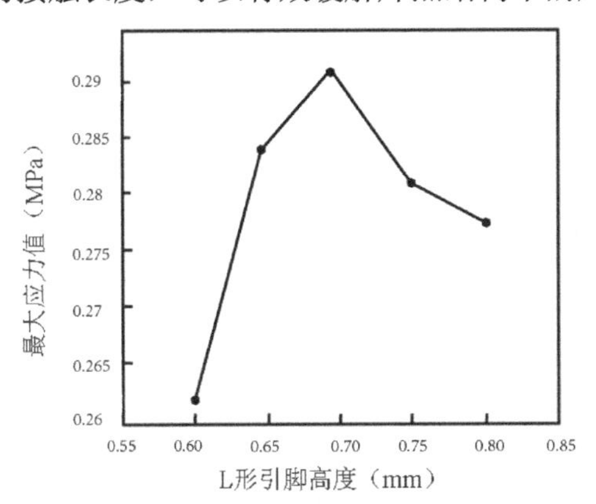

图 10-14 L 形引脚高度与最大应力值的关系[11]

3. BGA 焊点结构的可靠性

（1）BGA 焊点的形态分析。

BGA 焊点的形态主要由 PCB 的角度、焊点体积及焊点高度等相关参数决定。采用解析法对双界面 BGA 焊点的形态进行分析，焊点与 PCB 夹角（α），与焊点高度（H）、焊点体积（V）、焊盘的半径（R_0）之间的几何关系如图 10-15 所示[12]。

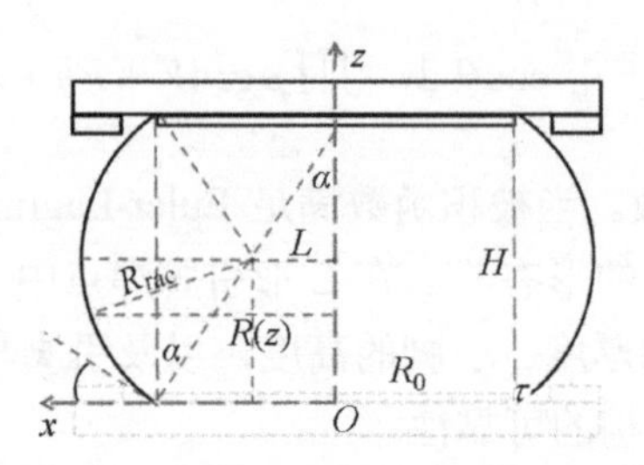

图 10-15 BGA 焊点几何结构分析

假设该圆弧的圆心水平偏离焊点中心距离为 L，焊点与 PCB 夹角（α），与焊点高度（H）、焊点体积（V）、焊盘的半径（R_0）之间的几何关系可表示为

$$V = 2\pi\int_0^{\frac{H}{2}} R(z)^2 \mathrm{d}z - 2\pi R_0{}^2\tau \tag{10-10}$$

其中，

$$R(z) = \sqrt{R_{\mathrm{rac}}{}^2 - (\frac{H}{2} - z)^2} + L \tag{10-11}$$

$$R_{\mathrm{rac}} = \frac{H}{2\cos\alpha} \tag{10-12}$$

经过化简计算并查积分表，可以得到

$$V = \pi H\left(R_{\mathrm{rac}}{}^2 + L^2\right) - \frac{\pi H^3}{12} - 2\pi R_0{}^2\tau + \pi HL\sqrt{R_{\mathrm{rac}}{}^2 - \frac{H^2}{4}} + 2\pi L R_{\mathrm{rac}}{}^2 \arcsin\frac{H}{2R_{\mathrm{rac}}} \tag{10-13}$$

另外，根据三角形相似原理可以得到

$$L = R_0 - \frac{H}{2}\tan\alpha \tag{10-14}$$

将式（10-14）代入式（10-13）中，可以得到

$$\begin{aligned} V = &\frac{\pi H^3}{4\cos^2\alpha} - \frac{\pi H^3}{12} + \pi H(R_0 - \frac{H}{2}\tan\alpha)\sqrt{\frac{H^2}{4\cos^2\alpha} - \frac{H^2}{4}} \\ &+ 2\pi(R_0 - \frac{H}{2}\tan\alpha)\frac{H^2}{4\cos^2\alpha}\arcsin(\cos\alpha) + \pi H(R_0 - \frac{H}{2}\tan\alpha)^2 - 2\pi R_0{}^2\tau \end{aligned} \tag{10-15}$$

从式（10-15）可知，确定焊点与 PCB 夹角（$\boldsymbol{\alpha}$），则可以求解出 BGA 焊点的高度 H，进而确定焊点的形态。在实际服役过程中，不同高度、半径及夹角形态的 BGA 焊点将表现出不同的疲劳寿命，不合理的形态设计还容易导致工艺过程

中出现高度不均匀、焊点形状不饱满及短路等可靠性问题。

（2）BGA 焊点的形态与可靠性。

BGA 焊点的组装工艺过程容易出现孔洞、高度不均匀、焊点形状不饱满及短路等可靠性问题。例如，随着集成电路封装尺寸越来越大，焊接过程中基板和 PCB 间容易产生翘曲变形。BGA 焊点在熔融状态下会因为变形而被拉压成不同的形态，冷却时焊点固化将呈现出不同的外形，在焊点及封装体结构内部形成残余应力，引起 BGA 焊点阵列高度不均匀等现象。在回流焊过程中，封装体产生的热变形主要分为凹变形及凸变形两种，其具体结构示意图如图 10-16 所示。

图 10-16　热变形具体结构示意图

不同材料热膨胀系数（Coefficient of Thermal Expansion，CTE）的差异是导致焊接过程中封装体翘曲变形的重要原因。在焊接过程中 BGA 焊点的承压能力极弱，器件封装体在热应力和重力下将会作用于焊点，造成焊点固化后高度不一致的现象。BGA 焊点形状不饱满的主要原因是组装工艺过程中焊料的芯吸现象引起的焊料量不足。BGA 焊盘上如果设计了通孔，则毛细血管效应会使焊料容易流至通孔，贴片/印锡偏位及焊盘周围通孔缺乏阻焊膜隔离也可能形成芯吸现象。此外，如果器件与 PCB 的共面性较差，也易出现不饱满焊点。因此，解决不饱满 BGA 焊点的主要措施有印刷足量的焊料、采用阻焊膜对通孔进行盖孔处理，以及采用微孔设计代替通孔设计等。

随着 BGA 焊点互连的节距不断缩小，焊点的桥连短路成为组装工艺中的常见缺陷。针对 BGA 焊点的桥连现象，主要采用提高封装元器件的可焊性、严格控制焊料的印刷量等方法应对。在焊接过程中，焊点内部吸纳的助焊剂经过分解、挥发和释放，如果表面层焊料固化后仍有气体残留，则会导致焊料中形成孔洞。BGA 焊点内部孔洞如图 10-17 所示。

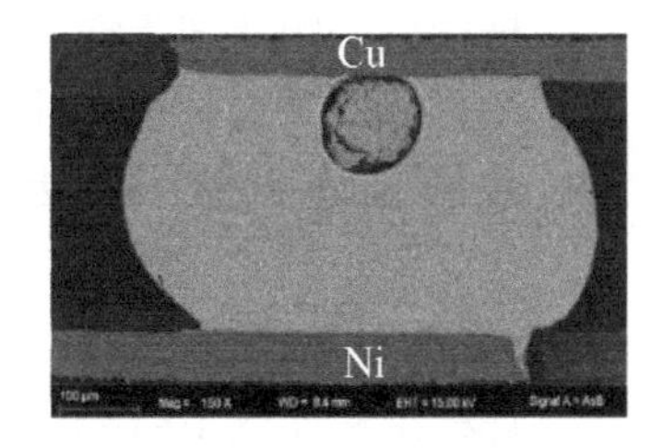

图 10-17　BGA 焊点内部孔洞

孔洞的形成会受回流焊温度曲线的影响，在峰值温度较高条件下容易产生更多的孔洞。在低峰值温度条件下溶剂不易挥发，降低了助焊剂残留物的黏性，残留物更容易从焊料中排出，因此减少了焊点中孔洞的形成。除此之外，焊接气体氛围、焊料溶剂沸点、焊盘设计和表面处理方法等因素都会影响 BGA 焊点内部孔洞的形成。

孔洞不仅会影响互连焊点的机械特性，如降低焊点的强度、延展性和缩短疲劳寿命等，还会在焊点结构中形成热点，降低组装互连的服役可靠性。IBM 公司指出 BGA 焊点中的孔洞占比不得超过 15%，当孔洞占比超过 20%时将明显影响互连可靠性。孔洞位置的差异对于焊点可靠性的影响不同，位于界面处的孔洞对焊点性能的影响要远大于中间位置的孔洞。IPC-7095A 标准中关于电子产品焊接孔洞的接受标准见表 10-1，因为不同等级电子产品对自身的质量可靠性要求标准不同，所以对不同位置焊接孔洞的接受标准也不同。

表 10-1　IPC-7095A 标准中关于电子产品焊接孔洞的接受标准[13]

孔洞位置	Class I 产品	Class II 产品	Class III 产品
BGA 焊点内部	36%焊点截面面积或60%焊点直径	20%焊点截面面积或45%焊点直径	9%焊点截面面积或30%焊点直径
BGA 焊点界面	25%焊点截面面积或50%焊点直径	12%焊点截面面积或35%焊点直径	4%焊点截面面积或20%焊点直径

3. CGA 焊柱结构的可靠性

（1）CGA 焊柱结构的形态。

CGA 焊柱结构主要可分为铸造型焊柱、铜带缠绕型焊柱、镀铜型焊柱及微线圈型焊柱等[14]。其中，铸造型焊柱是 20 世纪 70 年代末 IBM 公司研发出的结构，这种焊柱采用高铅含量的 Sn-Pb 焊料，柱体表面光滑，熔点高，且成本较低。和 BGA 焊点结构相比，铸造型焊柱结构在耐热冲击性能方面有着巨大的提升，但是其机械性能相对较差。

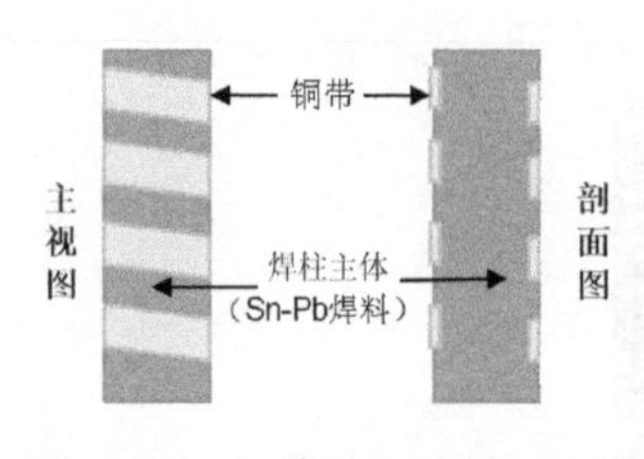

图 10-18　铜带缠绕型焊柱结构

20 世纪 80 年代初，Raychem 公司为提升焊柱结构的耐热冲击性能，提出了铜带缠绕型焊柱结构。铜带缠绕型焊柱结构的主体依旧使用高铅含量的 Sn-Pb 焊料，但采用了铜带对柱体外侧进行缠绕[15]。由于铜材料导热性能优异，因此铜带缠绕型焊柱的耐热冲击性能更好[16]。铜带缠绕型焊柱结构如图 10-18 所示。

2000 年，IBM 公司开发了镀铜型焊柱结构，通过使用耐高温焊料防止焊接过程中焊柱氧化，缓解焊柱表面粗糙化而导致的抗疲劳性能降低等问题。例如，焊柱焊接时如果采用 90Pb10Sn 焊料，则其焊接温度可达到 320℃，普通铸造型焊柱和铜带缠绕型焊柱将会熔化。镀铜型焊柱的内部是耐高温的焊线，焊线又被铜层包裹，铜层外部又电镀了锡层，因此难以被熔化。镀锡层可以覆盖铜层表面的缺陷，提高了焊柱表面的光滑程度，也起到了阻止铜层表面氧化的作用，便于维持良好的电学传输性能[17]。镀锡层作为阻挡层满足欧盟 RoHS 标准对于铅含量的要求。镀铜型焊柱的导热性能非常好，便于热量从集成电路中散出。与铜带缠绕型焊柱相比，镀铜型焊柱具有更短的热传导距离。镀铜型焊柱结构如图 10-19 所示。

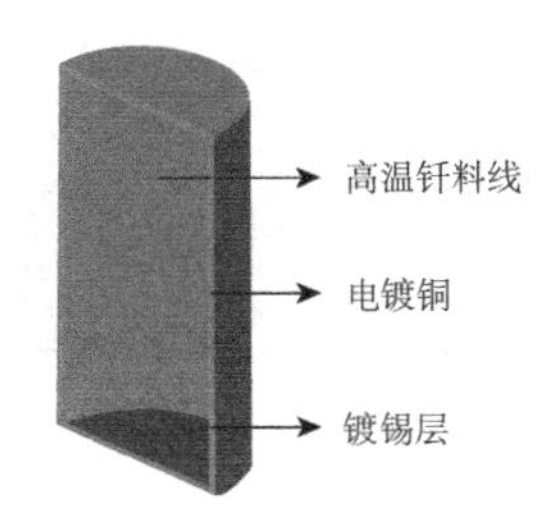

图 10-19　镀铜型焊柱结构

2012 年，美国国家航空航天局采用铍铜合金将焊柱结构改为了线圈式互连，线圈两端通过锡膏连接形成了一种微线圈型焊柱结构，具体如图 10-20 所示[18]。微线圈型焊柱结构可以让 PCB 和器件基板间具有更多的物理空间，因此具有更好的耐蠕变特性。结合线圈结构的良好抗振性能，微线圈型焊柱将有望提高集成电路组装在恶劣服役环境下的可靠性。但这种结构大大降低了互连的导热性能，研究表明微线圈型焊柱的导热性能仅为 BGA 焊点结构的一半左右。

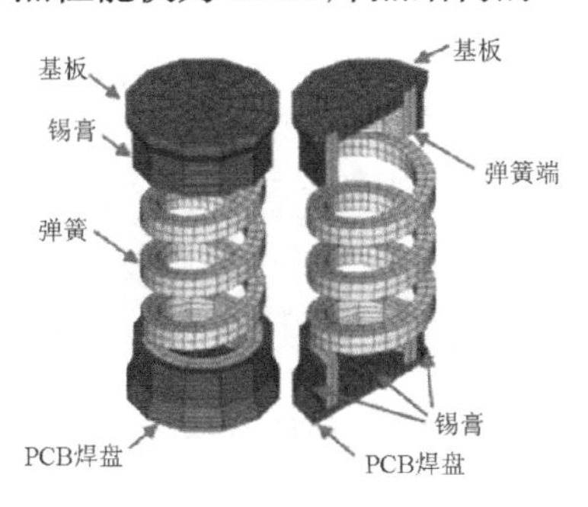

图 10-20　微线圈型焊柱结构

（2）CGA 焊点结构的可靠性。

CGA 焊点的柱形互连结构大大缓解了基板与线路板之间热膨胀系数不匹配

的问题。然而焊柱的组装工艺过程存在焊柱孔洞、焊柱偏移、焊柱连接处虚焊等可靠性问题。当高温焊接时，焊料中的助焊剂将挥发或释放出气体，不合适的工艺曲线使得气体来不及溢出进而形成孔洞。通过 X 射线/SEM 可以对 CGA 器件中的焊柱孔洞进行检验与识别，焊柱孔洞的存在将直接影响 CGA 互连的服役可靠性，甚至降低器件的应用级别。图 10-21 所示为 CGA 焊柱界面孔洞。

图 10-21 CGA 焊柱界面孔洞

CGA 焊柱偏移（见图 10-22）对 CGA 互连可靠性的影响远超于焊柱孔洞，其具有更高的修复难度[19]。针对焊柱偏移和弯曲现象，一般规定尚未组装器件的焊柱的倾斜程度不超过 5°，组装完成后焊柱的倾斜程度不得超过 10°。CGA 器件焊柱偏移可分为焊接前偏移和焊接后偏移。焊接后偏移主要是因为焊柱可焊性差，高温熔融和低温冷却过程中的快速温变引起了变形。因此，焊接时保证焊柱的垂直度和可焊性是抑制变形偏移的重要措施。

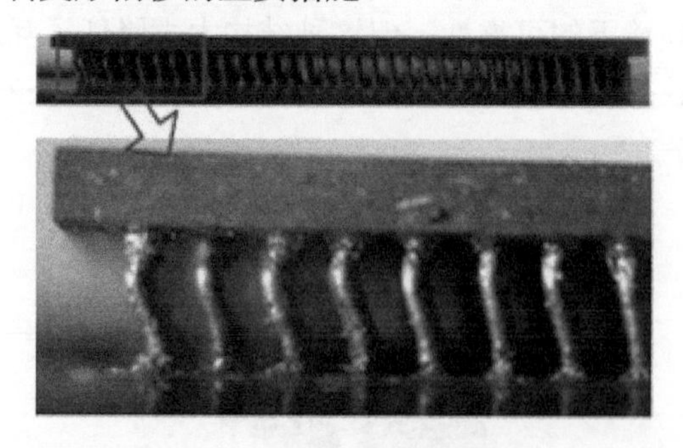

图 10-22 CGA 焊柱偏移[20]

CGA 焊柱的虚焊缺陷在组装工艺过程中也非常常见，CGA 焊柱虚焊缺陷的检验识别难度更大，具体表现为焊柱润湿不良（见图 10-23）、边缘不平滑导致的互连接触不良等。

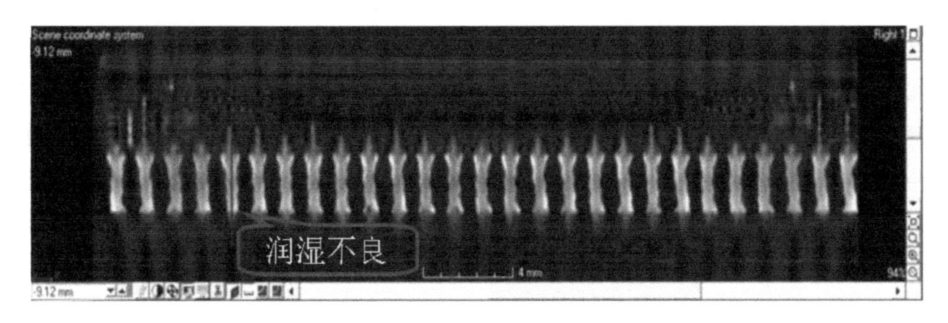

图 10-23　CGA 焊柱润湿不良

10.3　板级焊点的材料及可靠性

10.3.1　有铅焊料组装的可靠性

锡铅焊料具有润湿性良好、成本低、工艺成熟、焊接温度低等优点，因而组装工艺下的焊点表现出优异的互连性能，在部分医疗、航空航天、军用器件等高可靠性领域备受青睐。

1. 回流焊工艺对有铅组装的影响

在回流焊过程中，熔融态 SnPb 焊料与 PCB 焊盘和器件引脚之间发生界面反应，进而实现组装板与器件之间的电和机械连接。SnPb 焊料与焊盘或器件引脚发生界面反应生成含 Cu、Sn 的界面金属间化合物（Intermetallic Compound，IMC）。

SnPb 焊料中常见的 IMC 有靠近焊盘端的 Cu_3Sn 和靠近焊点端的 Cu_6Sn_5 等。一般而言，在有铅焊料的板级组装工艺中，Cu_6Sn_5 层为主体。IMC 属于脆性结构，会降低焊点的韧性和抗低周疲劳能力，导致焊点与线路板间的互连失效[21]。在组装工艺过程中，IMC 的生长受焊接温度曲线、锡膏黏度、传送带速度等表面组装工艺参数的影响。例如，降低传送带的速度会延长 SnPb 焊料的受热时间，导致焊料中的界面反应过度，形成丰富的 Cu_6Sn_5 和 Cu_3Sn 化合物层。

通过控制液相时间和回流焊的峰值温度可以有效减缓 IMC 的生长，提升板级组装焊点的机械性能。为保证焊料与焊盘、器件引脚间形成良好的冶金结合，建议回流焊的峰值温度比 SnPb 焊料熔点高 30~40℃。焊料的液相时间控制为 30~90s。这样不仅可以保障焊料充裕的扩散和反应时间，得到适当厚度的 IMC，还可以防止焊盘和引脚的过度消耗[22]。

除此之外，回流焊过程的温变速率对 SnPb 焊料的组装可靠性也有影响，冷却区的降温速率对组装焊点的影响更为显著。例如，合理地控制降温速率可以缓解焊接过程中的热应力，还能够影响焊点内部的晶粒生长，改变焊点的机械强度与可靠性。在降温速率分别为 1.05℃/s、0.65℃/s、0.45℃/s 的条件下，30 组试样 SnPb 焊点与焊盘之间的结合强度如图 10-24 所示。

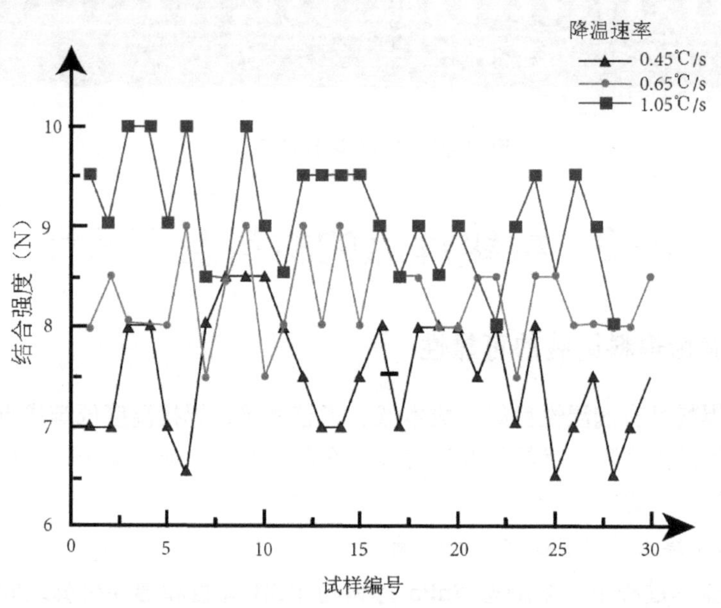

图 10-24　30 组试样 SnPb 焊点与焊盘之间的结合强度[23]

图 10-24 中 SnPb 焊点与焊盘之间的结合强度数据显示，当降温速率为 1.05℃/s 时，SnPb 焊点与焊盘之间的结合强度范围在 8~10N 之间波动，大部分试样的结合强度为 8.5~9.5N，平均值为 9.02N；当降温速率为 0.65℃/s 时，SnPb 焊点与焊盘之间的结合强度在 7.5~9.0N 之间波动，大部分试样的结合强度约为 8N，平均值为 8.27N；当降温速率为 0.45℃/s 时，SnPb 焊点与焊盘之间的结合强度范围为 6.5~8.5N，平均值为 7.52N。因此，随着降温速率的增加，SnPb 焊点与焊盘之间的结合强度逐渐提高。

2. SnPb 组装的可靠性问题

（1）有铅组装中的 Pb 偏析。

在 SnPb 焊点组装工艺中，焊料中 Sn 元素会向基体材料（如 Cu 焊盘等）中扩散，而 Pb 元素扩散不明显，残留在界面上形成 Pb 偏析。SnPb 组装界面的 Pb 偏析现象如图 10-25 所示。

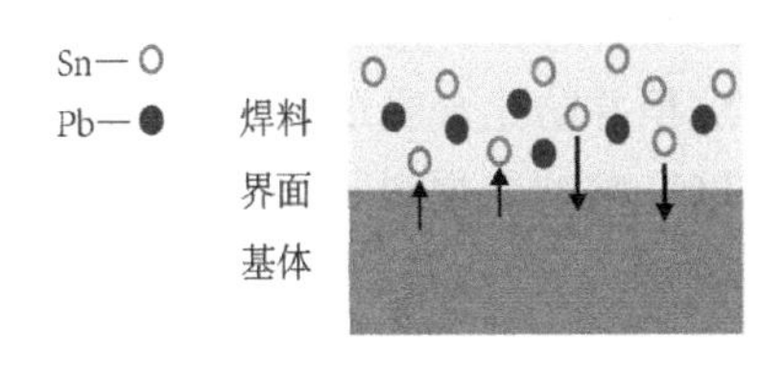

(a) Sn 向基体材料中扩散

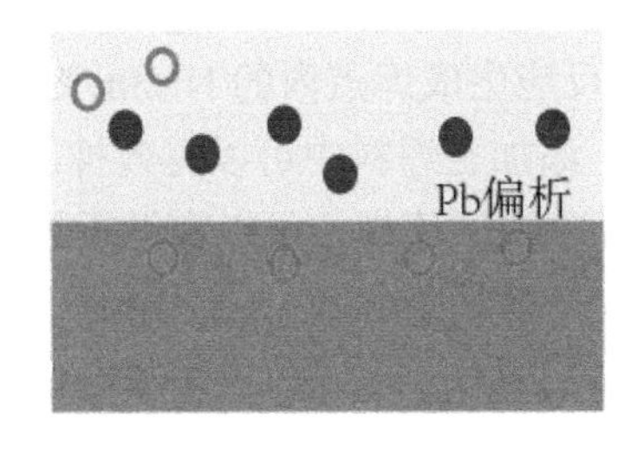

(b) Pb 残留于界面

图 10-25　SnPb 组装界面的 Pb 偏析现象[2]

当出现选择性扩散时，Cu 焊盘附近的 Sn 原子扩散到 Cu 焊盘内后，Pb 原子的阻挡减缓了距离 Cu 焊盘较远的 Sn 原子的扩散速度。经过一定时间后，Cu 焊盘的附近就会形成富 Pb 层[24]（称为 Pb 偏析）。在混合组装焊点中或当无铅组装受到 Pb 污染时，也容易出现 Pb 偏析现象。偏析现象容易在焊点中形成低熔点的脆性相，相邻于该层区域的富 Pb 层界面机械性能较差，即使在低应力下，也会成为破坏的起点。抑制偏析现象的主要方法有控制合理的焊接温度，避免焊接过热现象；控制合理的焊接时间，避免焊点的受热时间过长；当采用无铅焊接时，做好 Pb 污染的预防措施等。

（2）SnPb 焊点的金脆失效。

在航天产品的应用场景中，SnPb 焊料与镀金焊盘、焊端或引线反应造成的焊点脆化问题（金脆现象）是一个巨大的可靠性隐患[25]。焊点金脆现象造成焊点断路失效，已成为航天产品应用过程中必须解决的关键共性问题[26]。

在回流焊过程中，当焊接时间不足时，Au 溶解到焊料中不能均匀扩散，局部形成的高浓度 Au 层会降低焊点的机械强度。SnPb 焊点组装中随着 Au 的含量变化，焊点机械性能（拉伸强度、剪切强度和延伸率）存在差异。当 Au 的浓度低于其在 SnPb 焊料中的溶解度时，焊点的机械性能随着 Au 含量的增加而提高。而当 Au 含量达到最大的溶解度后，SnPb 焊点的机械强度将随着 Au 含量的增加而降低，延伸率随 Au 含量的增加而增加，并在 Au 含量为 3wt%时达到峰值，在 Au 含量为 6wt%时出现快速降低的情况。早在 20 世纪 60 年代初，Foster 等人[27]已指出当 SnPb 焊料中 Au 含量超过 3wt%时，焊点的脆性将明显增加，相关的研究成果一直被行业内遵循，但 3wt%的 Au 含量在实际工程中的控制难度较大，且随着组装焊点的尺寸不断缩小，引发焊点金脆现象的标准还待进一步研究[28]。

随着板级组装焊点的服役时间延长，焊盘界面处将不断形成 Au、Ni、Sn 多元混合物的沉积，焊料与 Ni-Au 表面的结合强度持续下降。为抑制 $Au_xNi_{1-x}Sn_4$ 相的形成，一般可将 Ni 或 Ag 加入焊料基体中。少量的 Ni 加入焊料中后，Ni 原子和 Sn 反应生成焊点内的 Ni_3Sn_4 粒子，进而减少 $Au_xNi_{1-x}Sn_4$ 相的沉积[29]。同理，将 Cu 添加至焊料中可以有效抑制多元混合物沉积并防止金脆现象。在高温环境下进行二次回流焊，可以有助于焊接处的 Ni 和 Cu 溶解至焊料基体中，这被证明可以有效抑制 $Au_xNi_{1-x}Sn_4$ 相沉积，缓解金脆现象。

（3）SnPb 焊点的疲劳失效。

集成电路封装体材料与组装 PCB 间的热膨胀系数差异，在温度波动时将导致周期性的循环交变应力，并最终由于疲劳产生裂纹而失效[30]。SnPb 焊点在温度循环服役过程中，会表现出一定的软化特性，即焊点中的峰值应力将随着温度循环次数的增加而降低[31]。图 10-26 所示为 Sn63Pb37 焊料在不同温度循环次数下的峰值应力变化曲线。

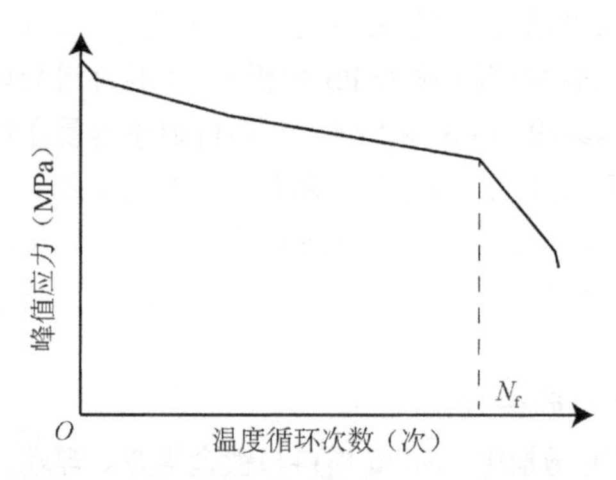

图 10-26　Sn63Pb37 焊料在不同温度循环次数下的峰值应力变化曲线[31]

在图 10-26 中，Sn63Pb37 焊料的峰值应力在温度循环条件下主要可分为瞬态阶段、稳态阶段及后续的失效阶段。其中，第一阶段为瞬态阶段，时间最短，一般不超过 100 次温度循环，SnPb 焊点中的峰值应力从初始状态中呈快速下降的趋势。第二阶段为稳态阶段，时间最长，SnPb 焊点中的峰值应力几乎以恒定的速率随着温度循环次数的增加而缓慢下降。第三阶段为失效阶段，SnPb 焊点中的峰值应力下降速率增加，SnPb 焊点失效。

10.3.2　无铅焊料组装的可靠性

有铅组装中的 Pb 元素及其化合物属于剧毒物质，过度使用含铅焊料会给人类健康和环境带来严重的危害。我国工业级电子元器件在“十一五”期间已基本实现了无铅化，国外进口工业级关键电子元器件则全面实现了无铅化。但是，无铅焊料的组装因成分和焊接工艺的差异，给集成电路的板级组装引入了新的可靠性问题。

1. 无铅组装可靠性的影响因素

（1）无铅焊料合金的影响。

目前，主流的无铅焊料仍是锡-银-铜（Sn-Ag-Cu，SAC）合金系列，熔点一般为 217～227℃。无铅焊料的焊接过程峰值温度较高，且焊料中具有丰富的 Sn 元素，易引起焊料和焊盘的氧化和 IMC 的过度生长等问题。IMC 的厚度会随着服役时间延长而不断增加，是影响焊点组装可靠性的关键因素之一。

有铅焊料以熔点为 183℃的 Sn37Pb 为主，比 SAC 合金系列的主流无铅焊料熔点约低 34℃。因此，从有铅组装转变至无铅组装并不只是单一的材料替换，焊料的力学和电学性能的变化也应深入分析。焊料合金的变化对制造、组装工艺等过程中熔融温度、润湿性、与焊盘的黏着速率、制造成本、工艺的适配性及材料的可回收性等多方面提出了不同的要求。

（2）SMT 工艺流程的影响。

针对无铅焊料的特性，需要对 SMT 工艺流程做出适当的调整。例如，无铅焊料的自校正能力较差，对焊料印刷定位的精度要求较高，因此回流焊的温度曲线应重新设定，需要采用氮气气氛控制以改善润湿性等。表 10-2 给出了 Sn37Pb 组装和 SAC 组装焊接温度工艺参数对比。

表 10-2　Sn37Pb 组装和 SAC 组装焊接温度工艺参数对比

工艺参数		焊料类型	
工艺阶段	参　数	SAC	Sn37Pb
升温	温度（℃）	20~100	20~100
	时间（s）	100~200	60~90
	工艺窗口（s）	缓慢升温	—
预热	温度（℃）	100~150	100~150
	时间（s）	40~70	60~90
快速升温	温度（℃）	150~217	150~183
	时间（s）	50~70	30~60
	工艺窗口（s）	20	30
回流焊（PCB/FR4 极限耐高温 240℃）	峰值温度（℃）	235~245	210~230
	温度（℃）	240−235=5	240−210=30
	时间（s）	50~60	60~90
	工艺窗口（s）	10	30

2. 无铅焊料的微组织结构

（1）焊点内的显微组织结构。

对于 SnPb 焊料，微结构主要由富 Sn 相和富 Pb 相构成。对于 SAC 系列无铅焊料，微结构则主要包括 Cu-Sn 相、Ag-Sn 相等[32]。图 10-27 所示为 SAC105 焊料显微组织。

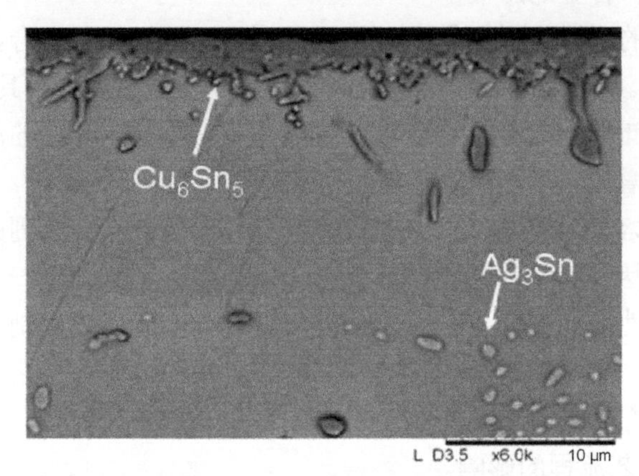

图 10-27 SAC105 焊料显微组织[33]

在图 10-27 中，SAC105 焊料内部主要存在 Cu_6Sn_5、Ag_3Sn 两种 IMC，其中 Cu_6Sn_5 以层状形态分布在焊点两端界面，Ag_3Sn 则主要以粒子形态分布在焊点之中。高温时效、温度循环或电流应力会加速焊料中的 Cu_6Sn_5 及 Ag_3Sn 的形成和生长，无铅焊料内部还将进一步形成 Cu_3Sn 相。无铅焊料的种类较多，涉及 Sn-Ag、Sn-Ag-Cu、Sn-Ag-Bi 及 Sn-Ag-Bi-In 等。焊料的成分决定了焊点内部的微组织结构，微组织结构则直接决定了焊点失效模式。稳定的微组织结构具有更好的抗疲劳性能，可有效缓解塑性变形过程中出现的应力集中现象。

（2）IMC 的生长。

过厚的 IMC 恶化了焊点组织结构，降低了互连的机械和电学性能。在高温应力条件下，IMC 厚度生长与时间的关系可以用 Dybkov 方程表征[13]。

$$Y = \sqrt{Dt} + Y_0 \tag{10-16}$$

式中，D 是热扩散系数；t 是温度加载时间；Y_0 是 IMC 的初始厚度。仅在温度应力下，IMC 的生长过程主要受原子的热扩散影响，其厚度的变化和温度加载时间呈现抛物线关系。在热电耦合作用下，IMC 的生长还受电迁移效应的影响。研究表明，当焊点加载电流密度达到 1000A/cm² 时，焊点阳极 IMC 生长加速，阴极 IMC 溶解逐渐趋于稳定。在热电耦合条件下，无铅焊料中金属原子的迁移规律相当复杂，电流应力引起的 IMC 极性生长效应仍待进一步的研究。

3. 无铅组装的工艺缺陷

无铅组装工艺常见的工艺缺陷包含微偏析、起翘、通孔焊盘剥离及封装体翘曲等。这些缺陷发生在 SnPb 焊料中的情况相对较少，因此并没有引起广泛的关注。

（1）粗大型 IMC。

SnAg 无铅焊料中的 IMC 从共晶组分向化合物组分转变将会产生明显的性能变化。例如，无铅焊料中 Ag 的含量从零增加后，焊点的抗拉强度增加，延伸率则会减小。但当 Ag 的含量超过 3.5wt%时，抗拉强度将会显著下降[34]。除析出细微的 Ag_3Sn 相外，还会有几十微米尺寸的粗大板状 Ag_3Sn 相，形成的这种 Ag_3Sn 叫作初晶，是焊料凝固过程中析出的固态组织。粗大型 IMC 使焊点的强度降低，严重影响了焊点的蠕变、抗疲劳和冲击等特性。对于 SAC305 焊料，初晶 IMC 是细长棒状的 Cu_6Sn_5，未发现明显的 Ag_3Sn 初晶。而 Ag 含量增加后，初晶 Cu_6Sn_5 中才增加了粗大的板状粒子初晶 Ag_3Sn。通过降低焊料合金中 Ag 的成分含量，尤其是当 Ag 的含量低于 3.2wt%时，可以有效抑制粗大型 IMC 的形成。另外，提高降温速率和减小过冷度是抑制粗大型 IMC 形成的有效方法。

（2）焊盘边缘起翘。

焊盘边缘起翘是无铅波峰焊中的高发性缺陷，一般发生在金属化通孔的基板上。基板和焊料、Cu 焊盘等材料的热膨胀系数差异较大是焊盘边缘起翘的主要原因[35]。例如，FR4 材料的 PCB 厚度方向的热膨胀系数是 Sn 的 10 倍以上，如果界面上存在液相，发生热收缩，那么圆角便会从基板上翘起，而且这种翘起是不可恢复的。

Bi 元素合金也是引起焊盘边缘起翘的原因。随着枝晶的生长，液相中不断偏析出 Bi 元素，Cu 焊盘界面近枝晶的先端部 Bi 的浓度增加，枝晶的生长变慢。由于热量是从通孔内部向 Cu 焊盘传递的，所以焊盘界面近旁的焊料部分存积的热量较多，凝固迟缓。当从圆角上部进行凝固时，随着产生各种应力（凝固收缩、热收缩、基板的热收缩等），圆角与焊盘产生剥离。因此，Bi 等溶质元素促进了凝固的滞后，是焊盘边缘起翘的原因。改善焊盘边缘起翘可选用单面、热收缩量小的基板材料，不使用添加了 Bi、In 等溶质元素的焊料。无铅焊料合金发生起翘的机理模型如图 10-28 所示。

（3）凝固裂缝。

在焊料的凝固过程中，会在焊料的圆角弯月面上形成凝固裂缝。由于封装基板上焊料的凝固不能做到完全均匀一致，因此该过程受到凝固方向和速度大小的控制。在施加温度循环等载荷情况下，凝固裂缝并没有因为应力集中而产生龟裂现象。抑制无铅焊料中凝固裂缝的主要方法是选用靠近共晶组分或起翘不明显的合金焊料，如 Sn4.0Ag0.9Cu 附近的合金等。

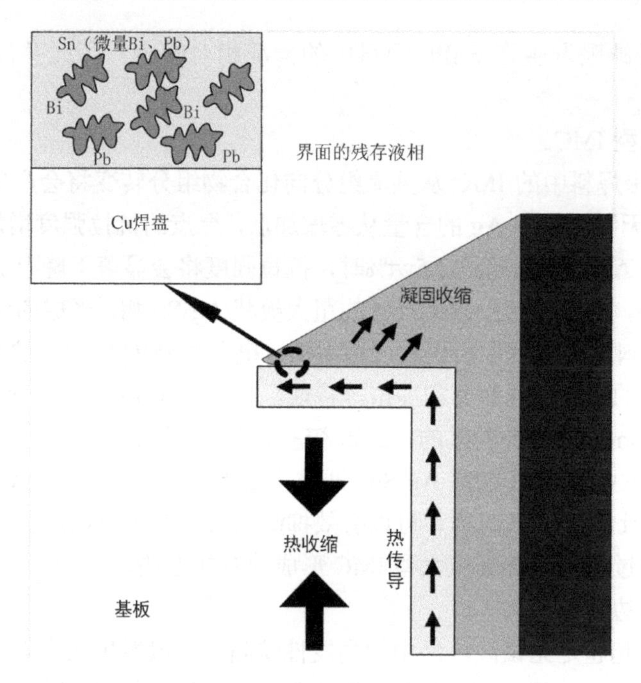

图 10-28　无铅焊料合金发生起翘的机理模型

（4）焊盘的剥离。

焊盘的剥离主要是基板和焊盘之间发生脱离的现象。当焊点固化时，基板开始冷却并逐渐恢复其原来的平板形态。在热收缩过程中，焊点内蓄积的应力未能释放而残留下来，形成残留应力。残留应力集中在焊盘和基板的界面上，当焊盘与基板间的热态黏附力小于焊料的内聚力时，会引起焊盘的起翘或焊料的表面开裂。通过选用附着力高的 Cu 基板，可以有效缓解高温焊接过程中出现的焊盘剥离现象。其他的有效抑制方法还包括提高基板自身强度、合理选用阻焊膜定义结构（Solder Mask Defined，SMD）等。

10.3.3　混装焊料组装的可靠性

虽然无铅化互连的可靠性逐渐得到了提高和证明，但从有铅制造向无铅制造的完全转变仍需要一定时间过渡。因此，为了满足高可靠性电子产品的特殊要求，航空航天、交通工业等高可靠性领域仍普遍存在无铅与有铅焊料混合组装的工艺形式。

1. 混装焊料组装的相容性

有铅-无铅混合组装主要可分为两种类型：一种是无铅 SAC 焊点和 SnPb 焊膏组合，称为向后兼容；另一种是 SnPb 焊点和无铅 SAC 焊膏混用，称为向前兼容。SAC 焊点与 SnPb 焊膏混装时由于熔点的差异，当回流焊过程中 SAC 焊点不能完全熔化时，则可能产生以下后果[16]。

- 自校正效应减弱或没有自校正效应，形成局部的开路，对于精细间距引脚器件影响较为明显。
- 焊点的熔塌程度不足，器件共面性问题严重，进而导致焊点开路。
- 焊点未发生熔塌，焊料和焊膏合金混合较少，焊点的微观结构不均匀，产生内应力。

SAC 焊点与 SnPb 焊膏混装，当温度高于 225℃时，SAC 焊点将会完全熔化，因此与使用 SnPb 焊点/SnPb 焊膏组合相比，其可靠性并没有下降。而当 SnPb 焊点与 SAC 焊膏混装时，含铅焊点会先熔化，覆盖焊盘与器件焊端的表面，阻焊剂的挥发物不易完全排出，则容易产生孔洞。因此，混合组装工艺中要求焊点的熔点不能低于焊膏。目前电子工业界混合组装应用最广泛的是 SAC 焊点与 Sn37Pb 焊膏的向后兼容组合。SAC 焊点与 SnPb 焊膏模型如图 10-29 所示。

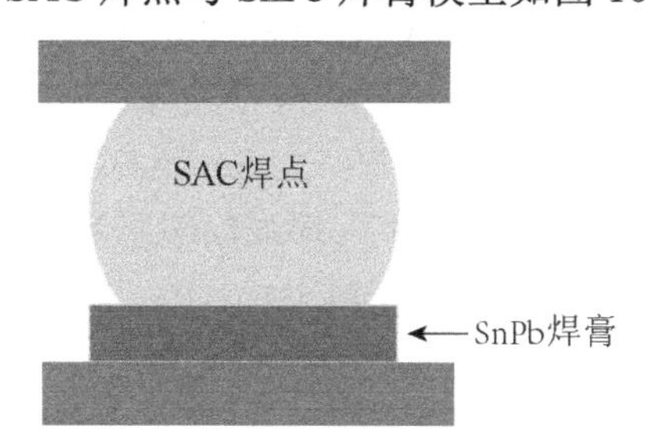

图 10-29　SAC 焊点与 SnPb 焊膏模型

2. 混装焊点组装的回流焊

当 SAC 焊点混合 SnPb 焊膏焊接时，部分企业选择采用 SnPb 回流焊温度曲线，或者 SAC 无铅回流焊温度曲线。采用纯有铅组装 SnPb 焊接曲线，会出现焊盘上 SnPb 焊膏熔化而 SAC 焊点尚未熔化的现象。SAC 焊点没有完全熔化，导致自校正效果差，进而影响器件贴片的精度，造成潜在的焊点开路隐患。此外，部分混合组装工艺过程会造成微观组织的偏析，以及界面键合的劣化、孔洞增多的现象。

纯无铅 SAC 焊点的回流焊过程需要更高的温度，更容易因潮湿和热应力而给器件封装引入缺陷。因此，对于混装焊点的回流焊，直接选用纯无铅的回流焊温度曲线是不合适的。回流焊温度曲线的设计是确保互连质量和工艺可靠性的重要环节，向后兼容（SAC 焊点/SnPb 焊膏）的回流焊温度试验曲线如图 10-30 所示。

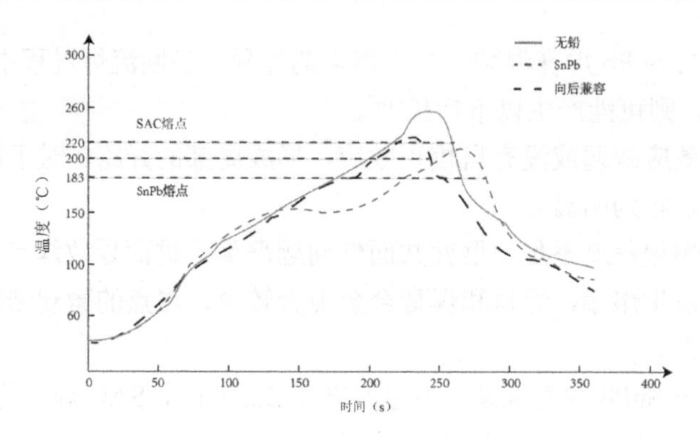

图 10-30 向后兼容（SAC 焊点/SnPb 焊膏）的回流焊温度试验曲线

在进行基于 Sn37Pb 焊膏向后兼容的混装焊点组装时，SAC 合金的熔点为217℃，而 Sn37Pb 焊膏回流焊峰值温度在 205~225℃之间。当回流焊温度足够高（大于 225℃）时，SAC 焊点和 SnPb 焊膏能很好地发生融合，自校正效应将提升混合组装的质量。研究表明，当 SAC 无铅焊点和 SnPb 有铅焊膏组合时，从兼顾器件的耐温和工艺可靠性角度出发，建议焊接的峰值温度范围为 225~235℃。当焊端和焊点均采用高熔点的可溶性材料（如 Sn、SAC）时，可在有铅焊接的工艺曲线的基础上将峰值温度提高至 230℃（焊端涂覆层为 SAC）或 235℃（焊端涂覆层为 Sn）。当焊端涂覆层采用可溶性材料（Ag、Pd、Au），而焊点材料为 SAC 时，需要将有铅焊接的工艺曲线的峰值温度提高至超过 217℃。

3．Pb 含量对焊点界面凝固行为的影响

Pb 含量会对混合组装焊点的熔化和凝固曲线产生影响。图 10-31 所示为不同 Pb 含量焊料的回流焊熔化和凝固曲线。Sn3Ag0.5Cu 混入一定含量的 Pb，其熔化和凝固过程均会发生明显变化。无铅焊料的起始熔化温度随着 Pb 含量的增加而降低，焊料的熔化行为由 Sn3Ag0.5Cu 控制逐渐过渡到由 Sn37Pb 焊料控制，凝固曲线随 Pb 含量的增加发生变化。

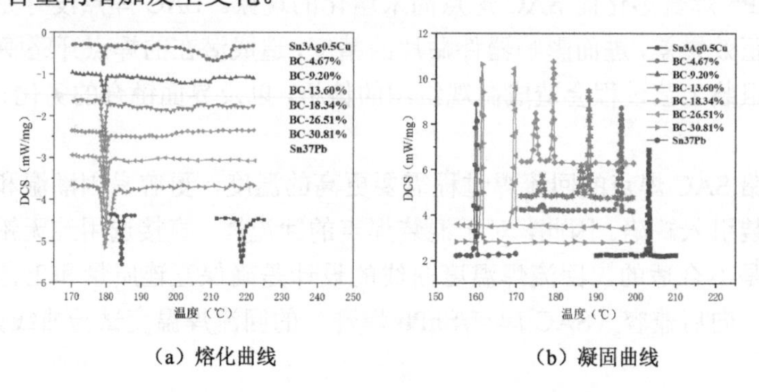

（a）熔化曲线　　（b）凝固曲线

图 10-31 不同 Pb 含量焊料的回流焊熔化和凝固曲线[36]

图 10-32 所示为 Ni/SAC305/Cu 双界面混装焊点的微观组织。当 Pb 含量为 4.67wt%时，焊点中$(Cu,Ni)_6Sn_5$和$(Ni,Cu)_3Sn_4$的 IMC 并存。随着 Pb 含量的不断增加，焊点起始凝固温度降低，Ag_3Sn、β-Sn 伴随着 Pb 元素快速析出产生重叠效应，从而叠加为一个放热峰。而当 Pb 含量超过 26.49wt%后，Ag 和 Cu 元素含量不足以使$(Ni,Cu)_3Sn_4$全部转化为$(Cu,Ni)_6Sn_5$合金，在靠近 Ni 层一侧的焊接界面中生成$(Ni,Cu)_3Sn_4$，焊料凝固行为开始转变成由 Sn37Pb 主导。

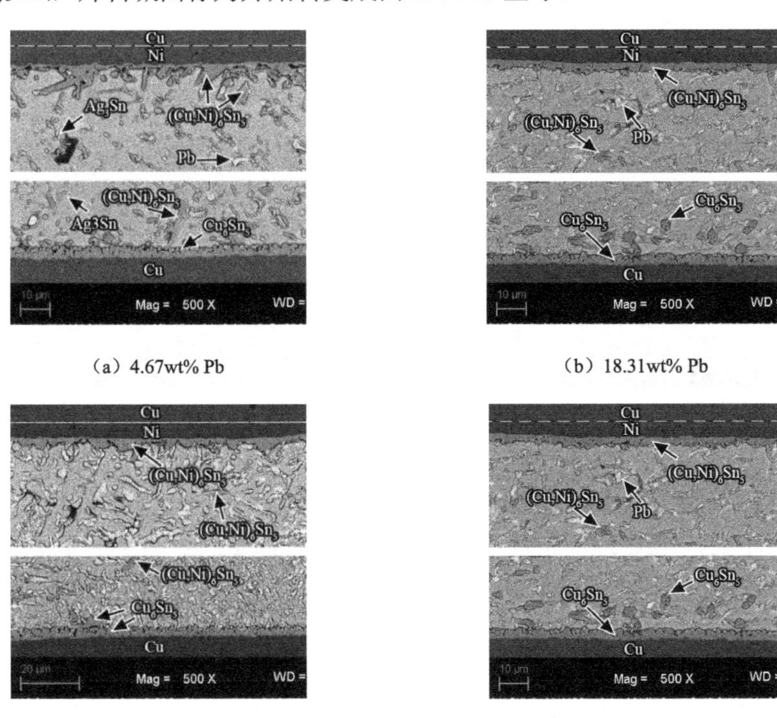

（a）4.67wt% Pb　（b）18.31wt% Pb

（c）26.49wt% Pb　（d）37wt% Pb

图 10-32 Ni/SAC305/Cu 双界面混装焊点的微观组织

4. 基于 Pb 含量的焊点优化分析

Pb 含量的差异影响混装焊点的熔化和凝固行为，从而影响焊点的微观组织，进一步改变焊点的热、力学性能[37]。图 10-33 所示为高温时效下 Ni/SAC305/Cu 双界面混装焊点的微观组织。高温试验后焊点上侧 Ni 层焊接界面的针状 IMC——$(Cu,Ni)_6Sn_5$变得粗大，下侧界面的Cu_6Sn_5呈层状分布。随着 Pb 元素的加入（4.67wt%），Pb 元素由老化试验前的长条状转变为圆形粒子状，上侧界面中原本针状的$(Cu,Ni)_6Sn_5$在高温老化过程中逐渐转变为扇贝状。随着 Pb 含量的进一步升高，上侧界面的 IMC 形貌完全转变为扇贝状的$(Cu,Ni)_6Sn_5$，下侧界面仍然为层状

结构的 Cu_6Sn_5。当 Pb 含量超过 26.49wt%时，焊接界面的化合物成分由$(Cu,Ni)_6Sn_5$转变为$(Ni,Cu)_3Sn_4$。

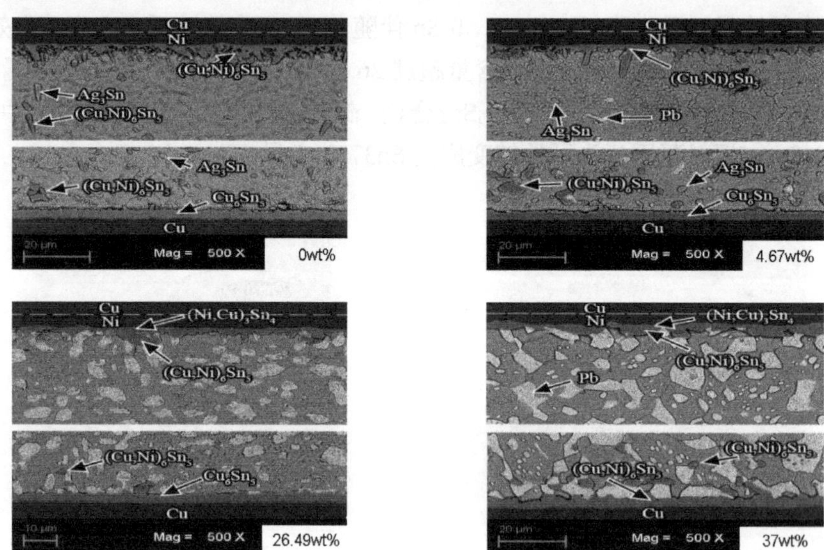

图 10-33　高温时效下 Ni/SAC305/Cu 双界面混装焊点的微观组织

混装焊点的微观组织与 SnPb 焊料类似，高温环境下焊接界面化合物微观组织变得粗大，IMC 逐渐增厚，但具体微观特征随 Pb 含量的不同而表现出差异性。随着高温过程的持续，焊盘 Cu 原子不断扩散到焊料中，形成 Cu_6Sn_5 型 IMC，焊料的 Ag_3Sn 微粒逐渐形成并长大。当 Pb 含量超过 18.31wt%后，混装焊点的凝固行为开始转变为由 Sn37Pb 主导，晶粒周边可观察到富 Pb 相及 SnPb 共晶相。当 Pb 含量增加到 26.49wt%以上时，焊接的上界面近焊盘侧生成了 Ni_3Sn_4 型 IMC。

图 10-34 给出了不同 Pb 含量焊点高温服役后的剪切强度曲线。混装焊点中 Pb 元素的引入增强了焊点的强度，但当 Pb 含量超过 26.49wt%后，焊点的剪切强度开始逐渐下降，但剪切强度整体仍然高于 Sn37Pb 焊点。虽然随着 Pb 含量的改变，焊点剪切强度有一定程度的波动，但微量 Pb 元素对于提高焊点的剪切强度具有较明显的效果。1000 小时高温老化试验后，焊点的剪切强度均存在一定程度的下降，但焊点剪切强度随着 Pb 含量增加呈现类抛物线的整体趋势并没有发生改变。

当 Pb 含量较高时，β-Sn 晶粒边界聚集的离散的 α-Pb 组成网状结构，有利于 β-Sn 晶粒的塑性变形，直接表现为剪切强度的降低。焊点在 125℃高温下服役 1000 小时，焊点基体的 β-Sn 发生了明显的粗化，晶粒边界的减小降低了焊点 β-Sn 之间的结合力。同时，弥散相（如 Ag_3Sn、Cu_6Sn_5）的长大，使其弥散强化效果大大降低，最终导致焊点高温时效处理后的剪切强度急剧下降。

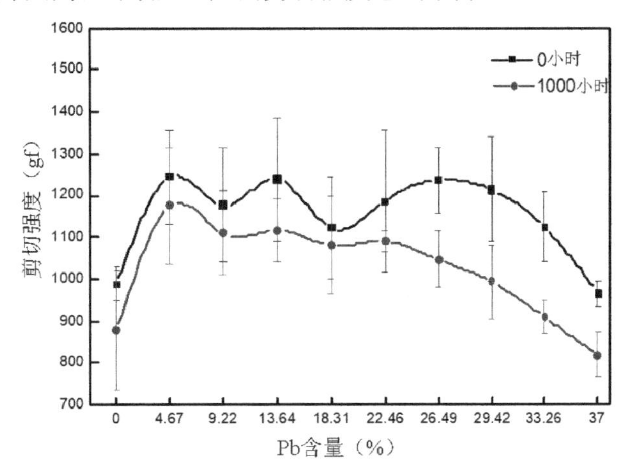

图 10-34 不同 Pb 含量焊点高温服役后的剪切强度曲线[36]

下面分别从焊点组织分布、界面 IMC 特征、力学性能三个方面来总结 Pb 含量对混装焊点的影响。对于焊后态焊点来说，主要有以下影响：Pb 元素的引入可以细化焊点的微观组织；焊接界面 IMC 在高温老化试验中的变化随 Pb 含量的变化而呈现不同的特征；混合焊料中微量 Pb 元素能够强化焊点的剪切强度；当焊料中 Pb 含量在 4.67wt%~26.49wt%之间时，焊点具有相对较好的剪切强度，剪切强度与 Pb 含量之间保持着类抛物线的关系。

Pb 元素的引入降低了焊点的起始熔化温度（178±2℃），当 Pb 含量介于 4.67wt%~18.31wt%之间时，凝固过程中会出现 Sn-Pb-Ag 低熔共晶合金相，且合金中 Sn-Pb-Ag 低熔共晶成分的含量随着 Pb 含量的增加而增多，低熔共晶合金相的出现容易导致焊点的热应力失效等问题，因此需要进行合理控制，并给出产品的安全服役温度范围。

当 Pb 含量达到 4.67wt%时，焊后态焊点的剪切强度将达到峰值；当 Pb 含量在正常混装工艺区间范围（4.67wt%~18.31wt%）变动时，其剪切强度保持相对平稳，且均明显高于纯铅和无铅焊点。当焊点在 125℃经历 1000 小时高温老化后，剪切强度普遍下降，但 Pb 含量为 4.67wt%的混装焊点剪切强度下降最少，由此可见，通过焊盘、印刷钢网的开口设计，将混装焊点 Pb 含量控制在 4.67wt%左右，一方面能获得较高剪切强度的焊点，另一方面能保证高温老化过程中的焊点剪切强度下降最少，对于保障混装焊点组装的可靠性非常关键。

10.4 环境应力与板级组装可靠性

10.4.1 热应力与板级组装可靠性

1. BGA 焊点的蠕变行为

在高温热应力条件下，BGA 焊点易产生严重的微观组织退化及蠕变变形。焊点的蠕变性能受到焊料成分、焊盘及镀层材料、焊点几何外形等参数的影响。焊料成分及微观组织的改变可导致蠕变变形速率差异高达 2~3 个数量级。图 10-35 所示为不同高度 BGA 结构 Cu/SAC/Cu 焊点的蠕变曲线（高温时效为 125℃/1000 小时）。

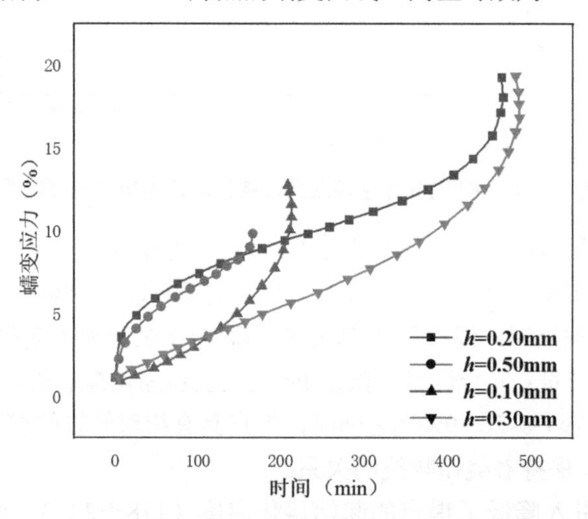

图 10-35 不同高度 BGA 结构 Cu/SAC/Cu 焊点的蠕变曲线

图 10-35 所示曲线包含了蠕变的三个阶段：初始蠕变阶段、稳态蠕变阶段和加速蠕变阶段[38]，三个阶段时间的总和可认为是焊点的蠕变寿命。蠕变寿命随着焊点高度的增加而增大，且蠕变寿命与焊点高度呈现抛物线关系。当焊点高度为 0.30mm 时，蠕变寿命达到最大值，然后随焊点高度的增大而减小。Cu/SAC/Cu 结构的 BGA 焊点的蠕变寿命对焊点高度变化非常敏感。

稳态蠕变阶段是蠕变曲线的第二阶段，该阶段的保持时间最长，焊点的蠕变寿命主要由该阶段决定。工程领域常用稳态蠕变阶段作为关键参数之一来评估互连焊点的可靠性。稳态蠕变应变速率是与应力和温度相关的函数，可用以下公式表达。

$$\dot{\varepsilon} = A\left(\frac{G\boldsymbol{b}}{RT}\right)\left(\frac{\sigma}{G}\right)^{n} \exp\left(\frac{-Q_c}{RT}\right) \tag{10-17}$$

式中，$\dot{\varepsilon}$ 为最小稳态蠕变应变速率；Q_c 为蠕变活化能；σ 为加载应力；n 为蠕变应力指数；G 为与温度相关的剪切模量；b 为 Burgers 矢量；R 为气体常数；T 为热力学温度；A 为常数。

图 10-36 所示为 125℃/1000 小时高温时效后，不同高度 Cu/SAC/Cu 焊点的蠕变断裂形貌。焊点的断裂位置主要集中于焊点中心及近界面的焊料基体内。随着焊点高度的增加，焊点断裂位置从中心区域向界面处转移，长时间高温作用对焊点的蠕变断裂位置无明显影响。高度为 0.10mm 焊点的断裂表面上存在许多平坦的台阶状滑移面，未观察到明显的 β-Sn 晶粒变形，蠕变断裂模式以穿晶断裂为主。当焊点高度为 0.30mm 时，焊点的断裂表面相对平滑，未观察到明显晶粒边界，晶粒变形方向与剪切载荷方向一致。高度为 0.50mm 的焊点断裂位置位于界面附近的焊料基体内，呈现典型的韧性断裂特征。蠕变断口表面存在较多的微坑，底部可见明显的 Cu_6Sn_5 粒子，总面积约占整个焊盘面积的 50%~60%。在剪切应力作用下，焊点末端及界面附近焊料基体中存在明显的应力应变集中现象，这种应力应变集中现象将随着焊点高度增加而增大。

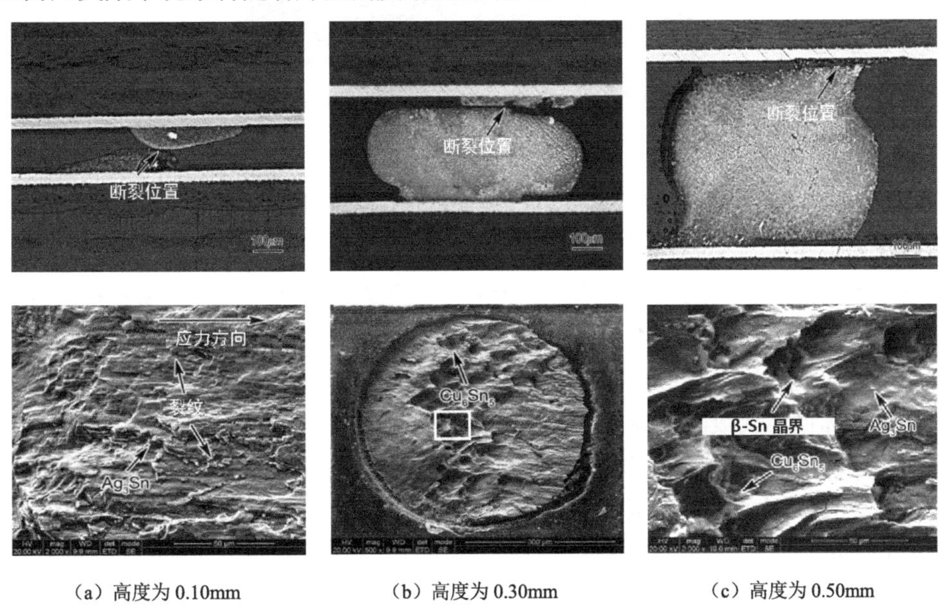

（a）高度为 0.10mm　　（b）高度为 0.30mm　　（c）高度为 0.50mm

图 10-36　不同高度 Cu/SAC/Cu 焊点的蠕变断裂形貌

2. 温度循环热疲劳

温度循环试验通过短时间温度的快速变化使板级组装器件承受交替的热应力作用，以获取其对温度变化的耐受能力。集成电路的封装体和 PCB 等材料的热膨胀系数存在差异，这使得材料结合部位形成机械应力和相对位移。随着温度循环时间的增加，板级组装焊点中将会发生应力松弛效应，塑性应变不断累积，进而在焊点中产生裂纹并扩展[39]。

图 10-37 所示为混装焊点在温度循环应力下的开裂失效，裂缝主要沿韧性富 Pb 区域与脆性焊料区域的界面处延伸。在温度循环应力下，焊点内部的 Pb 粒子逐渐富集，形成较大块状的白色富 Pb 区域。韧性的富 Pb 相与脆性的焊料边界组织在交变应力的作用下极易形成晶界滑移，进而导致焊点的开裂失效。

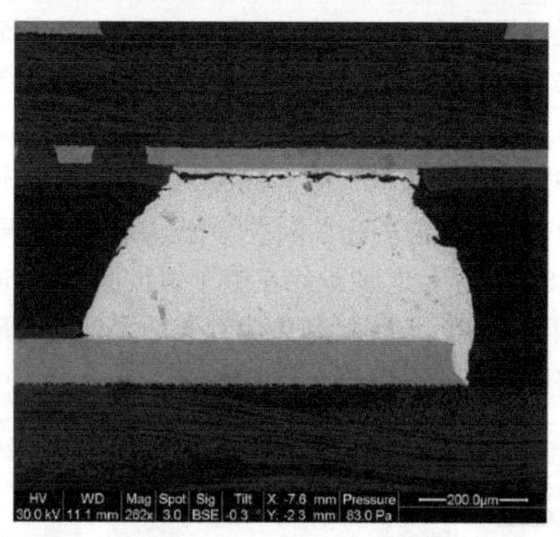

图 10-37　混装焊点在温度循环应力下的开裂失效[40]

温度循环应力下焊点的热疲劳寿命评估，可采用以塑性变形、蠕变变形、断裂参量及能量为基础的寿命预测模型。其中，以塑性变形为基础的寿命预测模型主要考虑与时间无关的塑性效应，认为温度循环应力下塑性应变不断累积而造成疲劳损伤或失效。Coffin-Manson 模型、Engelmaier 模型和 Soloman 模型常被用于基于塑性应变的焊点疲劳寿命预测。各模型中包含了每次循环下焊点的塑性剪切应变与破坏循环次数的经验关系。

通过理论计算、数值模拟及试验等方法均能够获得焊点的塑性应变，式（10-18）所示为 Engelmaier 疲劳模型，疲劳破坏的循环次数由总的应变和修正的疲劳延性指数 c 决定。

$$N_{\mathrm{f}} = \frac{1}{2}\left(\frac{\Delta\gamma}{2_{\varepsilon_{\mathrm{f}}}}\right)^{\frac{1}{c}} \tag{10-18}$$

式中，N_{f} 为焊点破坏时的循环次数；$\Delta\gamma$ 为总的塑性剪切应变幅。

蠕变通常被认为是晶界滑移或基体位错的结果，Kench-Fox 模型将蠕变的基体位错滑移理论应用于焊点的寿命预测，如式（10-19）所示。

$$N_{\mathrm{f}}=\frac{C}{\Delta\gamma_{\mathrm{mc}}} \tag{10-19}$$

式中，N_{f} 为焊点破坏时的循环次数；$\Delta\gamma_{\mathrm{mc}}$ 为基体蠕变的应变幅；C 为常数，与焊料的微观组织结构相关。

基于断裂力学的原理，焊点的断裂过程可以分为裂纹萌生阶段和裂纹扩展阶段，以断裂参量为基础的预测模型可以很好地显示裂纹萌生和扩展的情况，式（10-20）所示为以断裂参量为基础的应力强度因子模型。

$$\Delta K_{\mathrm{eff}}=\sqrt{\Delta K_{\mathrm{I}}^{2}+\Delta K_{\mathrm{II}}^{2}} \tag{10-20}$$

式中，ΔK_{eff} 为焊点裂纹体的有效应力强度因子幅；ΔK_{I} 和 ΔK_{II} 分别为 I 型裂纹和 II 型裂纹应力强度因子幅。

以能量为基础的寿命预测模型考虑了迟滞能力效应，采用该模型进行分析需要首先求出裂纹发生的周期，然后基于断裂力学的理论，计算出裂纹的扩展速度，进而预估破坏的循环次数。裂纹发生的周期和预估的破坏循环次数之和即总的循环寿命。

10.4.2 机械应力与板级组装可靠性

1. 随机振动应力下的可靠性

（1）模态分析。

随机振动是指无法用确定函数表征的振动，只能采用概率或统计方法表示振动过程中的特性。随机振动应力下板级组装的可靠性分析，首先需要分析结构在振动应力下的振动特性，即模态分析。结构的模态是结构形式和材料自身的特性决定的，与外部的载荷条件等无关。模态分析的方法包括试验模态分析法和理论模态分析法，其中理论模态分析法是以线性振动理论为基础的，用来分析输入、响应及系统三者之间的关系，为系统建立了一种理论模型。理论模态分析法已经被植入一些有限元仿真软件中，通过建模、添加约束与载荷、后处理等方式获取所需要的模态参数。图 10-38 所示为采用扫频试验获取的板级组件（Printed Circuit Board Assembly，PCBA）的一阶固有频率（约为 92Hz）测试结果示例。

（2）随机振动试验。

随机振动试验中可以通过夹具将 PCBA 组件固定在振动台上，在振动台和 PCB 测试板上粘接加速度传感器。随机振动激励条件如图 10-39 所示，其中选用从大气数据计算机系统振动微环境提取的最大功率谱密度（Power Spectral

Density，PSD）作为激励，其频率范围为 15~2000Hz，均方根加速度为 8.299Grms。PSD 代表的是激励或响应的方差随频率的变化，PSD 曲线与横坐标轴围成的面积等于激励或响应的方差。

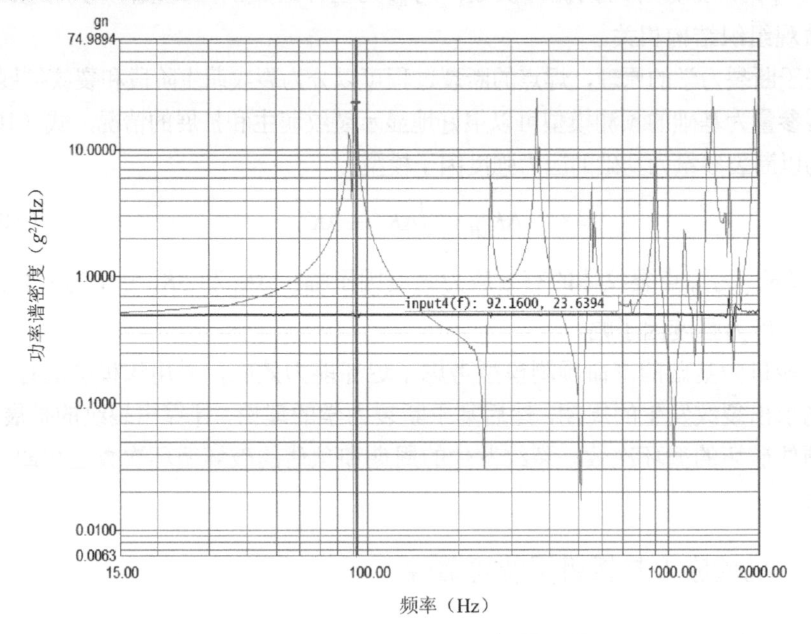

图 10-38　一阶固有频率测试结果示例

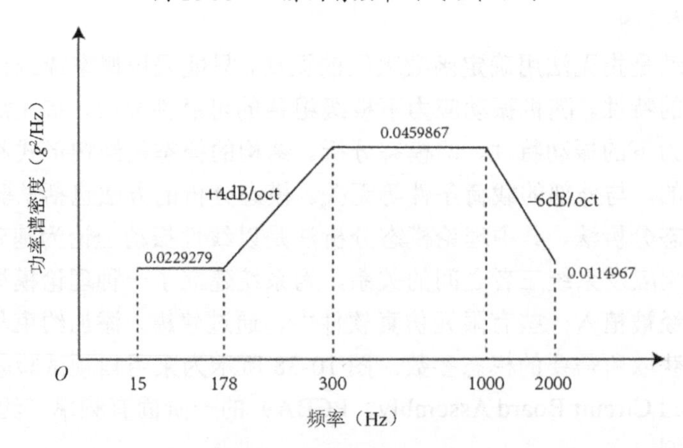

图 10-39　随机振动激励条件

随机振动试验过程一般以电路断路或电阻值上升 20%为判据确认试样失效[41]。图 10-40 所示为随机振动试验后板级组装焊点结构失效的显微图。

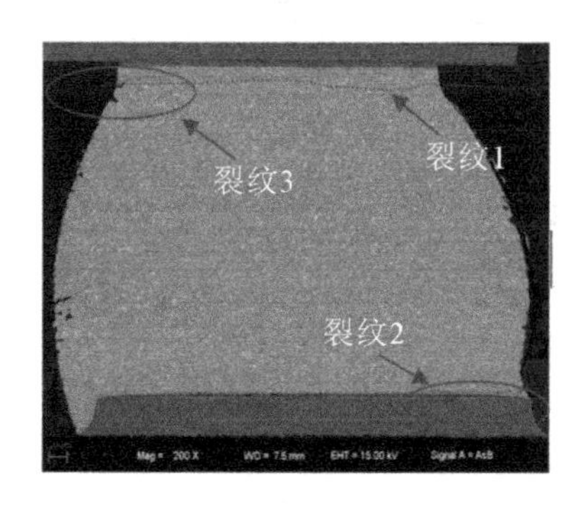

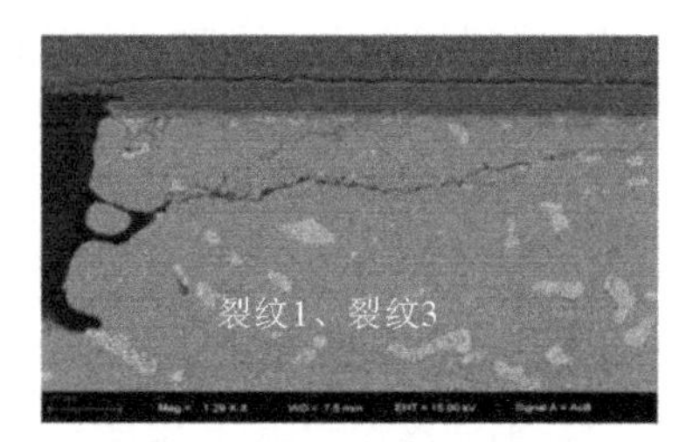

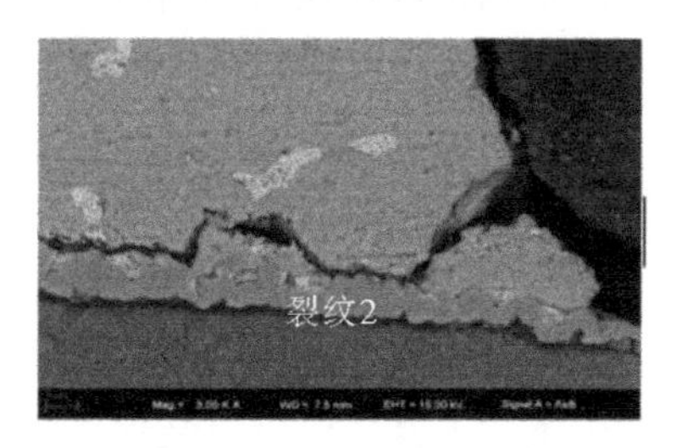

图 10-40　随机振动试验后板级组装焊点结构失效的显微图

在随机振动条件下，板级组装焊点主要表现出三种失效模式：①PCB 焊盘附近的焊料疲劳开裂；②BGA 器件界面附近的焊料疲劳；③器件基板焊盘从层压板内部剥离。随机振动过程中 PCBA 组件的弯曲变形导致焊点承受着往复拉压的应力应变作用，进而导致焊点失效。当 PCB 向组件侧弯曲变形时，BGA 焊点将受到来自基板和 PCB 的压缩应力，裂纹此时发生闭合。反之，裂纹受到拉伸应力发生拉裂。随着焊点组织的不断恶化、裂纹扩展及内部损伤的持续累积，最终焊点断路失效。

（3）随机振动下的失效物理模型。

① Manson 高周疲劳模型。

在高周疲劳寿命的 Manson-Coffin 方程中，将结构的弹性应变和塑性应变寿命曲线叠加得到总应变寿命的曲线，具体公式如下。

$$\frac{\Delta\varepsilon_{\mathrm{t}}}{2}=\frac{\Delta\varepsilon_{\mathrm{el}}}{2}+\frac{\Delta\varepsilon_{\mathrm{pl}}}{2}=\frac{\sigma_{\mathrm{f}}'}{E}(2N_{\mathrm{f}})^{b}+\varepsilon_{\mathrm{f}}'(2N_{\mathrm{f}})^{c} \tag{10-21}$$

式中，$\Delta\varepsilon_{\mathrm{t}}$ 为总应变范围；$\Delta\varepsilon_{\mathrm{el}}$ 为弹性应变范围；$\Delta\varepsilon_{\mathrm{pl}}$ 为塑性应变范围；σ_{f}' 为疲劳强度系数；E 为材料的弹性模量；b 为疲劳强度指数；$\varepsilon_{\mathrm{f}}'$ 为疲劳塑性系数；c 为疲劳塑性指数；N_{f} 为疲劳循环次数。

② Miner 线性疲劳累积损伤模型。

工程应用中较为常用的疲劳损伤理论之一为线性疲劳累积损伤理论。该理论指出在循环载荷条件下，不同应力造成的疲劳损伤是相互独立，且可以进行线性叠加的。当累积损伤达到临界阈值时，则可认为试样发生了疲劳失效[17]。Miner 理论是一种典型的线性疲劳累积损伤理论，假设试样分别在 $S_1, S_2,\cdots, S_m$ 的 m 个常幅交变应力作用下，那么该试样的总疲劳损伤可用式（10-22）表示。

$$D=\sum_{i=1}^{m}\frac{n_i}{N_i} \tag{10-22}$$

式中，n_i 为试样在应力 S_i 下的实际循环次数；N_i 为试样在应力 S_i 作用下直至失效时的循环次数；D 为试样上的总疲劳损伤，当总疲劳损伤=1 时，可认为试样发生了失效。将所有损伤进行线性叠加即构成 Miner 理论中的损伤累积，该种计算方法因为简单方便而常运用于实际工程。

③ Steinberg 高周疲劳模型。

航空系统经常使用 Steinberg 模型对板级组装焊点的寿命进行预测，即认为高周疲劳条件下器件板级组装焊点的循环寿命可由 Basquin 方程表示。

$$\sigma N^b = C \tag{10-23}$$

式中，N 为循环寿命；σ 为应力幅；b 为疲劳强度指数；C 为常数系数。该类失效可以描述为在以应力和失效周期数为坐标轴的双对数直线上，焊点处的应力和 PCB 的位移有关。基于这种假设，高周疲劳的关系可写成

$$Z_1(N_1)^b = Z_2(N_2)^b \tag{10-24}$$

式中，Z_1、Z_2 为位移；N_1、N_2 为寿命。将式（10-24）进行转换，得到式（10-25）。

$$N_2 = N_1\left(\frac{Z_1}{Z_2}\right)^{\frac{1}{b}} \tag{10-25}$$

在 Steinberg 方程中，N_1 和 Z_1 分别表示寿命和位移，通过它们可以计算出寿命 N_2。

2. 跌落冲击下的可靠性

跌落冲击下的可靠性主要分为产品级、板级及接头级三个方面。其中，板级跌落冲击针对的对象是集成电路和 PCB 组装之间的互连，主要聚焦于二级封装结构内的可靠性问题。板级跌落冲击可靠性分析更接近实际跌落冲击环境且试验成本较低，因而受到更多的关注。图 10-41 所示为 PCB 跌落冲击过程弯曲现象示例。由于集成电路和 PCB 具有不同的弹性模量，因此它们在跌落冲击过程中将产生不同程度的弯曲，进而导致板级组装焊点承受不同方式的应力。这种应力主要包括纵向位移不同产生的拉压应力、横向位移不同产生的剪切应力，以及拉压应力和剪切应力共同作用产生的扭转应力。其中，拉压应力是导致焊点失效的主要应力。在跌落冲击过程中，反复上下弯曲引起的拉压应力是焊点产生裂纹失效的关键原因。

图 10-41　PCB 跌落冲击过程弯曲现象示例

板级组装焊点在跌落冲击下的主要失效模式包括 IMC 的断裂、基体和 IMC 的混合断裂[42]，以及 Cu 焊盘的剥落等。因为拉压应力主要集中在外围焊点的拐角，而 IMC 中的 Cu_6Sn_5 属于硬脆结构，所以跌落冲击条件下以 IMC 的焊点失效为主。板级跌落冲击试验难以直接观察焊点的具体失效过程，可以采用电阻测试法对 PCB 的失效过程进行监控。图 10-42 所示为跌落冲击过程中焊点失效的电阻变化。

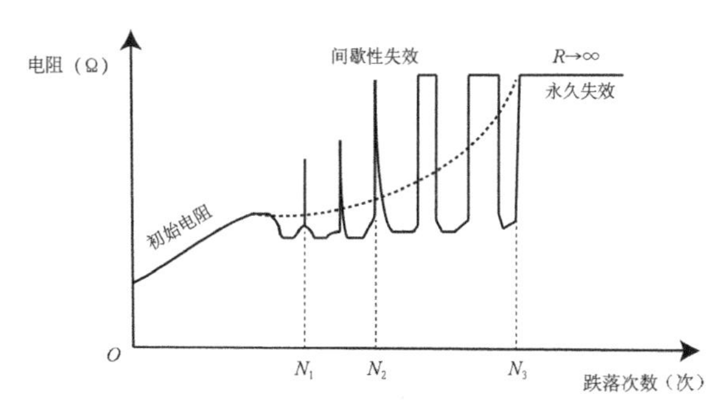

图 10-42　跌落冲击过程中焊点失效的电阻变化

在跌落冲击过程中，板级组装焊点的失效过程可分为三个阶段：第一阶段为焊点产生裂纹，互连结构的电阻缓慢增加；第二阶段为焊点中裂纹持续扩展，焊点电阻继续增加，进入快速失效阶段；第三阶段为焊点互连结构完全断开，电阻突变为无穷大。跌落冲击失效过程和金属材料疲劳失效过程较为类似，因此有相关研究从疲劳的角度进行板级组装焊点的失效过程分析。

跌落冲击加速度和产品的平均跌落冲击寿命被认为符合指数关系，如式（10-26）所示。

$$N = C_1 A^{C_2} \qquad (10\text{-}26)$$

式中，N 为平均跌落冲击寿命；A 为跌落冲击的峰值加速度；C_1 和 C_2 为相关参数。

10.4.3　电流应力与板级组装可靠性

随着板级组装焊点尺寸缩小，焊点承载的电流密度快速上升，电流应力成为影响板级组装焊点可靠性的重要因素。当电流密度高于 $10^3A/cm^2$ 时，电迁移效应将明显影响焊点中 IMC 的生长演化。此外，焊点中的工艺缺陷会引起焊点局部产生电流拥挤现象，产生显著的焦耳热效应，进而降低板级组装焊点互连的可靠性。在电流应力下，板级组装焊点中 IMC 的演化规律和焊料中的晶粒取向、晶界类型等因素相关。

1. 晶粒取向对 IMC 迁移的影响

图 10-43 所示为 BGA 焊点的电子背散射图，该焊点结构中包含 α 角度分别为 32°、28°及 86°的三个晶粒。图 10-43（b）所示为该 BGA 焊点在{001}面上的极图，极图显示平面内有三个族簇，代表三个晶粒。

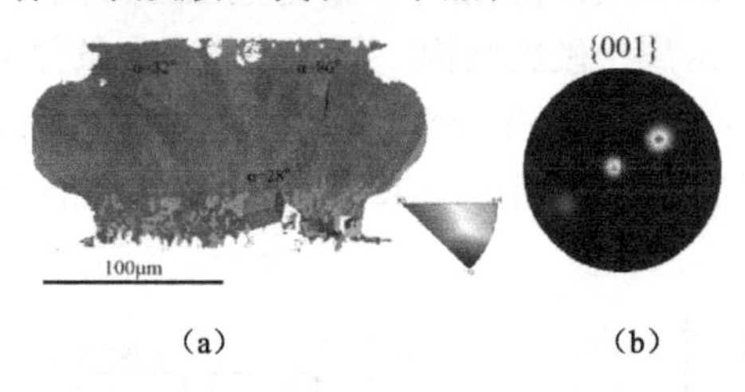

（a）　　　　（b）

图 10-43　BGA 焊点的电子背散射图

图 10-44（a）~图 10-44（c）分别为上述焊点回流焊初始态及电迁移试验后的 SEM 图。图 10-44（a）显示，初始态 BGA 焊点与焊盘间形成良好的冶金连接，且界面形成了一层较薄的 Cu_6Sn_5 化合物，焊点制作过程中由于下侧界面经过了两次回流焊，因此下侧界面的 IMC 厚度要大于上侧界面。图 10-44（b）~图 10-44（c）为焊点在 25℃、1.5×10^4 A/cm^2 的电流密度作用下分别服役 100 小时和 200 小时后的 SEM 图。在图 10-44（b）中，当电流应力作用 100 小时时，焊点内部左侧有少量的 Cu_6Sn_5 析出，焊点右侧却没有发现。在图 10-44（c）中，当电流应力作用 200 小时后，焊点左侧 Cu_6Sn_5 的析出量显著增加，而右侧仍然没有明显的变化。Cu_6Sn_5 在焊点的表面析出主要是因为在电子风力的作用下，阴极 Cu 原子向阳极迁移，当在迁移过程中 Cu 在焊料基体中达到最大溶解度时，便会与 Sn 形成 Cu_6Sn_5 析出。图 10-44 中焊点内的 Cu_6Sn_5 析出表现出了明显的聚集性，结合图 10-43 分析可以发现，焊点内 Cu_6Sn_5 仅在 α 角度为 32°的晶粒中形成，表明当晶粒的 α 角度与电流方向的夹角较小时，有利于 Cu 原子的迁移；反之，当其夹角较大时，Cu 原子的迁移难度较大[43]。

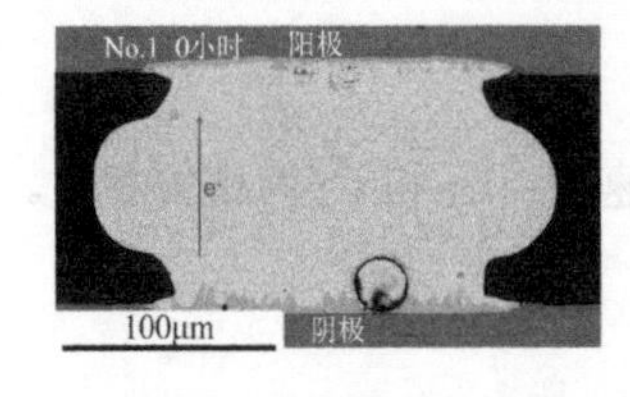

（a）初始态

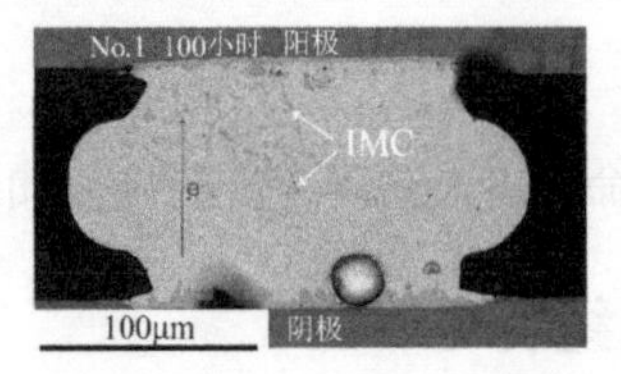

（b）电流作用下 100 小时

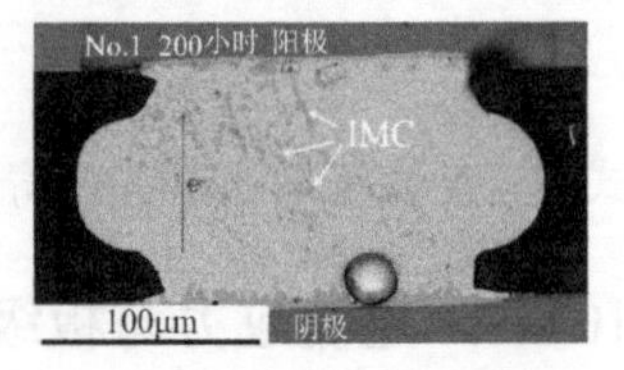

（c）电流作用下 200 小时

图 10-44　BGA 焊点的 SEM 图

2．晶界对 IMC 迁移的影响

焊料内部的晶界对焊点电迁移有着明显的影响，图 10-45 所示为 25℃、1.5×10^4 A/cm^2 电流密度作用下，BGA 焊点的显微图像。经过 200 小时的电流应力作用后，焊点内部的 Cu_6Sn_5 发生了明显的迁移。结合晶粒取向和晶界图像数据分析，Cu_6Sn_5 主要沿着晶界迁移。经过检测分析发现，该焊点结构中包含了一个 α 角度在 54°~67° 之间的大角度晶粒，不利于 Cu 原子在晶粒中的扩散，因此小角度的晶粒对 IMC 的迁移起到了重要作用。

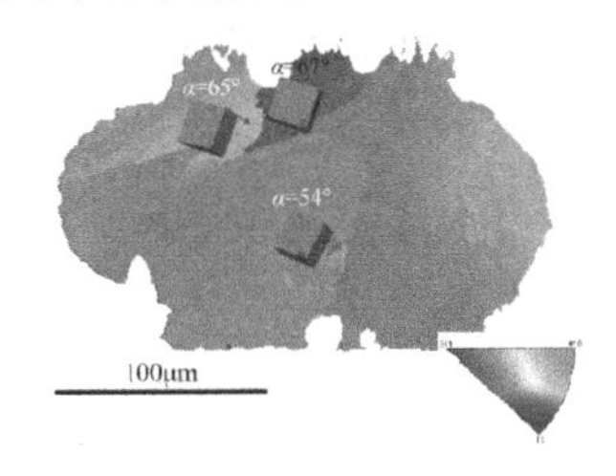

（a）电子背散射图

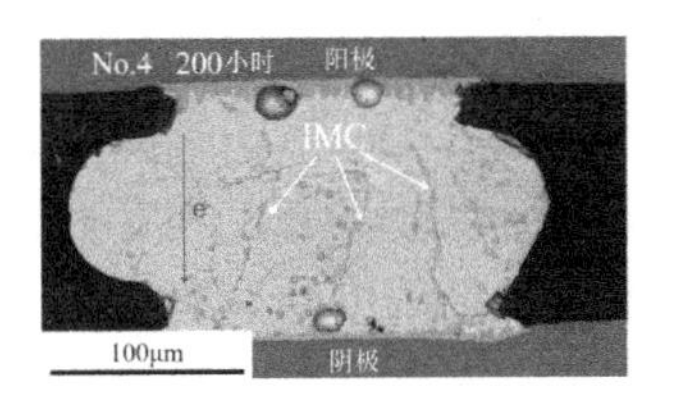

（b）电流作用下 200 小时 SEM 图

图 10-45 BGA 焊点的显微图像 1

在同样的试验条件下，图 10-46 中焊点结构却未发现明显的电迁移现象。图 10-46（a）电子背散射图显示，焊点内部主要由三个大角度晶粒组成。晶粒的 α 角度较大，分别为 62°、63.5°及 86°，有效地抑制了 Cu 原子的迁移。该焊点内部的晶界类型主要为大角度晶界，取向差约在 55°~65°之间，这使得 IMC 沿晶界扩散的难度大大增加。图 10-46 焊点中包含的大角度晶界主要为循环孪晶界，这种晶界是一种共格晶界，具有更少的位错和缺陷。而对于普通晶界来说，存在大量的位错和缺陷，便于原子的扩散，据相关研究，原子沿晶界的扩散速率比沿体扩散的速率高 3 个数量级[44]。

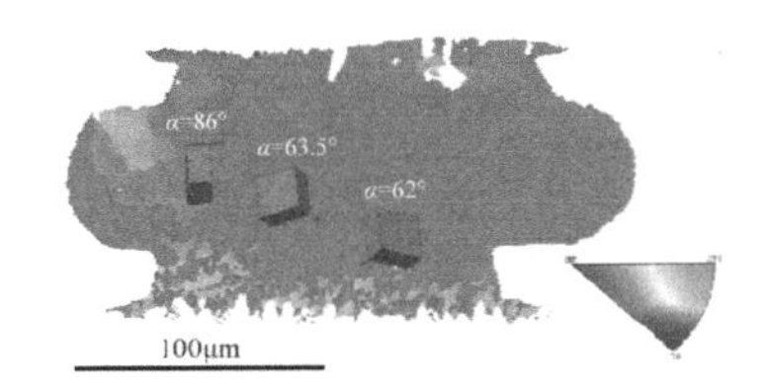

（a）电子背散射图

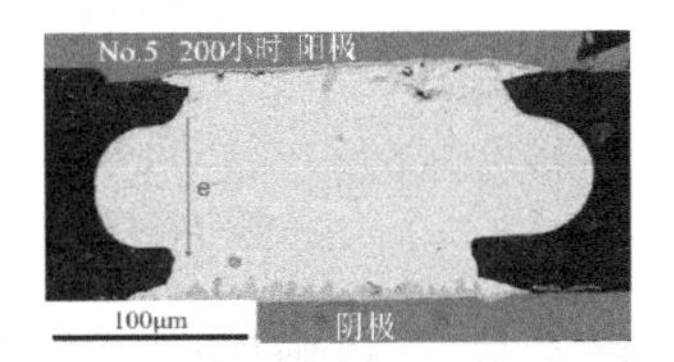

（b）电流作用下 200 小时 SEM 图

图 10-46 BGA 焊点的显微图像 2

3. 电迁移引起的晶粒旋转

焊料中晶粒旋转的机理与其晶粒取向有关，由于 Sn 的各向异性，空位的扩散通量也表现出各向异性[45]。两个相邻的晶粒取向不同导致空位的扩散通量差异，在晶粒内部形成空位浓度差，这种空位浓度差对应的是应力梯度，在应力梯度的作用下，晶粒将发生旋转。图 10-47 所示为晶粒旋转的原理示意图。

假设晶粒Ⅰ与晶粒Ⅲ的 *a* 轴（长）与电子流动方向平行，晶粒Ⅱ的 *c* 轴（高）与电子流动方向平行，电子流动方向为从右向左，空位流动方向与电子流动方向相同，因此空位流动方向为从右向左，如图 10-47（a）所示。由于空位在晶粒Ⅰ中的扩散通量较大，因此有大量的空位通过晶粒Ⅰ扩散至晶界Ⅰ（晶粒Ⅰ和晶粒Ⅱ之间的界面）处；晶粒Ⅱ的 *c* 轴平行于电子流动方向，因此仅有少部分空位从晶界Ⅰ处扩散至晶界Ⅱ（晶粒Ⅱ和晶粒Ⅲ之间的界面）处，这将导致大量的空位在晶界Ⅰ处聚集；然而由于晶粒Ⅲ的 *a* 轴平行于电子流动方向，因此有大量的空位从晶界Ⅱ处通过晶粒Ⅲ扩散离去，这将使得晶界Ⅱ处的空位急剧减少。最后如图 10-47（c）所示，在晶粒Ⅱ内部的两侧晶界处有明显的空位浓度差，形成空位浓度梯度，这种浓度梯度引起的应力梯度将使晶粒Ⅱ发生旋转，靠近晶界Ⅰ的一侧发生下沉，而靠近晶界Ⅱ的一侧发生上浮。

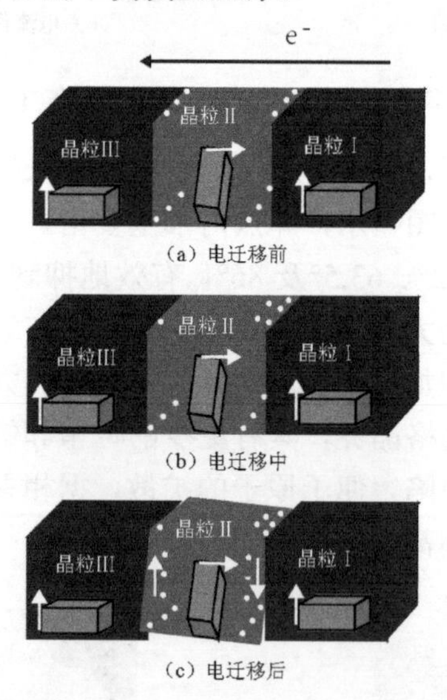

图 10-47　晶粒旋转的原理示意图[46]

10.4.4　耦合应力与板级组装可靠性

1. 超低温应力下的电迁移可靠性

（1）低温下的韧脆转变现象。

当环境温度小于 13℃时，纯 Sn 焊料会发生同素异构体转变，体心四方结构的白 β-Sn 将会转变为立方晶体结构的灰 α-Sn，发生韧脆转变现象。同素异构体转变包含形核和生长两个阶段，形核的孵化周期长达数月至数年，Sn 的同素异构体转变将引起体积的增加（约为 27%），进而导致焊点的局部断裂。通过在纯 Sn 焊料中添加 Pb、Sb 及 Bi 等元素可降低焊料的韧脆转变温度。例如，Sn37Pb 的韧脆转变温度约为-100℃，当含 Pb 的质量比例超过 90%时，在高于-200℃的环境下很难发现 Sn 基焊料的低温相变现象。

无铅焊料 SAC 系列和传统 Sn37Pb 相比更易出现低温下的韧脆转变现象。例如，Sn0.5Cu 和 Sn0.5Cu（Ni）合金的韧脆转变温度约为-125℃，Sn-Ag 和 SAC 合金的韧脆转变温度在-78~-45℃之间，且随着 Ag 含量的增加而升高，Sn1.0Ag0.1Cu 的韧脆转变温度甚至提高到-10℃。不同元素对于 Sn 相的转变作用影响具有较大的差异。例如，对于 Bi 等可溶解的物质，含量仅为 0.0035wt%也能有效抑制 β 相→α 相的转变；对于非溶解物质，如 Zn、Al、Mg 和 Mn 等，则会明显地降低 β 相→α 相的转变温度，Cu、Fe 和 Ni 等元素则对抑制 β 相→α 相转变影响甚微。

低温环境对板级组装焊点的力学性能具有明显的影响，如焊料的拉伸强度将随着温度的降低而提高[47]。但是，Sn 基焊料在低温环境下经历韧脆转变后容易引起焊点开裂。焊料合金的拉伸强度随温度的降低呈抛物线趋势。拉伸强度先随温度降低而增大，在-150℃附近达到最大，随后迅速下降。图 10-48 所示为温度对焊点剪切强度的影响。随着温度降低，焊点剪切强度均呈现增大的趋势。例如，在-150℃环境下，当 Pb 含量为 22.46wt%时，焊点剪切强度约为 103MPa，高出常温下约 85%。超低温环境提高了焊点的剪切强度，研究认为超低温应力导致焊点内部位错运动的热激活过程弱化，使位错在晶体运动中的阻力增加，宏观上表现为材料剪切强度的增加。

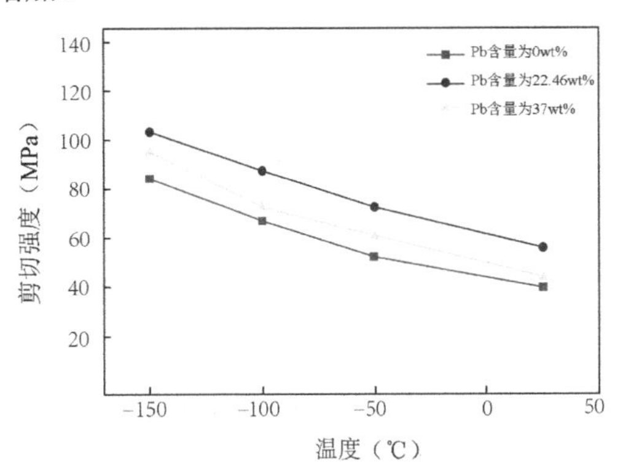

图 10-48　温度对焊点剪切强度的影响

（2）超低温环境下的焊点电迁移。

超低温环境下焊点中原子的扩散速率急剧降低，且弱化了焦耳热效应的影响，大幅度延长了焊点的电迁移寿命。在室温环境下，电流应力作用使焊点阴极原子向阳极定向迁移，进而形成裂纹和孔洞。而在超低温环境下，高密度电子流的冲击和焦耳热效应的综合作用大大削弱，焊点的电迁移退化微观表征将出现差异，电迁移效应得到了明显的抑制，IMC 迁移现象减弱。SAC305 焊点电迁移试验后 SEM 图如图 10-49 所示。

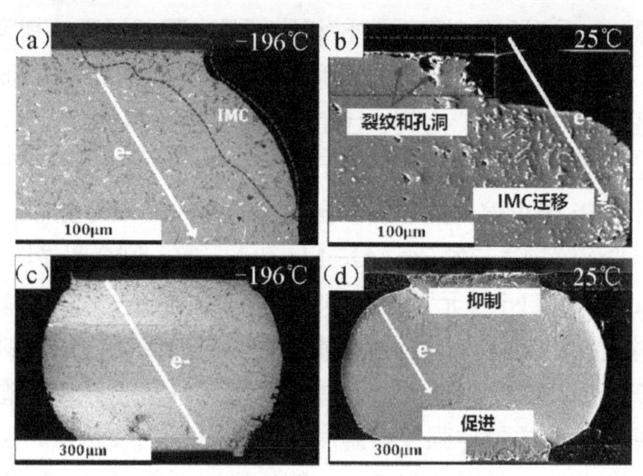

图 10-49　SAC305 焊点电迁移试验后 SEM 图

在 25℃环境下，焊点阴极 IMC 溶解迁移至阳极，阳极 IMC 的厚度增加并形成凸起。而在-196℃环境下，IMC 随电子流动方向仅发生了少量迁移，并未在界面形成裂纹和孔洞。焊料中金属原子会持续产生热振动，温度越高，振幅越大，出现空位的概率也越大，焊料基体中的空位浓度则更高。然而，在超低温环境下，原子的振幅变小，需要获得更大的驱动力才能发生迁移。因此在电流密度相同的条件下，焊点的温度越高，其电迁移产生的迁移通量越大。另外，焊点温度的变化还可能改变焊点中迁移的主要元素，进而影响焊点的电迁移退化规律。

2. 高温应力下的电迁移可靠性

（1）热电耦合应力下的焊点失效。

图 10-50 所示为在 125℃环境温度、1.8×10^4A/cm^2 电流密度条件下，混装焊点的电迁移偏析形貌。混装焊点中的 Pb 向阳极扩散后主要聚集在电流密度相对较小的焊点右上角区域，随着电迁移时间的延长，偏析情况越来越严重。

高温提高了焊点中的原子扩散速率，使得电迁移效应更为显著，加速了焊料与焊盘的反应，出现 Ni 镀层相对完整，但 Cu 焊盘严重腐蚀的情况。图 10-51 所示为在 135℃环境温度、1.5×10^4 A/cm^2 电流密度条件下，不同电迁移时间后的 Cu 焊盘腐蚀情况。随着电流应力试验时间的增加，焊料对 Cu 焊盘的腐蚀越发严重。

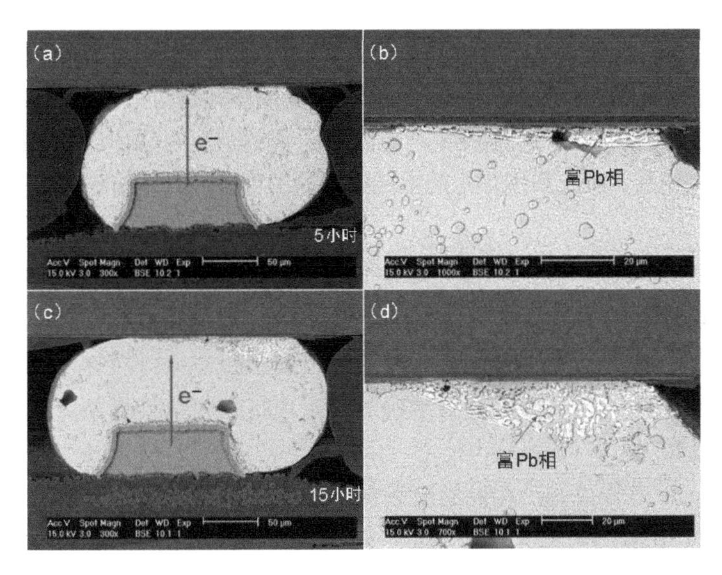

图 10-50　混装焊点的电迁移偏析形貌

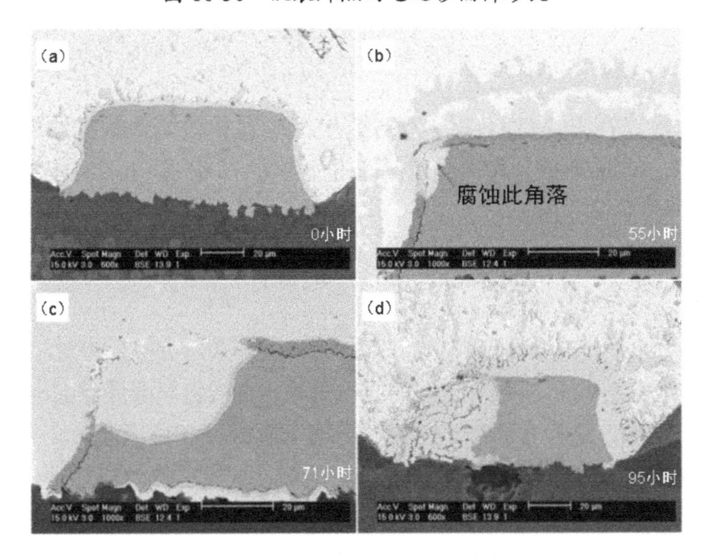

图 10-51　不同电迁移时间后的 Cu 焊盘腐蚀情况

在电迁移初期，由于 Ni 镀层的保护，Cu 焊盘并不与焊料发生反应，而焊料对 Ni 镀层慢慢形成腐蚀。焊料一旦突破 Ni 镀层，将会与 Cu 焊盘进行快速的反应。混装 SAC-SnPb 焊点的电迁移失效模式包括阴极层状孔洞、局部区域 IMC 的连续性或异常生长、电子注入口 Cu 布线的侵蚀等。失效过程往往受电流密度、环境温度、试验时间、焊点结构等多种因素的影响，但其本质机理都是原子的定向迁移。

（2）热–电流应力下的可靠性模型。

焊点中的电迁移效应是热–电流应力作用下的质量输运过程，其可靠性模型可以参考 Black 方程建立。以焊点温度 T 和电流密度 j 为变量，获取失效时间随温度和电流密度的变化关系，确定混装焊点的电迁移可靠性模型，具体如式（10-27）所示。

$$\mathrm{MTTF}=A\frac{1}{(j)^{n}}\exp\frac{Q}{kT} \tag{10-27}$$

式中，MTTF 为平均失效时间；j 为电流密度；k 为玻尔兹曼常数；T 为温度；Q 为电迁移活化能。该式表明焊点的几何结构、材料、电流密度、环境温度等因素都会影响焊点中的电迁移效应，建立准确的焊点电迁移可靠性模型，必须充分考虑这些因素的影响。

根据 Black 方程可知，相同温度条件下焊点中电流密度的对数 $\ln j$ 与平均失效时间的对数 ln MTTF 呈现线性关系，如式（10-28）所示。

$$\ln\mathrm{MTTF}=-n\cdot\ln j+B \tag{10-28}$$

$$B=-\ln A+\frac{Q}{kT} \tag{10-29}$$

式中，B 为常数。在 ln MTTF-ln j 双对数坐标中对失效寿命数据线性拟合，根据式（10-28）可知，拟合直线斜率的绝对值即电流指数 n。将式（10-28）代入式（10-27），可得

$$\ln\mathrm{MTTF}=\ln A-n\cdot\ln j+\frac{Q}{kT} \tag{10-30}$$

由式（10-30）可知，ln MTTF 与 $1/T$ 呈现线性关系。可拟合绝对温度的倒数 $1/T$ 与平均失效时间的对数 ln MTTF 之间的线性关系，直线斜率即焊点的电迁移活化能。

Black 方程中的变量 j 和 T 分别表示平均电流密度和环境温度。实际焊点中发生电迁移失效的位置通常是高电流密度聚集区域，且焦耳热效应往往使得焊点的工作温度远高于实际环境温度。因此，需要基于焦耳热效应和电流聚集效应修正已建立的可靠性模型，以便获取平均失效时间随电流密度、温度变化的准确关系。

10.5 板级组装可靠性的试验评价

10.5.1 板级组装可靠性的试验评价方法

板级组装可靠性试验主要用来评价集成电路与板级组装焊点的可靠性，能够

有效暴露板级组装工艺过程中的潜在缺陷，便于及时纠正和提出改善措施。本节主要围绕集成电路板级组装焊点的可靠性试验方法、标准及失效判据等内容进行讨论，不涉及具体器件级的可靠性试验方法。

1. 板级组装焊点的可靠性试验标准

板级组装的可靠性试验内容是基于实际应用的服役环境和存在的失效模式而确定的。运输、存储及服役的环境条件等是决定产品服役应力和失效模式的关键因素。明确具体失效模式所对应的应力条件后，可以有针对性地安排相关的可靠性试验项目。表 10-3 给出了板级组装焊点失效模式与环境应力及可靠性试验的关系。

表 10-3　板级组装焊点失效模式与环境应力及可靠性试验的关系

失效模式	应力类别	可能的环境应力（规定的条件）	试验项目与方法
热疲劳断裂 蠕变断裂	热应力	环境温度变化 开关机引起的温度变化	温度循环
		现场转移引起的温度剧烈变化	温度冲击
		存储期间的热应力	高温存储
电化学迁移 腐蚀 绝缘性能下降	化学 电化学应力	高温高湿工作环境	湿热加电试验
			潮热试验
			高加速应力试验
静态断裂 振动断裂 蠕变断裂	机械应力	跌落	机械跌落
		移动式使用	随机振动
		不规范类的操作	三点弯曲

国内外专门针对板级组装焊点可靠性评估的标准相对较少，主要有 IPC-9701 *Performance Test Methods and Qualification Requirements for Surface Mount Solder Attachments* 和 IPC-SM-785 *Guidelines for Accelerated Reliability Testing of Surface Mount Attachments* 等，上述两个标准对 JESD22-A104 及 IPC-TM-650 等标准进行了引用。

跌落冲击的环境适应性是便携式移动电子产品的常用试验项目，其中板级组装焊点是试验中重点的关注对象。具体参考的标准有 JESD22-B110 *Subassembly Mechanical Shock* 和 JESD22-B111 *Board Level Drop Test Method of Components for Handheld Electronic Products* 等。对于长期工作于高温环境的电子组件，则需要考虑温度应力引起板级组装焊点 IMC 过度生长的情况。高温试验评价可参考标准 JESD22-A103 *High Temperature Storage Life* 进行。

欧美国家在板级组装的可靠性评价技术方面处于领先地位，因而业界主要依据和参照 IPC、JEDEC 等相关标准开展考核试验。国内相关的权威标准极少，少部分企业会根据实际产品的应用条件参考 GB/T 2423 等标准开展考核试验。对于高可靠性要求的军用产品，则主要参考 GJB 150A—2009《军用装备实验室环境试验方法》及 GJB 548B—2005《微电子器件试验方法和程序》等标准。在参考标准进行试验时，应该综合实际应用环境、用户要求等因素进行试验条件的确定，如果需要得到具有可对比性的试验结果，则依据的标准应该保持一致。

2. 板级组装焊点的失效判据及分析方法

板级组装焊点的可靠性试验评价需要具有明确的失效判据，且该失效判据的定义应充分考虑试验应力下焊点的失效模式和机理。IPC-9701 标准中定义焊点失效判据为电阻值增加量超过初始值的 20%，或者在 1μs 内检测到不低于 10 次电阻值超过 1000Ω 的事件。IPC-A-610 标准则认为焊点裂纹达到 25%是不可接受的。对于腐蚀失效，当外观存在明显可视的变色腐蚀现象，且绝缘电阻值下降超过初始值的 10%时，就认为发生了失效。

针对板级组装焊点的温度冲击、温度循环、随机振动等可靠性试验，通常参考 IPC 系列标准基于电阻值或裂纹情况设立失效判据，该类试验焊点的失效机理一般为疲劳和过应力开裂失效，表现为焊点电阻值的持续增加。高温高湿类的试验通常用腐蚀失效作为判据，焊点不但表现为外观颜色的变化，而且焊点间的绝缘性能下降，可以通过外观检查和绝缘电阻测试检测。针对具有特殊应用和需求的电子产品，需要根据实际条件另行定义失效判据。

不同的失效判据对应不同的检测和分析技术手段。例如，针对电阻值增加 20%作为失效判据，需要采用电阻测试系统进行监测。针对在 1μs 内检测到不低于 10 次电阻值超过 1000Ω 的事件作为失效判据，则可以通过事件监测仪进行记录。对于裂纹达到 25%作为失效判据，则需要综合运用 X 射线检测、染色和渗透测试、金相切片及 SEM 观察等分析方法。对于焊点的腐蚀失效，则需要采用光学显微镜观察外观形貌，并采用绝缘电阻测试仪对其绝缘性能进行测试，必要时还应该分析确定焊点的微观形貌和成分变化。板级组装焊点的核心功能是为集成电路和 PCB 提供电互连，大部分可靠性试验中焊点的退化均表现为裂纹的扩展和电阻值的增加，因而 IPC-9701 及 IPC-A-610 标准定义的失效判据在业界中具有较高的认可度。

3. 板级组装焊点的可靠性试验方法

板级组装焊点的常用可靠性试验方法涉及热、机械及化学等多方面，本节主要围绕温度循环/温度冲击试验、振动试验、跌落试验、高温试验等常见评价方法进行简要介绍。针对具体产品开展可靠性试验评价时，试验内容、试验条件设置等应结合实际情况确定。

（1）温度循环/温度冲击试验。

温度循环/温度冲击试验主要针对板级组装的热疲劳失效考核。温度循环试验的关键参数包括温度变化速率、温度变化范围、试验循环周期及高低温保持时间等。温度冲击试验具有更高的温度变化速率，对高低温的转换时间有要求，但不要求温度转变的速率可控制。温度循环试验代表着温度逐渐变化的环境，温度变化速率一般小于或等于 20℃/min。温度冲击试验则表示着温度突变的环境，往往更加适用于极端环境适用性的评价。

采用温度循环试验考核板级组装焊点，通常可参考 IPC-9701 标准进行。表 10-4 列出了温度循环试验要求和推荐条件，试验优选的温度范围为 0~100℃，在保证试验的失效机理和实际应用情况一致的前提下，接受试验温度范围的适当扩展。例如，针对部分高 T_g 属性的 PCB，试验温度范围可扩展至−55~125℃。试验考核的截止时间一般选择全部样品的 50%或 63.2%数量失效，或者用户根据焊点实际的可靠性情况进行定时截尾试验等。采用电阻监测系统或事件监测仪记录焊点的失效寿命，试样通常是材料、结构、组装工艺等与实际产品保持一致的测试件结构。

表 10-4 温度循环试验要求和推荐条件

项目		试验条件	备注
温度范围（TC）	TC1	0~100℃	优选
	TC2	−25~100℃	—
	TC3	−40~126℃	—
	TC4	−55~125℃	—
	TC5	−55~100℃	—
试验时间 试验周期数 （NTC）	NTC-A	50%（最佳为 63.2%）焊点失效或 200 次循环	按失效时间或循环次数
	NTC-B	500 次循环	
	NTC-C	1000 次循环（TC2、TC3、TC4 优选）	
	NTC-D	3000 次循环	
	NTC-E	6000 次循环（TC1 优选）	
低温停留时间		10min	一般根据 1 小时一次循环设置
低温温度容差		+0/−10℃（+0/−5℃）	
高温停留时间		10min	
高温温度容差		+10/−0℃（+5/−0℃）	
温度变化速率		≤20℃/min	
样本量		33	需要考虑返修，样本量加 10
电路板厚度		2.35mm	或实装板厚度

续表

项　目	试验条件	备　注
封装情况	菊花链结构或实际组装结构	—
监测方法	连续电阻监测/事件监测	焊点失效时间监测

（2）振动试验。

实验室环境经常通过振动试验模拟评价板级组装焊点在不同振动应力环境下的可靠性。振动应力是引发板级组装焊点失效的关键因素之一，如车载、机载及星载等应用产品，受到产品运行轨迹、速度及环境阻力等因素的影响，电子产品组件会受到不同频率范围和不同量级振动应力的作用。长时间的振动应力作用不仅会形成疲劳的累积损伤，还可能直接导致焊点的过应力开裂。当板级组装焊点存在工艺或设计的缺陷时，振动试验可以快速激发缺陷恶化和焊点失效，进而暴露可靠性隐患。

振动试验主要可分为随机振动试验、扫描振动试验、正弦振动试验及复合振动试验等，其中随机振动试验和正弦振动试验较为常见。正弦振动试验模拟实际应用场景的旋转、脉冲、振荡所产生的振动，分为定频试验和扫频试验两种，其应力强度取决于频率的范围、振幅值和试验时间三个方面。随机振动试验主要用于模拟产品的运输环境以评估结构的抗振强度，其应力强度取决于频率范围、Grms（加速度均方根值）、试验持续时间及轴向等因素。振动试验中试样的安装必须考虑与实际应用场景的符合性，如板级组件应尽可能参照实际设备的安装情况固定，便于考核组装焊点的真实耐振性能。

振动试验可参考的 IEC、JEDEC 等相关国际标准有 IEC 68-2-34、IEC 68-2-35 等，而国内常用标准为 GB/T 2423。以上标准关于振动试验具体的试验程序、试验条件等均有明确的规定和要求。

（3）跌落试验。

跌落试验主要用来考核一定高度自由落体后的试验对象的抗跌落冲击性能。板级组装焊点在跌落冲击作用下容易发生开裂失效，因此便携式电子产品一般要求进行相关的抗跌落冲击性能测试。

跌落试验对试验台面的材质及硬度、跌落方向、高度和次数等都具有要求。对于体积小、质量小的样品，一般应采用硬质木地板进行跌落试验，而体积大、质量大的样品通常应在钢筋混凝土的硬质台面上进行试验。IEC 标准中针对质量不超过 20kg 的样品，建议跌落试验的高度为 1~1.2m，跌落的方向按照六面和四个边角朝下各跌落一次的方式进行，试验后可通过外观检查或电阻测试等手段评估焊点的损坏情况。

跌落试验可参考的国际标准有 IEC 68-2-32 *Basic Environmental Testing Procedure* 及 JESD22-B111 *Board Level Drop Test Method of Components for Handheld Electronic Products* 等，国内常用标准有 GB/T 2423.15—2008《电工电子产品环境试验 第 2 部分：试验方法 试验 Ga 和导则 稳态加速度》等。以上标准关于跌落试验具体的试验程序、试验条件及失效监测方法等均有明确的规定和要求。

（4）高温试验。

高温试验主要用来考核电子产品在高温应力下的适应性。高温应力会加速焊点中 IMC 的生长，而 IMC 属于高电阻率的脆性组织，不仅会降低焊点互连的结构强度和电学传输性能，还会引起焊接界面柯肯德尔（Kirkendall）孔洞的形成，进而影响板级组装焊点的可靠性。

JESD22-A103 *High Temperature Storage Life* 及 GB/T 2423 等标准可为板级组装焊点的高温试验提供参考。高温试验条件需要合理确定试验温度和时间两大关键要素。试验温度过低会导致试验时间大大延长，温度过高又可能引入新的失效模式和机理。例如，当试验温度超过 PCB 基材的 T_g 温度时，将导致 PCB 变形从而对焊点产生较大的机械应力，进而可能引入新的失效机理。

板级组装焊点的高温试验时间一般较长，建议采用在线测试的方法对焊点退化进行不间断的监测，便于及时发现焊点的失效。另外，可以在固定的间隔时间点抽样开展切片及 SEM 图像分析，获取焊点微观组织结构变化及 IMC 的生长情况。

10.5.2 板级组装可靠性的评价及失效案例

1．混装焊点工艺的优化设计案例

（1）工艺优化前的焊接质量分析。

针对某企业采用 BGA 焊点进行混装焊接组装时，器件边缘附近易出现焊点开裂失效的现象进行分析。通过合理的工艺优化，提升板级组装工艺的质量和可靠性。图 10-52 所示为失效 BGA 焊点的金相显微图。通过图 10-52 可以发现焊点中 Pb 元素扩散较为均匀，但在靠近器件侧可见明显的 Pb 元素富集现象。焊点开裂集中在焊料与 BGA 器件焊盘上的 IMC 之间。焊点内部存在孔洞，且孔洞均位于近 PCB 焊盘侧。焊点中孔洞的内部颜色发黑，表明孔洞中存在难挥发性物质。

对图 10-52 所示焊点进行 SEM 分析，获取失效 BGA 焊点的微观组织形貌，如图 10-53 所示。其中，PCB 焊盘和焊料间的 IMC 均匀连续，厚度约在 1~2μm 之间。焊料和器件引脚（或 BGA 器件焊盘）之间 IMC 的厚度约为 0.8~1.3μm。在靠近 BGA 器件焊盘的一侧有明显的 Pb 元素富集现象，且在边角开裂状态的 BGA 器件侧界面检测到大量的 Pb 元素。

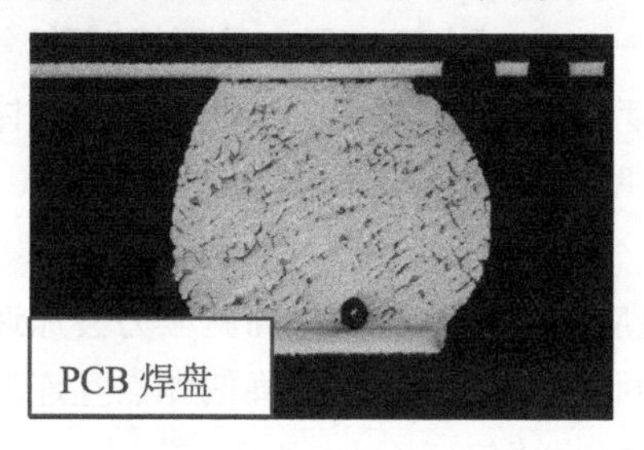

图 10-52　失效 BGA 焊点的金相显微图

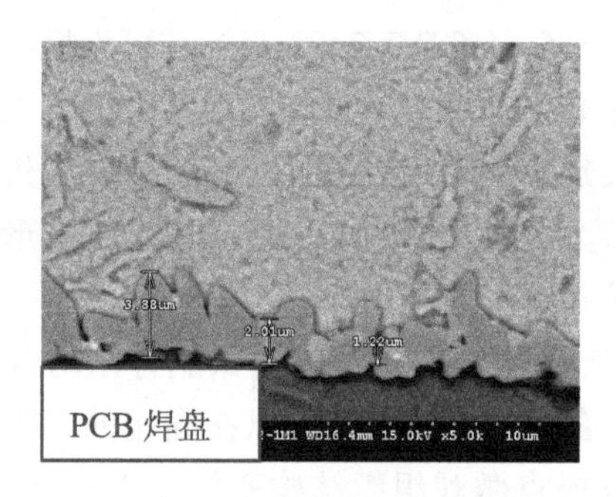

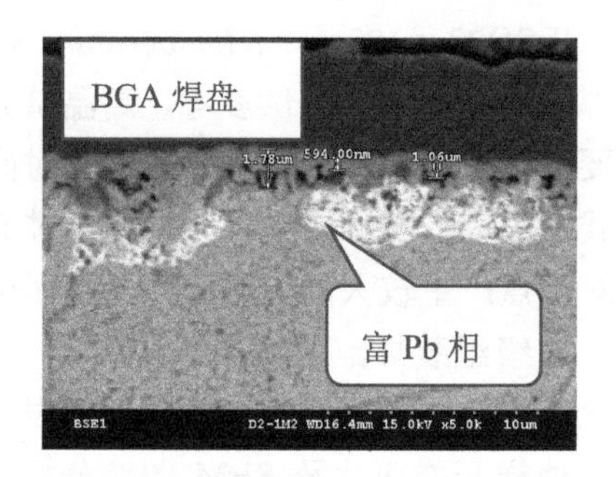

图 10-53　失效 BGA 焊点的微观组织形貌

基于图 10-52 和图 10-53 可以推断，焊后态焊点与焊盘上的锡膏已充分合金化（Pb 元素已扩散至器件侧）。在冷却过程中，因为 PCB 侧有较多的导通孔，所以其散热速度快于器件侧。因此，靠近 PCB 侧的焊料会优先冷却凝固。当器件边角存在明显翘曲变形时，靠近器件侧暂未凝固的焊点会受到收缩应力而发生分离。

图 10-54 所示为焊接工艺曲线图，通过参数确认可以发现图示焊接的温度曲线为裸板的测试温度，并不是 PCBA 组件上典型焊点焊接过程中的测试温度，因此该焊接温度测试方法存在严重错误。

（2）工艺优化的具体措施。

针对用原工艺制备的 PCBA 组件出现的焊接质量问题，主要从关键工艺物料预处理和管控、回流焊工艺等方面进行优化。

关键工艺物料预处理和管控：除 PCB 等材料的常规烘烤处理外，对 BGA 器件进行 125℃烘烤 8 小时的去潮处理。

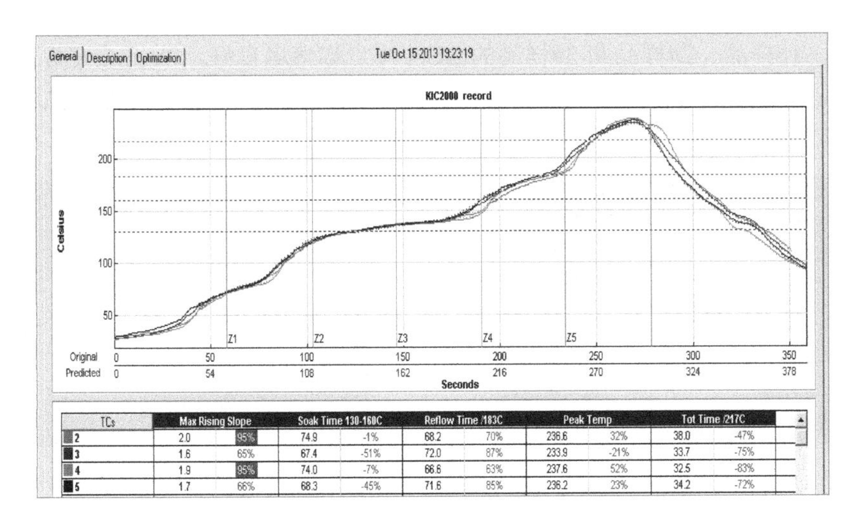

图 10-54　焊接工艺曲线图

第一次焊接工艺优化：回流焊温度曲线应该测量 BGA 器件焊点处的温度，而不是裸板温度。因此，可以采用高铅焊线固定热电偶，对焊接的 BGA 焊点温度进行校核；在现有设备基础上，充分考虑焊点的回流焊热量需求，进行加热区温度参数设定和链速优化。

第二次焊接工艺优化：采用不同工艺参数制备多块 PCBA 组件，对优化后的焊接质量进行分析。分析发现 BGA 焊点回流焊后，焊接效果良好。经历波峰焊工艺后，焊点会出现开裂缺陷，且开裂位置处 Pb 元素富集。通过对波峰焊过程中焊点温度的监测，发现其温度高达 177℃。这个温度可使存在(Sn)+(Pb)+Ag_3Sn+Cu_6Sn_5四元共晶结构（熔点低至 176℃）的区域发生局部重熔，伴随 BGA 的翘曲变形即发生了焊点开裂。参考第一次焊接工艺优化方法对波峰焊工艺曲线进行了优化。

（3）工艺优化后的焊接质量分析。

在第一次和第二次焊接工艺优化的基础上，开展了最终优化后的 PCBA 焊接质量分析及工艺参数确认。表 10-5 所示为工艺优化后的焊接质量统计结果。

表 10-5　工艺优化后的焊接质量统计结果

PCBA 编号	质 量 评 价
1#	焊点熔塌良好，Pb 元素扩散均匀，焊点中普遍存在较多小孔洞，但孔洞率未超出标准要求
2#	焊点熔塌良好，Pb 元素扩散均匀，焊点焊接界面未见明显 Pb 元素富集现象
3#	焊点熔塌良好，Pb 元素扩散均匀，焊点中普遍存在较多小孔洞，但孔洞率未超出标准要求
4#	焊点熔塌良好，Pb 元素扩散均匀，但少量焊点器件侧焊接界面存在 Pb 元素富集现象

表 10-5 中的数据显示，除了 4#样品少量焊点器件侧焊接界面存在 Pb 元素富

集现象，1#样品、2#样品和 3#样品的 BGA 焊点均熔塌良好，Pb 元素在焊点中扩散均匀。焊接后的焊点中普遍存在一些小孔洞，但孔洞率未超出标准要求。图 10-55 所示为焊接工艺优化后的 BGA 焊点金相结果。

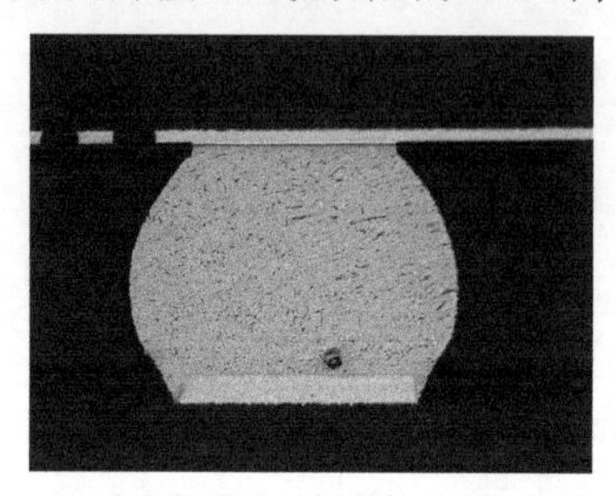

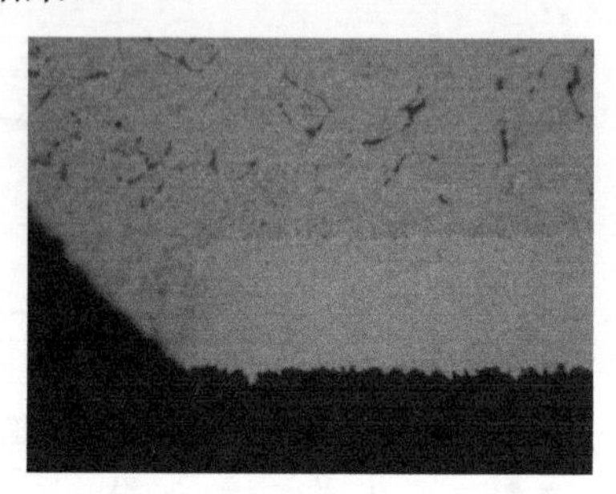

图 10-55 焊接工艺优化后的 BGA 焊点金相结果

根据工艺优化前后的金相对比图可以发现，工艺优化后焊点熔塌良好，与器件、PCB 焊盘的界面结合良好，Pb 元素扩散均匀，焊点中的开裂现象、孔洞缺陷及 Pb 元素富集现象等都得到了改善和缓解。

2. 板级组装焊点热疲劳寿命的预测案例

采用有限元仿真获取板级组装焊点的应力应变响应，设计了基于菊花链监测电路的板级测试组件，通过热疲劳加速寿命试验获得混装焊点的实际寿命。结合 Engelmaier 方程和混装焊点的寿命试验结果，计算获得基于混装焊点热疲劳失效的疲劳韧性系数，建立混装焊点的热疲劳寿命预测模型。

（1）试样设计及模拟仿真。

参考实际器件组装焊点的材料、尺寸等参数信息，设计了菊花链测试结构的试样，菊花链试样的电路布线及实物图如图 10-56 所示。BGA 焊点直径约为 0.5 mm，高度为 0.35mm，焊盘直径为 0.35mm。

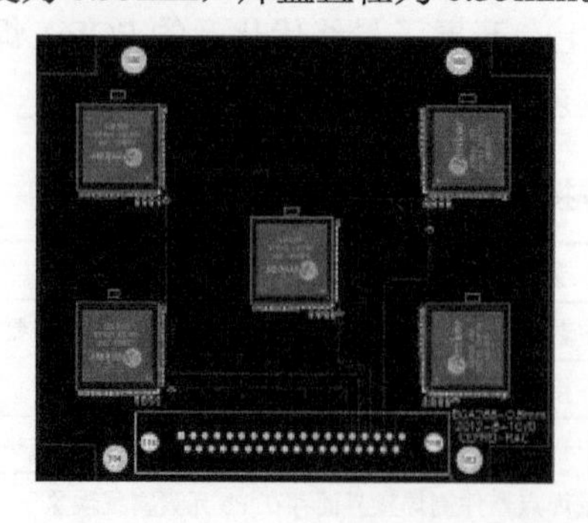

图 10-56 菊花链试样的电路布线及实物图

建立 BGA 焊点的有限元仿真模型，主要包含硅芯片、PCB、塑封层、阻焊层、基板及焊盘等结构，具体如图 10-57 所示。基于 BGA 焊点排列及 PCB 的对称性，在不影响计算精度的前提下，建立中间位置 BGA 焊点及其对应的 PCB 3D 实体模型。

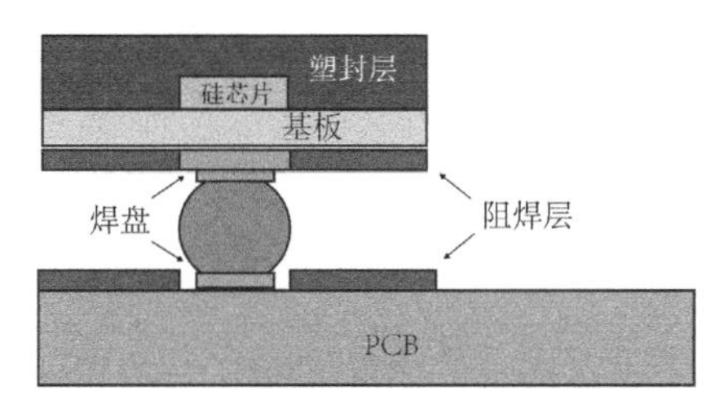

图 10-57　BGA 焊点的有限元仿真模型

（2）温度循环试验应力的加载。

采用事件监测仪（STD128）对温度循环试验下菊花链回路焊点状态进行实时监测，参考 IPC-SM-785 标准，定义焊点失效的判据为事件监测仪连续监测到 10 次或以上的不小于 300 Ω 的瞬断电阻值。选择 30 组菊花链试样进行试验，一共进行了 3000 次温度循环。

设定仿真和试验的温度循环范围为-55~125℃，从低温上升到高温的时间为 18min，高温保温时间为 12min，从高温下降到低温的时间为 18min，低温保温时间为 12min。一次循环的总时间为 60min。温度循环载荷如图 10-58 所示。

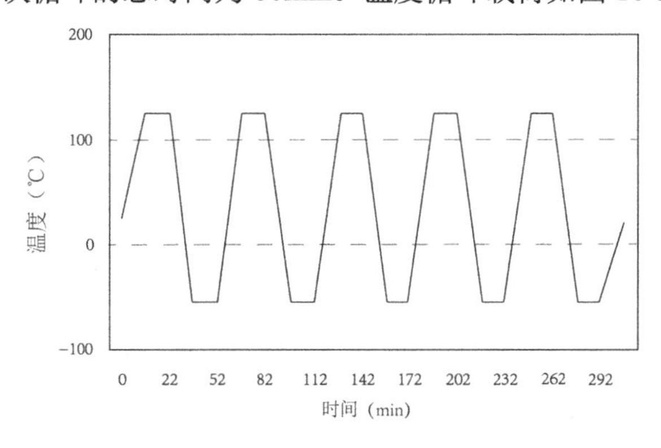

图 10-58　温度循环载荷

（3）热疲劳寿命预测模型的建立。

温度循环仿真得到焊点中的应力和应变分布，如图 10-59 所示。其中，外侧对角线上的焊点与芯片侧焊盘相接的部位为焊点中的最大应力应变点。温度循环仿真结果显示，最大等效塑性应变点出现在焊点与焊盘焊接界面位置。

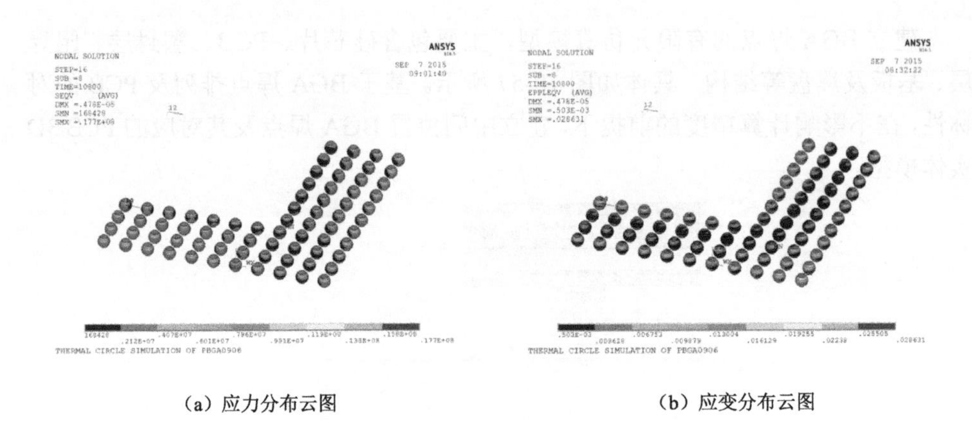

（a）应力分布云图　　（b）应变分布云图

图 10-59　应力和应变分布

提取仿真结果中危险焊点的最大等效应力应变随时间的变化数据，图 10-60 所示为等效应变-等效应力曲线，由此可计算出危险焊点的循环塑性应变范围为 0.0203。

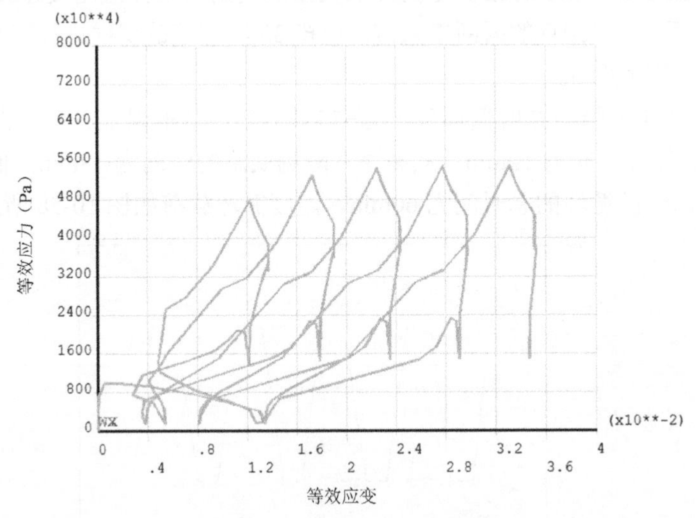

图 10-60　等效应变-等效应力曲线

结合 Engelmaier 方程和混装焊点的寿命试验结果，计算获得基于混装焊点热疲劳失效的疲劳韧性系数，建立混装焊点的热疲劳寿命预测模型。经历 3000 次温度循环后，记录到 29 组混装焊点先后出现开路失效，绘制的混装焊点寿命二参数威布尔分布曲线如图 10-61 所示。计算得到形状参数 β 为 3.614，特征寿命为 2440 次循环，平均寿命为 2204 次循环。

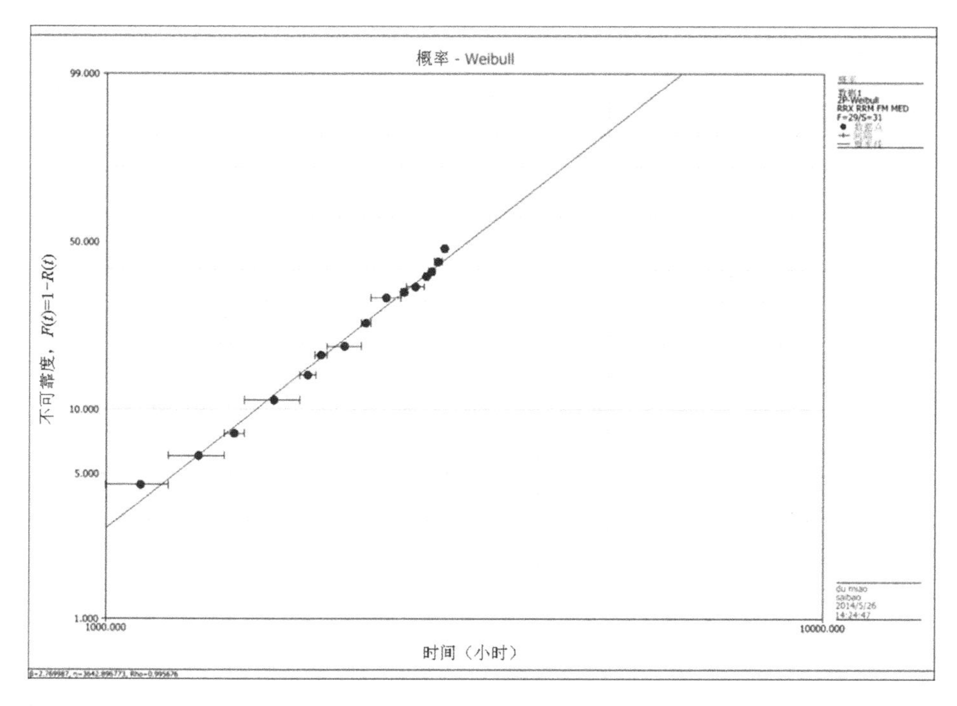

图 10-61　混装焊点寿命二参数威布尔分布曲线

图 10-62 所示为混装焊点在温度循环应力下的开裂失效，裂缝主要沿韧性富 Pb 区域与脆性焊料区域的界面处延伸。在温度循环应力下，焊点内部的 Pb 粒子逐渐富集，形成较大块状的白色富 Pb 区域，韧性的富 Pb 相与脆性的焊料组织边界在温度循环条件下极易产生晶界滑移而引起焊点开裂。

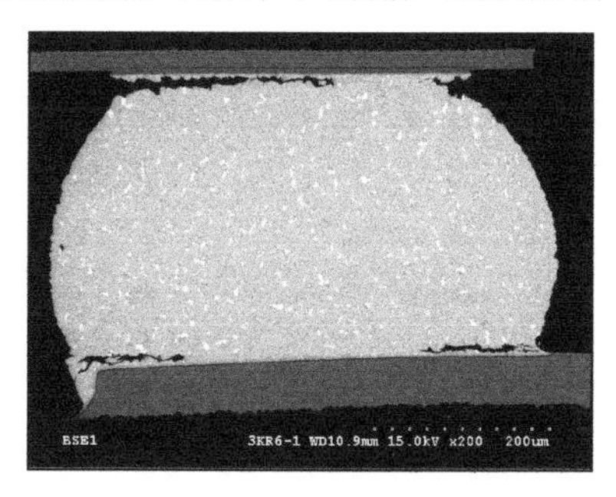

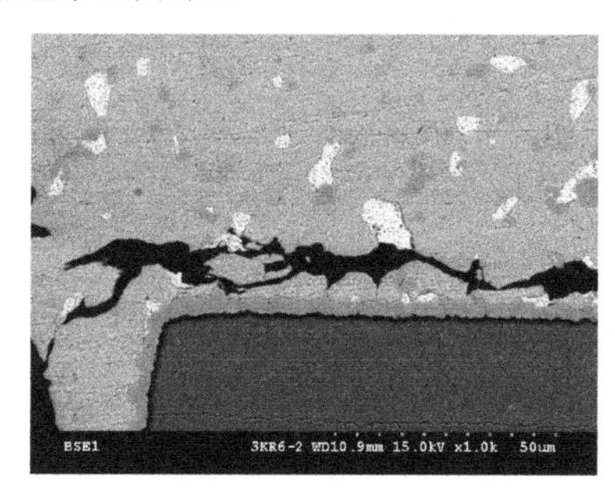

图 10-62　混装焊点在温度循环应力下的开裂失效

结合 IPC-SM-785 标准，可以得到焊点修正的寿命失效模型为

$$N_{\mathrm{f}}(x\%)=\frac{1}{2}\left(\frac{\Delta\gamma_{\mathrm{p}}}{2\varepsilon_{\mathrm{f}}}\right)^{\frac{1}{c}}\left[\frac{\ln(1-0.01x)}{\ln 0.5}\right]^{\frac{1}{\beta}} \tag{10-31}$$

式中，$\Delta\gamma_{\mathrm{p}}$为循环塑性应变范围，可通过温度循环仿真获取，此处取$\Delta\gamma_{\mathrm{p}}=0.0203$；形状参数$\beta$为 3.614；$\varepsilon_{\mathrm{f}}$为待求的热疲劳韧性系数；$N_{\mathrm{f}}(x\%)$为失效概率为 x%时的循环次数；c 表示疲劳韧性指数，具体表达式为

$$c=-0.442-6\times10^{-4}T_{\mathrm{SJ}}+1.74\times10^{-2}\ln(1+\frac{360}{t_{\mathrm{D}}}) \tag{10-32}$$

式中，T_{SJ}表示热循环平均温度；t_{D}表示以分钟为单位的半次循环保持时间。参考图 10-58，可得T_{SJ}和t_{D}分别为 35℃和 15min，计算得到 c 等于−0.407。基于试验数据得到混装焊点热疲劳韧性系数ε_{f}等于 0.308，可得混装焊点的热疲劳寿命预测模型为

$$N_{\mathrm{f}}(x\%)=\frac{1}{2}\left(\frac{\Delta\gamma_{\mathrm{p}}}{0.616}\right)^{\frac{1}{-0.407}}\left[\frac{\ln(1-0.01x)}{\ln 0.5}\right]^{0.2767} \tag{10-33}$$

3. BGA 焊点的失效分析案例

针对某型号手机频繁出现无法开机、死机及自动关机等现象，初步怀疑为手机主板中 BGA 器件出现焊点失效，对其 PCBA 组件进行失效分析，确定具体的失效原因。

采用 X 射线透射对送检的良品和失效 PCBA 组件进行检查，焊点的 X 射线透射结果如图 10-63 所示。检查结果表明，对于良品及失效样品指定的 BGA 焊点，除部分焊点中存在孔洞外，未发现明显的焊点缺失、桥连及明显的虚焊等焊接异常现象。

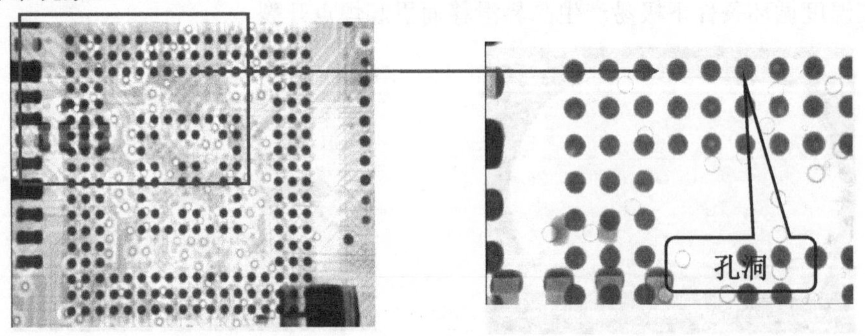

图 10-63　焊点的 X 射线透射结果

采用染色试验对 1pcs 失效的 PCBA 组件中的 BGA 器件进行分析，染色试验结果如图 10-64 所示。染色试验结果表明，BGA 器件发生了部分焊点局部开裂，以及焊点完全开裂等现象，且开裂焊点的位置处于焊点阵列的边角和边缘排列区域。

图 10-64 染色试验结果

选择 1pcs 失效的 PCBA 样品 BGA 器件焊点进行截面的金相切片分析。截面观察结果显示，在焊料与 PCB 焊盘之间，以及部分焊盘下的 PCB 板材都发生一定程度的开裂。选用 1pcs 良品对其相同位置焊点进行金相切片分析，也发现了焊点与 PCB 焊盘之间的开裂现象，良品 PCBA 组件焊点的金相切片如图 10-65 所示。

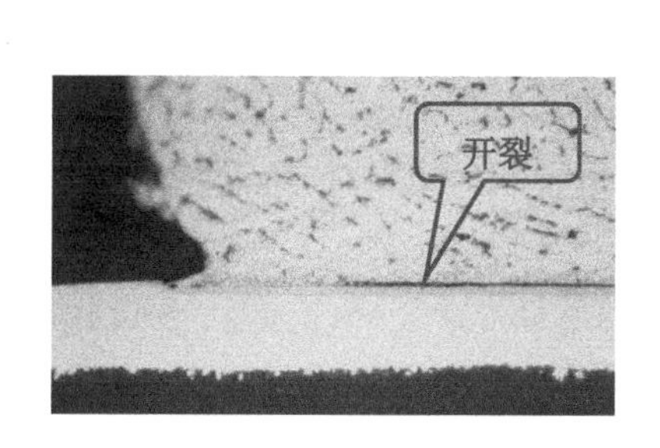

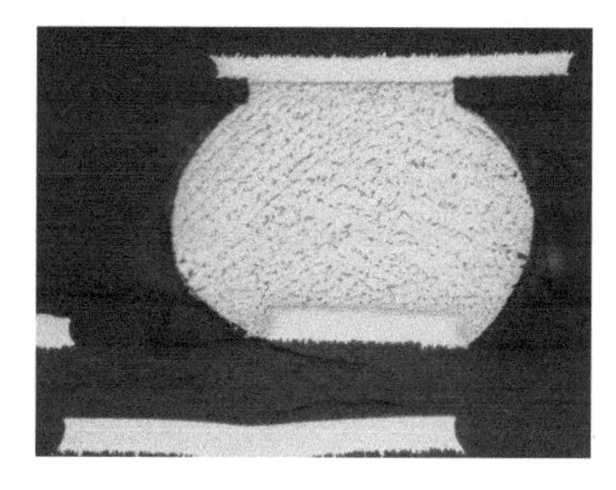

图 10-65 良品 PCBA 组件焊点的金相切片

采用 SEM 分析失效开裂焊点的截面，SEM 图像显示焊料与 PCB 焊盘之间形成了明显的 IMC。PCB 焊盘 Ni 镀层与 IMC 间存在富 P 层，焊点开裂位置处于 IMC 与 PCB 焊盘 Ni 镀层表面富 P 层之间。焊点局部 IMC 较厚，厚度可超过 6μm，失效焊点的 SEM 图像如图 10-66 所示。

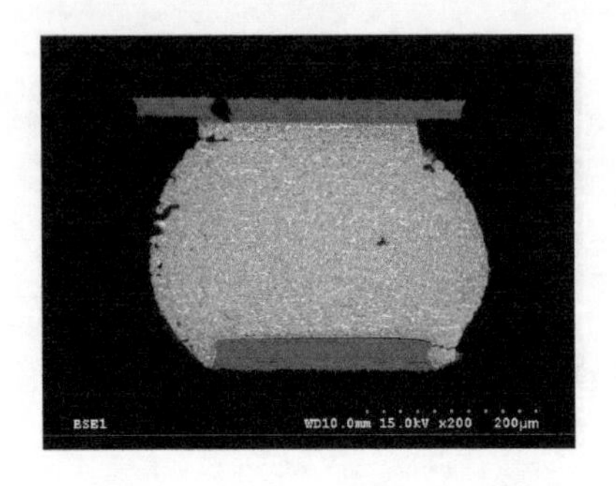

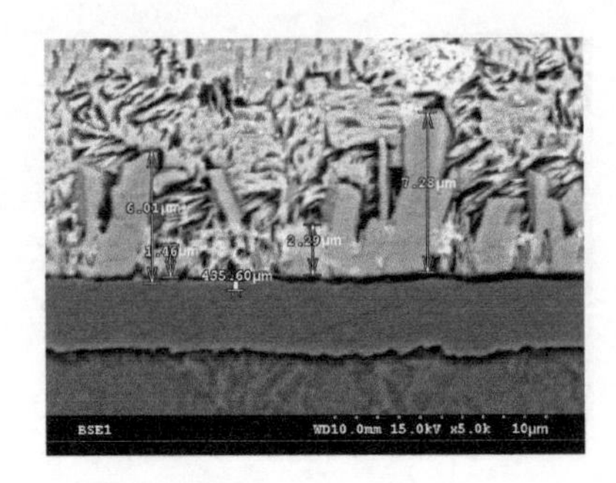

图 10-66　失效焊点的 SEM 图像

综合以上分析，PCBA 组件功能失效是 BGA 部分边角焊点完全开裂导致的。焊点中 IMC 偏厚导致富 P 层的形成，进而导致焊点机械强度降低。边角 BGA 焊点在工作条件下会受到较大应力作用，进而因无法承受应力作用产生开裂失效。因此，建议优化焊接工艺控制富 P 层的影响，必要时可采取措施（如使用底部填充料等），以缓解焊点的受力情况。

参考文献

[1] 王文利，闫焉服. 电子组装工艺可靠性[M]. 北京：电子工业出版社，2011.

[2] 樊融融. 现代电子装联工艺可靠性[M]. 北京：电子工业出版社，2012.

[3] 吴兆华. 表面组装技术基础[M]. 北京：国防工业出版社，2002.

[4] SITEK J, BUKAT K. Influence of flux activity on process parameters and solder joints in lead-free wave soldering[C].International Spring Seminar on Electronics Technology: Meeting the Challenges of Electronics Technology Progress,2005: 100-105.

[5] 李贤兵. 锡膏印刷缺陷与品质提升[C].2014 中国高端 SMT 学术会议论文集，2014:229-235.

[6] 杨雪霞，张宇，树学峰. 回流焊接温度曲线对焊点形状影响的实验研究[J]. 电子元件与材料，2016，35 (2): 70-72.

[7] HU J, JING B, HUANG Y, et al.A Health Indicator for Interconnect structure of QFP Package under Vibration and Steady Temperature[J]. IEEE Access,2020, PP (99): 1-1.

[8] ZHU Y, LIU H, CHANG S. Research on the Board-level Reliability of Ceramic Column Grid Array Packaging Component[C].2020 21st International Conference on Electronic Packaging Technology (ICEPT), IEEE, 2020: 1-4.

[9] 罗道军，贺光辉，邹雅冰. 电子组装工艺可靠性技术与案例研究[M]. 北京：电子工业出版

社，2015.

[10] CHIANG K N, CHEN W L.Electronic Packaging Reflow Shape Prediction for the Solder Mask Defined Ball Grid Array[J].J Journal of Electronic Packaging, 1998, 120 (2): 175-178.

[11] 吴玉秀，薛松柏，胡永. 引线尺寸对 CPGA 翼形引线焊点可靠性的影响[J]. 焊接学报，2005，26 (10): 105-108.

[12] 李勋平. BGA 结构 Cu(Ni)/Sn-3.0Ag-0.5Cu/Ni(Cu)微焊点显微组织形成和演化及剪切断裂行为的尺寸效应[D]. 广东：华南理工大学，2012.

[13] Design and assembly process implementation for BGAs: IPC-7095[S].2000.

[14] GHAFFARIAN R. Effect of column properties and CGA assembly reliability by testing and analysis[C].Thermal & Thermomechanical Phenomena in Electronic Systems, IEEE, 2016: 268-277.

[15] TONG L, JIANG C, AO G. Research on the Board Level Reliability of High Density CBGA and CCGA under Thermal Cycling[C].2018 19th International Conference on Electronic Packaging Technology (ICEPT), IEEE, 2018: 1382-1386.

[16] GHAFFARIAN R.CCGA packages for space applications[J]. Microelectronics Reliability, 2006, 46 (12): 2006-2024.

[17] 李守委，毛冲冲，严丹丹. CCGA 用焊柱发展现状及面临的挑战[J]. 电子与封装，2016，16 (10): 6-10.

[18] 张伟，孙守红，孙慧. CCGA 器件的可靠性组装及力学加固工艺[J]. 电子工艺技术，2011，32 (6): 349-352.

[19] 丁荣峥，杨轶博，陈波，等. CBGA、CCGA 植球植柱焊接返工可靠性研究[J]. 电子与封装，2012，12 (12): 9-13.

[20] 陈莹磊. 高密度大尺寸 CCGA 二级封装可靠性分析及结构设计[D]. 哈尔滨：哈尔滨工业大学，2010.

[21] FU Z W, ZHOU B, YAO R H, et al.Electromigration Effect on Kinetics of Cu-Sn Intermetallic Compound Growth in Lead-Free Solder Joint[J]. IEEE Transactions on Device Materials Reliability, 2017, 17(4): 773-779.

[22] 田飞飞，田昊，周明. 共晶锡铅焊料与薄金焊点可靠性研究[J]. 固体电子学研究与进展，2019，39(01): 72-76.

[23] 张艳鹏，唐延甫，王威. 降温速率对 SnPb 焊点微观组织及力学性能的影响[J]. 电子工艺技术，2017，38 (004): 197-199.

[24] CAO H, ZHANG Z, Yu Y. Research on Evolution Behaviors of SnPb Solder Under High Current Stressing[C].2018 19th International Conference on Electronic Packaging Technology (ICEPT), 2018: 891-894.

[25] DU X, LI J, WANG K, et al. Reliability evaluation of typical gold-containing solder joints for products[C].2020 21st International Conference on Electronic Packaging Technology (ICEPT), 2020: 1-5.

[26] 徐幸，陈该青，程明生．锡铅共晶焊点深冷环境可靠性研究[J]. 电子工艺技术，2016，37(06): 323-326.

[27] FOSTER F G. Embrittlement of solder by gold from plated surfaces[J]. American Society Testing and Materials, 1962 (1): 13.

[28] 王晓明，范燕平．锡-铅共晶焊料与镀金层焊点的失效机理研究[J]. 航天器工程，2013，22(02): 108-112.

[29] GU X, HUANG L, WANG G. Investigation of ENEPIG/Sn-10Sb solder joint[C].2018 19th International Conference on Electronic Packaging Technology (ICEPT), 2018: 731-733.

[30] LI Y, WANG H, LI Y, et al. Simulation and Thermal Fatigue Analysis for Board Level BGA Connection of HTCC Packaging[C].2020 21st International Conference on Electronic Packaging Technology (ICEPT), 2020: 1-5.

[31] STOLKARTS V, KEER L M, FINE M E.Damage evolution governed by microcrack nucleation with application to the fatigue of 63Sn–37Pb solder[J]. Journal of the Mechanics Physics of Solids, 1999, 47 (12): 2451-2468.

[32] WU J, ALAM M S, HASSAN K R, et al. Investigation and Comparison of Aging Effects in SAC+X Solders Exposed to High Temperatures[C].2020 IEEE 70th Electronic Components and Technology Conference (ECTC), 2020: 492-503.

[33] BURKE C, PUNCH J.A Comparison of the Creep Behavior of Joint-Scale SAC105 and SAC305 Solder Alloys[J]. IEEE Transactions on Components Packaging Manufacturing Technology, 2017, 4 (3): 516-527.

[34] CAO H, GAN G, TIAN M, et al. Effect of Ag content on microstructure and fatigue crack of SAC lead-free solder balls under rapid thermal fatigue[C].2020 21st International Conference on Electronic Packaging Technology (ICEPT), 2020: 1-6.

[35] HARIHARAN G, BHAT C, CHAWARE R, et al. Thermo-mechanical reliability prediction for copper pillar 3D IC devices[C].2017 IEEE 19th Electronics Packaging Technology Conference (EPTC), 2017: 1-7.

[36] 周斌．热电应力下微凸点互连失效机理及可靠性研究[D]．广东：华南理工大学，2018.

[37] MA B, ZHOU B, WANG S, et al. Mechanical properties and microstructure of mixed SnAgCu-SnPb solder joints at cryogenic temperature[C].2017 18th International Conference on Electronic Packaging Technology (ICEPT), 2017: 1582-1585.

[38] LE W-K, ZHU Z-W, CAO S, et al. Shear creep and fracture behavior of micro-scale BGA

structured Cu/Sn–3.0 Ag–0.5 Cu/Cu joints under electro-thermo-mechanical coupled loads[C]. 2018 19th International Conference on Electronic Packaging Technology (ICEPT), 2018: 620-624.

[39] CHEN J, WAN N, LI J, et al. Effect of rapid inducted heating on the microstructure of solder joint in IC[C].2018 19th International Conference on Electronic Packaging Technology (ICEPT), 2018: 815-818.

[40] GEORGE E, DAS D, OSTERMAN M, et al. Thermal Cycling Reliability of Lead-Free Solders (SAC305 and Sn3.5Ag) for High-Temperature Applications[J]. IEEE Transactions on Device and Materials Reliability, 2011, 11(2): 328-338.

[41] ZHAO Z, HU C, YIN F. Failure analysis for vibration stress on ball grid array solder joints[C].2018 19th International Conference on Electronic Packaging Technology (ICEPT), 2018: 486-490.

[42] CHEN Z, CHE F, DING M Z, et al. Drop impact reliability test and failure analysis for large size high density FOWLP package on package[C].2017 IEEE 67th Electronic Components and Technology Conference (ECTC), 2017: 1196-1203.

[43] SUN H, HUANG M. Dominant effect of Sn grain orientation on electromigration-induced failure mechanism of Sn-3.0 Ag-0.5 Cu flip chip solder interconnects[C].2017 18th International Conference on Electronic Packaging Technology (ICEPT), 2017: 1296-1299.

[44] LI S, BASARAN C.Effective diffusivity of lead free solder alloys[J]. Computational Materials Science, 2010, 47 (1): 71-78.

[45] HUANG M L, KUANG J M, SUN H Y. Electromigration-induced β-Sn grain rotation in lead-free flip chip solder bumps[C].2019 IEEE 69th Electronic Components and Technology Conference (ECTC), 2019: 2036-2041.

[46] WU A T, GUSAK A M, TU K N, et al.Electromigration-induced grain rotation in anisotropic conducting beta tin[J]. Applied Physics Letters, 2005, 86 (24): 241902.

[47] WANG X, LIU X, DING Y, et al. Study on the Low Temperature Reliability of Leaded Solder[C]. 2020 21st International Conference on Electronic Packaging Technology (ICEPT), 2020: 1-5.

缩略语中英文对照表

缩 略 语	英 文 全 称	中 文 含 义
3D IC	Three-Dimensional Integrated Circuit	三维封装集成电路
3DP	Three Dimension Package	三维封装
BA	Bonding Agent	粘接剂
BCB	Benzo-Cyclo-Butene	苯并环丁烯
C-（Ceramic）	Ceramic package	陶瓷封装
CA	Construction Analysis	结构分析
CAF	Conductive Anodic Filament	导电阳极丝
CBGA	Ceramic Ball Grid Array	陶瓷球栅阵列
CCD	Charge Coupled Device	电荷耦合器件
CCGA	Ceramic Column Grid Array	陶瓷柱栅阵列
CGA	Column Grid Array	柱栅阵列
CLCC	Ceramic Leaded Chip Carrier	有引脚陶瓷封装芯片载体
CME	Coefficient of Moisture Expansion	湿膨胀系数
CMOS	Complementary Metal Oxide Semiconductor	互补金属氧化物半导体
CoB	Chip on Board	板上芯片
CoC	Chip on Chip	芯片叠层
CoWoS	Chip on Wafer on Substrate	基板上晶圆级芯片封装
CPGA	Ceramic Pin Grid Array	陶瓷针栅阵列
CQFP	Ceramic Quad Flat Package	陶瓷方形扁平式封装
CSP	Chip Scale Package	芯片尺寸封装
CT	Computed Tomography	计算机断层成像
CTE	Coefficient of Thermal Expansion	热膨胀系数
DBC	Direct Bonded Copper	直接键合铜基板
DIC	Digital Image Correlation	数字图像相关
DIP	Dual In-line Package	双列直插式封装
DPA	Destructive Physical Analysis	破坏性物理分析
DPC	Direct Plate Copper	直接镀铜基板
DPSS	Diode-Pumped Solid-State	二级管泵固态激光器
DSC	Differential Scanning Calorimeter	差示扫描量热仪
DSP	Digital Signal Processor	数字信号处理器

续表

缩 略 语	英 文 全 称	中 文 含 义
EDS	Energy Dispersive Spectroscopy	电子能谱
EMI	Electromagnetic Interference	电磁干扰
EMIB	Embedded Multi-die Interconnect Bridge	嵌入式多芯片互连桥接
ES	Embedded Substrate	埋入式基板
ESPI	Electronic Speckle Pattern Interferometry	电子散斑干涉
FC	Flip-Chip	倒装芯片
FCB	Flip-Chip Bonding	倒装芯片键合
FEM	Finite Element Modeling	有限元模型
FIB	Focused Ion Beam	聚焦离子束
FO	Fan-Out	扇出型
FPGA	Field Programmable Gate Array	可编程逻辑门阵列
FTA	Fault Tree Analysis	故障树分析
GIS	Gas-Injection System	气体注入系统
GMR	Giant Magneto-Resistance	巨磁阻
HAST	High Accelerated Stress Test	高加速应力试验
HAZ	Heat-Affected Zone	热反应区
HC-FIB	High Current FIB	大电流聚焦离子束
HEMT	High Electron Mobility Transistor	高电子迁移率晶体管
HIC	Hybrid Integrated Circuit	混合集成电路
HTCC	High Temperature Co-fired Ceramics	高温共烧陶瓷
IC	Integrated Circuit	集成电路
ICP	Inductively Coupled Plasma	电感耦合等离子体
IEC	International Electro technical Commission	国际电工委员会
IMC	Intermetallic Compound	金属间化合物
IPC	Association of Connecting Electronics Industries（原名称为 Institute of Printed Circuits）	电子电路互连和封装协会
IR	Infrared Radiation	红外
ITRS	International Technology Roadmap for Semiconductors	国际半导体技术发展路线图
JEDEC	Joint Electronic Device Engineering Council	电子器件工程联合委员会
LIT	Lock-In Thermography	同步热发射
LMIS	Liquid Metal Ion Source	液态金属镓（Ga）离子源
LTCC	Low Temperature Co-fired Ceramics	低温共烧陶瓷
M-（Metallic）	Metallic package	金属封装
MC	Molding Compounds	模塑料
MSL	Moisture Sensitivity Level	潮湿敏感度等级

续表

缩 略 语	英 文 全 称	中 文 含 义
NDE	Non-Destructive Evaluation	非破坏性评价
P-（Plastic）	Plastic package	塑料封装
PBGA	Plastic Ball Grid Array	塑料球栅阵列
PGA	Pin Grid Array	针栅阵列
PI	Polyimide	聚酰亚胺
PIE	Plasma Etching	等离子体刻蚀
PIND	Particle Impact Noise Detection	粒子碰撞噪声检测
PiP	Package in Package	封装内封装
PoP	Package on Package	封装上封装
PQFP	Plastic Quad Flat Package	塑料方形扁平式封装
PTH	Plating Through Hole	通孔
QFN	Quad Flat No-lead	方形扁平式无引脚
QFP	Quad Flat Package	方形扁平式封装
RDL	Re-Distribution Layer	重布线层
RFI	Radio Frequency Interference	射频干扰
RIE	Reactive Ion Etching	反应离子刻蚀
SAM	Scanning Acoustic Microscope	超声波扫描显微镜
SD	Stacked Die	叠层芯片
SEM	Scanning Electron Microscopy	扫描电子显微镜
SEMI	Semiconductor Equipment and Materials International	国际半导体产业协会
SIP	Single In-line Package	单列直插式封装
SiP	System in Package	系统级封装
SMD	Solder Mask Defined	阻焊膜定义结构
SMT	Surface Mounted Technology	表面组装技术
SOJ	Small Out-line J-leaded	J 形引脚小外形
SOP	Small Out-line Package	小外形封装
SQUID	Superconducting Quantum Interference Device	超导量子干涉仪
TAB	Tape Automated Bonding	载带键合
TDDB	Time Dependent Dielectric Break-down	时间相关电介质击穿效应
TGV	Through Glass Via	玻璃通孔
TMA	Thermal Mechanical Analyzer	热机械分析仪
TO	Transistor Out-line	晶体管外形
TSOP	Thin Small Out-line Package	薄体小外形封装
TSSOP	Thin Shrink Small Out-line Package	薄体缩小型小外形封装
TSV	Through Silicon Via	硅通孔

续表

缩 略 语	英 文 全 称	中 文 含 义
UBM	Under-Bump Metallization	凸点下金属化层
WB	Wire Bonding	引线键合
WLCSP	Wafer Level Chip Scale Package	晶圆级芯片尺寸封装
WLP	Wafer Level Package	晶圆级封装